示范院校国家级重点建设专业

■ 建筑工程技术专业课程改革系列教材

——学习领域十五

钢结构工程施工与组织

主　编　刘　洁

副主编　万亮婷　袁芙蓉

中国水利水电出版社

www.waterpub.com.cn

内 容 提 要

本教材是示范院校国家级重点建设专业——建筑工程技术专业课程改革系列教材之一。本书依据以工作过程为导向的人才培养方案和课程体系而编写，是以典型钢结构制作与安装的工作任务为载体而开发的情境化特色教材。全书共设钢结构、钢构件的设计与制作、钢结构安装与管理三个学习情境，学习单元主要针对目前大量应用的轻钢结构如门式刚架、桁架、网架以及典型的钢结构形式单层厂房结构、多高层钢结构房屋设置，内容涉及结构组成、受力分析、截面型式、构件设计、施工图识读、零构件工厂加工制作、钢结构安装等工作任务知识。

本书可作为高等职业技术学院建筑工程技术专业的教材，也可作为建筑行业相关职业岗位的培训教材，还可供土木建筑类相关专业技术人员及成人教育师生参考使用。

图书在版编目（CIP）数据

钢结构工程施工与组织/刘洁主编．—北京：中国水利水电出版社，2009（2014.7 重印）
（示范院校国家级重点建设专业、建筑工程技术专业课程改革系列教材．学习领域十五）
ISBN 978-7-5084-6780-1

Ⅰ．钢…　Ⅱ．刘…　Ⅲ．①钢结构-建筑工程-工程施工-高等学校-教材②钢结构-建筑工程-施工组织-高等学校-教材　Ⅳ．TU758.11　TU721

中国版本图书馆 CIP 数据核字（2009）第 148607 号

书　名	示范院校国家级重点建设专业 建筑工程技术专业课程改革系列教材——学习领域十五 **钢结构工程施工与组织**
作　者	主编　刘洁　副主编　万亮婷　袁芙蓉
出版发行	中国水利水电出版社 （北京市海淀区玉渊潭南路 1 号 D 座　100038） 网址：www.waterpub.com.cn E-mail：sales@waterpub.com.cn 电话：（010）68367658（发行部）
经　售	北京科水图书销售中心（零售） 电话：（010）88383994、63202643、68545874 全国各地新华书店和相关出版物销售网点
排　版	中国水利水电出版社微机排版中心
印　刷	北京纪元彩艺印刷有限公司
规　格	184mm×260mm　16 开本　21 印张　498 千字
版　次	2009 年 8 月第 1 版　2014 年 7 月第 4 次印刷
印　数	5301—6800 册
定　价	**48.00** 元

前言

本教材是示范院校国家级重点建设专业——建筑工程技术专业课程改革系列教材之一。人才培养模式和课程体系改革是专业改革的重点，本专业改革借鉴德国以工作过程为导向的学习领域开发理论，结合我国高职高专的实际情况和建筑类专业的教学经验，构建符合具有“工学结合”特色的以工作过程为导向的人才培养方案。本专业课程体系改革与开发原则是以职业能力培养为核心，以工作任务为出发点，以工作过程为导向，以行业规范手册为标准，以行动导向教学模式为实施教学方案。

本教材的特色有：①在内容上突破了传统教材的学科体系的束缚，以工作过程为主线，以施工项目为情境单元，以职业能力培养为目标；②教材以典型工作任务引领知识，以完成项目任务需要进行知识整合，情境构建来自对钢结构施工实际工作任务分析、归纳，按照行业标准，遵循从简单到复杂、单一到综合、低级到高级的认知规律来编排学习单元；③本教材主要项目中涉及相关工程实例，便于学生熟练掌握相关知识，并加深对国家标准、规范的理解和掌握，使学生更适应实际工作岗位的要求。

本教材共设钢结构、钢构件的设计与制作、钢结构安装与管理三个学习情境，学习单元主要针对目前大量应用的轻钢结构如门式刚架、桁架、网架以及典型的钢结构型式单层厂房结构、多高层钢结构房屋设置，内容涉及结构组成、受力分析、截面型式、构件设计、施工图识读、零构件工厂加工制作、钢结构安装等工作任务知识。本教材采用行动导向教学模式，实现理论知识与实践知识的有机结合，教、学、做的完整结合，工作任务和学习任务的有机结合，是工学结合的教材。

本教材由杨凌职业技术学院刘洁主编、西北农林科技大学王正中教授主审。参加本教材编写工作的有：杨凌职业技术学院袁芙蓉（学习情境 1)；杨凌职业技术学院刘洁（学习情境 2 学习单元 1～4)；杨凌职业技术学院申永康（学习情境 2 学习单元 5)，陕西第一建筑工程公司云鹏（学习情境 2 学习单元 6)；杨凌职业技术学院万亮婷（学习情境 3)。

本教材编写过程中，建筑工程技术专业建设团队的领导张迪主任和其他同仁给予极大的帮助，提出了许多宝贵的意见，学院领导和教务处也给予了大力支持，在此表示感谢。

由于作者水平有限，书中难免有欠妥和不足之处，恳请广大读者及同仁提出批评指正，编者不胜感激。

编者

2009 年 5 月于杨凌

课程描述表

学习领域十五：钢结构工程施工与组织　　第二学年　　基本学时：120学时

其中：理论60学时、校内实训30学时、企业实训30学时

学习目标

- 理解影响钢结构材料的因素，能对钢结构原材料进行检测；
- 会对钢结构的组成进行分析，说出各种杆件的作用；
- 学习钢结构制图标准，熟练阅读钢结构的施工图；
- 会设计简单钢构件；
- 具有编制钢结构工程施工详图的能力；
- 确定钢结构的施工方案、具有进行施工组织设计的能力；
- 能够进行工程量计算，进行工料分析，提交材料计划，进行施工成本核算；
- 具有施工准备的能力；
- 能确定放线方案、进行施工放线的能力；
- 具有钢结构构件加工、安装、施工管理的能力；
- 具有对钢结构工程质量检测的能力；
- 能够掌握安全生产、文明施工、环境保护的相关规定及内容

内容

- 型钢、钢板物理及力学性质及检验标准；
- 钢架、排架、桁架、网架、门架；
- 刚性连接、弹性连接、刚弹性连接；
- 焊接、铆接、螺栓连接、连接构配件；
- 钢结构强度与稳定性；
- 钢结构构造与识图；
- 施工准备工作；
- 钢结构及构件定位与放线；
- 钢结构施工工艺；
- 工程量计算即材料计划；
- 钢结构施工方案、施工组织及进度计划；
- 钢结构工程质量检测与评定；
- 施工及吊装设备的操作规程；
- 安全生产、文明施工、环境保护

方法

- 讨论；
- 演讲；
- 练习；
- 小组工作；
- 媒体介绍的个性工作；
- 现场；
- 模拟工作过程；
- 项目教学；
- 企业实训

媒体

- 钢结构工程图；
- 施工方案工作页；
- 录像、多媒体；
- 质检表格页

学生需要的技能

- 施工方案及进度计划编制；
- 质量验收；
- 工作保护；
- 材料消耗量计算；
- 脚手架；
- 钢结构构造；
- 建筑识图；
- 建筑测量

教师需要的技能

- 具有教师资格的学士/硕士；
- 工程实践经验；
- 建筑学；
- 项目管理；
- 施工规范与操作规程；
- 质量检测；
- 型钢材料

目录

前言
课程描述表
学习情境1 钢结构 …… 1
学习单元1.1 轻钢结构 …… 1
1.1.1 学习目标 …… 1
1.1.2 学习任务 …… 1
1.1.3 任务分析 …… 1
1.1.4 任务知识点 …… 2
1.1.4.1 钢结构材料的认识及选择 …… 2
1.1.4.2 轻钢结构的组成 …… 9
1.1.4.3 门式刚架的受力分析 …… 13
1.1.5 任务实施 …… 14
学习单元1.2 单层重型厂房结构认识 …… 14
1.2.1 学习目标 …… 14
1.2.2 学习任务 …… 15
1.2.3 任务分析 …… 15
1.2.4 任务知识点 …… 15
1.2.4.1 单层厂房结构的组成与布置 …… 15
1.2.4.2 单层厂房结构的受力特点分析 …… 26
1.2.4.3 钢结构构件的连接 …… 28
1.2.5 任务实施 …… 44
学习单元1.3 多、高层钢结构认识 …… 44
1.3.1 学习目标 …… 44
1.3.2 学习任务 …… 44
1.3.3 任务分析 …… 44
1.3.4 任务知识点 …… 44
1.3.4.1 多、高层钢结构的特点与组成分析 …… 44
1.3.4.2 多、高层钢结构的受力特点分析 …… 50
1.3.4.3 组合楼盖所用压型钢板构造要求 …… 52
1.3.5 任务实施 …… 54
学习单元1.4 大跨度钢结构的认识 …… 54

1.4.1 学习目标 …… 54
1.4.2 学习任务 …… 54
1.4.3 任务分析 …… 54
1.4.4 任务知识点 …… 54
1.4.4.1 大跨度房屋钢结构的形式 …… 54
1.4.4.2 网架结构的特点分析及结构形式简介 …… 58
1.4.4.3 网架结构的几何尺寸的选择 …… 70
1.4.4.4 网架结构的受力分析 …… 72
1.4.4.5 网架结构屋面所用的材料简介 …… 73
1.4.5 任务实施 …… 75
学习情境 2 钢构件的设计与制作 …… 76
学习单元 2.1 钢梁的设计计算 …… 76
2.1.1 学习目标 …… 76
2.1.2 学习任务 …… 76
2.1.3 任务分析 …… 76
2.1.4 任务知识点 …… 77
2.1.4.1 概率极限状态设计表达式的应用 …… 77
2.1.4.2 钢受弯构件的认识 …… 78
2.1.4.3 梁的强度计算 …… 82
2.1.4.4 梁的刚度验算 …… 87
2.1.4.5 梁的整体稳定和支撑布置 …… 88
2.1.4.6 次梁与主梁的连接构造 …… 90
2.1.5 任务实施 …… 90
2.1.6 总结与提高 …… 92
2.1.6.1 双向弯曲型钢梁的认识 …… 92
2.1.6.2 组合钢梁的设计简介 …… 93
学习单元 2.2 钢柱的设计计算 …… 100
2.2.1 学习目标 …… 100
2.2.2 学习任务 …… 100
2.2.3 任务分析 …… 100
2.2.4 任务知识点 …… 101
2.2.4.1 钢轴心受力构件认识 …… 101
2.2.4.2 轴心受力构件的强度和刚度计算 …… 104
2.2.4.3 轴心受压构件的稳定计算 …… 105
2.2.4.4 实腹柱设计 …… 110
2.2.5 任务实施 …… 112
2.2.5.1 轧制工字钢 …… 112
2.2.5.2 热轧 H 型钢 …… 113

2.2.5.3 焊接工字形截面 …… 114
2.2.6 总结与提高 …… 115
2.2.6.1 格构柱绕虚轴的换算长细比 …… 115
2.2.6.2 缀材设计 …… 116
2.2.6.3 格构柱的设计简介 …… 117
2.2.6.4 柱的横隔认识 …… 118
2.2.6.5 柱头构造 …… 118
2.2.6.6 柱脚构造 …… 120
学习单元 2.3 钢结构施工图的识读 …… 121
2.3.1 学习目标 …… 121
2.3.2 学习任务 …… 121
2.3.3 任务分析 …… 122
2.3.4 任务知识点 …… 122
2.3.4.1 钢结构施工图的内容和作用 …… 122
2.3.4.2 钢结构图例 …… 123
2.3.4.3 施工详图编制 …… 128
2.3.4.4 结构施工图的识读方法和总的看图步骤 …… 130
2.3.5 任务实施 …… 131
学习单元 2.4 工字型钢构件的加工制作 …… 132
2.4.1 学习目标 …… 132
2.4.2 学习任务 …… 132
2.4.3 任务分析 …… 133
2.4.4 任务知识点 …… 134
2.4.4.1 钢结构加工前的生产准备 …… 134
2.4.4.2 钢材的代用和更改办法 …… 139
2.4.4.3 生产组织方式 …… 140
2.4.4.4 生产场地布置 …… 141
2.4.4.5 零件加工 …… 141
2.4.4.6 成品的表面处理、油漆、堆放和装运 …… 168
2.4.4.7 焊接 H 型钢生产线 …… 169
2.4.5 任务实施 …… 170
2.4.5.1 焊接 H 型钢梁制作 …… 170
2.4.5.2 质量检查与验收 …… 173
学习单元 2.5 箱形截面钢桁架的焊接制作 …… 174
2.5.1 学习目标 …… 174
2.5.2 学习任务 …… 174
2.5.3 任务分析 …… 174
2.5.4 任务知识点 …… 175

2.5.4.1 桁架的认识 …… 175
2.5.4.2 箱形构件的工厂加工 …… 181
2.5.4.3 箱形焊接构件的焊接技术流程 …… 183
2.5.5 任务实施 …… 198
学习单元 2.6 网架结构的加工制作 …… 201
2.6.1 学习目标 …… 201
2.6.2 学习任务 …… 201
2.6.3 任务分析 …… 201
2.6.4 任务知识点 …… 202
2.6.4.1 网架节点构造 …… 202
2.6.4.2 网架制作相关规程及材料 …… 207
2.6.4.3 管球加工工艺 …… 208
2.6.4.4 组装 …… 208
2.6.4.5 钢网架焊接球节点制作与检验 …… 208
2.6.4.6 钢网架螺栓球的制作与检验 …… 210
2.6.4.7 焊接钢板节点的制作与检验 …… 211
2.6.4.8 其他分项工程 …… 211
2.6.4.9 拼装简介 …… 211
2.6.5 任务实施 …… 212
2.6.5.1 施工准备 …… 212
2.6.5.2 施工计划编制 …… 212
2.6.5.3 质量保证措施 …… 212
2.6.5.4 劳动力计划 …… 213
2.6.5.5 主要施工机具、设备的配置 …… 213
2.6.5.6 网架制作 …… 213
学习情境 3 钢结构安装与管理 …… 217
学习单元 3.1 轻型门式刚架结构安装管理 …… 217
3.1.1 学习目标 …… 217
3.1.2 学习任务 …… 217
3.1.3 任务分析 …… 217
3.1.4 任务知识点 …… 217
3.1.4.1 钢结构吊装机具、索具及量测工具选择 …… 217
3.1.4.2 钢结构安装前准备 …… 230
3.1.4.3 钢结构主体安装工艺及流程 …… 235
3.1.4.4 围护结构安装 …… 246
3.1.4.5 防腐、防火涂料施工方案 …… 247
3.1.5 任务实施 …… 248
3.1.5.1 施工准备 …… 248

3.1.5.2 钢结构安装 …… 251
3.1.5.3 质量管理 …… 254
3.1.5.4 安全管理 …… 255
学习单元 3.2 网架结构安装与管理 …… 262
3.2.1 学习目标 …… 262
3.2.2 学习任务 …… 263
3.2.3 任务分析 …… 263
3.2.4 任务知识点 …… 264
3.2.4.1 钢网架结构安装施工工艺 …… 264
3.2.4.2 网架拼装 …… 288
3.2.5 任务实施 …… 295
3.2.5.1 施工准备 …… 295
3.2.5.2 钢网架结构现场安装 …… 297
3.2.5.3 脚手网架的安装 …… 304
3.2.5.4 质量保证措施 …… 309
3.2.6 总结与提高 …… 310
3.2.6.1 标准柱和基准点选择 …… 310
3.2.6.2 高层钢框架结构的校正方法 …… 311
3.2.6.3 多高层钢结构施工测量放线 …… 312
附录 …… 314
参考文献 …… 324

学习情境1　钢　结　构

学习单元1.1　轻　钢　结　构

1.1.1　学习目标

通过本单元的学习，会分析轻钢结构的特点及组成；能针对不同的钢结构类型选择钢材的种类、规格以及型号；会检验钢材的质量；会进行轻钢结构的受力分析。

1.1.2　学习任务

1. 任务

正确选择轻钢结构所用的材料，包括材料的种类、规格以及型号；验收原材料的质量；分析轻钢结构的各部分体系的组成极简单布置；根据轻钢结构的特点，分析轻钢结构各部分的受力。

2. 任务描述

图 1.1.1 为单跨轻型门式刚架结构体系，分析该结构体系的组成及各部分的作用，分析结构上的荷载及荷载传递路线，列举组成结构各部分常见的截面形式、材料种类。

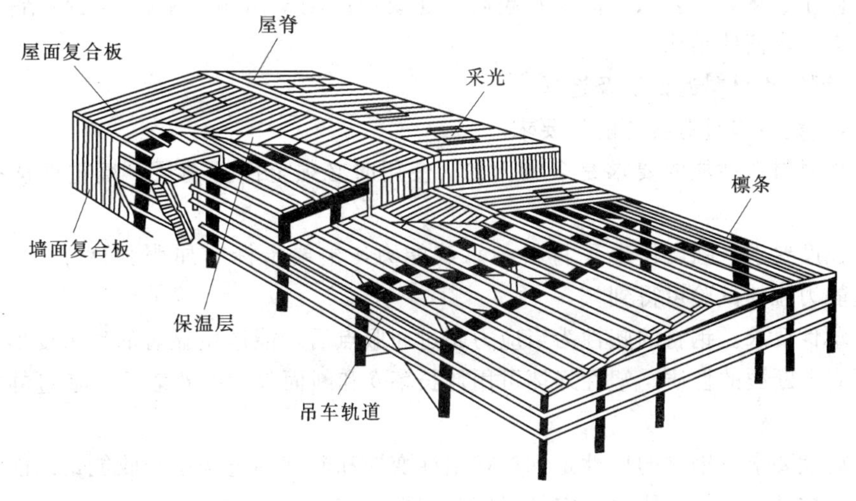

图 1.1.1　单跨轻型门式刚架结构体系

1.1.3　任务分析

门式刚架是轻钢结构常见形式之一，具有刚度较好，自重轻，横梁与柱可以组装，制作、运输、安装方便等特点，因而广泛应用于轻型厂房、物流中心、大型超市、体育馆、展览厅、活动房屋等建筑。为了进行轻钢结构工程施工与组织，首先要了解轻钢结构的体系组成，分析各部分的受力特点、材料规格，懂得各节点的连接方式和连接构造。

组成钢结构的材料主要有钢板和型钢，学习时必须熟练掌握钢结构所用钢材的力学性

能及影响因素，从而合理选择各部分的截面形式及钢材规格，同时在钢结构施工前应能正确对原材料进行验收。

1.1.4 任务知识点

钢结构是由钢板、热轧型钢和冷加工成型的薄壁型钢制造而成。与其他材料的结构相比具有以下优点：

（1）材料强度高，结构自重小。

（2）韧性、塑性好。

（3）材质均匀。

（4）制造简单，施工周期短。

（5）密封性好。

钢结构的缺点有：

（1）耐热但不耐火。

（2）钢材耐腐蚀性能差，维护费用高。

当前钢结构的适用范围，就民用建筑和工业企业范围来说，主要有大跨度结构、重型厂房结构、受动力荷载影响的结构、可拆卸的结构、高耸结构和高层建筑、容器和其他构筑物、轻型钢结构等。

目前，用于房屋建筑的钢结构主要结构形式有：单层工业厂房中横梁与柱刚接的门式刚架和横梁（桁架）与柱铰接的排架；大跨度单层房屋中的平板网架、网壳、空间桁架或空间刚架体系、悬索；多层、高层及超高层建筑中的刚架结构、刚架—支撑结构、框筒、筒中筒、束筒等筒体结构。

1.1.4.1 钢结构材料的认识及选择

1.1.4.1.1 钢结构对材料性能的要求

钢结构对材料性能的要求是多方面的，使用时必须全面地衡量，慎重地选择合适的材料。

（1）强度要求。强度体现了材料的承载能力，主要指标有屈服强度 f_y 和抗拉强度 f_u，通过静力拉伸试验可得到。

（2）塑性要求。钢材的塑性为当应力超过屈服点后，能产生显著的残余变形（塑性变形）而不立即断裂的性质。塑性好坏可用伸长率 δ 和断面收缩率 ψ 表示。通过静力拉伸试验得到。

（3）韧性要求。钢材的韧性是钢材在塑性变形和断裂的过程中吸收能量的能力，也是表示钢材抵抗冲击荷载的能力，它是强度与塑性的综合表现。

钢材韧性通过冲击试验（图 1.1.2）测定冲击功来表示。常用的标准试件的形式有夏比 V 形缺口和梅氏 U 形缺口两种（图 1.1.3）。U 形缺口试件的冲击韧性用冲击荷载下试件断裂所吸收或消耗的冲击功除以横截面面积的量值表达。V 形缺口试件的冲击韧性用试件断裂时所吸收的功 C_{kv} 或 A_{kv} 来表示，其单位为 J。

《钢结构设计规范》（GB 50017—2003）对钢材的冲击韧性有常温和负温要求的规定。选用钢材时，根据结构的使用情况和要求提出相应温度的冲击韧性指标要求。

（4）可焊性要求。钢材的可焊性是指在一定工艺和结构条件下，钢材经过焊接能够获

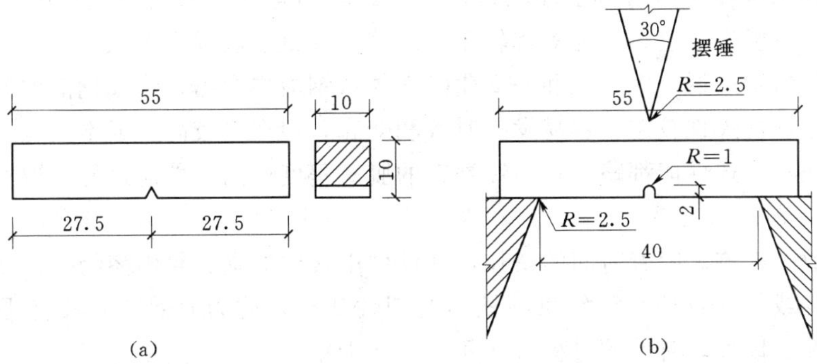

图 1.1.2 冲击试验

得良好的焊接接头的性能。可焊性分为施工上的可焊性和使用性能上的可焊性。施工上的可焊性指对产生裂纹的敏感性，使用性能上的可焊性是指焊接构件在焊接后的力学性能是否低于母材。

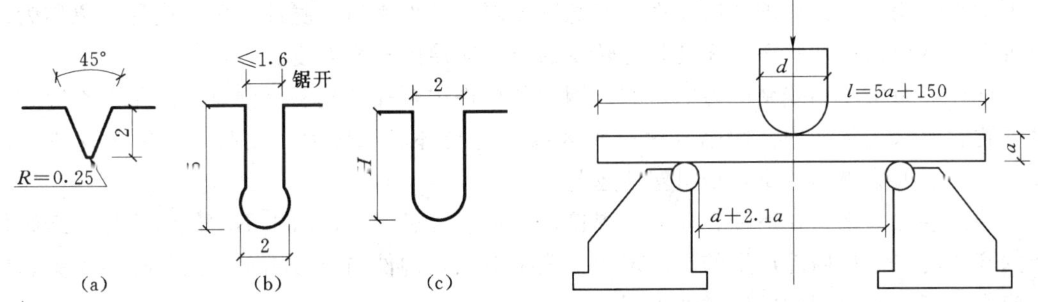

图 1.1.3 冲击试验试件的缺口形式

图 1.1.4 冷弯试验

(5) 冷弯性要求。冷弯性能是指钢材在冷加工（常温下加工）产生塑性变形时，对产生裂缝的抵抗能力。冷弯性能用试验方法来检验钢材承受规定弯曲程度的弯曲变形性能，检查试件弯曲部分的外面、里面和侧面是否有裂纹、裂断和分层（图 1.1.4）。

(6) 耐久性要求。耐久性指的是钢材的耐腐蚀性、“时效”现象、疲劳现象等。时效指随着时间的增长，钢材的力学性能有所改变。疲劳指多次反复荷载作用下，钢材低于屈服点 f_y 发生的破坏。

(7) Z 向伸缩率要求。当钢材较厚时或承受沿厚度方向的拉力时，要求钢材具有板厚方向的收缩率要求，以防厚度方向的分层、撕裂。

1.1.4.1.2 钢材力学性能的影响因素分析

(1) 化学成分的影响。钢的基本元素为铁（Fe），普通碳素钢中占 99%，此外还有碳（C）、硅（Si）、锰（Mn）等杂质元素，及硫（S）、磷（P）、氧（O）、氮（N）等有害元素，这些总含量约 1%，但对钢材力学性能却有很大影响。

(2) 冶金和轧制过程的影响。对于结构用钢，我国主要有三种冶炼方法：碱性平炉炼钢法、顶吹氧气转炉炼钢法、碱性侧吹转炉炼钢法。按脱氧程度分沸腾钢、镇静钢和半镇静钢。

平炉钢和顶吹转炉钢的力学性能指标较接近，而碱性侧吹转炉钢的冲击韧性、可焊性、时效性、冷脆性、抗锈性能等都较差，故这种炼钢法已逐步淘汰。

沸腾钢脱氧程度低，氧、氮和一氧化碳气体从钢液中逸出，形成钢液的沸腾。沸腾钢的时效、韧性、可焊性较差，容易发生时效和变脆，但产量较高、成本较低；半镇静钢脱氧程度较高些，上述性能都略好；而镇静钢的脱氧程度最高，性能最好，但产量较低，成本较高。

(3) 时效的影响。随着时间的增长，纯铁体中残留的碳、氧固溶物质逐步析出，形成自由的碳化物或氧化物微粒，约束纯铁体的塑性变形，此为时效。时效将提高钢材的强度，降低塑性、韧性。时效的过程可从几天到几十年。

(4) 冷作硬化的影响。钢结构在冷加工过程中引起的强度提高称为冷作硬化。冷加工包括剪、冲、辊、压、折、钻、刨、铲、撑、敲等。

(5) 温度的影响。一般情况下，温度升高，钢材力学性能变化不大。温度在250℃左右时，钢材抗拉强度提高，塑性、韧性下降，表面氧化膜呈蓝色，即发生蓝脆现象。温度超过300℃以后，屈服点和极限强度显著下降，达到600℃时强度几乎等于零。温度从常温下降到一定值，钢材的冲击韧性突然急剧下降，试件断口属脆性破坏，这种现象称为冷脆现象。钢材由韧性状态向脆性状态转变的温度叫冷脆转变温度。

(6) 应力集中和残余应力的影响。钢结构构件中存在的孔洞、槽口、凹角、裂缝、厚度变化、形状变化、内部缺陷等使一些区域产生局部高峰应力，此谓应力集中现象（图1.1.5）。应力集中越严重，钢材塑性越差。

残余应力为钢材在冶炼、轧制、焊接、冷加工等过程中，由于不均匀的冷却、组织构造的变化而在钢材内部产生的不均匀力。残余应力在构件内部自相平衡而与外力无关。残余应力的存在易使钢材发生脆性破坏。

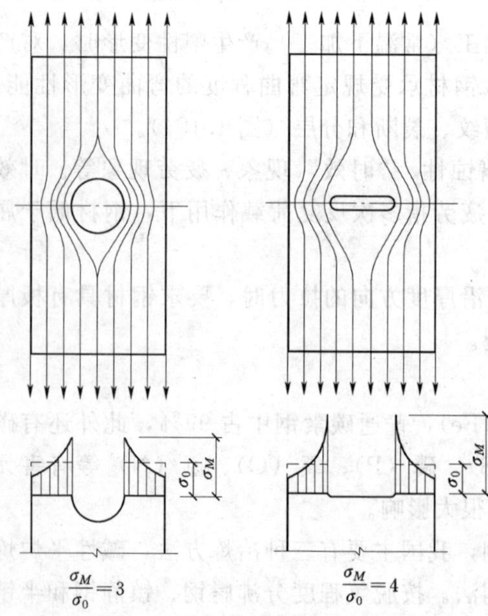

图1.1.5　应力集中

1.1.4.1.3　钢材的品种和规格的选择

1. 钢种和钢号

建筑工程中所用的建筑钢材基本上都是碳素结构钢和低合金高强度结构钢。

(1) 碳素结构钢。碳素结构钢的牌号由字母Q、屈服点数值、质量等级代号、脱氧方法代号（F、b、Z、TZ）四部分组成。其中Q是"屈"字汉语拼音的首位字母；屈服点数值（以N/mm^2为单位）分为195、215、235、255、275，钢结构中通常仅使用Q235；质量等级代号有A、B、C、D，表示质量由低到高；脱氧方法代号有F、b、Z、TZ，分别表示沸腾钢、半镇静钢、镇静钢、特殊镇静钢，其中代号Z、TZ可以省略不写。如Q235A代表屈服强度为$235N/mm^2$，A级，镇静钢。钢材强度主要由其中碳元素含量的多少来决定，钢号的由低到高在很大程度上代表了含碳量的由低到高。钢材质量高低主要是以对冲击韧性的要求区分的，对冷弯试验的要求也有不同。对A级钢，冲击韧性不作为要求条件，对冷弯试验也只在需要时才进行，而B、C、D级对冲击韧性则有不同程度的要求，且都要求冷弯试验合格。在浇铸过程中由于脱氧程度的不同，钢材有镇静钢、半镇静钢与沸腾钢之分，镇静钢脱氧最充分。钢结构一般采用Q235钢，分为A、B、C、D四级，A、B两级有沸腾钢、半镇静钢和镇静钢，C级全部为镇静钢，D级全部为特殊镇静钢。

(2) 低合金高强度结构钢。低合金高强度结构钢是在钢的冶炼过程中添加少量合金元素（合金元素的总量低于5%），以提高钢材的强度、耐腐蚀性及低温冲击韧性等。低合金高强度结构钢均为镇静钢或特殊镇静钢，所以它的牌号只有Q、屈服点数值、质量等级三部分，其中质量等级有A到E 5个级别。A级无冲击功要求，B、C、D、E级均有冲击功要求。不同质量等级对碳、硫、磷、铝等含量的要求也有区别。国家标准《低合金高强度结构钢》（GB/T 1591—94）规定，低合金高强度结构钢分为Q295、Q345、Q390、Q420、Q460等5种，其符号的含义与碳素结构钢牌号的含义相同，例如Q345—E代表屈服点为345N/mm^{2}的E级低合金高强度结构钢。低合金高强度结构钢的A、B级属于镇静钢，C、D、E级属于特殊镇静钢。

低合金高强度结构钢5个牌号中，其中Q345钢、Q390钢和Q420钢为钢结构的选用钢材。承重结构采用的钢材应具有抗拉强度、伸长率、屈服强度和硫、磷含量的合格保证，对焊接结构尚应具有碳含量的合格保证。

焊接承重结构以及重要的非焊接承重结构采用的钢材还应具有冷弯试验的合格保证。对于需要验算疲劳的焊接结构的钢材，应具有常温冲击韧性的合格保证。当结构工作温度不高于0℃但高于－20℃时，Q235钢和Q345钢应具有0℃冲击韧性的合格保证；对Q390钢和Q420钢应具有－20℃冲击韧性的合格保证。当结构工作温度不高于－20℃时，对Q235钢和Q345钢应具有－20℃冲击韧性的合格保证；对Q390钢和Q420钢应具有－40℃冲击韧性的合格保证。

对于需要验算疲劳的非焊接结构的钢材亦应具有常温冲击韧性的合格保证。当结构工作温度不高于－20℃时，对Q235钢和Q345钢应具有0℃冲击韧性的合格保证；对Q390钢和Q420钢应具有－20℃冲击韧性的合格保证。

吊车起重量不小于50t的中级工作制吊车梁，对钢材冲击韧性的要求应与需要验算疲劳的构件相同。

2. 品种及规格

钢结构采用的型材有热轧成型的钢板、型钢以及冷弯（或冷压）成型的薄壁型材。

(1) 热轧钢板。热轧钢板分厚板、薄板和扁钢。厚板的厚度为4.5～60mm，宽0.7～3m，长4～12m。薄板厚度为0.35～4mm，宽0.5～1.5m，长0.5～4m。扁钢厚度为4～60mm，宽度为30～200mm，长3～9m。厚钢板广泛用来组成焊接构件和连接钢板，薄钢板是冷弯薄壁型钢的原料。钢板用符号“—”后加“厚×宽×长（单位为mm）”的方法表示，如—12×800×2100。

(2) 热轧型钢。热轧型钢有角钢、工字钢、槽钢、H型钢、剖分T型钢、钢管（图

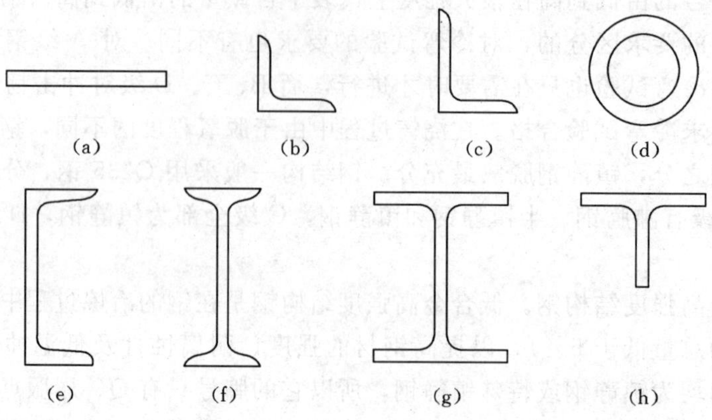

图 1.1.6 热轧型钢截面

(a) 钢板；(b) 等边角钢；(c) 不等边角钢；(d) 钢管；(e) 槽钢；
(f) 工字钢；(g) 宽翼缘工字钢；(h) T 型钢

1.1.6)。

角钢有等边和不等边两种。等边角钢也称等肢角钢，以符号“L”后加“边宽×厚度”(单位为 mm) 表示，如 L100×10 表示肢宽 100mm、厚 10mm 的等边角钢。不等边角钢 (也叫不等肢角钢) 则以符号“L”后加“长边宽×短边宽”(单位为 mm)，如 80×8。我国目前生产的等边角钢，其肢宽为 20～200mm，不等边角钢的肢宽为 25mm×16mm～200mm×125mm。

槽钢有热轧普通槽钢与热轧轻型槽钢。普通槽钢以符号“[”后加截面高度 (单位为 cm) 表示，并以 a、b、c 区分同一截面高度中的不同腹板厚度，如 [30a 指槽钢截面高度为 30cm 且腹板厚度为最薄的一种。轻型槽钢以符号“Q [”后加截面高度 (单位为 cm) 表示，如 Q [25，其中 Q 是汉语拼音“轻”的拼音字首。同样型号的槽钢，轻型槽钢由于腹板薄及翼缘宽而薄，因而截面小但回转半径大，能节约钢材、减少自重。

工字钢分普通工字钢和轻型工字钢。普通槽钢以符号“I”后加截面高度 (单位为 cm) 表示，如 I16 表示工字钢截面高度为 16cm。20 号以上的工字钢，同一截面高度有 3 种腹板厚度，以 a、b、c 区分 (其中 a 类腹板最薄)，如 I30b。轻型工字钢以符号“QI”后加截面高度 (单位为 cm) 表示，如 QI25。我国生产的普通工字钢规格有 10～63 号，轻型工字钢规格有 10～70 号。工程中不宜使用轻型工字钢。

H 型钢是一种经工字钢发展而来的经济断面型材，其翼缘内外表面平行，内表面无斜度，翼缘端部为直角，便于与其他构件连接。热轧 H 型钢分为宽翼缘 H 型钢、中翼缘 H 型钢和窄翼缘 H 型钢三类，其代号分别为 HW、HM、HN。H 型钢的规格以代号后加“高度×宽度×腹板厚度×翼缘厚度”(单位为 mm) 表示，如 HW340×250×9×14。我国正在积极推广采用 H 型钢。H 型钢的腹板与翼缘厚度相同，常用作柱子构件。

剖分 T 型钢系由对应的 H 型钢沿腹板中部对等剖分而成。其代号与 H 型钢相对应，

采用TW、TM、TN分别表示宽翼缘T型钢、中翼缘T型钢和窄翼缘T型钢，其规格和表示方法亦与H型钢相同，如TN225×200×12表示截面高度为225mm、翼缘宽度为200mm、腹板厚度为12mm的窄翼缘剖分T型钢。用剖分T型钢代替由双角钢组成的T型截面，其截面力学性能更为优越，且制作方便。

钢管分为无缝钢管和焊接钢管。以符号“ϕ”后加“外径×厚度”（单位为mm）表示，如ϕ400×6。常用型钢规格见附表5、附表6。

（3）冷弯薄壁型材。冷弯薄壁型钢是由2～6mm的薄钢板经冷弯或模压而成型的，其截面各部分厚度相同，转角处均呈圆弧形（图1.1.7）。因其壁薄，截面几何形状开展，因而与面积相同的热轧型钢相比，其截面惯性矩大，是一种高效经济的截面；缺点是因为壁薄，对锈蚀影响较为敏感，故多用于跨度小、荷载轻的轻型钢结构中。

压型钢板是近年来开始使用的薄壁型材，所用钢板厚度为0.4～2mm。其优缺点同冷弯薄壁型钢，主要用于围护结构、屋面、楼板等。

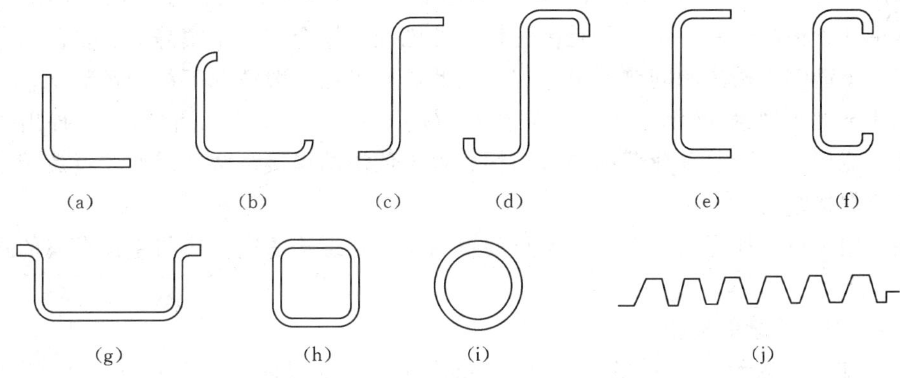

图1.1.7 冷弯薄壁型材的截面形式

(a) 等边角钢；(b) 卷边等边角钢；(c) Z形钢；(d) 卷边Z形钢；(e) 槽钢；(f) 卷边槽钢；(g) 向外卷边槽钢（帽形钢）；(h) 方管；(i) 圆管；(j) 压型板

3. 钢材的选择

选择钢材的目的是要做到结构安全可靠，同时用材经济合理。为此，在选择钢材时应考虑下列各因素：

（1）结构或构件的重要性：一、二、三级。

（2）荷载性质（静载或动载）；结构所承受的荷载可为静力或动力的；经常作用、有时作用或偶然出现的；经常满载或经常不满载等。

（3）连接方法（焊接、铆接或螺栓连接）；焊接结构钢材的质量要求应高于同样情况的非焊接结构，碳、硫、磷等有害元素的含量应较低，塑性和韧性应较好，而且还应该具有含碳量的合格保证。

（4）工作条件（温度及腐蚀介质）。对经常处于或可能处于较低负温下工作的钢结构、尤其是焊接结构，应选用化学成分和机械性能质量较好和脆性转变温度低于结构工作环境温度的钢材。

（5）钢材厚度。厚度大的钢材其强度、冲击韧性和焊接性能都较差，且易产生三向残余应力。构件厚度大的焊接结构应采用质量好的钢材。对于重要结构、直接承受动载的结构、处于低温条件下的结构及焊接结构，应选用质量较高的钢材。

Q235A钢的保证项目中，碳含量、冷弯试验合格和冲击韧性值并未作为必要的保证条件，所以只宜用于不直接承受动力作用的结构中。当用于焊接结构时，其质量证明书中应注明碳含量不超过0.2%。对于需要验算疲劳的焊接结构，应采用具有常温冲击韧性合格保证的B级钢。当这类结构冬季处于温度较低的环境时，若工作温度在0～－20℃之间，Q235和Q345应选用具有0℃冲击韧性合格的C级钢，Q390和Q420则应选用－20℃冲击韧性合格的D级钢。若工作温度不大于－20℃，则钢材的质量级别还要提高一级，Q235和Q345选用D级钢而Q390和Q420选用E级钢。非焊接的构件发生脆性断裂的危险性比焊接结构小些，对材质的要求可比焊接结构适当放宽，但需要验算疲劳的构件仍应选用有常温冲击韧性保证的B级钢。当工作温度等于或低于－20℃时，Q235和Q345应选用C级钢，Q390和Q420则应选用D级钢。

当选用Q235A、Q235B级钢时，还需要选定钢材的脱氧方法。在采用钢模浇铸的年代，镇静钢的价格高于沸腾钢，凡是沸腾钢能够胜任的场合就不用镇静钢。目前大量采用连续浇铸，镇静钢价格高的问题不再存在。因此，可以在一般情况下都用镇静钢。由于沸腾钢的性能不如镇静钢，《钢结构设计规范》（GB 50017—2003）对它的应用提出一些限制，包括不能用于需要验算疲劳的焊接结构、处于低温的焊接结构和需要验算疲劳并且处于低温的非焊接结构。

连接所用钢材，如焊条、自动或半自动焊的焊丝及螺栓的钢材应与主体金属的强度相适应。

1.1.4.1.4 钢材质量的检验

由前可知，反映钢材质量的主要力学指标有：屈服强度、抗拉强度，伸长率、冷弯性能及冲击韧性。此外，钢材的工艺性能和化学成分也是反映钢材性能的重要内容。根据《钢结构工程施工质量验收规范》（GB 50205—2001）的规定，对进入钢结构工程实施现场的主要材料需进行进场验收，即检查钢材的质量合格证明文件、中文标识及检验报告，确认钢材的品种、规格、性能是否符合现行国家标准和设计要求。对属于下列情况之一的钢材，应进行抽样复验，其复验结果应符合现行国家产品标准和要求。

（1）国外进口钢材。

（2）钢材混批。

（3）板厚不小于40mm，且设计有Z向性能要求的厚板。

（4）建筑结构安全等级为一级，大跨度钢结构中主要受力构件所采用的钢材。

（5）设计有复验要求的钢材。

（6）对质量有疑义的钢材。

复检时各项试验都应按有关的国家标准《金属拉伸试验方法》（GB/T 228—2002），《金属材料夏比摆锤冲击试验方法》（GB/T 229—2007）和《金属材料弯曲试验方法》（GB/T 232—1999）的规定进行。试件的样则按国家标准《钢及钢产品力学性能试验取样位置及试样制备》（GB/T 2975—1998）和《钢的化学分析用试样取样法及成品化学成分允许偏

差》(GB/T 222—2006)的规定进行。做热轧型钢的力学性能试验时，原则上应该从翼缘上切取试样。这是因为翼缘厚度比腹板大，屈服点比腹板低，并且翼缘是受力构件的关键部位。钢板的轧制过程使它的纵向力学性能优于横向，因此，采用纵向试样或横向试样，试验结果会有差别。国家标准中要求钢板、钢带的拉伸和弯曲试验取横向试件，而冲击韧性试验则取纵向试件。

钢材质量的抽样检验应由具有相应资质的质检单位进行。

1.1.4.1.5 建筑钢材的设计指标

钢材的强度设计值等于钢材的屈服强度除以钢材的抗力分项系数 γ_R。钢材的抗力分项系数 γ_R 的选取为：Q235 钢为 1.087，Q345、Q390、Q420 钢为 1.111。

钢材强度设计值根据钢材厚度或直径按附表 1 采用。

1.1.4.2 轻钢结构的组成

1.1.4.2.1 轻钢结构特点及应用

轻钢结构主要是指以轻型冷弯薄壁型钢，轻型焊接和高频焊接型钢，薄钢板、薄壁钢管，轻型热轧钢及其以上各种构件拼接、焊接而成的组合构件等为主要受力构件，大量采用轻质围护材料的单层和多层轻型钢结构建筑。

1. 特点简介

自重轻是轻型钢结构最显著的特点。轻钢结构还有加工制造简单、工业化程度高、运输及安装方便等优点，而且不消耗木材，可工厂化预制、可拼装、可拆卸，以及建筑工期短、投资回收快、有利于环境保护等综合优势。近年来，轻钢结构得到了迅速的发展。

门式刚架结构是轻钢建筑应用最为广泛的一种结构形式（图 1.1.8），其形式种类多样（图 1.1.9），在单层工业与民用房屋的钢结构中，应用较多的为单跨、双跨或多跨的单、双坡门式刚架。根据需要，可带挑檐或毗屋。根据通风、采光的需要，这种刚架厂房可设置通风口、采光带和天窗架等。

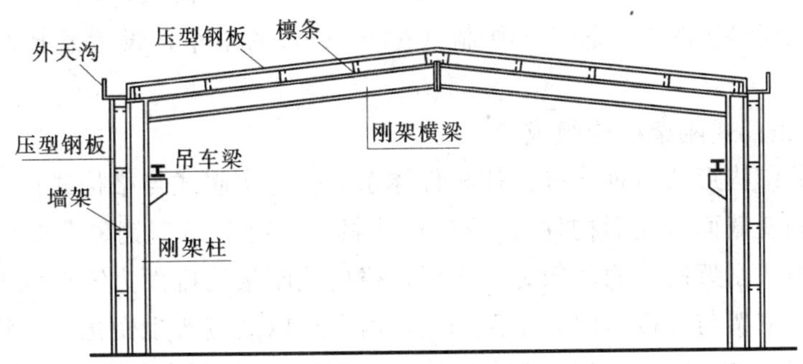

图 1.1.8 门式钢架的形式与构造

门式刚架结构有以下特点：

(1) 采用轻型屋面，可减小梁柱截面及基础尺寸。

(2) 在大跨建筑中增设中间柱做成一个屋脊的多跨大双坡屋面，以避免内天沟排水。中间柱可采用钢管制作的上下铰接摇摆柱，占空间小。

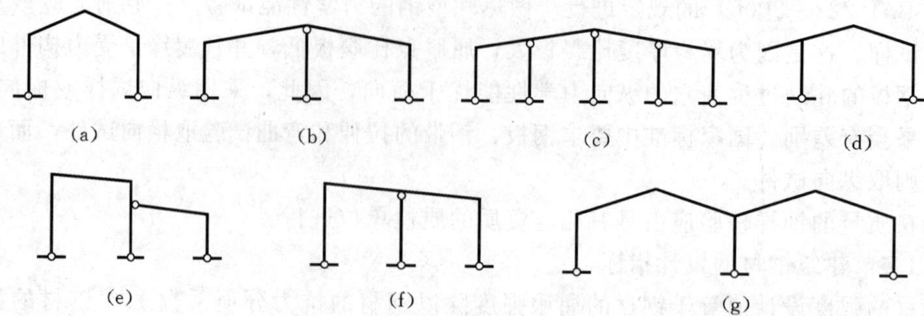

图 1.1.9 门式刚架的形式

(a) 单跨双坡；(b) 双跨双坡；(c) 四跨双坡；(d) 单跨双坡带挑檐；(e) 双跨双坡带毗屋；(f) 双跨单坡；(g) 双跨四坡

(3) 刚架侧向刚度可用檩条和墙梁的隅撑保证，以减少纵向刚性构件和减小翼缘宽度。

(4) 跨度较大的刚架可采用改变腹板高度、厚度及翼缘宽度的变截面。

(5) 刚架的腹板允许其部分失稳，利用其屈曲后的强度，即按有效宽度设计，可减小腹板厚度，不设或少设横向加劲肋。

(6) 竖向荷载通常是设计的控制荷载，地震作用一般不起控制作用。但当风荷载较大或房屋较高时，风荷载的作用不应忽视。

(7) 为使非地震区支撑做得轻便，可采用张紧的圆钢。

(8) 结构构件可全部在工厂制作，工业化程度高。构件单元可根据运输条件划分，单元之间在现场用螺栓连接，安装方便快速，土建施工量小。

2. 应用简介

门式刚架通常用于跨度 9～36m、柱距 6m、柱高 4.5～12m、吊车起重量较小的单层工业房屋或公共建筑（超市、娱乐体育设施、车站候车室、码头建筑）。设置桥式吊车时，宜为起重量不大于 20t 的中、轻级工作制（A1～A5）的吊车；设置悬挂吊车时，其起重量不宜大。

1.1.4.2.2 轻钢门式刚架结构组成

门式刚架的结构形式多种多样。按构件体系分，有实腹式与格构式；按构件截面形式分，有等截面和变截面（楔形构件）；按结构选材分，有普通型钢、薄壁型钢、钢管或钢板焊成的。实腹式刚架的截面一般为工字形；格构式刚架的截面为矩形或三角形。

变截面门式刚架与等截面门式刚架相比，前者可以适应弯矩变化，节约材料，但在构造连接及加工制造方面，不如等截面方便，故变截面门式刚架仅用于刚架跨度较大的房屋。

轻型门式刚架结构刚架由刚架横梁、檩条、压型钢板（太空轻质大型屋面板）、墙架、吊车梁以及刚架柱组成，如图 1.1.8 所示。

1. 刚架横梁的布置

工程中常见的轻型厂房门式刚架的横梁采用焊接 H 形截面。门式刚架结构一般采用

变截面构件，也有等截面的，往往采用多斜率的。

门式刚架斜梁与柱的连接可采用端板竖放［图 1.1.10 (a)］、端板平放［图 1.1.10 (b)］和端板斜放［图 1.1.10 (c)］三种形式斜梁拼接时宜使端板与构件外边缘垂直［图 1.1.10 (d)］。门式刚架横梁屋脊拼装节点图如图 1.1.11 所示。

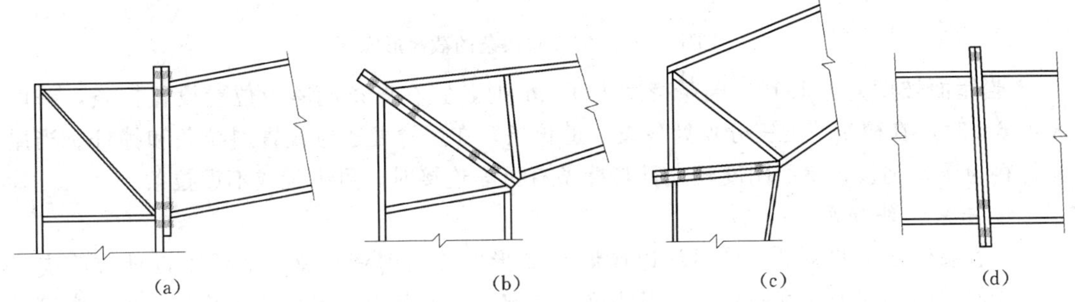

图 1.1.10 刚架斜梁的连接

(a) 端板竖放；(b) 端板平放；(c) 端板斜放；(d) 斜梁拼接

2. 压型钢板布置

压型钢板是采用镀锌钢板、冷轧钢板、彩色钢板等作原料，经辊压冷弯成各种波形的压型板，它具有轻质高强、美观耐用、施工简便、抗震防火的特点。

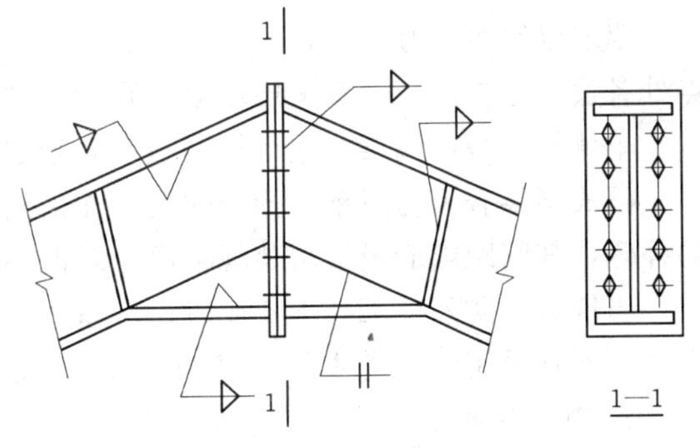

图 1.1.11 横梁屋脊拼装节点图

彩色涂层钢板是指由保护性和装饰性的有机涂料或薄膜连续涂覆于钢或铝带表面制成的预涂层冶金产品。它主要是由金属基板、化学转化膜和有机涂层三部分组成。有机涂层可配置各种色彩，并可借助印花、压花技术制成多种图案花纹，可取代传统的油漆装饰。

目前国际上建筑用彩板的基板种类主要有：热镀锌钢板、热镀锌合金钢板、热镀铝钢板、热镀锌铝合金钢板、热镀铝锌合金钢板、电镀锌钢板及铝板和不锈钢板。目前，国内可供建筑用彩板的基板种类有热镀锌钢板、热镀锌合金钢板和电镀锌钢板。

从防腐蚀机理分析，锌、铝在大多数大气环境下具有较高的稳定性，利用它作为钢材基体的防护性涂层是普遍公认的有效经济的方法，其应用历史已达 100 多年。锌在腐蚀性环境介质中会形成一层薄而致密的附着性很强的腐蚀产物，对周围环境介质起到屏蔽作用，从而阻止进一步腐蚀。

3. 檩条的布置

檩条宜优先采用实腹式构件，跨度大于 9m 时宜采用格构式构件，并应验算其下翼缘的稳定性。实腹式檩条宜采用卷边槽形和带斜卷边的 Z 形冷弯薄壁型钢，也可以采用直卷边的 Z 形冷弯薄壁型钢（图 1.1.12）。格构式檩条可采用平面桁架式或空间桁架式。檩条一般设计成单跨简支构件，实腹式檩条尚可设计成连接构件。

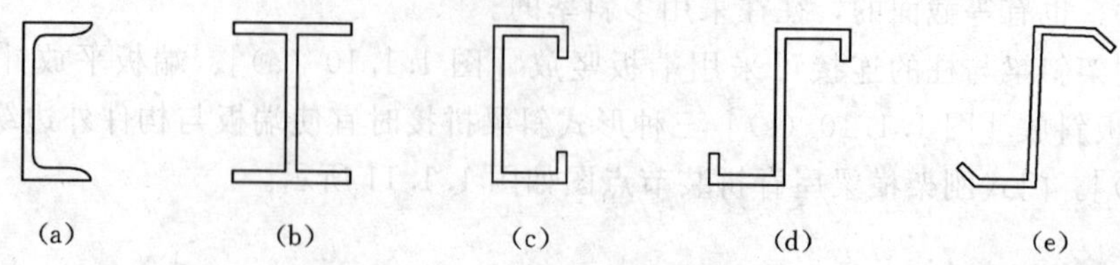

图 1.1.12 实腹式檩条的截面形式

当屋面坡度大于 1/10，檩条跨度大于 4m 时，宜在檩条间跨中位置设置拉条，跨度大于 6m 时，在檩条跨度三分点处各设一道拉条，在屋脊处还应设置斜拉条和撑杆。当屋面材料为压型钢板，屋面刚度较大且与檩条有可靠连接时，可少设或不设拉条。

4. 墙架构件布置

轻型墙体结构的墙梁宜采用卷边槽形或 Z 形的冷弯薄壁型钢。墙梁可设计成简支或连续构件，两端支承在刚架柱上。当墙梁有一定竖向承载力且墙板落地并与墙板间有可靠连接时，可不设中间柱，并可不考虑自重引起的弯矩和剪力。当有条形窗或房屋较高且墙梁跨度较大时，墙架柱的数量应由计算确定。当墙梁需承受墙板及自重时，应考虑双向弯曲。

当墙梁跨度 l 为 4～6m 时，宜在跨中设一道拉条，当跨度 l>6m 时，宜在跨间三分点处各设一道拉条，在最上层墙梁处宜设斜拉条将拉力传至承重柱或墙架柱。

单侧挂墙板的墙梁，应计算其强度和稳定。

门式刚架轻型房屋钢结构的侧墙，在采用压型钢板作围护面时，墙梁宜布置在刚架柱的外侧，其间距随墙板板型及规格而定，但不应大于计算确定的值。

当抗震设防烈度不高于 6 度时，房屋的外墙可采用轻质钢板墙或砌体；当为 7 度、8 度时，不宜采用嵌砌砌体；9 度时宜采用轻质钢板墙或与柱柔性连接的轻质墙板。

5. 刚架柱的布置

轻型厂房门式刚架的柱采用 H 形截面，一般情况下，横梁与钢柱刚性连接，柱脚与基础的连接可以是刚性连接［图 1.1.13 (a)］，也可以是铰接［图 1.1.13 (b)］。当厂房高度较大或有较大吨位吊车时，为了保证结构的必要刚度，在横向框架平面内可以按刚接柱脚考虑，但刚接柱脚耗钢量较大，制作时往往只能采用手工焊接，因此在可能条件下优先考虑铰接柱脚，此外，在按刚接柱脚设计时，柱脚承受弯矩较大，变截面构件的应用就不尽合理，此时，一般采用等截面。门式刚架的柱子通常是单斜率，也可以是双斜率。如设有桥式吊车时，也可以做成分段斜率形式。

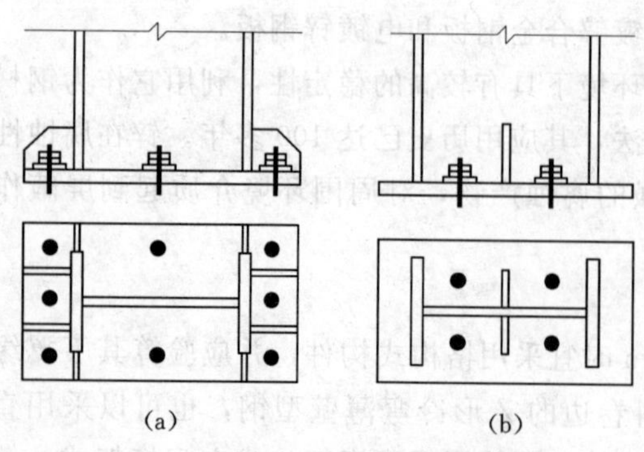

图 1.1.13 柱脚与基础的连接
(a) 刚接柱脚；(b) 铰接柱脚

6. 吊车梁布置

厂房中常设置桥式吊车，其竖向和水平荷载由吊车梁承受。吊车梁两端支撑于柱的变截面平台或牛腿上。在吊车梁上翼缘平面

内，通常沿水平方向设置制动梁或制动桁架，以便有效地将吊车的横向水平制动力传递到相邻的柱上。

7. 支撑构件的布置

门式刚架轻型房屋钢结构中的交叉支撑和柔性系杆可按拉杆设计。

刚架斜梁上横向水平支撑的内力，应根据纵向风荷载按支承于柱顶的水平桁架计算；对交叉支撑可不计压杆受力。

刚架柱间支撑的内力，应根据该柱列所受纵向风荷载（如有吊车，还应计入吊车纵向制动力）按支承于柱脚基础上的竖向悬臂桁架计算。对交叉支撑也可不计压杆的受力。当同一柱列设有多道纵向柱间支撑时，纵向力在支撑间可按均匀分布考虑。

1.1.4.2.3 结构尺寸规定

门式刚架轻型房屋钢结构的尺寸应符合下列规定：

（1）跨度。取横向刚架柱轴线间的距离。门式刚架的跨度宜为 9～36m，以 3m 为模数，必要时也可采用非模数跨度。当边柱截面高度不等时其外侧应对齐。

（2）高度。根据使用要求的室内净高确定，取地坪至柱轴线与横梁轴线交点的高度。无吊车的房屋门式刚架高度宜取 4.5～9m；有吊车的房屋应根据轨顶标高和吊车净空要求确定，一般宜为 9～12m。

（3）间距。门式刚架的间距即柱网轴线在纵向的距离宜为 6～9m，最大可采用 12m；当跨度较小时也可采用 4.5m。

（4）门式刚架的尺寸。檐口高度取地坪至房屋外侧檩条上缘的高度；最大高度取地坪至屋盖顶部檩条上檐的高度；门式刚架轻型房屋的宽度，取房屋侧墙墙梁外皮之间的距离；挑檐长度可根据使用要求确定，宜为 0.5～1.2m；门式刚架轻型房屋的长度，取房屋两端山墙墙梁外皮之间的距离。

（5）屋面坡度。轻型房屋屋面坡度宜取 1/20～1/8，在雨水较多地区可取其中较大值。挑檐的上翼缘坡度宜与横梁坡度相同。

（6）柱的轴线。可取通过柱下端（截面小端）截面中心的竖向轴线；工业建筑边柱的定位轴线宜取柱外皮；横梁的轴线可取通过变截面梁段最小端的中心与横梁上表面平行的轴线。

1.1.4.3 门式刚架的受力分析

1. 荷载类型

轻型单层工业厂房结构设计需考虑如下荷载：

（1）永久荷载（恒荷载）。包括主次结构和屋面结构材料重量（包括防水层、木望板和保温或隔热等材料的重量）及檩条、支撑、屋架、天窗架等结构的自重。固定的悬挂管道也可作为恒载考虑。

（2）可变荷载（活荷载）。包括屋面均布活荷载、雪荷载、施工荷载、积灰荷载、风荷载及悬挂吊车荷载等。其荷载、荷载分项系数、荷载效应组合和荷载组合值系数的取值应符合现行国家标准《建筑结构荷载规范》（GB 50009—2001）的规定。并应考虑由于风吸力作用引起构件内力变化的不利影响（此时永久荷载分项系数取 1.0）。

（3）偶然作用。如地震作用、爆炸力、冲击力或其他意外事故产生的作用。

2. 荷载组合

计算结构强度和稳定性时，需考虑一下荷载组合，这些荷载包括：永久荷载 D、屋面活荷载 L、风荷载 W、雪荷载 S 和吊车荷载 C。

（1）$1.2D+1.4L$。

（2）$1.2D+1.4W$，或 $1.0D+1.4W$，后者用风效应与恒载的重力效应相反的情况下。

（3）$1.2D+1.4S$。

（4）$1.2D+1.4\times\max\{L,S\}+0.7\times1.4W$。

（5）$1.2D+1.4W+0.7\times1.4\times\max\{L,S\}$。

（6）$1.2D+1.4C$。

（7）$1.2D+1.4C+0.7\times1.4W$。

（8）$1.2D+1.4W+0.7\times1.4C$。

（9）$1.2D+1.4C+0.7\times1.4(\max\{L,S\}+C)$。

3. 荷载在结构中的传递

结构设计时，需明确每种荷载的传递路径。如作用在屋面表面的荷载（活荷载、风荷载）通过屋面板、檩条、框架梁传递到柱子和基础；作用在墙体表面的荷载（主要是风荷载）通过墙面板、墙梁、柱子（框架柱和抗风柱）传递，最终也到基础；其他恒载，或是构件的重力，或是外加的管道、设备等荷载则通过构件的支撑关系逐级传递直到基础。

1.1.5 任务实施

图 1.1.1 所示门式刚架结构体系由门式刚架、檩条、墙梁、屋面、墙面、支撑等组成。门式刚架是主要承重骨架，由横梁和立柱刚性连接，门式刚架的梁、柱多采用变截面杆件，多采用 H 型钢，檩条、墙梁通常采用冷弯薄壁型钢，屋面、墙面常常采用压型金属板、彩钢夹芯板，屋面及墙面保温芯材常用聚苯乙烯泡沫塑料、聚氨酯泡沫塑料、岩棉等，支撑分屋面支撑、柱间支撑，其作用是保证结构空间稳定，屋面支撑多采用直径 8mm 以上的圆钢制作。

作用在结构上的荷载有永久荷载和可变荷载。永久荷载主要包括结构构件的自重和悬挂在结构上的非结构构件的重力荷载，如屋面、檩条、支撑、吊顶、墙面构件和刚架自重等。可变荷载主要包括屋面活荷载 、屋面雪荷载和积灰荷载、吊车荷载 、地震作用 、风荷载等。

屋面竖向荷载通过屋面板、檩条和横梁传向钢柱和基础；风荷载、地震荷载等水平荷载通过墙面板、墙梁传递给柱，最终也传递到基础。

学习单元 1.2　单层重型厂房结构认识

1.2.1 学习目标

通过本单元的学习，会分析单层厂房钢结构的组成，会正确布置单层厂房各个组成体系；会正确选择节点连接方式；会进行结构连接处的焊接和螺栓连接计算，能进行单层厂房的受力特点分析。

1.2.2　学习任务

1. 任务

针对学习目标，根据单层厂房结构的组成，布置单层厂房的各组成体系；分析单层厂房结构的受力特点；识别钢结构构件的三种连接方式，并进行连接计算。

2. 任务描述

分析图 1.2.1 所示单层厂房结构的组成。

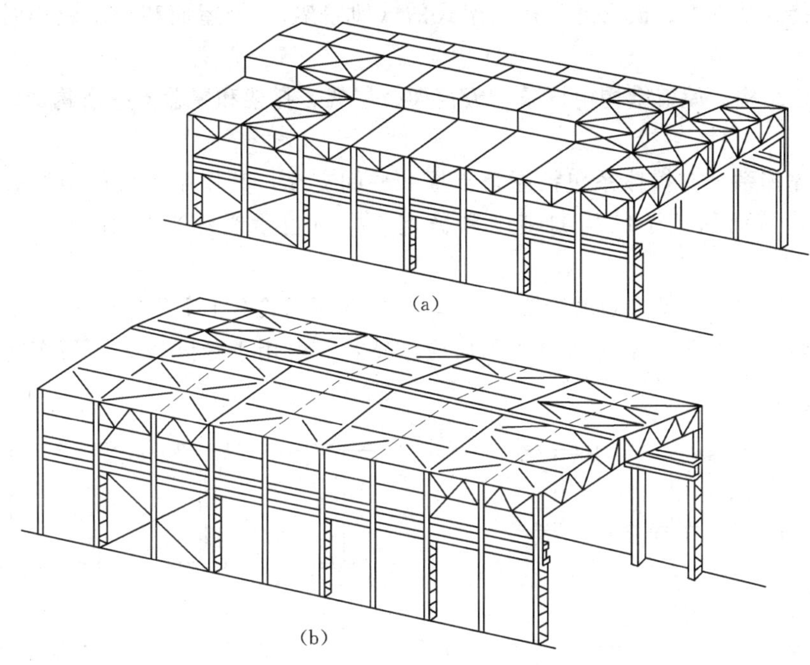

图 1.2.1　单层厂房结构的组成示例

(a) 无檩体系；(b) 有檩体系

1.2.3　任务分析

认识单层厂房钢结构，首先应了解单层厂房钢结构的组成，进行钢结构单层厂房的布置，需从工艺要求、结构要求和经济要求综合考虑柱网的布置方案，知道伸缩缝、防震缝和沉降缝位置的布置及屋盖结构体系布置。要进行单层厂房钢结构的受力分析，就必须明确横向框架、厂房柱以及钢屋架上所受的荷载，特别是要了解吊车荷载的计算方法。钢结构的连接设计是否合理，直接影响到结构的使用安全、施工工艺和工程造价，所以钢结构节点设计同构件或结构本身的设计一样重要。正确的选择构件的连接方式，首先要熟悉焊接、螺栓连接以及铆接的优缺点，尤其要掌握焊接和螺栓连接的构造，并懂得焊缝长度计算和螺栓强度计算的方法。

1.2.4　任务知识点

1.2.4.1　单层厂房结构的组成与布置

1.2.4.1.1　单层厂房结构的组成

钢结构单层工业厂房是工业与民用建筑中应用钢结构较多的建筑物。厂房结构是由屋盖（屋面板、檩条、天窗、屋架或梁、托架）、柱、吊车梁（包括制动梁或制动桁架）、墙

架、各种支撑和基础等构件组合而成的空间刚性骨架，承受作用在厂房结构上的各种荷载和作用，是整个建筑物的承重骨架。

这些构件按其所起作用可组成下列体系：

(1) 横向框架。横向平面框架由柱和横梁组成，横向平面框架基本上承受厂房结构的全部竖向荷载和横向水平荷载，包括全部建筑物重量（屋盖、墙、结构自重等）、屋面雪荷载和其他活荷载、吊车竖向荷载和横向水平制动力、横向风荷载、横向地震作用等，并将这些荷载传到基础上。横梁通常是桁架式的（即屋架），轻屋面和跨度较小时也可采用实腹式的。

(2) 屋盖结构。屋盖结构由檩条、天窗架、屋架、托架和屋盖支撑所构成，承受屋面荷载。

(3) 支撑体系。支撑体系包括屋盖支撑和柱间支撑，其作用是将单独的平面框架连成空间体系，从而保证了结构的刚度和稳定，同时也承受纵向风力和吊车的纵向制动力。

(4) 吊车梁和制动梁（制动桁架）。吊车梁的截面形式有工字型钢，焊接组合工字形、箱形（图 1.2.2）。吊车桁架对动力作用反应敏感，一般用于跨度较大而吊车起重量较小的情况。

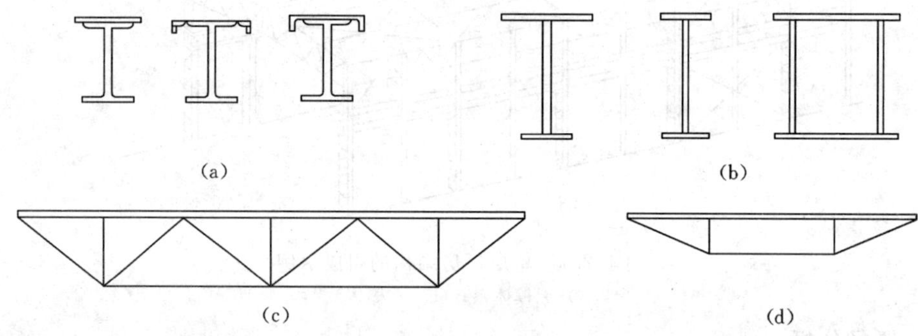

图 1.2.2 吊车梁的截面形式

(a) 型钢吊车梁截面形式；(b) 工字形、箱形吊车梁截面形式；(c) 吊车桁架；(d) 下撑式吊车桁架

与普通梁相比，吊车梁除承受永久荷载以外，主要承受吊车移动产生的动力荷载。吊车工作时，无论启动或制动，都会对吊车梁产生横向水平力。因此，必须将吊车梁的上翼缘加强或设置制动系统，以承担横向水平作用。当吊车起重量 $Q\leqslant 3\text{t}$，且柱距 $L\leqslant 6\text{m}$ 时，可以将吊车梁的上翼缘加强，使梁在水平面内具有足够的抗弯强度和刚度。对于宽度或起重量较大的吊车，应设置制动梁或制动桁架。图 1.2.3 是一个边列柱的吊车梁，设置了钢板和槽钢组成的制动梁；吊车梁的上翼缘为制动梁的内翼缘，槽钢则为制动梁的外翼缘。制动梁的宽度不宜小于 1.0～1.5m，当所需宽度较大时，常用制动桁架。制动桁架是用角钢组成的平行弦桁架。吊车梁的上翼缘兼作制动桁架的弦杆。制动梁和制动桁架统称为制动结构。制动结构的作用是承受横向水平力，提高吊车梁的整体稳定性，还可作为检修走道。制动梁腹板（兼作走道板）宜用 6～10mm 厚的花纹钢板以防滑，走道的活荷载一般按 2kN/m^2 考虑。

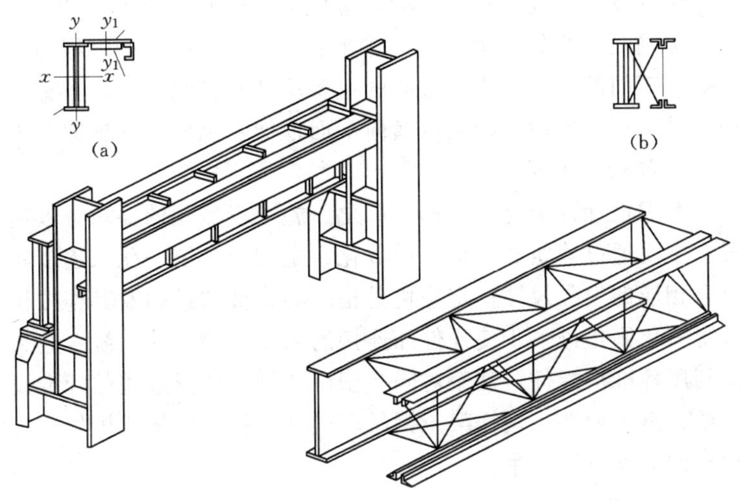

图 1.2.3　吊车梁与制动结构

对于跨度大于 12m 的重级工作制吊车梁，或跨度大于 18m 的中级工作制吊车梁，为了增加吊车梁和制动结构的整体刚度和抗扭性能，在边列柱上的吊车梁宜设置与吊车梁平行的垂直辅助桁架，并在辅助桁架与吊车梁之间设置水平支撑和垂直支撑［图 1.2.3(b)］。垂直支撑可增加整体刚度，但由于受吊车梁竖向变形的影响，容易受力过大而破坏，应避免设置在梁的跨中部。对柱的两侧均有吊车梁的中列柱，应在两吊车梁间设置制动结构、水平支撑和垂直支撑。

(5) 墙架。墙架一般由墙架梁和墙架柱（也称抗风柱）等组成，用以承受墙重和墙面风荷载。当墙为自承重砖墙时只承受墙面风荷载，而全部墙重则传到底部搁置在相邻柱基础的钢筋混凝土基础梁上或专设的墙基础上。对纵向柱距较小的侧墙，只设墙架梁；对山墙和纵向柱距较大的侧墙则需加设墙架柱作为墙架梁的支撑。墙架柱下端设基础，上端连于屋盖上弦或下弦水平支撑的节点上。

厂房钢结构的钢材用量指标和各类构件所占比重大致见表 1.2.1。其中厂房单位面积钢材用量指标是评定设计经济合理性的一项重要指标。

表 1.2.1　　单层厂房钢结构的钢材用量指标

车间类型		轻型		中型		重型	
吊车起重量（t）		0～5	10～20	30～50	75～100	125～175	200～350
吊车轨顶标高（m）		6～10	8～16	10～16	10～20	10～20	16～26
厂房单位面积钢材用量（kg/m²）		35～50	50～80	70～120	90～200	170～300	300～400
各类构件所占钢材用量比重（%）	屋盖及其支撑	20～60					
	吊车梁	10～40					
	柱	15～35					
	墙架及柱间支撑	5～15					

为了改善厂房结构设计的技术经济指标，应该对整个厂房建筑和结构进行合理规划。规划时首先应使厂房满足工艺和使用要求，并能适应今后可能生产过程的变动和发展。规划的主要内容是确定车间的平面和高度方向的主要尺寸和控制标高，布置柱网，确定变形缝的位置和做法，并选择主要承重结构（横向平面框架、纵向平面框架、屋盖结构、吊车梁结构等）体系、布置和形式等。

规划时应充分考虑设计标准化、生产工厂化、施工机械化的要求，以提高建筑工业化的水平。这些要求主要通过建筑和结构的模数化、定型化和统一化来逐步实现。模数化是指结构布置要符合相应的模数尺寸；定型化是指同类构件和结构及其连接构造尽量采用相同的典型形式；统一化则指进一步使构件和连接的某些主要尺寸也统一起来。这样，可以在厂房中更多地利用标准构配件，甚至对同类型厂房做出广泛适用的标准设计。目前，我国已有梯形钢屋架、钢天窗架、钢托架、钢吊车梁（包括制动梁或桁架）等构件和相应支撑体系和连接构造的标准设计图集。

1.2.4.1.2 单层厂房结构的布置

1. 柱网布置

厂房柱的纵向和横向定位轴线在平面上构成规则的网格，称为柱网。柱网应根据工艺、结构和经济等要求布置。

按工艺要求，厂房的横向柱距（即跨度）和纵向柱距应满足生产工艺、使用和发展的要求；柱的位置应和厂房的地上设备、起重和运输通道、地下设备和设备基础、地下管道的地坑等协调。

按结构要求，柱网布置应尽量简单，避免在同一区段内设置纵横跨，尽量采用所有柱列的纵向柱距均为相等并符合模数的布置方式。通常情况下，纵向柱距的模数采用 6m，跨度的模数采用 3m（$l\leqslant$24m 时）或采用 6m（$l\geqslant$24m 时，确实需要时仍可按 3m）。

按经济要求，纵向柱距常对钢材用量和造价有较大的影响。如增加柱距，柱和基础的材料用量减少，而屋盖结构、吊车梁和墙架的材料用量增加，且往往需要增设托架和墙架柱。

厂房端部为山墙时，为了支承墙重和墙面风荷载，通常应每隔一定间距（常用$\leqslant$6m）设置抗风柱。为使抗风柱和横向框架横梁（屋架）的位置略为错开和与抗风柱顶部连接的方便，常把该处横向框架（柱和屋架）自定位轴线内移 600mm。在此 600mm 范围内，檩条、屋面板、吊车梁、墙架梁等纵向构件从相邻开间伸臂挑出，挑出长度略小于 600mm，以便构成必要的变形缝隙。

2. 变形缝布置

变形缝包括伸缩缝（温度缝）、防震缝和沉降缝（图 1.2.4）。

(1) 伸缩缝。如果厂房的长度或宽度较大，在温度变化时，纵向或横向框架的上部结构将发生较大的伸缩变形，而基础以下仍固定于原来位置。这种变形将使柱、墙等构件内部产生很大的内力，严重的可使其断裂或破坏。因此，需要用伸缩缝将厂房结构分成几个温度区段（图 1.2.4），以减少每个区段的伸缩量。

根据使用经验和理论分析，钢结构规范规定当温度区段长度不超过表 1.2.2 所示的数值时，可不计算温度应力。

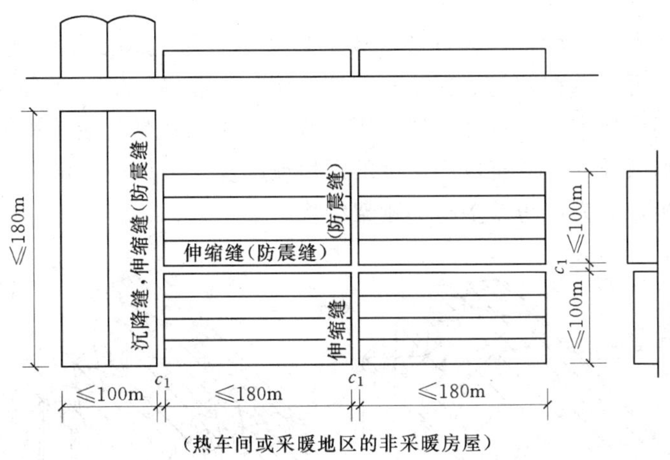

图 1.2.4　变形缝的布置

表 1.2.2　　**钢结构房屋温度区段长度限值**　　单位：m

结构性质	纵向温度区段（垂直于屋架或构架跨度方向）	横向温度区段（沿屋架或构架跨度方向）	
		柱顶为刚接	柱顶为铰接
采暖房屋和非采暖地区的房屋	200	120	150
热车间和采暖地区的非采暖房屋	180	100	125
露天结构	120	—	—

伸缩缝的通常做法是从基础顶面或地面开始，将相邻区段上部结构的构件完全分开（基础可不分开）。根据气温差和结构的具体情况，缝宽净距取不小于 30～60mm。这种做法是在横向伸缩缝处，设置双榀横向平面框架；在纵向伸缩缝处，设置双榀纵向平面框架。后者的双榀纵列柱和框架费钢较多且接缝很长，故规划时应尽量避免纵向伸缩缝。

(2) 防震缝。当单层厂房位于地震区时，其伸缩缝尚应符合防震缝的要求。此外，当厂房的平、立面布置复杂，或由高度或刚度相差很大的部分组成时，也应用防震缝将不同刚度部分分开（图 1.2.4）。

防震缝的做法和伸缩缝相似，互相兼任，但防震缝必须做成地面以上两侧构件完全分开，缝宽和构造符合防震要求（保证缝两侧构件在地震振动时不会相互碰撞）。防震缝宽度按厂房和地震设计烈度等情况确定，一般单层厂房取 50～90mm，纵横跨交接处取 100～150mm。

(3) 沉降缝。沉降缝用于厂房相邻部分的高度、荷载、吊车起重量或基础体系相差很大或地基条件有严重差异等情况，以防止结构或屋面、墙面等在过大的基础不均匀沉降下发生裂缝或破坏。沉降缝的做法一般是把两侧的结构包括基础全部分开，使各自可以独立地自由沉降。沉降缝的做法也应符合伸缩缝和防震缝的要求，兼起这两种缝的作用。例如图 1.2.4 所示厂房中，左方横向跨的高度、跨度或吊车起重量常显著较大，则可用沉降缝和右方纵向跨部分分开。

3. 屋盖结构的布置和体系

在确定柱网及框架之后，作为框架横梁的屋架的位置也确定了（图 1.2.5）。在钢屋盖结构中，钢屋架可支承在钢筋混凝土柱上或砖墙（加墙垛）上，通常做成简支，构造简单，安装方便。钢屋架支承于钢柱一般只用在有较重（尤其是重级工作制）桥式吊车、有较大振动设备（如锻锤等）或有较高温度的厂房或跨度、高度较大的房屋中，这时钢屋架与钢柱常做成刚接，成为单跨或多跨的刚架结构。

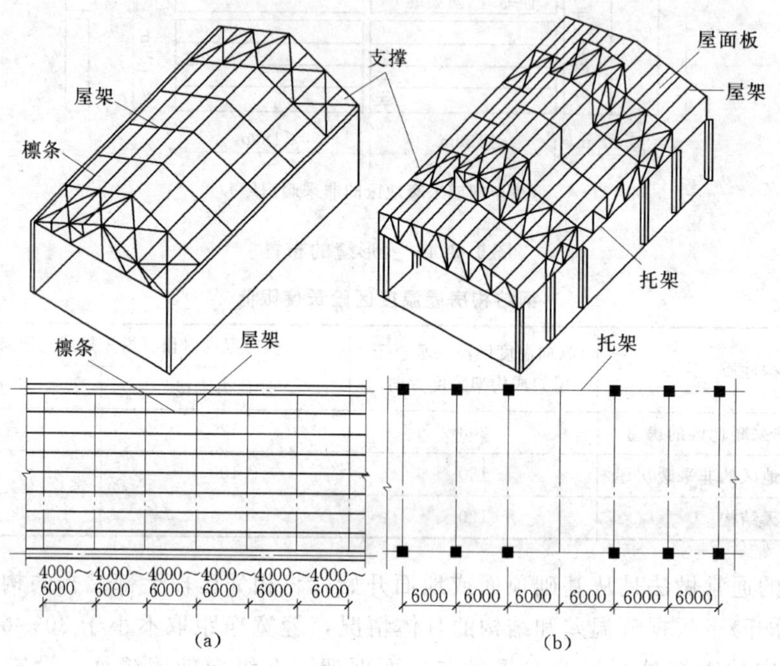

图 1.2.5　屋盖结构组成及柱网布置

(a) 有檩体系；(b) 无檩体系

普通钢屋架通常用 18～36m，取 3m 的模数。屋架的间距通常为 4～6m，常用 0.3m 的模数；最常用的间距是 6m；小跨度轻屋面屋架中可减小到 3m，大跨度屋架中则可增加到 9～12m。

屋架是由各种直杆相互连接组成的一种平面桁架；在横向节点荷载作用下，各杆件产生轴心压力或轴心拉力，因而杆件截面应力分布均匀，材料利用充分，具有用钢量小、自重轻、刚度大、便于加工成形和应用广泛的特点。屋架按外形可分为三角形屋架、梯形屋架及平行弦屋架三种形式（图 1.2.6）。

(1) 屋架形式选择。屋架的选型原则：首先满足使用要求，如排水坡度、建筑净空、天窗、天棚以及悬挂吊车的需要；其次是受力合理。应使屋架的外形与弯矩图相近，杆件受力均匀；短杆受压、长杆受拉；荷载布置在节点上，以减少弦杆局部弯矩，屋架中部有足够高度，以满足刚度要求。再次要便于施工，屋架的杆件和节点宜减少数量和品种、构造简单，跨度和高度避免超宽、超高。各种形式屋架特点如下：

1) 三角形屋架。三角形屋架［图 1.2.6 (a)、(b)、(d)］适用于屋面坡度较陡的有

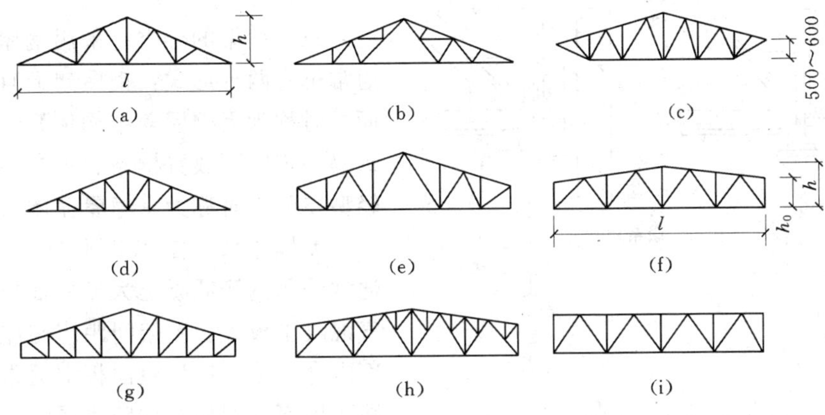

(a)　(b)　(c)　(d)　(e)　(f)　(g)　(h)　(i)

图 1.2.6　屋架的形式

(a) 三角形屋架；(b) 三角形屋架；(c) 下撑式屋架；(d) 三角形屋架；(e) 梯形屋架；(f) 梯形屋架；(g) 梯形屋架；(h) 梯形屋架；(i) 平行弦屋架

檩屋盖结构。坡度 $i=1/6\sim1/2$；上、下弦交角小，端节点构造复杂；外形与弯矩图差别大，受力不均匀，横向刚度低，只适用于中、小跨度轻屋面结构。

三角形屋架的腹杆布置可有芬克式、单斜式、人字式三种。芬克式屋架受力合理、便于运输，多被采用；单斜式屋架只适用于下弦设置天棚的屋架，较少采用；人字式屋架只适用于跨度小于 18m 的屋架。

2）梯形屋架。梯形屋架［图 1.2.6（e）、（f）、（g）、（h）］适用于屋面坡度平缓的无檩屋盖结构。坡度 $i<1/3$，且跨度较大时多采用梯形屋架。梯形屋架外形与弯矩图接近，弦杆受力均匀；腹杆多采用人字式，当端斜杆与弦杆组成的支撑点在下弦时称为下撑式，多用于刚接支承节点，反之为上承式。梯形屋架上弦节间长度应与屋面板的尺寸配合，使荷载作用于节点上，当上弦节间太长时，应采用再分式腹杆。

3）平行弦屋架。当屋架的上、下弦杆相平行时，称为平行弦屋架［图 1.2.6（i）］。多用于单坡屋盖和双坡屋盖，或用作托架、支撑体系。腹杆多为人字形或交叉式。平行弦屋架的同类杆件长度一致，节点类型少，符合工业化制造要求，有较好的效果。

（2）屋架的主要尺寸确定。屋架的主要尺寸是指屋架的跨度和高度，对梯形屋架尚有端部高度。

1）屋架的跨度。屋架的跨度应根据生产工艺和建筑使用要求确定，同时应考虑结构布置的经济合理。通常为 18m、21m、24m、27m、30m、36m 等，以 3m 为模数。对简支于柱顶的钢屋架，屋架的计算跨度为屋架两端支座反力的距离。屋架的标志跨度 l 为柱网横向轴线间的距离。标志跨度应与大型屋面板的宽度相一致。根据房屋定位轴线及支座构造的不同，屋架的计算跨度的取值尚有下述情况；当支座为一般钢筋混凝土柱且柱网为封闭结合时，计算跨度为 $l_0=l-$（300～400mm）；当柱网采用非封闭结合时，计算跨度为 $l_0=l$，如图 1.2.7 所示。

2）屋架的高度。屋架的高度取决于建筑要求、屋面坡度、运输界限、刚度条件和经济高度等因素。屋架的最大高度不能超过运输界限，最小高度应满足屋架容许挠度（$[v]$

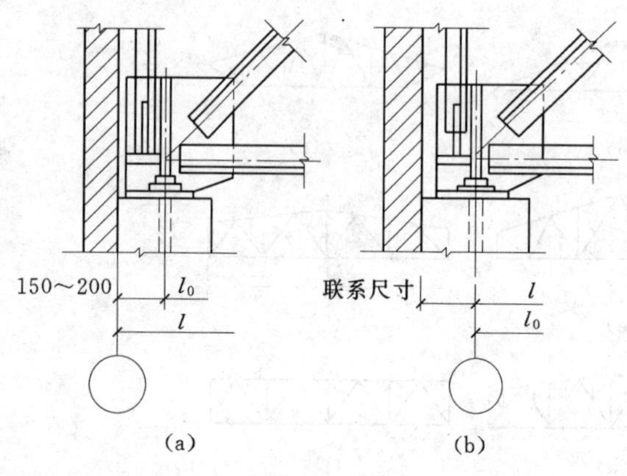

图 1.2.7 屋架的计算跨度

$= l/500$）的要求。

（3）屋架的分类。采用钢屋架的屋盖通常可有两种形式：钢屋架上直接铺放屋面板时称为无檩屋盖结构体系；钢屋架上每隔一定间距放置檩条、再在檩条上放置轻型屋面板时称为有檩屋盖体系。

无檩体系［图 1.2.8（a）］中屋面板通常采用钢筋混凝土大型屋面板、钢筋加气混凝土板等。屋架间距应与屋面板的长度配合一致。这种屋面板上通常采用卷材防水屋面（例如油毡防水屋面，常用二毡三油上铺小石子的六层作法），一般适用于小屋面坡度，常用 1∶8～1∶12 的坡度。当屋面有保温需要时，可在屋面板上先设保温层，通常采用泡沫混凝土、加气混凝土、水泥白灰焦渣、珍珠岩砂浆或沥青珍珠岩等。无檩体系的优点是屋面构件的种类和数量少，构造简单，安装方便，易于铺设保温层和防水层等，同时屋盖的刚度大，整体性好，并较为耐久；其缺点是屋面自重较大，使屋架和下部结构的截面和用料都相应增加，对抗震不利，并且吊装时构件较笨重。因此，无檩体系常用在刚度要求较高的中型以上厂房和民用、公用建筑中。

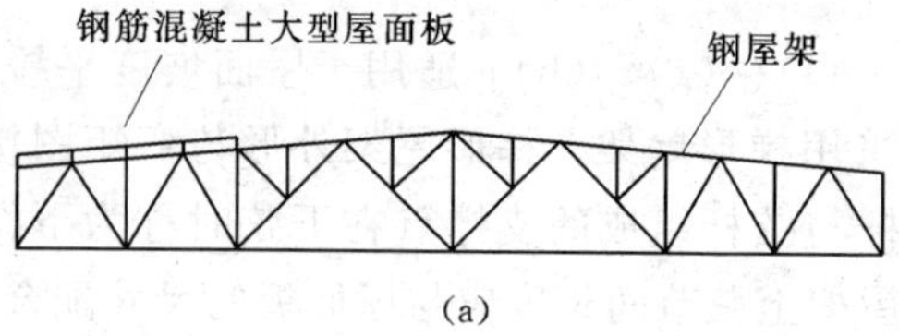

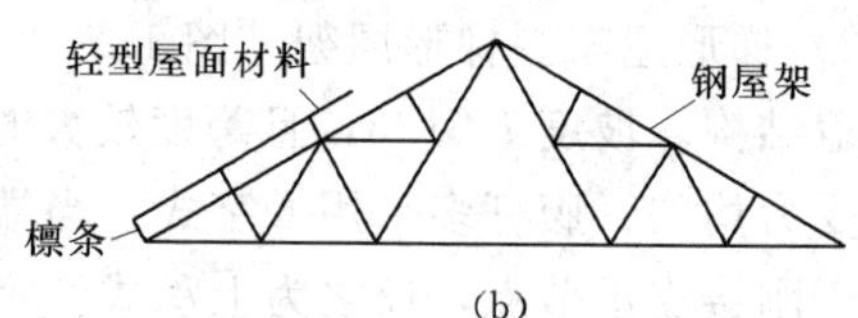

图 1.2.8 屋盖结构体系

（a）无檩屋架；（b）有檩方案

有檩体系［图 1.2.8（b）］中，通常是在檩条上放置轻型屋面板，较多情况为不保温屋面，例如波形石棉瓦、瓦楞铁、预应力钢筋混凝土槽瓦、钢丝网水泥折板瓦等，也可在檩条上铺放木望板，再放置黏土瓦、水泥瓦等。以上屋面一般要求较陡的屋面坡度以便排水，常用 1∶3～1∶2，并常采用三角形屋架。有檩体系的优点是可供选用的屋面材料种类较多，屋架间距和屋面布置比较灵活，构件重量轻、用料省、运输和安装较轻便；其缺点是屋面构件的种类和数量较多，构件较复杂，吊装安装次数多，檩条用钢量较多，并且屋盖的整体刚度较差。因此，有檩体系常用在刚度要求不高的中小型厂房和民用建筑中；但是，在采用新型和轻型屋面材料（如压型钢板、夹芯保温板等）和采取适当构造措施后，最近也逐渐用到较大型的工业厂房和民用建筑中。

4. *支撑体系的布置*

厂房支撑体系可分为屋盖支撑和柱间支撑两部分。

（1）屋盖支撑。屋盖支撑可分为上弦横向水平支撑、下弦横向水平支撑、下弦纵向水

平支撑、竖向支撑和系杆等。

1）上弦横向水平支撑。在有檩体系或采用大型屋面板的无檩体系屋盖中均应设置屋架上弦横向水平支撑。

上弦横向水平支撑一般应设置在房屋的两端或横向温度伸缩缝间区段两端的第一个柱间（图 1.2.9），也可将支撑布置在第二柱间，但第一柱间必须用刚性系杆与端屋架上弦牢固连接，以保证端屋架的稳定和传递山墙的风力，为了保证上弦横向支撑的有效作用，提高屋盖的纵向刚度，两道横向水平支撑的距离不宜大于 60m，故当房屋较长（大于 60m）时，尚应在中间柱间设横向水平支撑。

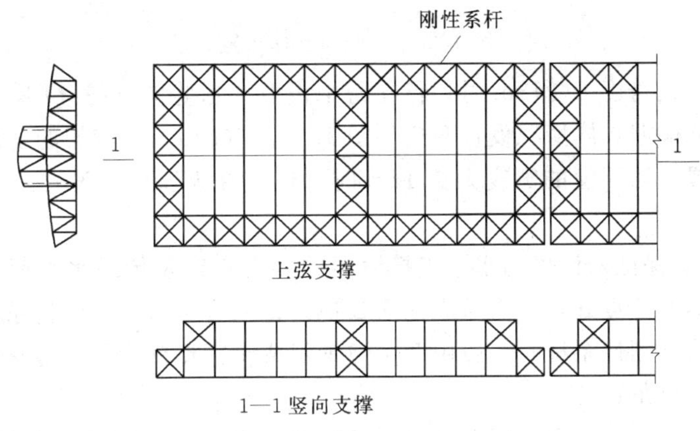

图 1.2.9　有天窗时支撑的布置

2）下弦横向水平支撑。下弦横向水平支撑一般和上弦横向水平支撑布置在同一开间，它们和相邻的两个屋架组成一个空间桁架体系。一般情况下，应设置下弦横向水平支撑，但当房屋跨度 $L \leqslant 18$m 且未设悬挂起重运输设备和吊车，或者虽有吊车但吨位不大，也没有较大的振动设备，可不设置下弦横向水平支撑。

3）下弦纵向水平支撑。下弦纵向水平支撑的主要作用是与横向水平支撑一起形成封闭体系，以提高房屋的整体刚度。当房屋内设有较大吨位的重级、中级工作制桥式吊车、壁行式吊车或有锻锤等较大振动设备及房屋较高、跨度较大、空间刚度要求较高时，均应在屋架下弦端节间内设置纵向水平支撑。单跨厂房一般沿两纵向柱列设置，多跨厂房则根据具体情况沿全部或部分纵向柱列设置，有托架的房屋（图 1.2.10）为了保证托架的侧向稳定，在有托架处也应设置纵向水平支撑。

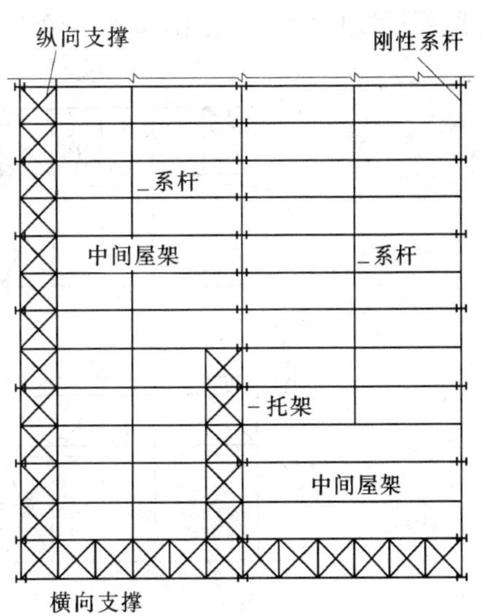

图 1.2.10　托架处纵向支撑布置

4）竖向支撑。所有房屋均应设置竖向支撑。它的主要作用是使相邻屋架和上下弦横向水平支撑所组成的四面体形成空间几何不变体系，以保证屋架在使用和安装时的整体稳定。故在设置横向支撑的开间内，均应设置竖向支撑。梯形屋架，当跨度 $L\leqslant 30$m 时，一般只需在屋架两端及跨中竖杆平面内布置三道竖向支撑［图 1.2.11（a）］，当屋架跨度 $L>30$m 时，应在两端和在跨度 $L/3$ 处或天窗架侧处各布置一道竖向支撑［图 1.2.11（b）］。

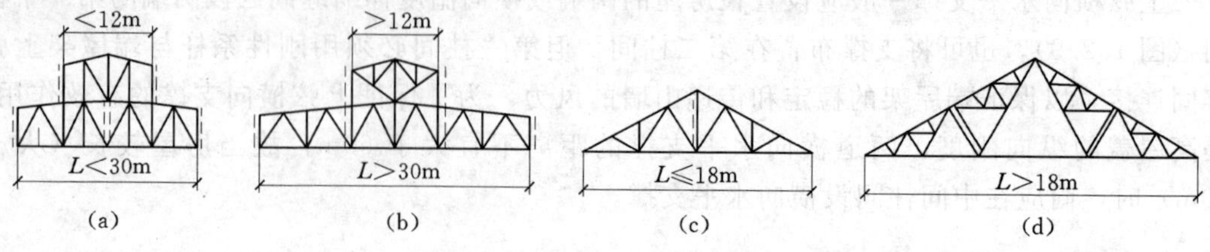

图 1.2.11 竖向支撑布置

三角形屋架，当跨度 $L\leqslant 18$m 时，仅在跨中设置一道竖向支撑［图 1.2.11（c）］；当跨度 $L>18$m 时可根据具体情况设置两道［图 1.2.11（d）］。天窗架的竖向支撑，一般在天窗架的两侧布置，当天窗的宽度大于 12m 时，还应在天窗中央设置一道竖向支撑［图 1.2.11（b）］。

5）系杆。为了保证未设横向水平支撑屋架的侧向稳定及传递水平荷载，应在横向水平支撑或竖向支撑的节点处，沿房屋纵向通长地设置系杆。系杆有刚性系杆和柔性系杆之分，能承受压力的称刚性系杆，一般由两个角钢组成十字形截面；只能承受拉力的称为柔性系杆，一般采用单角钢。

在屋架上弦平面内，大型屋面板可起系杆作用，所以一般只在屋脊及两端设系杆，当采用檩条时，则檩条可代替系杆；在有天窗时，应沿屋脊设置刚性系杆，在屋架下弦中部一般设一道或两道柔性系杆。

三角形屋架两端及梯形屋架主要支承节点处也应设置刚性系杆。

（2）柱间支撑的布置。柱间支撑应布置在温度区段中部，温度区段不大于 120m 时，可以在温度区段的中央设置一道柱间支撑［图 1.2.12（a）］。温度区段大于 120m 时，应在温度区段中间 1/8 范围布置两道下层支撑，以免传力路线太长，纵向刚度不够。但是两

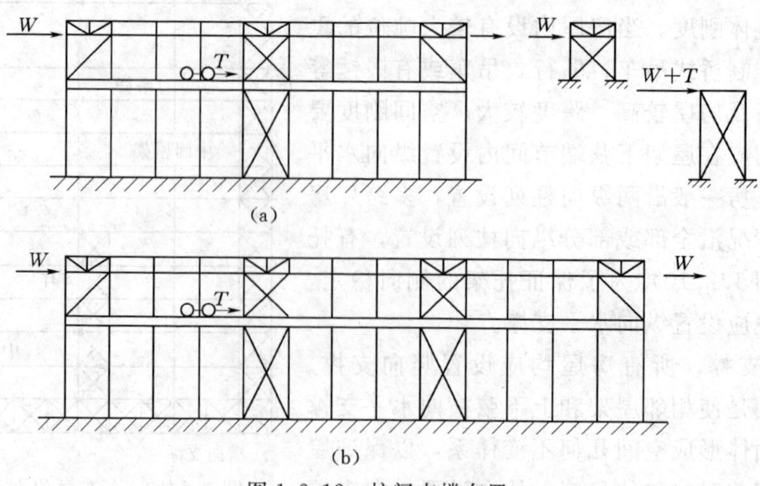

图 1.2.12 柱间支撑布置

道下层支撑之间的距离又不宜大于 60m，以减少温度应力的影响［图 1.2.12（b）］。在短而高的厂房中，温度应力不大，下层支撑布置在厂房的两端，可以提高厂房的纵向刚度。

上层支撑应布置在温度区段的两端及有下层支撑的开间中（图 1.2.12）。这样，便于传递从屋架横向支撑传来的纵向力。由于上段柱刚度较小，端部设置上层支撑，不会引起很大的温度应力。

上层支撑除了在温度区段两端用单斜杆外，其余上层支撑用交叉腹杆或其他形式。

下层支撑用交叉腹杆最为经济，刚度也大。在某些车间中，当采用交叉斜腹杆的支撑妨碍生产操作或交通时，可采用门架式支撑（图 1.2.13）。

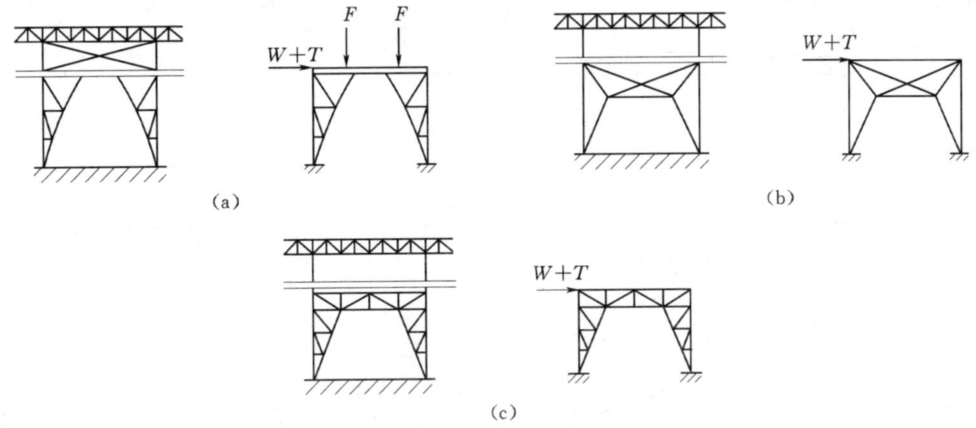

图 1.2.13　门架式支撑

柱间支撑在柱子截面中的位置，如图 1.2.14 所示。对于等截面柱的上下层柱间支撑和阶形柱的上阶支撑应布置在柱子的轴线上［图 1.2.14（a）、（b）、（c）］；若有人孔，则移向两侧布置［图 1.2.14（d）］。阶形边列柱的下层支撑，若外缘有大型板材或墙梁等构件连牢时，可只沿柱的内缘布置［图 1.2.14（a）］；其他情况的阶形柱下层支撑，内外两侧均需布置。柱两侧布置支撑时，应在它们之间用缀条或缀板连系起来［图 1.2.14（e）］。

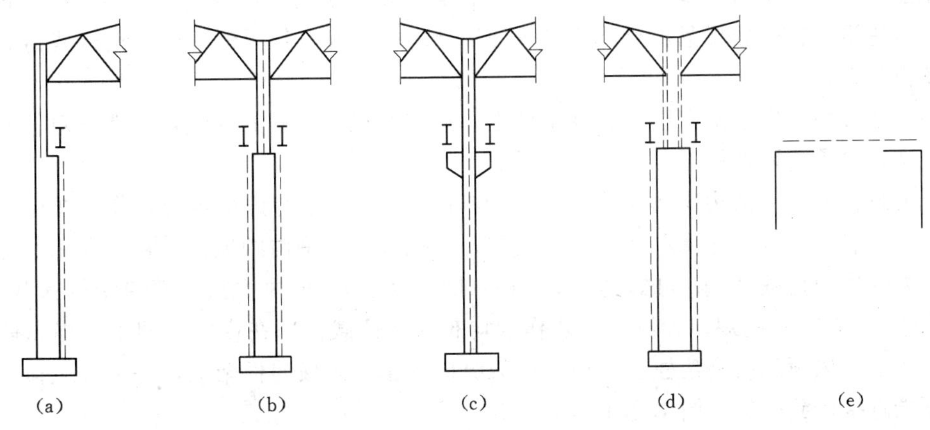

图 1.2.14　柱间支撑在柱截面中的位置

柱间支撑杆件截面一般由计算确定，交叉腹杆体系可按拉杆计算。

1.2.4.2 单层厂房结构的受力特点分析

1.2.4.2.1 横向框架的受力分析

1. 框架的计算简图

厂房结构实际是一个空间结构。若按实际体系和工作情况进行结构静力计算是很繁杂的。在不影响设计精确度的前提下，实际结构设计中，通常采用一近似的计算简图或计算方法以减轻计算的工作量。对于一般厂房均以平面框架作为计算的基本单元（图1.2.15）。

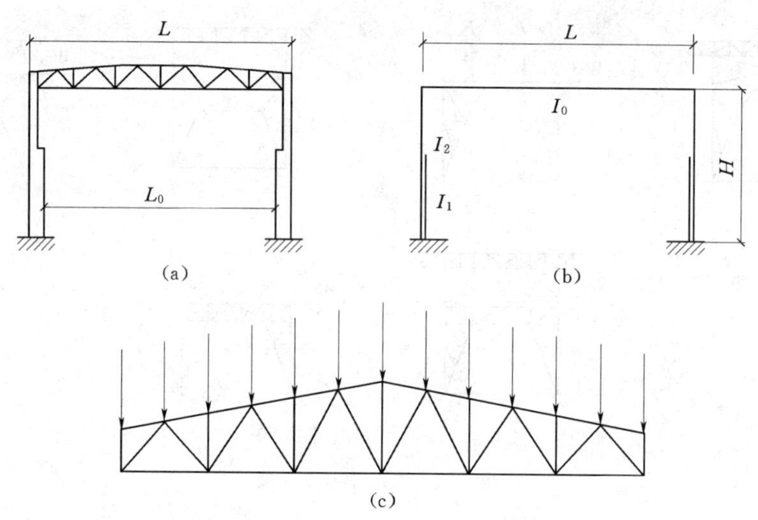

图 1.2.15 横向框架及其计算简图

2. 作用在横向框架上的荷载

作用在横向框架上的荷载有永久荷载和可变荷载。永久荷载有结构自重、屋盖及墙面等重量；可变荷载有屋面均布活荷载、风、雪、积灰和吊车荷载等，在地震区的厂房还有地震荷载。

屋盖自重包括屋面、屋架、天窗、檩条、支撑和屋面板等自重，这些构件或材料的重量可从《建筑结构荷载规范》(GB 50009—2001) 中查得，分析框架时，把这些荷载转化为均布荷载来计算。

墙重通过墙架横梁集中地传到框架柱上，这些荷载位于柱的外侧，需考虑对柱的偏心作用。如是自承重墙，柱不承受墙的重量。

风荷载在《建筑结构荷载规范》(GB 50009—2001) 中有详细规定，作用在屋面和天窗上的风荷载，通常只计算水平分力的作用，并把屋顶范围内的风荷载视为作用在框架横梁轴线处的集中荷载 W 来考虑［图 1.2.16 (b)］。纵墙上的风力按《建筑结构荷载规范》(GB 50009—2001) 的规定计算。一般作为均布水平荷载作用在横向框架上。当纵墙有墙架时，一部分风荷载由墙架柱上端通过屋架纵向支撑传到横向框架上，一部分风荷载由墙架柱下端直接传到基础［图 1.2.16 (c)］。

雪荷载和积灰荷载的计算应考虑其在屋面上的不均匀分布情况。

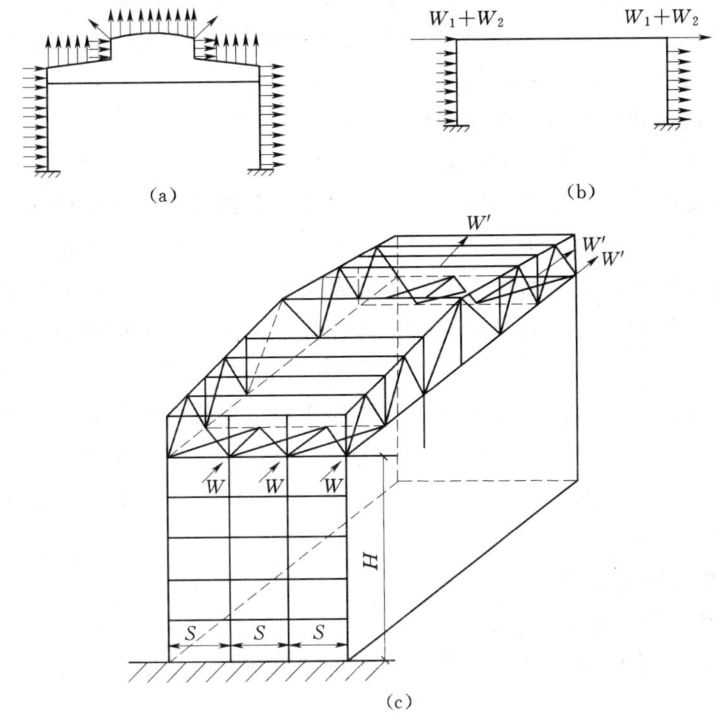

图 1.2.16 作用在框架上的风荷载

作用在横向框架上的吊车荷载有吊车的竖向压力和水平制动力，可以利用吊车梁的支座反力影响线求出作用在横向框架上最大及最小竖向压力和水平力。

1.2.4.2.2 厂房柱的受力分析

框架柱承受轴向压力 N、框架平面内的弯矩 M_x 和剪力 V_x 有时还有框架平面外的弯矩作用。框架柱是一种压弯构件，因此，对于等截面柱及阶形柱的上、下段柱应按压弯构件进行强度、稳定和刚度的计算。

1.2.4.2.3 屋架杆件的受力分析

作用在屋架上的荷载有永久荷载和可变荷载两大类：

永久荷载包括屋面构造层的重量、屋架和支撑的重量及天窗等结构自重。屋架和支撑自重可按经验公式 $q=（0.117+0.011l）（\mathrm{kN/m^2}）$ 估计（l 为屋架的跨度，单位为 m）。可变荷载包括屋面活荷载、屋面积灰荷载、雪荷载、风荷载及悬挂吊车荷载等。

屋架所受的荷载是由檩条或大型屋面板的肋以集中荷载的方式作用于屋架节点上，若有节间荷载，则应把节间荷载分配到相邻的两个节点上，屋架按节点荷载求出各杆件的轴心力，然后再考虑节间荷载引起的局部弯矩。

计算屋架杆件内力时，假定各节点均为铰接点。实际上用焊缝连接的各节点具有一定的刚度，在屋架杆件中引起了次应力，根据理论和实验分析，由角钢组成的普通钢屋架，由于杆件的线刚度较小，次应力对承载力的影响很小，设计时可以不予考虑。

确定计算简图后，即可用图解法或数解法，求出在节点荷载作用下屋架各杆件的内力。计算杆件内力时，应注意到某些屋架（例如梯形屋架）在半跨荷载作用下，跨中少数腹杆的内力可能由全跨满载时的拉力变为压力或使拉力增大。因此，为了求出各杆件的最不利内力，必须对作用在屋架上的荷载根据施工和使用过程可能出现的分布情况进行组合，一般考虑下列三种荷载组合的情况：

(1) 全跨永久荷载＋全跨可变荷载。

(2) 全跨永久荷载＋半跨可变荷载。

(3) 屋架和支撑自重＋半跨屋面板重＋半跨施工荷载（取等于屋面活荷载）。

当屋面与水平面的倾角小于30°时，风荷载对屋面产生吸力，起着卸载的作用，一般不予考虑，但对于采用轻质屋面材料的三角形屋架和开敞式房屋，在风荷载和永久荷载作用下可能使原来受拉的杆件变为受压。故计算杆件内力时，应根据荷载规范的规定，计算风荷载的作用。

上弦有节间荷载时，除轴心力外还产生局部弯矩。局部弯矩的计算，理论上应按弹性支座上的连续梁进行计算。由于这种计算方法较为复杂，一般可偏于安全的取端部节间正弯矩 $M_1=0.8M_0$，其他节间的正弯矩和节点的负弯矩 $M_2=0.6M_0$，这里 M_0 是把弦杆节间视为简支梁求得的最大弯矩。

1.2.4.3 钢结构构件的连接

1.2.4.3.1 钢结构的连接方法

钢结构的连接方法可分为焊缝连接、螺栓连接和铆钉连接等（图1.2.17）。各种连接方法的特点见表1.2.3。

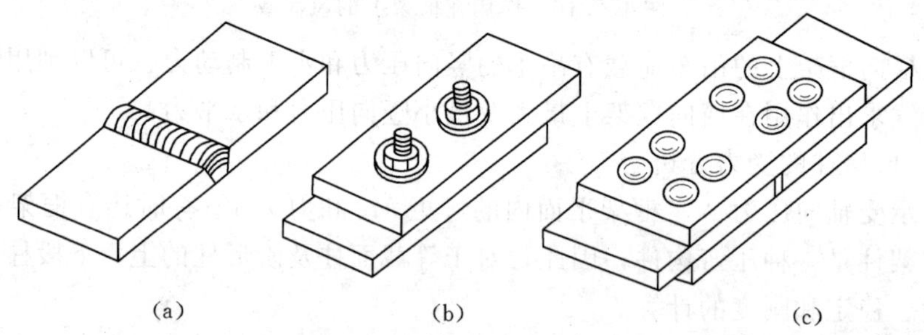

图1.2.17 钢结构的连接方法

(a) 焊缝连接；(b) 螺栓连接；(c) 铆钉连接

表1.2.3 **钢结构的连接方法**

连接方法	优 点	缺 点
焊 接	对几何形体适应性强，构造简单，省材省工，易于自动化，工效高	对材质要求高，焊接程序严格，质量检验工作量大
铆接	传力可靠，韧性和塑性好，质量易于检查，抗动力荷载好	费钢、费工
普通螺栓连接	装卸便利，设备简单	螺栓精度低时不宜受剪，螺栓精度高时加工和安装难度较大
高强螺栓连接	加工方便，对结构削弱少，可拆换，能承受动力荷载，耐疲劳，塑性、韧性好	摩擦面处理，安装工艺略为复杂，造价略高
射钉、自攻螺栓连接	灵活，安装方便，构件无须预先处理，适用于轻钢、薄板结构	不能受较大集中力

1.2.4.3.2　焊接结构的特性分析及焊缝计算

1. 焊接方法

钢结构常用的焊接方法是电弧焊，根据操作的自动化程度和焊接时用以保护熔化金属的物质种类，电弧焊分为手工电弧焊、自动或半自动埋弧焊及气体保护焊等。

(1) 手工电弧焊。手工电弧焊是钢结构中最常用的焊接方法，其设备简单，操作灵活方便，适用于任意空间位置的焊接，应用极为广泛。但生产效率比自动或半自动焊低，质量较差，且变异性大，焊缝质量在一定程度上取决于焊工的技术水平，劳动条件差。

图 1.2.18 是手工电弧焊的原理示意图。它是由焊条、焊钳、焊件、电焊机和导线等组成电路。通电后，在涂有药皮的焊条与焊件间的间隙中产生电弧。电弧的温度可高达 3000℃。在高温作用下，电弧周围的金属变成液态，形成熔池。同时焊条熔化，滴落入熔池中，与焊件的熔融金属相互结合，冷却后形成焊缝。同时焊条药皮燃烧，在熔池周围形成保护气体，稍冷后在焊缝熔化金属表面又形成熔渣，隔绝熔池中的液体金属和空气中的氧、氮等气体的接触，避免形成脆性易裂的化合物。

钢结构中常用的焊条有碳钢焊条和低合金钢焊条，其牌号有 E43 型、E50 型和 E55 型等。手工电弧焊所用的焊条应与焊件钢材（也称主体金属）相适应。一般为：对 Q235 钢采用 E43 型焊条（E4300～E4328）；对 Q345 钢采用 E50 型焊条（E5000～E5048）；对 Q390 钢和 Q420 钢采用 E55 型（E5500～E5518）。焊条型号中 E 表示焊条，前两位数字表示焊条熔敷金属最小抗拉强度（单位为 kgf/mm^2）。第三、四位数字表示适用的焊接位置、电流及药皮类型等。当不同强度的两种钢材连接时，宜采用与低强度钢材相适应的焊条。

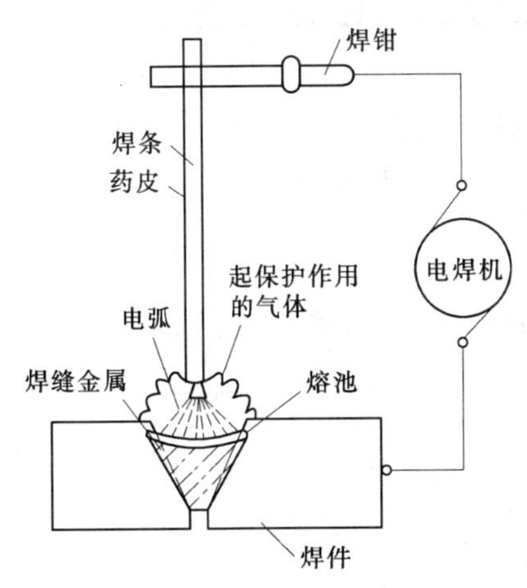

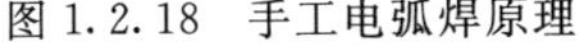
图 1.2.18　手工电弧焊原理

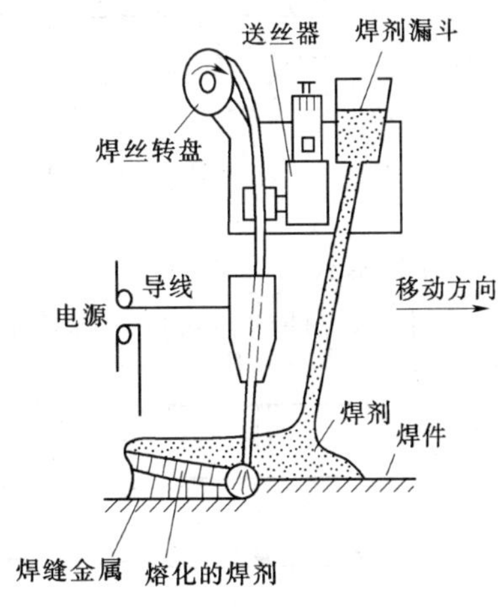

图 1.2.19　自动焊原理

(2) 自动或半自动埋弧焊。自动或半自动埋弧焊的原理如图 1.2.19 所示。电焊机可沿轨道按规定的速度移动。外表裸露不涂焊药的焊丝成卷装置在焊丝转盘上，焊剂成散状颗粒装在漏斗中，焊剂从漏斗中流下来覆盖在焊件上的焊剂层中。通电引弧后，因电弧的作用，焊丝、焊件和焊剂熔化，焊剂熔渣浮在熔化的焊缝金属上面，保护了熔化金属使其不与空气接触，并供给焊缝金属必要的合金元素。随着焊机的自动移动，颗粒状的焊剂不断地由漏斗流下，电弧完全埋在焊剂之内，同时焊丝也自动下降，所以称自动埋弧焊。自

动焊焊缝的质量稳定，焊缝内部缺陷很少，所以质量比手工焊高。半自动埋弧焊或自动埋弧焊的差别只在于前者靠人工移动焊机，它的焊缝质量介于自动焊与手工焊之间。

自动焊或半自动焊应采用与被连接件金属强度相匹配的焊丝与焊剂。

(3) 气体保护焊。气体保护焊是利用惰性气体和二氧化碳气体在电弧周围形成局部的保护层，防止有害气体侵入焊缝并保证了焊接过程中的稳定。

气体保护焊的焊缝熔化区没有熔渣形成，能够清楚地看到焊缝的成型过程；又由于热量集中，焊接速度较快，焊件熔深大，所能形成的焊缝强度比手工电弧焊高，且具有较高的抗腐蚀性，适于全方位的焊接。但气体保护焊操作时须在室内避风处，如果在工地施焊则需搭设防风棚。

2. 常见的焊接缺陷

常见的焊接缺陷包括裂纹、气孔、未焊透、夹渣、咬边、烧穿、凹坑、塌陷、未焊满(图 1.2.20)。

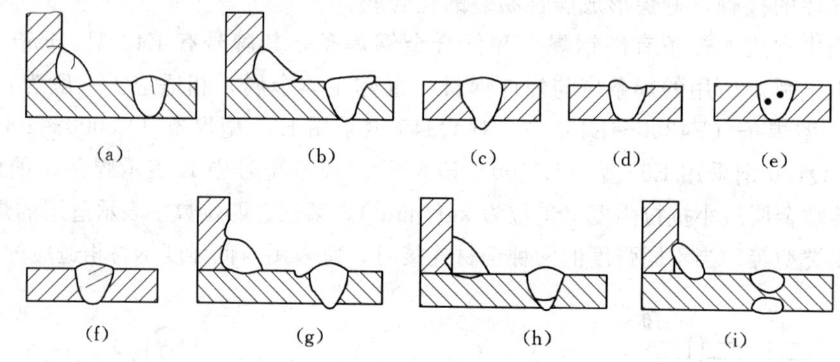

图 1.2.20 焊缝缺陷

(a) 裂纹；(b) 焊瘤；(c) 烧穿；(d) 弧坑；(e) 气孔；(f) 夹渣；(g) 咬边；(h) 未熔合；(i) 未焊透

3. 焊接形式

(1) 按两焊件的相对位置焊接形式分为平接、搭接、顶接(图 1.2.21)。

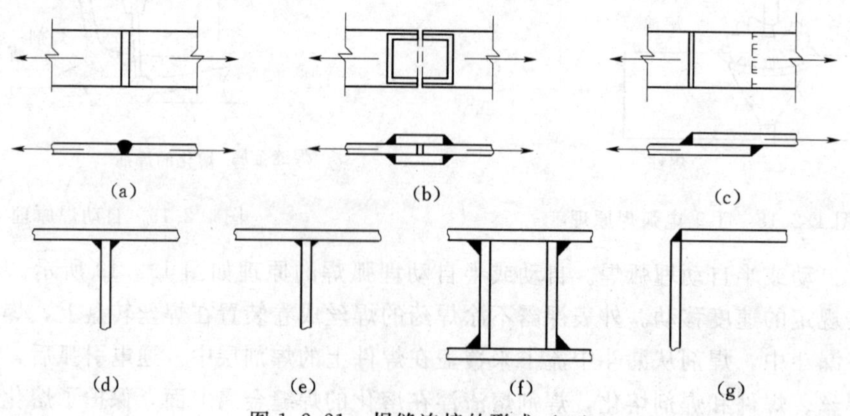

图 1.2.21 焊缝连接的形式(一)

(a) 对接连接；(b) 用拼接盖板的对接连接；(c) 搭接连接；(d) T形连接；(e) T形连接；(f) 角部连接；(g) 角部连接

(2) 按焊缝截面构造焊接形式分为对接焊缝和角焊缝（图 1.2.22）。

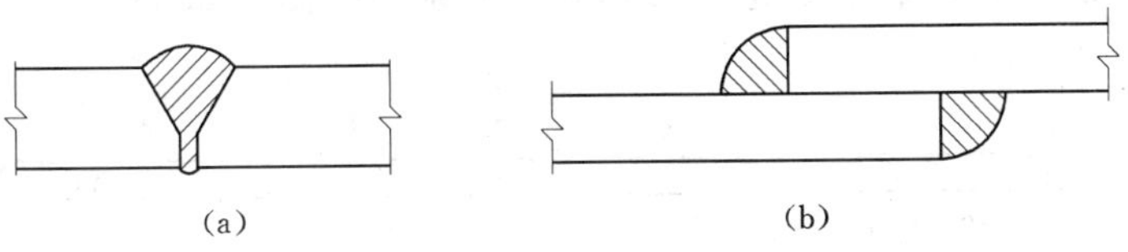

图 1.2.22　焊缝连接的形式（二）
(a) 对接焊缝；(b) 角焊缝

(3) 按焊缝连续性焊接形式分为连续焊缝和断续焊缝。

1) 连续焊缝：受力较好。

2) 断续焊缝：易发生应力集中。

(4) 按施工位置分为俯焊、立焊、横焊、仰焊，其中以俯焊施工位置最好，所以焊缝质量也最好，仰焊最差（图 1.2.23）。

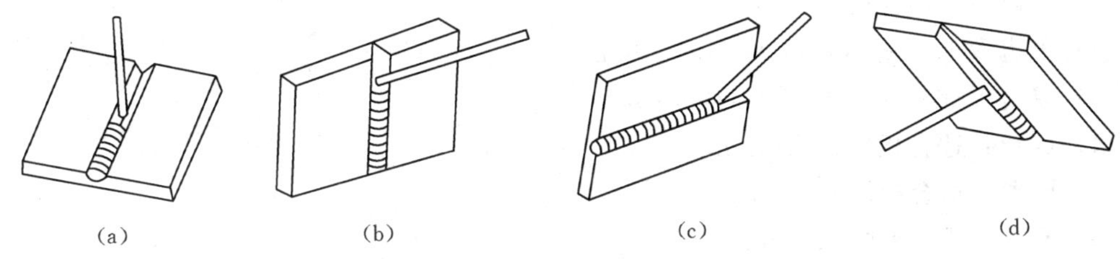

图 1.2.23　焊缝连接的形式（三）
(a) 俯焊；(b) 立焊；(c) 横焊；(d) 仰焊

4. 焊接质量检验

焊缝缺陷的存在将削弱焊缝的受力面积，在缺陷处引起应力集中，故对连接的强度、冲击韧性及冷弯性能等均有不利影响。因此，焊缝质量检验极为重要。

对不熟悉的钢种焊接时，需做工艺性能和力学性能的试验。

(1) 焊工要进行考核，持证上岗。

(2) 焊条、焊丝、焊剂按规定烘焙。

(3) 多层焊接需连续施焊，每层焊道之间要清理。

(4) 焊缝出现裂缝，应申报、查明原因，方能处理。

焊缝质量检验方法分：外观检查、超声波探伤检验、X 射线检验。《钢结构工程施工质量验收规范》(GB 50017—2001) 规定，焊缝按其检验方法和质量要求分为一级、二级和三级。其中，一级焊缝需经外观检查、超声波探伤、X 射线检验都合格；二级焊缝需外观检查、超声波探伤合格；三级焊缝需外观检查合格。

5. 对接焊缝构造和计算

(1) 对接焊缝的优缺点。

优点：用料经济，传力均匀，无明显的应力集中，利于承受动力荷载。

缺点：需剖口，焊件长度要精确。

(2) 对接焊缝的坡口形式。当焊件厚度很小（手工焊 $t \leqslant 6$mm，埋弧焊 $t \leqslant 10$mm）时

可用直边缝；对于一般厚度的焊件可采用具有坡口角度的单边V形或V形焊缝；对于较厚的焊件（$t>20$mm），常采用U形、K形和X形坡口（图1.2.24）。

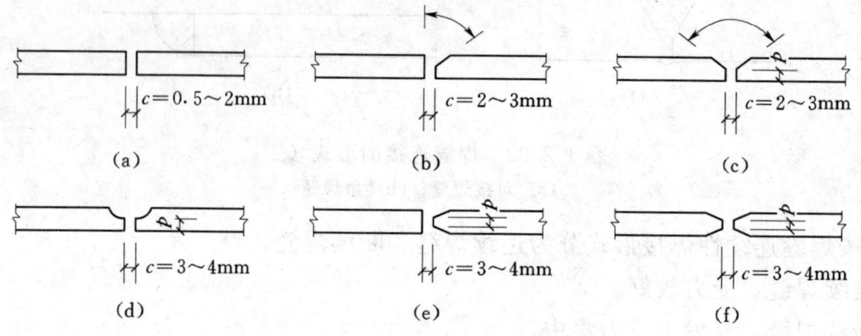

图1.2.24 对接焊缝的坡口形式

(a) 直边缝；(b) 单边V形坡口；(c) V形坡口；(d) U形坡口；(e) K形坡口；(f) X形坡口

1）直边缝：适合板厚 $t\leqslant 10$mm。

2）单边V形：适合板厚 $t=10\sim 20$mm。

3）双边V形：适合板厚 $t=10\sim 20$mm。

4）U形：适合板厚 $t>20$mm。

5）K形：适合板厚 $t>20$mm。

6）X形：适合板厚 $t>20$mm。

(3) 对接焊缝的构造处理。

1）起落弧处易有焊接缺陷，所以用引弧板。但采用引弧板施工复杂，除承受动力荷载外，一般不用，此时在焊缝计算中需将焊缝长度两端各减去5mm。

2）变厚度板对接，在板的一面或两面切成坡度不大于1∶4的斜面，避免应力集中（图1.2.25）。

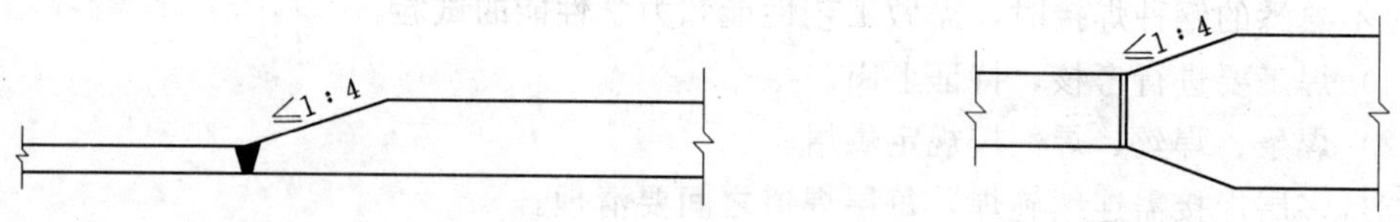

图1.2.25 变厚度板对接

图1.2.26 变宽度板对接

3）变宽度板对接，在板的一侧或两侧切成坡度不大于1∶4的斜边，避免应力集中（图1.2.26）。

(4) 对接焊缝的计算。对接焊缝的应力分布认为与焊件原来的应力分布基本相同。计算时，焊缝中最大应力（或折算应力）不能超过焊缝的强度设计值。

1）轴心受力的对接焊缝［图1.2.27 (a)］。

$$\sigma=\frac{N}{l_w t}\leqslant f_t^w \text{ 或 } f_c^w \tag{1.2.1}$$

式中 N——轴心拉力或压力设计值；

l_w——焊缝计算长度，无引弧板时，焊缝长度取实长减去10mm，有引弧板时，取

实长；

t——平接时为焊件的较小厚度，顶接时取腹板厚；

f_t^w、f_c^w——对接焊缝的抗拉、抗压强度设计值，取值见附表 2。

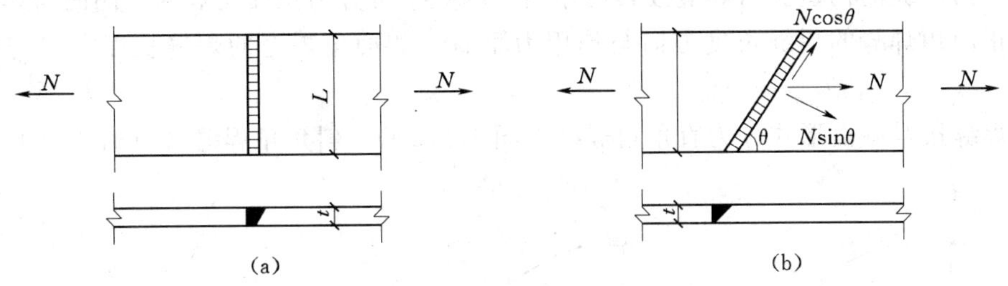

图 1.2.27　轴心力作用下对接焊缝连接

2）斜向受力的对接焊缝［图 1.2.27（b）］。

$$\sigma = \frac{N\sin\theta}{l'_w t} \leqslant f_t^w (f_c^w) \tag{1.2.2}$$

$$\tau = \frac{N\cos\theta}{l'_w t} \leqslant f_v^w \tag{1.2.3}$$

式中　f_v^w——对接焊缝抗剪强度设计值，取值见附表 2 。

斜向受力的对接焊缝主要用于焊缝强度设计值低于构件强度设计值的连接中，其优点是抗动力荷载性能较好，缺点是较费材料。

当 $\tan\theta \leqslant 1.5$ 即 $\theta \leqslant 56.3°$时，可不验算焊缝强度。

3）承受弯矩和剪力共同作用的对接焊缝（图 1.2.28）。焊缝内应力分布同母材，同时受弯、剪时，应按下式分别验算最大正应力、最大剪应力：

$$\sigma_{\max} = \frac{M}{W_x} \leqslant f_t^w (f_c^w) \tag{1.2.4}$$

$$\tau_{\max} = \frac{VS_w}{I_w t_w} \leqslant f_v^w \tag{1.2.5}$$

式中　I_w——焊缝截面惯性矩；

S_w——焊缝截面上计算点处以上（以下）截面对中和轴的面积矩。

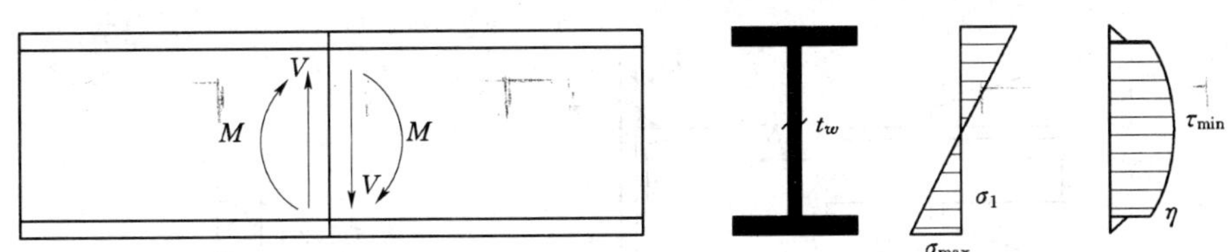

图 1.2.28　受弯、剪的工形截面对接焊缝

对于腹板和翼缘的交界点，正应力、剪应力虽不是最大，但都比较大，所以需验算折算应力，即

$$\sigma_{ZS} = \sqrt{\sigma_1^2 + 3\tau_1^2} \leqslant 1.1 f_t^w \tag{1.2.6}$$

式中　σ_1、τ_1——腹板与翼缘交界点处的正应力和剪应力。

式（1.2.6）中，1.1为考虑到最大折算应力只在部分截面的部分点出现，而将强度设计值适当提高。

6. 角焊缝构造和计算

（1）角焊缝的构造。角焊缝按其与作用力的关系可分为正面角焊缝、侧面角焊缝、斜焊缝；正面角焊缝的焊缝长度方向与作用力垂直；侧面角焊缝的焊缝长度方向与作用力平行。

角焊缝按其截面形式分为直角角焊缝（图1.2.29）、斜角角焊缝（图1.2.30）。

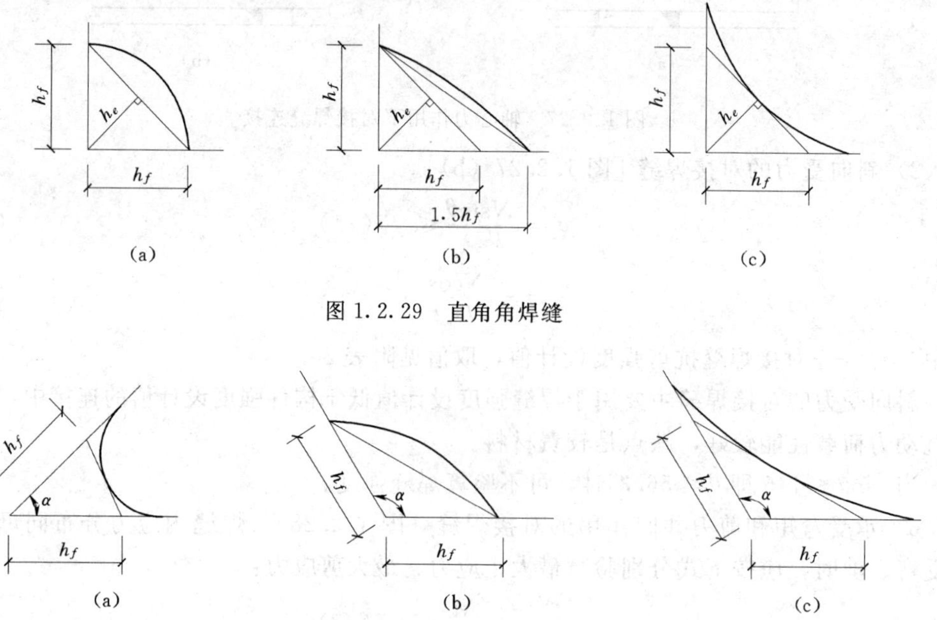

图1.2.29 直角角焊缝

图1.2.30 斜角角焊缝

焊脚尺寸应与焊件的厚度相对应。角焊缝的焊脚尺寸、焊缝长度等构造要求见表1.2.4。对手工焊，h_f应不小于焊件厚度，t为较厚焊件的厚度（mm），对自动焊，可减小1mm；h_f应不大于较薄焊件厚度的1.2倍。

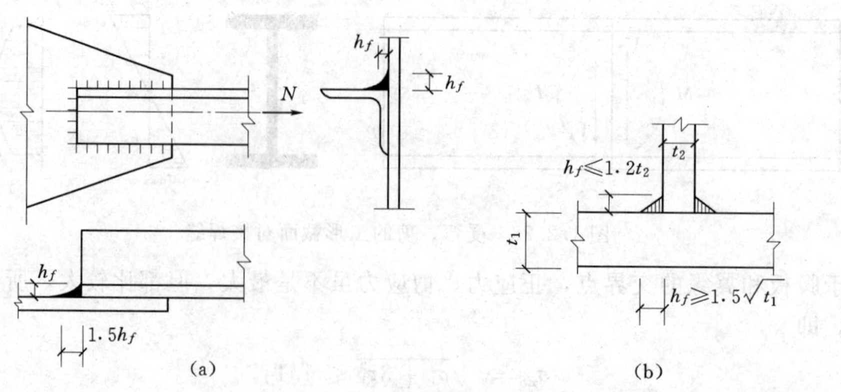

图1.2.31 角焊缝焊脚尺寸

表 1.2.4　　　　　　　　　　　　　　角焊缝的构造

部位	项目	构造要求	备注
焊脚尺寸 h_f	上限	$h_f \leqslant 1.2t_1$；对板边：$t \leqslant 6$，$h_f = t$；$t > 6$，$h_f = t-(1-2)$	t_1 为较薄焊件厚
	下限	$h_f \geqslant 1.5\sqrt{t_2}$；当 $t \leqslant 4$，$h_f = t$	t_2 为较厚焊件厚对自动焊可减 1mm； 对单面 T 型焊应加 1mm
焊缝长度 l_w	上限	$40h_f$（受动力荷载）；$60h_f$（其他情况）	内力沿侧缝全长均匀分布者不限
	下限	$8h_f$ 或 40mm，取两者最大值	
端部仅有两侧面角焊缝连接	长度 l_w	$l_w \geqslant l_0$	l_0　l_w
	距离 l_0	$l_0 \leqslant 16t$（$t \geqslant 12$mm）；$l_0 \leqslant 200$（$t \leqslant 12$mm 时）	t 为较薄焊件厚
端部	转角	转角处加焊一段长度 $2h_f$（两面侧缝时）或用三面围焊	转角处焊缝须连续施焊
搭接连接	搭接最小长度	$5t_1$ 或 25mm，取两者最大值	t_1 为较薄焊件厚度

注　其他构造要求：

1. 承受动力荷载的结构中，垂直于受力方向的焊缝不宜采用不焊透的对接焊缝。
2. 在直接承受动力荷载的结构中，角焊缝表面应做成直线形或凹形，焊脚尺寸的比例：对正面角焊缝宜为 1∶1.5，长边顺内力方向；对侧面角焊缝可为 1∶1。
3. 在次要构件或次要焊接连接中，可采用断续角焊缝。断续角焊缝之间的净距，不应大于 $15t$（对受压构件）或 $30t$（对受拉构件），t 为较薄焊件的厚度。

（2）有效厚度（图 1.2.29）。

$$h_e = h_f \cos\frac{\alpha}{2} (\alpha > 90^\circ) \tag{1.2.7}$$

$$h_e = 0.7h_f (\alpha \leqslant 90^\circ) \tag{1.2.8}$$

式中　α——两焊脚边的夹角；

h_f——焊脚尺寸。

（3）角焊缝的计算。角焊缝的计算包括如下几个类型：

1）端焊缝、侧焊缝在轴向力作用下的计算（图 1.2.32）。

a. 端焊缝（作用力垂直于焊缝长度方向）

$$\sigma_f = \frac{N}{\sum h_e l_w} \leqslant \beta_f f_f^w \tag{1.2.9}$$

式中　σ_f——垂直于焊缝长度方向的应力；

h_e——角焊缝有效厚度；

l_w——角焊缝计算长度，每条角焊缝取实际长度减 10mm（每端减 5mm）；

f_f^w——角焊缝强度设计值；

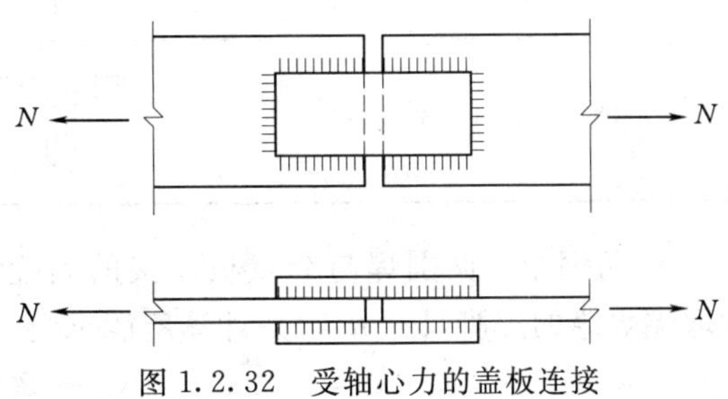

图 1.2.32　受轴心力的盖板连接

β_f——系数，对承受静力荷载和间接承受动力荷载的结构，$\beta_f=1.22$，直接承受动力荷载 $\beta_f=1.0$。

b. 侧焊缝（作用力平行于焊缝长度方向）

$$\tau_f=\frac{N}{\sum h_e l_w}\leqslant f_f^w \tag{1.2.10}$$

式中　τ_f——沿焊缝长度方向的剪应力。

2）角钢杆件与节点板连接，承受轴向力为 N。角钢与节点板用角焊缝连接，可以采用两侧焊、三面围焊和L形围焊三种方式，如图1.2.33所示。

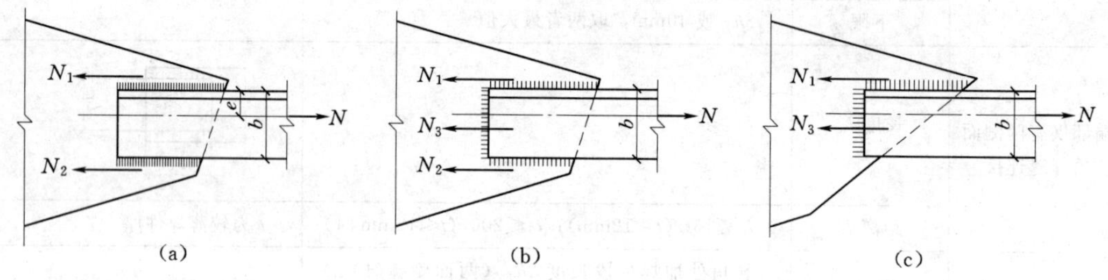

图1.2.33　桁架腹杆与节点板的连接

a. 角钢用两面侧焊缝与节点板连接的焊缝计算［图1.2.33（a）］。

由于角钢重心线到肢背和肢尖的距离不等，靠近重心轴线的肢承受较大的内力，设 N_1、N_2 分别为角钢肢背和肢尖焊缝分担的内力，根据平衡条件可得

$$\begin{cases} N_1=\dfrac{e_2}{b}N=K_1N \\ N_2=\dfrac{e_1}{b}N=K_2N \end{cases} \tag{1.2.11}$$

式中　K_1、K_2——焊缝内力分配系数，见表1.2.5；

N_1、N_2——角钢肢背和肢尖传递的内力。

表1.2.5　角钢角焊缝内力分配系数

角钢类型	连接形式	角钢肢背	角钢肢尖
等肢		0.70	0.30
不等肢（短肢相连）		0.75	0.25
不等肢（长肢相连）		0.65	0.35

b. 角钢用三面围焊与节点板连接的焊缝计算［图1.2.33（b）］。首先根据构造要求选取端焊缝的焊脚尺寸 h_f，并计算所能承受的内力

$$N_3=\beta_f h_e l_{w3} f_f^w \tag{1.2.12}$$

由平衡条件可得

$$N_1 = K_1 N - \frac{1}{2} N_3 \tag{1.2.13}$$

$$N_2 = K_2 N - \frac{1}{2} N_3 \tag{1.2.14}$$

由 N_1、N_2 分别计算角钢肢背和肢尖的侧焊缝长度

$$l_{w1} \geqslant \frac{N_1}{h_e f_f^w}$$

$$l_{w2} \geqslant \frac{N_2}{h_e f_f^w}$$

c. 角钢用 L 形焊缝与节点板连接的焊缝计算［图 1.2.33（c)］。由于 L 形围焊中角钢肢尖无焊缝，$N_2=0$，则有

$$\begin{cases} N_3 = 2K_2 N \\ N_1 = (K_1 - K_2) N \end{cases} \tag{1.2.15}$$

$$l_{w1} \geqslant \frac{N_1}{h_e f_f^w}$$

$$l_{w3} \geqslant \frac{N_3}{h_e f_f^w}$$

3）弯矩、剪力、轴力共同作用下的顶接连接角焊缝（图 1.2.34）。

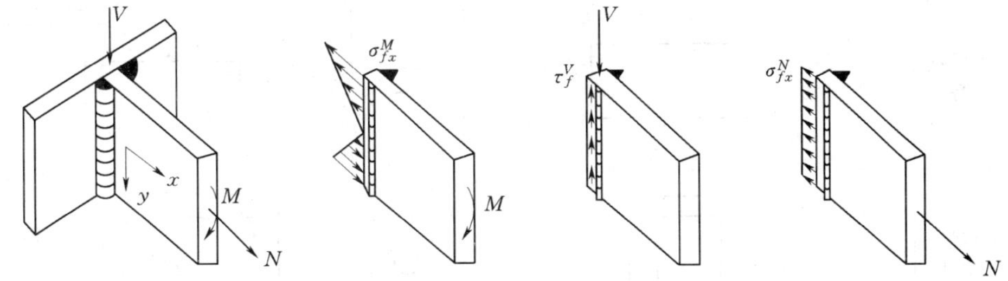

图 1.2.34　受弯、受剪、受轴心力的角焊缝应力

弯矩 M 作用下，x 方向应力 σ_{fx}^M

$$\sigma_{fx}^M = \frac{6M}{2h_e l_w^3} \tag{1.2.16}$$

剪力 V 作用下，y 方向应力 τ_f^V

$$\tau_f^V = \frac{V}{2h_e l_w} \tag{1.2.17}$$

轴力 N 作用下 x 方向应力 σ_{fx}^N

$$\sigma_{fx}^N = \frac{N}{2h_e l_w} \tag{1.2.18}$$

M、V 和 N 共同作用下，焊缝上或下端点最危险处应满足

$$\sqrt{\left(\frac{\sigma_f}{\beta_f}\right)^2 + \tau_f} \leqslant f_f^w \tag{1.2.19}$$

$$\sigma_f = \sigma_{fx}^M + \sigma_{fx}^N$$

$$\tau_f = \tau_f^V$$

如果只承受上述 M、N、V 的某一两种荷载时，只取其相应的应力进行验算。

(4) 焊缝符号的表示（表 1.2.6）。引出线由带箭头的指引线（简称箭头线）和两条基准线（一条为细实线，另一条为细虚线）两部分组成。基准线的虚线可以画在实线的上侧，也可以画在实线的下侧。

表 1.2.6　　焊缝符号表示

	名称	对接焊缝					角焊缝	塞焊缝与槽焊缝	点焊缝
基本符号		I形焊缝	V形焊缝	单边V形焊缝	带钝边的V形焊缝	带钝边的U形焊缝			
	符号	‖	∨	⋁	Y	Y	◺	⊓	○

	名称	示意图	符号	示例
辅助符号	平面符号		—	
	凹面符号		◡	
补充符号	三面围焊符号		⊏	
	周边焊缝符号		○	
	工地现场焊缝符号		▶	或

基本符号表示焊缝的基本形式，如◺表示角焊缝（其垂线一律在左边，斜线在右边）；‖表示工形坡口的对接焊缝；∨表示 V 形坡口的对接焊缝；⋁表示单边 V 形坡口的对接焊缝（其垂线一律在左边，斜线在右边）。

基本符号标注在基准线上，如果焊缝在接头的箭头侧，则应将基本符号标注在基准线实线侧；如果焊缝在接头的非箭头侧，则应将基本符号标注在基准线虚线侧。如果为双面对称焊缝，基准线可以不加虚线。箭头线相对于焊缝位置一般无特别要求，对有坡口的焊缝，箭头线应指向带有坡口的一侧。

辅助符号是表示焊缝表面形状特征的符号，如▽表示对接 V 形焊缝表面的余高部分应加工使之与焊件表面齐平，此处∨上所加的一短画为辅助符号；又如◺表示角焊缝表

面应加工成凹面，此处◟形符号也是辅助符号。

补充符号是补充说明焊缝某些特征的符号，如［表示三面围焊；○表示周边焊缝；▶表示在工地现场施焊的焊缝（其旗尖指向基准线的尾部）；□是表示焊缝底部有垫板的符号；<是尾部符号，它标注在基准线的尾端，是用来标注需要说明的焊接工艺方法和相同焊缝数量。

焊缝的基本符号、辅助符号、补充符号均用粗实线表示，并与基准线相交或相切。但尾部符号除外，尾部符号用细实线表示，并且在基准线的尾端。焊缝尺寸标注在基准线上。这里应注意的是，不论箭头线方向如何，有关焊缝横截面的尺寸（如角焊缝的焊角尺寸 h_f）一律标在焊缝基本符号的左边，有关焊缝长度方向的尺寸（如焊缝长度）则一律标在焊缝基本符号的右边。此外对接焊缝中有关坡口的尺寸应标在焊缝基本符号的上侧或下侧。

7. 焊接变形和焊接应力

（1）概念。

1）焊接变形：钢结构构件或节点在焊接过程中，局部区域受到很强的高温作用，在此不均匀的加热和冷却过程中产生的变形称为焊接变形。

2）焊接应力：焊接后冷却时，焊缝与焊缝附近的钢材不能自由收缩，由此约束而产生的应力称为焊接应力。

（2）焊接变形的产生和防止。焊接变形是由于焊接过程中焊区的收缩变形引起的，表现在构件局部的鼓起、歪曲、弯曲或扭曲等。主要表现有纵向收缩、横向收缩、弯曲变形、角变形、波浪变形、扭曲变形（图 1.2.35）等 。

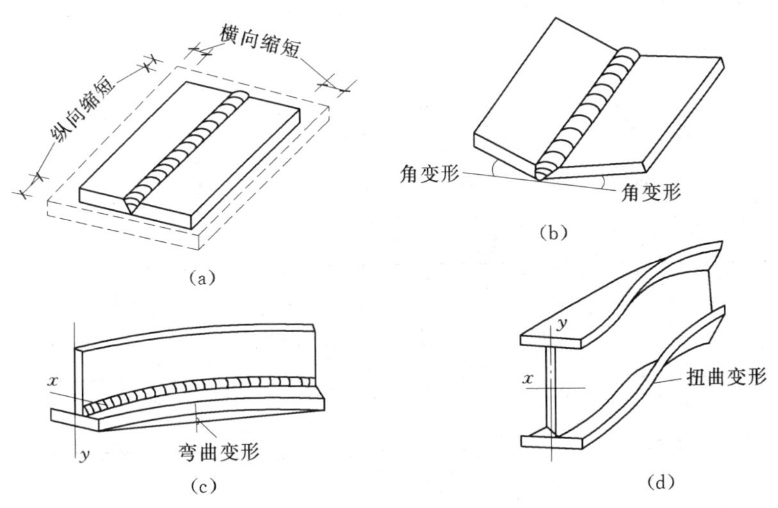

图 1.2.35　焊接变形的基本形式

（3）减少焊接应力和焊接变形的方法。减少焊接应力和焊接变形的方法有：采用适当的焊接程序，如分段焊、分层焊；尽可能采用对称焊缝，使其变形相反而抵消；施焊前使结构有一个和焊接变形相反的预变形；对于小构件焊前预热，焊后回火，然后慢慢冷却，以消除焊接应力。

1.2.4.3.3　普通螺栓连接的构造要求及计算

螺栓连接可分为普通螺栓连接和高强螺栓连接两种。普通螺栓通常采用 Q235 钢材制成，安装时用普通扳手拧紧；高强螺栓则用高强钢材经热处理而成，用能控制扭矩或螺栓拉力的特制扳手拧紧到规定预拉力值，把被连接件高度夹紧。

1. 普通螺栓分类（表 1.2.7）

表 1.2.7　普通螺栓分类

类别	加工精度	抗剪性能	成本	使用范围
精制（A、B）级	高，栓径与孔径之差为 0.5～0.8mm，I类孔	高	高	1）构件精度很高的结构，机械结构； 2）连接点仅用一个螺栓或有模具套钻的多个螺栓连接的可调节杆件（柔性杆）
粗制（C级）	较低，栓径与孔径之差为 1～1.5mm	较低	低	1）抗拉连接； 2）静力荷载下抗剪连接； 3）加防松措施后受风振作用抗剪； 4）可拆卸连接； 5）安装螺栓； 6）与抗剪支托配合抗拉剪联合作用

注　A 级用于 M24 以下螺栓，B 级用于 M24 以上螺栓。

2. 螺栓的排列和构造要求

螺栓在构件上的排列应简单、统一、整齐而紧凑，通常分为并列和错列两种形式，如图 1.2.36（a）、（b）所示。并列比较简单整齐，所用连接板尺寸小，但由于螺栓孔的存在，对构件截面的削弱较大。错列可以减少螺栓孔对截面的削弱，但其排列不如并列紧凑，连接板尺寸增大。

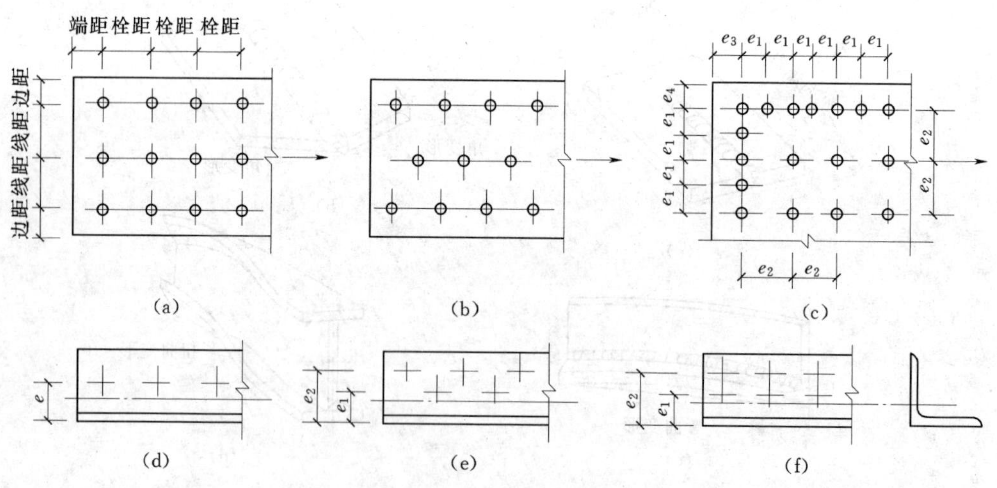

图 1.2.36　钢板和角钢上的螺栓排列

螺栓在构件上的排列应考虑以下几个方面的要求：

（1）受力要求：①端距限制——防止孔端钢板剪断，不小于 $2d_0$；②螺孔中距限制——下限；防止孔间板破裂，不小于 $3d_0$；上限：防止板间翘曲。

（2）构造要求：防止板翘曲后浸入潮气而腐蚀，限制螺孔中距最大值。

(3) 施工要求：为便于拧紧螺栓，留适当间距（不同的工具有不同要求)。

3. 剪力螺栓受力情况（图 1.2.37）

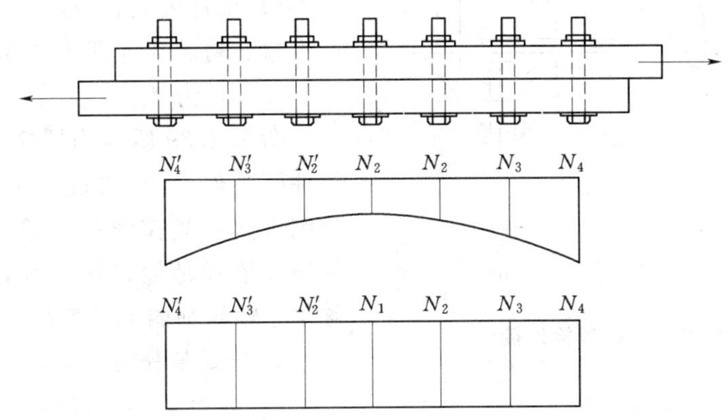

图 1.2.37　螺栓受剪力状态

螺栓按受力性能分为：剪力螺栓和拉力螺栓。剪力螺栓靠孔壁承压、螺杆抗剪传力，拉力螺栓靠螺栓受拉，有时普通螺栓同时受剪、受拉。

剪力螺栓受力后，当外力不大时，由构件间的摩擦力来传递外力。当外力增大超过极限摩擦力后，构件间相对滑移，螺杆开始接触构件的孔壁而受剪，孔壁则受压。

当连接处于弹性阶段，螺栓群中的各螺栓受力不等，两端大，中间小；当外力继续增大，达到塑性阶段时，各螺栓承担的荷载逐渐接近，最后趋于相等直到破坏。

4. 螺栓破坏形式

(1) 剪力螺栓。受剪螺栓连接在达到极限承载力时，可能的破坏形式有五种：

1) 螺栓被剪断［图 1.2.38 (a)］。

2) 钢板孔壁挤压破坏［图 1.2.38 (b)］。

3) 钢板由于螺孔削弱而净截面拉断而剪坏［图 1.2.38 (c)］。

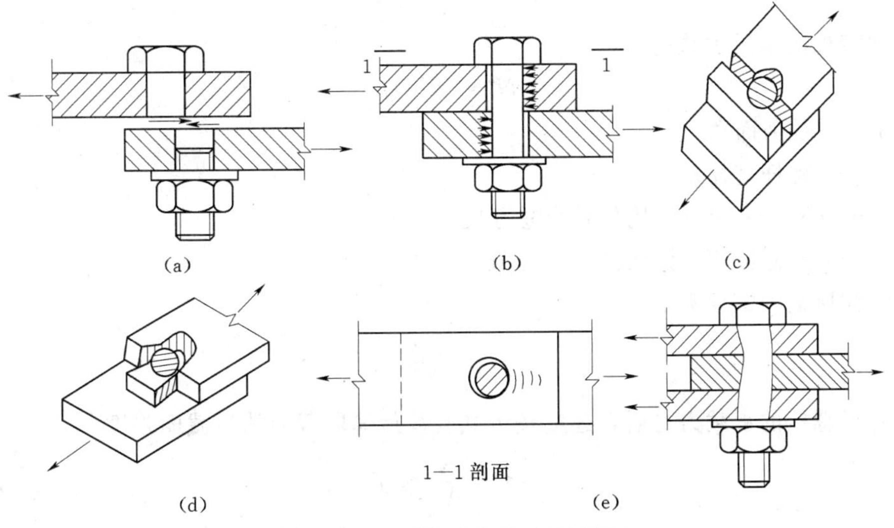

图 1.2.38　螺栓连接的破坏情况

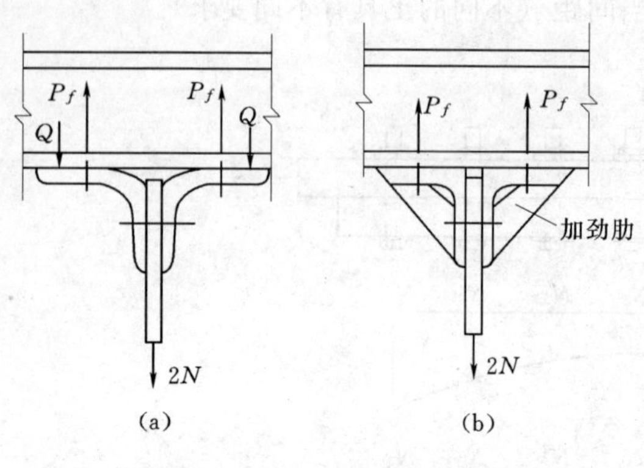

图 1.2.39 抗拉螺栓连接

4）钢板因螺孔端距或螺孔中距太小[图 1.2.38 (d)] 而剪坏。

5）螺杆因太长或螺孔大于螺杆直径而产生弯、剪破坏[图 1.2.38 (e)]。

(2) 拉力螺栓。

图 1.2.39 所示为螺栓 T 形连接。图中板件所受外力 N 通过受剪螺栓传给角钢，角钢再通过受拉螺栓传给翼缘。受拉螺栓的破坏形式是栓杆被拉断，拉断的部位通常位于螺纹削弱的截面处。

5. 普通螺栓连接的计算

1）剪力螺栓。图 1.2.40 螺栓连接在轴心拉力作用下，螺栓同时承压和受剪，由于 N 通过螺栓中心，可假定每个螺栓受力相等，则连接一侧所需的螺栓数目可按下列确定：

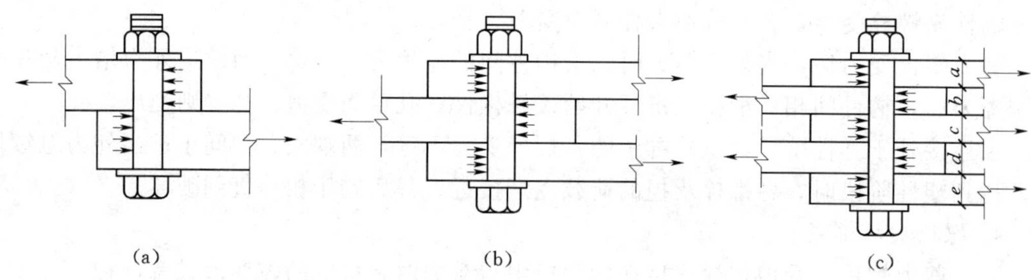

图 1.2.40 抗剪螺栓连接

一个普通螺栓的抗剪承载力

$$N_V^b = n_v \frac{\pi d^2}{4} f_V^b \tag{1.2.20}$$

一个普通螺栓的承压承载力

$$N_c^b = d \sum t f_c^b \tag{1.2.21}$$

式中 n_v——受剪面数；

d——螺杆直径；

$\sum t$——同一方向承压构件较小总厚度；

f_V^b、f_c^b——螺栓抗剪、抗压强度设计值。

则连接一侧所需的螺栓数目

$$n = \frac{N}{N_{\min}^b}$$

验算了螺栓的承载力之后，还应按下式验算最薄弱截面的净截面强度

$$\sigma = \frac{N}{A_n} \leqslant f \tag{1.2.22}$$

式中 f——连接板材料设计强度；

A_n——节点板净截面面积。

$$A_n = A - n_1 d_0 t \tag{1.2.23}$$

如图 1.2.41 所示，当螺栓错列布置时，构件有可能沿 1—1 或 2—2 截面破坏。2—2 截面的净截面积可近似地取为

$$A_n = [2e_1 + (n_2 - 1)\sqrt{a^2 + e^2} - n_2 d_0] \tag{1.2.24}$$

取 1—1、2—2 净截面的较小者来验算钢板净截面强度。

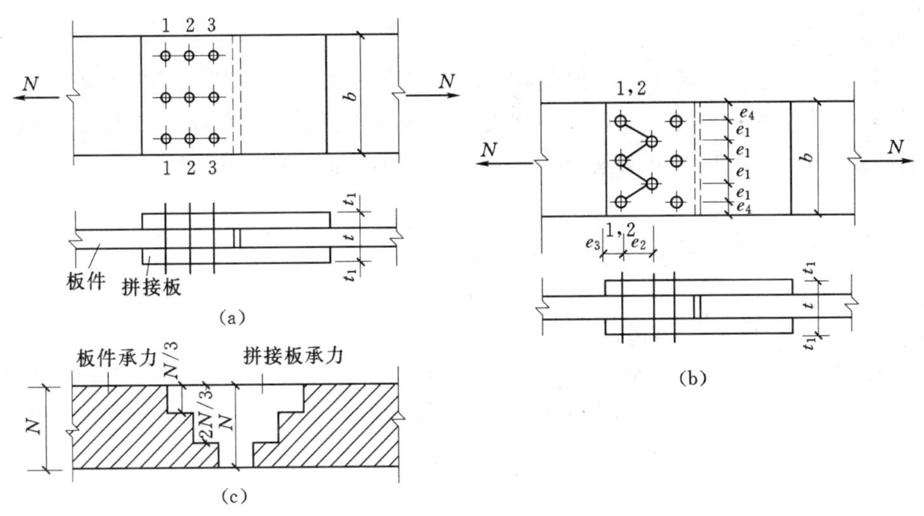

图 1.2.41 力的传递及净截面面积计算

2）拉力螺栓。一个拉力螺栓的受力性能和承载力为

$$N_t^b = \frac{\pi d_e^2}{4} f_t^b \tag{1.2.25}$$

式中 d_e——螺纹处有效直径；

f_t^b——抗拉强度设计值。

当外力通过螺栓群中心使螺栓受拉时，可以假定各螺栓所受外力相等，则所需螺栓数目为

$$n = \frac{N}{N_t} \tag{1.2.26}$$

1.2.4.3.4 高强度螺栓的构造要求

1. 材料

高强度螺栓常用钢材有优质碳素钢中的 35 号钢、45 号钢，合金钢中的 20 锰钛硼钢等。制成的螺栓有 8.8 级和 10.9 级。8.8 级为 $f_u=800$（N/mm²），$f_y/f_u=0.8$；10.9 级为 $f_u=1000$（N/mm²），$f_y/f_u=0.9$。

2. 受力性能

高强度螺栓安装时将螺帽拧紧，使螺杆产生预拉力而压紧构件接触面，靠接触面的摩擦来阻止连接板相互滑移，以达到传递外力的目的。

高强螺栓按传力机理分摩擦型高强螺栓和承压型高强螺栓。这两种螺栓构造、安装基本相同。但是摩擦型高强螺栓靠摩擦力传递荷载，所以螺杆与螺孔之差可达1.5～2.0mm。承压型高强螺栓传力特性是保证在正常使用情况下，剪力不超过摩擦力，与摩擦型高强螺栓相同。当荷载再增大时，连接板间将发生相对滑移，连接依靠螺杆抗剪和孔壁承压来传力，与普通螺栓相同，所以螺杆与螺孔之差略小些，为1.0～1.5mm。摩擦型高强螺栓的连接较承压型高强螺栓的变形小，承载力低，耐疲劳，抗动力荷载性能好。而承压型高强螺栓连接承载力高，但抗剪变形大，所以一般仅用于承受静力荷载和间接承受动力荷载结构中的连接。

1.2.5 任务实施

在图1.2.1中组成单层工业厂房的构件有：①框架柱；②屋架；③中间屋架；④吊车梁；⑤天窗架；⑥屋架垂直支撑；⑦中间支撑；⑧屋架上弦横向支撑；⑨屋架下弦横向支撑；⑩屋架纵向支撑；⑪天窗架垂直支撑；⑫天窗架横向支撑；⑬墙架柱；⑭檩条；⑮檩条间撑杆。

作用厂房结构上的荷载有永久荷载和可变荷载。永久荷载有结构自重、屋盖及墙面等重量；可变荷载有屋面均布活荷载，风、雪、积灰和吊车荷载等，在地震区的厂房还有地震荷载。

竖向荷载传递路线为：屋面荷载→檩条→屋架→框架柱（吊车梁）→基础→地基。

吊车横向水平制动力、横向风荷载、横向地震作用等水平荷载由屋面和墙板一部分传递给横向平面框架，一部分传递给屋盖支撑和柱间支撑，最终传递给基础。

学习单元1.3 多、高层钢结构认识

1.3.1 学习目标

了解多、高层钢结构房屋的特点、结构形式，进行多层多跨框架的组成分析和受力分析。知道多、高层钢结构房屋组成构件的常见截面形式，会识读节点构造图。

1.3.2 学习任务

1. 任务

认识多、高层钢结构，分析多、高层钢结构的结构体系组成。分析多、高层钢结构屋架上所受的荷载，识读多、高层钢结构节点构造图。

2. 任务描述

分析图1.3.1所示为钢结构体系的类型及其组成。

1.3.3 任务分析

在多、高层钢结构的结构体系组成分析中，首先要明确各个结构体系的特点和结构布置，还要了解多、高层钢结构的受力特点，包括竖向荷载、风荷载以及地震作用。

1.3.4 任务知识点

1.3.4.1 多、高层钢结构的特点与组成分析

1.3.4.1.1 多、高层钢结构的特点分析

现代高层建筑是随着社会生产的发展和人们生活的需要而发展起来的，是商业化、工业化和城市化的结果。而科学技术的进步、轻质高强材料的出现及机械化、电气化、计算

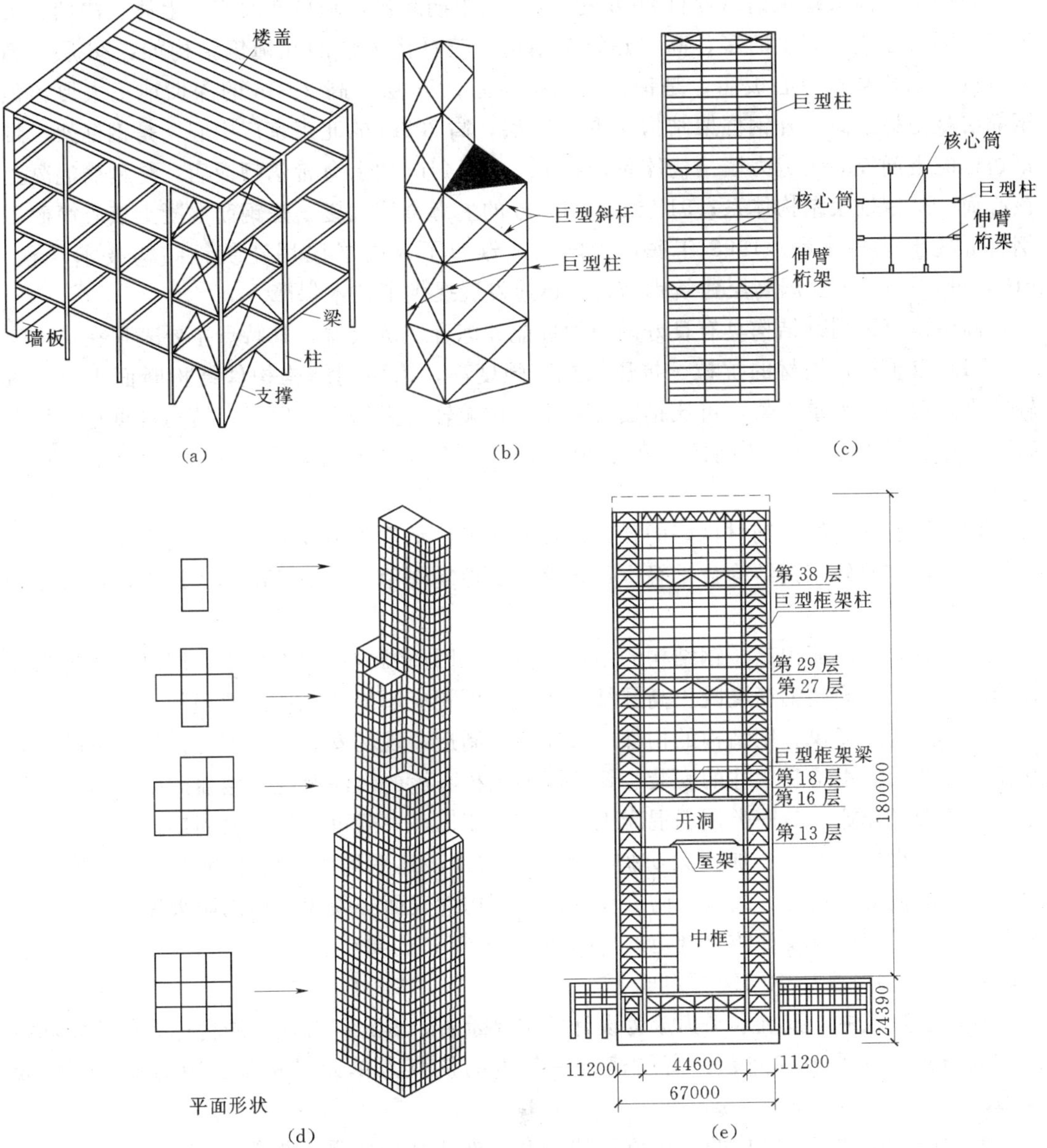

图 1.3.1　钢结构的类型

机在建筑中的广泛应用等，又为高层建筑的发展提供了物质和技术条件。在发达国家，大多数高层建筑采用钢结构。在我国，随着高层建筑建造高度的增加，已开始采用高层钢结构。

多、高层建筑钢结构的发展已有 100 多年的历史。世界上第一幢高层钢结构是美国芝加哥的家庭保险公司大楼（10 层，高 55m），建于 1884 年。20 世纪开始，钢结构高层建筑在美国大量建成，最具代表性的几幢高层钢结构如建于 1931 年的 102 层、高 381m 的纽约帝国大厦；建于 1974 年的 110 层、高 443m 的芝加哥西尔斯大厦等，均为当时世界最高。

我国多、高层建筑钢结构自20世纪80年代中期起步，随后在北京、上海、深圳、大连等地陆续建成了大量的多、高层建筑钢结构。较具代表性的几幢钢结构如：28层、高94m的北京长富宫中心饭店，是钢框架结构体系；71层、高294m的深圳地王大厦，是钢筋混凝土核心筒—外钢框架结构体系；60层、高208m的北京京广中心，是钢框架—带钢边框的钢筋混凝土剪力墙结构体系；44层、高144m的上海希尔顿饭店，是钢筋混凝土核心筒—外钢框架结构体系；91层、高365m的上海金茂大厦，是钢筋混凝土核心筒矽卜钢骨混凝土结构体系。1998年底，我国正式颁布了《高层民用建筑钢结构技术规程》(JGJ 99—98)，为我国高层建筑钢结构的迅速发展提供了技术保障。

高层建筑采用钢结构具有良好的力学性能和综合经济效益，其特点主要表现在：

(1) 自重轻。钢材的抗拉、抗压、抗剪强度高，因而钢结构构件结构断面小、自重轻。采用钢结构承重骨架，可比钢筋混凝土结构减轻自重约1/3以上。结构自重轻，可以减少运输和吊装费用，基础的负载也相应减少，在地质条件较差地区，可以降低基础造价。

(2) 抗震性能好。钢材良好的弹塑性性能，可使承重骨架及节点等在地震作用下具有良好的延性。此外，钢结构自重轻也可显著减少地震作用，一般情况下，地震作用可减少40%左右。

(3) 有效使用面积高。钢结构的结构断面小，因而结构占地面积小，同时还可适当降低建筑层高。与同类钢筋混凝土高层结构相比，可相应增加建筑使用面积约4%。

(4) 建造速度快。钢结构的构件一般在工厂制造，现场安装，因而可提供较宽敞的现场施工作业面。钢梁和钢柱的安装、钢筋混凝土核心筒的浇注及组合楼盖的施工等可实施平行立体交叉作业。与同类钢筋混凝土高层结构相比，一般可缩短建设周期约1/4～1/3。

(5) 防火性能差。不加耐火防护的钢结构构件，其平均耐火时限约15min左右，明显低于钢筋混凝土结构。故当有防火要求时，钢构件表面必须用专门的防火涂料防护，以满足《高层民用建筑设计防火规范》(GB 50045—95) 的要求。

1.3.4.1.2 多、高层钢结构的组成

在高层建筑中，抵抗水平力成为设计的主要矛盾。因此，抗侧力结构体系的确定和设计成为结构设计的关键问题。高层建筑中基本的抗侧力单元是框架、剪力墙、框筒及支撑。

常用的高层建筑钢结构的结构体系主要有：框架结构体系、框架—支撑（剪力墙板）结构体系及筒体体系。钢结构房屋的最大高度不应超过表1.3.1的规定，高宽比的限值不应超过表1.3.2的规定。

表 1.3.1 钢结构房屋适用的最大高度 单位：m

结构类型	6度、7度	8度	9度
框架	110	90	50
框架—支撑	220	200	140
筒体（框筒、筒中筒、桁架筒、数筒）和巨型框架	300	260	180

注 1. 房屋高度指室外地面到主要屋面板板顶的高度（不包括局部突出屋顶部分）。
2. 超过表内高度的房屋，应进行专门研究和论证，采取有效的加强措施。

表 1.3.2　　钢结构民用房屋适用的最大高宽比

烈度	6 度、7 度	8 度	9 度
最大高宽比	6.5	6.0	5.5

1. 框架结构体系

纯框架结构一般适用于层数不超过 30 层的高层钢结构。框架结构体系是指沿房屋的纵向和横向，均采用框架作为承重和抵抗侧力的主要构件所形成的结构体系。

多、高层结构的楼盖由楼板和梁系组成，用于多、高层建筑的楼板有现浇钢筋混凝土楼板、预制楼板、压型钢板组合楼板，梁系由主梁和次梁组成，主、次梁连接构造如图 1.3.2 所示。

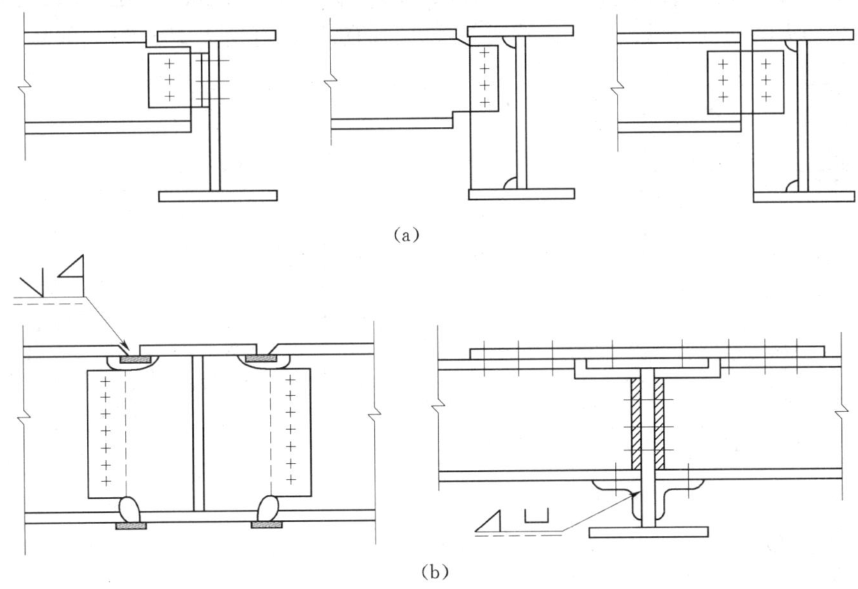

图 1.3.2　主次梁连接构造

(a) 简支连接；(b) 刚性连接

框架结构的优点是建筑平面布置灵活，可为建筑提供较大的室内空间。需要时，可用隔断分隔成小房间，或拆除隔断改成大房间，因而使用灵活。外墙用非承重构件，可使立面设计灵活多变。如果采用轻质隔墙和外墙，就可大大降低房屋自重，节省材料。

框架结构各部分刚度比较均匀。框架结构有较大延性，自振周期较长，因而对地震作用不敏感，抗震性能好。但框架结构的抗侧刚度小，侧向位移大。框架结构的侧移由两部分组成：

第一部分侧移由柱和梁的弯曲变形产生。柱和梁都有反弯点，形成侧向变形。框架下部的梁、柱内力大，层间变形也大，愈到上部层间变形愈小，使整个结构呈现剪切型变形。

第二部分侧移由柱的轴向变形产生。在水平荷载作用下，柱的拉伸和压缩使结构出现侧移。这种侧移在上部各层较大，愈到底部层间变形愈小，使整个结构呈现弯曲型变形。

框架结构中第一部分侧移是主要的；随着建筑高度加大，第二部分变形比例逐渐加大，但合成以后框架仍然呈现剪切型变形特征。

框架因梁柱节点腹板较薄，节点域将产生较大剪切变形，从而使框架侧移增大。

水平荷载作用下，钢框架因截面尺寸较小，侧移值较大，其上的竖向荷载作用于几何形状发生显著变化的结构上，使杆件内力和结构侧移进一步增大，称之为内力—侧移效益（P—Δ 效应），或称二阶效应。P—Δ 效应的大小，主要取决于房屋总层数、柱的轴压比和杆件长细比；P—Δ 效应严重时，还会危及框架的总体稳定。

由于框架侧向位移大，易引起非结构构件的破坏。

2. 框架—剪力墙结构体系

在框架结构中布置一定数量的剪力墙可以组成框架—剪力墙结构体系，如图 1.3.3 所示。结构以剪力墙作为抗侧力结构，既具有框架结构平面布置灵活、使用方便的特点，又具有较框架结构大的刚度，可以用于比框架体系更高的房屋，可用于 40～60 层的高层钢结构。

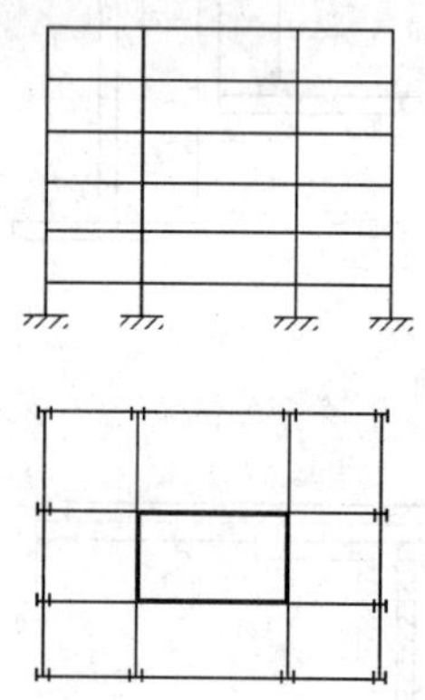

图 1.3.3 框架—剪力墙结构

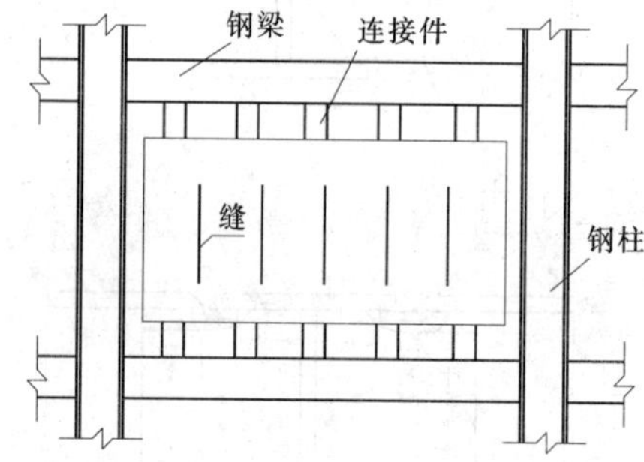

图 1.3.4 钢筋混凝土带缝剪力墙

剪力墙按其材料和结构的形式可分为钢筋混凝土剪力墙、钢筋混凝土带缝剪力墙和钢板剪力墙等。

钢筋混凝土剪力墙刚度较大，地震时易发生应力集中，导致墙体产生斜向大裂缝而发生脆性破坏。为避免这种现象，可采用带缝剪力墙，即在钢筋混凝土墙体中每隔一定间距设置竖缝，如图 1.3.4 所示，这样墙体成了许多并列的壁柱，在风载和小震下处于弹性阶段，确保了结构的使用功能。在强震时进入塑性阶段，能吸收大量地震能量，而各壁柱继续保持其承载能力，以防止建筑物倒塌。

钢板剪力墙是以钢板做成剪力墙结构，钢板厚约 8～10mm，与钢框架组合，起到刚性构件的作用。在水平刚度相同的条件下，框架—钢板剪力墙结构的耗钢量比纯框架结构要省。

3. 框架—支撑结构体系

框架—支撑结构体系由沿竖向或横向布置的支撑桁架结构和框架构成，是高层建筑钢结构中应用最多的一种结构体系，它的特点是框架与支撑系统协同工作，竖向支撑桁架起剪力墙的作用，承担大部分水平剪力。罕遇地震中若支撑系统破坏，还可以通过内力重分布，由框架承担水平力，形成所谓两道抗震设防；同时，采用框架—支撑体系的房屋，由

于水平（侧向）刚度很大的各层楼盖的联系和协调，框架和支撑两者的侧向变形趋于一致，从而使框架下部和支撑上部的较大层间侧移角均得以较大幅度地减小，使各楼层的层间侧移角渐趋一致。所以，房屋的层数可以比框架体系房屋增加较多。一般适用于40～60层的高层建筑。

支撑应沿房屋的两个方向布置，狭长形截面的建筑也可布置在短边。设计时可根据建筑物高度及水平力作用情况调整支撑的数量、刚度及形式。

支撑一般沿同一竖向柱距内连续布置，如图1.3.5（a）所示。这种布置方式层间刚度变化较均匀，适合地震区。当不考虑抗震时，若建筑立面布置需要，亦可交错布置，如图1.3.5（b）所示。在高度较大的建筑中，若支撑桁架的高宽比太大，为增加支撑桁架的宽度，亦可布置在几个跨间，如图1.3.5（c）所示。

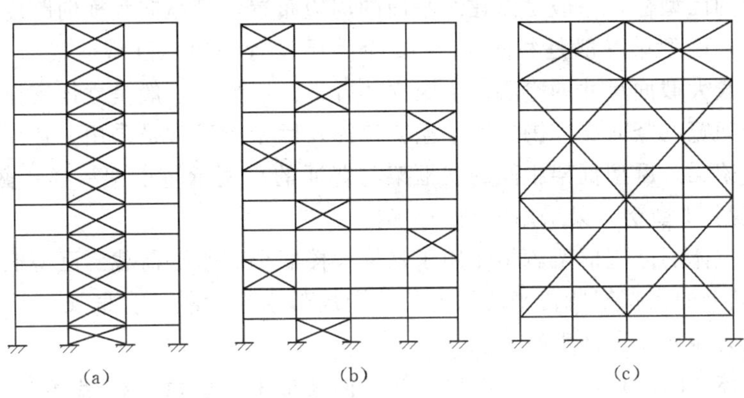

图 1.3.5　竖向支撑的布置

当竖向支撑桁架设置在建筑中部时，外围柱一般不参加抵抗水平力。同时，若竖向支撑的高宽比过大，在水平力作用下，支撑顶部将产生很大的水平变位。此时可在建筑的顶层设置帽桁架，如图1.3.6所示，必要时还可在中间某层设置腰桁架。帽桁架和腰桁架使外围柱与核心抗剪结构共同工作，可有效减小结构的侧向位移，刚度也有很大提高。

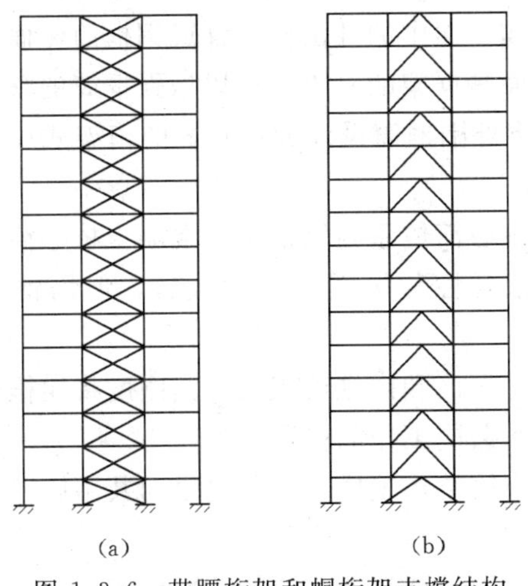

图 1.3.6　带腰桁架和帽桁架支撑结构

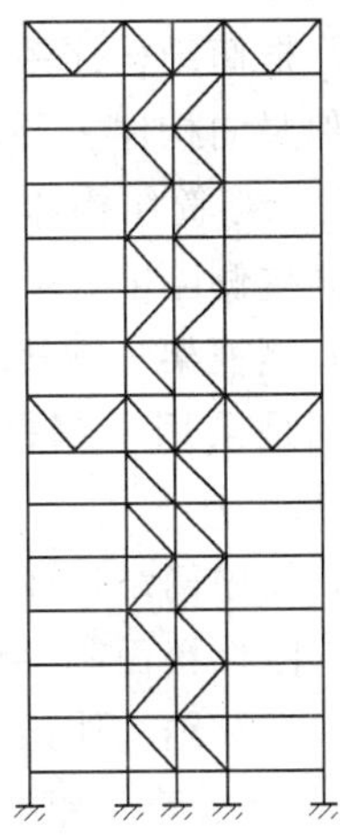

图 1.3.7　中心支撑和偏心支撑

腰桁架的间距一般为12～15层，腰桁架越密整个结构的筒体作用越强（这种结构通常被称为部分筒体结构体系），当仅设一道腰桁架时，最佳位置是在离建筑顶端0.455倍高度处。支撑在水平荷载作用下所产生的侧移，主要是由于其中各杆件的轴向拉伸或压缩变形引起的；与框架侧移是由杆件弯、剪变形所引起的情况相比较，其量值要小得多，表明竖向支撑的抗侧刚度要比框架大得多。

支撑形式有中心支撑和偏心支撑（图1.3.7)。中心支撑在水平地震作用下的主要缺点是其斜杆反复受压屈曲后承载力急剧下降。

4. 巨型框架体系

巨型框架体系是以巨型框架（主框架）为结构主体，再在其间设置普通的小型框架（次框架）所组成的结构体系。

巨型框架的巨型柱，一般是沿建筑平面的周边布置，其纵向和横向跨度依建筑使用空间的要求而定；巨型梁一般是每隔12～15个楼层设置一道。巨型框架的“柱”和“梁”一般均为具有较大截面尺寸的空心、空腹立体杆件。巨型柱一般是立体支撑柱，通常是采用4片一个开间宽的竖向支撑围成的小型支撑筒；巨型梁通常是采用4片一层楼高的桁架围成的立体桁架梁。巨型框架中间的次框架与普通的小型承重框架一样，截面尺寸较小，其柱可采用轧制H型钢，梁采用轧制工字钢。

作为结构主体的巨型框架承担作用于整栋大楼的全部水平荷载。巨型框架的“梁”和“柱”还承担其上的次框架所传来的重力荷载和局部水平荷载；次框架仅承担它的荷载从属面积内的重力荷载和局部水平荷载。

巨型框架体系的侧移，是以巨型梁、柱弯曲变形引起的巨型框架整体剪切变形为主，巨型框架由倾覆力矩产生的整体弯曲变形所占比例较小。

巨型框架是由多根柱组成的巨型柱，一般布置在建筑平面的四个角，与多根柱沿房屋周边均匀布置的框筒体系相比较，具有更大的力臂，因而具有更大的抵抗倾覆力矩的能力。

5. 钢筒体体系

钢筒体体系有以下几种：

(1) 框筒结构体系。框筒结构体系是将结构平面中的外围柱设计成钢框筒，而在框筒内的其他竖向构件主要承受竖向荷载。刚性楼面是框架的横隔，可以增强框筒的整体性。

(2) 桁架筒结构体系。桁架筒结构体系是将外围框筒设计成带斜杆的桁架式筒，可以大大提高抗侧刚度。

(3) 钢框架—钢核心筒体系。钢框架－钢核心筒体系与钢框架—混凝土核心筒体系的最大差别是采用了钢框筒作为核心筒，使体系延性和抗震性大大改善，但用钢量有所增加。

(4) 筒中筒结构体系。筒中筒结构体系由外框筒和内框筒组成，其刚度将比框筒结构体系大，刚性楼面起协调外框筒和内框筒变形和共同工作的作用。

(5) 束筒结构体系。束筒结构体系是有一束筒结构组成，筒与筒之间共用筒壁。

1.3.4.2 多、高层钢结构的受力特点分析

水平方向的风荷载和地震作用，对高层钢结构设计起着主要的控制作用。

1. 竖向荷载作用

多、高层钢结构的竖向荷载主要是永久荷载（结构自重）和楼面及屋面活荷载。多、高层钢结构的楼面和屋面活荷载及雪荷载的标准值及其准永久值系数应按《建筑结构荷载规范》（GB 50009—2001）的有关条文取值。设计楼面梁、各层的墙、柱及基础时，楼面活载的折减系数按《建筑结构荷载规范》（GB 50009—2001）的有关条文取值。

高层建筑中，活荷载值与永久荷载值相比不大，因而计算时，一般对楼面和屋面活荷载可不作最不利布置工况的选择，即按各跨满载简化计算。但当活荷载较大时（≥4kN/m²），须将简化算得的框架梁的跨中弯矩计算值乘以 1.1～1.2 的提高系数；梁端弯矩值乘以 1.05～1.1 的提高系数。

当施工中采用附墙塔、爬塔等对结构有影响的起重机械或其他设备时，在结构设计中应进行施工阶段验算。

2. 风荷载作用

作用在多高层建筑任意高度处的风荷载标准值 w_k，应按下式计算

$$w_k = \beta_z \mu_s \mu_z w_0 \tag{1.3.1}$$

式中　w_k——任意高度处的风荷载标准值，kN/m²；

w_0——高层建筑基本风压，kN/m²，应按《建筑结构荷载规范》（GB 50009—2001）的规定采用；

μ_z——风压高度变化系数，可按《建筑结构荷载规范》（GB 50009—2001）的规定采用；

μ_s——风荷载体型系数，可按《建筑结构荷载规范》（GB 50009—2001）或《高层民用建筑钢结构技术规程》（JGJ 99—98）的有关规定采用；

β_z——顺风向 z 高度处的风振系数，可按《高层民用建筑钢结构技术规程》（JGJ 99—98）有关规定采用。

当高层建筑主体结构顶部有突出的小体型建筑（如电梯机房等）时，应计入鞭梢效应。一般可根据小体型作为独立体时的自振周期 T_u 与主体建筑的基本自振周期 T_1 的比值，分别按下列规定处理：

（1）当 $T_u \leqslant \frac{1}{3}T_1$ 时，可假定主体建筑为等截面并沿高度延伸至小体型建筑的顶部，以此计算风振系数。

（2）当 $T_u > \frac{1}{3}T_1$ 时，其风振系数按风振理论计算。

3. 地震作用

钢结构的抗震设计采用两阶段设计法。第一阶段为多遇地震作用下的弹性分析，验算构件的承载力和稳定及结构的层间位移；第二阶段为罕遇地震作用下的弹塑性分析，验算结构的层间侧移和层间侧移延性比。

第一阶段设计时，其地震作用应符合下列要求：

（1）当有斜交抗侧力构件时，宜分别计入各抗侧力构件方向的水平地震作用。

（2）质量和刚度明显不均匀、不对称的结构，应计入水平地震作用的扭转效应。

（3）按Ⅸ度抗震设防的高层建筑钢结构，或者按Ⅷ度和Ⅸ度抗震设防的大跨度和长悬臂构件应计入竖向地震作用。

1.3.4.3　组合楼盖所用压型钢板构造要求

在建筑结构中，楼（屋）盖的工程量占有很大的比重，其对结构的工作性能、造价及施工速度等都有着重要的影响。在确定楼盖结构方案时，应考虑以下要求：

（1）保证楼盖有足够的平面整体刚度。

（2）减轻结构的自重及减小结构层的高度。

（3）有利于现场安装方便及快速施工。

（4）具有较好的防火、隔音性能，并便于管线的敷设。

钢结构的常用楼面做法有：压型钢板组合楼板、预制楼板、叠合楼板和普通现浇楼板等。目前最常用的做法为在钢梁上铺设压型钢板，再浇筑整体钢筋混凝土板，即形成组合楼板。此时的楼面梁亦相应形成钢与混凝土组合梁。

1.3.4.3.1　压型钢板的形式

压型钢板与混凝土组合楼板中，必须保证压型钢板与混凝土能可靠地共同工作。压型钢板与混凝土的组合作用是通过两者接触面之间采取适当的连接方式形成的。为了保证可靠的组合效应，要求接触面上的抗剪齿槽、槽纹或其他连接措施，具有足够的抗剪切黏结强度，不产生过大的黏结滑移，以抵抗楼板在外荷载作用下产生的纵向水平剪力；同时还要足以抵抗垂直掀起力，保证在垂直方向结合成不可分开的整体。

组合板中压型钢板的形式可以归纳为三类：

（1）闭口形槽口的压型钢板。

（2）开口形槽口压型钢板，在其腹板翼缘上轧制凹凸形槽纹作为剪力连接件。槽纹一般等距分布。它的形式、数量、间距与尺寸对抗剪强度影响很大。

（3）开口形槽口压型钢板，同时在它的翼缘上另焊横向钢筋，以增强抗剪切黏结能力。压型钢板组合楼板支承在钢梁上时，应在支承处将抗剪栓钉穿透压型钢板焊在支承钢梁上。抗剪栓钉一方面保证了组合楼板与支承梁的组合效应，同时也加强了混凝土与压型钢板之间的抗滑移能力。压型钢板组合楼板支承在钢筋混凝土梁上时，则在梁面支承处预埋钢板，同样通过抗剪栓钉穿透压型钢板焊在预埋钢板上，其做法与支承梁为钢梁时类同。

1.3.4.3.2　组合板的极限状态

1. 沿正截面弯曲破坏

如果组合板的含钢量过小，板的破坏是由于压型钢板及钢筋已经全截面屈服并发生撕裂破坏。这种破坏来得突然，属于脆性破坏。如果组合板的含钢量过大，板的破坏是由于受压区混凝土被压碎，此时压型钢板尚未屈服，或只有一小部分截面屈服。由于超筋破坏是始于混凝土被压碎，突然失去承载能力，也是属于脆性破坏，在工程中应当避免上述破坏。当组合板含钢量适当时，破坏是从受拉区压型钢板及受拉钢筋开始，即受拉钢板及钢筋首先屈服，板的变形裂缝迅速发展，受压区不断减小，最后由于受压区混凝土被压碎而破坏。由于破坏前产生了很大的裂缝变形，因此有明显的破坏预兆，属于延性破坏。组合板的弯曲破坏应为这种适筋破坏。

2. *沿混凝土与压型钢板界面纵向水平剪切破坏*

当混凝土与压型钢板的界面抵抗剪切黏结滑移强度不足时，在组合板尚未达到极限弯矩以前，界面丧失抵抗剪切黏结能力，产生过大的滑移，失去了组合作用。这种破坏的特征是，首先在靠近支座附近的集中荷载处混凝土出现斜裂缝，混凝土与压型钢板开始发生垂直分离，随即压型钢板与混凝土丧失抵抗剪切黏结能力，产生较大的纵向滑移。一般滑移常在一端出现，其值可达 15～20mm。由于产生很大的滑移，楼板变形非线性地增加，从而失去了或基本上失去了组合作用，组合板的混凝土部分与压型钢板部分将被各个击破很快崩溃。

3. *沿斜截面剪切破坏*

沿斜截面剪切破坏一般不常见，只有当组合板的高跨比很大、荷载比较大，可能在支座最大剪力处沿斜截面剪切破坏。

4. *冲剪破坏*

当组合板比较薄，在局部面积上作用有较大集中荷载时，可能发生组合板局部冲剪破坏。当组合板的冲剪强度不足时，应适当配置分布钢筋，以使集中荷载分布到较大范围的板上，并适当配置承受冲剪力的附加箍筋或吊筋。

其他的可能破坏形式还有以下几种：

(1) 当竖向黏结力不足时，可能在掀起力作用下使混凝土与压型钢板发生局部竖向分离，丧失组合作用。在组合板与支承梁的连接处配置足够量的带头栓钉，能有效防止混凝土与压型钢板因掀起力发生竖向分离。

(2) 在组合板端部，混凝土与压型钢板发生最大滑移，因此组合板在端部与支承梁连接处，如果剪力连接件抗剪强度不足以抵抗较大的剪切滑移时，也将因局部破坏而使组合板丧失承载能力，因此必须设置端部锚固件。

(3) 处于受压区的压型钢板，例如连续板的中间支座处，以及虽然压型钢板处于受拉区，但是当含钢量过大，受压区高度较高，以致压型钢板上翼缘及部分腹板可能处于受压区，此时尚应防止压型钢板的局部屈曲失稳引起组合板丧失承载能力。

1.3.4.3.3　组合板的构造要求

压型钢板的表面应有镀锌保护层，以防止在使用阶段锈损。除了仅供施工用的压型钢板外，压型钢板的净厚度不应小于 0.75mm。

组合楼板截面的全高不应小于 90mm，且压型钢板顶面的高度不应小于 50mm。

非组合板应按钢筋混凝土板设置钢筋。连续组合板及悬臂板的负弯矩区应按计算配置负弯矩钢筋。当板上开洞且较大时，应在洞口周围配置附加钢筋。为了防止混凝土收缩及温度等影响，也为了起到分布荷载的作用，应在混凝土板中配置分布钢筋网。

组合板中的压型钢板在钢梁上的支撑长度不应小于 50mm。在钢筋混凝土梁或砌体上的支撑长度不应小于 75mm。

组合板通过带头栓钉穿过压型钢板焊于钢梁上或钢筋混凝土梁的预埋钢板上。栓钉的设置应符合下列构造要求：

(1) 跨度小于 3m 的组合板，栓钉直径宜为 13mm 或 16mm；跨度为 3～6m 的组合板，栓钉直径宜为 16mm 或 19mm；跨度大于 6m 的组合板，栓钉直径宜为 19mm。

(2) 焊后栓钉长度应满足其高出压型钢板顶面 30mm 的要求，且应设在支座处压型钢板的凹肋中并穿透压型钢板焊牢在梁上。

1.3.5 任务实施

图 1.3.1 (a) 为纯框架结构体系，是沿房屋纵向和横向均采用框架作为承重和抵抗侧力的主要构件所形成的结构体系，一般由梁、柱、楼盖、墙板、支撑组成；图 1.3.1 (b) 为巨型结构体系中的巨型桁架结构，主要由巨型柱和巨型斜杆组成；图 1.3.1 (c) 为巨型柱—核心筒—伸臂桁架结构体系，是由钢筒体体系和桁架体系衍生的结构体系，由巨型柱、核心筒、伸臂桁架组成；图 1.3.1 (d) 为束筒结构体系，由多个小筒结构组成，筒与筒之间共用筒壁；图 1.3.1 (e) 为巨型结构体系中的巨型框架体系，由巨型框架（主框架）和普通的小型框架（次框架）所组成。

学习单元 1.4 大跨度钢结构的认识

1.4.1 学习目标

通过本单元的学习，会进行网架结构的几何不变性分析，能正确选择网架结构的形式，会确定网架结构的几何尺寸，会进行网架结构的受力分析。

1.4.2 学习任务

1. 任务

进行网架结构的特点分析，对网架结构进行选型，在选型之前要进行网架结构的几何组成分析，然后选择网架结构的几何尺寸，选择屋面所用材料，了解屋面制作，最后进行网架结构的受力分析。

2. 任务描述

指出图 1.4.1 中各网架的类型以及特点。

1.4.3 任务分析

要保证平板网架结构施工任务的顺利完成，要做好以下几点：

(1) 选择网架结构的形式。

(2) 确定网架结构的网格几何尺寸、网架高度尺寸以及腹杆布置。

(3) 选择屋面所用的材料。

(4) 确定网架屋面做法。

(5) 分析网架结构的受力特点。

1.4.4 任务知识点

1.4.4.1 大跨度房屋钢结构的形式

1.4.4.1.1 平面结构体系

1. 大跨度梁式钢结构

梁式大跨度结构因具有制造和安装方便等优点，广泛应用于房屋承重结构。在平面结构体系中，梁式大跨度结构属于用钢量较大的一种体系，如采用预应力桁架可降低结构的用钢量。

梁式大跨度结构的房屋，根据跨度和间距的不同，采用普通式或复式的梁格布置。为

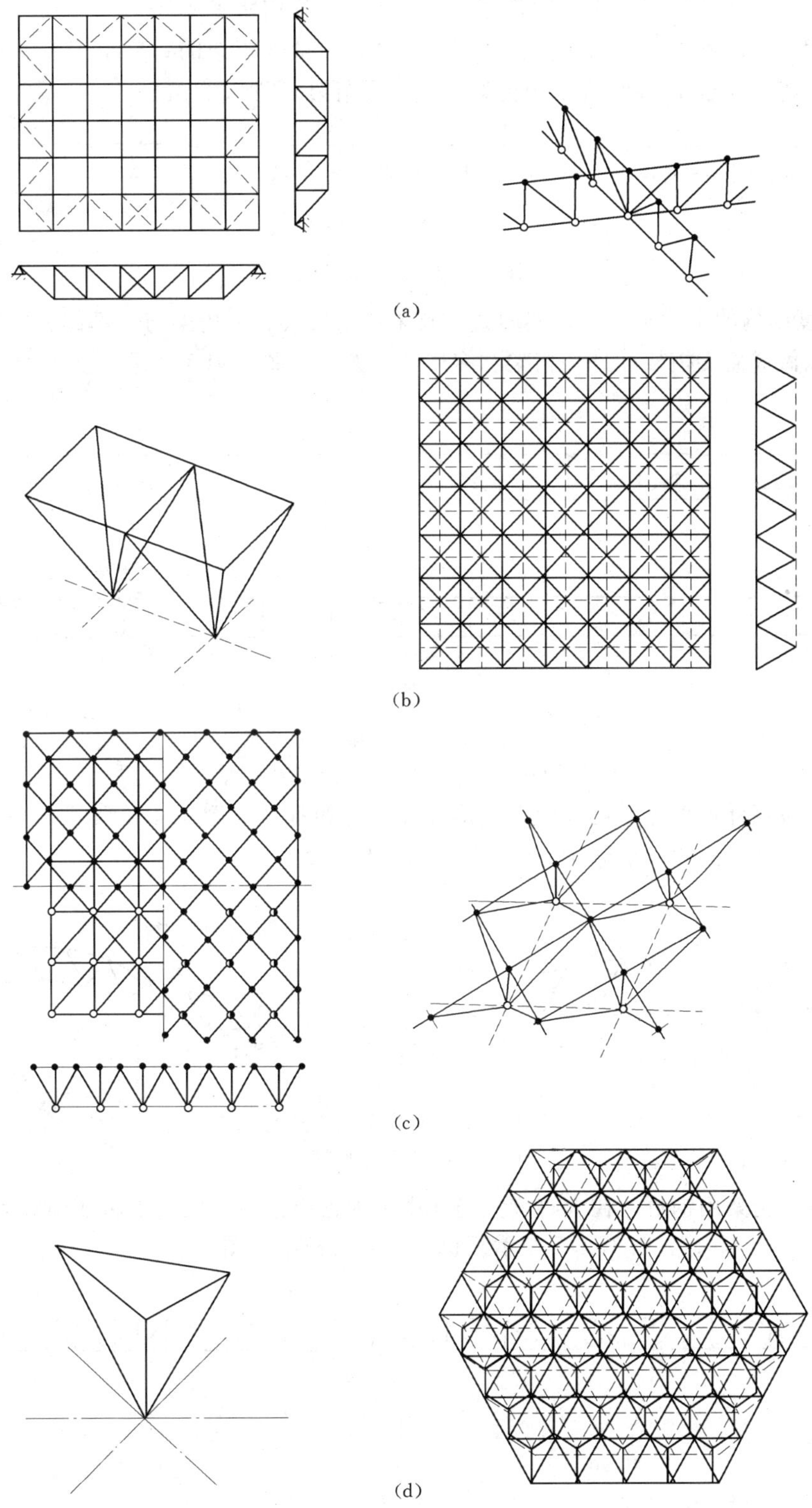

图 1.4.1　网架的类型

保证主桁架的平面外稳定，应在屋盖体系中设置纵、横向水平支撑。

次桁架根据跨度大小可采用实腹式或格构式。一般次桁架的跨度小于 6～10m 时宜采用实腹式，跨度大于 10m 时宜采用桁架式或空腹桁架（图 1.4.2）。

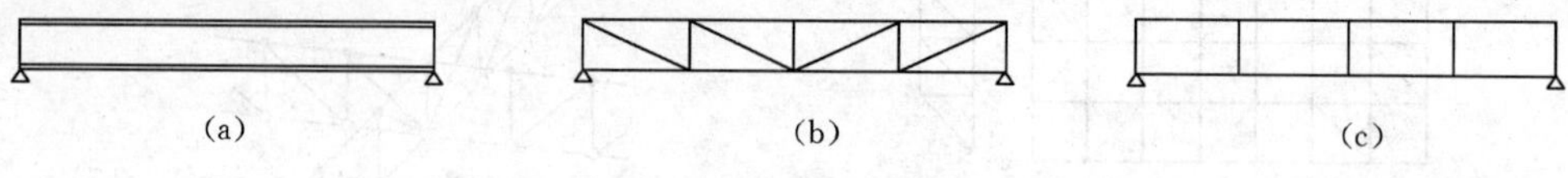

图 1.4.2 次桁架形式

大跨度结构的主梁不宜采用实腹式，宜采用桁架式。主桁架与下部结构宜做成铰接。主桁架可以做成简支桁架、外伸桁架和多连续桁架，如图 1.4.3 所示。

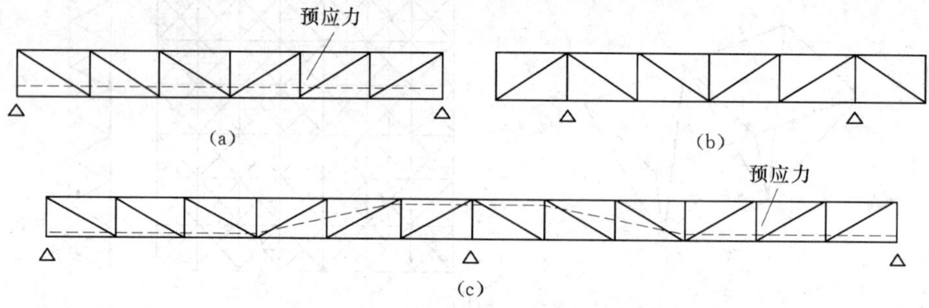

图 1.4.3 主桁架形式

(a) 简支桁架；(b) 外伸桁架；(c) 两跨连续桁架

主桁架按照外形划分，可分为直线形和曲线形两种，如图 1.4.4 所示，按截面划分，可分为平面式和空间式，如图 1.4.4 所示的 1—1 剖面。

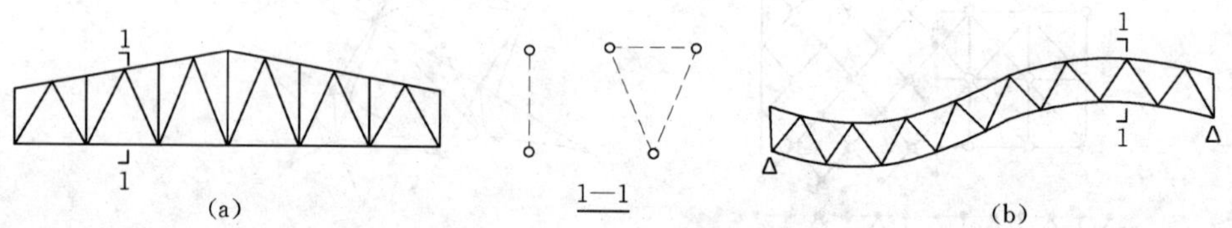

图 1.4.4 主桁架的外形

(a) 直线型；(b) 曲线型

为减少主桁架用钢量，在大跨度主桁架中施加预应力，可以比不施加预应力的桁架节省钢材约 12%～33% 。图 1.4.5 表示某机库预应力桁架简图。

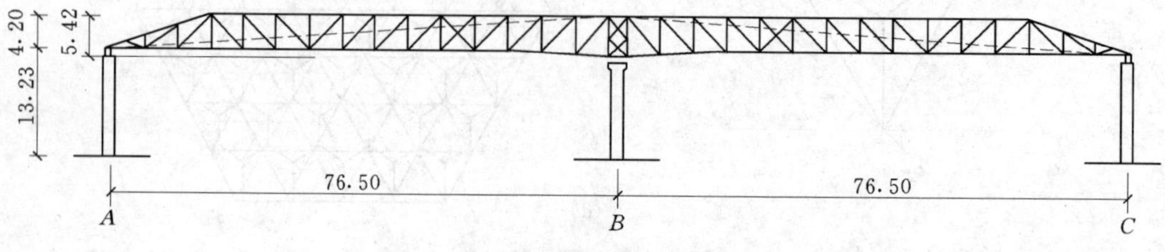

图 1.4.5 某机库预应力桁架简图

大跨度梁式结构的节点多采用板式节点和直线焊接相关节点。在设有悬挂吊车时，可采用图 1.4.6 所示构造。

2. 大跨度框架式钢结构

大跨度框架式钢结构的用钢量要比大跨度梁式钢结构省，且刚度较好，横梁高度较小。它适用于采用全钢结构的单层工业厂房。

大跨度框架式钢结构有实腹式和格构式两种。实腹式框架虽然外形美观，制造和架设比较省工，但较费钢，在轻型单层工业厂房采用较多。

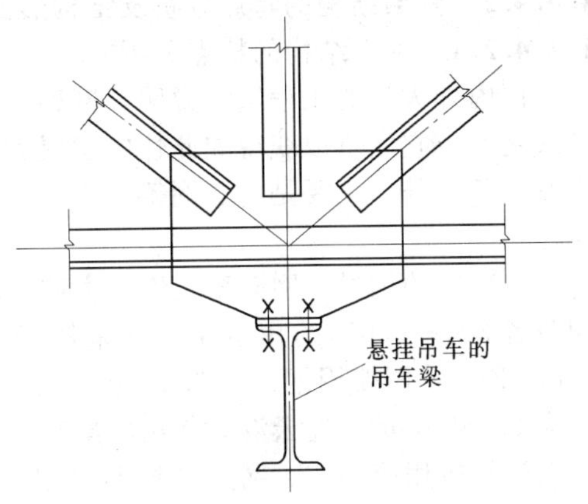

图 1.4.6　悬挂吊车与桁架连接节点图

格构式框架刚度大，自重轻，用钢量省，在大跨度结构中应用较多。格构式框架可以设计成双铰的或无铰的。双铰框架的刚度比无铰框架小，但受温度的影响较小，基础设计较方便。无铰框架的用钢量比较经济，但需很大的基础，用于跨度为 120～150m 时比较经济，如图 1.4.7 所示。

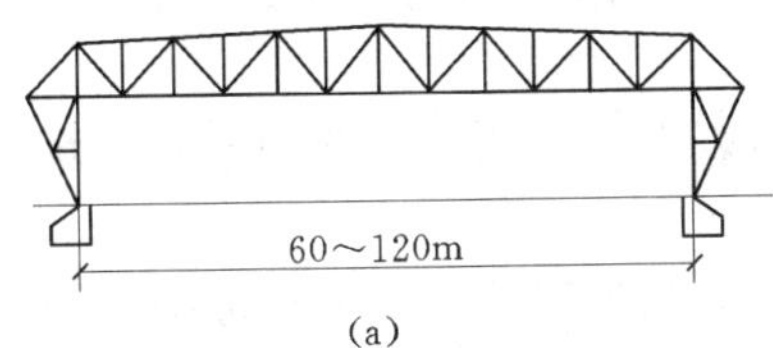

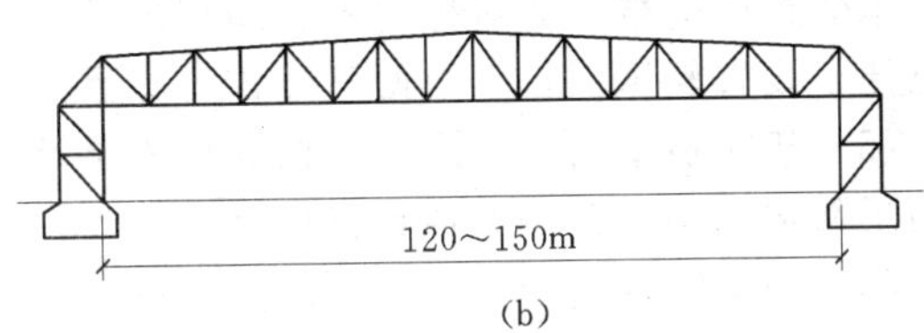

图 1.4.7　格构式框架结构体系

3. 大跨度拱式钢结构

大跨度拱式钢结构用于跨度大于 80～100m 的结构中，其用钢量省，且经济美观。拱式结构按静力图分为无铰拱、单铰拱、两铰拱、三铰拱等。其中两铰拱最为常见，因为它的制造和安装都比较方便，温度应力不大，用钢量也较省。

1.4.4.1.2　空间结构体系

从受力角度出发，空间结构体系可分为刚性结构体系、柔性结构体系和刚性与柔性结合的杂交结构体系。

刚性结构体系的结构构件具有很好的刚度，结构的形体由构件的刚度形成。其主要结构形式有网架、网壳、拱支网架、组合网架、组合网壳、空间桁架、悬臂结构等。

柔性结构体系的大多数结构构件为柔性构件（索），结构的形体由体系内部的预应力形成。其主要结构形式有悬索结构、索膜结构、索穹顶结构等。

刚性与柔性结合的结构体系，这种结构由刚性构件组成结构的几何不变结构体系，在该体系中适当位置设置具有预应力的柔性构件，可提高整个结构的刚度，减少结构挠度，改善内力分布，压低应力峰值，从而可降低材料耗量，提高经济效益。其主要结构形式有预应力网架、预应力网壳、斜拉网壳结构、斜拉网架结构、弦支穹顶、张弦梁结构等。

其中网架结构应用最为广泛，由于篇幅有限，这里，我们只介绍网架结构。

1.4.4.2 网架结构的特点分析及结构形式简介

1.4.4.2.1 网架结构的特点分析

国内外大量的工程实践说明，网架结构已成为大跨度空间结构中应用最为广泛的结构形式之一。它之所以获得如此快的发展和如此广泛的应用，除了计算机技术的进步为之提供有利条件外，主要是由于网架结构是一种受力性能很好的空间结构体系，并具有以下优越性：

(1) 节约钢材。网架系三维受力结构，较平面结构节省材料，网架结构比传统的钢结构节省20%～30%的用钢量，如采用轻屋面经济效果将会更显著。如天津科学宫礼堂15m×21m，网架用钢量为6.26kg/m^2；河南中原机械厂冲压车间18m×60m，网架用钢量为6.76kg/m^2；连云港集装箱厂集装箱车间37m×204m，网架用钢量18kg/m^2。

(2) 应用范围广。网架结构不仅用于中小跨度的工业民用建筑，如工业厂房、俱乐部、食堂、会议室等，而且更适用于大跨度结构的公共建筑，如体育馆等。

(3) 便于管道安装。网架结构的上下弦之间是由一定规律的腹杆所组成，雨水管道、空调管道、工艺管道均可在上下弦之间的空间穿过，这样可以降低层高，降低造价，获得良好的经济效果。

(4) 抗震性能好。网架结构整体空间刚度大，稳定性能及抗震性能好，安全储备高，对于承受集中荷载、非对称荷载、局部超载、地基不均匀沉陷等均为有利。网格尺寸小，上弦便于设置轻屋面，下弦便于设置悬挂吊车。

(5) 建筑造型新颖。网架结构的形式灵活多变，美观大方，如亚运会的十几个场馆都采用了网架结构，其造型各具特色。

(6) 网架结构用于大柱网的工业厂房，可灵活布置工艺流程并可做成标准的工业厂房提供给用户。

(7) 采光方便。网架结构可设置点式采光、块式采光或带式采光，采光的方式可设置平天窗，也可设置升起的平天窗或侧天窗，采光材料一般用玻璃钢制品，也可采用玻璃制品。

(8) 便于通风处理。网架结构的屋盖通风方便，既可采用侧窗通风，也可在屋面上开洞设轴流风机。

(9) 便于定型化、工业化、工厂化、商品化生产，便于集装箱运输，零件尺寸小，重量轻，便于存放、装卸、运输和安装，现场安装不需要大型起重设备。

(10) 网架结构如采用螺栓球节点连接，便于拆卸，可适用于临时建筑。

(11) 设计效率高。目前，我国已自行开发出很多优秀的网架结构设计软件。利用这些软件，整个设计从结构计算开始到施工图和加工图绘制都能在计算机上快速完成。

1.4.4.2.2 网架结构的选型

1. 网架几何不变性分析

网架结构为空间杆系结构，在任何外力作用下必须是几何不变体系。但是许多形式的网架，如不考虑支座约束和屋面板（或支撑）约束时，就其本身结构而言是几何可变体系，只有加上适当的支座约束和屋面板（或支撑）约束后才成为一个几何不变体系。因此，对网架进行机动分析非常重要。

(1) 网架几何不变的必要条件。一个刚体在空间的自由度为6，一个空间简单铰的自由度为3。网架是一个铰接的空间杆系结构，故其任一节点（即铰）有三个自由度。对于具有J个节点，m根杆件的网架，支承于具有r根约束链杆的支座上时，其几何不变的必要条件可由式（1.4.1）计算。

$$m+r-3J\geqslant 0 \quad 或 \quad m\geqslant 3J-r \tag{1.4.1}$$

如将网架作为一个刚体考虑，则最少的支座的约束链杆为 6，故式（1.4.1）中 $r\geqslant 6$。如网架不与支座连接，仅考虑网架内部几何可变否，则由式 1.4.2 计算。

$$K=3J-m-6 \tag{1.4.2}$$

由（1.4.1）式，当 $m=3J-r$ 时，为静定结构；当 $m>3J-r$ 时，为超静定结构；当 $m<3J-r$ 时，为几何可变体系。由（1.4.2）式，当 $K=0$ 时，网架杆件数恰好满足其内部几何不变的必要条件；当 $K<0$，内部有多余杆件；当 $K>0$，内部几何可变。

（2）网架几何不变的充分条件。分析网架结构几何不变的充分条件时，应先对组成网架的基本单元进行分析，进而对网架的整体作出评价。

众所周知，三角形是几何不变的，因此，三角锥（图 1.4.8）亦为几何不变体，以此为基础，通过三根不共面的杆件交出一个新节点所构成的网架也为几何不变体系。另外，当网架杆系组成的形体是由三角形界面组成的多面体（凸多面体）时，则它亦是几何不变的。由此可使分析网架几何不变问题变成平面问题进行。例如四角锥体系网架的上弦平面为四链杆机构，缺少保持几何不变性链杆，而下部的角锥部分则有多余链杆。

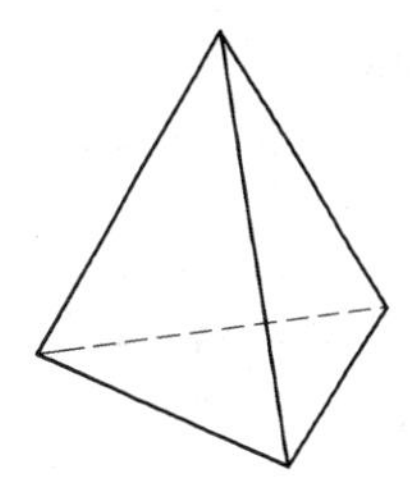

图 1.4.8　组成网架结构的几何不变基本单元

如图 1.4.9（a）、（c）、（e）所示为几何可变的单元，可通过加设杆件［图 1.4.9（b）、（f）］或适当加设支承链杆［图 1.4.9（d）、（g）］使其变为几何不变体系。

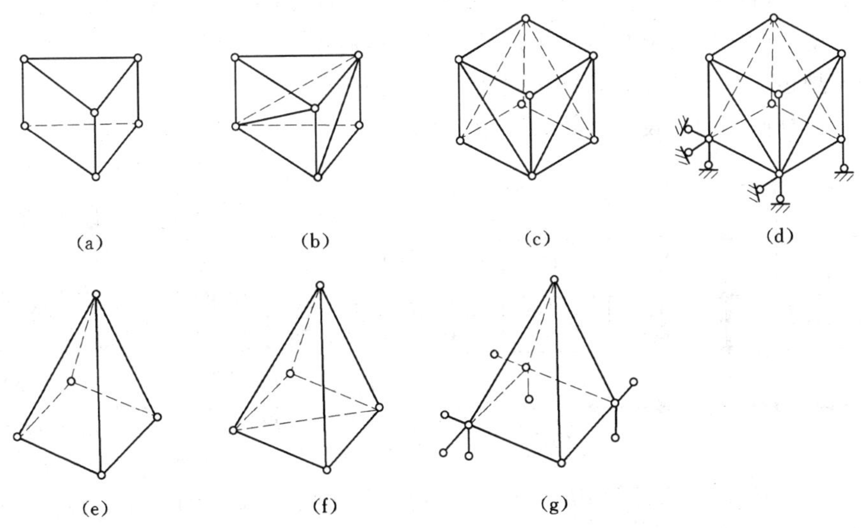

图 1.4.9　单元体由几何可变体系转化为几何不变体系举例

（a）几何可变体系；（b）几何不变体系；（c）几何可变体系；（d）几何不变体系；（e）几何可变体系；（f）几何不变体系；（g）几何不变体系

经过网架结构的机动分析，如果该网架自身为几何不变体系，则称为“自约结构体系”；反之，称“他约结构体系”。

经过分析，蜂窝形三角锥网架属他约结构体系，除在各支座节点必须设置一个竖向链杆外，根据几何不变的必要条件，还必须布置与支座节点数相同的水平链杆。

2. 网架结构的形式

网架结构的形式很多。按结构组成分，有双层和三层网架；按支承情况，可分为周边支承、点支承、三边支承一边开口、周边支承与点支承相结合等；按网格组成情况，可分为由两向或三向平面桁架组成的交叉桁架体系和由三角锥体、四角锥体组成的空间桁架（角锥）体系、表皮受力体系等。

(1) 按结构组成分类。

1）双层网架。双层网架（图 1.4.10）由上、下两个平放的平面构架作表层，上、下表层间用杆件相联系。组成上、下表层的杆件称为网架的上弦或下弦杆；位于两层之间的杆件称为腹杆。一般网架多采用双层网架。

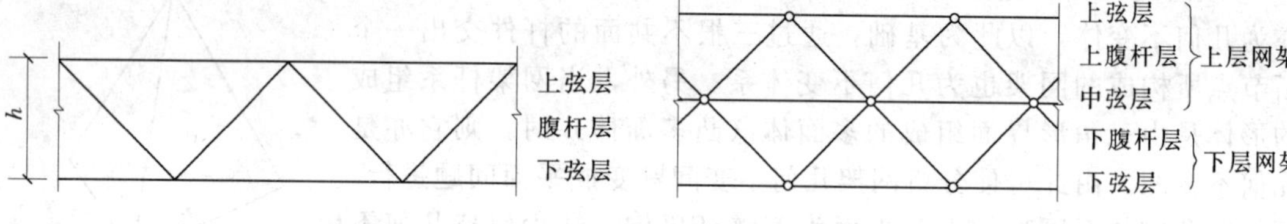

图 1.4.10　双层网架　　图 1.4.11　三层网架

2）三层网架。三层网架（图 1.4.11）由 3 个平放的平面构架及层件杆件组成。三层网架的采用应根据建筑和结构的要求而确定。

(2) 按支承情况分类。

1）周边支承网架。周边支承网架（图 1.4.12）的所有节点均搁置在柱或梁上。由于传力直接，受力均匀，因此是目前采用较多的一种形式。

当网架周边支承于柱顶时，网格宽度可与柱距一致［图 1.4.12（a）］。为保证柱子的侧向刚度，沿柱间侧向应设置边桁架或刚性系杆。

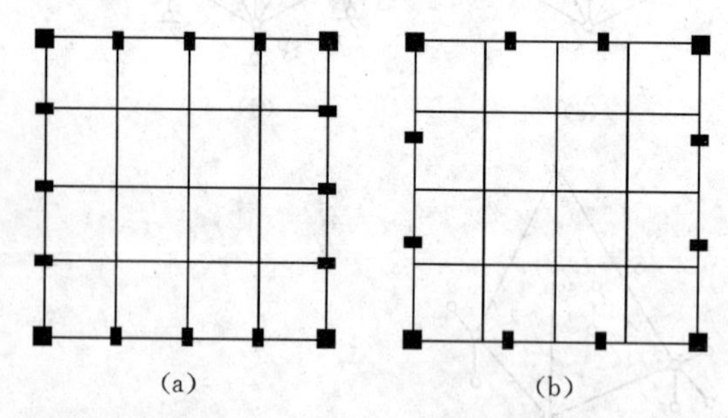

图 1.4.12　周边支承网架

当网架周边支承于圈梁时，网格的划分比较灵活，可以不受柱距的影响，如图 1.4.12（b）所示。

2）点支承网架。点支承网架（图 1.4.13）可设置于 4 个或多个支承上。前者称为四点支承网架［图 1.4.13（a）］，后者称为多点支承网架［图 1.4.13（b）］。

点支承网架主要用于大柱距工业厂房、仓库及展览厅等大型公共建筑。

这种网架由于支承点较少，因此支点反力较大。为了使通过支点的主桁架及支点附近的内力不致过大，宜在支承点处设置柱帽，使反力扩散。柱帽一般设置于下弦平面之下［图 1.4.14（a）］，或置于下弦平面之上［图 1.4.14（b）］。也可将上弦节点通过钢短柱直接搁置于柱顶［图 1.4.14（c）］。点支承网架，周边应有适当悬挑，以减少网架跨中杆件的内力与挠度。

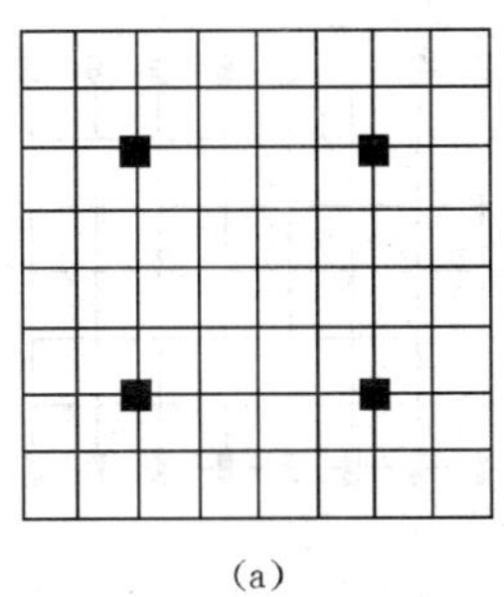

(a)

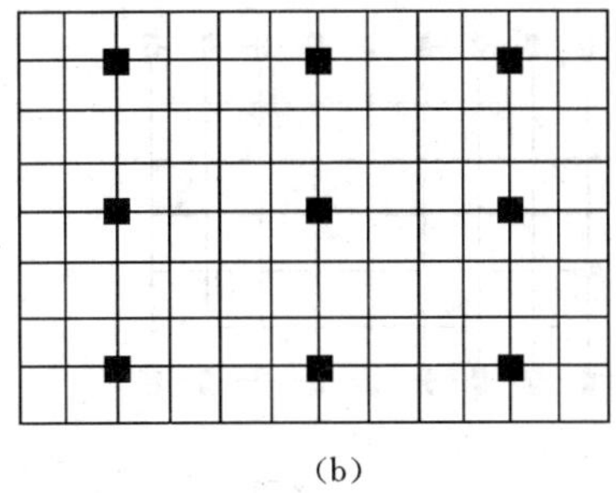

(b)

图 1.4.13　点支承网架

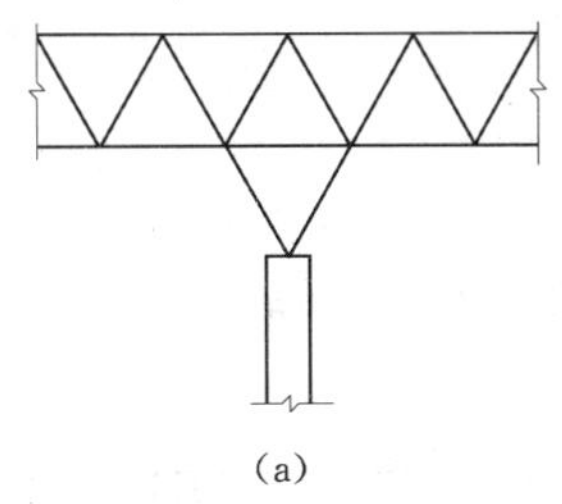

(a)

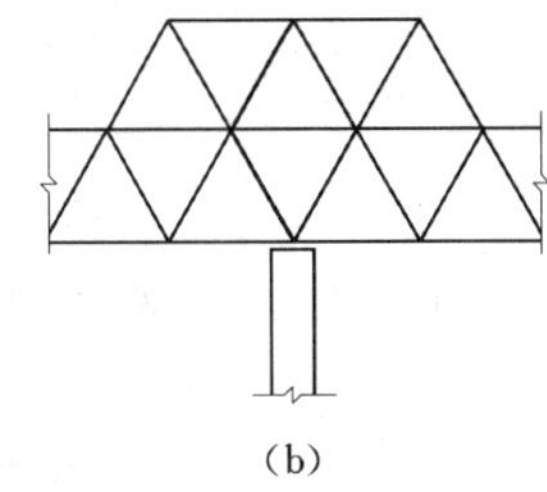

(b)

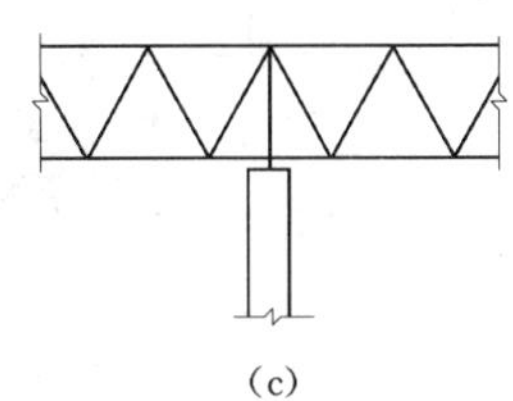

(c)

图 1.4.14　点支承网架的柱帽设计

3) 周边支承与点支承相结合的网架。在点支承网架中，当周边设有围护结构和抗风柱时，可采用点支承与周边支承相结合的形式（图 1.4.15）。这种支承方法适用于工业厂房和展览厅等公共建筑。

4) 三边支承一边开口或两边支承两边开口的网架。在矩形平面的建筑中，如飞机库，由于考虑扩建的可能性或由于建筑功能的要求，需要在一边或两对边上开口，因而使网架仅在三边或两对边上支承，另一边或两对边为自由边［图 1.4.16 (a)、(b)］。

自由边的存在对网架的受力是不利的，为此应对自由边做出特殊处理。一般可在自由边附近增加网架层数［图 1.4.16 (c)］，或在自由边加设托梁或托架［图 1.4.16 (d)］。对中、小型网架，亦可采用增加网架高度或局部加大杆件截面的办法予以加强。

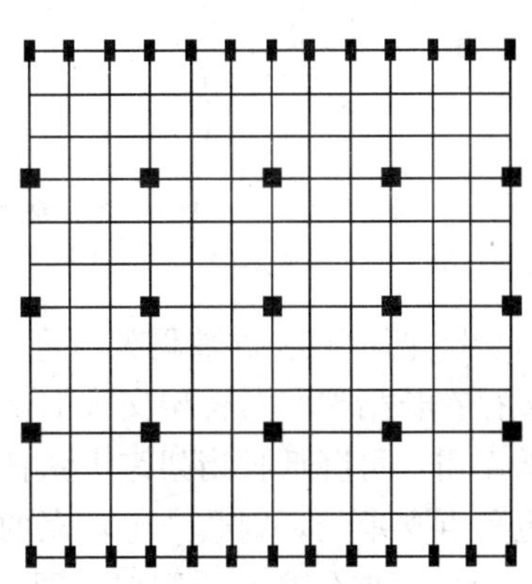

图 1.4.15　周边支承与点支承相结合的网架

(3) 双层网架按网格组成情况分类。

1) 交叉桁架体系。这类网架是由互相交叉的平面桁架组成，一般把斜腹杆设计成拉杆，竖杆设计成压杆，其特点是上、下弦杆长度相等，且与腹杆共处于同一竖直平面内。

a. 两向正交正放网架（图 1.4.17)。这种网架由两个相互正交的桁架系组成，桁架与边界平行或垂直，节点构造也较简单，便于施工。当由柱子点支承时，可适当利用悬挑长度，能取得较好的经济效果，因其弦杆构成四边形网格为几何可变体系，因此，一般在其上弦平面周边设置水平支撑杆件（也可设于下弦平面），以使网架能有效传递

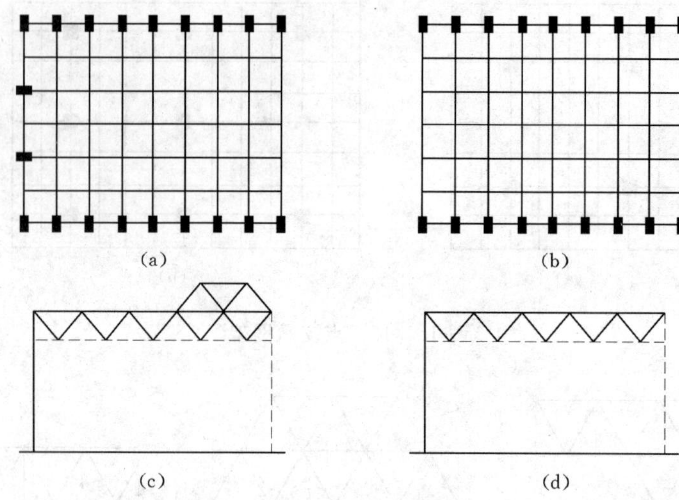

图 1.4.16 三边支承一边开口和两边支承两边开口网架及其自由边的处理

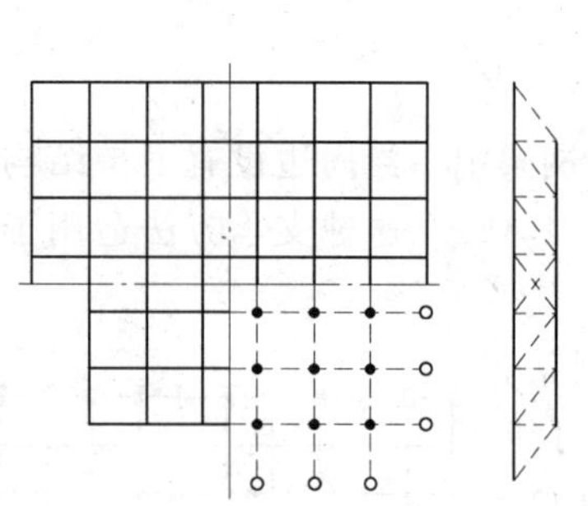

图 1.4.17 两向正交正放网架

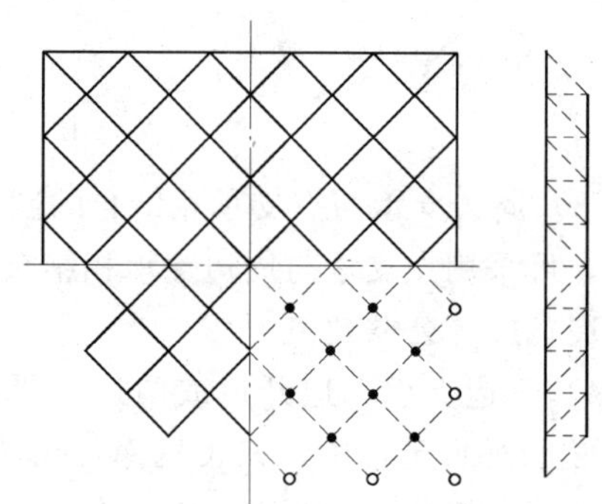

图 1.4.18 两向正交斜放网架

水平荷载。

b. 两向正交斜放网架（图 1.4.18)。两向桁架正交，弦杆与边界呈 45°交角。这种网架存在长桁架与短桁架交叉的情况，靠角部的短桁架刚度较大，对与其垂直的长桁架起支承作用，可降低长桁架跨中弦杆的内力，但同时长桁架在角部会产生负弯矩，如长桁架直边角点支承处，则会产生较大的拉力，设计时应注意处理。

c. 两向斜交斜放网架（图 1.4.19)。两向桁架斜交，上下弦杆与边界轴线斜交一定角度。它适用于两个方向网格尺寸不同而弦杆长度相等的情况，可用于梯形或扇形建筑平面，由于两向桁架斜交，节点处理和施工均较复杂，受力性能不佳，因此，只是在建筑上有特殊要求时才考虑选用。

d. 三向网架（图 1.4.20)。由三个方向桁架按 60°交角相互交叉组成，其上下弦杆平面的网格呈正三角形，因此，这种网架是由许多稳定的正三棱柱体为基本单元组成，它受力性能好，空间刚度大，能把内力均匀地传给支座，但节点汇交数量多，最多达 13 根，节点构造复杂，适用于大跨度（60m 以上）且建筑平面呈三角形、六边形、多边形和圆形的情况。

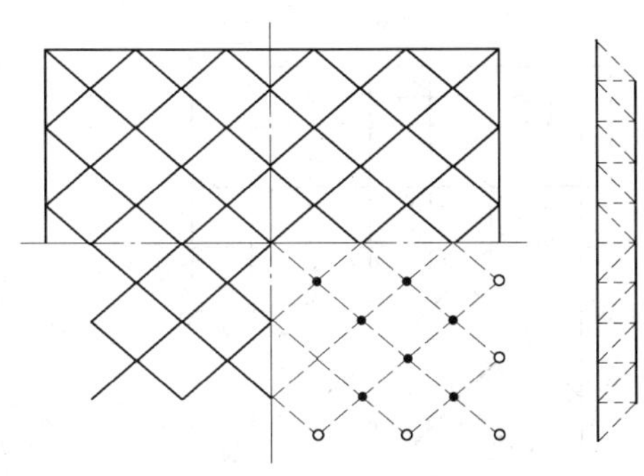

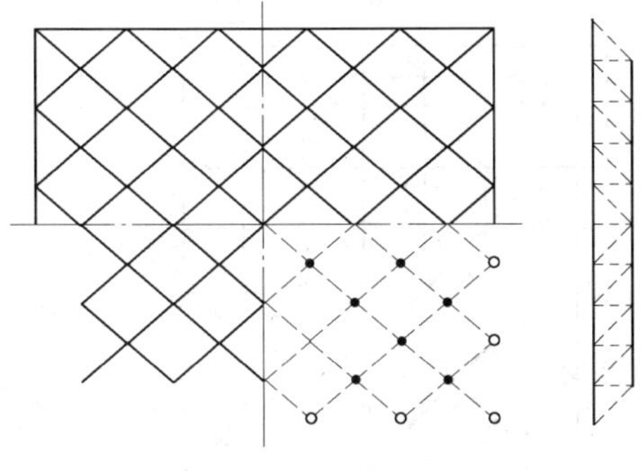

图 1.4.19　两向斜交斜放网架

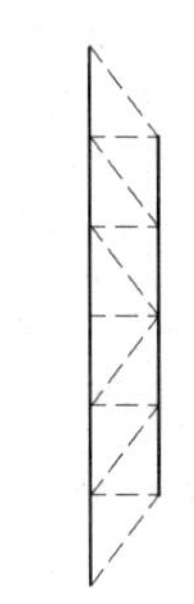

图 1.4.20　三向网架

2）四角锥体系。这类网架上下弦均呈正方形（或接近正方形的矩形）网格，并相互错开半格，使下弦网格的角点对准上弦网格的形心，再在上下弦节点间用腹杆连接起来，即形成四角锥体系网架。

a. 正放四角锥网架（图 1.4.21）。这种网架受力均匀，空间刚度好，适用于较大屋面荷载、大柱距点支承及设有悬挂吊车工业厂房等建筑。

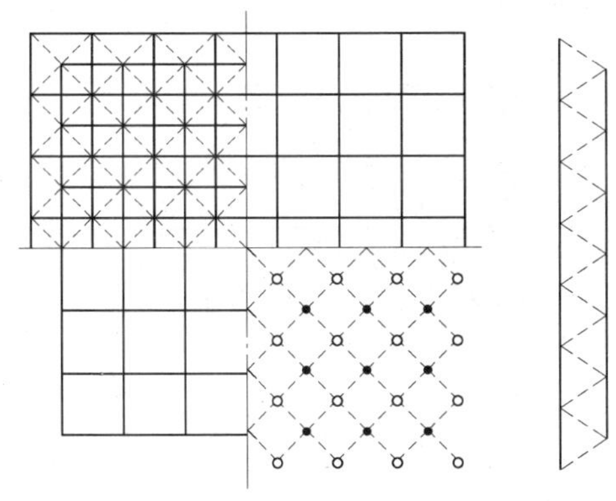

图 1.4.21　正放四角锥网架

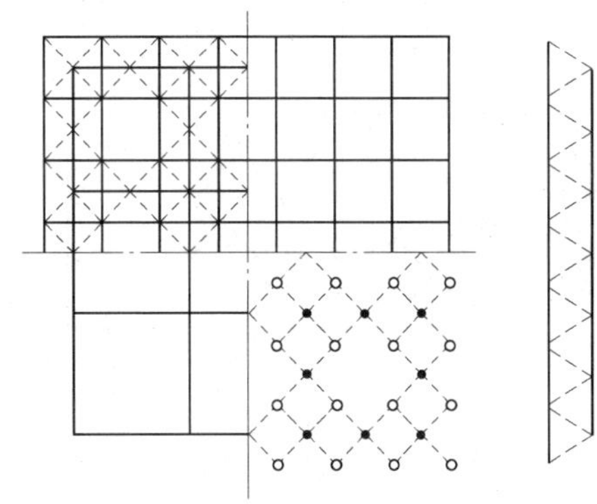

图 1.4.22　正放抽空四角锥网架

b. 正放抽空四角锥网架（图 1.4.22）。这种网架是将正放四角锥除周边外，相间地抽去锥体的腹杆及下弦杆，使下弦网格扩大一倍。如将一列连续的锥体视为一根广义梁，其受力与两向正交桁架相似。这种网架杆件较少，经济效果好，可利用抽空处作采光窗，但下弦内力较正放四角锥网架也约大一倍，内力的均匀性和刚度有所下降，不过仍满足工程要求。它适用于屋面荷载较轻的中、小跨度网架。

c. 斜放四角锥网架（图 1.4.23）。这种网架的上弦与边界轴线成 45°交角，下弦正放，腹杆与下弦在同一垂直面内。这种网架的上弦杆长度约为下弦杆的 0.707 倍，故呈短压杆、长拉杆的情况，受力合理。节点汇交杆也较少。在接近正方形周边支承时用钢量指标较好，适用于中、小跨度建筑。由于上弦网格斜放，屋脊处理宜用三角形屋面板。当周边无刚性连系杆时，会出现锥体绕 z 轴旋转的不稳定情况，故设计和施工时应注意此特点。

d. 棋盘形四角锥网架（图 1.4.24）。这种网架上下弦方向与斜放四角锥网架对调。由于上弦正放，屋面板可用方形。这种网架也具有短压杆、长拉杆特点。另外，由于周边为

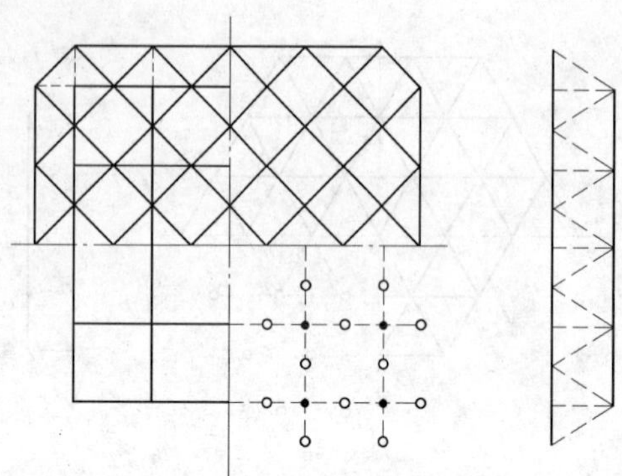

图 1.4.23 斜放四角锥网架

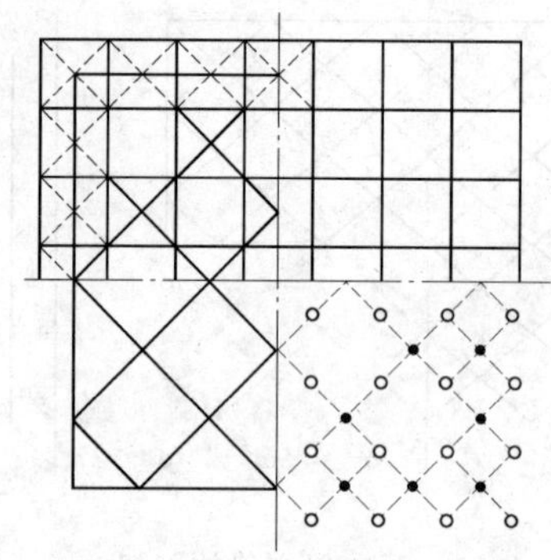

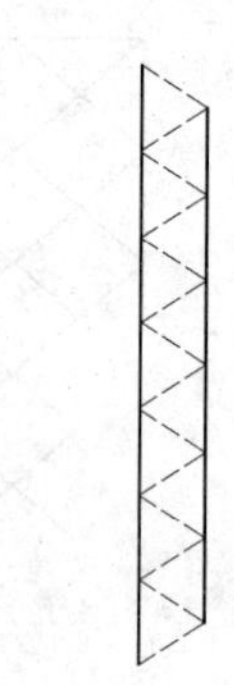

图 1.4.24 棋盘形四角锥网架

满锥，因此它的空间作用得到保证。这种网架适用于中、小跨度周边支承网架。

e. 星形四角锥网架（图 1.4.25）。这种网架的单元体形似星体，星体单元是由两个倒置的三角形小桁架相互交叉而成。两小桁架交汇处设有竖杆。这种网架也是短压杆、长拉杆，受力合理。上弦一般受压，但在角部可能受拉。受力情况接近交叉梁系，刚度稍差于正放四角锥网架。它适用于中、小跨度周边支承网架。

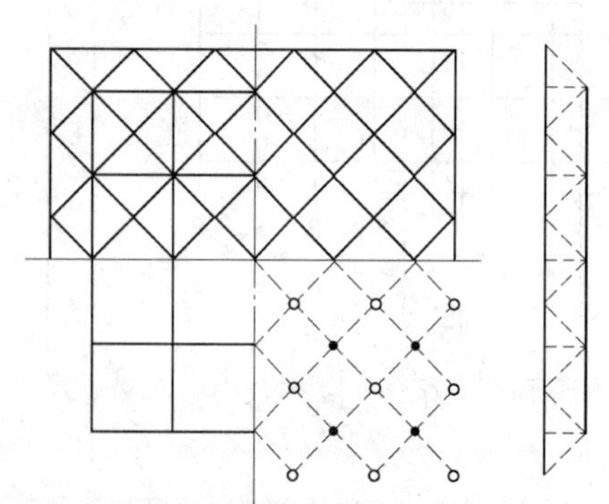

图 1.4.25 星形四角锥网架

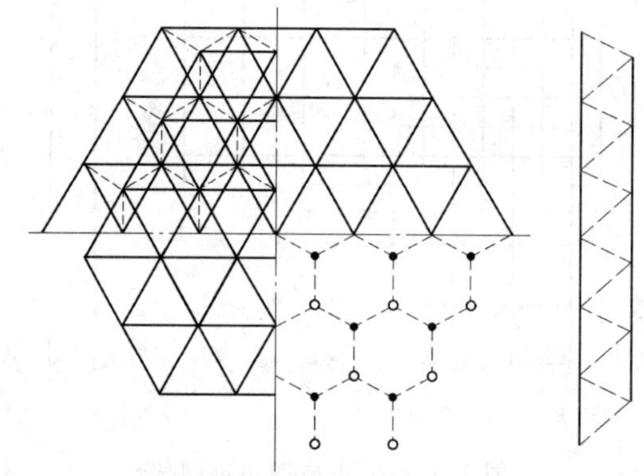

图 1.4.26 三角锥网架

3）三角锥体系。

a. 三角锥网架（图 1.4.26）。这种网架上下弦均为三角形网格，下弦节点位于上弦三角形网格的形心。如果尺寸选择得当，可使所有杆件等长。这种网架杆件受力均匀，整体抗扭、抗弯刚度好，上下弦节点均汇交 9 根杆件，节点构造类型统一。它适用于大、中跨度屋面荷载较大的建筑，当建筑平面为三角形、六边形或圆形时有较好的平面适应性。

b. 抽空三角锥网架（图 1.4.27）。这种网架是在三角锥网架的基础上，抽去部分三角锥单元的腹杆和下弦杆，使下弦改由三角形和六边形网格相组合的图形（称Ⅰ型），其上弦节点汇交 9 根或 8 根杆件，下弦节点汇交 7 根杆件；或采用另一种抽空方式使下弦全为六边形网格（称Ⅱ型），对应上下弦节点分别汇交 8 根和 6 根杆件。抽空后的上弦网格较密，便于铺设屋面板；下弦网格较稀，可以节约钢材。

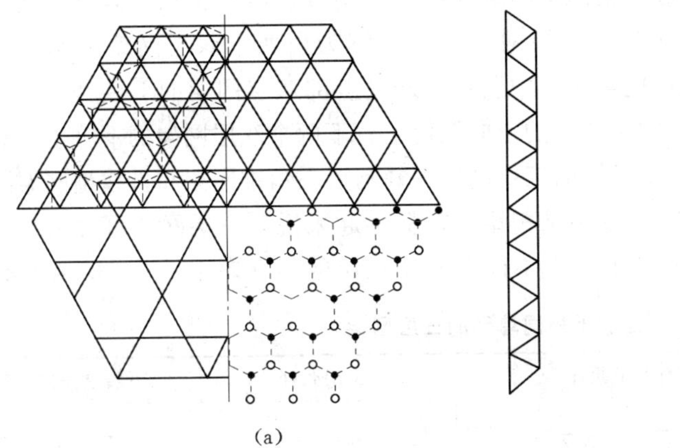

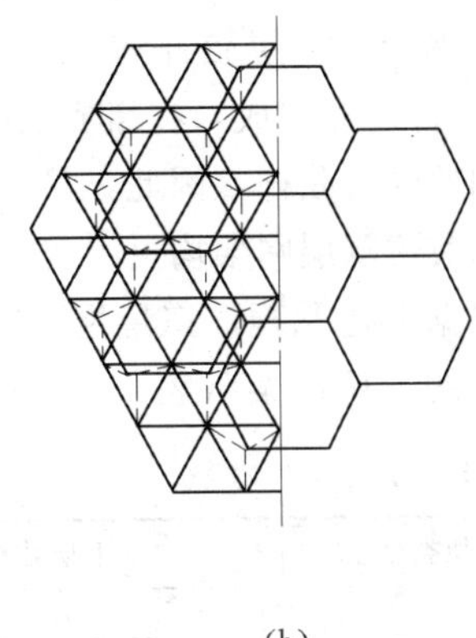

图 1.4.27　抽空三角锥网架

(a) Ⅰ型抽空三角锥网架；(b) Ⅱ型抽空三角锥网架

由于抽空三角锥的下弦抽空较多，刚度较三角锥网架差，相邻下弦杆内力的差别也较大。它适用于轻屋面、跨度较小和三角形、六边形和圆形平面的建筑。

c. 蜂窝形三角锥网架（图 1.4.28）。这种网架上弦平面为正三角形和正六边形网格，下弦平面为正六边形网格，腹杆与下弦在同一垂直平面内。这种网架也有短上弦长下弦的特点，每个节点只汇交 6 根杆件。它是常用网架中杆件数和节点数最少的一种。但上弦平面的六边形网格增加了屋面起拱的困难。它适用于中、小跨度周边支承。可用于六边形、圆形或矩形平面。

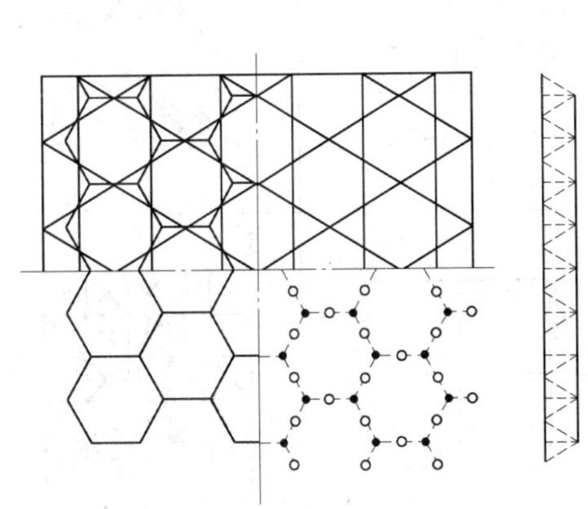

图 1.4.28　蜂窝形三角锥网架

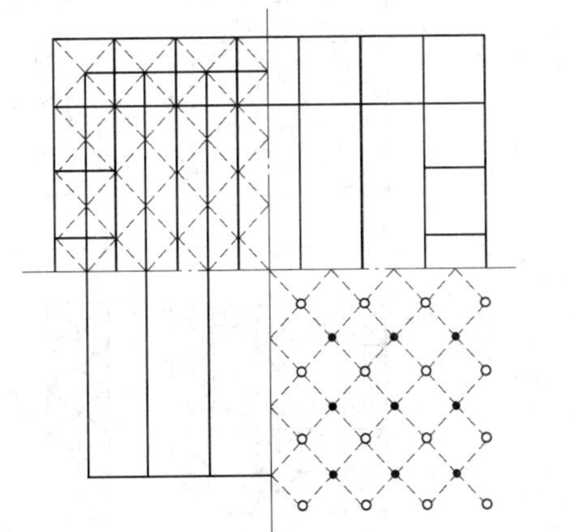

图 1.4.29　折线型网架

4）折线型网架（图 1.4.29）。折线型网架是由正放四角锥网架演变而来。当建筑较狭长（如长跨比在 2∶1 以上）时，正放四角锥网架的长跨方向弦杆内力很小，从强度角度考虑可将长向杆件取消，即得沿短向支承的折线网架。折线型网架适合狭长矩形平面的建筑。它的内力分析较简单，无论多长的网架沿长度方向仅需计算 5～7 个节间。

（4）三层网架按网格组成情况分类。

与双层网架一样，构成三层网架的基本单元有平面桁架、四角锥和三角锥，所不同的是三层网架有三层弦杆和二层腹杆。三层网架可以理解为由两个双层网架共用一层弦杆（中层弦杆）而组成，在组成三层网架时，中层弦杆既是上部双层网架的下弦杆，又是下部双层网架的上弦杆，因此，只要中层弦杆的走向能使上、下两个双层网架的下（上）弦杆一致，则前述双层网架均可组成各式各样的三层网架（蜂窝形三角锥网架和折线型网架除外）。

根据上述原理，三层网架有很多种结构型式，概括起来说，三层网架可分为上、下相同单元的三层网架（表1.4.1）和上、下不同单元的三层网架（表1.4.2）这两大类，前

表1.4.1　　上、下相同单元的三层网架

网架类型	上层弦杆和上腹杆	中层弦杆	下层弦杆和下腹杆
两向正交正放三层网架	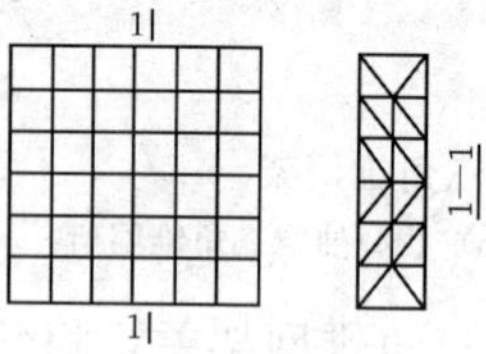 1 1 1—1	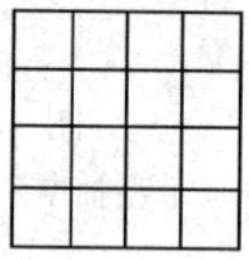	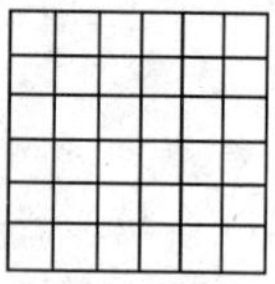
两向正交正放三层网架	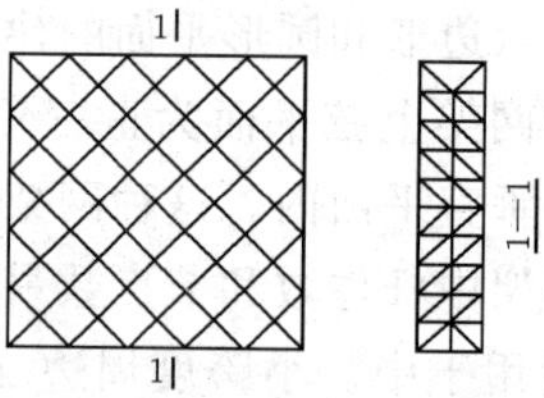 1 1—1	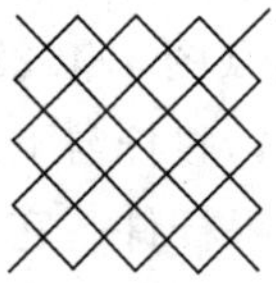	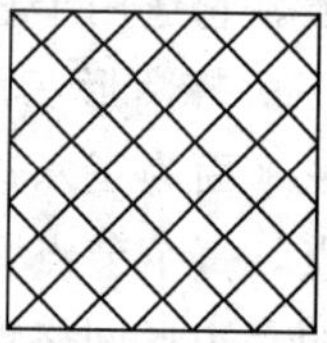
正放四角锥三层网架	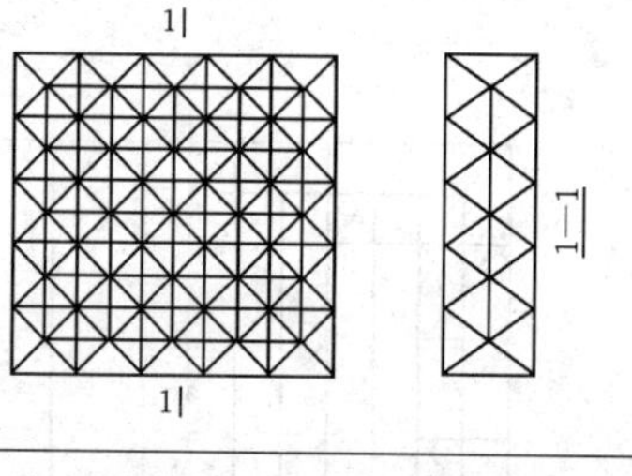 1 1 1—1	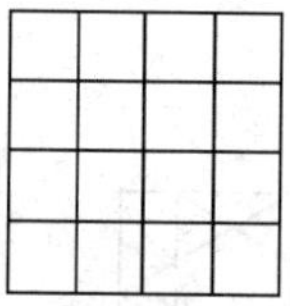	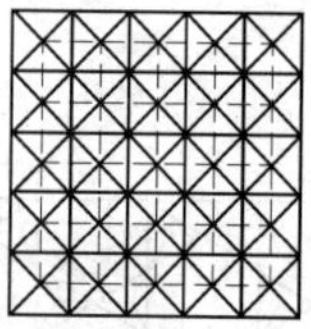
正放抽空四角锥三层网架	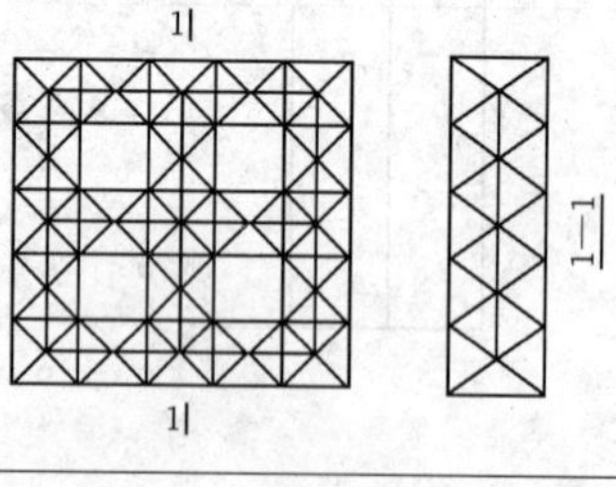 1 1 1—1	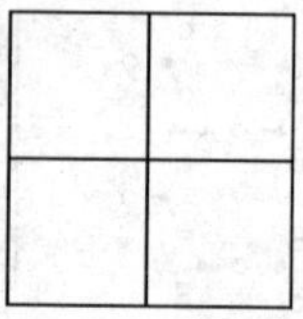	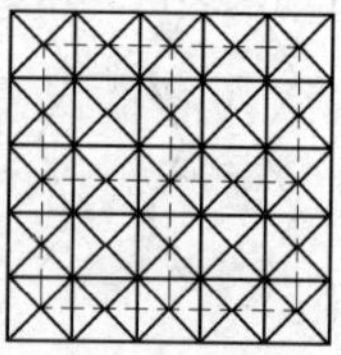
正放四角锥三层网架	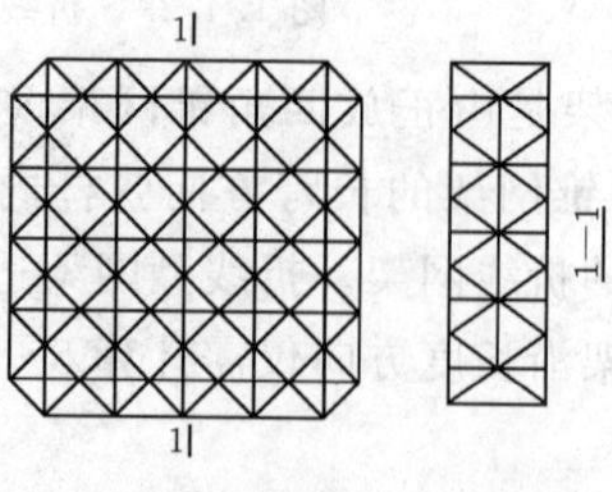 1 1 1—1	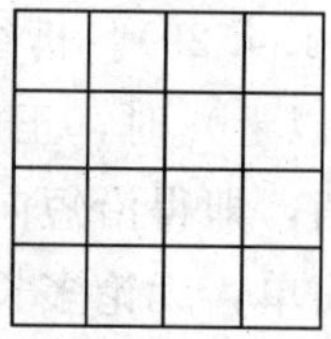	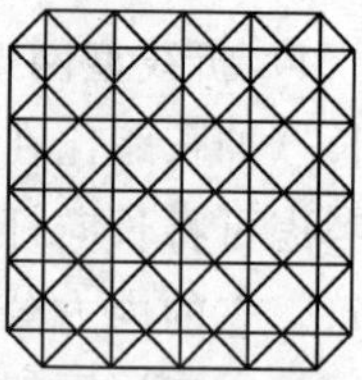

者常见的有两向正交正放三层网架、两向正交斜放三层网架、正放四角锥三层网架、正放抽空四角锥三层网架、斜放四角锥三层网架等，后者常见的有上正放下抽空四角锥三层网架、上斜放下正放四角锥三层网架、上正放四角锥下两向正交正放三层网架等。三层网架可以是下弦支承［图 1.4.30（b）］，也可以是中弦支承［图 1.4.30（c）］或上弦支承［图 1.4.30（d）］。应注意的是：当采用下弦支承（支座节点位于下弦平面）时，需加设边桁架，必要时尚需加设周边水平支撑。

表 1.4.2　　　　**上、下不同单元的三层网架**

	上层弦杆和上腹杆	中层弦杆	下层弦杆和下腹杆
三层网架上正放下抽空四角锥网架	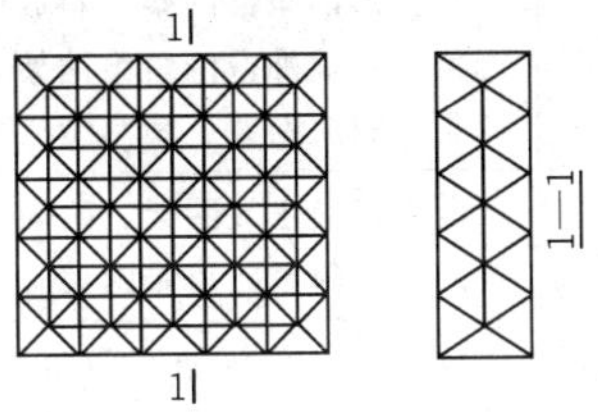	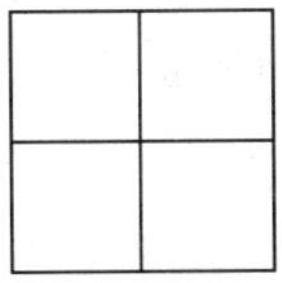	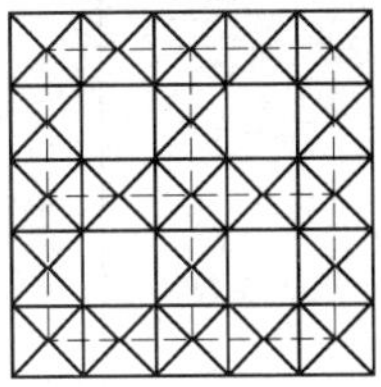
三层网架上斜放下正放四角锥网架	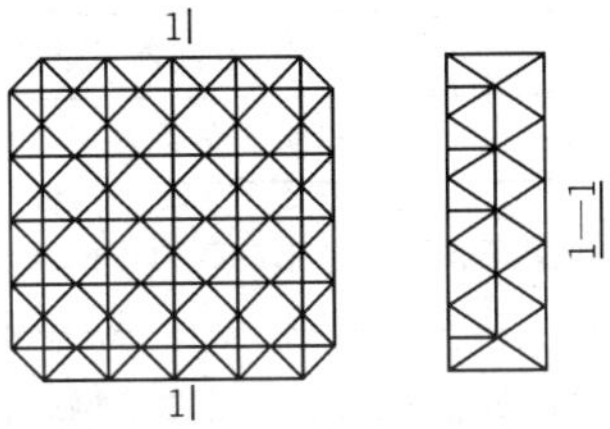	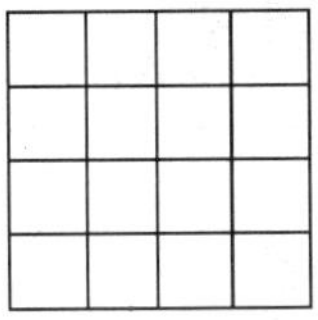	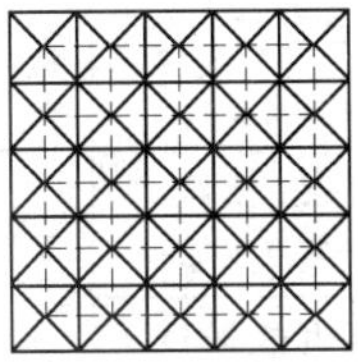
两向正交正放三层网架上正放四角锥网架	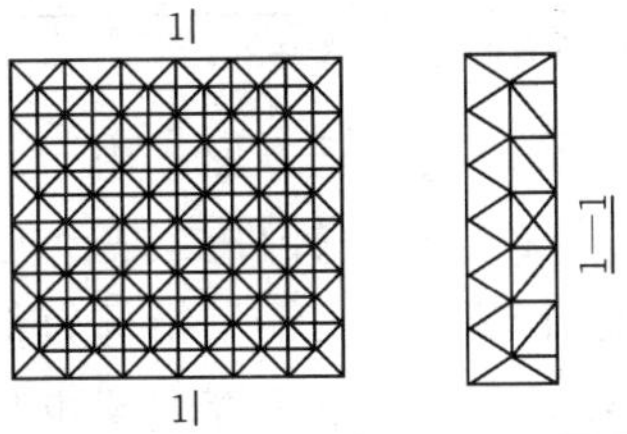	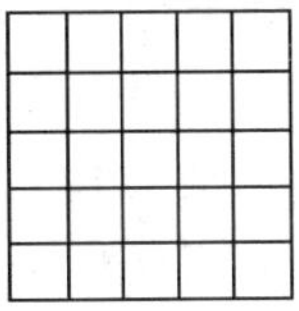	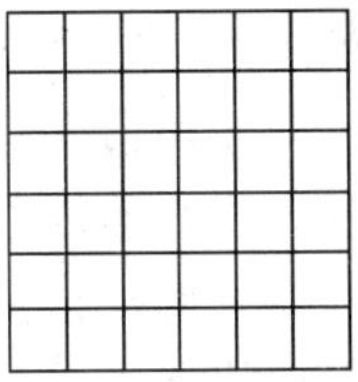

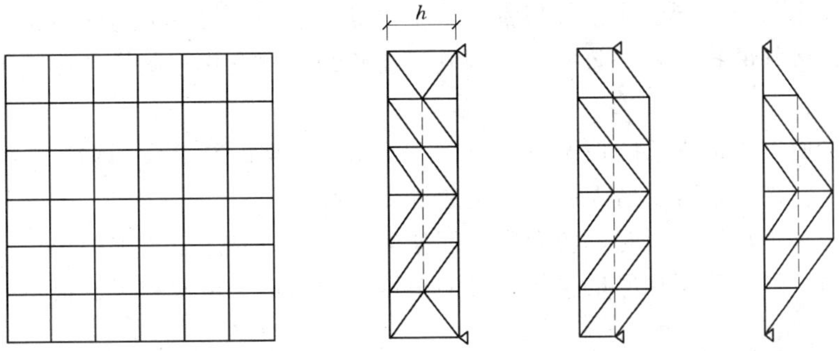

图 1.4.30　两向正交正放三层网架支撑位置

3. 网架结构的选型

(1) 双层网架。网架结构的形式很多，如何结合工程的具体条件选择适当的网架形式，对网架结构的技术经济指标、制作安装质量及施工进度等均有直接影响。影响网架选型的因素也是多方面的，如工程的平面形状和尺寸、网架的支撑方式、荷载大小、屋面构造和材料、建筑构造与要求、制作安装方法及材料供应等。因此，网架结构的选型必须根据经济合理安全实用的原则，结合实际情况进行综合分析比较而确定。

在给定支撑方式的情况下，对于一定平面形状和尺寸的网架，从用钢量指标或结构造价最优的条件出发，表1.4.3列出了各类网架的较为合适的应用范围，可供选型时参考。

表1.4.3　　双层网架选型

<table>
<tr><th>支撑方式</th><th colspan="2">平面形状</th><th colspan="2">选 用 网 架</th></tr>
<tr><td rowspan="5">周边支撑</td><td rowspan="3">矩形</td><td rowspan="2">长宽比≈1</td><td>中小跨度</td><td>棋盘形四角锥网架、斜放四角锥网架、星形四角锥网架、正放抽空四角锥网架、两向正交正放网架、两向正交斜放网架、蜂窝型三角锥网架</td></tr>
<tr><td>大跨度</td><td>两向正交正放网架、两向正交斜放网架、正放四角锥网架、斜放四角锥网架</td></tr>
<tr><td>长宽比＝1～1.5
长宽比大于1.5</td><td colspan="2">两向正交斜放网架、正放抽空四角锥网架、两向正交正放网架、正放四角锥网架、正放抽空四角锥网架</td></tr>
<tr><td colspan="2" rowspan="2">圆形多边形
（六边形，八边形）</td><td>大跨度</td><td>三向网架、三角锥网架</td></tr>
<tr><td>中小跨度</td><td>抽空三角锥网架、蜂窝三角锥网架</td></tr>
<tr><td>四点支撑
多点支撑</td><td colspan="2" rowspan="2">矩形</td><td colspan="2">两向正交正放网架、正放四角锥网架、正放抽空四角锥网架</td></tr>
<tr><td>周边支撑与点支撑相结合</td><td colspan="2">斜放四角锥网架、正交正放类网架、两向正交斜放网架</td></tr>
</table>

注　对于三边支承一边开口矩形平面的网架，其选型可参照周边支承网架进行。

对于周边支承的网架，当平面形状为正方形或接近正方形，由于斜放四角锥、星形四角锥、棋盘形四角锥三种网架结构上弦杆较下弦杆短，杆件受力合理，节点汇交杆件较少，且在同样跨度的条件下节点和杆件总数也比较少，用钢量指标较低，因此，在中、小跨度时应优先考虑选用。正放抽空四角锥网架，蜂窝形三角锥网架也具有类似的优点，因此，在中、小跨度荷载较轻时亦可选用。当跨度较大时，容许挠度将起主要控制作用，故宜选用刚度较大的交叉桁架体系或满锥形式的网架。斜放四角锥网架在大跨度的情况下，虽然可以取得较好的技术经济效果，但因其对支座约束的变化和起拱的影响十分敏感，选用时需慎重。

在矩形平面、周边支承的情况下，两向正交斜放网架的刚度及用钢量指标均较两向正交正放为好，特别是在跨度增大时，其优越性更为明显。

但是当为狭长矩形平面时，斜放类型网架的传力路线要比正放类型长，从而导致其空间作用的削弱，因而此时宜尽量选用正方四角锥、两向正交正放和正放抽空四角锥等正交正放类型的网架。

对于矩形平面四点支承或多点支承的网架，选用正交正放类型的网架，传力简捷，可以取得较好的技术经济效果。

对于周边支承与点支承相结合的网架，因其兼有这两种支承情况的受力特点，因此除选用正放类的网架外，也可选用两向正交斜放或斜放四角锥网架。

对于周边支承的圆形、多边形（正六边形、正八边形）平面，选用三向网架、三角锥网架、抽空三角锥网架及蜂窝形三角锥网架比较恰当。这是因为这些网架都具有正三角形或正六边形的网格，它们可以满布于正六边形的平面内，从而使网格规整，杆件类型减少。对于圆形平面，也只是在内接正六边形以外的弧段内有些非规整网格。

当跨度和荷载较小时，对于角锥体系可采用抽空类型的网架，以进一步节约钢材。

在网架选型时，从屋面构造情况来看，正放类型的网架屋面板规格整齐单一，而斜放类型的网架屋面板规格却有两三种。斜放四角锥的上弦网格较小，屋面板的规格也小，而正放四角锥的上弦网格相对较大，屋面板的规格也大。

从网架制作来说，交叉平面桁架体系较角锥体系简便，正交比斜交方便，两向比三向简单。而对安装来说，特别是采用分条或分块吊装的方法施工时，选用正放类网架比斜放类的网架有利。因为斜放类网架在分条或分块后，可能因刚度不足或几何可变而增设临时杆件，予以加强。

从节点构造要求来说，焊接空心球节点可以适用于各类网架；而焊接钢板节点则以选用两向正交类的网架为宜；至于螺栓球节点，则要求网架相邻杆件的内力不要相差太大。

可见，在网架选型时，必须综合考虑上述情况，合理地确定网架的形式。

（2）三层网架。三层网架的选型可参考表 1.4.4。表中列出了各种条件下优先采用的型式，其顺序为：首先从左到右，然后从上到下。

表 1.4.4　　三 层 网 架 选 型

支撑方式	边长比		选　用　网　架	
四边简支	1.0		正交斜放桁架 棋盘形四角锥	斜放四角锥 正放四角锥
	1.24		斜放四角锥 上斜下正放四角锥	正交斜放桁架 棋盘形四角锥
	1.4		正交斜放桁架 正交正放桁架	斜放四角锥 上斜下正放四角锥
	1.62		正交正放桁架 正交斜放桁架	斜放四角锥 棋盘形四角锥
	1.91		正交正放桁架 正放四角锥	棋盘形四角锥 正交斜放桁架
四边简支	1.4	不设中间层	斜放四角锥 上斜下正放四角锥	棋盘形四角锥 正交斜放桁架
		不设边桁架	上斜下正放四角锥 正放四角锥	斜放四角锥 正放抽空四角锥
		二者均不设	正放抽空四角锥 斜放四角锥	上斜下正放四角锥 正放四角锥
四边支撑带$\frac{L}{4}$悬臂	1.0	设中间弦杆	正放四角锥 棋盘形四角锥	上斜下正放四角锥 正放抽空四角锥
		不设中间弦杆	上斜下正放四角锥 正放抽空四角锥	正放四角锥

1.4.4.3 网架结构的几何尺寸的选择

网架设计时，首先是选型。形式确定后，接着是确定网架的网格尺寸、网架高度及网架腹杆的布置。网架的大小、网架高度、腹杆与上下弦杆所在平面的夹角等，应根据网架跨度大小、屋面荷载大小、网架的支撑情况、平面形式、有无悬挂吊车及施工条件等因素来确定。

衡量一个网架几何尺寸选择的优劣，其主要指标：一是网架内力分布是否均匀；二是网架的用钢量在同样跨度及荷载下是否最省。一般设计网架时，建筑方案已定，即平面形状和平面尺寸已定，这样，直接影响网架设计优劣的因素，主要是网格的大小和网架高度两个指标。

1. 网格尺寸选择

在确定网格尺寸时，要考虑如下几方面因素：

(1) 网格尺寸的大小，与网架跨度的大小、柱距模数、屋面板种类和结构材料有关。为减少或避免出现过多的构造杆件，一般采用稍大一点的网格尺寸较为经济合理。网格尺寸加大，相应的节点数量和杆件数也可减少，从而使杆件截面能更有效地发挥作用，达到节省钢材的目的，但同时也使上下弦杆件的内力增大，相应的上弦压杆长细比增大，对上弦杆不利，对受压腹杆也不利。所以，采用大网格时，要充分考虑屋面体系对上弦自由长度的约束作用，且其约束要稳妥可靠。但是，若减少网格尺寸，则网架上下弦杆内力变小，上弦杆的自由长度减短，对压杆有利，但这时，节点数量随即增多，杆件数量也相应加多，从而造成腹杆的构造杆件过多，最后，导致用钢量过多，使设计不合理。

如何选用网格尺寸，必须经过反复比较，最后才能确定。

综合国内工程实践经验，对于矩形平面的网架，其上弦网格一般应设计成正方形，上弦网格尺寸与网架短向跨度（L_2）之间关系可参照表1.4.5选用。

表1.4.5 上 弦 网 格 尺 寸

网架短向跨度 L_2（m）	网格尺寸
30	$(\frac{1}{12}\sim\frac{1}{6})\ L_2$
30～60	$(\frac{1}{16}\sim\frac{1}{10})\ L_2$
60	$(\frac{1}{20}\sim\frac{1}{12})\ L_2$

(2) 网格大小与屋面板种类及材料有关。当选用钢筋混凝土屋面板时，板的尺寸不宜过大，一般不超过3m为宜，否则会带来吊装的困难。若采用轻型屋面板材，如压型钢板、太空网架板时，一般需加设檩条，此时檩距不宜小于1.5m，网格尺寸应为檩距的倍数。不同材料的屋面体系应选用的网格数及跨高比可参照表1.4.6选用。

表1.4.6 网架上弦网格数和跨高比

网 架 形 式	钢筋混凝土屋面体系		钢檩条屋面体系	
	网格数	跨高比	网格数	跨高比
两向正交正放网架、正放四角锥网架、正放抽空四角锥网架	$(2\sim4)+0.2L_2$	10～14	$(6\sim8)+0.07L_2$	$(13\sim17)-0.03L_2$
两向正交斜放网架、棋盘形四角锥网架、斜放四角锥网架、星形四角锥网架	$(6\sim8)+0.08L_2$			

注 1. L_2 为网架短向跨度，单位为m。
2. 当跨度在18m以下时，网格数可适当减少。
3. 本表适用于周边支承的各类网架。

（3）网格大小与杆件材料有关。当网架杆件采用钢管时，由于钢管截面性能好，杆件可以长一些，即网格尺寸可以大一些。当网架杆件采用角钢时，杆件截面可能要由长细比控制，故杆件不宜太长，即网格尺寸不宜过大。

2. 网架高度确定

网架的高度直接影响杆件内力的大小，特别是上、下弦杆。当网架的高度变大时，上下弦杆件的内力明显减小，腹杆的内力也相应减小，但差值不大；当网架的高度变小时，上、下弦杆的内力相应增大，其腹杆内力也增大，但增加不多。所以，选择网架高度时，主要是控制上、下弦杆内力的大小，同时，要注意充分发挥腹杆的受力作用，尽量减少构造腹杆的数量。

网架的高度。网架高度与网架的跨度、荷载大小、节点形式、平面形状、支承情况及起拱等因素有关。

（1）与网架跨度的关系。根据国内工程实践的经验综合分析，网架的高度与跨度之比可参照表 1.4.7 选用。

此外，在交叉梁系网架中，腹杆与弦杆的夹角，以及在角锥体系网架中，在弦杆竖平面内，腹杆与弦杆的投影夹角一般取 45°左右，这样只要网架形式和网格尺寸确定后，网架的高度也可相应地确定下来。

表 1.4.7　网架高度

网架短向跨度 L_2（m）	网架高度
<30	$(\frac{1}{14}\sim\frac{1}{10})L_2$
30～60	$(\frac{1}{16}\sim\frac{1}{12})L_2$
>60	$(\frac{1}{20}\sim\frac{1}{14})L_2$

（2）与屋面荷载的关系。屋面荷载较大时，为满足网架的相对刚度的要求［控制挠度为$\leqslant\frac{L_2}{250}$］，网架高度应适当提高一些；当屋面采用轻型材料时，网架高度可适当降低一些；当网架上设有悬挂的吊车，或有吊重时，应满足悬挂吊车轨道对挠度的要求。在这种情况下，网架的高度就应适当地取高一些。

（3）与节点形式的关系。当网架的节点采用螺栓球节点时，一般应将网架的高度取得高一些，这样可使上、下弦杆内力相对小一些，并尽可能地使弦杆内力与腹杆内力的悬殊不致过大，以便统一杆件与螺栓球的规格。对于焊接球节点，其网架高度可按较优高度选用。

（4）与平面形状的关系。当网架的平面形状为方形或接近方形时，网架的高跨比可小些；当网架的平面形状为长条形时，网架的高跨比可以大一些。因为这种长条形形状长宽比大，杆件之间约束作用不如方形平面，其单向梁作用较明显，所以，网架高度要略高一些。

（5）与支撑条件的关系。网架的支撑情况不同，决定了网架的受力情况也不同。点支承同时有悬臂的网架，悬挑部分可以与跨中一部分弯矩平衡，使跨中弯矩减小，相应的挠度也减小；其网架的高度一般就不像大跨度网架那样由跨中相对挠度的要求来决定，而是根据弦杆的内力来考虑。点支承网架，当设置柱帽后，其受力状况能够得到改善，其高跨比也可取得相对小一些。

总之，在网架的设计中，与网架有关的因素，主要是网格数量及网架高度两个指标，直接关系到网架是否经济合理。当网架的高度一定，只要变化网格数量，通过试算，就可选出合理的网格数量。若网格数量和网架高度两者同时变化，计算就比较复杂，必须经过多次试算，才能得到满意结果。

3. 网架腹杆的布置

网架的杆件布置，不论采用什么形式，主要是用最短的路线，把荷载传到边界上去，特别对于压杆来说，这一点尤其重要。缩短压杆的传递路线，直接关系到网架是否经济的问题。

一旦网架的形式确定，腹杆的布置也基本确定。对于四角锥体系网架，腹杆的布置形式是固定的，在弦杆的竖向平面内腹杆与弦杆的投影夹角以45°为宜。对于交叉梁系网架，一般竖腹杆与弦杆垂直，斜腹杆与弦杆交角取40°～55°。并应将斜腹杆布置成拉杆，如图1.4.31所示。

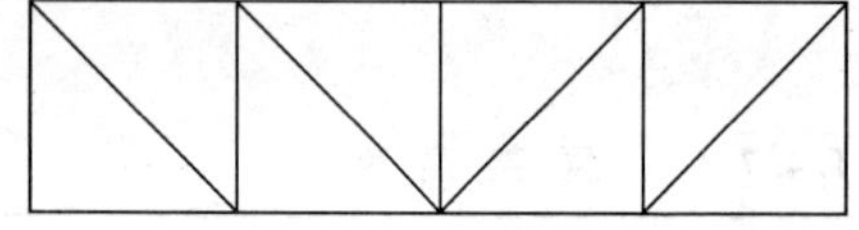

图1.4.31 腹杆布置（一）

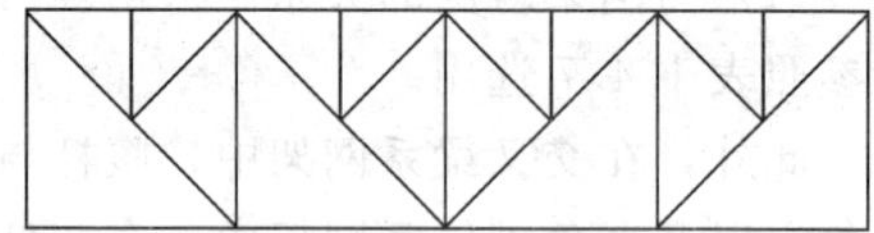

图1.4.32 腹杆布置（二）

对于大跨度网架，因网格尺寸较大，在上弦杆节点中间需设檩条，故可考虑采用再分式腹杆（图1.4.32），以避免上弦杆局部受弯和减小上弦杆在平面内的长细比。

1.4.4.4 网架结构的受力分析

网架结构的荷载和作用主要有永久荷载、可变荷载、温度作用和地震作用。

1. 永久荷载

永久荷载是在结构使用期间其值不随时间变化或其变化值与平均值相比可忽略的荷载。作用在网架结构上的永久荷载有：

(1) 网架的自重和节点自重标准值。

(2) 楼面或屋面覆盖材料自重标准值。根据实际使用材料查《建筑结构荷载规范》(GB 50009—2001) 取用。

(3) 顶棚自重。根据实际使用材料查《建筑结构荷载规范》(GB 50009—2001)。

(4) 设备管道和马道等自重按实际情况考虑。

2. 可变荷载

可变荷载是指在结构使用期间其值随时间变化且其变化值与平均值相比不可忽略的荷载。作用在网架上的可变荷载有：

(1) 屋面或楼面活荷载的标准值，按水平投影面计算。网架的屋面一般为不上人屋面，屋面活荷载标准值为0.5kN/m²，楼面活荷载按工程性质查荷载规范取用。

(2) 雪荷载标准值按屋面水平投影计算。

(3) 风荷载。对于周边封闭式建筑，且支座节点在上弦的网架，水平风载由下部结构承受，单独计算网架时可不考虑水平风荷载。其他情况应根据网架实际工程情况考虑水平风荷载作用。网架屋面竖向风荷载按实际情况考虑，由于网架刚度较好，自震周期小，计算风荷载时，可不考虑风震系数的影响。

(4) 积灰荷载。工业厂房中采用网架时，应根据厂房性质考虑积灰荷载，积灰荷载的大小可由工艺提出，也可参考《建筑结构荷载规范》（GB 50009—2001）有关规定采用。积灰荷载应与雪荷载或屋面活荷载两者中的较大值同时考虑。

(5) 吊车荷载。网架广泛应用于工业厂房建筑中，工业厂房中如设有吊车应考虑吊车荷载。吊车有两种，一种是悬挂吊车，另一种是桥式吊车。悬挂吊车直接挂在网架下弦节点上，对网架产生吊车竖向荷载。桥式吊车是在吊车梁上行走，通过柱子对网架产生吊车水平荷载。

1.4.4.5 网架结构屋面所用的材料简介

在网架设计中，屋面材料的选择直接影响网架的用钢量指标，而且对墙、柱、基础等承重结构及建筑的抗震性能也有较大影响。因此，在屋盖设计中，应尽量采用轻质、高强、耐久、防火、保温、隔热和防水性能好，构造简单，施工方便，并能工业化生产的轻型屋面，如压型钢板、瓦楞铁和各种石棉水泥瓦。在我国由于料源和运输的限制，有时还需要沿用传统的黏土瓦或水泥平瓦。

1. 黏土瓦或水泥平瓦

这种屋面瓦的自重 $0.55kN/m^2$，是一种传统型材料。由于取材、运输、施工都比较方便，适应性强，特别适用于零星分散的、机械化施工水平不高的建设项目和地方性工程。因此，目前还有一定的应用价值。

2. 木质纤维波形瓦

这种屋面瓦的自重 $0.08kN/m^2$。它是在木质纤维内加酚醛树脂和石蜡乳化防水剂后预压成型再经高温高压制成的。其特点是能充分利用边角材料，具有轻质、高强、耐冲击和一定的防水性能，运输和装卸无损耗，适用于料棚、仓库和临时性建筑。这种瓦的缺点是易老化、耐久性差；对屋面定时使用涂料进行维护保养，一般可使用 10 年左右。

3. 石棉水泥波形瓦

这种屋面瓦的自重 $0.20kN/m^2$。它在国内外都属于广泛采用的传统型材料；具有自重轻、美观、施工简便等特点；除适用于工业和民用建筑的屋面材料外，还可以作墙体维护材料。石棉瓦的材性存在着脆性大、易开裂破损、因吸水而产生收缩龟裂和挠曲变形等缺点。国内外通过对原材料成分的控制、掺加附加剂、进行饰面处理和改革生产工艺等，可使石棉瓦有较好的技术性能。目前，我国石棉瓦的产量不多，有些质量还不够高，正在积极研究采取措施，以扩大生产、提高质量。有些工程在石棉瓦下加设木望板，以改善其使用效果，也便于检查和维修。

4. 加筋石棉水泥中波瓦

这种屋面瓦的自重为 $0.20kN/m^2$，是在过去试制的加筋小波瓦发展起来的新品种；这种瓦于 1975 年经国家建材总局鉴定，在上海石棉瓦厂定点生产。它是全部利用短纤维石棉加一层钢丝网制成的，比一般石棉瓦大大提高了抗折强度，改变了受荷破坏时骤然脆断的现象，也减少了运输安装过程中的损耗率。它的最大支点距离可达 1.5m，比不加筋石棉瓦增大近一倍，故在工程中总的用钢量并没有增加，而且适用于高温和振动较大的车间。这是一种有发展前途的瓦材，但目前它的成本仍稍高。

5. 压型钢板

压型钢板是采用镀锌钢板、冷轧钢板、彩色钢板等作原材料，经辊压冷弯成各种波形的压型板，具有轻质高强、美观耐用、施工简便、抗震防火的特点。它的加工和安装已做到标准化、工厂化、装配化。

我国的压型钢板是由冶金工业部建筑研究总院首先开发研制成功的，至今已有10多年历史。目前已有国家标准《建筑用压型钢板》（GB/T 12755—1991）和部颁标准《压型金属板设计施工规程》（YBJ 216—88），并已正式列入《冷弯薄壁型钢结构技术规范》（GB 50018—2002）中使用。

压型钢板的截面呈波形，从单波到6波，板宽360～900mm。大波为2波，波高75～130mm，小波（4～7波）波高14～38mm，中波波高达51mm。板厚0.6～1.6mm（一般可用0.6～1.0mm）。

6. 夹芯板

实际上这是一种保温和隔热与面板一次成型的双层压型钢板。由于保温和隔热芯材的存在，芯材的上、下均需加设钢板。上层为小波的压型钢板，下层为小肋的平板。芯材可采用聚氨酯、聚苯或岩棉。芯材与上下面板一次成型。也有在上下两层压型钢板间，在现场增设玻璃棉保温和隔热层的做法，但这种做法仍属加设保温的压型钢板系列。

夹芯板的重量为0.12～0.25kN/m^2。一般采用长尺，板长不超过12m，板的纵向可不搭接，也适用于平坡的梯形屋架和门式刚架。

7. 钢丝网水泥波形瓦

这种屋面瓦的自重0.40～0.50kN/m^2，是采用10mm×10mm钢丝网（最好用点焊网）和42.5级水泥砂浆振动成型的。瓦厚平均15mm左右，瓦型类似石棉水泥大波瓦。为了提高瓦的强度和抗裂性，瓦型由开始时6波改为现在的4波和3波。生产这种瓦的设备简单，施工方便，技术经济指标好。在保证操作要求的情况下，瓦的质量和耐久性能符合一般工业房屋的使用要求。但有些单位反映，目前尚存在一些问题，如制作时钢丝网易回弹露筋，起模运输吊装过程中易产生裂缝且损耗较多，以及在长期使用过程中因大气作用而出现钢丝网锈蚀和砂浆起皮脱壳等现象，有待研究改进。

8. 预应力混凝土槽瓦

这种屋面瓦的自重0.85～1.0kN/m^2。它的最大优点是构造简单，施工方便，能长线叠层生产。在20世纪60年代后半期经大量推广应用，发现部分槽瓦有裂、渗、漏等现象。目前经改进的新瓦型，一般在制作时采用振、滚、压的方法，起模运输时采取整叠出槽、整叠运输、整叠堆放及双层剥离等措施，大大提高瓦的质量，减少瓦的裂缝和损耗，在建筑防水构造上也做了相应的改进。此外，还有采用离心法生产的预应力混凝土槽瓦，对发展机械化生产，提高混凝土密实性和构件强度都有较大的帮助。经改进后的槽瓦具有一定的推广价值，可用于一般保温和隔热要求不高的工业和民用建筑中。

9. GRC板

所谓GRC是指用玻璃纤维增强的水泥制品，该屋面板自重0.5～0.6kN/m^2。目前GRC网架板的面板是用水泥砂浆作基材、玻璃纤维作增强材料的无机复合材料，肋部仍为配筋的混凝土。市场上有两种产品：第一种GRC复合板就是上述的含义，仅面板为玻

璃纤维与水泥砂浆的复合，由于板本身不隔热（或保温），尚需在面板侧另设隔热、找平及防水层。第二种 GRC 复合夹芯板，是将隔热层贴于面板下面或在上下面板的中间，使板具有隔热作用，使用时只需在面板上部设防水层。对于保温的 GRC 板，其全部荷载比上述另加保温层的第一种 GRC 板轻。

10. 加气混凝土层面板

这种屋面板的自重 0.75～1.0kN/m^2，是一种承重、保温和构造合一的轻质多孔板材，以水泥（或粉煤灰）、矿渣、砂和铝粉为原料，经磨细、配料、浇筑、切割并蒸压养护而成，具有容重轻、保温效能高、吸音好等优点。这种板因系机械化工厂生产，板的尺寸准确，表面平整，一般可直接在板上铺设卷材防水，施工方便。目前国外多以这种板材作为屋面和墙体材料。

11. 发泡水泥复合板（太空板）

这是承重、保温、隔热为一体的轻质复合板；是一种由钢或混凝土边框、钢筋桁架、发泡水泥芯材、玻纤网增强的上下水泥面层复合而成的建筑板材，可应用于屋面板、楼板和墙板中。通过多次静力荷载、动力荷载及保温、隔热、隔声、耐火等一系列试验表明，这种板的刚度、强度和使用性能均符合国家相关技术规范的要求。

12. 混凝土屋面板

板跨小于 4m 的网架板可采用周边带肋的槽形板、田字板和井字板。板跨为 6m 的工业房屋中一般采用 1.5m×6.0m 的预应力混凝土大型屋面板。混凝土屋面板需另设找平和隔热层，加上铺小石子的油毡防水层，重量为 2.5～3kN/m^2，致使屋盖承重结构截面尺寸较大。由于大型屋面板的应用历史久，适应场合广，故还有保留其应用的地方。

除上述提到的几种常用瓦材外，还有塑料瓦和瓦楞铁。前者较柔软，安装不便，老化问题较严重，多用于临时性建筑；后者锈蚀严重。

1.4.5　任务实施

图 1.4.1 中（a）为两向正交正放网架，网架的弦杆垂直于及平行于边界，其特点为在矩形建筑平面中，网架的弦杆垂直于及平行于边界；图 1.4.1（b）为正方四角锥网架，其特点是网架空间刚度较好，但杆件数量较多，用钢量偏大。适用于接近方形的中、小跨度网架，宜采用周边支承；图 1.4.1（c）为星形四角锥网架，其特点是网架上弦杆比下弦杆短，受力合理。竖杆受压，内力等于节点荷载。星形网架一般用于中、小跨度周边支承情况；图 1.4.1（d）为三角锥网架，三角锥网架上下弦平面均为正三角形网格，上下弦节点各连 9 根杆件，其特点是受力均匀，整体性和抗扭刚度好，适用于平面为多边形的大、中跨度建筑。

学习情境 2 钢构件的设计与制作

学习单元 2.1 钢梁的设计计算

2.1.1 学习目标

通过本单元的学习，会识别工程中的钢受弯构件，懂得钢受弯构件有实腹式和格构式两个系列，能判断格构式受弯构件结构类型和截面形式。知道钢梁的设计内容、设计步骤，会进行钢梁的强度计算、刚度验算，懂得梁整体稳定和局部稳定的概念以及保证稳定的构造措施。

2.1.2 学习任务

1. 任务

认识工程中的钢受弯构件的形式、截面组成特点、桁架梁节点连接构造。进行简支型钢梁的设计计算。

2. 任务描述

如图 2.1.1 所示的平台梁格，荷载标准值为：恒载（不包括梁自重）$15kN/mm^2$，活荷载 $9kN/mm^2$。次梁跨度为 5m，间距为 2.5m，钢材为 Q235。试按以下两种情况分别选择次梁的截面：①平台铺板与次梁连牢；②平台铺板不与次梁连牢。

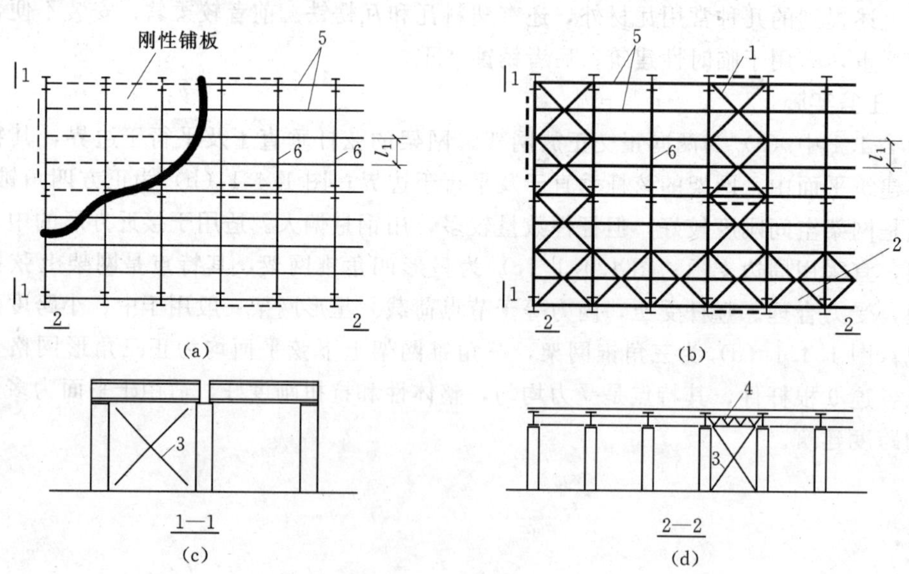

图 2.1.1 平台梁格

1—横向平面支撑；2—纵向平面支撑；3—柱间支撑；4—垂直支撑；5—次梁；6—主梁

2.1.3 任务分析

受弯构件是钢结构的基本构件，随着钢材加工制作工艺趋于现代化以及可靠的连接技

术，使得钢受弯构件截面形式越来越多样。钢梁截面形式由单一的型钢梁演变到组合梁，再到桁架梁，结构形式越来越复杂，受力越来越合理。格构式梁（桁架梁）由于其钢材用量比实腹式梁少而刚度大，因而受到工程界的青睐，但其节点连接较为复杂。

在荷载作用下，受弯构件可能发生多种形式的破坏，主要有强度破坏、刚度破坏、整体失稳破坏及局部失稳破坏四种。所以，钢结构受弯构件除要保证截面的抗弯强度、抗剪强度外还要保证构件的整体稳定性和受压翼缘板件的局部稳定要求。对不利用腹板屈曲后强度的构件还要满足腹板局部稳定要求。这些属于构件设计的第一极限状态问题，即承载力极限状态问题。此外受弯构件要有足够的刚度，保证构件的变形不影响正常使用要求，这属于构件设计的第二极限状态问题，即正常使用极限状态问题。

为了确保安全适用、经济合理，梁的设计必须同时考虑第一和第二两种极限状态。在钢梁的设计中包括强度、刚度、整体稳定、局部稳定四个方面内容。

2.1.4　任务知识点

2.1.4.1　概率极限状态设计表达式的应用

现行钢结构设计规范除疲劳计算外，采用以概率理论为基础的极限状态设计方法。《建筑结构可靠度设计统一标准》（GB 50068—2001）建议采用广大设计人员普遍所熟悉的分项系数设计表达式，这里的分项系数不是凭经验确定，而是以可靠指标 β 为基础用概率设计法求出。

对于承载能力极限状态荷载效应的基本组合按下列设计表达式中最不利值确定。

可变荷载效应控制的组合：

$$\gamma_0\left(\gamma_G\sigma_{GK}+\gamma_{Q1}\sigma_{Q1K}+\sum_{i=2}^{n}\gamma_{Qi}\psi_{ci}\sigma_{QiK}\right)\leqslant f \tag{2.1.1}$$

永久荷载效应控制的组合：

$$\gamma_0\left(\gamma_G\sigma_{GK}+\sum_{i=1}^{n}\gamma_{Qi}\psi_{ci}\sigma_{QiK}\right)\leqslant f \tag{2.1.2}$$

式中　γ_0——结构重要性系数，对安全等级为一级或设计使用年限为 100 年及以上的结构构件，不应小于 1.1；对安全等级为二级或设计使用年限为 50 年的结构构件，不应小于 1.0；对安全等级为三级或设计使用年限为 5 年的结构构件，不应小于 0.9；

σ_{GK}——永久荷载标准值在结构构件截面或连接中产生的应力；

σ_{Q1K}——起控制作用的第一个可变荷载标准值在结构构件截面或连接中产生的应力（该值使计算结果为最大）；

σ_{QiK}——其他第 i 个可变荷载标准值在结构构件截面或连接中产生的应力；

γ_G——永久荷载分项系数，当永久荷载效应对结构构件的承载能力不利时取 1.2，但对式（2.1.2）则取 1.35；当永久荷载效应对结构构件的承载能力有利时，取为 1.0；验算结构倾覆、滑移或漂浮时取 0.9；

γ_{Q1}、γ_{Qi}——第 1 个和其他第 i 个可变荷载分项系数，当可变荷载效应对结构构件的承载能力不利时，取 1.4（当楼面活荷载大于 4.0kN/m^2 时，取 1.3）；有利时，取为 0；

ψ_{ci}——第 i 个可变载荷的组合值系数，可按荷载规范的规定采用。

以上两式，除第一个可变荷载的组合值系数 $\psi_{c1}=1.0$ 的楼盖（例如仪器车间仓库、金工车间、轮胎厂准备车间、粮食加工车间等的楼盖）或屋盖（高炉附近的屋面积灰）必然由式（2.1.2）控制设计取 $\gamma_G=1.35$ 外，其他只有大型混凝土屋面板的重型屋盖以及很特殊情况才有可能由式（2.1.2）控制设计。

对于一般排架、框架结构，可采用简化式计算。

由可变荷载效应控制的组合

$$\gamma_0\left(\gamma_G\sigma_{GK}+\psi\sum_{i=1}^{n}\gamma_{Qi}\sigma_{QiK}\right)\leqslant f \tag{2.1.3}$$

式中　ψ——简化式中采用的荷载组合值系数，一般情况下可采用 0.9；当只有 1 个可变荷载时，取为 1.0。

由永久荷载效应控制的组合，仍按式（2.1.2）进行计算。

对于偶然组合，极限状态设计表达式宜按下列原则确定：偶然作用的代表值不乘分项系数；与偶然作用同时出现的可变荷载，应根据观测资料和工程经验采用适当的代表值，具体的设计表达式及各种系数，应符合专门规范的规定。

对于正常使用极限状态，按建筑结构可靠度设计统一标准的规定要求分别采用荷载的标准组合、频遇组合和准永久组合进行设计，并使变形等设计不超过相应的规定限值。

钢结构只考虑荷载的标准组合，其设计式为

$$\nu_{GK}+\nu_{Q1K}+\sum_{i=2}^{n}\psi_{ci}\nu_{QiK}\leqslant[\nu] \tag{2.1.4}$$

式中　ν_{GK}——永久荷载的标准值在结构或结构构件中产生的变形值；

ν_{Q1K}——起控制作用的第一个可变荷载的标准值在结构或结构构件中产生的变形值（该值使计算结果为最大）；

ν_{QiK}——其他第 i 个可变荷载标准值在结构或结构构件中产生的变形值；

$[\nu]$——结构或结构构件的容许变形值。

2.1.4.2　钢受弯构件的认识

承受横向荷载的构件称为受弯构件，钢受弯构件也即钢梁，按其形式钢梁分为实腹式和格构式两个系列。

2.1.4.2.1　实腹式受弯构件的认识

实腹式受弯构件通常为梁，例如房屋建筑中的楼盖梁、工作平台梁、吊车梁、屋面檩条和墙架横梁等。

按梁的支撑情况可将梁分为简支梁、连续梁、悬臂梁等。按梁在结构中的作用不同可将梁分为主梁与次梁。按截面是否沿构件轴线方向变化可将梁分为等截面梁与变截面梁。

钢梁按制作方法的不同分为型钢梁和焊接组合梁。型钢梁又分为热轧型钢梁和冷弯薄壁型钢梁两种。目前常用的热轧型钢有普通工字钢、槽钢、热轧 H 型钢等［图 2.1.2（a）～（c）］。冷弯薄壁型钢是通过冷轧加工成形的，板壁都很薄，截面尺寸较小，在梁跨较小、承受荷载不大的情况下采用比较经济，例如屋面檩条和墙梁，常用的截面种类有 C 形槽钢［图 2.1.2（d）］和 Z 形钢［图 2.1.2（e）］。在结构设计中应优先选用型钢梁。但

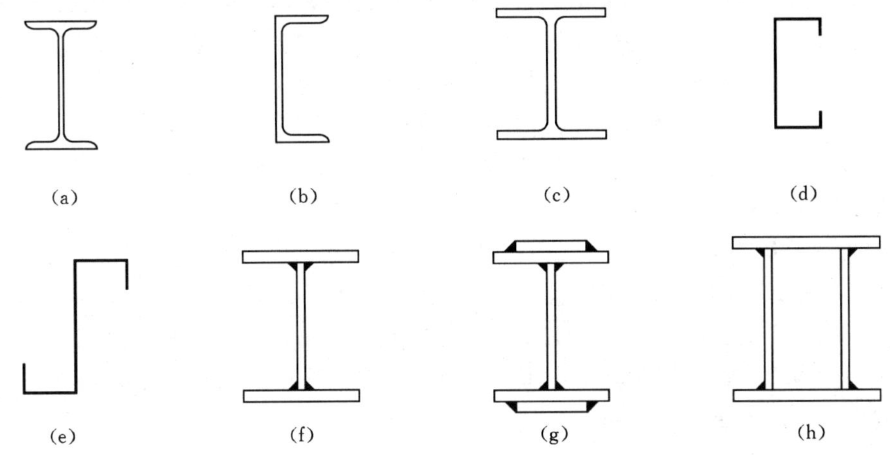

图 2.1.2 梁的截面形式

由于型钢规格型号所限，在大多情况下，用钢量要多于焊接组合梁。

如图 2.1.2 (f)、(g) 所示，由钢板焊成的组合梁在工程中应用较多，当抗弯承载力不足时可在翼缘加焊一层翼缘板。如果梁所受荷载较大、而梁高受限或者截面抗扭刚度要求较高时可采用箱形截面［图 2.1.2 (h)］。

在土木工程中，除少数情况如吊车梁、起重机大梁或上承式铁路板梁桥等可单根梁或两根梁成对布置外，通常由若干梁平行或交叉排列而成梁格，图 2.1.3 即为工作平台梁格布置示例。

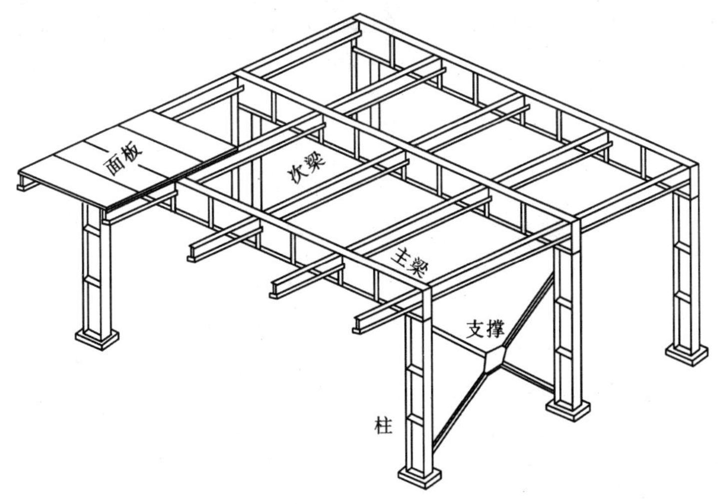

图 2.1.3 工作平台梁格示例

2.1.4.2.2 格构式受弯构件的认识

承受横向荷载的格构式受弯构件也称钢桁架，与梁相比，其特点是以弦杆代替翼缘、以腹杆代替腹板，而在各节点将腹杆与弦杆连接。这样，桁架整体受弯时，弯矩表现为上、下弦杆的轴心压力和拉力，剪力则表现为各腹杆的轴心压力或拉力。钢桁架可以根据不同使用要求制成所需的外形，对跨度和高度较大的构件，其钢材用量比实腹梁有所减少，而刚度却有所增加。只是桁架的杆件和节点较多，构造较复杂，制造较为费工。

与梁一样，平面钢桁架在土木工程中应用很广泛，例如建筑工程中的屋架、托架、吊车桁架（桁架式吊车梁）、桥梁中的桁架桥，还有其他领域，如起重机臂架、水工闸门和海洋平台的主要受弯构件等。大跨度屋盖结构中采用的钢网架，以及各种类型的塔桅结构，则属于空间钢桁架。

1. 钢桁架的结构类型

(1) 简支梁式［图 2.1.4 (a) ～ (d)］，受力明确，杆件内力不受支座沉陷的影响，施工方便，使用广泛。图 2.1.4 (a) ～ (c) 常用屋架形式，i 表示屋面坡度。

(2) 刚架横梁式，将桁架端部上下弦与钢柱相连组成单跨或多跨刚架，可提高结构整体水平刚度，常用于单层厂房结构。

(3) 连续式［图 2.1.4 (e)］，跨越较大距离的桥架，常用多跨连续的桁架，可增加刚度并节约材料。

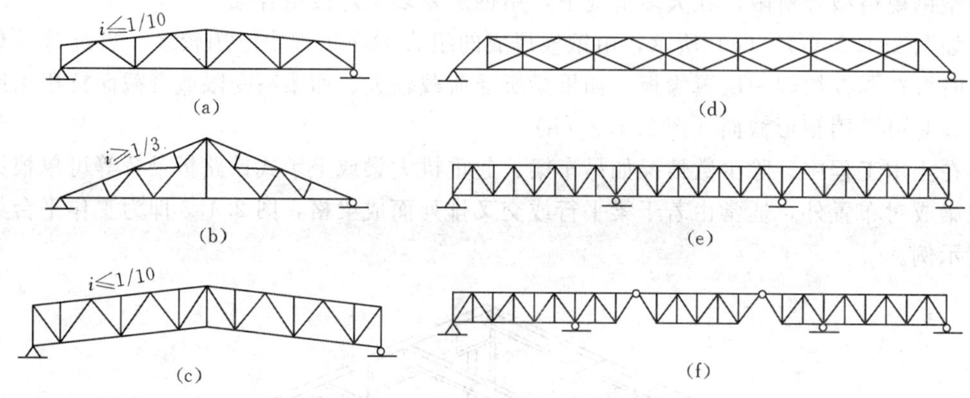

图 2.1.4　梁式桁架的形式

(4) 伸臂式［图 2.1.4 (f)］，既有连续式节约材料的优点，又有静定桁架不受支座沉陷的影响的优点，只是铰接处构造较复杂。

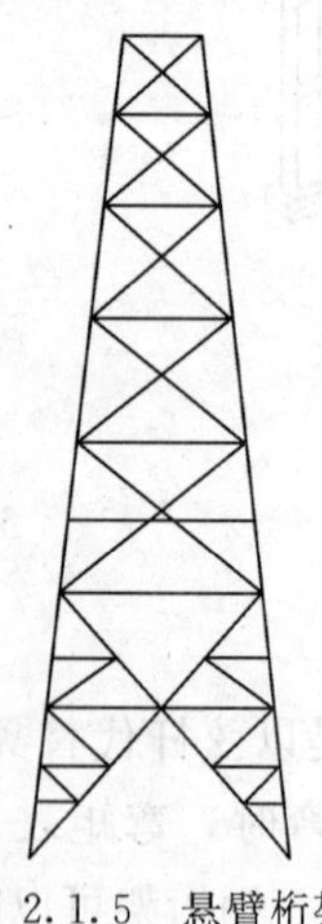

图 2.1.5　悬臂桁架

(5) 悬臂式，用于无线电发射塔、输电线路塔、气象塔等（图 2.1.5），主要承受水平风荷载引起的弯矩。

2. 钢桁架的支撑

桁架平面外支承一般的形式是采用支撑系统。如图 2.1.6 所示屋盖结构，平面桁架作为承受屋面竖向荷载的主要承重构件，称为屋架。在屋架上弦平面内，可设置各种支撑，如图 2.1.6 所示上弦平面的横向水平支撑就是其中的一种。当不设置这种支撑时，屋架的受压弦杆可能发生如①轴处虚线所示的失稳波形，一旦设置了这类支撑，两相邻屋架上弦就形成了几何不变的体系，受压弦杆可能的失稳波形如②轴处虚线所示。比之前一种情况，显然减少了受压弦杆在桁架平面外的计算长度，提高了整体稳定的承载力。端开间（轴线①与②之间、轴线⑦与⑧之间）以外的部分，通过设置系杆，

成为依托于支撑开间的几何不变体。从图2.1.6中还可以发现，两相邻屋架的弦杆和横向水平支撑实际上又形成了一水平桁架 $ABA'B'$，可以作为抵抗屋架桁架平面外侧向力的结构。类似的给桁架提供平面外支承点的方式，也可通过交叉桁架体系的方法实现（图2.1.7），各榀桁架既承受自身平面内作用的荷载，又为相垂直的桁架提供侧向支承刚度。

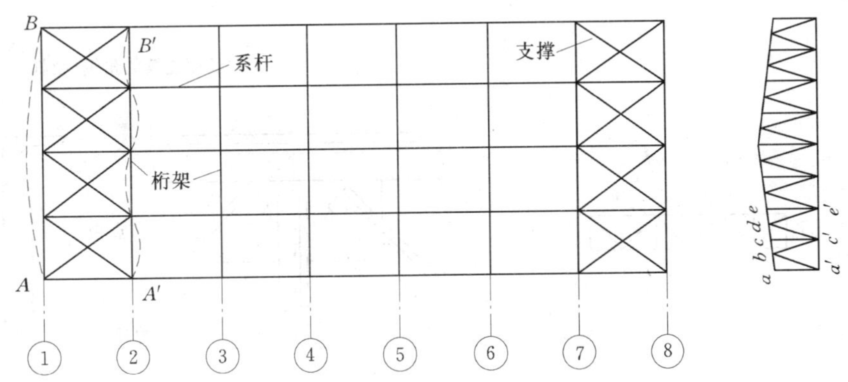

图2.1.6 屋盖上弦平面的横向水平支撑

3. 钢桁架的截面形式

组成钢桁架的杆件，可以是钢管截面，如圆管、矩形或方形钢管，轧制的I型钢、H型钢、T型钢，角钢或双角钢组合截面；在一些轻型桁架中，也可使用圆钢作为受拉杆件。一个桁架可以由不同截面形式的杆件组成。

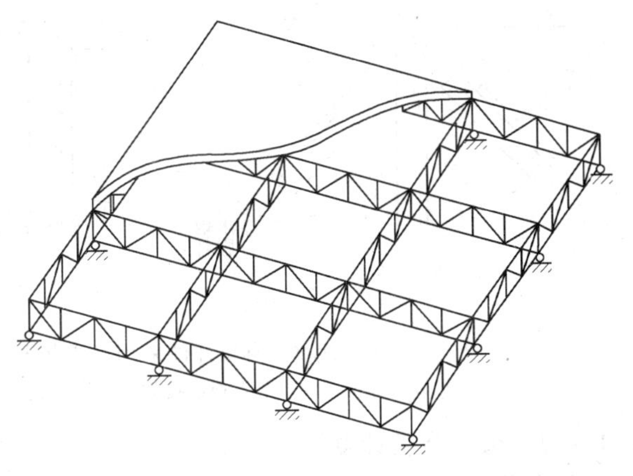

图2.1.7 交叉桁架

房屋建筑中的屋架，较多采用双角钢作截面；当屋面荷载小、结构跨度也较小时，腹杆可以采用单角钢。T型钢（可将H型钢在腹板处一截为二后使用）可代替双角钢作弦杆。冷弯薄壁型钢可以作为轻型屋架的构件，其中受拉下弦也可用圆钢。

用于支撑体系的桁架，若承受的荷载相当大，可采用H型钢、槽钢或角钢；荷载较小时，可以考虑使用只受拉力的圆钢，但须按交叉布置。

承受较大荷载的大跨度桁架，例如桥桁，多采用H型钢或箱型截面作构件，也可采用双肢式格构构件（图2.1.8）或H型组合焊接截面构件；体育场馆的大跨度或大悬挑屋盖桁架，也采用圆管和方、矩形管截面。

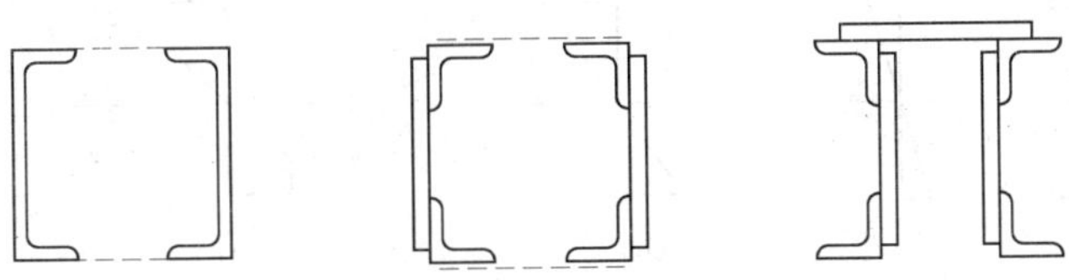

图2.1.8 重型桁架构件的截面形式

4. 桁架杆件的连接

在工厂制作时，桁架的弦杆是连续的。当钢材长度不够或选用的截面有变化时，经过拼接接头的过渡，整体上还是连续的。桁架的竖腹杆、斜腹杆和弦杆之间的连接，通常有两种方式：一种方式是直接连接［图 2.1.9（c）］，一种方式是通过节点板连接［图 2.1.9（b）］。

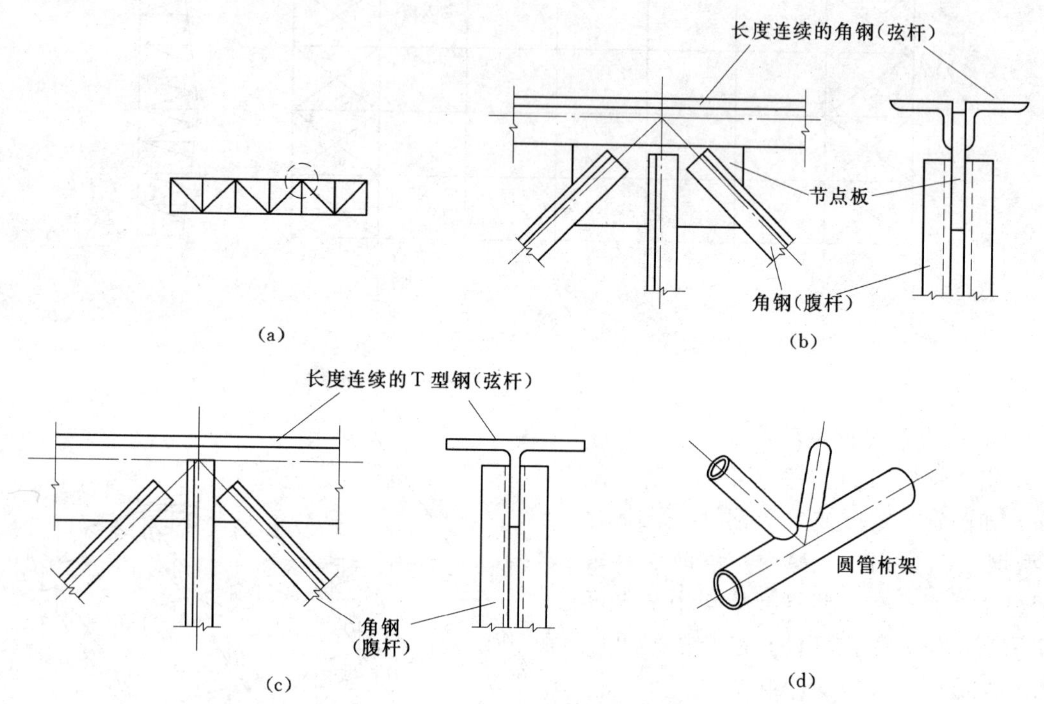

图 2.1.9　桁架杆件采用节点板与不采用节点板的连接方式

(a) 节点部位；(b) 节点板连接方式；(c) 无节点板连接方式；(d) 管桁架连接方式

2.1.4.3　梁的强度计算

梁在荷载作用下将产生弯曲应力、剪应力，在集中荷载作用处还有局部承压应力，故梁的强度应包括：抗弯强度、抗剪强度、局部承压强度，在弯应力、剪应力及局部压应力共同作用处还应验算折算应力。

2.1.4.3.1　抗弯强度

梁截面的弯曲应力随弯矩增加而变化，可分为弹性、弹塑性及塑性三个工作阶段。下面以工字形截面梁弯曲为例来说明（图 2.1.10）。

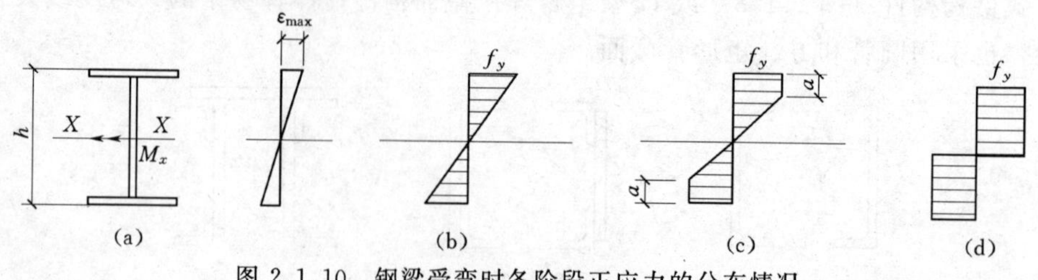

图 2.1.10　钢梁受弯时各阶段正应力的分布情况

1. 弹性工作阶段

当作用于梁上的弯矩 M_x 较小时，截面上最大应变 $\varepsilon_{max} \leqslant f_y/E$，梁全截面弹性工作，应力与应变成正比，此时截面上的应力为直线分布。弹性工作的极限情况是 $\varepsilon_{max} = f_y/E$［图 2.1.10（b）］，相应的弯矩为梁弹性工作阶段的最大弯矩，其值为

$$M_{xe} = f_y W_{nx} \tag{2.1.5}$$

式中 W_{nx}——梁净截面对 x 轴的弯曲模量。

2. 弹塑性工作阶段

当弯矩 M_x 继续增加，最大应变 $\varepsilon_{max} > f_y/E$，截面上、下各有一个高为 a 的区域，其应变 $\varepsilon_{max} \geqslant f_y/E$。由于钢材为理想的弹塑性体，所以这个区域的正应力恒等于 f_y，为塑性区。然而，应变 $\varepsilon_{max} < f_y/E$ 的中间部分区域仍保持为弹性，应力和应变成正比［图 2.1.10（c）］。

3. 塑性工作阶段

当弯矩 M_x 再继续增加，梁截面的塑性区便不断向内发展，弹性核心不断减小。当弹性核心几乎完全消失［图 2.1.10（d）］时，弯矩 M_x 不再增加，而变形却继续发展，形成"塑性铰"，梁的承载能力达到极限。其最大弯矩为

$$M_{xp} = f_y(S_{1nx} + S_{2nx}) = f_y W_{pnx} \tag{2.1.6}$$

$$W_{pnx} = (S_{1nx} + S_{2nx})$$

式中 S_{1nx}、S_{2nx}——中和轴以上、以下净截面对中和轴 x 的面积矩；

W_{pnx}——净截面对 x 轴的塑性模量。

4. 截面形状系数 γ_F

塑性铰弯矩 M_{xp} 与弹性最大弯矩 M_{xe} 之比为

$$\gamma_F = \frac{M_{xp}}{M_{xe}} = \frac{W_{pnx}}{W_{nx}} \tag{2.1.7}$$

γ_F 值，只取决于截面的几何形状，而与材料的性质无关，称为截面形状系数。一般截面的 γ_F 值如图 2.1.11 所示。

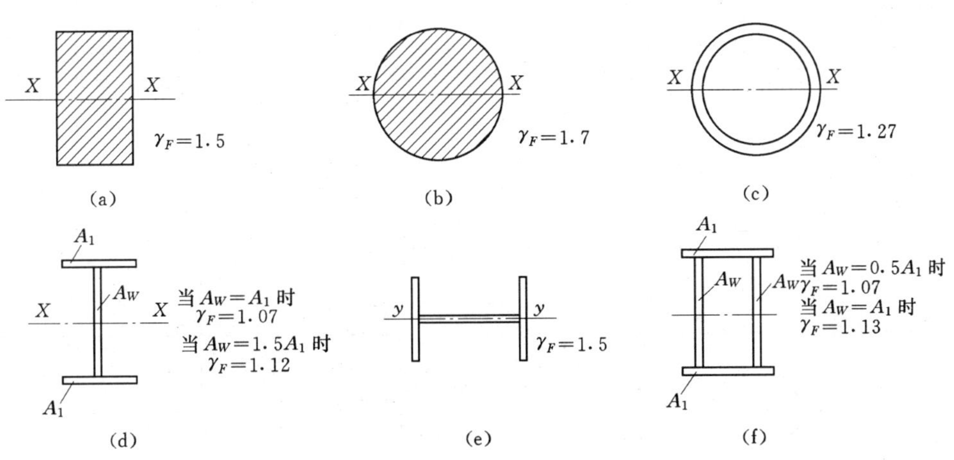

图 2.1.11 截面形状系数

显然，计算梁的抗弯强度时考虑截面塑性发展比不考虑要节省钢材。若按截面形成塑性铰来设计，可能使梁的挠度过大，受压翼缘过早失去局部稳定。因此，编制钢结构设计规范时，只是有限制地利用塑性，取塑性发展深度 $a \leqslant 0.125h$［图 2.1.10（c）］。

这样，梁的抗弯强度按下列规定计算。

在弯矩 M_x 作用下：

$$\frac{M_x}{\gamma_x W_{nx}} \leqslant f \tag{2.1.8}$$

在弯矩 M_x 和 M_y 作用下：

$$\frac{M_x}{\gamma_x W_{nx}} + \frac{M_y}{\gamma_y W_{ny}} \leqslant f \tag{2.1.9}$$

式中　M_x、M_y——绕 x 轴和 y 轴的弯矩（对工字形截面，x 轴为强轴，y 轴为弱轴）；

W_{nx}、W_{ny}——对 x 轴和 y 轴的净截面模量；

γ_x、γ_y——截面塑性发展系数：对工字形截面，$\gamma_x = 1.05$，$\gamma_y = 1.20$；对箱形截面，$\gamma_x = \gamma_y = 1.05$；对其他截面，可按表 2.1.1 采用；

f——钢材的抗弯强度设计值，见附表 1。

表 2.1.1　　　　截面发展系数 γ_x、γ_y

截　面　形　式	γ_x	γ_y
（工字形、H形、槽钢组合等截面，x—x、y—y 轴）	1.05	1.2
（双槽、箱形、十字形等截面，x—x、y—y 轴）		1.05
（T形、双角钢T形截面，x—x、y—y 轴，1、2）	$\gamma_{x1} = 1.05$	1.2
（槽形组合截面，x—x、y—y 轴，1、2）	$\gamma_{x2} = 1.2$	1.05
（角钢十字、双角钢十字、圆形截面，x—x、y—y 轴）	1.2	1.2

续表

截面形式	γ_x	γ_y
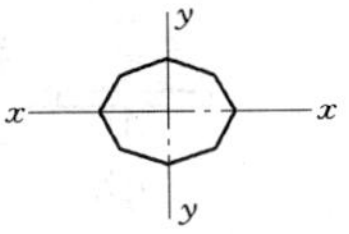	1.15	1.15
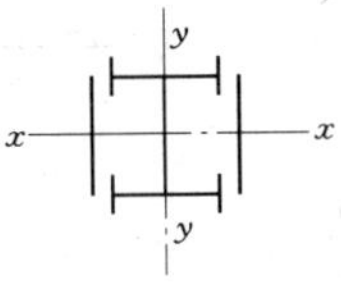 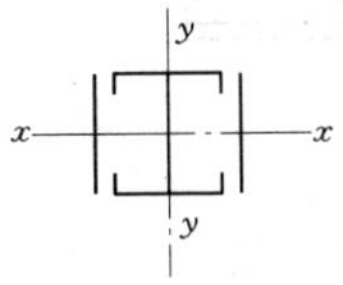	1.0	1.05
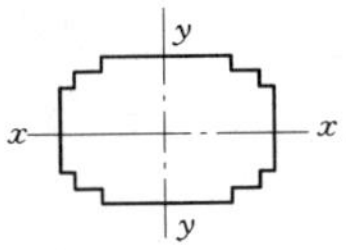 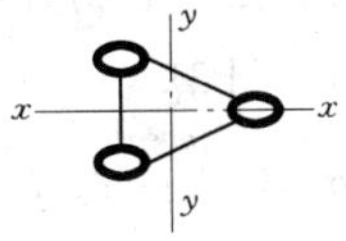		1.0

2.1.4.3.2 梁的抗剪强度

一般情况下，梁既承受弯矩，同时又承受剪力。工字形和槽形截面梁腹板上的剪应力分布如图 2.1.12 所示，截面上的最大剪应力发生在腹板中和轴处。规范以截面最大剪应力达到所用钢材抗剪屈服点作为抗剪承载力极限状态，对于在主平面受弯的实腹构件，其抗剪强度应按式（2.1.10）计算

$$\tau_{\max}=\frac{VS}{It_w}\leqslant f_v \tag{2.1.10}$$

式中 V——计算截面沿腹板平面作用的剪力；

S——中和轴以上毛截面对中和轴的面积矩；

I——毛截面惯性矩；

t_w——腹板厚度；

f_v——钢材的抗剪强度设计值。

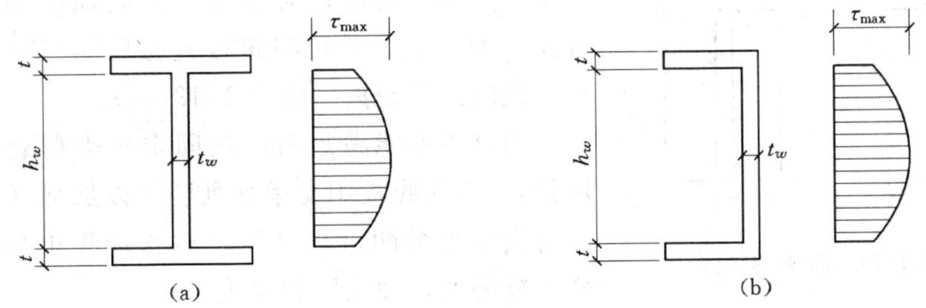

图 2.1.12 腹板剪应力

当梁的抗剪强度不足时，最有效的办法是增大腹板的面积，但腹板高度 h_w 一般由梁的刚度条件和构造要求确定，故设计时常采用加大腹板厚度 t_w 的办法来增大梁的抗剪强度。

2.1.4.3.3 梁的局部承压强度

当工字形、箱形等截面梁上有集中荷载（包括支座反力）作用时，集中荷载由翼缘传至腹板。腹板边缘集中荷载作用处，会有很高的局部横向压应力，如图 2.1.13 所示。为保证这部分腹板不致受压破坏，必须对集中荷载引起的局部横向压应力进行计算。

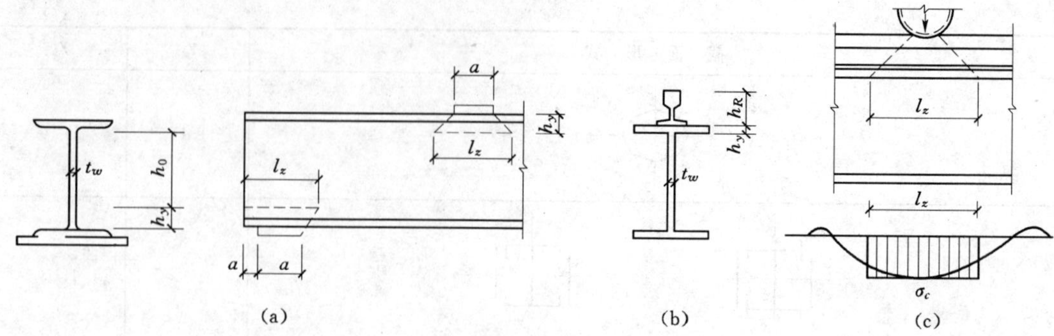

图 2.1.13　局部压应力

梁的局部承压强度可按式（2.1.11）计算

$$\sigma_c = \frac{\psi F}{t_w l_z} \leqslant f \tag{2.1.11}$$

式中　F——集中荷载，对动力荷载应考虑动力系数；

ψ——集中荷载增大系数：对重级工作制吊车轮压，$\psi = 1.35$；对其他荷载，$\psi=1.0$；

l_z——集中荷载在腹板计算高度边缘的应力分布长度。按照压力扩散原则，有

跨中集中荷载：$l_z = a + 5h_y + 2h_R$；

梁端集中荷载：$l_z = a + 2.5h_y + a_1$；

a——集中荷载沿梁跨度方向的支撑长度，对吊车轮压可取为 50mm；

h_y——从梁承载的边缘到腹板计算高度边缘的距离；

h_R——轨道的高度，计算处无轨道时为 0；

a_1——梁端到支座板外边缘的距离，按实际取值，但不得大于 $2.5h_y$。

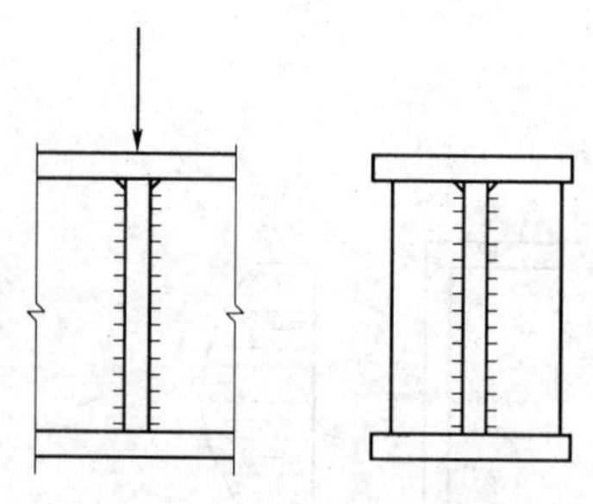

图 2.1.14　腹板的加强

腹板的计算高度 h_0：对轧制型钢梁，为腹板在与上、下翼缘相交接处两内弧起点间的距离；对焊接组合梁，为腹板高度；对铆接（或高强度螺栓连接）组合梁，为上、下翼缘与腹板连接的铆钉（或高强度螺栓）线间最近距离［图 2.1.13（c）］。

当计算不能满足时，在固定集中荷载处（包括支座处），应对腹板用支承加劲肋予以加强（图 2.1.14），并对支承加劲肋进行计算；对移动集中荷载，则只能修改梁截面，加大腹板厚度。

2.1.4.3.4　梁在复杂应力作用下的强度计算

在梁（主要是组合梁）的腹板计算高度边缘处，当同时受有较大的正应力、剪应力和局部压应力时，或同时受有较大的正应力和剪应力时（如连续梁的支座处或梁的翼缘截面改变处等），应按式（2.1.12）验算该处的折算应力

$$\sqrt{\sigma^2 + \sigma_c^2 - \sigma\sigma_c + 3\tau^2} \leqslant \beta_1 f \tag{2.1.12}$$

$$\sigma = \frac{M_x h_0}{W_{nx} h} \tag{2.1.13}$$

式中 σ、τ、σ_c——腹板计算高度边缘同一点上的弯曲正应力、剪应力和局部压应力，σ 和 σ_c 均以拉应力为正值，压应力为负值 σ_c 按式（2.1.11）计算；

β_1——验算折算应力强度设计值的增大系数，当 σ 与 σ_c 异号时，取 $\beta_1=1.2$；当 σ 和 σ_c 同号或 $\sigma_c=0$ 时，取 $\beta_1=1.1$。

2.1.4.4 梁的刚度验算

梁的刚度用荷载作用下的挠度大小来度量。如果梁的刚度不足，就不能保证正常使用。如楼盖梁的挠度超过正常使用的某一限值时，一方面给人们一种不舒服和不安全的感觉，另一方面可能使其上部的楼面及下部的抹灰开裂，影响结构的功能；吊车梁挠度过大，会加剧吊车运行时的冲击和振动，甚至使吊车运行困难等。因此，需要进行刚度验算。梁的刚度条件为

$$\upsilon \leqslant [\upsilon] \tag{2.1.14}$$

式中 υ——由荷载标准值（不考虑荷载分项系数和动力系数）产生的最大挠度；

$[\upsilon]$——梁的容许挠度值，对某些常用的受弯构件，规范根据实践经验规定的容许挠度值 $[\upsilon]$ 见表 2.1.2。

表 2.1.2 受弯构件挠度容许值

项次	构件类别	挠度容许值	
		$[\upsilon_T]$	$[\upsilon_Q]$
1	吊车梁和吊车桁架（按自重和起重量最大的一台吊车计算挠度）： （1）手动吊车和单梁吊车（包括悬挂吊车）； （2）轻级工作制桥式吊车； （3）中级工作制桥式吊车； （4）中级工作制桥式吊车	 $l/500$ $l/800$ $l/1000$ $l/1200$	—
2	手动或电动葫芦的轨道梁	$l/400$	—
3	有重轨道（重量等于或大于 38kg/m）的工作平台梁； 有轻轨道（重量等于或大于 24kg/m）的工作平台梁	$l/600$ $l/400$	—
4	楼（屋）盖梁、工作平台梁（第 3 项除外）、平台板： （1）主梁或桁架（包括设有悬挂起重设备的梁和桁架）； （2）抹灰顶棚的梁； （3）除（1）、（2）款外的其他梁（包括楼梯梁）； （4）屋盖擦条： 支承无积灰的瓦楞铁和石棉瓦屋面者； 支承压型钢板、有积灰的瓦楞铁和石棉瓦等屋面者； 支承其他屋面材料者 （5）平台板	 $l/400$ $l/250$ $l/250$ $l/150$ $l/200$ $l/200$ $l/150$	 $l/500$ $l/350$ $l/300$ — — — —
5	墙架构件（风荷载不考虑阵风系数）： （1）支柱； （2）抗风桁架（作为连续支柱的支撑时）； （3）砌体墙的横梁（水平方向）； （4）支承压型金属板、瓦楞铁和石棉瓦墙面的横梁（水平方向）； （5）带有玻璃窗的横梁（垂直和水平方向）	 — — — — $l/200$	 $l/400$ $l/1000$ $l/300$ $l/200$ $l/200$

注 1. l 为受弯构件的跨度（对悬臂梁和伸臂梁为悬伸长度的 2 倍）。
2. $[\upsilon_T]$ 为全部荷载标准值产生的挠度（如有起拱应减去拱度）的容许挠度值。
3. $[\upsilon_Q]$ 为可变荷载标准值产生的挠度的容许挠度值。

梁的挠度可按材料力学和结构力学的方法计算，也可由结构静力计算手册取用。受多个集中荷载的梁（如吊车梁、楼盖主梁等），其挠度精确计算较为复杂，但与产生相同最大弯矩的均布荷载作用下的挠度接近。于是，可采用下列近似公式验算梁的挠度。

对等截面简支梁

$$\frac{\upsilon}{l}=\frac{5}{384}\frac{q_k l^3}{EI_x}=\frac{5}{48}\frac{q_k l^2\cdot l}{8EI_x}\approx\frac{M_k l}{10EI_x}\leqslant\frac{[\upsilon]}{l}\tag{2.1.15}$$

对变截面简支梁

$$\frac{\upsilon}{l}=\frac{M_k l}{10EI_x}\left(1+\frac{3}{25}\frac{I_x-I_{x1}}{I_x}\right)\leqslant\frac{[\upsilon]}{l}\tag{2.1.16}$$

式中　q_k——均布线荷载标准值；

M_k——荷载标准值产生的最大弯矩；

I_x——跨中毛截面惯性矩；

I_{x1}——支座附近毛截面惯性矩；

l——梁的长度；

E——梁截面弹性模量。

2.1.4.5　梁的整体稳定和支撑布置

1. 梁整体稳定概念

为了提高梁的抗弯强度，节省钢材，钢梁截面一般做成高而窄的形式，受荷方向刚度大而侧向刚度较小。如果梁的侧向支承较弱（比如仅在支座处有侧向支承），梁的弯曲会随荷载大小变化而呈现两种截然不同的平衡状态。

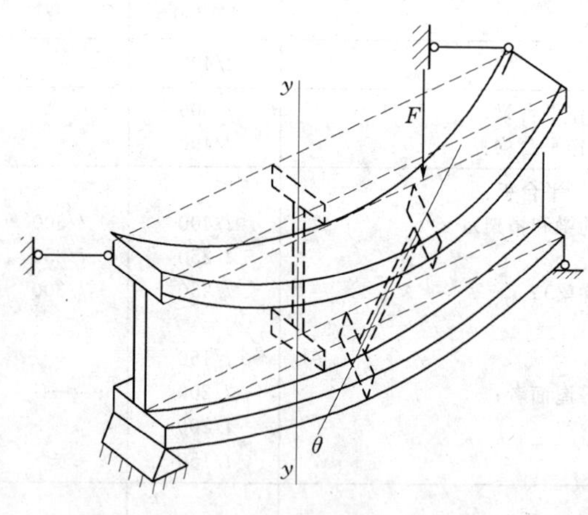

图 2.1.15　梁的整体失稳

如图 2.1.15 所示的工字形截面梁，荷载作用在其最大刚度平面内。当荷载较小时，梁的弯曲平衡状态是稳定的。虽然外界各种因素会使梁产生微小的侧向弯曲和扭转变形，但外界影响消失后，梁仍能恢复原来的弯曲平衡状态。然而，当荷载增大到某一数值后，梁在向下弯曲的同时，将突然发生侧向弯曲和扭转变形而破坏，这种现象称之为梁的侧向弯扭屈曲或整体失稳。梁维持其稳定平衡状态所承担的最大荷载或最大弯矩，称为临界荷载或临界弯矩。

梁整体稳定的临界荷载与梁的侧向抗弯刚度、抗扭刚度、荷载沿梁跨分布情况及其在截面上的作用点位置等有关。根据弹性稳定理论，双轴对称工字形截面简支梁的临界弯矩和临界应力为

临界弯矩

$$M_{cr}=\beta\sqrt{\frac{EI_yGI_t}{l_1}}\tag{2.1.17}$$

临界应力
$$\sigma_{cr}=\frac{M_{cr}}{W_x}=\beta\sqrt{\frac{EI_yGI_t}{l_1W_x}} \tag{2.1.18}$$

式中 I_y——梁对 y 轴（弱轴）的毛截面惯性矩；

I_t——梁毛截面扭转惯性矩；

l_1——梁受压翼缘的自由长度（受压翼缘侧向支承点之间的距离）；

W_x——梁对 x 轴的毛截面模量；

E、G——钢材的弹性模量及剪变模量；

β——梁的侧扭屈曲系数，与荷载类型、梁端支承方式以及横向荷载作用位置等有关。

由临界弯矩 M_{cr} 的计算公式和 β 值，可总结出如下规律：

(1) 梁的侧向抗弯刚度 EI_y、抗扭刚度 GI_t 越大，临界弯矩 M_{cr} 越大。

(2) 梁受压翼缘的自由长度 l_1 越大，临界弯矩 M_{cr} 越小。

(3) 荷载作用于下翼缘比作用于上翼缘的临界弯矩 M_{cr} 大。

2. 梁整体稳定的保证

为保证梁的整体稳定或增强梁抗整体失稳的能力，当梁上有密铺的刚性铺板（楼盖梁的楼面板或公路桥、人行天桥的面板等）时，应使之与梁的受压翼缘连接牢固；若无刚性铺板或铺板与梁受压翼缘连接不可靠，则应设置平面支撑。楼盖或工作平台梁格的平面内支撑有横向平面支撑和纵向平面支撑两种，横向支撑使主梁受压翼缘的自由长度由其跨长减小为 l_1（次梁间距）；纵向支撑是为了保证整个楼面的横向刚度。不论有无连牢的刚性铺板，支承工作平台梁格的支柱间均应设置柱间支撑，除非柱列设计为上端铰接、下端嵌固于基础的排架。

规范规定，当符合下列情况之一时，梁的整体稳定可以得到保证，不必计算：

(1) 有刚性铺板密铺在梁的受压翼缘上并与其牢固连接，能阻止梁受压翼缘的侧向位移时。

(2) 工字形截面简支梁，受压翼缘的自由长度与其宽度之比 l_1/b_1 不超过表 2.1.3 所规定的数值时。

表 2.1.3 工字形截面简支梁不需计算整体稳定的最大 l_1/b_1 值

跨中无侧向支承，荷载作用在		跨中有侧向支承，不论荷载作用于何处
上翼缘	下翼缘	
$13\sqrt{235/f_y}$	$20\sqrt{235/f_y}$	$16\sqrt{235/f_y}$

(3) 箱形截面简支梁，其截面尺寸（图 2.1.16）满足 $h/b_0\leqslant 6$ 且 $l_1/b_0\leqslant 95(235/f_y)$ 时（箱形截面的此条件很容易满足）。

3. 梁整体稳定的计算方法

当不满足上述条件时，应进行梁的整体稳定计算，即

$$\sigma=\frac{M_x}{W_x}\leqslant\frac{\sigma_{cr}}{\gamma_R}=\frac{\sigma_{cr}f_y}{f_y\gamma_R}=\varphi_b f$$

或采用规范中的表达式

$$\frac{M_x}{\varphi_b W_x}\leqslant f \tag{2.1.19}$$

$$\varphi_b=\sigma_{cr}/f_y$$

式中　M_x——绕强轴作用的最大弯矩；

W_x——按受压纤维确定的梁毛截面模量；

φ_b——梁的整体稳定系数。

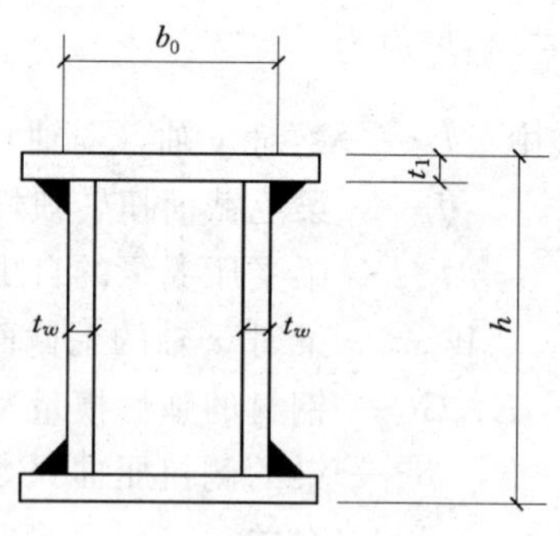

图 2.1.16　箱形截面

对于受纯弯曲的双轴对称焊接工字形截面简支梁，整体稳定系数 φ_b 可按式（2.1.20）计算：

$$\varphi_b=\frac{4320Ah}{\lambda_y^2W_x}\sqrt{1+\left(\frac{\lambda_y t_1}{4.4h}\right)^2}\frac{235}{f_y}\quad(2.1.20)$$

式中　A——梁毛截面面积；

t_1——受压翼缘厚度；

f_y——钢材屈服点，N/mm^2。

实际上梁受纯弯曲的情况是不多的。当梁受任意横向荷载，或梁为单轴对称截面时，式（2.1.20）应加以修正，具体规定详见《钢结构设计规范》。

上述整体稳定系数是按弹性稳定理论求得的。研究证明，当求得的 φ_b 大于 0.6 时，梁已进入非弹性工作阶段，整体稳定临界应力有明显的降低，必须对 φ_b 进行修正。规范规定，当按上述公式或表格确定的 $\varphi_b>0.6$ 时，用式（2.1.21）求得的 φ_b' 代替 φ_b 进行梁的整体稳定计算：

$$\varphi_b'=1.07-0.282/\varphi_b\leqslant1.0\quad(2.1.21)$$

当梁的整体稳定承载力不足时，可采用加大梁截面尺寸或增加侧向支承的办法予以解决，前一种办法中尤其是增大受压翼缘的宽度最有效。

必须指出的是：不论梁是否需要计算整体稳定性，梁的支撑处都应采取构造措施以阻止其端截面的扭转（在力学意义上称之为“夹支”，如图 2.1.17 所示）。

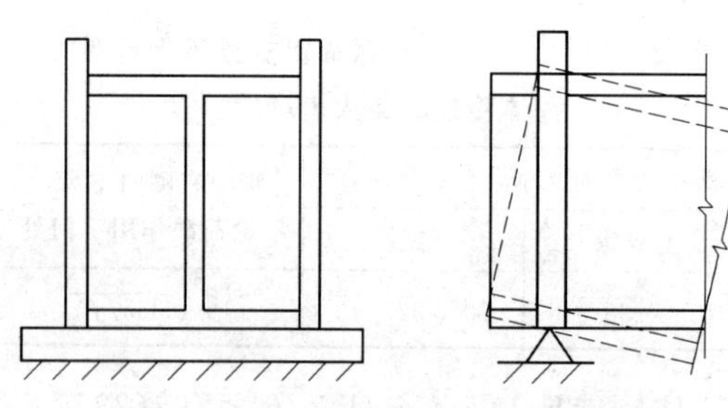

图 2.1.17　梁支座夹支的力学图形

2.1.4.6　次梁与主梁的连接构造

次梁与主梁的连接型式有叠接和平接两种。

叠接（图 2.1.18）是将次梁直接搁在主梁上面，用螺栓或焊缝连接，构造简单，但需要的结构高度大，其使用常受到限制。图 2.1.18（a）是次梁为简支梁时与主梁连接的构造，而图 2.1.18（b）是次梁为连续梁时与主梁连接的构造示例。如次梁截面较大时，应另采取构造措施防止支承处截面的扭转。

平接（图 2.1.19）是使次梁顶面与主梁相平或略高、略低于主梁顶面，从侧面与主梁的加劲肋或在腹板上专设的短角钢或支托相连接。图 2.1.19（a）、（b）、（c）是次梁为简支梁时与主梁连接的构造，图 2.1.19（d）是次梁为连续梁时与主梁连接的构造。平接虽构造复杂，但可降低结构高度，故在实际工程中应用较广泛。

2.1.5　任务实施

1. 平台铺板与次梁连牢时，不必计算整体稳定

查附表 1，$f=215N/mm^2$，$\gamma_x=1.15$。

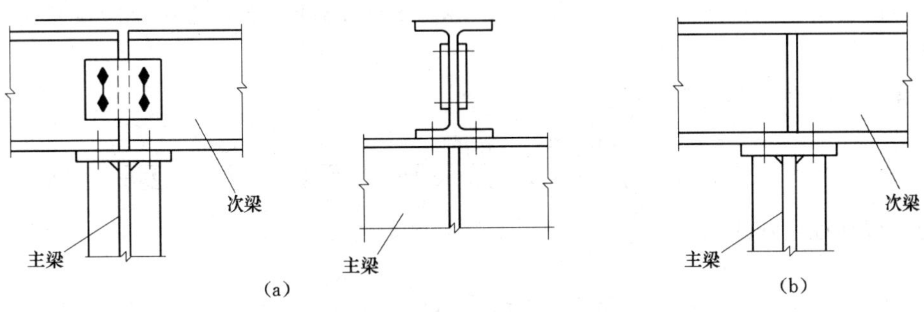

图 2.1.18 次梁与主梁的叠接

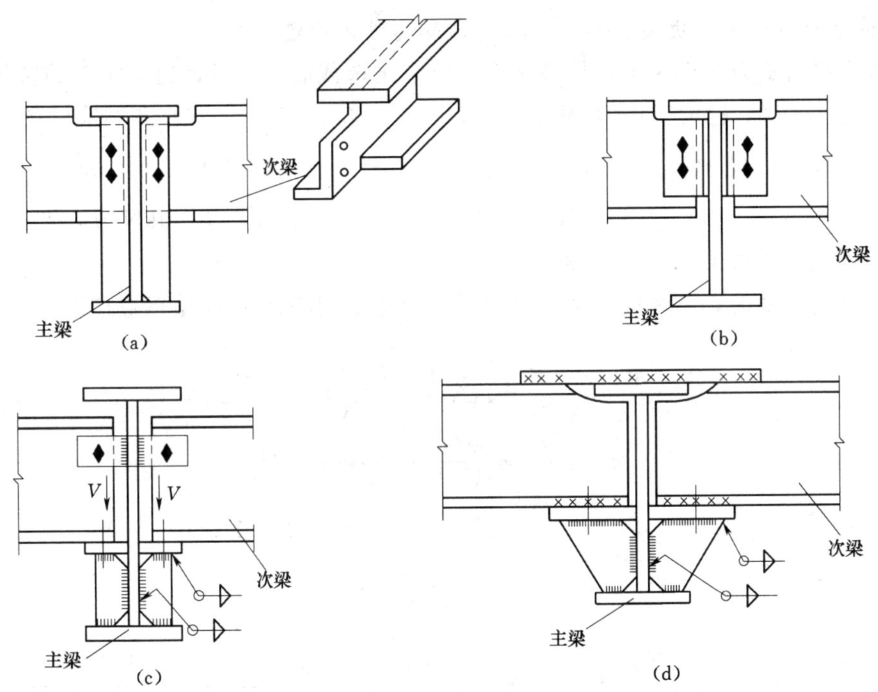

图 2.1.19 次梁与主梁的平接

假设次梁自重为0.5kN/m，次梁承受的线荷载标准值为

$$q_k = (1.5 \times 2.5 + 0.5) + 9 \times 2.5 = 4.25 + 22.5 = 26.75(\text{kN/m})$$

荷载设计值为可变荷载效应控制的组合：恒荷载分项系数为1.2，活荷载分项系数为1.3：

$$q = 4.25 \times 1.2 + 22.5 \times 1.3 = 34.35(\text{kN/m})$$

最大弯矩设计值为

$$M_x = \frac{1}{8}ql^2 = \frac{1}{8} \times 34.35 \times 5^2 = 107.3(\text{kN} \cdot \text{m})$$

根据抗弯强度选择截面，需要的截面模量为

$$W_{nx} = M_x/(\gamma_x f) = 107.3 \times 10^6/(1.05 \times 215) = 475 \times 10^3(\text{mm}^3)$$

选用HN300×150×6.5×9，查附表6，得$W_x=490\text{cm}^3$，跨中无孔眼削弱，此W_x大于需要的475cm^3，梁的抗弯强度已足够。由于H型钢的腹板较厚，一般不必验算抗剪强度；若将次梁连于主梁的加劲肋上，也不必验算次梁支座处的局部承压强度。

其他截面特性，$I_x=7350\text{cm}^4$；自重 37.3kg/m=0.37kN/m，略小于假设自重，不必重新计算。

验算挠度：在全部荷载标准值作用下：

$$\frac{\upsilon_T}{l}=\frac{5}{384}\times\frac{26.75\times5000^3}{206\times10^3\times7350\times10^4}=\frac{1}{348}<\frac{[\upsilon_T]}{l}=\frac{1}{250}$$

在可变荷载标准值作用下：

$$\frac{\upsilon_Q}{l}=\frac{1}{348}\times\frac{22.5}{26.75}=\frac{1}{414}<\frac{[\upsilon_Q]}{l}=\frac{1}{300}$$

注：若选用普通工字钢，则需 I28a，自重 43.4kg/m，比 H 型钢重 16%。

2. 若平台铺板不与次梁连牢，则需要计算其整体稳定

假设次梁自重为 0.5kN/m，按整体稳定要求试选截面。参考普通工字钢的整体稳定系数，假设 $\varphi_b=0.73$，已大于 0.6，故 $\varphi_b'=1.07-0.282/0.73=0.68$，得所需的截面模量为

$$W_x=M_x/(\varphi_b'f)=107.3\times10^3/(0.68\times215)=734\times10^3(\text{mm}^3)$$

选用 HN350×175×7×11，$W_x=782\text{cm}^3$；自重 50kg/m=0.49kN/m，与假设相符。另外，截面的 $i_y=3.93\text{cm}$，$A=63.66\text{cm}^2$。

由于试选截面时，整体稳定系数是参考普通工字钢的，对 H 型钢应按下式计算

$$\varphi_b=\beta_b\frac{4320}{\lambda_y^2}\times\frac{Ah}{W_x}\left[\sqrt{1+\left(\frac{\lambda_y t_1}{4.4h}\right)^2}+\eta_b\right]\frac{235}{f_y}$$

$$\xi=\frac{l_1t_1}{b_1h}=\frac{5000\times11}{175\times350}=0.898$$

$$\beta_b=0.69+0.13\times0.898=0.807$$

$$\lambda_y=\frac{500}{3.93}=127$$

$$\varphi_b=\beta_b\frac{4320}{\lambda_y^2}\times\frac{Ah}{W_x}\sqrt{1+\left(\frac{\lambda_y t_1}{4.4h}\right)^2}=0.807\times\frac{4320}{127^2}\times\frac{63.66\times35}{782}\sqrt{1+\left(\frac{127\times1.1}{4.4\times35}\right)^2}=0.83$$

$$\varphi_b'=1.07-0.282/0.83=0.73$$

验算整体稳定：

$$\frac{M_x}{\varphi_b'W_x}=\frac{107.3\times10^6}{0.73\times782\times10^3}=188(\text{N/mm}^2)<f=215(\text{N/mm}^2)$$

次梁兼作平面支撑桁架的横向腹杆，其 $\lambda_y=127<[\lambda]=200$，$\lambda_x$ 更小，满足要求。

其他验算从略。

注：若选用普通工字钢则需 I36a，自重 59.9kg/m，比 H 型钢重 19.8%。

2.1.6　总结与提高

2.1.6.1　双向弯曲型钢梁的认识

钢结构厂房屋架中的檩条常常属于双向弯曲钢构件，其截面一般为 H 型钢（檩条跨度较大时）、槽钢（檩条跨度较小时）或冷弯薄壁 Z 形钢（檩条跨度不大且为轻型屋面

时）等，如图 2.1.20 所示。这些型钢的腹板垂直于屋面放置，因而竖向线荷载 q 可分解为垂直于截面两个主轴 $x-x$ 和 $y-y$ 的分荷载 $q_x = q\cos\varphi$ 和 $q_y = q\sin\varphi$，从而引起双向弯曲。

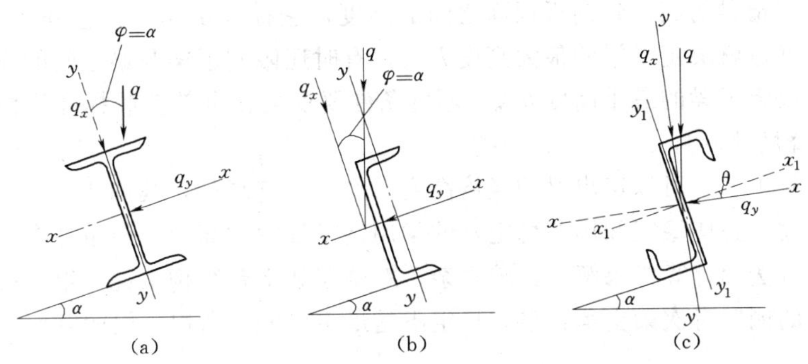

图 2.1.20 檩条截面形式及计算简图

槽钢和 Z 型钢檩条通常用于屋面坡度较大的情况，为了减少其侧向弯矩，提高檩条的承载能力，一般在跨中平行于屋面设置 1～2 道拉条（图 2.1.21），把侧向变为跨度缩至 1/2～1/3 的连续梁。通常是跨度 $l \leqslant 6$m 时，设置一道拉条；$l > 6$m 时设置二道拉条。拉条一般用 $\phi16$ 圆钢（最小 $\phi12$）。

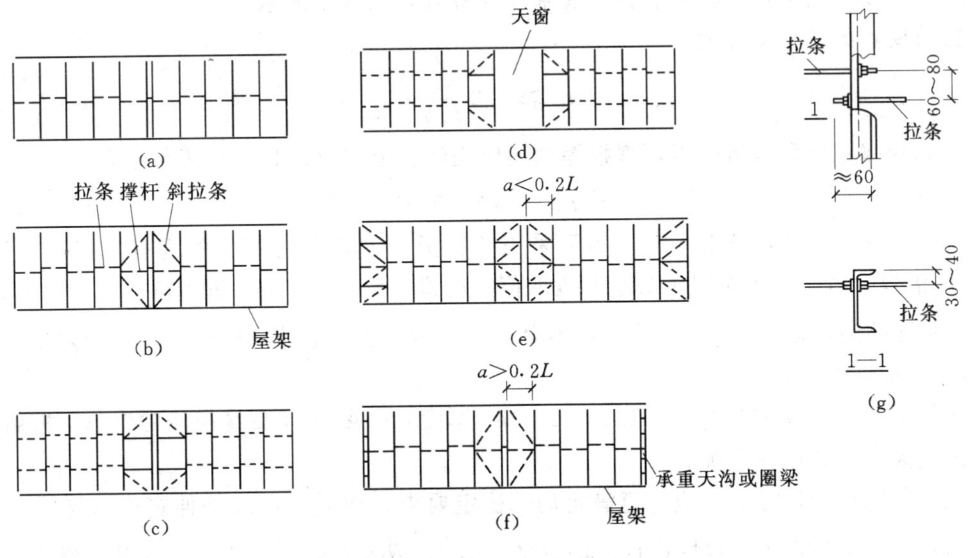

图 2.1.21 檩间拉条

2.1.6.2 组合钢梁的设计简介

组合梁的设计步骤：①按设计条件，初步估算梁的高度、腹板厚度和翼缘尺寸；②根据试选截面，计算截面各种几何特性，然后进行强度、刚度和整体稳定性验算（验算方法与型钢梁相似）；③局部稳定（腹板加劲肋的配置）验算；④翼缘焊缝的计算。

实施任务的难点是稳定性的验算及加劲肋的设计。

2.1.6.2.1 试选截面

选择组合梁的截面时，首先要初步估算梁的截面高度、腹板厚度和翼缘尺寸。

1. 梁的截面高度

确定梁的截面高度应考虑建筑高度、刚度和经济条件。

建筑高度是指梁的底面到铺板顶面之间的高度，它往往由生产工艺和使用要求决定。给定了建筑高度也就决定了梁的最大高度 h_{max}，有时还限制了梁与梁之间的连接形式。

刚度条件决定了梁的最小高度 h_{min}。刚度条件要求梁在全部荷载标准值作用下的挠度 υ 不大于容许挠度 $[\upsilon_T]$。

从用料最省出发，可以定出梁的经济高度。梁的经济高度，其确切含义是满足一切条件（强度、刚度、整体稳定和局部稳定）的梁用钢量最少的高度。但条件多了之后，需按照优化设计的方法用计算机求解，比较复杂。对楼盖和平台结构来说，组合梁一般用作主梁。由于主梁的侧向有次梁支承，整体稳定不是最主要的，所以，梁的截面一般由抗弯强度控制。

实际采用的梁高，应大于由刚度条件确定的最小高度 h_{min}，而大约等于或略小于经济高度。此外，梁的高度不能影响建筑物使用要求所需的净空尺寸，即不能大于建筑物的最大允许梁高。

确定梁高时，应适当考虑腹板的规格尺寸，一般取腹板高度为 50mm 的倍数。

2. 腹板厚度

腹板厚度应满足抗剪强度、构造要求和经济合理三方面因素。

抗剪要求的最小厚度为

$$t_w \geqslant 1.2\frac{V_{max}}{h_w f_v} \tag{2.1.22}$$

考虑局部稳定和构造因素，腹板厚度还应用经验公式（2.1.23）进行估算

$$t_w = \sqrt{h_w}/3.5 \tag{2.1.23}$$

式中，t_w 和 h_w 的单位均为 mm。实际采用的腹板厚度应考虑钢板的现有规格，一般为 2mm 的倍数。对于非吊车梁，腹板厚度取值宜比式（2.1.23）的计算值略小；对考虑腹板屈曲后强度的梁，腹板厚度可更小，但不得小于 6mm，也不宜使高厚比超过 $250\sqrt{235/f_y}$。

3. 翼缘尺寸

翼缘板的厚度通常为 $b_f=(1/5\sim1/3)h$，厚度 $t=A_f/b_f$，翼缘板经常用单层板做成，当厚度过大时可采用双层板。

确定翼缘板的尺寸时，应注意满足局部稳定要求，使受压翼缘外伸宽度 b 与其厚度 t 之比 $b/t\leqslant15\sqrt{235/f_y}$（弹性设计，即取 $\gamma_x=1.0$）或 $b/t\leqslant13\sqrt{235/f_y}$（考虑塑性发展，即取 $\gamma_x=1.05$）。

选择翼缘尺寸时，同样应符合钢板规格，宽度取 10mm 的倍数，厚度取 2mm 的倍数。

2.1.6.2.2 截面验算

根据试选的截面尺寸，求出截面的各种几何数据，如惯性矩、截面模量等，然后进行验算。梁的截面验算包括强度、刚度、整体稳定和局部稳定几个方面。其中，腹板的局部稳定通常是采用配置加劲肋来保证的。

2.1.6.2.3 组合梁截面沿长度的改变

梁的弯矩是沿梁的长度变化的，因此，梁的截面如能随弯矩而变化，则可节约钢材。

对跨度较小的梁，截面改变经济效果不大，或者改变截面节约的钢材不能抵消构造复杂带来的加工困难时，则不宜改变截面。单层翼缘板的焊接梁改变截面时，宜改变翼缘板的宽度（图 2.1.22）而不改变其厚度。因改变厚度时，该处应力集中严重，且使梁顶部不平，有时使梁支承其他构件不便。

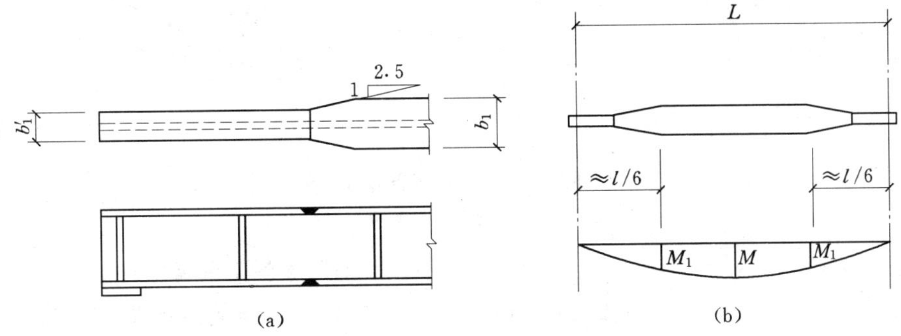

图 2.1.22　梁翼缘宽度的改变

梁改变一次截面约可节约钢材 10%～20%。如再多改变一次，约再多节约 3%～4%，效果不显著。为了便于制造，一般只改变一次截面。

对承受均布荷载的梁，截面改变位置在距支座 $l/6$ 处［图 2.1.22（b）］最有利。较窄翼缘板宽度 b'_f 应由截面开始改变处的弯矩 M_1 确定。为了减少应力集中，宽板应从截面开始改变处向弯矩减小的一方以不大于 1∶2.5 的斜度切斜延长，然后与窄板对接。

有时为了降低梁的建筑高度，简支梁可以在靠近支座处减小其高度，而使翼缘截面保持不变（图 2.1.23），其中图 2.1.23（a）构造简单制作方便。梁端部高度应根据抗剪强度要求确定，但不宜小于跨中高度的 1/2。

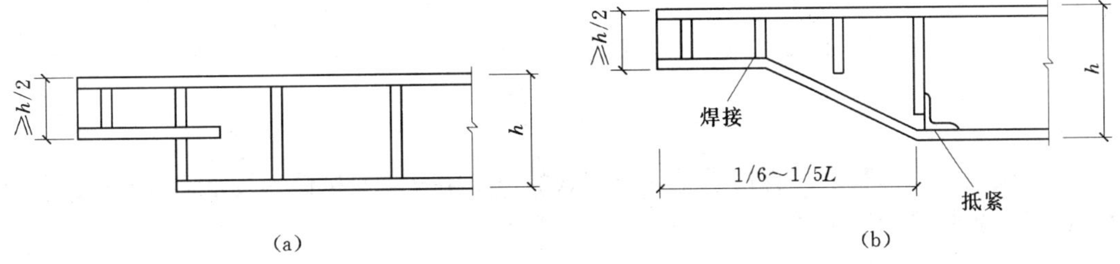

图 2.1.23　变高度梁

2.1.6.2.4　梁的局部稳定和腹板加劲肋构造

组合梁一般由翼缘和腹板等板件组成，如果将这些板件不适当地减薄加宽，板中压应力或剪应力达到某一数值后，腹板或受压翼缘有可能偏离其平面位置，出现波形鼓曲（图 2.1.24），这种现象称为梁局部失稳。

热轧型钢由于轧制条件，其板件宽厚比较小，都能满足局部稳定要求，不需要计算。对冷弯薄壁型钢梁的受压或受弯板件，宽厚比不超过规定的限制时，认为板件全部有效；当超过此限制时，则只考虑一部分宽度有效（称为有效宽度），应按现行《冷弯薄壁型钢结构技术规范》（GB 50018—2002）计算。

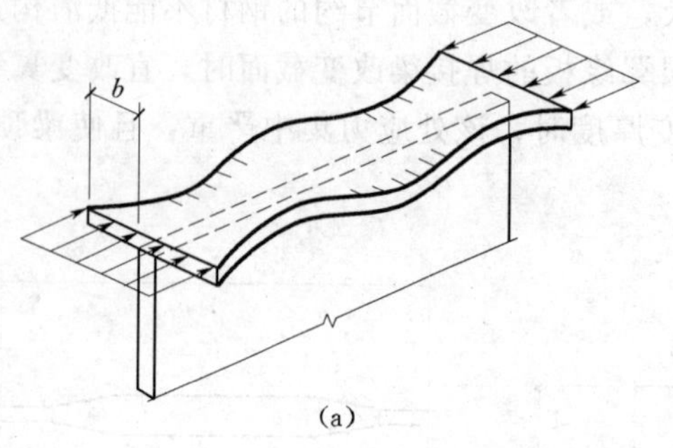

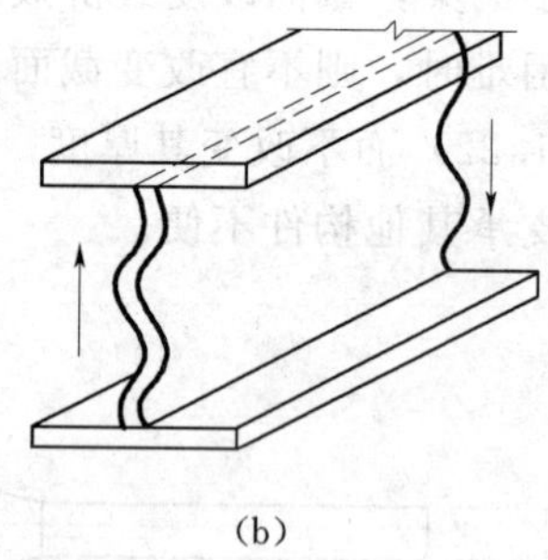

图 2.1.24　梁局部稳定

(a) 翼缘；(b) 腹板

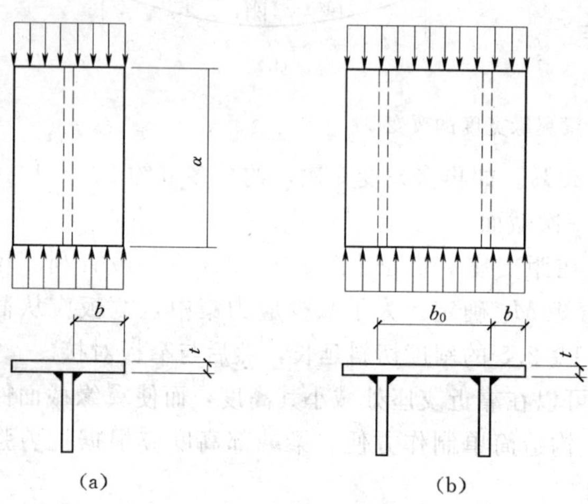

图 2.1.25　梁的受压翼缘板

1. 组合梁中翼缘和腹板的局部稳定

(1) 受压翼缘的局部稳定。梁的受压翼缘板主要受均布压应力作用（图 2.1.25）。为了充分发挥材料强度，翼缘的合理设计是采用一定厚度的钢板，让其临界应力 σ_{cr} 不低于钢材的屈服点 f_y，从而使翼缘不丧失稳定。一般采用限制宽厚比的办法来保证梁受压翼缘板的稳定性。

I形截面受压翼缘外伸宽度与其厚度之比，应符合下列要求

$$\frac{b}{t} \leqslant 13\sqrt{\frac{235}{f_y}} \qquad (2.1.24)$$

箱形梁翼缘板［图 2.1.25 (b)］与腹板之间无支撑，翼缘宽厚比应满足

$$\frac{b_0}{t} \leqslant 40\sqrt{\frac{235}{f_y}} \qquad (2.1.25)$$

(2) 腹板的局部稳定。直接承受动力荷载的吊车梁及类似构件，按下列规定配置加劲肋，以保证各板段的稳定性。

当 $h_0/t_w \leqslant 80\sqrt{235/f_y}$ 时，对有局部压应力的梁，应按构造配置横向加劲肋，但对 $\sigma_c = 0$ 的梁，可不配置加劲肋［图 2.1.26 (a)］。

当 $h_0/t_w > 80\sqrt{235/f_y}$ 时，应按计算配置横向加劲肋［图 2.1.26 (a)］。

当 $h_0/t_w > 170\sqrt{235/f_y}$（受压翼缘扭转受到约束，如连有刚性铺板、制动板或焊有钢轨时）或 $h_0/t_w > 150\sqrt{235/f_y}$（受压翼缘扭转未受到约束时）或按计算需要时，应在弯矩较大区格的受压区增加配置纵向加劲肋［图 2.1.26 (b)、(c)］。局部压应力很大的梁，必要时尚宜在受压区配置短加劲肋［图 2.1.26 (d)］。

任何情况下，h_0/t_w 均不应超过 $250\sqrt{235/f_y}$。

以上叙述中，h_0 称为腹板计算高度，对焊接梁 h_0 等于腹板高度 h_w；对铆接梁为腹板

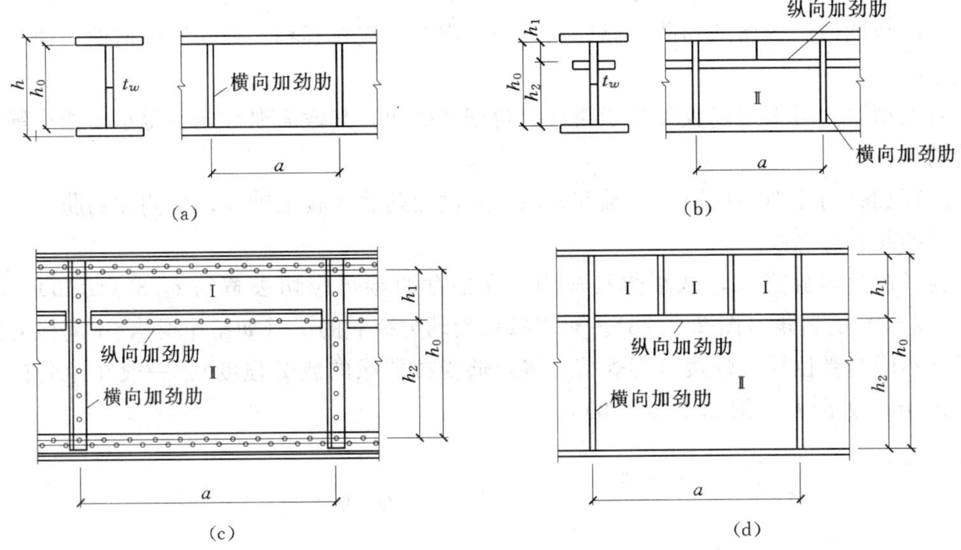

图 2.1.26　腹板加劲肋的布置

与上、下翼缘连接铆钉的最近距离。

梁的支座处和上翼缘受有较大固定集中荷载处宜设置支承加劲肋。

为避免焊接后的不均匀对称残余变形并减少制造工作量，焊接吊车梁宜尽量避免设置纵向加劲肋，尤其是短加劲肋。

横向加劲肋主要防止由剪应力和局部压应力可能引起的腹板失稳，纵向加劲肋主要防止由弯曲压应力可能引起的腹板失稳，短加劲肋主要防止由局部压应力可能引起的腹板失稳。计算时，先布置加劲肋，再计算各区格板的平均作用应力和相应的临界应力，使其满足稳定条件。若不满足（不足或太富裕），再调整加劲肋间距，重新计算。

2. 加劲肋的构造和截面尺寸

焊接的加劲肋一般用钢板做成，并在腹板两侧成对布置（图 2.1.27）。对非吊车梁的中间加劲肋，为了节约钢材和制造工作量，也可单侧布置。

横向加劲肋的间距 a 不得小于 $0.5h_0$，也不得大于 $2h_0$（对 $\sigma_c=0$ 的梁，$h_0/t_w\leqslant 100$ 时，可采用 $2.5h_0$）。

双侧布置的钢板横向加劲肋的外伸宽度应满足下式要求

$$b_s \geqslant \frac{h_0}{30}+40(\mathrm{mm}) \qquad (2.1.26)$$

单侧布置时，外伸宽度应比式（2.1.26）增大 20%。

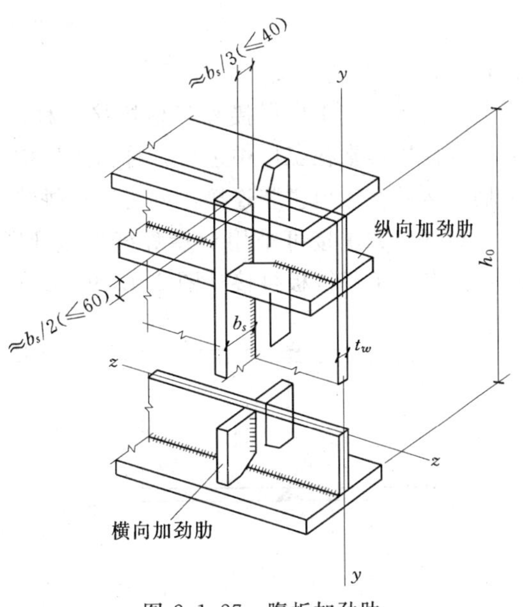

图 2.1.27　腹板加劲肋

加劲肋的厚度不应小于实际取用外伸宽度的 1/15。

当腹板同时用横向加劲肋和纵向加劲肋加强时，应在其相交处切断纵向肋而使横向肋保持连续。

对大型梁，可采用以肢尖焊于腹板的角钢加劲肋，其截面惯性矩不得小于相应钢板加劲肋的惯性矩。

计算加劲肋截面惯性矩的 y 轴和 z 轴，双侧加劲肋为腹板轴线；单侧加劲肋为与加劲肋相连的腹板边缘线。

为了避免焊缝交叉，减小焊接应力，在加劲肋端部应切去宽约 $b_s/3$（≤40）、高约 $b_s/2$（≤60）的斜角（图 2.1.28）。对直接承受动力荷载的梁（如吊车梁），中间横向加劲肋下端不应与受拉翼缘焊接（若焊接，将降低受拉翼缘的疲劳强度），一般在距受拉翼缘 50～100mm 处断开［图 2.1.28（b）］。

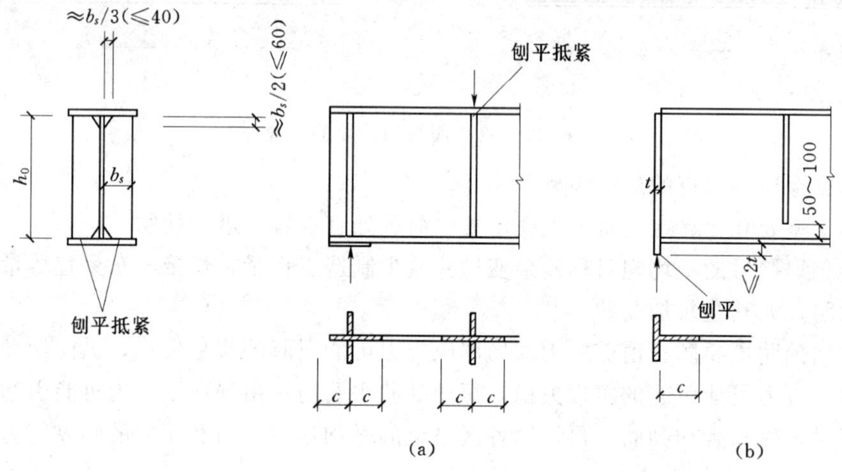

图 2.1.28　支承加劲肋（$C=15t_w\sqrt{235/f_y}$）

2.1.6.2.5　梁的拼接

梁的拼接有工厂拼接和工地拼接两种，由于钢材尺寸的限制，必须将钢材接长或拼大，这种拼接常在工厂中进行，称为工厂拼接。由于运输或安装条件的限制，梁必须分段运输，然后在工地拼装连接，称为工地拼装。

型钢梁的拼接可采用对接焊缝连接［图 2.1.29（a）］，但由于翼缘和腹板处不易焊透，故有时采用拼板拼接［图 2.1.29（b）］。上述拼接位置均宜放在弯矩较小的地方。

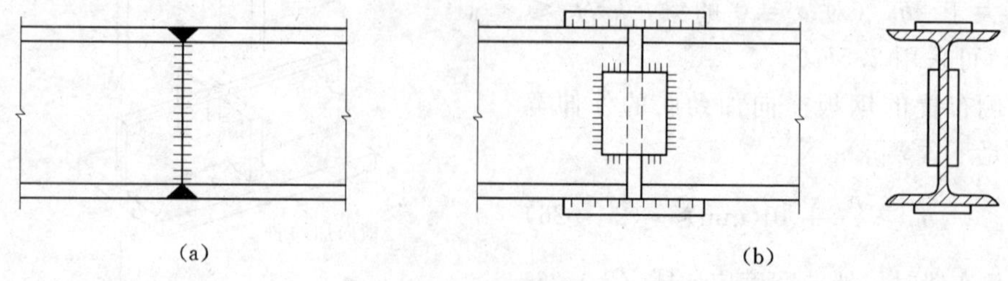

图 2.1.29　型钢梁的拼接

焊接组合梁的工厂拼接，翼缘和腹板拼接位置最好错开并用直对接焊缝连接。腹板的拼焊缝与横向加劲肋之间至少应相距 $10t_w$（图 2.1.30）。对接焊缝施焊时宜加引弧板，并采用 1 级和 2 级焊缝（根据《钢结构工程施工质量验收规范》（GB 50205—2001）的规定分级）。这样焊缝可与基本金属等强。

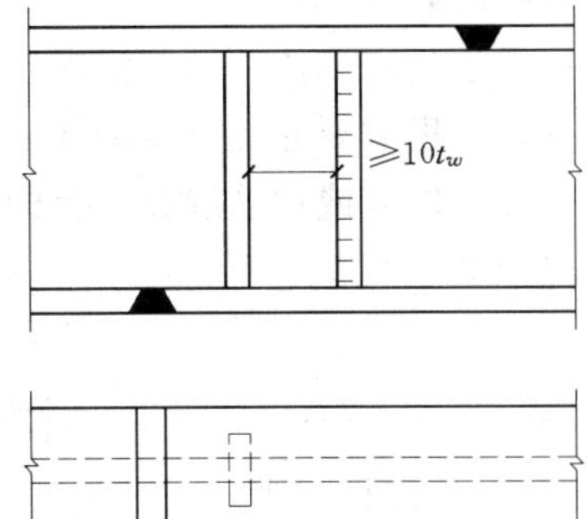

图 2.1.30 组合梁的工厂拼接

梁的工地拼接应使翼缘和腹板基本上在同一截面处断开，以便于运输和吊装。高大的梁在工地施焊时不便翻身，应将上、下翼缘的拼接边缘均做成向上开口的 V 形坡口，以便俯焊（图 2.1.31）。并将翼缘和腹板的接头略为错开一些［图 2.1.31（b）］，这样受力情况较好，但运输单元突出部分应特别保护，以免碰损。将翼缘焊缝留一段不在工厂施焊，是为了减少焊缝收缩应力。注明的数字是工地施焊的适宜顺序。

由于现场施焊条件较差，焊缝质量难于保证，所以较重要或受动力荷载的大型梁，其工地拼接宜采用强度螺栓（图 2.1.32）。

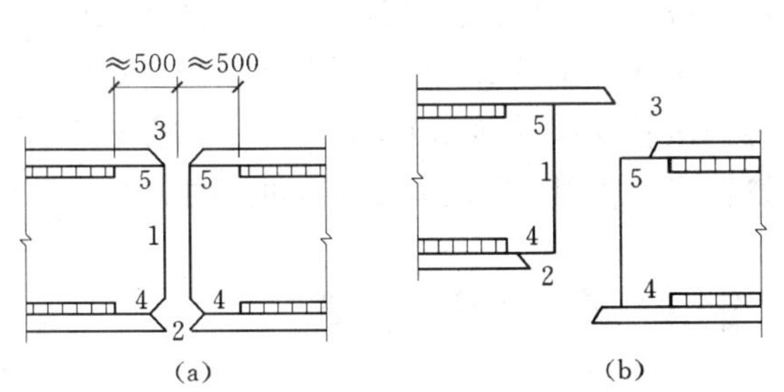

图 2.1.31 组合梁的工地拼接

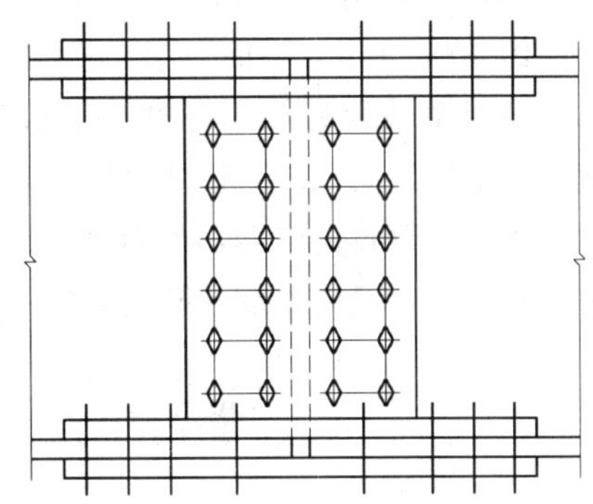

图 2.1.32 采用高强度螺栓的工地拼接

当梁拼接处的对接焊缝不能与基本金属等强时，例如采用 3 级焊缝时，应对受拉区翼缘焊缝进行计算，使拼接处弯曲拉应力不超过焊缝抗拉强度设计值。

对用拼接板的接头［图 2.1.29（b）、图 2.1.32］，应按下列规定的内力进行计算。翼缘拼接板及其连接所承受的内力 N_1 为翼缘板的最大承载力：

$$N_1 = A_{fn} f \tag{2.1.27}$$

式中 A_{fn}——被拼接的翼缘板净截面积。

腹板拼接板及其连接，主要承受梁截面上的全部剪力 V，以及按刚度分配到腹板上的弯矩：

$$M_w = \frac{MI_w}{I} \tag{2.1.28}$$

式中 I_w——腹板截面惯性矩；

I——整个梁截面的惯性矩。

2.1.6.2.6　梁的支座

梁通过在砌体、钢筋混凝土柱或钢柱上的支座，将荷载传给柱或墙体，再传给基础和地基。这里主要介绍支于砌体或钢筋混凝土上的支座。

支于砌体或钢筋混凝土上的支座有三种传统形式，即平板支座、弧形支座、铰轴式支座（图 2.1.33）。

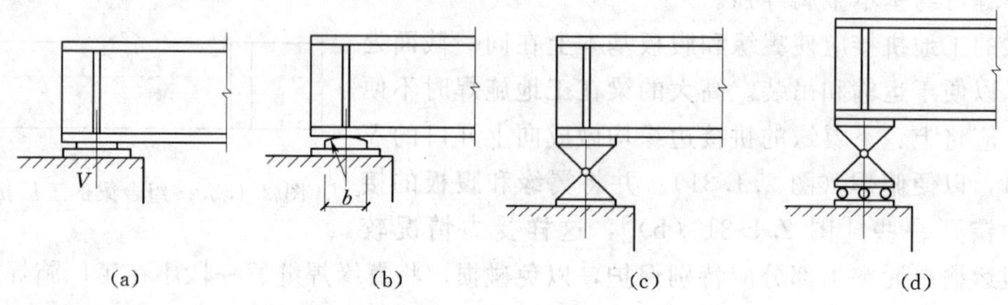

图 2.1.33　梁的支座

平板支座［图 2.1.33（a）］系在梁端下面垫上钢板做成，使梁的端部不能自由移动和转动，一般用于跨度小于 20m 的梁中。弧形支座也叫切线式支座，见图 2.1.33（b），由厚约 40～50mm 顶面切削成圆弧形的钢垫板制成，使梁能自由转动并可产生适量的移动（摩阻系数约为 0.2），并使下部结构在支承面上的受力较均匀，常用于跨度为 20～40m，支反力不超过 750kN（设计值）的梁中。铰轴式支座［图 2.1.33（c）］完全符合梁简支的力学模型，可以自由转动，下面设置滚轴时称为滚轴支座［图 2.1.33（d）］。滚轴支座能自由转动和移动，只能安装在简支梁的一端。铰轴式支座用于跨度大于 40m 的梁中。

学习单元 2.2　钢柱的设计计算

2.2.1　学习目标

通过本单元的学习，知道钢轴心受力构件设计步骤，会进行实腹柱的强度、刚度和稳定计算，领会格构柱缀材和横隔的作用和设计方法，能识读钢柱柱头和柱脚的构造图。

2.2.2　学习任务

1. 任务

进行轴心受压实腹柱的设计计算，识别格构柱缀材和横隔，识读钢柱柱头和柱脚的构造图。

2. 任务描述

图 2.2.1（a）所示为一管道支架，其支柱的设计压力为 $N=1600$kN（设计值），柱两端铰接，钢材为 Q235，截面无孔眼削弱。试设计此支柱的截面：①用普通轧制工字钢；②用热轧 H 型钢；③用焊接工字形截面，翼缘板为焰切边。

2.2.3　任务分析

轴心受力构件设计，应同时满足第一极限状态和第二极限状态的要求。对于承载力极限状态，受拉构件一般是强度条件控制，而受压构件需同时满足强度和稳定的要求。对于

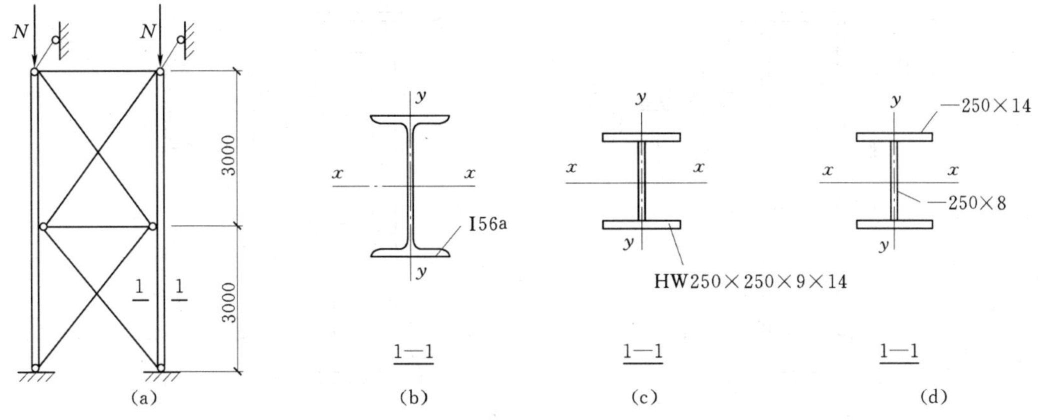

图 2.2.1 管道支架

正常使用极限状态，是通过保证构件的刚度，即限制其长细比来控制的。因此，轴心受拉构件设计需分别进行强度和刚度的验算，而轴心受压构件的破坏主要是由于构件失去整体稳定性（或称屈曲）或组成压杆的板件局部失去稳定性，当构件上有螺栓孔等使截面有较多削弱时，也可能因强度不足而破坏，因此受压构件需同时满足强度和稳定的要求，设计需分别进行强度、整体稳定、局部稳定、刚度等的验算。

2.2.4 任务知识点

2.2.4.1 钢轴心受力构件认识

轴心受力构件是指轴向力通过杆件截面形心作用的构件。工程中的平面桁架、塔架和网架（图 2.2.2）、网壳等杆件体系通常假设其节点为铰接连接，当杆件上无节间荷载时，则杆件内力只是轴向拉力或压力，当轴向力为拉力时称为轴心受拉构件，当轴向力为压力时称为轴心受压构件。

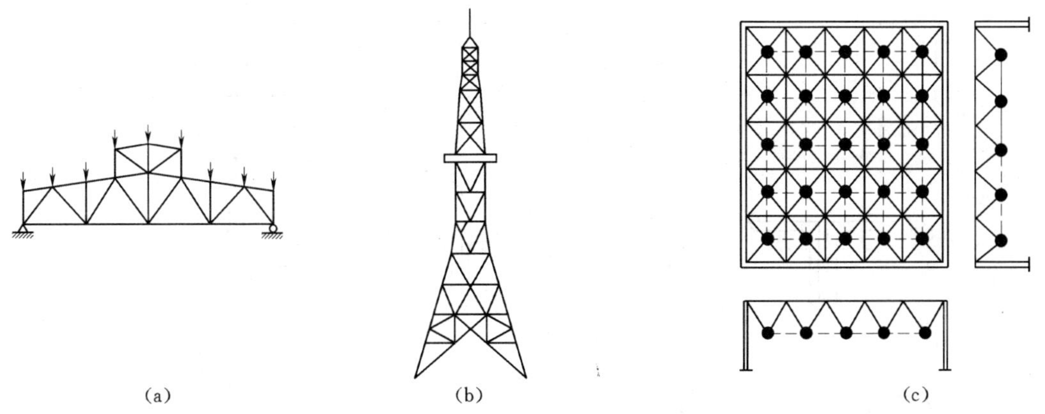

图 2.2.2 轴心受力构件在工程中的应用

（a）桁架；（b）塔架；（c）网架

支承屋盖、楼盖或工作平台的竖向受压构件通常称为柱，柱通常由柱头、柱身和柱脚三部分组成（图 2.2.3），柱头支承上部结构并将其荷载传给柱身，柱脚则把荷载由柱身传给基础。

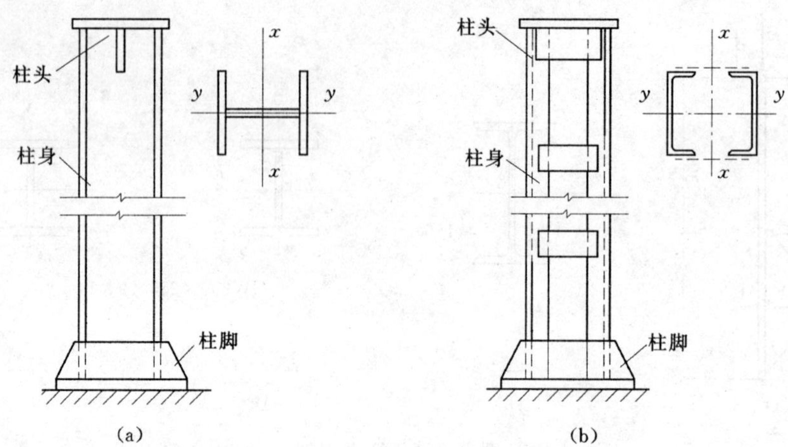

图 2.2.3　柱的组成

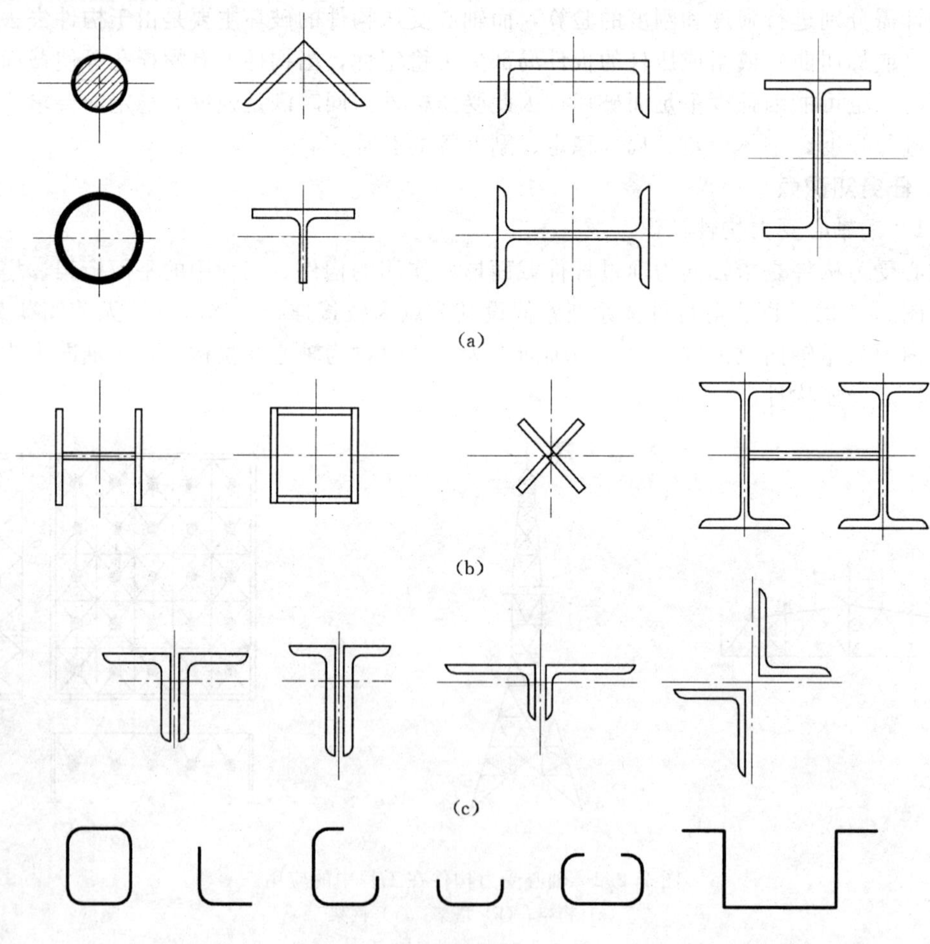

图 2.2.4　轴心受力实腹式构件的截面形式

(a) 型钢；(b) 组合截面；(c) 双角钢；(d) 冷弯薄壁型钢

轴心受力构件（包括轴心受压柱），按其截面组成形式，可分为实腹式构件和格构式构件两大类。

实腹式构件常用形式有：①单个型钢截面，如圆钢、钢管、角钢、T型钢、槽钢、工字钢、H型钢等［图2.2.4（a）］；②组合截面，由型钢或钢板组合而成的截面［图2.2.4（b）］；③一般桁架结构中的弦杆和腹杆，除T型钢外，常采用热轧角钢组合成T形的或十字形的双角钢组合截面［图2.2.4（c）］；④轻型钢结构中则可采用冷弯薄壁型钢截面［图2.2.4（d）］。以上这些截面中，截面紧凑的（如圆钢和组成板件宽厚比较小截面）或对两主轴刚度相差悬殊者（如单槽钢、工字钢），一般只用于轴心受拉构件；较为开展的或组成板件宽而薄的截面通常用作受压构件，这样更为经济。实腹式构件制作简单，与其他构件连接也比较方便，但截面尺寸较大时钢材用量较多。

格构式构件截面一般由两个或多个型钢肢件组成（图2.2.5），肢件间通过缀条［图2.2.6（a）］或缀板［图2.2.6（b）］进行连接而成为整体，缀板和缀条统称为缀材。格构式构件容易实现压杆两主轴方向的等稳定性，刚度大，抗扭性能也好，用料较省。

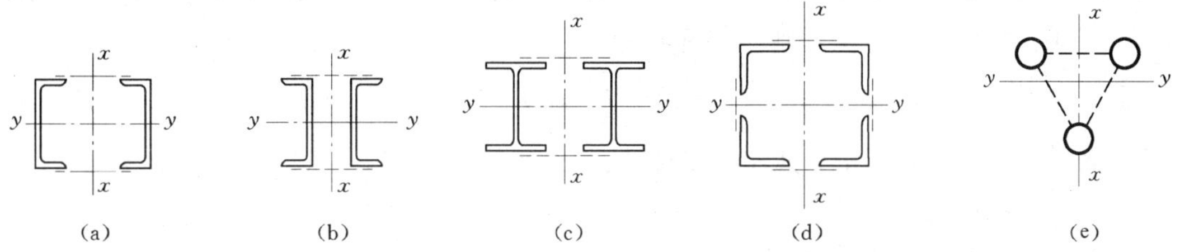

图2.2.5　格构式构件的常用截面形式

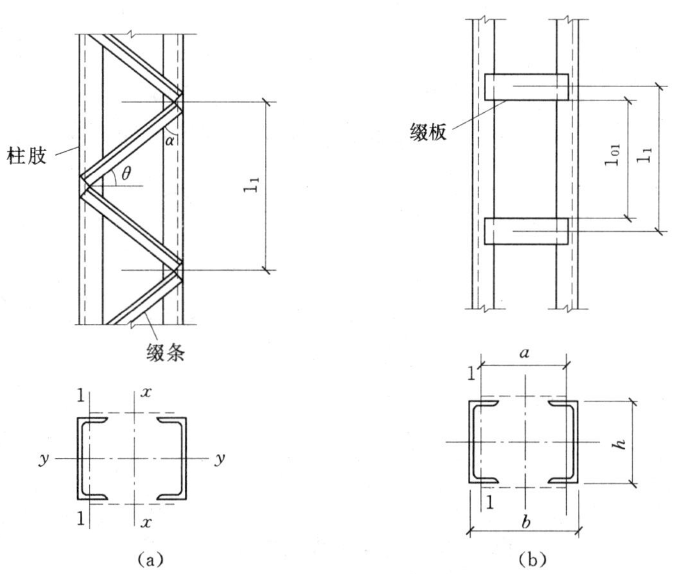

图2.2.6　格构式构件的缀材布置

(a) 缀条；(b) 缀板

缀材一般设置在分肢翼缘两侧平面内，其作用是将各分肢连成整体，使其共同受力，并承受绕虚轴弯曲时产生的剪力。缀条用斜杆组成或斜杆与横杆共同组成，缀条常采用单角钢，与分肢翼缘组成桁架体系，使承受横向剪力时有较大的刚度。缀板常采用钢板，与分肢翼缘组成刚架体系。在构件产生绕虚轴弯曲而承受横向剪力时，刚度比缀条格构式构件略低，所以通常用于受拉构件或压力较小的受压构件。

在格构式构件截面中，通过分肢腹板的主轴叫做实轴，通过分肢缀件的主轴叫做虚轴。分肢通常采用轧制槽钢或工字钢，承受荷载较大时可采用焊接工字形或槽形组合截面。

2.2.4.2　轴心受力构件的强度和刚度计算

1. 强度计算

轴心受力构件在轴心力设计值 N 作用下，在截面内引起均匀的拉应力或压应力，以截面的平均应力达到钢材的屈服强度 f_y 作为强度计算准则。对无孔洞等削弱的轴心受力构件，以全截面平均应力达到屈服强度作为强度极限状态，按计算毛截面强度计算。

对于有孔洞削弱的轴心受力构件，仍以其净截面的平均应力达到其强度限值作为设计时的控制值。轴心受力构件的强度计算式如下

$$\sigma = \frac{N}{A_n} \leqslant f \tag{2.2.1}$$

式中　N——构件的轴心拉力或压力设计值；

f——钢材的抗拉强度设计值；

A_n——构件的净截面面积。

普通螺栓连接 A_n 的确定：

若普通螺栓（或铆钉）为并列布置图 2.2.7（a），A_n 按最危险的Ⅰ—Ⅰ截面计算。

若普通螺栓错列布置图 2.2.7（b）、（c），构件既可能沿截面Ⅰ—Ⅰ破坏，也可能沿齿状截面Ⅱ—Ⅱ破坏。截面Ⅱ—Ⅱ的路径长度较大但孔洞削弱的长度也较大，其净截面面积不一定比截面Ⅰ—Ⅰ的大。所以 A_n 应通过计算比较确定，即取Ⅰ—Ⅰ和Ⅱ—Ⅱ两者较小者。

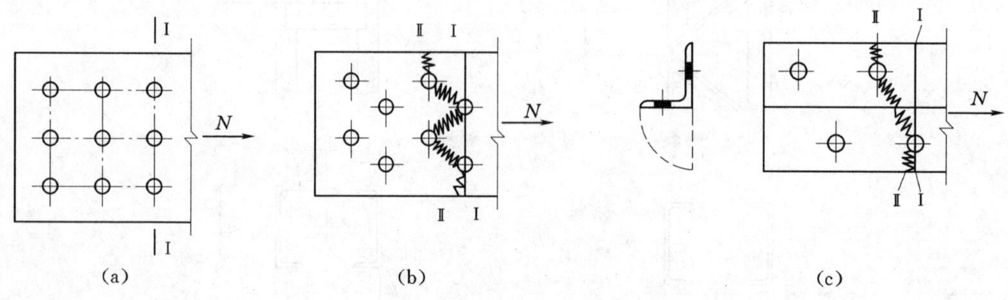

图 2.2.7　净截面面积 A_n 的计算

2. 刚度计算

当轴心受力构件刚度不足时，在本身自重作用下容易产生过大的挠度，在动力荷载作

用下容易产生振动，在运输和安装过程中容易产生弯曲。因此，设计时应对轴心受力构件的长细比进行控制。构件的容许长细比 [λ]，是按构件的受力性质、构件类别和荷载性质确定的。

根据长期的工程实践经验，《钢结构设计规范》（GB 50017—2003）规定构件的计算长细比应满足

$$\lambda_x=\frac{l_{0x}}{i_x}\leqslant[\lambda] \tag{2.2.2}$$

$$\lambda_y=\frac{l_{0y}}{i_y}\leqslant[\lambda] \tag{2.2.3}$$

$$i_x=\sqrt{\frac{I_x}{A}}$$

式中 λ_x、λ_y——构件在 x 方向、y 方向的最大长细比；

l_{0x}、l_{0y}——构件对主轴 x 轴、y 轴的计算长度，构件计算长度取决于其两端支承情况，见表 2.2.1；

i_x、i_y——截面对主轴 x 轴、y 轴的回转半径；

[λ]——构件的容许长细比。规范在总结了钢结构长期使用经验的基础上，根据构件的重要性和荷载情况，对受拉构件的容许长细比规定了不同的要求和数值，见表 2.2.2。规范对压杆容许长细比的规定更为严格，见表 2.2.3。

表 2.2.1 **构件计算长度取值表**

构件两端约束情况	两端铰支	一端固定一端自由	两端固定	一端固定一端铰支	一端铰支，另一端不能转动但能侧移	一端固定，另一端不能转动但能侧移
压杆图形	F_{Pcr}, l	F_{Pcr}, l	F_{Pcr}, l	F_{Pcr}, l	F_{Pcr}, l	F_{Pcr}, l
长度系数理论值	1.0	2.0	0.5	0.7	2.0	1.0
长度系数建议取值	1.0	2.1	0.65	0.8	2.0	1.2

2.2.4.3 轴心受压构件的稳定计算

当轴心受压构件的长细比较大而截面又没有孔洞削弱时，一般情况下强度条件不起控制作用，不必进行强度计算，而整体稳定条件则成为确定构件截面的控制因素。

表 2.2.2　受拉构件的容许长细比

项次	构件名称	承受静力荷载或间接承受动力荷载的结构		直接承受动力荷载的结构
		一般建筑结构	有重级工作制吊车的厂房	
1	桁架的杆件	350	250	250
2	吊车梁或吊车桁架以下的柱间支撑	300	200	—
3	其他拉杆、支撑、系杆（张紧的圆钢除外）	400	350	—

注　1. 承受静力荷载的结构中，可仅计算受拉构件在竖向平面内的长细比。
2. 对于直接或间接承受动力荷载的结构，计算单角钢受拉构件的长细时，应采用角钢的最小回转半径；但在计算交叉杆件平面外的长细比时，应采用与角钢肢边平行轴的回转半径。
3. 中、重级工作制吊车桁架的下弦杆长细比不宜超过200。
4. 在设有夹钳吊车或刚性料耙吊车的厂房中，支撑（表中第2项除外）的细长比不宜超过300。
5. 受拉构件在永久荷载与风荷载组合作用下受压时，其长细比不宜超过250。
6. 跨度等于或大于60m的桁架，其受拉弦杆和腹杆的长细比不宜超过300（承受静力荷载）或250（承受动力荷载）。

表 2.2.3　受压构件的容许长细比

项　次	构件名称	容许长细比
1	柱、桁架和天窗架构件	150
	柱的缀条、吊车梁或吊车桁架以下的柱间支撑	
2	支撑（吊车梁或吊车桁架以下的柱间支撑除外）	200
	用以减小受压构件长细比的杆件	

注　1. 桁架（包括空间桁架）的受压腹杆，当其内力等于或小于承载能力的50%时，容许长细比值可取为200。
2. 计算单角钢受压构件的长细比时，应采用角钢的最小回转半径；但在计算交叉杆件平面外的长细比时，应采用与角钢肢边平行轴的回转半径。
3. 跨度等于或大于60m的桁架，其受压弦杆和端压杆的容许长细比值宜取为100，其他受压腹杆可取为150（承受静力荷载）或120（承受动力荷载）。

1. 整体稳定的计算

(1) 轴心受压构件的失稳形式。轴心受压构件的整体稳定临界应力和许多因素有关，理想的轴心受压构件（杆件挺直、荷载无偏心、无初始应力、无初弯曲、无初偏心、截面均匀等）的失稳形式分为：弯曲失稳、扭转失稳、弯扭失稳（图2.2.8）。弯曲失稳的特点是截面只绕一个主轴旋转，是双轴对称截面常见的失稳形式；扭转失稳失稳时除杆件的支撑端外，各截面均绕纵轴扭转，是某些双轴对称截面可能发生的失稳形式。弯扭失稳是指单轴对称截面绕对称轴屈曲时，杆件发生弯曲变形的同时伴随着扭转。

(2) 轴心受压构件的整体稳定计算。《钢结构设计规范》(GB 50017—2003) 对轴心受压构件的整体稳定计算如下

$$\frac{N}{\varphi A}\leqslant f \tag{2.2.4}$$

$$\varphi=\frac{\sigma_{cr}}{f_y}$$

式中　φ——轴心受压构件的整体稳定系数；
N——轴心压力设计值；
A——构件的毛截面面积；
f——钢材的抗压强度设计值。

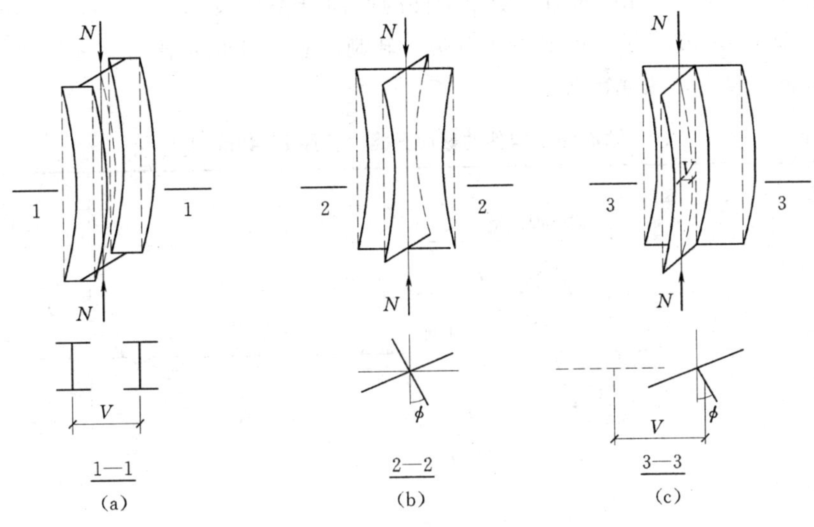

图 2.2.8 轴心压杆的屈曲变形

(a) 弯曲屈曲；(b) 扭转屈曲；(c) 弯扭屈曲

(3) 轴心受压构件的稳定系数。轴心受压构件稳定极限承载力应考虑初弯曲、初偏心、残余应力和材质不均等综合影响，且影响程度还因截面形状、尺寸和屈曲方向而不同。压杆失稳时 $\varphi—\bar{\lambda}$之间的关系曲线即柱子曲线分布呈离散状。《钢结构设计规范》(GB 50017—2003) 在大量计算资料的基础上，结合工程实际，将柱子曲线合并归纳为四组，取每组中柱子曲线的平均值作为代表曲线，即图 2.2.9 中的 a、b、c、d 四条曲线。在 $\lambda=40\sim120$ 的常用范围，柱子曲线 a 约比曲线 b 高出 4%～15%，而曲线 c 比曲线 b 约低 7%～13%。曲线 d 则更低，主要用于厚板截面。

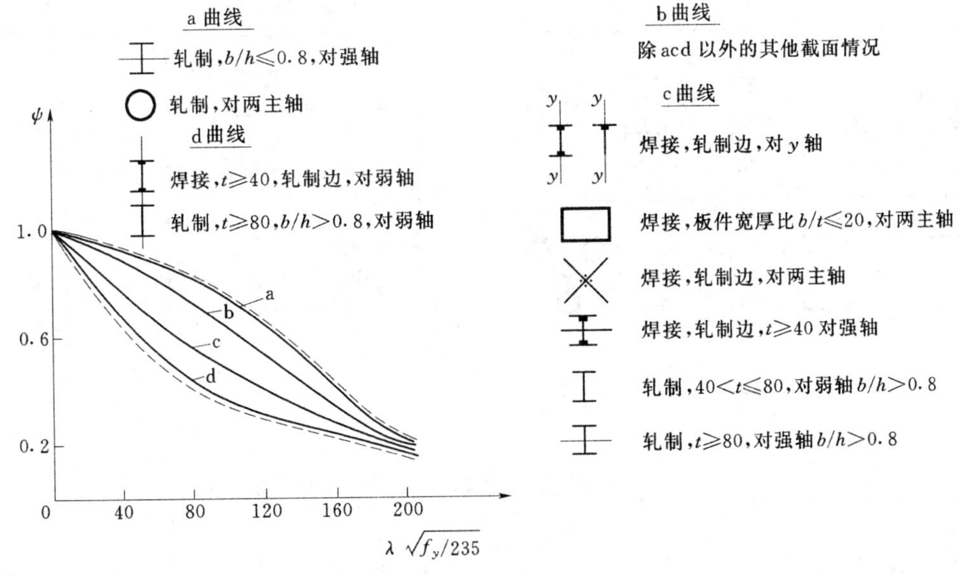

图 2.2.9 柱子曲线

组成板件厚度 $t<40\text{mm}$ 的轴心受压构件的截面分类见表 2.2.4，而 $t\geqslant40\text{mm}$ 的截面分类见表 2.2.5。一般的截面情况属于 b 类。轧制圆管以及轧制普通工字钢绕 x 轴失稳时其残余应力影响较小，故属 a 类。

表 2.2.4　　轴心受压构件的截面分类（板厚 $t<40\text{mm}$）

截面形式	对 x 轴	对 y 轴
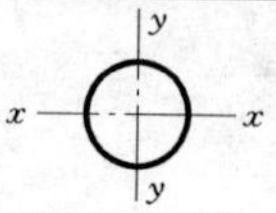 轧制	a 类	a 类
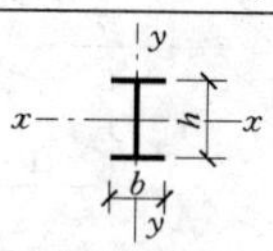 轧制，$b/h\leqslant0.8$	a 类	b 类
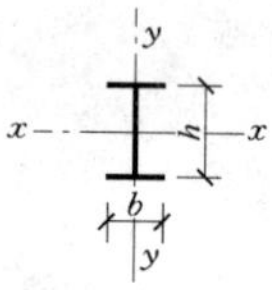 轧制，$b/h>0.8$；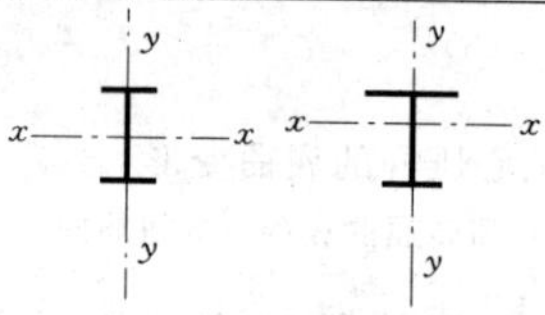 焊接，翼缘为焰切边；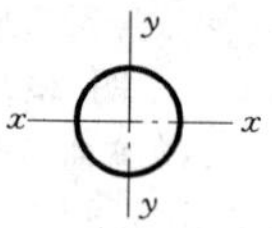 焊接	b 类	b 类
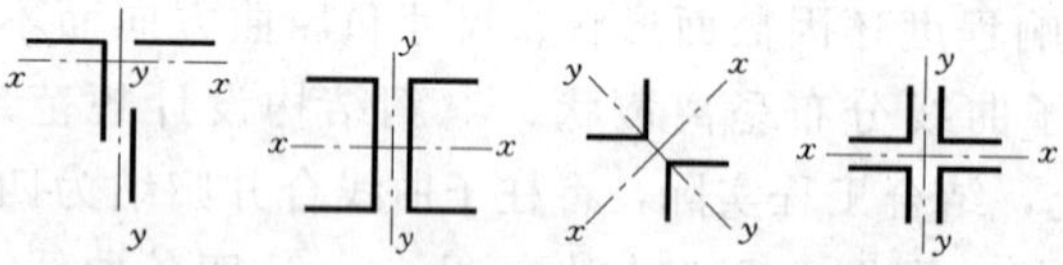 轧制；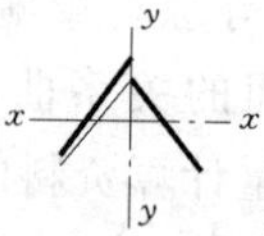 轧制等边角钢		
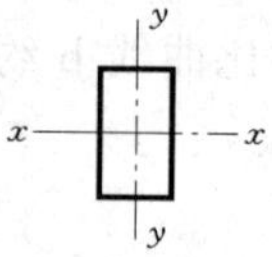 轧制，焊接 板件宽厚比 $b/t>20$；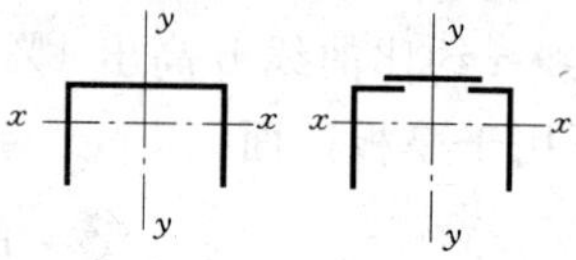 轧制或焊接		
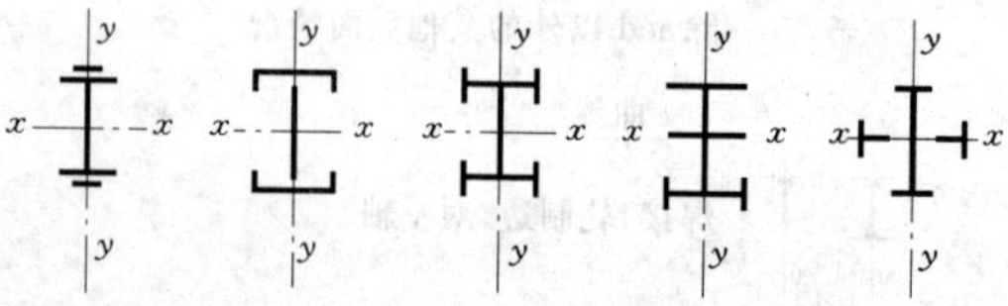 焊接； 轧制截面和翼缘为焰切边的焊接截面		
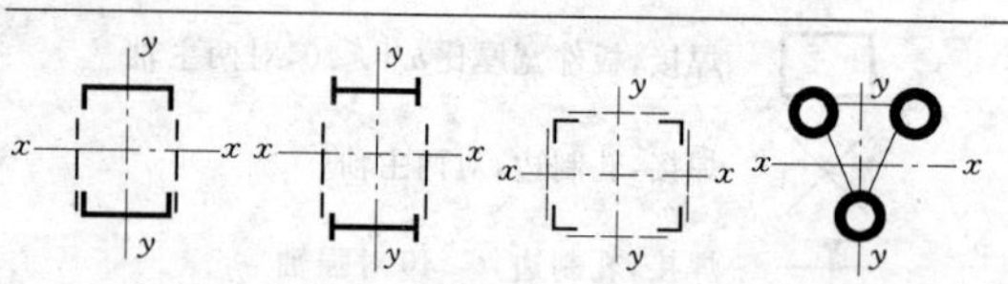 格构式；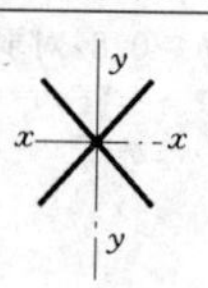 焊接，板件边缘焰切		
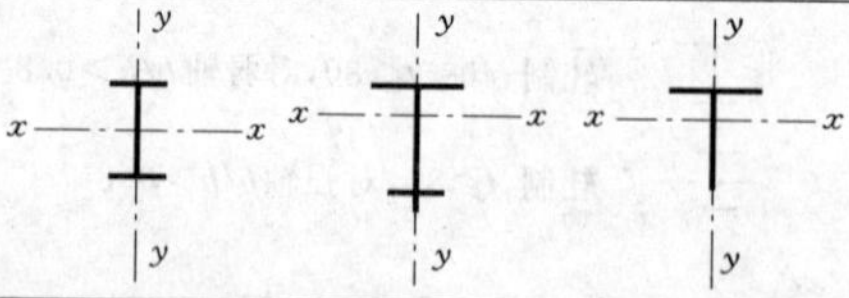 焊接，翼缘为轧制或剪切边	b 类	c 类
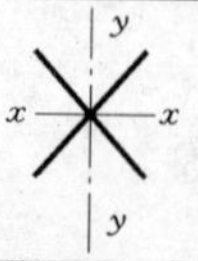 焊接，板件边缘轧制或剪切；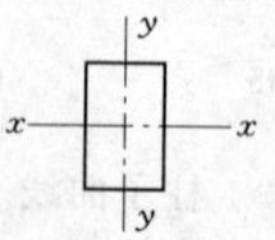 焊接，板件宽厚比 $b/t\leqslant20$	c 类	c 类

表 2.2.5　　轴心受压构件的截面分类（板厚 $t\geq 40$mm）

截面情况		对 x 轴	对 y 轴
轧制工字形或 H 形截面	$t<80$mm	b类	c类
	$t\geq 80$mm	c类	d类
焊接工字形截面	翼缘为焰切边	b类	b类
	翼缘为轧制或剪切边	c类	d类
焊接箱形截面	板件宽厚比 $b/t>20$	b类	b类
	板件宽厚比 $b/t\leq 20$	c类	c类

由柱子曲线，即可得到受压构件的稳定系数，轴心受压构件的稳定系数也可查附表4。

2. 局部稳定的计算

(1) 失稳的基本形式。轴心受压构件都是由一些板件组成的，一般板件的厚度与板的宽度相比都较小，设计时应考虑局部稳定问题。图 2.2.10 为一工字形截面轴心受压构件发生局部失稳时的变形形态，其中，图 2.2.10（a）表示腹板失稳情况，图 2.2.10（b）表示翼缘失稳情况。构件丧失局部稳定后还可能继续维持着整体的平衡状态，但由于部分板件屈曲后退出工作，使构件的有效承载截面减小，从而降低构件的整体承载能力，加速构件的整体失稳。

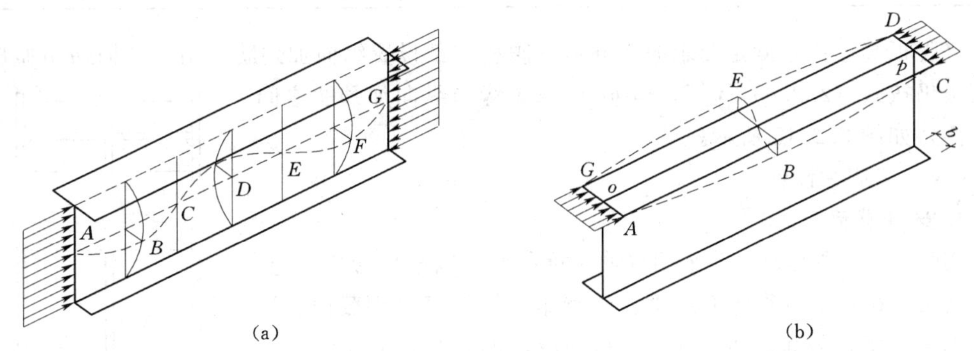

图 2.2.10　轴心受压构件的局部稳定

理论分析表明，要满足构件局部稳定要求，只需根据不同的截面形状和部位的支撑条件，限制宽厚比即可。

(2) 工字形截面翼缘局部稳定的宽厚比限值。根据弹性稳定理论，推导出板件的临界应力，局部稳定验算时应保证板件的局部失稳临界应力不小于构件整体稳定的临界应力，

按此条件可确定出保证局部稳定板件宽厚比的限值如下

$$\frac{b}{t} \leqslant (10 + 0.1\lambda)\sqrt{\frac{235}{f_y}} \tag{2.2.5}$$

式中　b、t——工字形截面翼缘板的宽度和厚度；

λ——构件两方向长细比的较大值，当 $\lambda < 30$ 时，取 $\lambda = 30$；当 $\lambda > 100$ 时，取 $\lambda = 100$。

（3）工字形截面腹板局部稳定的宽厚比限值。腹板高厚比 h_0/t_w 的限值为

$$\frac{h_0}{t_w} \leqslant (25 + 0.5\lambda)\sqrt{\frac{235}{f_y}} \tag{2.2.6}$$

其他截面构件的板件宽厚比限值见表 2.2.6。

表 2.2.6　轴心受压构件板宽厚比限值

截面及板件尺寸	宽厚比限值
b, t, b_1, t；b, t, b_1, t_1；b, t, t_w, h_0	$b/t \leqslant (10 + 0.1\lambda)\sqrt{\frac{235}{f_y}}$ $b_1/t_1 \leqslant (15 + 0.2\lambda)\sqrt{\frac{235}{f_y}}$ $h_0/t_w \leqslant (25 + 0.5\lambda)\sqrt{\frac{235}{f_y}}$
b_0, t, t_w, h_0；b_0, t, t_w, h_0；b_0, t, t_w, h_0	b_0/t 或 $h_0/t_w \leqslant 40\sqrt{\frac{235}{f_y}}$
d, t	$d/t \leqslant 100\left(\frac{235}{f_y}\right)$

当腹板高厚比不满足要求时，亦可在腹板中部设置纵向加劲肋，用纵向加劲肋加强后的腹板仍按式（2.2.6）计算，但 h_0 应取翼缘与纵向加劲肋之间的距离，如图 2.2.11 所示。

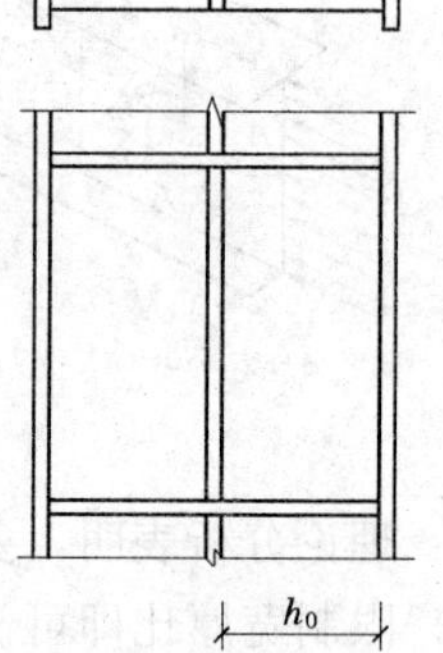

图 2.2.11　实腹柱的腹板加劲肋

2.2.4.4　实腹柱设计

1. 选择截面形式

实腹式轴心受压柱一般采用双轴对称截面，以避免弯扭失稳。常用截面形式有轧制普通工字钢、H 型钢、焊接工字钢截面、型钢和钢板的组合截面、圆管和方管截面等，如图 2.2.12 所示。

选择轴心受压实腹柱的截面时，应考虑以下几个原则：

（1）材料的面积分布应尽量开展，以增加截面的惯性矩和回转半径，提高柱的整体稳定性和刚度。

（2）使两个主轴方向等稳定性，即 $\varphi_x = \varphi_y$，以达到经济效果。

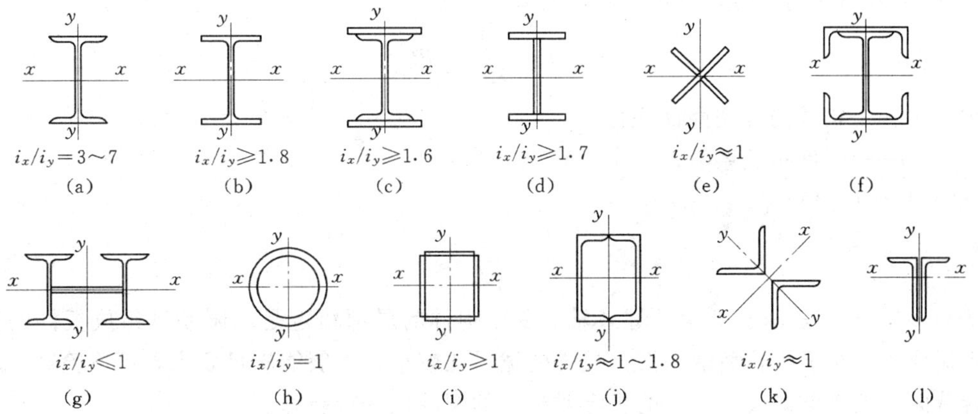

图 2.2.12　轴心受压实腹柱常用截面

(3) 便于与其他构件进行连接。

(4) 尽可能构造简单，制造省工，取材方便。

2. 截面设计

截面设计时，首先按上述原则选定合适的截面形式，再初步选择截面尺寸，然后进行强度、整体稳定、局部稳定、刚度等的验算。具体步骤如下：

(1) 假定柱的长细比 λ，求出需要的截面积 A。一般假定 $\lambda=50\sim100$，当压力大而计算长度小时取较小值，反之取较大值。根据长细比 λ、截面类别（a、b、c、d）和钢材牌号（Q235、Q345、…）可查附表 4 得稳定系数 φ，则所需的截面面积为

$$A=\frac{N}{\varphi f} \tag{2.2.7}$$

(2) 求两个主轴所需要的回转半径：

$$\begin{cases} i_x=\dfrac{l_{0x}}{\lambda} \\ i_y=\dfrac{l_{0y}}{\lambda} \end{cases} \tag{2.2.8}$$

(3) 由已知截面面积 A、两个主轴的回转半径 i_x、i_y 优先选用轧制型钢，如普通工字钢、H 型钢等。当现有型钢规格不满足所需截面尺寸时，可以采用组合截面，这时需先初步定出截面的轮廓尺寸，一般是根据回转半径确定所需截面的高度 h 和宽度 b：

$$\begin{cases} h\approx\dfrac{i_x}{\alpha_1} \\ b\approx\dfrac{i_y}{\alpha_2} \end{cases} \tag{2.2.9}$$

式中　α_1、α_2——系数，表示 h、b 和回转半径 i_x、i_y 之间的近似数值关系，常用截面可由表 2.2.7 查得。例如，由三块钢板组成的工字形截面，$\alpha_1=0.43$，$\alpha_2=0.24$。

(4) 由所需要的 A、h、b 等，再考虑构造要求、局部稳定以及钢材规格等，确定截面的初选尺寸。

(5) 构件强度、稳定和刚度验算。

1）当截面有削弱时，需进行强度验算。

$$\sigma = \frac{N}{A_n} \leqslant \beta f \tag{2.2.10}$$

式中 A_n——构件的净截面面积；

β——强度折减系数。

2）整体稳定验算。

$$\sigma = \frac{N}{\varphi A} \leqslant f \tag{2.2.11}$$

3）局部稳定验算。如上所述，轴心受压构件的局部稳定是以限制其组成板件的宽厚比来保证的。对于热轧型钢截面，板件的宽厚比较小，一般能满足要求，可不验算。对于组合截面，则应根据表 2.2.6 的规定对板件的宽厚比进行验算。

4）刚度验算。轴心受压实腹柱的长细比应符合规范所规定的容许长细比要求。事实上，在进行整体稳定验算时，常按表 2.2.7 近似求得各种截面回转半径，预先求出长细比，以确定整体稳定系数 φ，因而刚度验算可与整体稳定验算同时进行。

表 2.2.7　　各种截面回转半径的近似值

截面	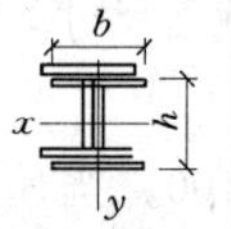	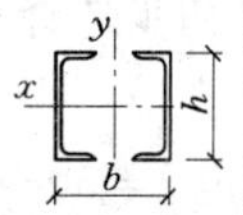	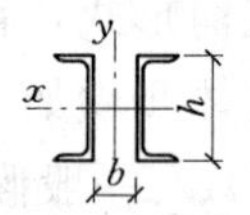	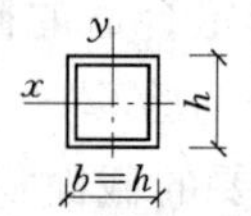	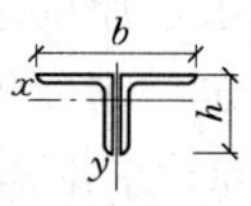	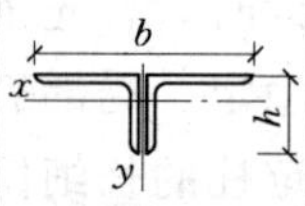	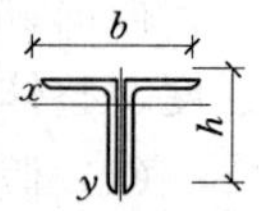
$i_x=\alpha_1 h$	$0.43h$	$0.38h$	$0.38h$	$0.40h$	$0.30h$	$0.28h$	$0.32h$
$i_y=\alpha_2 h$	$0.24b$	$0.44b$	$0.60b$	$0.40b$	$0.215b$	$0.24b$	$0.20b$

3. 构造要求

当实腹柱腹板的高厚比 $h_0/t_w > 80$ 时，为防止腹板在施工和运输过程中发生变形，提高柱的抗扭刚度，应设置横向加劲肋。横向加劲肋的间距不得大于 $3h_0$，其截面尺寸要求为双侧加劲肋的外伸宽度 b_s 应不小于 $(h_0/30+40)$mm，厚度 t_s 应大于外伸宽度的 1/15。

轴心受压实腹柱的纵向焊缝（翼缘与腹板的连接焊缝）受力很小，不必计算，可按构造要求确定焊缝尺寸。

2.2.5 任务实施

支柱在两个方向的计算长度不相等，故取如图 2.2.1（b）所示的截面使强轴与 x 轴方向一致，弱轴与 y 轴方向一致。这样，柱在两个方向的计算长度分别为 $l_{0x}=600$cm，$l_{0y}=300$cm。

2.2.5.1 轧制工字钢

1. 试选截面［图 2.2.1（b）］

假定 $\lambda=90$，对于轧制工字钢，当绕 x 轴失稳时属于 a 类截面，由附表 4 查得 $\varphi_x=0.714$；当绕 y 轴失稳时，属于 b 类截面，由附表 4 查得 $\varphi_y=0.621$。需要的截面几何量为

$$A = \frac{N}{\varphi_{\min} f} = \frac{1600\times10^3}{0.621\times215\times10^2} = 119.8(\text{cm}^2)$$

$$i_x = \frac{l_{0x}}{\lambda} = \frac{600}{90} = 6.67(\text{cm})$$

$$i_y = \frac{l_{0y}}{\lambda} = \frac{300}{90} = 3.33(\text{cm})$$

由附表6中不可能选出同时满足A、i_x和i_y的型号，可适当照顾到A和i_y进行选择。试选I56a，$A=135\text{cm}^2$，$i_x=22.0\text{cm}$，$i_y=3.18\text{cm}$。

2. 截面验算

因截面无孔眼削弱，可不验算强度。又因轧制工字钢的翼缘和腹板均较厚，可不验算局部稳定。只需进行整体稳定和刚度验算。

长细比：

$$\lambda_x = \frac{l_{0x}}{i_x} = \frac{600}{22.0} = 27.3 < [\lambda] = 150$$

$$\lambda_y = \frac{l_{0y}}{i_y} = \frac{300}{3.18} = 94.3 < [\lambda] = 150$$

λ_y远大于λ_x，故由λ_y查附表4得$\varphi=0.591$。

$$\frac{N}{\varphi A} = \frac{1600\times10^3}{0.591\times135\times10^2} = 200.5(\text{N/mm}^2) < f = 205(\text{N/mm}^2)$$

2.2.5.2　热轧H型钢

1. 试选截面［图2.2.1（c）］

选用热轧H型钢宽翼缘的形式，其截面宽度较大，长细比的假设值可适当减小，因此假设$\lambda=60$。对宽翼缘H型钢，因$b/h>0.8$，所以不论对x轴或y轴都属于b类截面。根据$\lambda=60$、b类截面、钢材Q235，由附表4.2查得$\varphi=0.807$，所需截面几何量为

$$A = \frac{N}{\varphi f} = \frac{1600\times10^3}{0.807\times215\times10^2} = 92.2(\text{cm}^2)$$

$$i_x = \frac{l_{0x}}{\lambda} = \frac{600}{60} = 10.0(\text{cm})$$

$$i_y = \frac{l_{0y}}{\lambda} = \frac{300}{60} = 5.0(\text{cm})$$

由附表6中试选HW250×250×9×14，$A=92.18\text{cm}^2$，$i_x=10.8\text{cm}$，$i_y=6.29\text{cm}$。

2. 截面验算

因截面无孔眼削弱，可不验算强度。又因为热轧型钢，亦可不验算局部稳定，只需进行整体稳定和刚度验算。

$$\lambda_x = \frac{l_{0x}}{i_x} = \frac{600}{10.8} = 55.6 < [\lambda] = 150$$

$$\lambda_y = \frac{l_{0y}}{i_y} = \frac{300}{6.29} = 47.4 < [\lambda] = 150$$

因对x轴和y轴φ值均属b类，故由较大长细比$\lambda_x=55.6$查附表4得$\varphi=0.83$，有

$$\frac{N}{\varphi A} = \frac{1600\times10^3}{0.83\times92.18\times10^2} = 209(\text{N/mm}^2) < f = 215(\text{N/mm}^2)$$

2.2.5.3　焊接工字形截面

1. 试选截面图 2.2.1 (d)

参照 H 型钢截面，选用截面如图 2.2.1 (d) 所示，翼缘 2—250×14，腹板 1—250×8，其截面面积

$$A = 2 \times 25 \times 1.4 + 25 \times 0.8 = 90(\text{cm}^2)$$

$$I_x = \frac{1}{12}(25 \times 27.8^3 - 24.2 \times 25^3) = 13250(\text{cm}^4)$$

$$I_y = 2 \times \frac{1}{12} \times 1.4 \times 25^3 = 3650(\text{cm}^4)$$

$$i_x = \sqrt{\frac{13250}{90}} = 12.13(\text{cm})$$

$$i_y = \sqrt{\frac{3650}{90}} = 6.37(\text{cm})$$

2. 整体稳定和长细比验算

长细比

$$\lambda_x = \frac{l_{0x}}{i_x} = \frac{600}{12.13} = 49.5 < [\lambda] = 150$$

$$\lambda_y = \frac{l_{0y}}{i_y} = \frac{300}{6.37} = 47.1 < [\lambda] = 150$$

因对 x 轴和 y 轴 φ 值均属 b 类，故由较大长细比 $\lambda_x=49.5$，查附表 4 得 $\varphi=0.859$。

$$\frac{N}{\varphi A} = \frac{1600 \times 10^3}{0.859 \times 90 \times 10^2} = 207(\text{N/mm}^2) < f = 215(\text{N/mm}^2)$$

3. 局部稳定验算

翼缘外伸部分

$$\frac{b}{t} = \frac{12.1}{1.4} = 8.9 < (10 + 0.1\lambda)\sqrt{\frac{235}{f_y}} = 14.95$$

腹板的局部稳定

$$\frac{h_0}{t_w} = \frac{25}{0.8} = 31.25 < (25 + 0.5\lambda)\sqrt{\frac{235}{f_y}} = 49.75$$

截面无孔眼削弱，不必验算强度。

4. 构造

因腹板高厚比小于 80，故不必设置横向加劲肋。翼缘与腹板的连接焊缝最小焊脚尺寸 $h_{\min} = 1.5\sqrt{t} = 1.5 \times \sqrt{14} = 5.6(\text{mm})$，采用 $h_f=6\text{mm}$。

以上采用三种不同截面的形式对本项目中的支柱进行了设计，由计算结果可知，轧制普通工字钢截面要比热轧 H 型钢截面和焊接工字形截面约大 50%，因为普通工字钢绕弱轴的回转半径太小。在轧制工字钢试选截面中，尽管弱轴方向的计算长度仅为强轴方向计算长度的 1/2，但前者的长细比仍远大于后者，因而支柱的承载能力是由弱轴所控制的，对强轴则有较大富裕，这显然是不经济的，若必须采用此种截面，宜再增加侧向支撑的数量。对于轧制 H 型钢和焊接工字形截面，由于其两个方向的长细比非常接近，基本上做

到了等稳定性，用料最经济。但焊接工字形截面的焊接工作量大，在设计轴心受压实腹柱时宜优先选用 H 型钢，焊接工字形柱柱脚形式如图 2.2.13 所示。

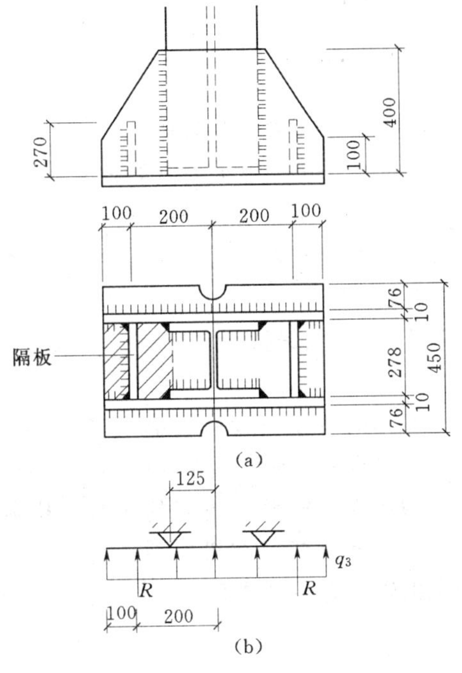

图 2.2.13　焊接工字形柱柱脚

2.2.6　总结与提高

轴心受压格构柱一般采用双轴对称截面，如用两根槽钢或 H 型钢作为肢件，两肢间用缀条或缀板连成整体。通过调整格构柱的两肢件的距离可实现对两个主轴的等稳定性。

格构柱的截面比较宽敞，用于高大的柱时经济效果良好，但构造较实腹柱复杂，制造也较费工时。

格构式轴心受压构件的设计和实腹式轴心受压构件相似，主要有强度、刚度、整体稳定和局部稳定四个方面，其中最重要的是整体稳定，截面常常取决于稳定性，设计时先按对实轴（y—y 轴）的整体稳定选择柱的截面（方法与实腹柱的计算相同），再按对虚轴（x—x 轴）的整体稳定确定两分肢的距离，为了获得等稳定性，应使两方向的长细比相等，即 $\lambda_{0x}=\lambda_{0y}$。最后设计缀板和横隔以及柱头和柱脚的连接形式。

2.2.6.1　格构柱绕虚轴的换算长细比

在柱的横截面上穿过肢件腹板的轴叫实轴，穿过两肢之间缀材面的轴称为虚轴。

格构柱绕实轴的稳定计算与实腹式构件相同。格构柱绕虚轴的整体稳定临界力比长细比相同的实腹式构件低。

轴心受压构件整体弯曲后，沿杆长各截面上将存在弯矩和剪力。对实腹式构件，剪力引起的附加变形很小，对临界力的影响只占 3/1000 左右。因此，在确定实腹式轴心受压构件整体稳定的临界力时，仅仅考虑了由弯矩作用所产生的变形，而忽略了剪力所产生的变形。对于格构式柱，当绕虚轴失稳时，情况有所不同，因肢件之间并不是连续的板而只是每隔一定距离用缀条或缀板联系起来。柱的剪切变形较大，剪力造成的附加挠曲影响就不能忽略。在格构式柱的设计中，对虚轴失稳的计算，常以加大长细比的办法来考虑剪切变形的影响，加大后的长细比称为换算长细比。

钢结构设计规范对缀条柱和缀板柱采用不同的换算长细比计算公式。

1. 双肢缀条柱

$$\lambda_{0x}=\sqrt{\lambda_x^2+27\frac{A}{A_{1x}}} \tag{2.2.12}$$

式中　λ_{0x}——格构柱绕虚轴临界力换算为实腹柱临界力的换算长细比；

A——整个构件横截面的毛面积；

A_{1x}——构件截面中垂直于 x 轴各斜缀条的毛截面面积之和。

2. 双肢缀板柱

$$\lambda_{0x} = \sqrt{\lambda_x^2 + \lambda_1^2} \quad (2.2.13)$$

$$\lambda_1 = l_{01}/i_1$$

式中　λ_1——分肢的长细比；

i_1——分肢截面对其弱轴的回转半径；

l_{01}——缀板间的净距离。

四肢柱和三肢柱的换算长细比，参见《钢结构设计规范》（GB 50017—2003）第 5.1.3 条。

2.2.6.2　缀材设计

1. 缀条的设计

缀条的布置一般采用单系缀条［图 2.2.14 (a)］，也可采用交叉缀条［图 2.2.14 (b)］。

缀条为弦杆平行桁架的腹杆，横截面上的剪力由缀条承担。在横向剪力作用下，一个斜缀条的轴心力为（图 2.2.14）

$$N_1 = \frac{V_1}{n\cos\alpha} \quad (2.2.14)$$

式中　V_1——分配到一个缀材面上的剪力；

n——一个缀材面承受剪力 V_1 的斜缀条数。单系缀条时，$n=1$；交叉缀条时，$n=2$；

α——缀条与横向剪力的夹角（图 2.2.14）。

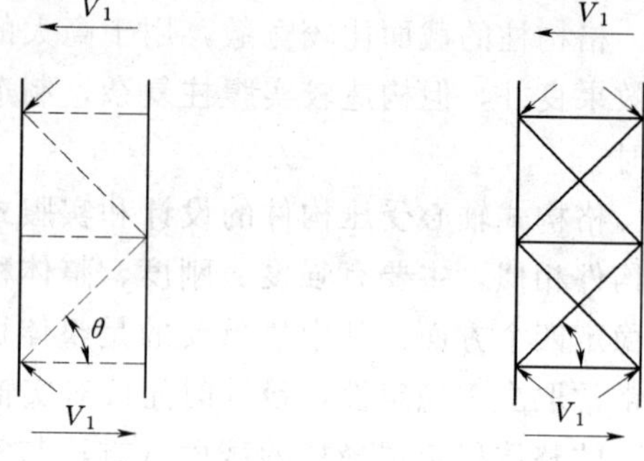

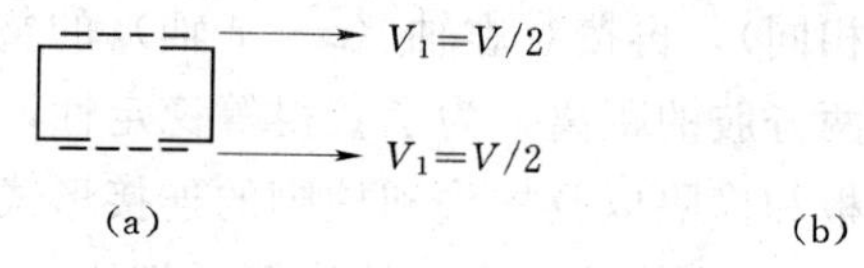

图 2.2.14　缀条的内力

由于剪力的方向不定，斜缀条可能受拉也可能受压，设计时按轴心压杆选择截面。

缀条一般采用单角钢，与柱单边连接，考虑到受力时的偏心和受压时的弯扭，当按轴心受力构件设计（不考虑扭转效应）时，应按钢材强度设计值乘以下列折减系数 η：

（1）按轴心受力计算构件的强度和连接时：$\eta=0.85$。

（2）按轴心受压计算构件的稳定性时。

等边角钢：

$$\eta = 0.6 + 0.0015\lambda，但不大于 1.0$$

短边相连的不等边角钢：

$$\eta = 0.5 + 0.0025\lambda，但不大于 1.0$$

长边相连的不等边角钢：

$$\eta = 0.70$$

式中　λ——缀条的长细比，对中间无联系的单角钢压杆，按最小回转半径计算，当 $\lambda<20$ 时，取 $\lambda=20$。

交叉缀条体系［图 2.2.14 (b)］的横缀条按压力 $N=V_1$ 进行设计。

为了减小分肢的计算长度，单系缀条［图 2.2.14 (a)］一般需加横缀条，其截面尺

寸一般取与斜缀条相同，也可按容许长细比［λ］=150确定。

2. 缀板的设计

缀板柱视为一多层框架体系（柱肢视为框架立柱，缀板视为横梁）。当它整体挠曲时，假定各层分肢中点、缀板中点为反弯点。从柱中取出如图2.2.15（b）所示脱离体，可得缀板内力为

剪力：

$$T=\frac{V_1 l_1}{a} \qquad (2.2.15)$$

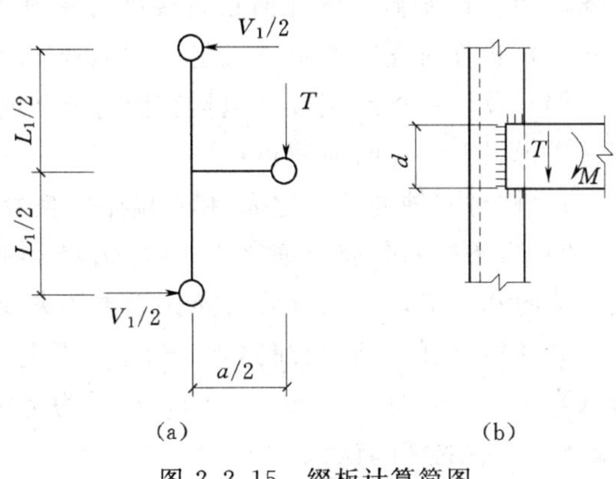

图2.2.15 缀板计算简图

弯矩（与肢件连接处）：

$$M=T\frac{a}{2}=\frac{V_1 l_1}{2} \qquad (2.2.16)$$

式中 l_1——缀板中心线间的距离；

a——肢件轴线间的距离。

缀板与柱肢之间用角焊缝相连，角焊缝承受剪力和弯矩的共同作用。由于角焊缝的强度设计值小于钢材强度设计值，故只需用上述M和T验算缀板与肢件间的连接焊缝。

缀板应有一定的刚度。规范规定，同一截面处两侧缀板线刚度之和不得小于一个柱肢线刚度的6倍。一般取宽度$d\geqslant 2a/3$，厚度$t\geqslant a/40$，且不小于6mm。端缀板宜适当加宽，取$d=a$。

2.2.6.3 格构柱的设计简介

格构柱的设计需首先选择柱肢截面和缀材的形式，中小型柱可用缀板或缀条柱，大型柱宜用缀条柱。然后按下列步骤进行设计：

（1）按对实轴（y—y轴）的整体稳定选择柱的截面，方法与实腹柱的计算相同。

（2）按对虚轴（x—x轴）的整体稳定确定两分肢的距离。

为了获得等稳定性，应使两方向的长细比相等，即$\lambda_{0x}=\lambda_{0y}$。

缀条柱（双肢）：

$$\lambda_{0x}=\sqrt{\lambda_x^2+27\frac{A}{A_1}}=\lambda_y \qquad (2.2.17)$$

即

$$\lambda_x=\sqrt{\lambda_y^2-27\frac{A}{A_1}} \qquad (2.2.18)$$

缀板柱（双肢）：

$$\lambda_{0x}=\sqrt{\lambda_x^2+\lambda_1^2}=\lambda_y \qquad (2.2.19)$$

即

$$\lambda_x=\sqrt{\lambda_y^2-\lambda_1^2} \qquad (2.2.20)$$

计算得出λ_x后，即可得到对虚轴的回转半径$i_x=l_{0x}/\lambda_x$，柱在缀材方向的宽度$b\approx$

i_x/α_1，可由已知截面的几何量直接算出柱的宽度 b。

(3) 验算对虚轴的整体稳定性，不合适时应修改柱宽 b 再进行验算。

(4) 设计缀条或缀板（包括它们与分肢的连接）。

进行以上计算时应注意：

1) 柱对实轴的长细比 λ_y 和对虚轴的换算长细比 λ_{0x} 均不得超过容许长细比 $[\lambda]$。

2) 缀条柱的分肢长细比 $\lambda_1 = l_1/i_1$ 不得超过柱两方向长细比（对虚轴为换算长细比）较大值的 0.7 倍，否则分肢可能先于整体失稳。

3) 缀板柱的分肢长细比 $\lambda_1 = l_0/i_1$ 不应大于 40，并不应大于柱较大长细比 λ_{max} 的 0.5 倍（当 $\lambda_{max}<50$ 时，取 $\lambda_{max}=50$），亦是为了保证分肢不先于整体失稳。

2.2.6.4　柱的横隔认识

格构柱的横截面为中部空心的矩形，抗扭刚度较差。为了提高格构柱的抗扭刚度，保证柱子在运输和安装过程中的截面形状不变，沿柱长度方向应设置一系列横隔结构。对于大型实腹柱，如工字形或箱形截面，也应设置横隔，如图 2.2.16 所示。

横隔的间距不得大于柱子较大宽度的 9 倍或 8m，且每个运送单元的端部均应设置横隔。

当柱身某一处受有较大水平集中力作用时，也应在该处设置横隔，以免柱肢局部受弯，有效地传递外力。横隔可用钢板［图 2.2.16（a）、（c）、（d）］或交叉角钢［图 2.2.16（b）］做成。工字钢截面实腹柱的横隔只能用钢板，它与横向加劲肋的区别在于它与翼缘宽度相同［图 2.2.16（c）］，而横向加劲肋则通常较窄。箱形截面实腹柱的横隔，有一边或两边不能预先焊接，可先焊两边或三边，装配后再在柱壁钻孔用电渣焊焊接其他边［图 2.2.16（d）］。

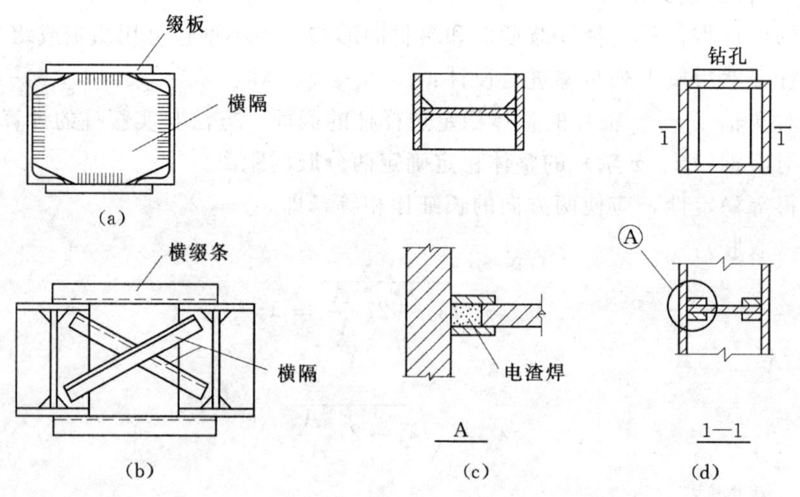

图 2.2.16　柱的横隔

2.2.6.5　柱头构造

单个构件必须通过相互连接才能形成结构整体，轴心受压柱通过柱头直接承受上部结构传来的荷载，同时通过柱脚将柱身的内力可靠地传给基础。最常见的上部结构是梁格系

统。梁与柱的连接节点设计必须遵循传力可靠、构造简单和便于安装的原则。

梁与轴心受压柱的连接只能是铰接，若为刚接，则柱将承较大弯矩成为受压受弯柱。梁与柱铰接时，梁可支承在柱顶上［图2.2.17（a）、（b）、（c）］。亦可连于柱的侧面［图2.2.17（d）、（e）］。梁支于柱顶时，梁的支座反力通过柱顶板传给柱身。顶板与柱用焊缝连接，顶板厚度一般取16～20mm。为了便于安装定位，梁与顶板用普通螺栓连接。图2.2.17（a）的构造方案，将梁的反力通过支承加劲肋直接传给柱的翼缘。两相邻梁之间留一定的空隙，以便于安装，最后用夹板和构造螺丝连接。这种连接方式构造简单，对梁长度尺寸的制作要求不高。缺点是当柱顶两侧梁的反力不等时将使柱偏心受压。图2.2.17（b）的构造方案，梁的反力通过端部加劲肋的突出部分传给柱的轴线附近，因此即使两相邻梁的反力不等，柱仍接近于轴心受压。梁端加劲肋的底面应刨平顶紧于柱顶板。由于梁的反力大部分传给柱的腹板，因而腹板不能太薄而必须用加劲肋加强。两相临梁之间可留一些空隙，安装时嵌入合适尺寸的填板并用普通螺栓连接。对于格构柱［图2.2.17（c）］，为了保证传力均匀并托住顶板，应在两柱肢之间设置竖向隔板。

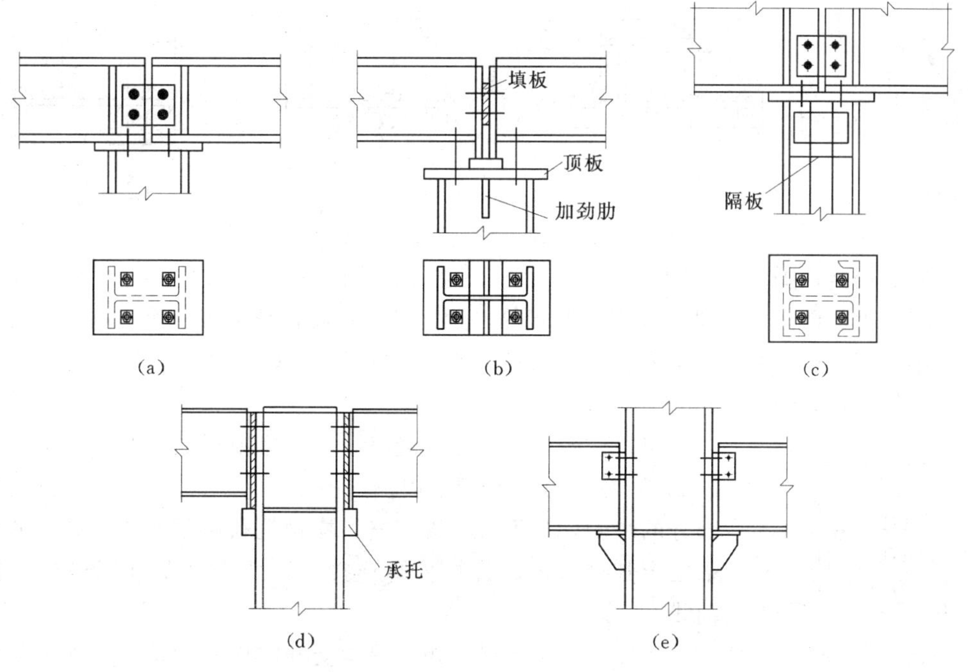

图2.2.17 梁与柱的铰接连接

在多层框架的中间梁柱中，横梁只能在柱侧相连。图2.2.17（d）、（e）是梁连接柱侧面的铰接构造。梁的反力由端加劲肋传给支托，支托可采用T形［图2.2.17（d）］，支托与柱翼缘间用角焊缝连接。用厚钢板做支托的方案适用于承受较大的压力，但制作与安装的精度要求较高。支托的端面必须刨平并与梁的端加劲肋顶紧以便直接传递压力。考虑到荷载偏心的不利影响，支托与柱的连接焊缝按梁支座反力的1.25倍计算。为方便安装，梁端与柱间应留空隙加填板并设置构造螺栓。当两侧梁的支座反力相差较大时，应考虑偏心，按压弯柱计算。

2.2.6.6　柱脚构造

柱脚的构造应和基础有牢固的连接，使柱身的内力可靠地传给基础。轴心受压柱的柱脚主要传递轴心压力，与基础连接一般采用铰接（图 2.2.18）。

图 2.2.18 是几种常见的平板式铰接柱脚。由于基础混凝土强度远比钢材低，所以必须增大柱底的面积，以增加其与基础顶部的接触面积。

图 2.2.18（a）是一种最简单的柱脚构造形式，在柱下端仅焊一块底板，柱中压力由焊缝传至底板，再传给基础。这种柱脚只能用于小型柱，如果用于大型柱，底板会太厚。

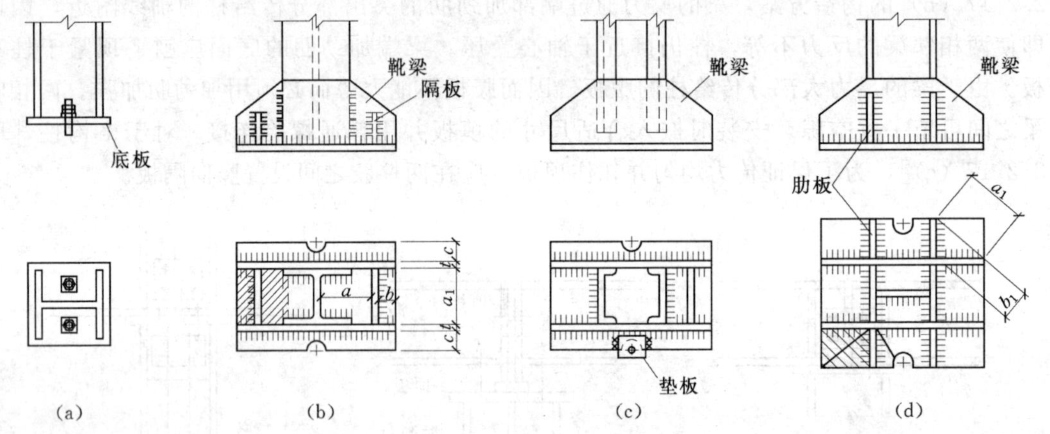

图 2.2.18　平板式铰接柱脚

一般的铰接柱脚常采用图 2.2.18（b）、（c）、（d）的形式，在柱端部与底板之间增设一些中间传力部件，如靴梁、隔板和肋板等，这样可以将底板分隔成几个区格，使底板的弯矩减小，同时也增加柱与底板的连接焊缝长度。图 2.2.18（d）中，在靴梁外侧设置肋板，底板做成正方形或接近正方形。

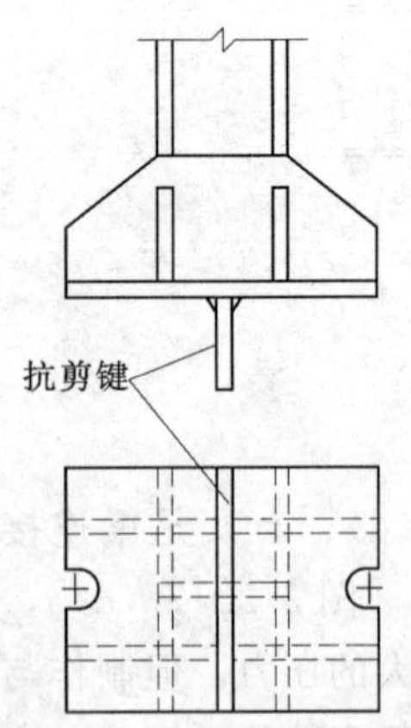

图 2.2.19　柱脚的抗剪键

布置柱脚中的连接焊缝时，应考虑施焊的方便与可能。例如图 2.2.18（b）中隔板的内侧，图 2.2.18（c）、（d）中靴梁中央部分的内侧，都不宜布置焊缝。柱脚是利用预埋在基础中的锚栓来固定其位置的。铰接柱脚连接中，两个基础预埋锚栓在同一轴线。

铰接柱脚不承受弯矩，只承受轴向压力和剪力。剪力通常由底板与基础表面的摩擦力传递。当此摩擦力不够时，应在柱脚底板下设置抗剪键（图 2.2.19），抗剪键可用方钢、短 T 字钢或 H 型钢做成。

铰接柱脚通常仅按承受轴向压力计算，轴向压力 N 一部分由柱身传给靴梁、肋板等，再传给底板，最后传给基础；另一部分是经柱身与底板间的连接焊缝传给底板，再传给基础。然而实际工程中，柱端难以做到齐平，而且为了便于控制柱长的准确性，柱端可能比靴梁缩进一些。

学习单元 2.3　钢结构施工图的识读

2.3.1　学习目标

通过本单元的学习，知道钢结构施工图的组成和作用，知道常用型钢的表示方法和螺栓、孔、电焊铆钉的表示方法以及常用焊缝的表示方法，会编制钢结构施工详图，会对钢结构施工图进行放样，会高效地识读钢结构图纸。

2.3.2　学习任务

1. 任务

分析钢结构施工图的组成，学习钢结构常用图例，识读钢结构施工图，编制节点施工详图，对钢结构施工图进行放样，总结识读钢结构图纸的规律。

2. 任务描述

图 2.3.1 为某钢结构工程部分节点详图，请以此为例说明钢结构图的读图顺序及看图步骤。

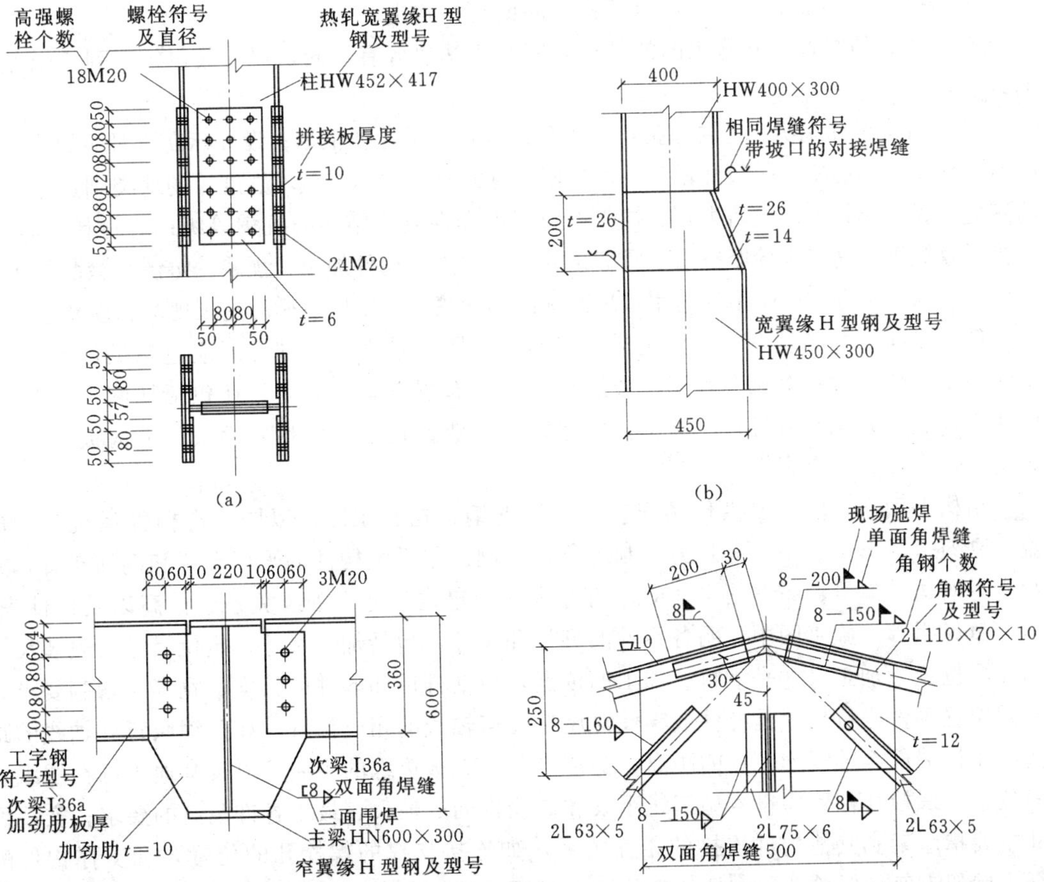

(a)　(b)　(c)　(d)

图 2.3.1　某钢结构工程部分节点详图

(a) 柱拼接连接详图（双盖板拼接）；(b) 变截面柱偏心拼接连接详图；(c) 主次梁侧向连接详图；(d) 屋脊节点详图

2.3.3 任务分析

工程图纸是工程界的技术语言，是表达工程设计和指导工程施工必不可少的重要依据，是具有法律效力的正式文件，也是重要的技术档案文件。

结构施工图主要用以表示房屋结构系统的结构类型、构件布置、构件种类、数量、构件的内部构造和外部形状、大小以及构件间的连接构造。

施工图是根据投影原理绘制的，用图纸表明房屋建筑的设计及构造作法。要看懂施工图，首先应掌握投影原理并熟悉房屋建筑的基本构造。施工图采用了一些图例符号以及必要的文字说明，要看懂施工图，还必须记住常用的图例符号。另外，读图时应掌握正确的读图方法，读图的关键在于对钢结构构件种类、构件构造以及连接构造的学习和掌握，同时正确使用《建筑钢结构焊接技术规程》（JGJ 81—2002)、《钢结构工程施工质量验收规范》(GB 50205—2001）等规范手册也很重要。

2.3.4 任务知识点

2.3.4.1 钢结构施工图的内容和作用

结构施工图主要用以表示房屋结构系统的结构类型、构件布置、构件种类、数量、构件的内部构造和外部形状、大小以及构件间的连接构造。

不同类型的结构，其施工图的具体内容与表达也各有不同，但一般包括下列三个方面的内容：

（1）结构设计说明。主要包括：本工程结构设计的主要依据；设计标高所对应的绝对标高值；建筑结构的安全等级和设计使用年限；建筑场地的地震基本烈度、场地类别、地基土的液化等级、建筑抗震设防类别、抗震设防烈度和混凝土结构的抗震等级；对材料、焊接、焊接质量等级、高强螺栓摩擦面抗滑移系数、预拉力、构件加工、预装、防锈与涂装等施工要求及注意事项等；所采用的通用做法的标准图图集；施工应遵循的施工规范和注意事项。

（2）结构平面布置图。主要包括：基础平面图，采用桩基础时还应包括桩位平面图，工业建筑还包括设备基础布置图；楼层结构平面布置图，工业建筑还包括柱网、吊车梁、柱间支撑、联系梁布置等；屋顶结构布置图，工业建筑还应包括屋面板、天沟板、屋架、天窗架及支撑系统布置等。

结构平面布置图主要供现场安装用，依据钢结构施工图，以同一类构件系统（如屋盖、刚架、吊车梁、平台等）为绘制对象，绘制出本系统构件的平面布置和剖面布置，并对所有的构件编号、布置图尺寸应标明各构件的定位尺寸、轴线关系、标高以及构件表、设计总说明等。施工图中注明各零件的型号和尺寸，包括加工尺寸、定位尺寸、安装尺寸和孔洞位置。加工尺寸是下料、加工的依据，包括杆件和零件的长度、宽度、切割要求和孔洞位置等；定位尺寸是杆件或零件对屋架几何轴线的相应位置，如角钢肢背到轴线的距离，角钢端部至轴线交汇点的距离，交汇点至节点板边缘的距离，以及其他零件在图纸上的位置，螺栓孔位置要符号型钢线距表和螺栓排列的最大、最小容许距离的要求；安装尺寸主要指屋架和其他构件连接的相互关系，如连接支撑的螺栓孔的位置要和支撑构件配合，屋架支座处锚栓孔要和柱的定位尺寸线配合等内容。对制造和安装的其他要求包括零件切斜角、孔洞直径和焊缝尺寸等都应注明，有些构造焊缝，可不必标注，只在文字说明中统一说明。节点板尺寸和杆件端部至轴线交汇点的距离，用比例尺量得。

(3) 构件详图。主要包括：梁、板、柱及基础结构详图；楼梯、电梯结构详图；屋架结构详图；其他详图，如支撑、预埋件、连接件等的详图。

详图中材料表应包括各零件的截面、长度、数量（正、反）和质量。材料表主要用于配料和计算用钢指标以及配备起重运输设备。

施工图中的文字说明，应包括用图形不能表达以及为了简化图面而易于用文字集中说明的内容，如采用的钢号、保证项目、焊条型号焊接方法，未注明的焊缝尺寸、螺栓直径、螺孔直径以及防锈处理、运输、安装和制造的要求等内容。

2.3.4.2　钢结构图例

1. 型钢符号、标注方法（表 2.3.1）

表 2.3.1　常用型钢的标注法

序号	名　称	截　面	标　注	说　　明
1	等边角钢	∟	∟ $b\times t$	b 为肢宽； t 为肢厚
2	不等边角钢	B ∟	∟ $B\times b\times t$	B 为长肢宽； b 为短肢宽； t 为肢厚
3	工字钢	I	I N　Q I N	轻型工字钢加注 Q 字； N 工字钢的型号
4	槽钢	[	[N　Q [N	轻型槽钢加注 Q 字； N 槽钢的型号
5	方钢	b	□ b	
6	扁钢	b	— $b\times t$	
7	钢板	—	$\frac{-b\times t}{l}$	$\frac{宽\times厚}{板长}$
8	圆钢	○	ϕd	
9	钢管	○	$DN\times\times$ $d\times t$	内径； 外径×壁厚
10	薄壁方钢管	□	B □ $b\times t$	薄壁型钢加注 B 字 t 为壁厚
11	薄壁等肢角钢	∟	B ∟ $b\times t$	
12	薄壁等肢卷边角钢	a	B ∟ $b\times a\times t$	
13	薄壁槽钢	h	B [$h\times b\times t$	
14	薄壁卷边槽钢	a	B [$h\times b\times a\times t$	
15	薄壁卷边 Z 型钢	h　a	B ㄣ $h\times b\times a\times t$	

续表

序号	名　称	截　面	标　注	说　明
16	T型钢	⊤	TW×× TM×× TN××	TW为宽翼缘T型钢 TM为中翼缘T型钢 TN为窄翼缘T型钢
17	H型钢	 H	HW×× HM×× HN××	HW为宽翼缘H型钢 HM为中翼缘H型钢 HN为窄翼缘H型钢
18	起重机钢轨		QU××	详细说明产品规格型号
19	轻轨及钢轨		××kg/m钢轨	

2. 螺栓、孔、电焊铆钉图例

螺栓、孔、电焊铆钉图例见表2.3.2。

表2.3.2　　螺栓、孔、电焊铆钉的表示方法

序号	名　称	图　例	说　明
1	永久螺栓	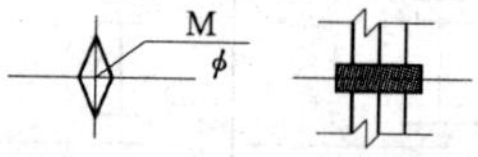 M / ϕ	1. 细“+”线表示定位线 2. M表示螺栓型号 3. ϕ表示螺栓孔直径 4. d表示膨胀螺栓、电焊铆钉直径 5. 采用引出线标注螺栓时，横线上标注螺栓规格，横线下标注螺栓孔直径
2	高强螺栓	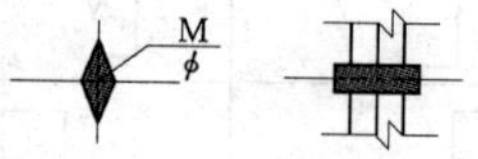 M / ϕ	
3	安装螺栓	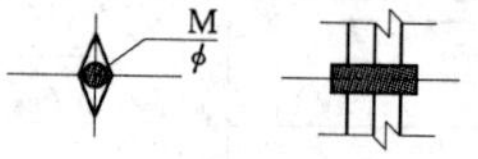 M / ϕ	
4	胀锚螺栓	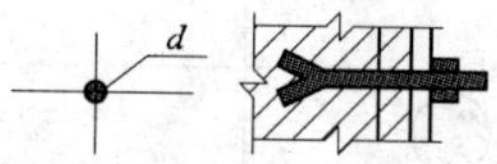 d	
5	圆形螺栓孔	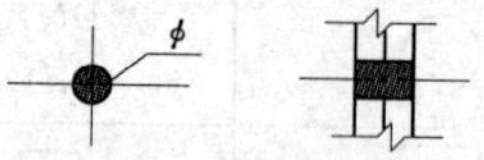 ϕ	
6	长圆形螺栓孔	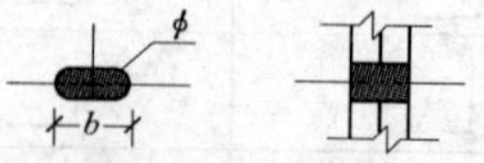 ϕ / b	
7	电焊铆钉	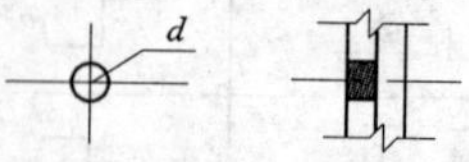 d	

3. 常用焊缝的表示方法

在钢结构施工图上要用焊缝代号标明焊缝型式、尺寸和辅助要求。《焊缝符号表示方法》(GB 324—88)规定：焊缝符导由指引线和表示焊缝截面形状的基本符号组成，必要时可加上辅助符号、补充符号和焊缝尺寸符号。基本符号用以表示焊缝截面形状，符号的

线条宜粗于指引线，辅助符号用以表示焊缝表面形状特征，如对接焊缝表面余高部分需加工使之与焊件表面齐平，则需在基本符号上加一短划，此短划即为辅助符号。

（1）各种焊接方法及接头坡口形状尺寸代号和标记。

1）焊接方法及焊透种类代号应符合表 2.3.3 规定。

2）接头形式及坡口形状代号应符合表 2.3.4 规定。

表 2.3.3　　焊接方法及焊透种类的代号

代号	焊接方法	焊透种类
MC	手工电弧焊接	完全焊透焊接
MP		部分焊透焊接
GC	气体保护电弧焊接自保护电弧焊接	完全焊透焊接
GP		部分焊透焊接
SC	埋弧焊接	完全焊透焊接
SP		部分焊透焊接

表 2.3.4　　接头形式及坡口形状的代号

<table>
<tr><th colspan="2">接 头 形 式</th><th colspan="2">坡 口 形 状</th></tr>
<tr><td rowspan="2">代号</td><td rowspan="2">名称</td><td>代号</td><td>名称</td></tr>
<tr><td>I</td><td>I 形坡口</td></tr>
<tr><td rowspan="2">B</td><td rowspan="2">对接接头</td><td>V</td><td>V 形坡口</td></tr>
<tr><td>X</td><td>X 形坡口</td></tr>
<tr><td rowspan="2">U</td><td rowspan="2">形坡口</td><td>L</td><td>单边 V 形坡口</td></tr>
<tr><td>K</td><td>K 形坡口</td></tr>
<tr><td rowspan="2">T</td><td rowspan="2">形接头</td><td>U①</td><td>U 形坡口</td></tr>
<tr><td>J①</td><td>单边 U 形坡口</td></tr>
<tr><td>C</td><td>角接头</td><td colspan="2"></td></tr>
</table>

① 当钢板厚度≥5mm 时，可采用 U 形或 J 形坡口。

3）焊接面及垫板种类代号应符合表 2.3.5 规定。

表 2.3.5　　焊接面及垫板种类的代号

反面垫板种类		焊 接 面	
代号	使用材料	代号	焊接面规定
B_S	钢衬垫	1	单面焊接
B_F	其他材料的衬垫	2	双面焊接

4）焊接位置代号应符合表 2.3.6 规定。

表 2.3.6　　焊 接 位 置 的 代 号

代号	焊接位置	代号	焊接位置
F	平焊	V	立焊
H	横焊	O	仰焊

5）坡口各部分尺寸代号应符合表 2.3.7 规定。

表 2.3.7　　坡口各部分的尺寸代号

代　号	坡口各部分的尺寸	代　号	坡口各部分的尺寸
t	接缝部位的板厚（mm）	p	坡口钝边（mm）
b	坡口根部间隙或部件间隙（mm）	α	坡口角度（°）
H	坡口深度（mm）		

6）焊接坡口的形状和尺寸标记应符合下列规定。

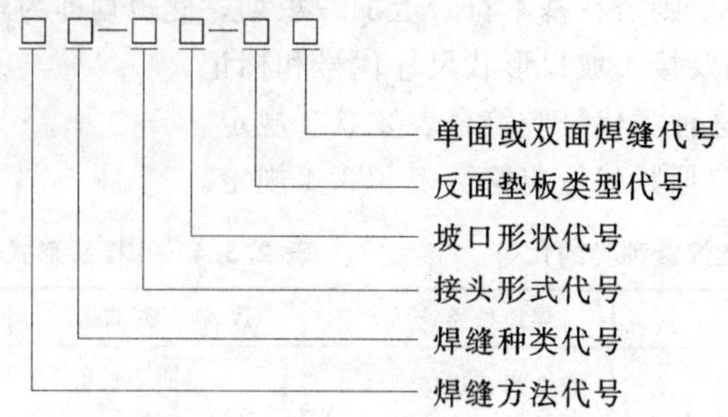

（2）焊缝标注方法。

1）单面焊缝标注方法应符合下列规定。当箭头指向焊缝所在的一面时，应将图形符号和尺寸标注在横线的上方，如图 2.3.2（a）所示；当箭头指向焊缝所在另一面时，应将图形符号和尺寸标注在横线的下方，如图 2.3.2（b）所示。

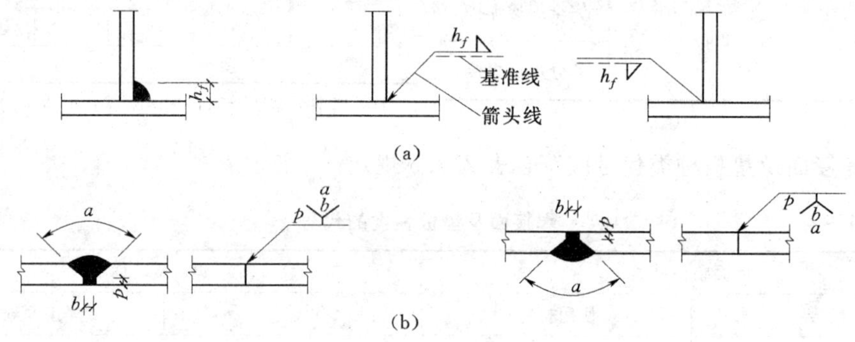

图 2.3.2　单面焊缝的标注方法

表示环绕工作件周围的焊缝时，其围焊焊缝符号为圆圈，绘出引出线的转折处，并标注焊脚尺寸 K，如图 2.3.3 所示。

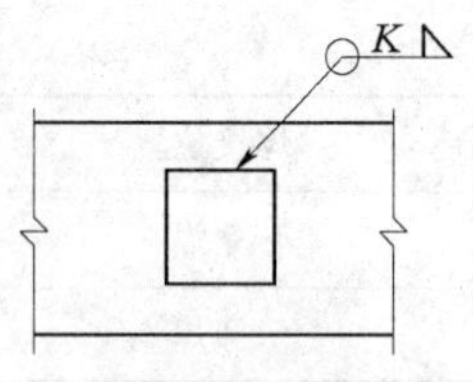

图 2.3.3　围焊焊缝标注方法

2）双面焊缝的标注方法如图 2.3.4 所示，应在横线的上、下标注焊缝的符号和尺寸。标注在横线上面时，表示焊缝与箭头是在同一面，标注的横线下面时，表示焊缝是在箭头的另一面，如图 2.3.4（a）所示。

当两面的焊缝尺寸相同时，只需在横线上方标注焊缝的符号和尺寸，见图 2.3.4（b）、(c)、(d)。

3）三个和三个以上的焊件相互焊接的情况，不得作为双面焊缝标注，其焊缝符号和尺寸应分别标注。三个以上焊件的焊缝标注方法如图 2.3.5 所示。

4）相互焊接的两个焊件中，当只有一个焊件带有坡口时（如单面 V 形），引出线箭头必须指向带坡口的焊件。一个焊件带坡口的焊缝标注方法如图 2.3.6 所示。

5）相互焊接的两个焊件，当为单面带双边不对称坡口焊缝时，引出线箭头必须指向较大坡口的焊件。不对称坡口焊缝的标注方法如图 2.3.7 所示。

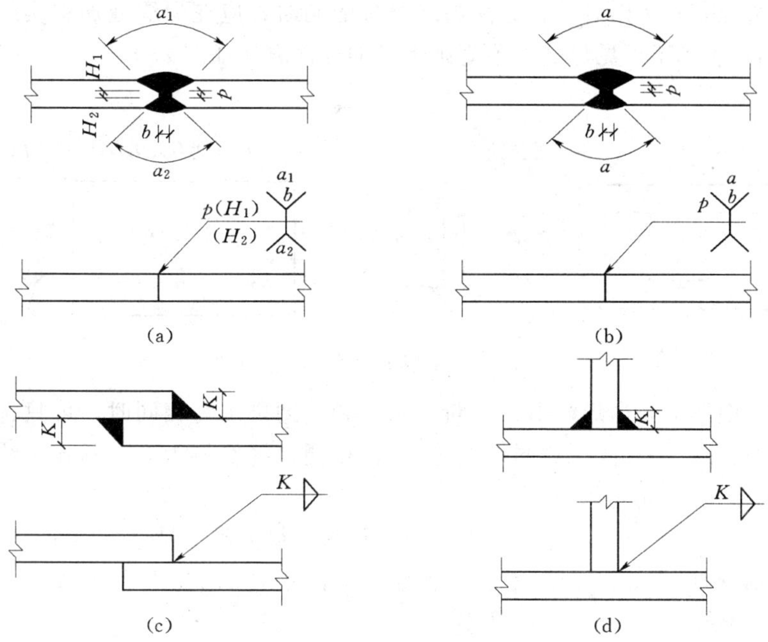

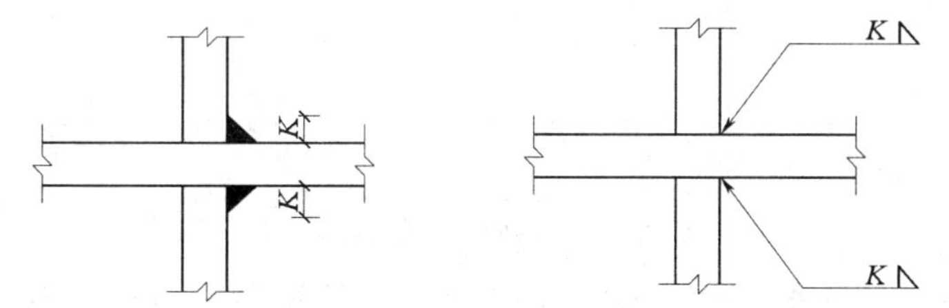

图 2.3.4　双面焊缝的标注方法

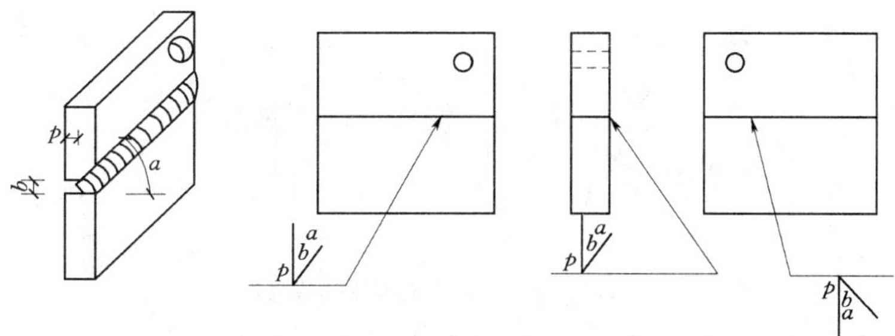

图 2.3.5　三个以上焊件的焊缝标注方法

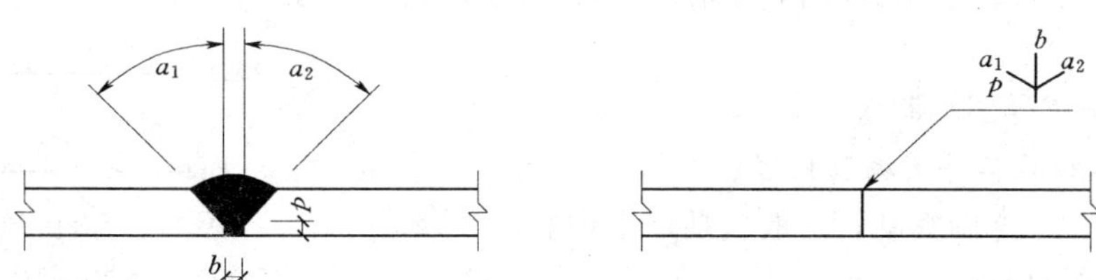

图 2.3.6　一个焊件带坡口的焊缝标注方法

图 2.3.7　不对称坡口焊缝的标注方法

6）当焊缝分布不规则时，在标注焊缝符号的同时，应在焊缝处加中实线表示可见焊缝，或加细栅线表示不可见焊缝。不规则焊缝的标注方法如图 2.3.8 所示。

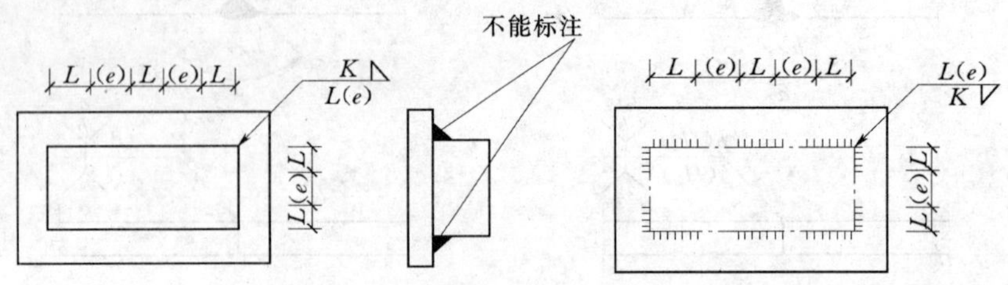

图 2.3.8　不规则焊缝的标注方法

7）在同一图形上，当焊缝形式、断面尺寸和辅助要求均相同时，可只选择一处标注焊缝的符号和尺寸，并加注“相同焊缝符号”，相同焊缝符号为 3/4 圆弧，绘在引出线的转折处，如图 2.3.9（a）所示。

在同一图形上，当有几种相同的焊缝时，可将焊缝分类编号进行标注。在同一类焊缝中，可选择一处标注焊缝符号和尺寸。分类编号采用大写的拉丁字母 A、B、C、…，如图 2.3.9（b）所示。

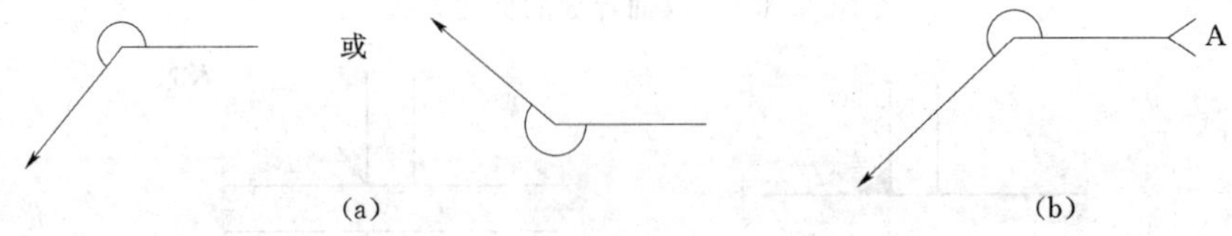

图 2.3.9　相同焊缝的表示方法

8）需要在施工现场进行焊接的焊缝，应标注“现场焊缝”符号。现场焊缝符号为涂黑的三角形小旗，绘在引出线的转折处，如图 2.3.10 所示。

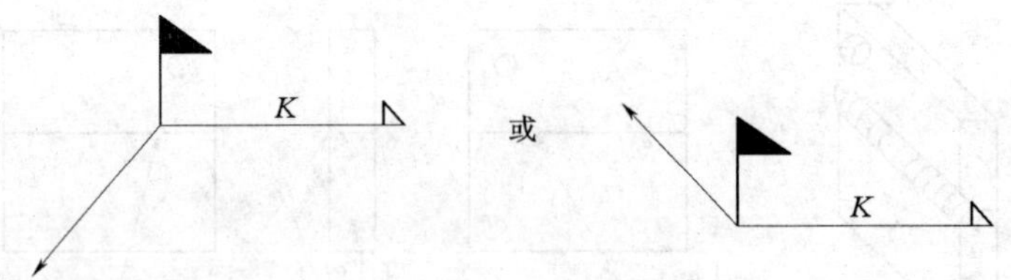

图 2.3.10　现场焊缝的表示方法

9）当焊缝分布比较复杂或用上述标注方法不能表达清楚时，在标注焊缝代号的同时，可在图形上加栅线表示（图 2.3.11）。

(1)

(2)

(3)

图 2.3.11　栅线表示

(1) 正面焊缝；(2) 背面焊缝；(3) 安装焊缝

2.3.4.3　施工详图编制

1. 钢结构施工详图编制内容

钢结构施工详图编制，一般包括以下内容：

(1) 图纸目录。

(2) 钢结构设计总说明。应根据设计图总说明编写，内

容一般应有设计依据、设计荷载、工程概况和对材料、焊接、焊接质量等级、高强螺栓摩擦面抗滑移系数、预拉力、构件加工、预装、防锈与涂装等施工要求及注意事项等。

(3) 布置图。主要供现场安装用，依据钢结构设计图，以同一类构件系统（如屋盖、刚架、吊车梁、平台等）为绘制对象，绘制本系统构件的平面布置和剖面布置，并对所有的构件编号、布置图尺寸应标明各构件的定位尺寸、轴线关系、标高以及构件表、设计总说明等。

(4) 构件详图。按设计图及布置图中的构件编制，主要供构件加工厂加工并组装构件用，也是构件出厂运输的构件单元图。绘制时应按主要表示面绘制每一构件的图形零配件及组装关系，并对每一构件中的零件编号编制各构件的材料表和构件的加工说明等。绘制桁架式构件时，应放大样确定杆件端部尺寸和节点板尺寸。

(5) 安装节点图。详图中一般不再绘制节点详图，仅当构件详图无法清楚表示构件相互连接处的构造关系时，可绘制相关的节点图。

2. 布置图的绘制方法

(1) 绘制结构的平面、立面布置图，构件以粗单线或简单外形图表示，并在其旁侧注明标号，对规律布置的较多同号构件，也可以指引线统一注明标号。

(2) 构件编号一般应标注在表示构件的主要平面、剖面上，在一张图上同一构件编号不宜在不同图形中重复表示。

(3) 细节不同（如孔、切槽等）的构件均应单独编号，对安装关系相反的构件，一般可将标号加注角标来区别，杆件编号均应有字首代号，一般可采用同音的拼音字母，如：刚架为GJ，檩条为LT，屋架为GWJ，支撑为ZC等。

(4) 每一构件均应与轴线有定位的关系尺寸，对槽钢、C型钢截面应标出肢背方向。

(5) 平面布置图一般可用1∶100、1∶200比例绘制。

(6) 图中剖面宜利用对称关系、参照关系或转折剖面简化图形。

3. 构件图的绘制方法

构件图以粗实线绘制。

(1) 每一构件均应按布置图上的构件编号绘制成详图，构件编号用粗线标注在图形下方，图纸内容及深度应能满足制造加工要求。

一般应包括：构件本身的定位尺寸、几何尺寸；标注所有组成构件的零件间的相互定位尺寸、连接关系；标注所有零件间的连接焊缝符号及零件上的孔、洞及其相互关系尺寸；标注零件的切口、切槽、裁切的大样尺寸；构件的零件编号及材料表；有关本图构件制作的说明（相关布置图号、制孔要求、焊缝要求等）。

(2) 构件的图形应尽量按实际位置绘制，以有较多尺寸的一面为主要投影面。必要时再以顶视（底视）或侧视图作为补充投影，或用附加剖面图表示。

(3) 构件与构件间的连接部位，应按设计图提供的内力及节点构造进行连接计算及螺栓与焊缝的布置，选定螺栓数量、焊脚厚度及焊缝长度。对组合截面构件还应确定缀板的截面与间距。对连接板、节点板、加劲肋等，按构造要求进行配置放样及必要的计算。

(4) 构件图形一般应选用合适的比例绘制（1∶20、1∶15、1∶50）。对于较长、较高的构件，其长度、高度与截面尺寸可以用不同的比例表示。

(5) 构件中每一零件均应编零件号，应尽量按主次部位顺序编号，相反零件可用相同编号，但在材料表中的正反栏内注明。材料表中应注明零件规格、数量、重量及制作要求(如刨边、热煨等)，对焊接构件宜在材料表中附加构件重量1.5%的焊缝重量。

(6) 图中所有尺寸均以mm为单位(标高除外)。一般尺寸标注应分别标注构件控制尺寸、各零件相关尺寸。对斜尺寸应注明其斜度，当构件为多弧形构件时，应分别标明每一弧形尺寸相对应的曲率半径。

(7) 对较复杂的零件成交汇尺寸应由放大样(比例不小于1：5)或绘制展开图来确定尺寸(图2.3.12)。

(8) 构件间以节点板相连时，应在节点板连接孔中心线上注明斜度及相连的构件号(图2.3.13)。

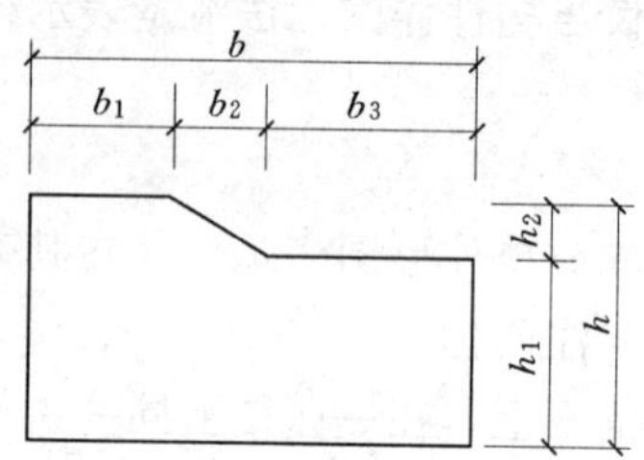

图 2.3.12　复杂零件用展开图确定其尺寸

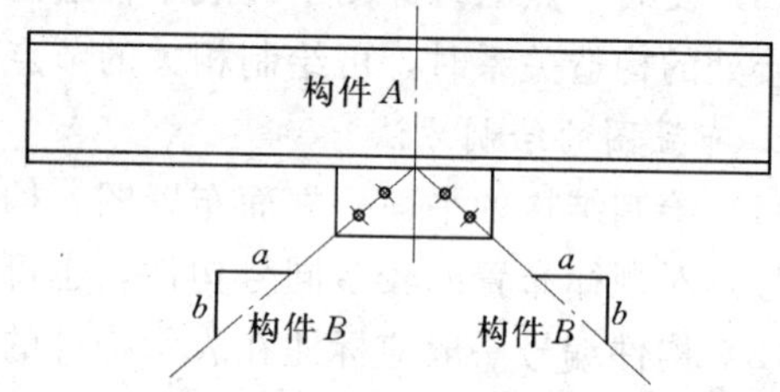

图 2.3.13　节点板相连构件尺寸标注

2.3.4.4　结构施工图的识读方法和总的看图步骤

结构施工图的识读方法可归纳为"从上往下看，从左往右看，从前往后看，从大到小看，由粗到细看，图样与说明对照看，结施与建施结合看，其他设施图参照看"。

总的看图步骤：先看目录和设计说明，再看建施图，然后再看结构施工图。

阅读结构施工图的顺序：按结构设计说明、基础图、柱及剪力墙施工图、楼屋面结构平面图及详图、楼梯电梯施工图的顺序读图，并将结构平面图与详图，结构施工图与建筑施工图对照起来看，遇到问题时，应一一记录并整理汇总，待图纸会审时提交加以解决。

图纸中的文字说明是施工图的重要组成部分，应认真仔细逐条阅读，并与图样对照看，便于完整理解图纸。

在阅读结构施工图时，遇到采用标准图集的情况，应仔细阅读规定的标准图集。

在阅读钢结构施工图纸时，应注意：

(1) 确认设计文件是否齐全，设计文件包括设计图、施工图、图纸技术说明和变更等。

(2) 构件的几何尺寸和相关构件的连接尺寸是否标注齐全和正确。

(3) 节点是否清楚，构件之间的连接形式是否合理。

(4) 材料表内构件的数量是否符合工程实际数量。

(5) 加工符号、焊接符号是否齐全、清楚，标注方法是否符合国家的相关标准和规定。

(6) 结合本单位的设备和技术条件，考虑能否满足图纸要求的技术标准。

总之，一套图纸是由各种工种的许多张图纸组成的，各图纸之间相互配合、精密联

系。图纸的绘制大致按照施工过程中不同的工种、工序分成一定的层次和部位进行，因此要有联系地、综合地看图，要结合实际看图。

2.3.5　任务实施

钢结构施工图总的看图步骤：

（1）看简图，了解屋结构形式及尺寸，了解结构的跨度、高度、节点之间杆件的计算长度以及上弦杆的倾斜角度等内容。

（2）看各图形的相互关系，分析表达方案及内容。

（3）分析各杆件的组合形式。

（4）弄清节点。在识读节点施工详图时，先看图下方的连接详图名称，然后再看节点立面图、平面图和侧面图，此三图表示出节点部位的轮廓，对一些构造相对简单的节点，根据简单明了的原则，可以只有立面图。特别要注意连接件（螺栓、铆钉和焊缝）和辅助件（拼接板、节点板、垫块等）的型号、尺寸和位置的标注，螺栓（或铆钉）在节点详图上要了解其个数、类型、大小和排列；焊接要了解其类型、尺寸和位置；拼接板要了解其尺寸和放置位置。

（5）分析尺寸。施工图中注明各零部件的型号和主要几何尺寸，包括加工尺寸（宜取5mm的倍数）、定位尺寸、孔洞位置以及对工厂安装的要求。定位尺寸包括：节点中心至各杆件端和节点板边缘（上、下、左、右）的距离、轴线至角钢肢背的距离等。螺栓孔位置要符合螺栓排列的要求。工厂制造和工地安装要求包括：零部件切角、切肢、削楞，孔洞直径和焊缝尺寸等。工地安装焊缝和螺栓应标注其符号，宜适应运输单元划分的需要。

图 2.3.1（a）为柱拼接连接详图，在此详图中，钢柱为等截面拼接，HW452×417表示立柱构件为热轧宽冀缘 H 型钢，高为 452mm，宽为 417mm。截面特性可查型钢表 GB/T 11263—1998，采用螺栓连接，18M20 表示腹板上排列 18 个直径为 20mm 的螺栓，24M20 表示每块翼板上排列 24 个直径为 20mm 的螺栓，由螺栓的图例，可知为高强度螺栓，从立面图可知腹板上螺栓的排列，从立面图和平面图可知翼缘上螺栓的排列，栓距为80mm，边距为 50mm；拼接板均采用双盖板连接，腹板上盖板长为 540mm，宽为260mm，厚为 6mm，翼缘上外盖板长为 540mm，宽与柱翼宽相同，为 417mm，厚为10mm，内盖板宽为 180mm。作为钢柱构件，在节点连接处要能传递弯钜、扭矩、剪力和轴力，柱的连接必须为刚性连接。

图 2.3.1（b）为变截面柱偏心拼接连接详图。在此详图中，知此柱上段为 HW400×300 热扎宽翼缘 H 型钢，截面高、宽为 400mm 和 300mm，下段为 HW450×300 热轧宽翼缘 H 型钢，截面高、宽分别为 450mm 和 300mm，截面特性可查型钢表 GB/T 11263—1998；柱的左翼缘对齐，右翼缘错开，过渡段长 200mm，使腹板高度达 1∶4 的斜度变化，过渡段翼缘宽度与上、下段相同，此构造可减轻截面突变造成的应力集中，过渡段翼缘厚为 26mm，腹板厚为 14mm；采用对接焊缝连接，从焊缝标注可知为带坡口的对接焊缝，焊缝标注无数字时，表示焊缝按构造要求开口。

图 2.3.1（c）为主次梁侧向连接详图。在此详图中，主梁为 HN600×300，表示为热轧窄翼缘 H 型钢，截面高、宽为 600mm 和 300mm，截面特性可查型钢表 GB/T 11263—

1998，次梁为 I36a，表示为热轧普通工字钢，截面特性可查型钢表 GB 706—88，截面类型为 a 类，截面高为 360mm；次梁腹板与主梁设置的加劲肋采用螺栓连接，从螺栓图例可知为普通螺栓连接，每侧有 3 个，直径为 20mm，栓距为 80mm，边距为 60mm，加劲肋宽于主梁的翼缘，对次梁而言，相当于设置隅撑；加劲肋与主梁翼、腹板采用焊缝连接，从焊缝标注可知焊缝为三面围焊的双面角焊缝；此连接不能传递弯矩，即为铰支连接。

图 2.3.1（d）为三角形屋架屋脊节点详图。在此详图中，其中上弦杆的端面与轴线交点之间留有一定的空隙，为的是便于拼接角钢，在接头处与两上弦杆焊接。左右两根斜杆和竖杆，都与节点板相连，需要注意的是竖杆的两根角钢为前后交错布置。上弦杆采用两不等边角钢 2L110×70×10 组成，左右两根斜杆分别采用两等边角钢 2L63×5 组成，竖杆采用两等边角钢 2L75×6，所有杆件均与厚为 12mm 的节点板用两条角焊缝连接，上弦杆肢背与节点板塞焊连接，肢尖与节点板用角焊缝连接，焊脚为 8mm，焊缝长度为满焊，斜杆用两条角焊缝与节点板连接，焊脚为 8mm，焊缝长度为 160mm，竖杆用两条角焊缝与节点板连接，焊脚为 8mm，焊缝长度为 150mm，节点板为底宽为 500mm、高为 250mm 的五边形。

学习单元 2.4　工字型钢构件的加工制作

2.4.1　学习目标

通过本单元的学习，会组织钢构件工厂生产，会编制钢构件加工制作工艺流程，懂得加工各环节技术要领，能对成品钢构件进行质量检验。

2.4.2　学习任务

1. 任务

编制钢结构工厂制作计划，做好加工前的生产准备，编制钢构件加工工艺流程，组织加工生产，编制质量验收卡，进行成品的表面处理，组织成品堆放和装运。

2. 任务描述

大连贸易大厦工程采用钢筋混凝土核心筒—钢框架结构体系，主要的钢构件为柱和梁，柱有十字形柱、I 字形柱、H 形柱及箱形柱；梁有工字形梁和箱形梁。十字形柱、T 形柱、H 形柱安装时，腹板之间为高强度螺栓连接，翼缘板为焊接；梁与柱及梁与梁安装时，腹板之间采用高强度螺栓连接，翼缘板为焊接。

所用钢材为国产 Q235B、Q345B，板厚 6～45mm，其中 40mm 以上用作钢柱的翼缘板。钢梁与柱翼缘板连接，焊接引起板厚方向的拉应力，特别是在封闭和高度约束条件下，焊接引起的局部应力，有时比材料的屈服点大很多，而导致母材在厚度方向撕裂，故要求板材增加 Z 向性能，防止材料内部存在“分层”或“夹渣”等缺陷。图 2.4.1 为工字形钢梁的典型图例，请编制工字形钢梁制作工艺流程，并给出每一流程的技术要点。

制作要点：

（1）下料时，长度方向应留放适当的加工和焊接收缩余量。

（2）切割后，零件要满足精度要求。

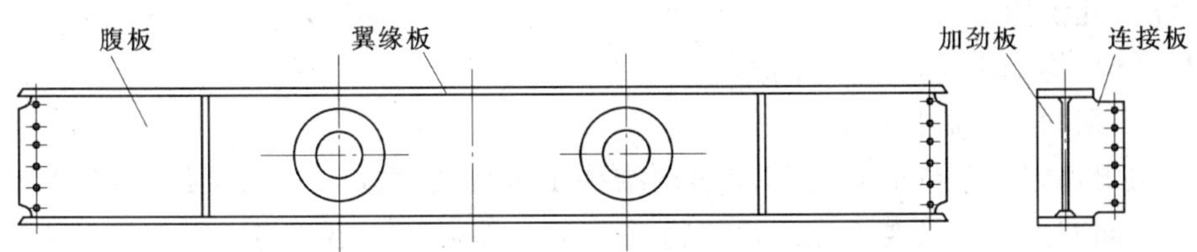

图 2.4.1　工字型钢梁的典型图例

(3) 工字型钢梁在平台上拼装，要控制组装精度。

(4) 在 45°船形焊胎架上用埋弧自动焊焊接，焊接顺序如图 2.4.2 所示。

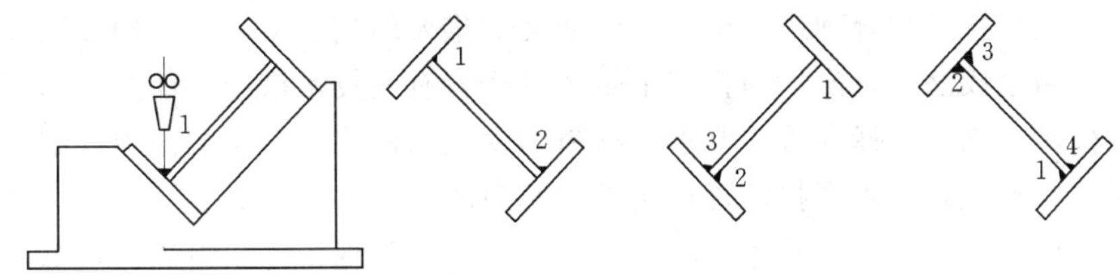

图 2.4.2　工字型钢梁船形焊的焊接程序

(5) 焊后在矫占机上矫正。

(6) 统一各工序的检测方法和检测基准，将组装、矫正、画线、加工统一起来，避免检测基准和位置变化，减少累积误差。在翼缘板、腹板上画出梁的中心线，以此为基准，组装连接板、加劲板，开管孔，焊接相关附件。组装时要保证节点板、次梁与主梁腹板的垂直度。为减小焊接变形，使用 CO_2 气体保护焊，确保各尺寸的正确性。

(7) 划出氏度方向余量，即端铣加工线，进行端铣。

2.4.3　任务分析

钢结构制造的基本元件大多系热轧型材和板材。这些元件通过使用机械设备和成熟的工艺方法，进行各种操作处理，就可组成各种各样的几何形状和尺寸的构件，达到外部尺寸小、重量轻、承载能力高，以满足设计者的要求。钢结构加工制作必须符合合同的技术要求，采用相应国家的标准，其总的原则是：在达到原设计标准要求的前提下，必须作适用性、技术性、经济性的综合考虑。在实际生产中，钢结构制造、设计、验收质量也绝非越高越好，有时产品制造精度选择过高，也会在吊装时带来实际的连接困难。

完整的钢结构产品，需要将基本元件通过使用剪、冲、切、折、割、钻、铆、焊、喷、压、滚、弯、卷、刨、铣、磨、锯、涂、抛、热处理、无损检测等机械设备的操作处理，并辅之以各种专用胎具、模具、夹具、吊具等工艺装备，通过放样、号料、切割下料、坡口加工、开孔及组装等工序加工制作而成。同时，工艺流程的编制和生产组织方式也是影响钢结构产品质量的重要因素。因此，要完成钢构件的加工任务，需以下知识和技能：图纸会审，详图设计，备料核对，钢材选择和检验，材料的变更与修改，工艺流程编制，生产场地布置，钢结构生产组织，零件加工，工厂拼装与连接，成品矫正，制孔和检验，成品的表面处理、油漆、堆放和装运。

2.4.4　任务知识点

2.4.4.1　钢结构加工前的生产准备

2.4.4.1.1　编制工厂制作计划书

钢结构工程施工单位应具备相应的钢结构工程施工资质，施工单位在接到设计文件后，为在合同期内按质量要求完成建筑物的施工，必须制订出“施工组织设计”，在施工前与施工进度表一起交监理机构确认。除有特殊要求的结构外，设计文件中一般不指定加工方法和施工方法。所采用具体的加工方法和施工方法，是在满足建筑物质量要求的前提下，由施工单位根据自筹具备的机械设备、技术能力、技术工人的数量及技术熟练程度决定的。在确保质量的同时要讲究安全性和经济性，这是施工单位的基本任务。在钢结构制造中，施工组织是指导和合理组织施工生产活动的重要的技术措施。钢构件制作前应进行从准备工作开始至成品交货出厂为止整个生产过程各有关技术措施文件的编制，包括审查图纸、备料核对、钢材选择和检验要求、材料的变更与修改、钢材的合理堆放，成品检验以致装运出厂等有关施工生产技术资料文件的编写和制订。

施工组织设计主要由工厂制作计划书（工艺规程）和现场施工组织计划书（安装的施工组织设计）两大部分组成。

“工厂制作计划书”的主要项目与内容分别见表 2.4.1。

表 2.4.1　　工厂制作计划书

序　号	项　目	内　　容
1	总则	应用范围、依据、规格、疑义及变更处理
2	工程概要	建筑物概要、工程范围、结构概要（材料种类和连接方法）
3	工厂组织设备机械	组织、技术负责人、特殊技术、工人名册、设备、机械
4	材料	材料的使用、识别、试验、检查
5	制作	各道工序的工艺等
6	检查	检查标准及检查方法（方法、个数、时期、报告形式）
7	其他	

2.4.4.1.2　详图设计和审查图纸

1. 详图设计

钢结构的构件制作及安装必须有安装布置图及制作详图．其目的是为钢结构制作单位和安装单位提供必要的、更为详尽的、便于进行施工操作的技术文件。在国际上，钢结构工程的详图设计一般多由加工单位负责进行。目前，国内一些大型工程亦逐步采用这种作法。为适应这种新的要求，一项钢结构工程的加工制作，一般应遵循下述的工作顺序：

工程承包→ 详图设计→技术设计单位审批详图 / 材料订货→材料运输 →钢结构加工→成品运输→现场安装

在加工厂进行详图设计，其优点是能够结合工厂条件和施工习惯，便于采用先进的技术，经济效益较高。

为了尽快采购（定购）钢材，一般应在详图设计的同时定购钢材，这样详图审批完成时钢材即可到达，立即开工生产。

详图的设计应根据建设单位的技术设计图纸以及发包文件中所规定采用的规范、标准和要求进行。一般详图设计过程为：构件编号；构件截面尺寸确定；柱标高及外部联系确定；连接节点详图设计；焊缝标注；材料表的编制；高强度螺栓表的编制等。

在施工详图中，高强度螺栓表的编制，按照柱与柱连接时在上柱中编制高强度螺栓表，杆与梁连接时在梁中编制高强度螺栓表，主梁与次梁连接时在次梁编制高强度螺栓表的原则进行，在高强度螺栓表中，要体现出高强度螺栓的类型、等级、使用场所、直径、长度、数量、构件数量、螺栓总数等。

2. 审查图纸

审查图纸的目的，一是检查图纸设计的深度能否满足施工的要求，核对图纸上构件的数量和安装尺寸，检查构件之间有无矛盾等；二是对图纸进行工艺审核，即审查在技术上是否合理，构造是否便于施工，图纸上的技术要求按加工单位的施工水平能否实现等。

如果是由加工单位自己设计施工详图，在制图期间又已经过审查，则审图的程序可相应简化。

图纸审核的主要内容包括以下项目：

1）设计文件是否齐全，设计文件包括设计图、施工图、图纸说明和设计变更通知单等。

2）构件的几何尺寸是否齐全。

3）相关构件的尺寸是否正确。

4）节点是否清楚，是否符合国家标准。

5）标题栏内构件的数量是否符合工程总数。

6）构件之间的连接形式是否合理。

7）加工符号、焊接符号是否齐全。

8）结合本单位的设备和技术条件考虑，能否满足图纸上的技术要求。

9）图纸的标准化是否符合国家规定等。

图纸审查后要做技术交底准备，其内容有：①根据构件尺寸考虑原材料对接方案和接头在构件中的位置；②考虑总体的加工工艺方案及重要工装方案；③对构件的结构不合理处或施工有困难的，要与需方或者设计单位做好变更签证手续；④列出图纸中的关键部位或者有特殊要求的地方加以重点说明。

2.4.4.1.3 对料

1. 提料

(1) 根据施工图纸材料表算出各种材质、规格的材料净用量，再加一定数量的损耗，编制材料预算计划。

提出材料预算时，需根据使用长度合理订货，以减少不必要的拼接和损耗。

对拼接位置有严格要求的吊车梁翼缘和腹板等，配料时要与桁架的连接板搭配使用，即优先考虑翼缘板和腹板，将配下的余料作小块连接板。小块连接板不能采用整块钢板切割，否则计划需用的整块钢板就可能不够应用，而翼缘和腹板割下的余料则没有用处。

(2) 提料时，需根据使用尺寸合理订货，以减少不必要的拼接和损耗。但钢材如不能按使用尺寸或倍数订货，则损耗必然增加。此时钢材的实际损耗率可参考表2.4.2所给出的数值。工程预算一般可按实际用量所需的数值再增加10%进行提料和备料。如技术要求不允许拼接，其实际损耗还要增加。

表2.4.2　　钢板、角钢、工字钢、槽钢损耗率

编号	材料名称	规格(mm)	损耗率(%)	编号	材料名称	规格(mm)	损耗率(%)
1	钢板	1～5	2.00	9	工字钢	14a以下	3.20
2		6～12	4.50	10		24a以下	4.50
3		13～25	6.50	11		36a以下	5.30
4		26～60	11.00	12		60a以下	6.00
			平均：6.00				平均：4.75
5	角钢	75×75以下	2.20	13	槽钢	14a以下	3.00
6		80×80～100×100	3.50	14		24a以下	4.20
7		120×120～150×150	4.30	15		36a以下	4.80
8		180×180～200×200	4.80	16		40a以下	5.20
			平均：3.70				平均：4.30

注　不等边角钢按长边计，其损耗率与等边角钢同。

2. 核对

核对来料的规格、尺寸和重量，仔细核对材质。如进行材料代用，必须经设计部门同意，并将图纸上所有的相应规格和有关尺寸全部修改。

2.4.4.1.4　材料复检及工艺试验

1. 钢材复验

对于采购的钢材，加工下料前应按国家现行有关标准的规定进行抽样检验，其化学成分、力学性能及设计要求的其他指标应符合国家现行标准的规定。进口钢材应符合供货国相应标准的规定。

2. 连接材料的复验

(1) 焊接材料。在大型、重型及特殊钢结构上采用的焊接材料，应按国家现行有关标准进行抽样检验，其结果应符合设计要求和国家现行有关产品标准的规定。

(2) 预拉力复验。扭剪型高强度螺栓连接副应按规定检验预拉力。复验用的螺栓应在施工现场待安装的螺栓批中随机抽取，每批应抽取8套连接副进行复验。每套连接副只应做一次试验，不得重复使用。

复验螺栓连接副的预拉力平均值和标准偏差应符合相关规定。

(3) 扭矩系数复验。高强度大六角头螺栓连接副应按规定检验其扭矩系数（表2.4.3)。复验用的螺栓应在施工现场待安装的螺栓批中随机抽取，每批应抽取8套连接副进行复验。每套连接副只应做一次试验，不得重复使用。每组8套连接副扭矩系数的平均值应为0.11～0.15，标准偏差小于或等于0.01。

表 2.4.3　　扭剪型高强度螺栓紧固预拉力和标准偏差值

螺栓直径（mm）	16	20	22	24
紧固预拉力的平均值$\overline{p}$（kN）	99～120	154～186	191～231	222～270
标准偏差σ_p	10.1	15.7	19.5	22.7

3. 工艺试验

工艺性试验一般可分为三类：

（1）焊接试验。钢材可焊性试验、焊材工艺性试验、焊接工艺评定试验等均属于焊接性试验，而焊接工艺评定试验是各工程制作时最常遇到的试验。

焊接工艺评定是焊接工艺的验证，是衡量制造单位是否具备生产能力的一个重要的基础技术资料。焊接工艺评定对提高劳动生产率、降低制造成本、提高产品质量、搞好焊工技能培训是必不可少的。未经焊接工艺评定的焊接方法、技术参数不能用于工程施工。

焊接接头的力学性能试验以拉伸和冷弯为主，冲击试验按设计要求确定。冷弯以面弯和背弯为主，有特殊要求时应做侧弯试验。每个焊接位置的试件数量一般为：拉伸、面弯、背弯及侧弯各2件；冲击试验9件（焊缝、熔合线、热影响区各3件）。

（2）摩擦面的抗滑移系数试验。当钢结构构件的连接采用高强度螺栓摩擦连接时，应对连接面进行喷砂、喷丸等方法的技术处理，使其连接面的抗滑移系数达到设计规定的数值。经过技术处理的摩擦面是否能达到设计规定的抗滑移系数值，需对摩擦面进行必要的检验性试验，以求得对摩擦面处理方法是否正确、可靠的验证。

抗滑移系数试验可按工程量每2000t为一批，不足2000t的可视为一批，每批三组试件由制作厂进行试验，另备三组试件供安装单位在吊装前进行复验。

（3）工艺性试验。对构造复杂的构件，必要时应在正式投产前进行工艺性试验。工艺性试验可以是单工序，也可以是几个工序或全部工序；可以是个别零部件，也可以是整个构件，甚至是一个安装单元或全部安装构件。

通过工艺性试验获得的技术资料和数据是编制技术文件的重要依据，同时用以指导工程施工。

2.4.4.1.5　编制工艺规程

钢结构工程施工前，制作单位应按施工图纸和技术文件的要求编制出完整、正确的施工工艺规程，用于指导、控制施工的全过程。

工艺规程的内容应包括：

（1）根据执行的标准编写成品技术要求。

（2）为保证成品达到规定的标准而制订的措施。

1）关键零件的精度要求、检查方法和检查工具。

2）主要构件的工艺流程、工序质量标准、为保证构件达到工艺标准而采用的工艺措施（如组装次序、焊接方法等）。

一般钢结构工程零部件制作工艺流程如图2.4.3所示。

3）采用的加工设备和工艺装备。

2.4.4.1.6　其他工艺准备工作

（1）根据产品的特点，工程量的大小和安装施工进度，将整个工程合理地划分成若干

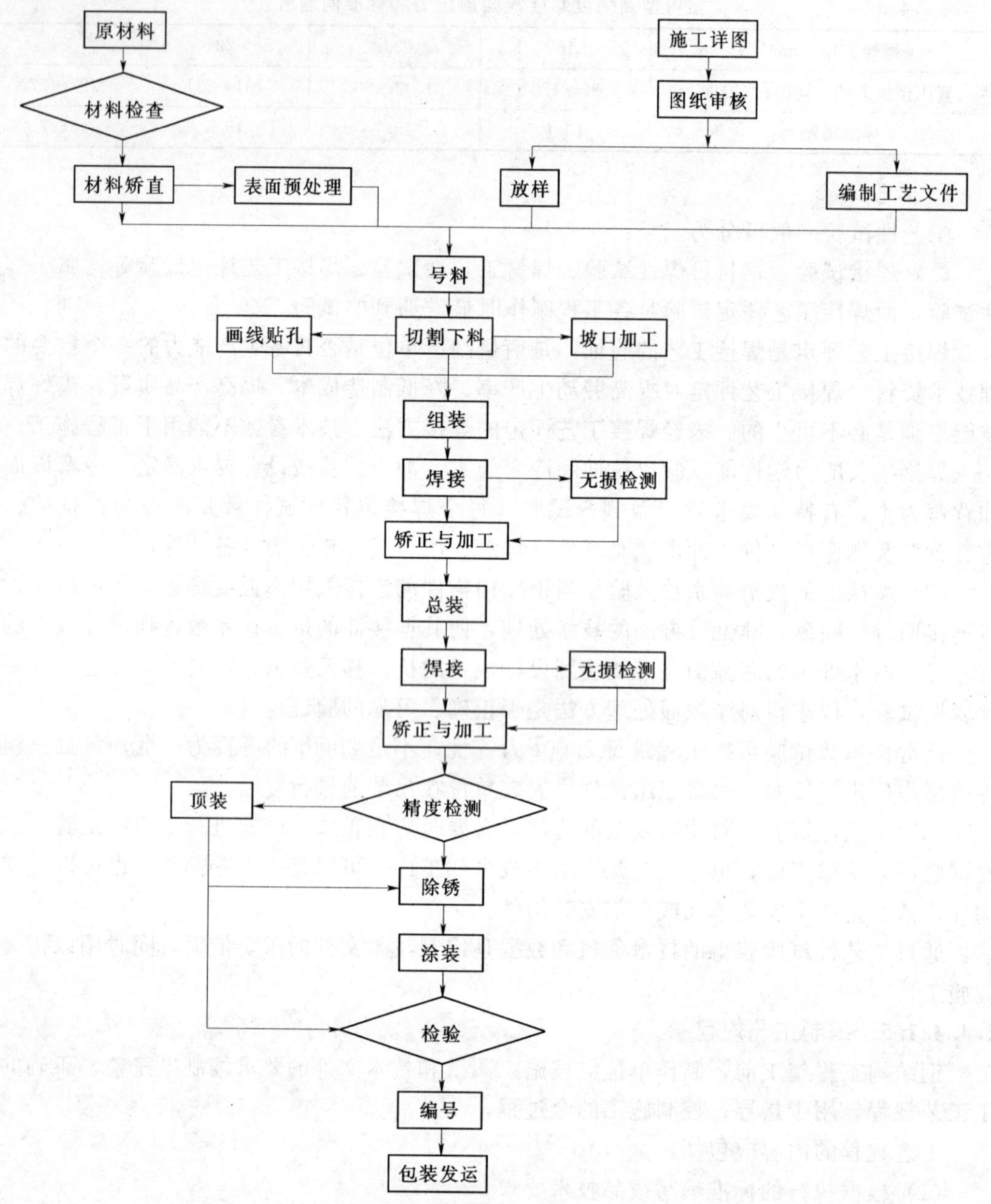

图 2.4.3　钢构件制作工艺流程图

个生产工号（或生产单元），以便分批投料，配套加工，配套出成品。

（2）从施工图中摘出零件，编制零件工艺流程表。

（3）根据来料尺寸和用料要求，统筹安排合理配料，确定拼接位置。

1）拼装位置应避开安装孔和复杂部位。

2）双角钢断面的构件，两角钢应在同一处拼接。

3）一般接头属于等强度连接，其位置一般无严格规定，但应尽量布置在受力较小的部位。

（4）根据工艺要求准备必要的工艺装备（胎、夹、模具）。因为工艺装备的生产周期较长，应争取先行安排加工。

（5）确定各工序的精度要求和质量要求，并绘制加工卡片。对构造复杂的构件，必要时应进行工艺性试验。

（6）确定焊接收缩量和加工余量。

（7）根据产品的加工需要。有时需要调拨或添置必要的机器和工具。此项工作也应提前做好准备。

2.4.4.2　钢材的代用和更改办法

（1）由于供应钢材或备料规格不能满足设计要求而需要代用时，应按下列原则进行。

1）钢结构按结构类型不同于对钢材各有要求，选用时根据要求对钢材的强度、塑性、韧性、耐疲劳性能、耐锈性能等全面考虑。对原钢板结构、焊接结构、低温结构和采用含碳量高的钢材制作的结构，还应重点防止脆性破坏。

2）对结构钢材的选择见表 2.4.4。

表 2.4.4　　结构钢材的选择

项次	结构类型			计算温度	选用牌号
1	焊接结构	直接承受动力荷载的结构	重级工作制吊车梁或类似结构	—	平炉、顶吹绅氧转炉 Q235 号镇静钢或 16 锰钢
2			轻、中级工作制吊车梁或类似结构	等于或低于−20℃	同 1 项
3				高于−20℃	平炉、顶吹纯氧转炉 Q235 沸腾钢
4		承受静力荷载或间接承受动力荷载的结构		等于或低于−30℃	
5				高于−30℃	同 3 项（当计算温度高于−15℃时，可采用侧吹碱性转炉 Q235 镇静钢）
6	非焊接结构	直接承受动力荷载的结构	重级工作制吊车梁或类似结构	等于或低于−20℃	同 1 项
7				高于−20℃	同 3 项
			轻、中级工作制吊车梁或类似结构	—	同 3 项
8		承受静力荷载或间接承受动力荷载的结构		—	
9					同 3 项（当计算温度高于−30℃时，可采用侧吹碱性转炉沸腾钢）

注　1. 冶金工厂的夹钳或刚性料、焊接吊车梁，当计算温度等于或低于−20℃时，宜用 16Mng 钢。
2. 低温地区的露天（或类似露天）的焊接结构，用沸腾钢时，板厚不宜过大。
3. 计算温度应按现行《工业企业采暖通风和空气调节设计规范》中的冬季空气调节室外计算温度确定。

3）对钢材性能的要求：承重结构的钢材，应保证抗拉强度（f）、伸长率 δ_5（或 δ_{10}）、屈服（δ_8）和硫（S）、磷（P）的极限含量。焊接结构应保证碳（C）的极限含量。必要时还应有冷弯试验的合格证。

对重级工作制和吊车起重量等于或大于 50t（500kN）的中级工作制焊接吊车梁或类

似结构的钢材，应有常温冲击韧性的保证。计算温度等于或低于－20℃时，Q235 号钢（3 号钢）应有－20℃下冲击韧性的保证。16Mn 和 16Mnq 钢应具有－40℃下冲击韧性的保证。重级工作制的非焊接吊车梁，必要时其所用钢材也应具有冲击韧性的保证。

(2) 钢结构选用钢材的要求应按上述的规定，设计选用钢材的钢号和提出对钢材性能的要求，施工单位不得随意更改或代用。

(3) 钢材代用一般须与设计单位共同研究确定，同时应注意下列几点。

1) 钢号虽然满足设计要求，但生产厂提供的材质保证书中缺少设计部门提出的部分性能要求时，应做补充试验。如 Q235、Q235・B・F 缺少冲击、低温冲击试验的保证条件时，应作补充试验，合格后才能应用。补充试验的试件数量，每炉钢材、每种型号规格一般不宜少于三个。

2) 钢材性能虽然满足设计要求，但钢号的质量优于设计提出的要求时，应注意节约。不要任意以优代劣，不要使质量差距过大。如采用其他专业用钢代替建筑结构钢时，最好查阅这类钢材生产的技术条件，并与建筑钢材的技术条件（GB 700—79）相对照，以保证钢材代用的安全性和经济合理性。重要的结构代用要有可靠的试验依据。

3) 如钢材性能满足设计要求，而钢号质量低于设计要求时，一般不允许代用。如结构性能与使用条件允许，在材质相差不大的情况下，经设计单位同意亦可代用，如以 Q235 代 Q235・F 等。

4) 钢材的钢号和性能都与设计提出的要求不符时，如 Q235 钢代 16Mn 钢，首先应根据上述规定检查是否合理，然后按钢材的设计强度重新计算，根据计算结果改变结构的截面，焊缝尺寸和节点构造，经设计单位同意亦可代用。

5) 普通碳素钢中的乙类钢，一般不保证机械性能，钢结构工程中不宜采用。特殊情况下，应按照国家标准对不同规格的钢材都要进行机械性能试验后，才准许应用。

6) 采用进口钢材时，应验证其化学成分和机械性能是否满足相应钢号的标准。

7) 钢材的规格尺寸与设计要求不同时，不能随意以大代小，须经计算后征得设计单位同意后才能代用。

8) 如钢材品种供应不全，可根据钢材选择的原则合理调整。建筑结构对材质的要求是：

受拉构件高于受压构件；焊接结构高于螺栓或铆钉连接的结构；厚钢板结构高于薄钢板结构；低温结构高于常温结构；受动力荷载的结构高于受静力荷载的结构。如桁架中上、下弦可用不同的钢材。遇含碳量高或焊接困难的钢材，可改用螺栓连接，但须与设计单位商定。

(4) 钢材代用在取得设计单位的同意认可后，要做好变更钢材签证手续。在此基础上发出材料代用通知单。材料代用通知单一般由工艺部门签发，通知有关部门执行。

2.4.4.3 生产组织方式

根据专业化程度和生产规模，钢结构的生产目前有下列三种生产组织方式。

1. 专业分工的大流水作业生产

这种生产组织方式的特点是各工序分工明确，所做的工作相对稳定。定机、定人进行流水作业。这种生产组织方式的生产效率和产品质量都有显著提高，适合于长年大批量生

产的专业工厂或车间。

2. 一包到底的混合组织方式

这种生产组织方式的特点是产品统一由大组包干，除焊工因有合格证制度需专人负责外，其他各工种多数为“一专多能”，如放样工兼做划线、拼配工作；剪冲工兼做平直、矫正工作等。机具也由大组统一调配使用。这种方式适合于小批量生产标准产品的工地生产和生产非标准产品的专业工厂。其优点是，劳动力和设备都容易调配。管理和调度也比较简单。但对工人的技术水平要求较高，工种也不能相对地稳定。

3. 扩大放样室的业务范围

零件加工顺序和加工余量等均由放样室确定，其劳动组织类似第2种。一般机床厂和建筑公司的铆工车间常采用这种生产组织方式。

2.4.4.4 生产场地布置

1. 生产场地布置的根据

布置生产场地时要考虑：产品的品种、特点和批量；工艺流程；产品的进度要求；每班的工作量和要求的生产面积；现有的生产设置和起重运输能力。

2. 生产场地布置的原则

(1) 按流水顺序安排生产场地，尽量减少运输量，避免倒流水。

(2) 根据生产需要合理安排操作面积，以保证安全操作，并要保证材料和零件有必需的堆放场地。

(3) 保证成品能顺利运出。

(4) 便利供电、供气、照明线路的布置等。

3. 设备布置的间距规定

为安全生产，加工设备之间要留有一定的间距作为工作平台和堆放材料、工件等用途。

2.4.4.5 零件加工

零件加工主要包括：放样、号料、下料、平直、边缘加工、滚圆、煨弯、制孔、钢球制作等。

2.4.4.5.1 放样、样板和样杆

放样工作包括：核对图纸的安装尺寸和孔距；以1∶1的大样放出节点；核对各部分的尺寸；制作样板和样杆作为下料、弯制、铣、刨、制孔等加工的依据。

放样号料用的工具及设备有：划针、冲子、手锤、粉线、弯尺、直尺、钢卷尺、大钢卷尺、剪子、小型剪板机、折弯机。钢卷尺必须经过计量部门的校验复核，合格的方能使用。放样时以1∶1的比例在样板台上弹出大样。当大样尺寸过大时，可分段弹出。对一些三角形的构件，如果只对其节点有要求，则可以缩小比例弹出样子，但应注意其精度。放样弹出的十字基准线，二线必须垂直。然后据此十字线逐一画出其他各个点及线，并在节点旁注上尺寸，以备复查及检验。

样板一般用0.5～0.75mm的铁皮或塑料板制作。样杆一般用钢皮或扁铁制作，当长度较短时可用木尺杆。

用作计量长度依据的钢盘尺，特别注意应经授权的计量单位计量，且附有偏差卡片，

使用时按偏差卡片的记录数值校对其误差数。钢结构制作、安装、验收及土建施工用的量具，必须用同一标准进行鉴定，应具有相同的精度等级。

样板、样杆上应注明工号、图号、零件号、数量及加工边、坡口部位、弯折线和弯折方向、孔径和滚圆半径等。

对不需要展开的平面形零件的号料样板有如下两种制作方法：

1）画样法。即按零件图的尺寸直接在样板料上作出样板。

2）过样法。这种方法又叫移出法，分为不覆盖过样和覆盖过样两种方法。

不覆盖过样法是通过作垂线或平行线，将实样图中的零件形状过到样板料上；而覆盖过样法，则是把样板料覆盖在实样图上，再根据事前作出的延长线，画出样板。为了保存实样图，一般采用覆盖过样法，而当不需要保存实样图时，则可采用画样法制作样板。

上述样板的制作方法，同样适用于号孔、卡型和成型等样板的制作。当构件较大时，样板的制作可采用板条拼接成花架，以减轻样板的重量，便于使用。

样板和样杆应妥为保存，直至工程结束以后方可销毁。

表 2.4.5　放样和样板（样杆）的允许偏差

项　目	允许偏差
平行线距离和分段尺寸	±0.5mm
对角线差	1.0mm
宽度、长度	±0.5mm
孔距	±0.5mm
加工样板的角度	±20′

放样所画的石笔线条粗细不得超过0.5mm，粉线在弹线时的粗细不得超过1mm。剪切后的样板不应有锐口，直线与圆弧剪切时应保持平直和圆顺光滑。样板的精度要求见表 2.4.5。

放样时，铣、刨的工件要考虑加工余量，焊接构件要按工艺要求放出焊接收缩量。由于铣刨时常成叠加工，尤其当长度较大时不易对齐，所有加工边一般要留加工余量 5mm。焊接收缩量由于受焊肉大小、气候、施焊工艺和结构断面等因素的影响，变化较大。表 2.4.6 中的数值仅供参考。

表 2.4.6　焊接结构中各种焊缝的预放收缩量

序号	结构种类	特　点	焊 缝 收 缩 量
1	实腹结构	断面高度在 1000mm 以内钢板厚度在 25mm 以内	纵长焊缝——每米焊缝为 0.1～0.5mm（每条焊缝） 接口焊缝——每一个接口为 1.0mm 加劲板焊缝——每对加劲板为 1.0mm
		断面高度 1000mm 以上 钢材厚度在 5mm 以上 各种厚度的钢材其断面高度在 1000mm 以上者	纵长焊缝——每米焊缝为 0.05～0.20mm（每条焊缝） 接 13 焊缝——每一个接口为 1.0mm 加劲板焊缝——每对加劲板为 1.0mm
2	格构式结构	轻型（屋架、架线塔等）	接口焊缝——每一个接口为 1.0mm 搭接接头——每条焊缝为 0.50mm
		重型（如组合断面柱子等）	组合断面的托梁、柱的加工余量，按本表第 1 项采用 焊接搭接头焊缝——每一个接头为 0.5mm

续表

序号	结构种类	特　点	焊 缝 收 缩 量
3	板筒结构（以油池为例）	厚 16mm 以下的钢板	横断接口（垂直缝）产生的圆周长度收缩量每一个接口 1.0mm 圆周焊缝（水平缝）产生的高度方向的收缩量每一个接口 1.0mm
		厚 20mm 以上的钢板	横断接口（垂直缝）产生的圆周长度收缩量每一个接口 2.0mm 圆周焊缝（水平缝）产生的高度方向的收缩量每一个接口 2.5～3.0mm

高层钢结构的框架柱尚应预留弹性压缩量。高层钢框架柱的弹性压缩量应按结构自重（包括钢结构、楼板、幕墙等的重量）和实际作用的活荷载产生的柱轴力计算。相邻柱的弹性压缩量相差不超过 5mm 时。柱压缩量应由设计者提出，由制作厂和设计者协商确定其数值。

如果图纸要求桁架起拱，放样时上、下弦应同时起拱，起拱时，一般规定垂直杆的方向仍然垂直于水平线，而不与下弦杆垂直。图 2.4.4 为上、下弦同时起拱示意图。

2.4.4.5.2　画线和切割

画线也称号料，即利用样板、样杆或根据图纸，在板料及型钢上画出孔的位置和零件形状的加工界线。号料的一般工作内容包括：检查核对材料；在材料上画出切割、铣、刨、弯曲、钻孔等加工位置；打冲孔；标注出零件的编号等。

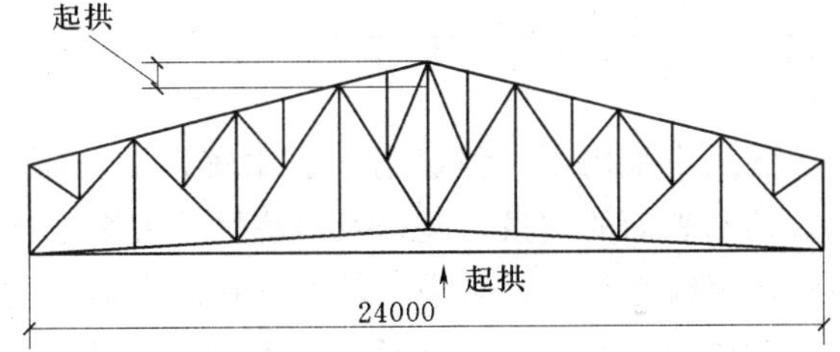

图 2.4.4　起拱示意图

钢板或型钢采用气割切割时，要放出气割的割缝宽度，其宽度可按表 2.4.7 所给出的数值考虑。

表 2.4.7　切割余量表　单位：mm

切割方式	材料厚度	割缝宽度留量
气割下料	≤10	1～2
	10～20	2.5
	20～40	3.0
	40 以上	4.0

为了合理使用和节约原材料，必须最大限度地提高原材料的利用率。一般常用的号料方法有如下几种：

（1）集中号料法。由于钢材的规格多种多样，为减少原材料的浪费，提高生产效率，应把同厚度的钢板零件和相同规格的型钢零件，集中在一起进行号料，此种方法称为集中号料法。

（2）套料法。在号料时，要精心安排板料零件的形状位置，把同厚度的各种不同形状的零件和同一形状的零件，进行套料，这种方法称为套料法。

（3）统计计算法。统计计算法是在型钢下料时采用的一种方法。号料时应将所有同规格型钢零件的长度归纳在一起，先把较长的排出来，再算出余料的长度，然后把和余料长度相同或略短的零件排上，直至整根料被充分利用为止。这种先进行统计安排再号料的方法，称为统计计算法。

(4) 余料统一号料法。将号料后剩下的余料按厚度、规格与形状基本相同的集中在一起，把较小的零件放在余料上进行号料，此法称为余料统一号料法。号料应有利于切割和保证零件质量。号料所画的石笔线条粗细以及粉线在弹线时的粗细均不得超过 1mm；号料敲凿子印间距，直线为 40～60mm，圆弧为 20～30mm。表 2.4.8 为号料的允许偏差。

表 2.4.8　号料的允许偏差　单位：mm

项　目	允许偏差
零件外形尺寸	±1.0
孔距	±0.5

切割也称下料，钢材下料的方法有氧割、机切、冲模落料和锯切等。气割和机械剪切的允许偏差分别见表 2.4.9 和表 2.4.10。

表 2.4.9　气割的允许偏差　单位：mm

项　目	允许偏差
零件宽度，长度	±3.0
切割面平面度	0.05t，且不大于 2.0
割纹深度	0.3
局部缺口深度	1.0

注　t 为切割面厚度。

表 2.4.10　机械剪切的允许偏差　单位：mm

项　目	允许偏差
零件宽度，长度	±3.0
边缘缺棱	1.0
型钢端部垂直度	2.0

施工中采用哪一种切割方法比较合适，应该根据各种切割方法的设备能力、切割精度、切割表面的质量情况以及经济性等因素来具体选定。一般情况下，钢板厚度在 12mm 以下的直线性切割，常采用剪切下料。气割多数是用于带曲线的零件或厚钢板的切割。各类型钢以及钢管等的下料通常采用锯割，但一些中小型的角钢和圆钢等，常常也采用剪切或气割的方法。等离子切割主要用于不易氧化的不锈钢材料及有色金属如铜或铝等的切割。

(1) 氧割。高温的钢能在氧气中剧烈地燃烧，所以钢能以氧气切割，在切割之前首先将金属加热至燃烧点，然后用高压的氧气喷射上去，使其剧烈燃烧，同时借喷射压力将溶渣吹去，造成割缝达到切割金属的目的。但熔点高于火焰温度或难于氧化的材料（如不锈钢），则不宜采用气割。氧与各种燃料燃烧时的火焰温度，见表 2.4.11。

表 2.4.11　氧与各种燃料燃烧时的火焰温度　单位：℃

燃料名称	火焰温度	燃料名称	火焰温度
乙炔气	3100～3200	甲烷气	2200～2300
汽油气体	2500～2600	丙烷气	2000～2850
煤油气体	2200～2250	液化石油气	2600～2800

气割能够切割各种厚度的钢材，设备灵活，费用经济，切割精度也高，是目前使用最广泛的切割方法。气割按切割设备分类可分为手工气割、半自动气割、仿型气割、多头气割、数控气割和光电跟踪气割。

气割时氧气的作用是助燃，产生高温并使钢燃烧而进行切割。气焊与气割用的工业用氧气的纯度均有一定要求，其指标见表 2.4.12。

表 2.4.12　　工业用气态氧指标

指标名称		指标		
		Ⅰ类	Ⅱ类	
			一级	二级
氧含量，体积（%）≥		99.5	99.5	99.2
水分	游离水（mL/瓶）≤	—	100	
	露点（℃）≤	−43	—	

氧气的纯度对氧气的消耗量、切割速度和质量起决定性的影响。同时，纯度降低也加大了工作时需要的压力，其关系见表 2.4.13（a）。

表 2.4.13（a）　　氧气纯度与切割速度、氧气压力和消耗量的关系

氧气纯度（%）	切割速度（%）	切割时的氧气压力（%）	氧气消耗量（%）	氧气纯度（%）	切割速度（%）	切割时的氧气压力（%）	氧气消耗量（%）
99.5	100	100	100	98.0	87	138～140	138～140
99.0	95	110～115	110～115	97.5	83	158～160	158～160
98.5	91	122～125	122～125				

供气割用的可燃气体种类很多，常用的有乙炔气、丙烷气和液化石油气等，但目前使用最多的还是乙炔气。这是因为乙炔气价廉、方便，而且火焰的燃烧温度也高。乙炔又称为电石，是一种碳氢化合物。

按所制取的乙炔的压力不同，乙炔发生器可分为低压式和中压式两种：低压式小于 $0.01N/mm^2$；中压式 $0.01 \sim 0.15N/mm^2$。

氧气切割时，氧和电石的消耗定额可参见表 2.4.13（b）和表 2.4.14。

表 2.4.13（b）　　各种厚度钢板每切割 10m 长度的消耗定额

项目	单位	12mm		16mm		20mm		25mm		30mm		36mm		40mm		50mm		60mm	
		手工	自动	手工	自动	手工	自动	手工	自动	手工	自动	手工	自动	手工	自动	手工	自动	手工	自动
氧气	m^3	1.51		1.78		3.0	3.21	4.0	4.28	5.33	5.7	6.62	7.00	7.5	8.03	9.5	10.7	12.5	13.38
电石	kg	1.81		2.14		3.6	3.85	4.8	5.14	6.4	6.84	7.94	8.5	9.0	9.64	11.4	12.2	15.0	16.06

表 2.4.14　　各种型钢每割 10 个切口的消耗定额

项目	单位	槽钢										角钢		
		10～12	14～16	18a	20a	22a	24a	27a	30a	36a	40a	130	150	200
氧气	m^3	0.46	0.62	0.72	0.83	0.95	1.09	1.2	1.33	1.7	2	0.5	0.8	1.11
电石	kg	0.55	0.74	0.86	1.0	1.14	1.31	1.44	1.60	2.04	2.4	0.6	0.96	1.33

续表

项目	单位	工　字　钢												
		10～12a	14～16a	18a	20a	22a	24a	27a	30a	36a	40a	45a	55a	60a
氧气	m^3	0.67	0.92	1.0	1.2	1.33	1.5	1.62	1.82	2.14	2.4	2.73	3.4	3.8
电石	kg	0.8	1.1	1.2	1.44	1.6	1.8	1.94	2.18	2.57	2.88	3.28	4.08	4.56

氧气切割会引起钢材产生淬硬倾向，对16锰材料更显著。淬硬深度约0.5～1.0mm，会增加边缘加工的困难。

常用的氧割和气割的设备如下：

1）手动和自动割枪的性能，表2.4.15为射吸式手工割枪性能表。

2）等压式割炬规格及性能见表2.4.16。

表2.4.15　射吸式手工割枪性能表

型号	切割厚度（低碳钢）(mm)	氧气压力 (N/mm^2)	乙炔压力 (N/mm^2)	可换割嘴个数	割嘴孔径范围 (mm)	割枪总长度 (mm)
G01—30	2～30	0.2～0.3		3	0.6～1.0	450
G01—100	10～100	0.2～0.5	0.001～0.1	3	1.0～1.6	550
G01—300	100～300	0.5～1.0		4	1.8～3.0	650

表2.4.16　等压式割炬规格及性能

型号（名称）	割嘴号码	切割氧孔径 (mm)	切割范围 (mm)	气体压力（N/mm^2）		气体消耗量	
				氧气	乙炔	氧气（m^3/h）	乙炔（L/h）
G02—100 中压式割炬	1	1.0	10～25	0.4	0.05～0.1	0.7～2.2	350～400
	2	1.3	25～50	0.5	0.05～0.1	3.5～4.3	400～500
	3	1.6	50～100	0.6	0.05～0.1	5.5～7.3	500～600
G02—500 中压式割炬	7	3.0	250～300	0.6	0.05～0.1	15～20	1000～1500
	8	3.5	300～400	1.0	0.05～0.1	20～25	1500～2000
	9	4.0	400～500	1.2	0.05～0.1	25～20	1800～2200
G04—12/100 中压式焊割两用炬	1	1.0	5～20	0.25	>0.05	1.5～2.5	250～400
	2	1.3	20～50	0.35		3.5～4.5	400～500
	3	1.6	50～100	0.5		3.0～3.4	500～600

3）CG1—30型半自动切割机，在轨道上直线行走，可坡口切割V型、Y型，可直线和圆切割，亦可作表面淬火、热喷涂、喷焊等多种用途。表2.4.17为CG1—30型半自动切割机性能和切割机使用的割嘴规格。

4）仿型气割机大多是轻便摇臂式仿型自动气割机，适用于大批生产中气割同一种零件。

切割工件的形状，决定于靠模样板。仿型气割机能比较精确地割出各种形状的零件，大批量生产形状曲折的零件时，优越性更为显著。常用仿型气割机的型号及主要技术数据，见表2.4.18。

表 2.4.17　　CG1—30 型半自动切割机性能

气割速度（mm/min）	气割范围（mm）	外形尺寸（长×宽×高）（mm）	质　量（kg）	电　机		
				型号	功率（W）	转速（r/min）
50～750（无级调速）	厚度：5～60 割圆直径：ϕ200～ϕ2000 直线气割：无限	470×230×240 导轨（两支）1800×280×22	机重：14 割枪：2.7 半径杆：1.45	S261	24	3600～4000

表 2.4.18　　CG2—150 型仿型气割机性能

气割速度（mm/min）	气割范围（mm）	外形尺寸（长×宽×高）（mm）	质　量（kg）	电　机	
				功　率（W）	转　速（r/min）
50～750（无级调速）	气割精度：±0.4 正方形：500×500 直线气割：1200 切割厚度：5～50 割圆：ϕ600 长方形：400×900，450×750	1190×335×800	平衡重：9 总重：40	24	3600

5）手工割枪或自动、半自动割机，如加以适当改进，即可发挥更大的作用，如：罐类封头的割齐工作，可用车平圆板（放在罐封头内），加半自动切割机，利用平板的平面和中心孔作圆心，半自动气割机在板上走过一圈，即将封头切得整齐。或者利用固定的手工割炬，把封头放在水平转胎上，找正中心，当封头随转胎转动一周，割炬进行切割，同样可以达到切得整齐的目的。

6）随着气割工作量的增加，出现各种轻便型火焰氧气切割机、专用火焰氧气切割机、多头门式切割机、电磁仿形、光电跟踪和数控火焰切割机等。

数控气割是在制作工艺中使用的一项新技术，这种气割机可省去放样画线等工序而直接切割。生产中应用较广泛的门式气割机是一种高精度切割设备，主要用于切割直线形零件和钢板的边缘加工。门式气割机主要技术数据见表 2.4.19。

表 2.4.19　　门式气割机主要技术数据

型　号	切割厚度（mm）	切割范围（mm）	割炬数（组）	切割速度（mm/min）
WKQ 系列	6～100	12000×3000～7500	3	50～1200
SQG650—2	6～150	8000×2000	2	10～6000
SK—CG—2500	5～150	6000×2500	2	100～1500
SK—CG—9000	5～150	24000×9000	4	50～2400
CNC—4A	8～150	16000×4000	2	50～1000

多头直条切割机是一种高效率的板条切割设备，纵向割炬可根据要求配置，一次可同时加工多块板条。多头直条切割机主要技术参数见表 2.4.20。

表 2.4.20　　多头直条切割机技术参数

轨距	3000mm	切割速度	0～1m/min
轨长	15000mm	纵向割矩	9 组
有效行程	12500mm	横向割矩	1 组
切割宽度	80～2300mm		

光电跟踪气割机是用光电平面轮廓仿型，通过自动跟踪系统驱动割嘴进行切割的设备，在工艺上可以省略实尺下料，只需将被切割的零件画成 1∶10 的缩小仿型图即可，不仅提高了工效，减轻了劳动强度，而且还可以实现套料切割，提高钢材的利用率。光电跟踪气割机由跟踪机和切割机两部分组成，跟踪方式大多采用脉冲相位法，跟踪机和切割机为分离式，实行遥控，燃气采用氧乙炔（或丙烷），表 2.4.21 为引进的 CM 型光电跟踪自动切割机的主要技术性能。

表 2.4.21　　CM 型光电跟踪自动切割机的主要技术性能

切割钢板的长度	16m	切割速度	0～1000mm/min
切割钢板的宽度	3m	切割精度（纵向）	不大于 1mm
切割最大厚度	160mm	切割精度（横向）	不大于 1mm
可装割炬数	8 个		

H 型钢材的使用量正在不断地增加，为了适合 H 型钢的切割下料，高效率、高性能的手提式气体切割机的需求量也在不断地增加。日本便携式 H 型钢自动切割机具有快速精确切割工字钢的能力，切割时不需要移动工件。该机有两个马达，一个是为腹板切割，一个为翼板切割。当腹板切割时，机器沿轨道行走。当翼板切割时，割炬装置沿竖向齿柱上、下移动，不需要转动工字钢。

IK—72T 便携式全方位自动气体切割机使曲面切割过程可以完全自动完成，切割过程简便、迅速和精确。

气割时应该正确选择割嘴型号、氧气压力、气割速度和预热火焰的能率等工艺参数。

工艺参数的选择主要是根据气割机械的类型和可切割的钢板厚度。

常见气割断面缺陷及其产生原因见表 2.4.22。

气割前，应去除钢材表面的污垢、油脂，并在下面留出一定的空间，以利于熔渣的吹出。气割时，割炬的移动应保持匀速，割件表面距离焰心尖端以 2～5mm 为宜，距离太近会使切口边沿熔化，太远了热量不足，易使切割中断。气割时，要调节好切割氧气射流（风线）的形状，使其达到并保持轮廓清晰，风线长和射力高。

在进行气割时需注意以下几点：①气压稳定，不漏气；②压力表、速度计等正常无损；③机体行走平稳，使用轨道时要保证平直和无振动；④割嘴气流畅通，无污损；⑤割炬的角度和位置准确。

气割时必须防止回火，回火的实质是氧乙炔混合气体从割嘴内流出的速度小于混合气体燃烧速度。发生回火时，应及时采取措施，将乙炔皮管折拢并捏紧，同时紧急关闭气源，一般先关闭乙炔阀，再关氧气阀，使回火在割炬内迅速熄灭，稍待片刻，再开启氧气阀，以吹掉割炬内残余的燃气和微粒，然后再点火使用。

表 2.4.22　　**常见气割断面缺陷及其产生原因**

缺陷名称	图　示	产　生　原　因
粗糙		切割氧压力过高； 割嘴选用不当； 切割速度太快； 预热火焰能率过大
缺口		切割过程中断，重新起割衔接不好； 钢板表面有厚的氧化皮，铁锈等； 切割坡口时预热火焰能率不足； 半自动气割机导轨上有脏物
内凹		切割氧压力过高； 切割速度过快
倾斜		割炬与板面不垂直； 风线歪斜； 切割氧压力低或嘴号偏小
上缘熔化		预热火焰太强； 切割速度太慢； 割嘴离割件太近
上缘呈珠链状		钢板表面有氧化皮，铁锈； 割嘴到钢板的距离太小，火焰太强
下缘粘渣		切割速度太快或太慢； 割嘴号太小； 切割氧压力太低

为了防止气割变形，在气割操作中应遵循下列程序：①大型工件的切割，应先从短边开始；②在钢板上切割不同尺寸的工件时，应先割小件，后割大件；③在钢板上切割不同形状的工件时，应先割较复杂的，后割较简单的；④窄长条形板的切割，长度两端留出 50mm 不割，待割完长边后再割断，或者采用多割炬的对称气割的方法。

（2）等离子切割。等离子切割是应用特殊的割炬，在电流、气流及冷却水的作用下，产生高达 20000～30000℃的等离子弧熔化金属而进行切割的设备，它的优点是：①能量高度集中，温度高而且具有很高的冲刷力，可以切割任何高熔点金属，有色金属和非金属材料；②由于弧柱被高度压缩，温度高、直径小，冲击力大，所以切口较窄，切割边的质量好，切速高，热影响区小，变形也小，切割厚度可达 150～200mm。成本较低，特别是采用氮气等廉价的气体，成本更为降低。

等离子弧切割目前主要用于不锈钢、铝、镍、铜及其合金等，还部分地代替氧乙炔焰，切割一般碳钢和低合金钢。另外，由于等离子弧切割具有上述优点，所以在一些尖端技术上也被广泛采用。

(3) 机械切割。根据切割原理，机械切割可分为四类：①利用上下两剪刀的相对运动来切断钢材。此类机械剪切速度快，效率高，能剪切厚度小于30mm的钢材，其缺点是切口略粗糙，下端有毛刺。剪板机、联合冲剪机和型钢冲剪机等机械属于此类；②利用锯片的切削运动把钢材分离。此类机械切割精度好，主要用于切割角钢、圆钢和各类型钢。弓锯床、带锯床和圆盘锯床等机械属于此类；③利用锯片与工件间的摩擦发热使金属熔化而被切断。此类机械中的摩擦锯床切割速度快，但切口不光洁，噪声大。砂轮切割机能切割不锈钢及各种合金钢等；④利用冲压设备落料、冲口、冲长圆孔，槽钢和型钢的切断、角钢切肢、圆管压扁亦可采用冲压方法。

剪切操作要点：①剪刀必须锋利，剪刀的材料用碳工具钢和合金工具钢；②剪刀间隙应根据板厚调整，除薄板应调至0.3mm以下，一般为0.5～0.6mm；③当一张钢板上排列多个零件并有几条相交的剪切线时，应预先安排号合理的剪切程序后再进行剪切；④剪切时，将剪切线对准下刃口，剪切的长度不能超过下刀刃长度；⑤材料剪切后的弯扭变形，必须进行矫正；⑥剪切过程中，坡口附近的金属因受剪力而发生挤压和弯曲，从而引起硬度提高，材料变脆的冷作硬化现象。重要的结构件和焊缝的接口位置，一定要用铣、刨或者砂轮磨削的方法将硬化表面加工清除。

锯切下料：在钢结构制造厂中，锯割机械的主要类型和用途为：①弓锯床仅用于切割中小型的型钢：圆钢和扁钢等；②带锯床用于切断型钢、圆钢、方钢等，其效率高，切断面质量较好；③圆盘锯床的锯片呈圆形，在圆盘的周围制有锯齿，锯切工件时，电动机带动圆锯片旋转便可进刀锯断各种型钢。圆盘锯的特点是能够切割大型的H型钢，而且切割精度很高，因此在钢结构制造厂的加工过程中，圆盘锯经常被用来进行柱、梁等型钢构件的下料切割；④摩擦锯主要是利用锯片与工件间的摩擦发热，使工件熔化而切断。工作时，锯片以100～150m/s的圆周速度高速旋转，高速度使工件发热熔化，摩擦锯能够锯割各类型钢，也可以用来切割管子和钢板等。使用摩擦锯切割的优点是锯割的速度快，效率高，切削速度可达120～140m/s，进刀量200～500mm/min，缺点是切口不光洁，噪音大，只适于锯切精度要求较低的构件，或者下料时留有加工余量需进行精加工的构件。摩擦锯锯片的周围通常没有锯齿，只有不深的压痕；⑤砂轮锯是利用砂轮片高速旋转时与工件摩擦，由摩擦生热并使工件熔化而完成切割。砂轮锯适用于锯切薄壁型钢，如方管、圆管、Z形和C形断面的薄壁型钢等。切口光滑，毛刺较薄，容易消除。当材料厚度较薄(1～3mm)时，剪切效率很高。当材料厚度超过4mm时，效率降低，砂轮片损耗大，经济上不合算。

锯割机械施工中应注意以下问题：①型钢应预先经过校直，方可进行锯切；②所选用的设备和锯片规格必须满足构件所要求的加工精度；③单件锯切的构件，先画出号料线，然后对线锯切。号料时，需留出锯槽宽度，锯槽宽度为锯片厚度加0.5～1.0mm。成批加工的构件，可预先安装定位挡板进行加工；④加工精度要求较高的重要构件，应考虑留出适当的精加工余量，以供锯割后进行端面精铣。

锯切设备的工作精度，主要是指锯割后断面相对轴线的不垂直度的误差值，这与机床

的性能及锯片的刚度有关。各类锯割机床实际能够达到的工作精度见表 2.4.23。

表 2.4.23　　各类锯割机床能够达到的精度

图　例	切割断面对轴线的不垂直度 a			
	弓锯床	带锯床	圆盘锯	砂轮锯
	0.4/100	0.4/100	0.15/100	0.5/100

2.4.4.5.3　矫正和成型

在钢结构制作过程中，由于材料变形、气割变形、剪切变形、焊接变形和运输变形超出允许偏差，影响构件的制作及安装质量，必须对其进行矫正。矫正就是造成新的变形去抵消已经发生的变形。矫正的方法很多，根据矫正时钢材的温度分冷矫正和热矫正两种，根据矫正时外力的来源和性质分为机械矫正、手工矫正、火焰矫正等。

型钢机械矫正是在型钢矫直机上进行。型钢矫直机由两个支承和一个推撑构成。推撑部分可作伸缩运动，伸缩距离可根据需要进行控制，两个支承固定在机座上，可按型钢弯曲程度来调整两支撑点之间的距离。

型钢手工矫正是用人力大锤矫正，多数用在小规格的各种型钢上，依点锤击进行矫正。因型钢结构刚度比钢板大，所以用手工锤击矫正各种型钢的操作更为困难。

常用的型钢矫正机有辊式型钢矫正机、机械顶直矫正机、辊式平板机三种。辊式型钢矫正机利用上、下两排辊子将型钢的弯曲部分矫正调平。端部副辊可以单调，使输出的型钢达到平直。辊式型钢矫正机的效率很高，但通用性较差，除角钢外，必须采用专门断面的辊子，因此多用于轧钢工厂。当型钢较长（如超过 4m），慢弯不易消除，且端部的死弯不易平直。调直范围在 L50～L100 的辊式调直机常用于机械工厂的结构车间。

当钢材型号超过矫正机负荷能力或构件形式不适于采用机械校正时，采用火焰矫正。

火焰矫正常用的加热方法有点状加热、线状加热和三角形加热三种。点状加热根据结构特点和变形情况，可加热一点或数点。线状加热时，火焰沿直线移动或同时在宽度方向作横向摆动，宽度一般约为钢材厚度的 0.5～2 倍。多用于变形量较大或刚性较大的结构。三角形加热的收缩量较大，常用于矫正厚度较大、刚性较强构件的弯曲变形。

低碳钢和普通低合金钢的热矫正加热温度一般为 600～900℃，800～900℃是热塑性变形的理想温度，但不得超过 900℃。

如加热温度过高，会产生超过屈服点的收缩应力。低碳钢塑性好．收缩应力超过屈服点时随即产生变形而引起应力重分配，不会产生大问题。但中碳钢则会由于变形而产生裂纹，所以中碳钢一般不用火焰矫正。

依据《钢结构工程施工质量验收规范》(GB 50205—2001) 的规定，钢材矫正后的允许偏差，见表 2.4.24。

冷矫正和冷弯曲的最小曲率半径和最大弯曲矢高的允许值见表 2.4.25。

表 2.4.24　**钢材矫正的允许偏差**

项　　目		允许偏差	图　　例
钢板的局部平面度	$t \leqslant 14$	1.5	1000
	$t > 14$	1.0	
型钢弯曲矢高		1/1000 且不应大于 5.0	
角钢肢的垂直度		$b/100$ 双肢拴接角钢的角度不得大于 90°	
槽钢翼缘对腹板的垂直度		$b/80$	
工字钢、H 型钢翼缘对腹板的垂直度		$b/100$ 且不大于 2.0	

表 2.4.25　**最小曲率半径和最大弯曲矢高允许值**

钢材类别	图　例	对应轴	矫正		弯曲	
			r	f	r	f
钢板扁钢		$x-x$	$50t$	$\frac{l^2}{400t}$	$25t$	$\frac{l^2}{200t}$
		$y-y$（仅对扁钢轴线）	$100b$	$\frac{l^2}{800b}$	$50b$	$\frac{l^2}{400b}$
角钢		$x-x$	$90b$	$\frac{l^2}{720b}$	$45b$	$\frac{l^2}{360b}$
槽钢		$x-x$	$50h$	$\frac{l^2}{400h}$	$25h$	$\frac{l^2}{200h}$
		$y-y$	$90b$	$\frac{l^2}{720b}$	$45b$	$\frac{l^2}{360b}$

续表

钢材类别	图　例	对应轴	矫正		弯曲	
			r	f	r	f
工字钢		$x-x$	$50h$	$\frac{l^2}{400h}$	$25h$	$\frac{l^2}{200h}$
		$y-y$	$50b$	$\frac{l^2}{400b}$	$25b$	$\frac{l^2}{200b}$

注　r 为曲率半径；f 为弯曲矢高；l 为弯曲弦长；t 为钢板厚度。

2.4.4.5.4　成形加工

在钢结构制造中，成形加工主要包括弯曲、卷板（滚圆）、边缘加工、折边和模具压制五种加工方法。

其中由于弯曲、卷板（滚圆）和模具压制等工序，都涉及到热加工和冷加工方面的知识，故在制作时必须对热加工与冷加工的基本知识有所了解，现作如下简要介绍：

1. 热加工

热加工的概念：把钢材加热到一定温度后进行的加工方法，通称热加工。在热加工方面，现在常用的有两种加热方法，一种是利用乙炔火焰进行局部加热，这种方法简便，但是加热面积较小。另一种是放在工业炉内加热，它虽然没有前一种方法简便，但是加热面积很大，并且可以根据结构构件的大小来砌筑工业炉。

加热温度与钢材之间的关系：温度能够改变钢材的机械性能，能使钢材变硬，也能使它变软。为了掌握热加工操作技术，应该了解加热温度和加热速度与钢材强度之间的变化关系，熟悉辨别加热温度的方法，以及各种热加工方法对加热温度的要求等。

高温中钢材强度的变化：钢材在常温中有较高的抗拉强度，但加热到 500℃以上时，随着温度的增加，钢材的抗拉强度急剧下降（表 2.4.26），其塑性、延展性大大增加，钢的机械性能逐渐降低而变软。

表 2.4.26　　**高温时钢材抗拉强度的变化**

抗拉强度 σ_b（MPa）	加热温度（℃）							
	600	700	800	900	1000	1100	1200	1300
常温时 $\sigma_b=400$ 的钢材	120	85	65	45	30	25	20	15
常温时 $\sigma_b=600$ 的钢材	250	150	110	75	55	35	25	20

热加工是通过工业炉、地炉以及氧乙炔焰等把钢材加热，使钢材在减少强度，增加塑性的基础上，进行矫正或成形方面的加工。

钢材加热温度的判断：钢材加热的温度可从加热时所呈现的颜色来判断钢材不同加热温度时呈现的颜色（表 2.4.27）。

表 2.4.27　　钢材不同加热温度时呈现的颜色

颜色	温度（℃）	颜色	温度（℃）
黑色	470 以下	亮樱红色	800～830
暗褐色	520～580	亮红色	830～880
赤褐色	580～650	黄赤色	880～1050
暗樱红色	650～750	暗黄色	1050～1150
深樱红色	750～780	亮黄色	1150～1250
樱红色	780～800	黄白色	1250～1300

表 2.4.27 所列系在室内白天观察的颜色，在日光下颜色相对较暗，在黑暗中颜色相对较亮，严格要求采用热电偶温度计或比色高温计测量数据较为准确。

热加工时所要求的加热温度范围：加热温度对于低碳钢一般都在 100～1100℃。热加工终止温度不应低于 700℃，加热温度过高，加热时间过长，都会引起钢材内部组织的变化，破坏原材料材质的机械性能。加热温度在 200～300℃时，钢材产生蓝脆性。在这个温度范围内，严禁锤打和弯曲，否则，容易使钢材断裂。

型钢在热加工过程中的变形规律：手工热弯型钢的变形与机械冷弯型钢的变形一样，都是通过外力的作用，使型钢沿中性层内侧发生压缩的塑性变形和沿中性层外侧发生拉伸的塑性变形，这样便产生了钢材的弯曲变形。

2. 冷加工

钢材在常温下进行加工制作，通称冷加工。在钢结构制造中冷加工的项目很多，有剪切、铲、刨、辊、压、冲、钻、撑、敲等工序；这些工序绝大多数是利用机械设备和专用工具进行的。其中敲是一种手工操作方法，它除了用于矫正钢材和构件形状外，还常用来代替机械设备的辊压和切断等加工。

所有冷加工，对钢材性质来说，只有两种基本情况。第一种是作用于钢材单位面积上的外力超过材料的屈服强度而小于其极限强度，不破坏材料的连续性，但使其产生永久变形，如加工中的辊、压、折、轧、矫正等。第二种是作用于钢材单位面积上的外力超过材料的极限强度，促进钢材产生断裂，如冷加工中的剪、冲、刨、铣、钻等，都是利用机械的作用力超过钢材的剪应力强度，使其部分钢材分离主体。

凡是超过屈服点而产生变形的钢材，其内部都会发生冷硬现象，从而会改变钢材的机械性能，即硬度和脆性增加，而延伸率和塑性则相应地降低。局部变化所产生的冷硬现象，比钢材全部变形情况更为突出。

低温中的钢材，其韧性和延伸性均相应减小，极限强度和脆性相应增加，若此时进行冷加工受力易使钢材产生裂纹。因此，应注意低温时不宜进行冷加工。

冷加工与热加工比较，冷加工具有较多的优越性。如：使用的设备简单，操作方便，节约材料和燃料，钢材的机械性能改变较小，减薄量甚少等。因此，冷加工容易满足设计和施工的要求，从而提高了工作效率。

3. 弯曲

弯曲加工是根据构件形状的需要，利用加工设备和一定的工、模具把板材或型钢弯制

成一定形状的工艺方法。按加热程度弯曲分冷弯和热弯。按加工方法分为压弯、滚弯和拉弯。

如图 2.4.5（a）所示为用压力机压弯钢板，它适用于一般直角弯曲（V 形件）、双直角弯曲（U 形件）以及其他适宜弯曲的构件。如图 2.4.5（b）所示为用滚圆机上滚弯钢板，它适用于滚制圆筒形构件及其他弧形构件。如图 2.4.5（c）和 2.4.5（d）所示分别为用转臂拉弯机和转盘拉弯机拉弯钢板，它主要用于将长条板材拉制成不同曲率的弧形构件。

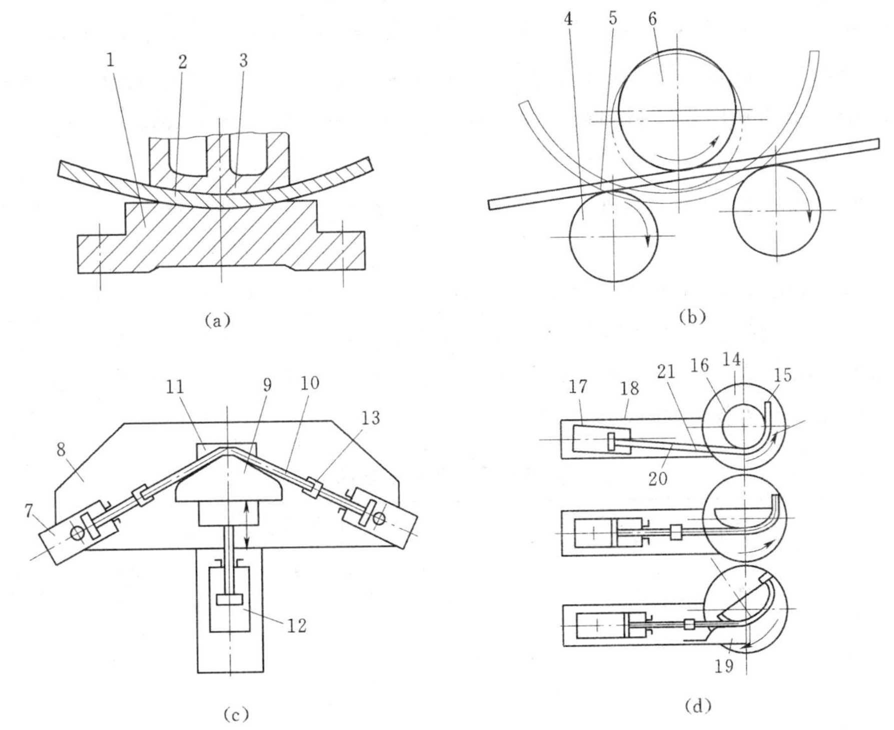

图 2.4.5　弯曲加工方法

（a）压力机上压弯钢板；（b）滚圆机上滚弯钢板；（c）转臂拉弯机拉弯钢板；（d）转盘拉弯机拉弯钢板
1—下模；2、5、11、21—钢板；3—上模；4—下辊；6—上辊；7、12、17—油缸；8、18—工作台；
9—固定凹模；10、15—拉弯模；13—夹头；14—转盘；16—固定夹头；19—靠模；20—夹头

弯曲件的圆角半径不宜过大，也不宜过小；过大时因回弹影响，使构件精度不易保证，过小则容易产生裂纹。根据实践经验，钢板最小弯曲半径，在经退火和不经退火时较合理推荐数值如表 2.4.28 所示。

一般薄板材料弯曲半径可取较小数值，弯曲半径≥t（t 为板厚）；厚板材料弯曲半径应取较大数值，弯曲半径＝$2t$（t 为板厚）。

弯曲角度是指弯曲件的两翼夹角，它和弯曲半径不同，也会影响构件材料的抗拉强度；随着弯曲角度的缩小，应考虑将弯曲半径适当增大。

材料塑性越好，其变形稳定性越强，则均匀延伸率越大，弯曲半径就可减小；反之，塑性差，弯曲半径则大，特殊脆性易裂的材料，弯曲前应进行退火处理或加热弯制。

表 2.4.28　　　　　**钢板最小弯曲半径**

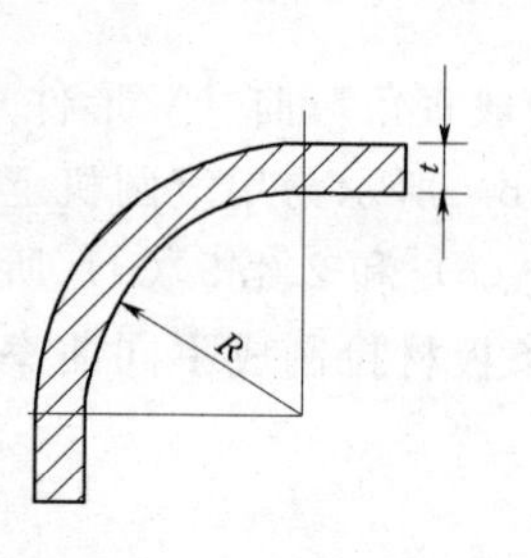

板　材	弯曲半径（R）	
	经退火	不经退火
钢 Q235、15、30	$0.5t$	t
钢 A5、35	$0.8t$	1，$5t$
钢 45	t	$1.7t$
铜	—	$0.8t$
铝	$0.2t$	$0.8t$

弯曲过程是在材料弹性变形后再达到塑性变形的过程。在塑性变形时，外层受拉伸，内层受压缩，拉伸和压缩使材料内部产生应力，应力的产生，造成材料变形过程中存在一定的弹性变形，在失去外力作用时，材料就产生一定程度的回弹。

影响回弹大小的因素主要有：①材料的机械性能：屈服强度越高，其回弹就越大；②变形程度：弯曲半径（R）和材料厚度（t）之比，R/t 的数值越大，回弹越大；③变形区域：变形区域越大，回弹越大；④摩擦情况：材料表面和模具表面之间摩擦，直接影响坯料各部分的应力状态，大多数情况下会增大弯曲变形区的拉应力，则回弹减小。

弯曲加工时，由于材料、模具以及工艺操作不合理，就会产生各种质量缺陷。常见的质量缺陷以及消除方法见表 2.4.29。

表 2.4.29　　　　　**弯曲加工常见质量缺陷**

序号	名　称	图　例	产生的原因	消除的方法
1	弯裂		上模弯曲半径过小，板材的塑性较低，下料时毛坯硬化层过大	适当增大上模圆角半径，采用经退火或塑性较好的材料
2	底部不平		压弯时板料与上模底部没有靠紧坯料	采用带有压料顶板的模具，对毛坯施加足够的压力
3	翘曲		由变形区应变状态引起横向应变（沿弯曲线方向），在外侧为压应变，内侧为拉应变，使横向形成翘曲	采用校正弯曲方法，根据预定的弹性变形量，修正上下模
4	擦伤		坯料表面未擦刷清理干净，下模的圆角半径过小或间隙过小	适当增大下模圆角半径，采用合理间隙值，消除坯料表面脏物

续表

序号	名　称	图　例	产生的原因	消除的方法
5	弹性变形		由于模具设计或材质的关系等原因产生变形	以校正弯曲代替自由弯曲，以预定的弹性回复来修正上下模的角度
6	偏移		坯料受压时两边摩擦阻力不相等，而发生尺寸偏移；以不对称形状工件的压变尤为显著	采用压料顶板的模具，坯料定位要准确，尽可能采用对称性弯曲
7	孔的变形		孔边距弯曲线太近，内侧受压缩变形，外侧受拉伸变形，导致孔的变化	保证从孔边到弯曲半径中心的距离大于一定值
8	端部鼓起		弯曲时，纵向被压缩而缩短，宽度方向则伸长，使宽度方向边缘出现突起，以厚板小角度弯曲尤为明显	在弯曲部位两端预先做成圆弧切口，将毛坯毛刺一边放在弯曲内侧

弯曲加工设备种类很多，在一般情况下能和模压设备通用。常用弯曲加工设备有：液压弯管机、开式固定台压力机、单柱万能液压机、双盘摩擦压力机等。

弯曲操作注意事项：①根据工件所需弯曲力，选择好适当的压力设备。首先固定好上模，使模具重心与压力头的中心在一条直线上，再固定下模，上下模平面必须吻合并紧密配合，间隙均匀，并检查上模有足够行程。②开动压力机，试压，检查是否有异常情况，润滑是否良好。难于从模中取出的工件，可适当加些润滑剂或润滑油，减小摩擦，以便容易脱模。③正式弯曲前，必须再次检查工件编号、尺寸是否与图纸符合，料坯是否有影响压制质量的毛刺。对批量较大的工件，须加装能调整定位的挡块，发现偏差应及时调整挡块位置。④弯曲后，必须对首次压出的件进行检查，合格后，再进行连续压制，工作中应注意中间抽验。每一台班中也必须注意抽验。⑤禁止用手直接在模具上取放工件。对于较大工件，可在模具外部取放；对于小于模具的工件，应借助其他器具取放；安全第一，防止出现人身事故。⑥多人共同操作时，只能听从一人指挥。⑦模具用完后，要妥善保存，不能乱放乱扔，还必须涂漆或涂油防止锈蚀。

4. 卷板（滚圆）

卷圆是滚圆钢板的制作，实际上就是在外力的作用下，使钢板的外层纤维伸长，内层纤维缩短而产生弯曲变形（中层纤维不变）。当圆筒半径较大时，可在常温状态下卷圆，如半径较小和钢板较厚时，应将钢板加热后卷圆。在常温状态下进行卷圆钢板的方法有机械滚圆、胎模压制和手工制作三种。

滚圆是在卷板机（又叫滚板机、轧圆机）上进行的，它主要用于卷圆各种容器、大直

径焊接管道、锅炉汽包和高炉等的壁板。根据卷制时板料温度的不同，分冷卷、热卷与温卷。它是根据板料的厚度和设备条件来选定的。

卷板机按轴辊数目和位置可分为三辊卷板机和四辊卷板机两类。三辊卷板机又分为对称式与不对称式两种。卷板机的工作原理如图 2.4.6 所示，图 2.4.6 为对称式三辊卷板机的轴辊断面图，轴辊沿轴向具有一定的长度，以使板料的整个宽度受到弯曲。在两个下辊的中间对称位置上有上辊 1，上辊在垂直方向调节，使置于上下轴辊间的板料得到不同的弯曲半径。下辊 2 是主动的，安装在固定的轴承内，由电动机通过齿轮减速器使其同方向同转速转动，上辊是被动的，安装在可作上下移动的轴承内。大型卷板机上辊的调节采用机械或液压进行；小型卷板机中常为手动调节，工作时板料置于上下辊间，压下上辊，使板料在支承点间发生弯曲，当两下辊转动由于摩擦力作用使板料移动，从而使整个板料发生均匀的弯曲。

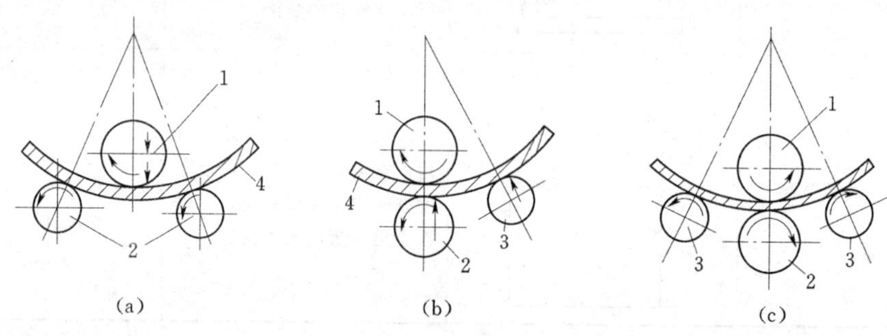

图 2.4.6 卷板机的工作原理

(a) 对称式三辊卷板机；(b) 不对称三辊卷板机；(c) 四辊卷板机

1—上辊；2—下辊；3—侧辊；4—板料

卷板工艺：①卷板前须熟悉图纸、工艺、精度、材料性能等技术要求，然后选择适当的卷板机，并确定冷卷、温卷还是热卷；②检查板料的外形尺寸、坡口加工、剩余直边和卡样板的正确与否；③检查卷板机的运转是否正常，并向注油孔口注油；④清理工作场地，排除不安全因素；⑤卷板前必须对板料进行预弯（压头），由于板料在卷板机上弯曲时，两端边缘总有剩余直边。理论的剩余直边数值与卷板机的型式有关，见表 2.4.30。

表 2.4.30　理论剩余直边的大小

设备类别		卷板机			压力机
弯曲方式		对称弯曲	不对称弯曲		模具压弯
			三辊	四辊	
剩余直边	冷弯时	L	$1.5\sim2t$	$1\sim2t$	$1.0t$
	热弯时	L	$1.0\sim1.5t$	$0.75\sim1t$	$0.5t$

表中 L 为侧辊中心距之半，t 为板料厚度。实际上剩余直边要比理论值大；一般对称弯曲时为 $6\sim20t$；不对称弯曲时为对称弯曲时的 1/6～1/10。由于剩余直边在矫圆时难以完全消除，并造成较大的焊缝应力和设备负荷，容易产生质量事故和设备事故，所以一般

应对板料进行预弯，使剩余直边弯曲到所需的曲率半径后再卷弯。预弯可在三辊卷板机、四辊卷板机或预弯水压机上进行。

使用卷板机和压力机操作时，应注意下列事项：卷板前，应对设备加注润滑油，开空车检查其传动部分的运转是否正常，并根据需要调整好轴辊之间的距离；加工的钢板厚度不能超过机械设备的允许最大厚度；卷圆时，如带手套，手不要靠近轴辊，以免将手卷入轴辊内；卷圆直径很大的圆筒时，必须有吊车配合，以防止钢板因自重而使已卷过的圆弧部分回直或被压扁；弧形钢板轧至末端时，操作人员应站在两边，不应站在正面，以防钢板下滑发生事故；在卷圆过程中，应使用内圆样板检查钢板的弯曲度；直径大的圆筒体，轧圆时在接缝处应搭接 100mm 左右，并用夹具夹好后，再从卷板机上取下，以减少圆筒体的变形；如室内温度低于－20℃时，应停止辊轧或压制工作，以免钢板因冷脆而产生开裂。

卷板的常见缺陷有：

(1) 外形缺陷如过弯、锥形、鼓形、束腰、边缘歪斜和棱角等，如图 2.4.7 所示。其原因主要有：轴辊调节过量、上下辊的中心线不平行、轴辊发生弯曲变形、上下辊压力和顶力太大、板料没有对中、预弯过大或过小。

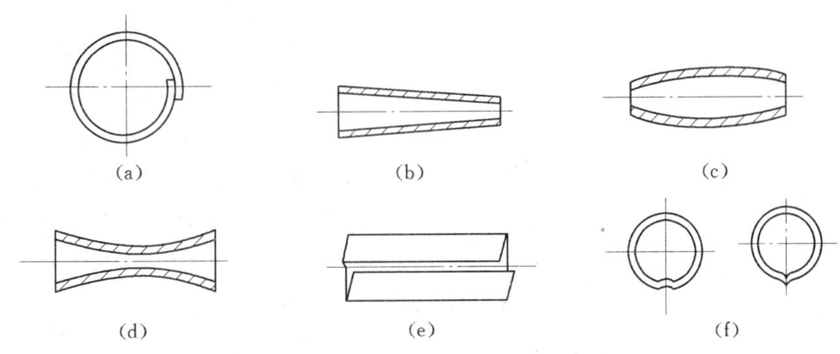

图 2.4.7　几种常见的外形缺陷

(a) 过弯；(b) 锥形；(c) 鼓形；(d) 束腰；(e) 歪斜；(f) 棱角

(2) 表面压伤。卷板时，钢板或轴辊表面的氧化皮及黏附的杂质，会造成板料表面的压伤。尤其在热卷或热矫时，氧化皮与杂质对板料的压伤更为严重。为了防止卷板表面的压伤，应注意：在冷卷前必须清除板料表面的氧化皮，并涂上保护涂料；热卷时宜采用中性火焰；卷板设备必须保持干净，轴辊表面不得有锈皮、毛刺、棱角或其他硬性颗粒；卷板时应不断吹扫内外侧剥落的氧化皮，矫圆时应尽量减少反转次数等；非铁金属、不锈钢和精密板料卷制时，最好固定专用设备，并将轴辊磨光，消除棱角和毛刺等，必要时用厚纸板或专用涂料保护工作表面。

(3) 卷裂。板料在卷弯时，由于变形太大、材料的冷作硬化以及应力集中等因素会使材料的塑性降低而造成裂纹。所以，为了防止卷裂，必须注意以下几点：对变形率大和脆性的板料，需进行正火处理；对缺口敏感性大的钢种，最好将板料预热到 150～200℃后卷制；板料的纤维方向，不宜与弯曲线垂直；对板料的拼接缝必须修磨至光滑平整。

质量检验应着重于对上面所提及的各种缺陷进行逐一验收，具体标准可根据设计制造和使用等要求而制定。

对圆筒和圆锥筒体经卷圆后，为了保证产品质量，应用样板进行检查。检查时允许误差见表2.4.31。

表 2.4.31　　圆筒和圆锥筒体的允许偏差

钢板厚度 (mm)	钢板宽度 (mm)			
	≤500	500～1000	1000～1500	1500～2000
	容许偏差 a (mm)			
≤8	3.0	4.0	5.0	5.0
9～12	2.0	3.0	4.0	4.0
13～20	2.0	2.0	3.0	3.0
21～30	2.0	2.0	2.0	2.0

钢板环形方向局部不圆的允许偏差 a 如图2.4.8所示。

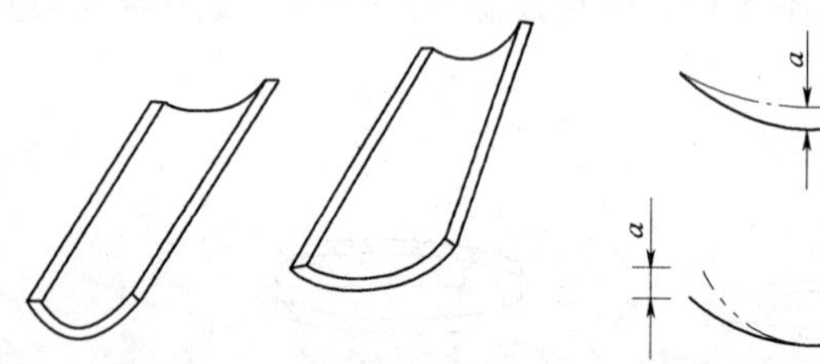

图2.4.8　圆筒和圆锥筒体局部不圆的允许误差 a 示意

5. 边缘加工

在钢结构制造中，经过剪切或气割过的钢板边缘，其内部结构会硬化和变态。所以，如桥梁或重型吊车梁的重型构件，须将下料后的边缘刨去，以保证质量。此外，为了保证焊缝质量和工艺性焊透以及装配的准确性，前者要将钢板边缘刨成或铲成坡口，后者要将边缘刨直或铣平。

一般需要作边缘加工的部位：①吊车梁翼缘板、支座支承面等具有工艺性要求的加工面；②设计图纸中有技术要求的焊接坡口；③尺寸精度要求严格的加劲板、隔板、腹板及有孔眼的节点板等。

常用的边缘加工主要方法有铲边、刨边、铣边和碳弧气刨边四种。

对加工质量要求不高，并且工作量不大的边缘加工，可以采用铲边。铲边有手工和机械铲边两种。手工铲边的工具有手锤和手铲等。机械铲边的工具有风动铲锤和铲头等。

刨边主要是用刨边机进行。刨边的构件加工有直边和斜边两种，刨边加工的余量随钢材的厚度，钢板的切割方法而不同，一般刨边加工余量为2～4mm。

边缘加工的质量标准见表2.4.32。

表 2.4.32　　边缘加工的质量标准（允许误差）

加工方法	宽度，长度 (mm)	直线度	坡度 (°)	对角差（四边加工）(mm)
刨边	±1.0	$L/3000$，且不得大于2.0	±2.5	2
铣边	±1.0	0.3		1

对于有些构件的端部，可采用铣边（端面加工）的方法以代替刨边。铣边是为了保持构件的精度，如吊车梁、桥梁等接头部分和钢柱或塔架等的金属抵承部位，能使其力由承压面直接传至底板支座，以减少连接焊缝的焊脚尺寸，这种铣削加工，一般是在端面铣床或铣边机上进行的。

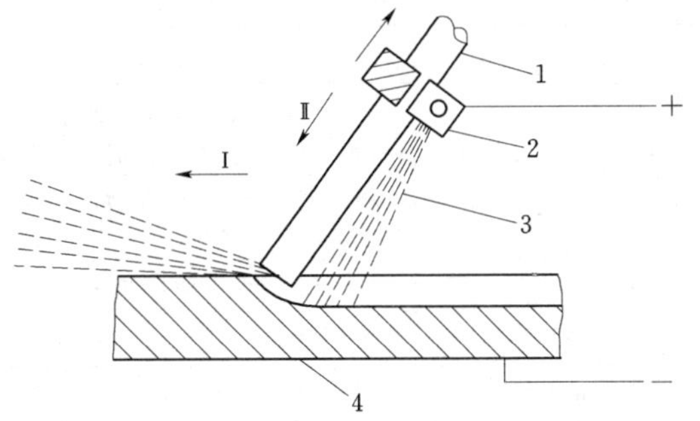

图 2.4.9　碳弧气刨示意图

1—碳棒；2—刨钳；3—高压空气流；4—工件

碳弧气刨就是把碳棒作为电极，与被刨削的金属间产生电弧，此电弧具有6000℃左右高温，足以把金属加热到熔化状态，然后用压缩空气的气流把熔化的金属吹掉，达到刨削或切削金属的目的，如图 2.4.9 所示，图中碳棒 1 为电极，刨钳 2 夹住碳棒。通电时，刨钳接正极，构件 4 接负极，在碳棒与构件 4 接近处产生电弧并熔化金属，高压空气的气流 3 随即把熔化金属吹走，完成刨削。图中箭头Ⅰ为表示刨削方向，箭头Ⅱ表示碳棒进给方向。

碳弧气刨的应用范围：用碳弧气刨挑焊根，比采用风凿生产效率高，特别适用于仰位和立位的刨切，噪音比风凿小，并能减轻劳动强度；采用碳弧气刨翻修有焊接缺陷的焊缝时，容易发现焊缝中各种细小的缺陷；碳弧气刨还可以用来开坡口、清除铸件上的毛边和浇冒口以及铸件中的缺陷等，同时还可以切割金属如铸铁、不锈钢、铜、铝等。但碳弧气刨在刨削过程中会产生一些烟雾，如施工现场通风条件差，对操作者的健康有影响。所以，施工现场必须具备良好的通风条件和措施。

碳弧气刨操作技术：采用碳弧气刨时，要检查电源极性，根据碳棒直径调节好电流，同时调整好碳棒伸出的长度。起刨时，应先送风，随后引弧，以免产生夹碳。在垂直位置刨削时，应由上而下移动，以便于流渣流出。当电弧引燃后，开始刨削时速度稍慢一点；操作时，应尽可能顺风向操作，防止铁水及熔渣烧坏工作服及烫伤皮肤，并应注意场地防火。在容器或舱室内部操作时，操作部位不能过于狭小，同时要加强抽风及排除烟尘措施。

6. 折边与模具压制

在钢结构制造中，把构件的边缘压弯成倾角或一定形状的操作称为折边。折边广泛用于薄板构件，它有较长的弯曲线和很小的弯曲半径。薄板经折边后可以大大提高结构的强度和刚度。这类工件的弯曲折边，常利用折边机进行。

折边机在结构上具有窄而长的滑块，配合一些狭而长的通用或专用模具和挡料装置，将下模固定在折边机的工作台上，板料在上、下模之间，利用上模向下时产生的压力，以完成较长的折边加工工作。

常用的机械或液压板料折弯压力机的技术参数，见表 2.4.33 和表 2.4.34。

板料折弯压力机用于将板料弯曲成各种形状，一般在上模作一次行程后，便能将板料压成一定的几何形状，如采用不同形状模具或通过几次冲压，还可得较为复杂的各种截面形状。当配备相应的装备时，还可用于剪切和冲孔。图 2.4.10 为 W67Y—160 型液压传动的板料折弯压力机。

表 2.4.33　　机械板料折弯压力机的技术参数

产品名称	型号	技术参数				电机功率(kW)	重量(t)	外形尺寸(长×宽×高)(mm)	备　注
		折板尺寸(厚×宽)(mm)	最大厚度时最小折曲长度(mm)	最大厚度时最小折曲半径(mm)	上梁升程(mm)				
折力机	W621.5×1000	1.5×1000	5	1	80	2.2	1	2100×850×1300	压手动、折机动、手动
	W622×800	2.0×800	5	1	150		0.022	1015×600×460	
	W622.5×1250	2.5×1250	6	1～1.5	150	3.0	1.5	2400×850×1300	上梁压紧有快慢速
	W622.5×1500	2.5×1500	6	1～1.5	150	3.0	1.55	2500×850×1300	上梁压紧有快慢速
	W622.5×1500	2.5×1500	6	3.75	200	1.1/3	1.5	2500×560×1300	
	W622.5×1500	2.5×1500	6	1～1.5	150	30	1.55	2500×850×1300	上梁压紧有快慢速
	W624×2000	4×2000	20	6	200	5.5	4.2	2540×1560×420	
	W626.3×2500	6.3×2500	45	9	315	17	6.5	3675×1970×1700	

表 2.4.34　　液压板料折弯压力机的技术参数

型　号	公称压力(kN)	工作台长度(mm)	主柱间距离(mm)	喉口深度(mm)	滑块行程(mm)	滑块调节量(mm)	最大开启高度(mm)	主电机功率(kW)	外形尺寸长×宽×高(mm)
W67Y—40/2000C	400	2000	1700	200	100	75	360	4	2180×1450×2060
W67Y—63/2500C	630	2500	2100	250	100	80	360	5.5	2560×1690×2180
W67Y—100/3200C	1000	3200	2600	320	150	120	450	7.5	3290×1770×2450
W67Y—160/4000C	1600	4000	3300	320	200	160	500	11	4080×1640×2650

板料折弯压力机的模具有通用和专用两种，通用弯曲模的断面形状如图 2.4.11 所示。上模稍带弯曲，端头呈 V 形，并有较小的圆角半径。下端在四个面上分别制出适应于弯制构件的几种固定槽口，槽口的形状一般呈 V 形的，也有矩形的，都能弯制锐角和钝角的构件，下模的长度一般与工作台面相等。专用模具是根据构件的加工特殊形状和要求而特意设计的模具，它不具备通用性。

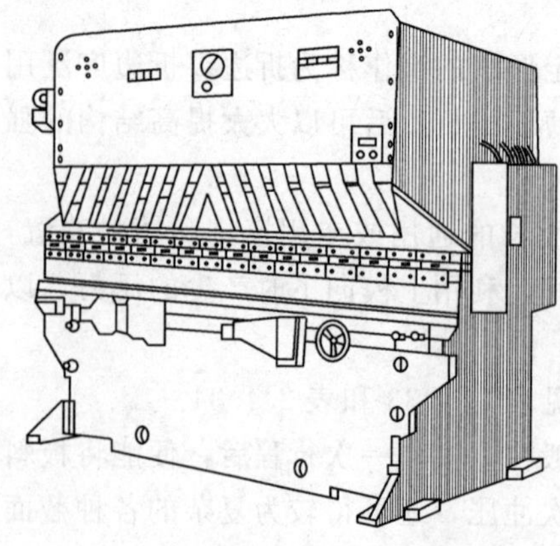
图 2.4.10　W67Y—160 型板料折弯压力机

折边的技术工艺要求如下：①折边前必须熟悉样板、图纸、工艺规程，并了解技术要求；②整理好工作场地，准备好需用的工具、胎具、量具、压模、样板等；③检查折边机运转是否正常，并向注油孔注油；④专用模具应考虑构件加热后的膨胀系数和冷弯材料的回弹率，对易磨损的模具，应及时更换和修复；⑤在弯制多角的复杂的构件时，事先要考虑好折弯的顺序，折弯的顺序一般是由外向内依次弯曲，如果折边顺序不合理，将会造成后面的弯角无法折弯；⑥在弯制大批量构件时，需加强首件结构件的质量控制；⑦钢板进行冷弯加工时，最低室温一般不得低于0℃，16Mn钢材不得低于5℃，各种低合金钢和合金钢根据其性能酌情而定；⑧折弯时，要经常检查模具的固定螺栓是否松动，以防止模具移位，如发现移位，应立即停止工作，及时调整固定；⑨构件如采用热弯，须加热至1000～1100℃，低合金钢加热温度为700～800℃，当热弯工件温度下降至550℃时，应停止工作；⑩折弯时，应避免一次大力加压成形，而逐次渐增度数，最后用样板检查；千万不能折边角度过大，造成往复反折，损伤构件。

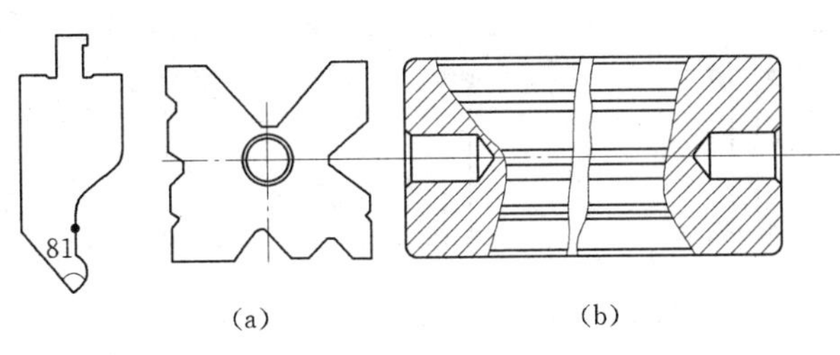

(a)　(b)

图2.4.11　通用折边弯曲模
(a) 上模；(b) 通用下模

2.4.4.5.5　制孔

孔加工在钢结构制造中占有一定比例，尤其是高强螺栓的广泛采用。

钢结构零部件加工的制孔有钻孔、冲孔和火焰割孔等几种方法。钻孔是利用切削原理，对孔壁部分损伤较小，孔精度较高，是目前常用的制孔方法。另两种方法成孔精度不够，目前使用较少。

A、B级螺栓孔（Ⅰ类孔）应具有H12的精度，孔壁表面粗糙度 *Ra* 不应大于12.5μm。其孔径的允许偏差应符合表2.4.35的规定。C级螺栓孔（Ⅱ类孔），孔壁表面粗糙度 *Ra* 不应大于25μm，其允许偏差应符合表2.4.36的规定。检验螺栓孔精度的工具有游标卡尺或孔径量规。检查数量按钢构件数量抽查10%，且不应少于3件。

表2.4.35　**A、B级螺栓孔径的允许偏差**　单位：mm

序　号	螺栓公称直径、螺栓孔直径	螺栓公称直径、允许偏差	螺栓孔直径、允许偏差
1	10～18	0.00 −0.21	+0.18 0.00
2	18～30	0.00 −0.21	+0.21 0.00
3	30～50	0.00 −0.25	+0.25 0.00

表2.4.36　**C级螺栓孔的允许偏差**　单位：mm

项　目	允许偏差	项　目	允许偏差
直　径	+1.0 0.0	圆　度	2.0
		垂直度	0.03*t*，且不应大于2.0

2.4.4.5.6　构件制作焊接节点形式

焊接组合工形梁、柱的纵向连接角焊缝，当腹板厚度大于20mm时，宜采用全焊透或部分焊透对接与角接组合焊缝（图2.4.12）。

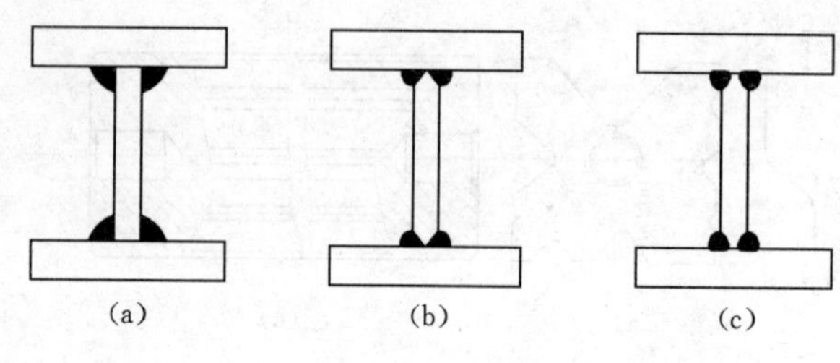

图 2.4.12 角焊缝、全焊透及部分焊透对接与角接组合焊缝示意

(a) 角焊缝；(b) 全焊透对接与角接组合焊缝；(c) 部分焊透对接与角接组合焊缝

2.4.4.5.7 组装

钢结构构件的组装是遵照施工图的要求，把已加工完成的各零件或半成品构件，用装配的手段组合成为独立的成品，这种装配的方法通常称为组装。组装根据组装构件的特性以及组装程度，可分为部件组装、组装、预总装。

部件组装是装配的最小单元的组合，它由两个或两个以上零件按施工图的要求装配成为半成品的结构部件。

组装是把零件或半成品按施工图的要求装配成为独立的成品构件。

预总装是根据施工总图把相关的两个以上成品构件，在工厂制作场地上，按其各构件空间位置总装起来。其目的是实观地反映出各构件装配节点，保证构件安装质量。目前已广泛使用在采用高强度螺栓连接的钢结构构件制造中。

1. 钢结构构件的组装一般规定

(1) 组装前，施工人员必须熟悉构件施工图及有关的技术要求。并且根据施工图要求复核其需组装零件质量。

(2) 选择的场地必须平整，而且还具有足够的刚度。

(3) 布置装配胎模时必须根据其钢结构构件特点考虑预放焊接收缩余量及其他各种加工余量。

(4) 组装出首批构件后，必须由质量检查部门进行全面检查，经合格认可后方可进行继续组装。

(5) 构件在组装过程中必须严格按工艺规定装配，当有隐蔽焊缝时，必须先行预施焊，并经检验合格方可覆盖。当有复杂装配部件不易施焊时，亦可采用边装配边施焊的方法来完成其装配工作。

(6) 为了减少变形和装配顺序，尽量可采取先组装焊接成小件，并进行矫正，使尽可能消除施焊产生的内应力，再将小件组装成整体构件。

(7) 高层建筑钢结构构件和框架钢结构构件均必须在工厂进行预拼装。

2. 钢结构构件组装的方法

组装的通常使用方法见表 2.4.37。钢结构构件组装方法的选择，必须根据构件的结构特性和技术要求，结合制造厂的加工能力、机械设备等情况，选择能有效控制组装的精度、耗工少、效益高的方法进行。

画线法组装是组装中最简便的装配方法，主要适用于少批量零件的部件组装。地样法就是画线法的典型。胎模装配法组装是目前制作大批构件组装中普遍采用的方法之一。

组装用的典型胎模有 H 型钢结构组装水平胎模、H 型钢结构竖向组装胎模、箱型组装胎模。

表 2.4.37　　钢结构构件组装方法

名　称	装　配　方　法	适　用　范　围
地样法	用比例 1∶1 在装配平台上放有构件实样，然后根据零件在实样上的位置，分别组装起来成为构件	桁架、柜架等少批量结构组装
仿形复制装配法	先用地样法组装成单面（单片）的结构，并且必须定位点焊，然后翻身作为复制胎模，在上装配另一单面的结构，往返多次组装	横断面互为对称的桁架结构
立装	根据构件的特点，及其零件的稳定位置，选择自上而下或自下而上的装配	用于放置平稳、高度不大的结构或大直径筒
卧装	构件放置卧的位置的装配	用于断面不大，但长度较大的细长构件
胎模装配法	把构件的零件用胎模定位在其装配位置上的组装	用于制造构件批量大精度高的产品

钢结构组装必须严格按照工艺要求进行，其顺序在通常情况下采用先组装主要结构的零件、从内向外或从里向表的装配方法。在其装配组装全过程不允许采用强制的方法来组装构件；避免产生各种内应力，减少其装配变形。

3. 焊接结构拼装的常用工具

焊接结构拼装的常用工具有卡兰或铁楔子夹具（图 2.4.13）、槽钢夹紧器、矫正夹具（图 2.4.14）、拉紧器隙、正反丝扣推撑器、液压油缸及手动千斤顶等。

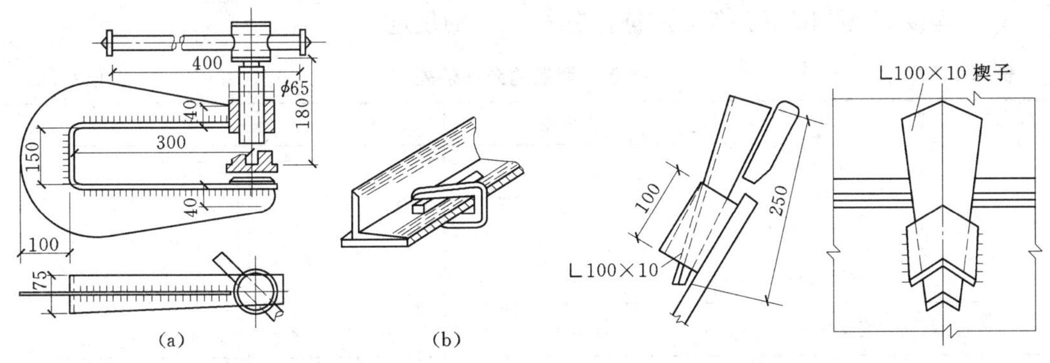

图 2.4.13　夹紧器

(a) 螺栓夹紧器；(b) 铁楔子夹具

图 2.4.14　矫正夹具

4. 实腹式 H 结构组装

实腹式 H 结构是由上、下翼缘板与中腹板组成型焊接结构。组装前翼缘板与腹板等零件的复验，主要使其平直度及弯曲保证在小于 1/1000 的公差且不大于 5mm 的公差内，方可进入下道组装准备阶段。

组装前准备工作：翼、腹板装配区域用砂轮打磨去除其氧化层，区域范围是装配接缝两侧 30～50mm 内；H 胎模调整，根据 H 断面尺寸分别调整其纵向腹板定位工字钢水平高差，使其符合施工图要求尺寸；在翼板上分别标志出腹板定位基准线，便于组装时核查。

H 结构组装方法，先把腹板平放在胎模上，然后，分别把翼缘竖放在靠模架上，先

用夹具固定好一块翼缘板，再从另一块翼缘板的水平方向，增加从外向里的推力，直至翼腹板紧密贴紧为止（图 2.4.15），最后用 90°角尺测其二板组合垂直度，当符合标准即用电焊定位［图 2.4.15（a）］。一般装配顺序从中心向二面组装或由一端向另一端组装，这种装配顺序是减少其装配产生内应力的最佳方法之一。当 H 结构断面高度大于 800mm 时或大型 H 结构在组装时应增加其工艺撑杆，来防止其角变形产生［图 2.4.15（b）］。

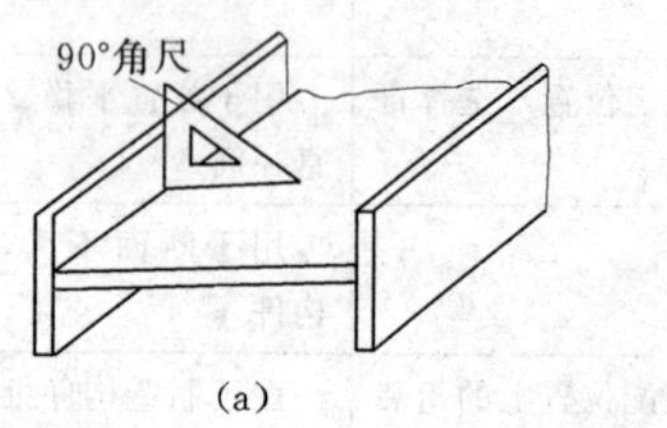

(a)

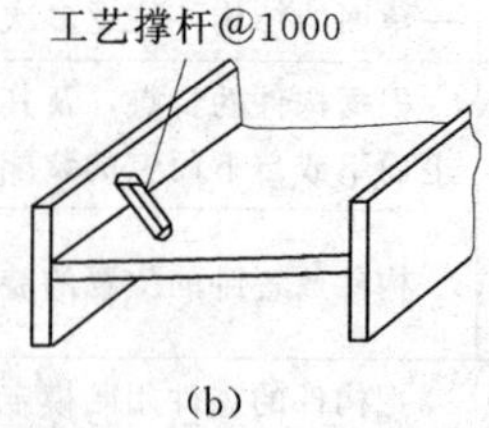

(b)

图 2.4.15　H 结构组装法中的角度检查与加撑

5. 组装质量检验

组装出首批构件后，必须由质量检查部门进行全面检查，组装质量检验应符合下列要求：

（1）焊接 H 型钢的翼缘板拼接缝和腹板拼接缝的间距不应小于 200mm。翼缘板拼接长度不应小于 2 倍板宽；腹板拼接宽度不应小于 300mm，长度不应小于 600mm。

（2）吊车梁和吊车桁架不应下挠。

（3）焊接 H 型钢的允许偏差应符合表 2.4.38 的规定。

表 2.4.38　　焊接 H 型钢的允许偏差　　单位：mm

项目		允许偏差	图例
截面高度 h	$h<500$	±2.0	
	$500<h<1000$	±3.0	
	$H>1000$	±4.0	
截面宽度 b		±3.0	
腹板中心偏移		2.0	
翼缘板垂直度 Δ		$b/100$，且不应大于 3.0	

续表

项　目		允许偏差	图　例
弯曲矢高（受压构件除外）		L/1000，且不应大于10.0	
扭曲		h/250，且不应大于5.0	
腹板局部平面度 f	t<14	3.0	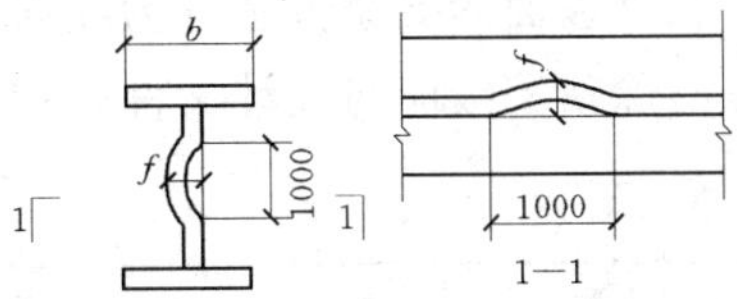
	t≥14	2.0	

（4）桁架结构杆件轴线交点错位的允许偏差不得大于3.0mm，允许偏差不得大于4.0mm。

（5）焊接连接组装的允许偏差应符合表2.4.39的规定。

表 2.4.39　焊接连接制作组装的允许偏差　单位：mm

项　目		允许偏差	图　例
对口错边 Δ		t/10，且不应大于3.0	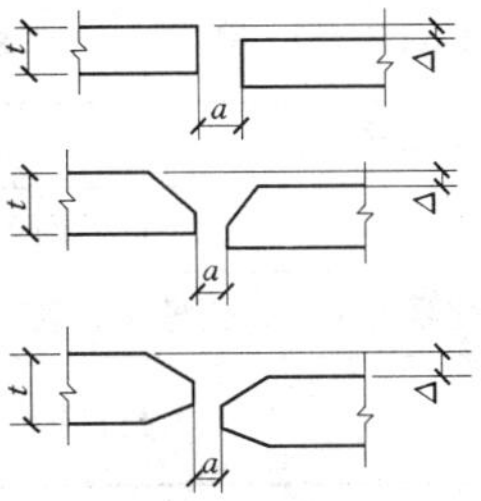
间隙 a		±1.0	
搭接长度 a		±5.0	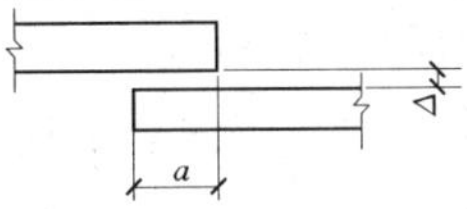
缝隙 Δ		1.5	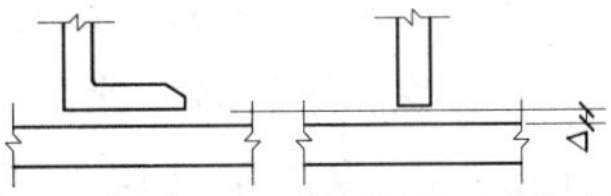
高度 h		±2.0	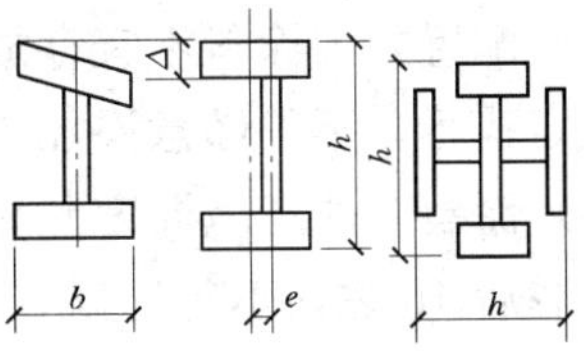
垂直度 Δ		b/100，且不应大于3.0	
中心偏移 e		±2.0	
型钢错位	连接处	1.0	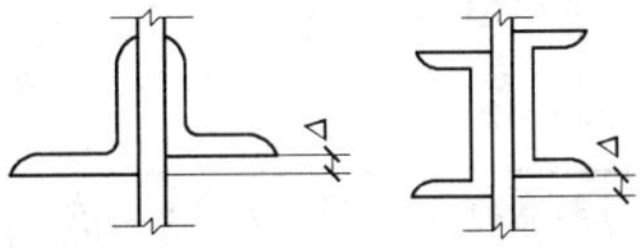
	其他处	2.0	
箱形截面高度 h		±2.0	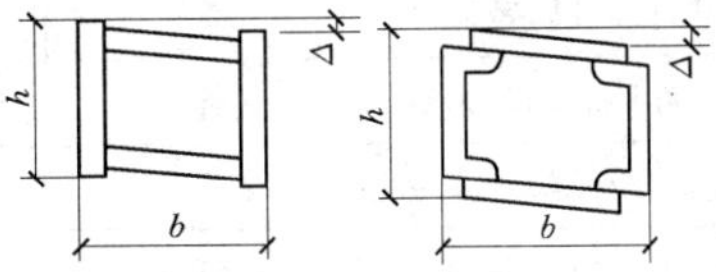
宽度 b		±2.0	
垂直度 Δ		b/200，且不应大于3.0	

2.4.4.6 成品的表面处理、油漆、堆放和装运

1. 钢构件表面处理

钢构件在涂层之前应进行除锈处理，锈除干净则可提高底漆的附着力，直接关系到涂层质量的好坏。

构件表面的除锈方法分为喷射、抛射除锈和手工或动力工具除锈两大类。构件的除锈方法与除锈等级应与设计文件采用的涂料相适应。构件除锈等级见表 2.4.40。

表 2.4.40 除锈等级

除锈方法	喷射或抛射除锈			手工和动力工具除锈	
除锈等级	Sa2	Sa2 $\frac{1}{2}$	Sa3	St2	St3

手工除锈中 St2 为一般除锈，St3 为彻底除锈。喷、抛射除锈中 Sa2 为一般除锈，Sa2 $\frac{1}{2}$为较彻底除锈，Sa3 为彻底除锈。

当设计无要求时。钢材表面的除锈等级应符合表 2.4.41 的规定。

表 2.4.41 各种底漆或防锈漆要求最低的除锈等级

涂料品种	除锈等级
油性酚醛，醇酸等底漆或防锈漆	St2
高氯化聚乙烯、氯化橡胶、氯磺化聚乙烯、环氧树脂、聚氨酯等底漆或防锈漆	Sa2
无机富锌、有机硅、过氯乙烯等底漆	Sa2 $\frac{1}{2}$

2. 钢结构的油漆

钢结构的油漆应注意下述事项：

(1) 涂料、涂装遍数、涂层厚度均应符合设计文件的要求。当设计文件对涂层厚度无要求时，宜涂装 4～5 遍，涂层干漆膜总厚度应达到以下要求：室外应大于 150μm，室内应大于 125μm。涂层中几层在工厂涂装，几层在工地涂装，应按合同中规定。

(2) 配置好的涂料不宜存放过久，涂料应在使用的当天配置。稀释剂的使用应按说明书的规定执行，不得随意添加。

(3) 涂装时的环境温度和相对湿度应符合涂料产品说明书的要求。雨雪天不得室外作业。涂装后 4h 之内不得淋雨，防止尚未固化的漆膜被雨水冲坏。各种常用涂料的表干和实干时间见表 2.4.42。

表 2.4.42 常用涂料的表干和实干时间 单位：h

涂料品种	表干不大于	实干不大于	涂料品种	表干不大于	实干不大于
红丹油性防锈漆	8	36	各色醇酸磁漆	12	18
钼铬红环氧酯防锈漆	4	24	灰铝锌醇酸磁漆	6	24
铝铁酚醛防锈漆	3	24			

注 工作地点温度在 25℃，湿度小于 70%的条件下。

(4) 施工图中注明不涂装的部位不得涂装。安装焊缝处应留出30～50mm暂不涂装。

(5) 涂装应均匀，无明显起皱、流挂，附着应良好。

(6) 涂装完毕后，应在构件上标注构件的原编号。大型构件应标明重量、重心位置和定位标记。

3. 成品检验

构件的各项技术数据经检验合格后，对加工过程中造成的焊疤、凹坑应予补焊并铲磨整平。对临时支撑、夹具应予以割除。

铲磨后零件表面的缺陷深度不得大于材料厚度负偏差值的1/2，对于吊车梁的受拉翼缘尤其应注意其光滑过渡。

产品经过检验部门签收后进行涂底，并对涂底的质量进行验收。

钢结构制造单位在成品出厂时应提供钢结构出厂合格证书及技术文件，其中应包括：施工图和设计变更文件，设计变更的内容应在施工图中相应部位注明；制作中对技术问题处理的协议文件；钢材、连接材料和涂装材料的质量证明书和试验报告；焊接工艺评定报告；高强度螺栓摩擦面抗滑移系数试验报告、焊缝无损检验报告及涂层检测资料；主要构件验收记录；需要进行预拼装时的预拼装记录；构件发运和包装清单。

4. 钢结构成品堆放

成品验收后，在装运或包装以前堆放在成品仓库。成品堆放应防止失散和变形。堆放时注意下述事项：堆放场地应平整干燥，并备有足够的垫木、垫块，使构件得以放平、放稳；侧向刚度较大的构件可水平堆放，当多层叠放时，必须使各层垫木在同一垂线上；大型构件的小零件，应放在构件的空当内，用螺栓或铁丝固定在构件上；同一工程的构件应分类堆放在同一地区，以便发运。

5. 钢结构包装

(1) 钢结构的加工面、轴孔和螺纹，均应涂以润滑脂和贴上油纸。或用塑料布包裹，螺孔应用木楔塞住。

(2) 细长构件可打捆发运，一般用小槽钢在外侧用长螺丝夹紧，其空隙处填以木条。

(3) 有孔的板形零件，可穿长螺栓或用铁丝打捆。

(4) 较小零件应装箱，已涂底又无特殊要求者不另作防水包装，否则应考虑防水措施。

(5) 包装和捆扎均应注意密实和紧凑，以减少运输时的失散、变形，而且可降低运输费用。

(6) 需海运的构件，除大型构件外均需打捆或装箱。螺栓、螺纹杆以及连接板要用防水材料外套封装。每个包装箱、裸装件及捆装件的两边都要有标明船运所需标志，标明包装件的重量、数量、中心和起吊点。

(7) 填写包装清单并核实数量。

2.4.4.7　焊接H型钢生产线

随着钢结构建筑的蓬勃发展，各种专项的钢结构生产线设计制造出来，并投入使用。

下面就其中使用最广泛的 H 型钢生产线作一简单的介绍。

1. 焊接 H 型钢生产线生产工艺流程

焊接 H 型钢生产线生产工艺流程为：钢板⟶下料⟶拼装点焊⟶焊接⟶矫正⟶H 钢成品。

2. 焊接 H 型钢生产线设备及工作过程原理

(1) 下料设备。一般配备数控多头切割机或直条多头切割机。此类切割设备是高效率的板条切割设备，纵向割矩可根据要求配置，可一次同时加工多块板条。设备状况及技术性能可参见气割下料的有关部分。

(2) 拼装点焊设备。一般为 H 型钢自动组立机。此类设备一般都采用 PLC 可编程序控制器，对型钢的夹紧、对中、定位点焊及翻转实行全过程自动控制，速度快、效率高。

(3) 焊机。一般为埋弧自动焊机，从类型上分，可分为门式焊接机及悬臂式焊接机两种类型。

焊机一般都配备有焊缝自动跟踪系统，焊剂自动输送回收系统，并具有快速返程功能。主机与焊机为一体化联动控制，操作方便，生产效率高。表 2.4.43 为江苏阳通集团生产的 H 型钢生产线上配备的焊机型号及技术参数。

表 2.4.43　　H 型钢拼、焊、矫组合机技术参数

名　称	参　数	名　称	参　数
适用 H 型钢翼板宽度（mm）	150～800	适用 H 型钢腹板厚度（mm）	5～16
适用 H 型钢翼板厚度（mm）	6～25	整机总功率（不含焊机）(kW)	15
适用 H 型钢腹板高度（mm）	200～1200	系统压力（MPa）	12

(4) 翻转机和移钢机。H 型钢生产线上配以链条式翻转机和移钢机，可达到整个焊接、输送、翻转过程的全自动化生产。

(5) H 型钢翼缘矫正机。H 型钢矫正机可以解决 H 钢的翼缘板焊接后产生的菌状变形以及翼缘板与腹板的垂直度的偏差。

(6) H 型钢拼、焊、矫组合机。在 H 型钢的制作过程中，其中 2 块翼缘板和 1 块腹板的拼装、点焊、焊接及焊后翼缘矫正，按常规工艺是由 3 台设备来完成的，而 H 型钢拼、焊、矫组合机将上述三道工序集于一身，具有结构紧凑、占地省、生产效率高等优点。

3. 焊接 H 型钢的允许偏差

焊接 H 型钢翼缘板和腹板的气割下料公差、拼装 H 型钢的焊缝质量均应符合设计的要求和国家规范的有关规定。

2.4.5　任务实施

2.4.5.1　焊接 H 型钢梁制作

针对焊接 H 型梁结构特点，并结合加工厂生产实际，确定如下制作流程：钢材检查复验—喷丸—翼缘、腹板拼接—探伤检查—平直—下料切割—梁组装—焊接矫正—二次组

装—焊接矫正—端面铣—梁端坡口处理—模具钻孔—摩擦面处理—梁外观几何尺寸检查—除锈—涂装—编号—成品检查验收—包装发运。

下面对质量控制起关键作用的工序，分别作详细介绍和说明。

1. 放样下料的确定

H形梁板材应经喷丸除锈，满足规范要求后使用。放样下料以保证加工质量和节约材料为目的。本工程H形梁的规格大多为：梁截面公称尺寸：700mm×300mm、700mm×400mm、500mm×300mm；翼缘板厚度：16mm、20mm、22mm；腹板厚度：10mm、16mm；梁长度：8.8m、10.5m。为保证H形梁翼缘板和腹板的下料质量，采取整体板材拼接。拼接的焊缝按一级质量等级、Ⅱ级评定、B级检验，进行100%超声波检查，合格后备案使用。板材的切割采用多头数控切割机气切，保证切割板材的边缘质量，同时使切割的板材两边受热均匀，不产生难以修复的侧向弯曲。

H形梁翼缘及腹板下料长度的确定以图纸尺寸为基础。根据梁截面大小和连接焊缝的长度，考虑须留焊接的收缩余量和加上余量，并结合以往施工经验，四条纵焊缝按每1m沿长度方向收缩0.6mm，对加劲板和每对加强圈各按0.3mm收缩考虑，因此一般梁翼缘及腹板下料长度的预留量为5mm。同时，翼缘板的一端在下料切割时应加工成图纸要求的坡口形式，便于装配H形梁时以此端为基准，减少装配后的二次切割工作量，也有利于质量控制。

2. H形梁组装

切割完成的板材，经质检人员的全面检查，符合图纸要求及规范规定后，利用专用的H形梁组装胎具，以基准端（已开坡口处）为始点，进行H形梁的组装（图2.4.16），并由专职焊工点焊固定。点焊按如下要求进行：采用的焊接材料型号与焊件材质应相互匹配，焊缝厚度不宜超过设计焊缝厚度的2/3且不应大于8mm，焊缝长度不宜小于25mm，焊缝间距保持在300～400mm范围内。Ⅱ形梁组装允许偏差见表2.4.39。

3. 焊接

本项目H形梁的长度均小于12m，设计没有起拱要求，但规范规定不允许下挠。因此，如何做到梁不下挠，是H形梁制作质量的一个重大要求。根据以往制作12m吊车梁的经验，采取控制H形梁四条纵焊缝的焊接顺序，用焊接收缩的先后次序以使梁轻微上挠。其焊接顺序如图2.4.17所示。

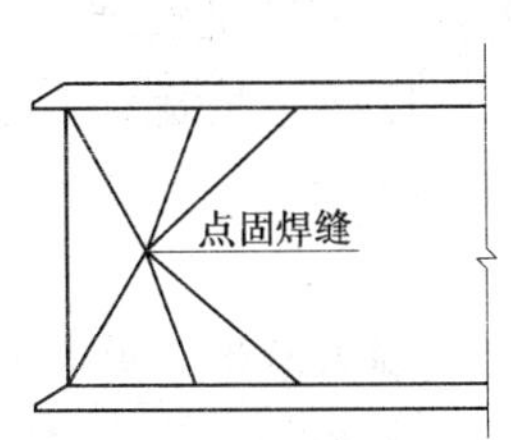

图2.4.16　H形梁组装基准端

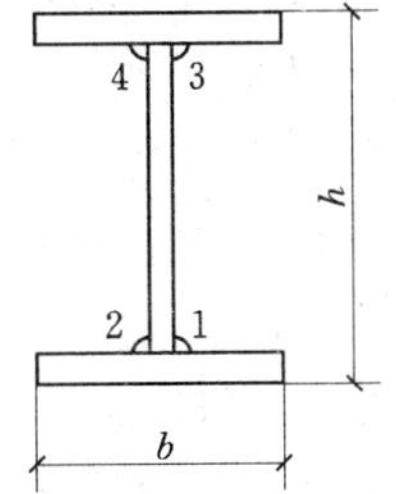

图2.4.17　H形梁焊接顺序

H形梁的焊接采用埋弧自动焊，焊接工艺参数见表2.4.44。

表 2.4.44　　船型位置T形接头单道自动焊接参数

焊脚（mm）	焊丝直径（mm）	焊接电流（A）	电弧电压（V）	焊接速度（m/min）	送丝速度（m/min）
9	5	700～750	34～36	0.42	0.83～0.92
12	5	750～800	34～36	0.3	0.9～1

4. 焊接H形梁的矫正及二次装配

焊接完成后的H形梁，出于焊缝收缩常常引起翼缘板弯曲和梁整体扭曲，因此必须通过翼缘矫正机进行矫正，对局部波浪变形和弯曲变形采取火焰矫正法处理。矫正机工作的环境温度不应低于0℃，可采用逐级矫正方式实施矫正，以保证翼缘板表面不出现严重损伤，角焊缝不发生裂纹。采用火焰矫正时应控制好加热温度，避免出现母材损伤。加热温度不得超过900℃，并采用三角形加热法，根据H形梁弯曲的程度，确定加热三角形的大小和个数。同一部位加热矫正不得超过二次；矫正后应缓冷，不得用水骤冷；矫正后的H形梁应满足表2.4.38的要求。

经修整合格的H形梁，要整齐摆放在经测量找平的组装平台上。根据图纸尺寸组装加劲板，确定腹板开孔位置，并将开孔中心线移置于翼缘板侧面。待焊接完加劲板后，再检查腹板开孔中心线位置的准确性，最后切割腹板预留孔并双面组焊加强圈，这样可减小腹板的焊接变形。

H形梁加劲板组装焊接完成后，经过二次修整合格，以组装时的基准端按图纸尺寸号标出梁两端的高强度螺栓孔位置线，将孔位检查线和端面铣位置线标注清楚，并打上样冲眼，以便于施工和检查。H形梁端坡口二次切割时，采用半自动切割机气切。切割质量标准见表2.4.45。超差部位应补焊，并用角向磨光机修整合格。

表 2.4.45　　气切坡口允许偏差

项　目	允许偏差（mm）	项　目	允许偏差（°）
切割面平面度	0.05t且不大于2.0	坡口角度α	±5
割纹深度	0.2	钝边尺寸p	±1
局部缺口宽度	1.0		

针对本工程核心筒为钢筋混凝土结构，H形梁通过连接板与混凝土柱中的埋没件焊接的实际情况，采取对H形梁一端的连接板加大宽度的办法来满足安装要求。因混凝土施工的允许偏差范围大于钢结构安装允许偏差。H形梁连接板、垫板都要按同一类别用螺栓和铁丝紧固一起，成束或装箱发运，且应注意对摩擦面的保护。

5. 高强度螺栓孔加工

端面铣加工合格的H形梁，放置钻孔平台上，以铣平端为基准，并以梁中心线、孔位置线为依据，夹紧固定钻孔模具。根据以往施工经验，实际钻孔直径均大于设计要求一个级别：螺栓孔一般均为双排多孔分布，稍有不慎会造成整个孔位偏移超差，修复困难。

因此，本工程H形梁钻孔采取如下办法：

（1）钻孔前须经二人互相检查选用模具的正确性。

（2）钻孔过程中经常检查模具紧固情况。

（3）因钻孔常采用多班作业，每班安排专人检查模具磨损情况，随时更换不合格模具。

（4）每班安排专人修整钻孔毛刺。

6. 涂装

几何尺寸、外观质量检查合格的H形梁，运至成品专用场地后，应进行喷涂前的清理除锈工作；特别对油污和焊接飞溅的清理，应作为质量控制点实行专检。涂装前应做好对高强度螺栓孔的保护，用胶带纸把梁端螺栓孔位和梁端焊缝坡口粘贴严实；粘贴宽度不小于100mm。使摩擦面和焊缝坡口不受雨水、污物、防锈漆的锈损。根据设计要求，选用红丹醉酸防锈漆，涂装工艺要求如下：

（1）构件H形梁的除锈等级不低于Sa2.5。

（2）油漆的调配应设专人负责，按照说明书的要求统一配置使用，不得个人随意操作。

（3）为保证漆膜厚度均匀、光滑、丰满、无流挂等，采用喷涂方式进行施工作业。

（4）漆膜厚度保证设计规定，单层厚度不小于25μm。

（5）喷涂作业应在环境温度5～38℃以及相对湿度不大于85%情况下进行。梁表面有结露时不得涂装，更不得在雨天进行。涂装后4h之内不得淋雨。

（6）在H形梁的端部明显处，清楚地喷注原构件的编号及轴线号。

2.4.5.2 质量检查与验收

1. 质量检查

根据钢结构施工的特点。结合H形梁制作质量控制手册，每个工序施工都按班组自检和互检，半成品零部件质量、H形组装质量、H形焊接质量、成品质量检查作为质量控制点，安排专职检查员负责检查验收。每个质量控制点实行工序否决，即半成品零件质量不合格的，坚决不给予组装，按废品处理。组装质量不合格的坚决不焊接，返修具备焊接条件后才进行焊接。消除以往因工序质量不合格而影响整体构件质量的弊端。

2. H形梁验收

（1）自查H形梁所用材料保证资料是否齐全。

（2）自查主要分项工程施工记录是否完备。

（3）自查各分项工程验评记录是否完备。

（4）将上述资料及申请表上报监理、监造人员，请求检查验收。

（5）对监理、监造提出的问题和不足之处，要及时整改，同时要上报整改方案。

（6）再次申请对整改部分检查验收。

通过以上检查验收程序，此次承担的大连世界贸易大厦H形梁制作质量的合格率达100%，优良率达72%。

3. 几点体会

通过以上的工作实践，取得以下体会：

（1）焊接H形梁的下料长度应充分考虑各种收缩因素，使确定的合理预留量，既满足施工质量要求又很经济。

(2) 为保证 H 形梁高强度螺栓孔的制作精度，采取成品号孔、模具钻孔的方法进行。

(3) 在无法进行下料起拱控制时，采取合理的焊接顺序，通过先后的焊接收缩次序获得适当起拱值。

(4) 根据制作 H 形梁施工实际，摸索出制作质量检查验收监督管理程序，有效保证制作质量。

学习单元 2.5 箱形截面钢桁架的焊接制作

2.5.1 学习目标

通过本单元的学习，学会分析钢桁架的结构组成，懂得桁架选型，能识别桁架的杆件及节点连接构造图，能组织焊接钢桁架生产，会编制钢桁架组成构件加工制作工艺流程，懂得加工各环节技术要领，学会焊接钢桁架的焊接工艺及焊接质量检验，会编制质量验收卡，能进行成品的表面处理，组织成品堆放和装运。

2.5.2 学习任务

1. 任务

进行某箱形截面钢桁架的制作焊接，编制组成钢桁架的各构件工厂制作计划，做好加工前的生产准备，编制构件加工工艺流程，组织加工生产。

2. 任务描述

中国银行大厦东、南两方向主入口处各有两榀大跨度承重钢桁架，其上面承载八层钢筋混凝土楼房，总重 1150t。每一榀钢桁架跨度 55.2m，高度 7.7m，宽度 0.68m，自重达 220t（图 2.5.1）。钢桁架采用 A572Gr50 钢材。钢板厚度为 50～75mm。桁架上、下弦杆均为箱型构件（图 2.5.2），箱体内不同位置设有隔板。腹杆为工形结构，整榀桁架制作预留折线拱，最大拱度为 110mm。为方便运输和安装，将每榀桁架的上、下弦杆分为三节在工厂内制作。将腹杆和端部竖杆在工厂内制作成 10 个十字交叉形运输单元。最长一节弦杆长度 19.6m，重量 40.1t，最轻的一节弦杆长度 15.6m，重量 27t，均为超长超重的大型构件。请编制该桁架工厂制作技术交底材料。

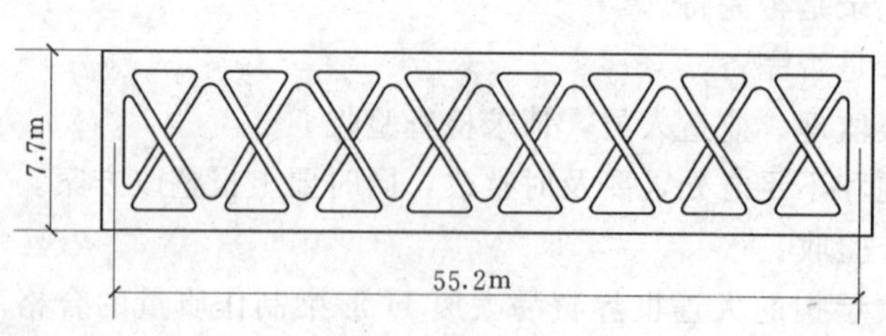

图 2.5.1 钢桁架示意

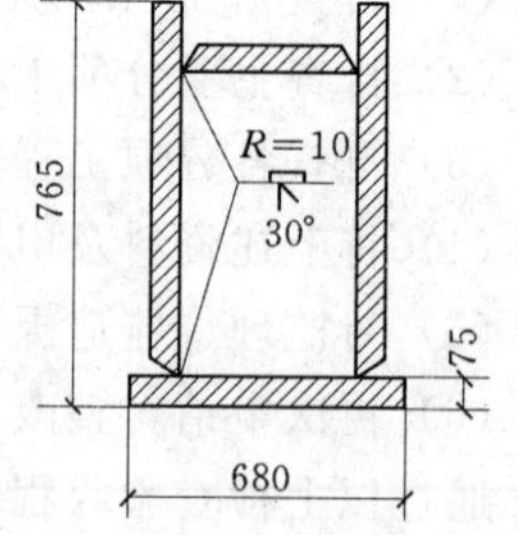

图 2.5.2 弦杆箱形截面简图

2.5.3 任务分析

桁架结构广泛地应用于钢结构的屋盖部分，具有杆件数量多、节点连接难度大、节点构造复杂等特点，因而加工制作也较为复杂。要高质量地完成钢桁架的加工制作，需具备

以下知识和技能：桁架结构的组成分析；桁架的外形；桁架杆件和节点的连接构造；桁架施工图的识读特点；焊接箱形钢构件制作前的施工准备，焊接加工工艺及质量评定。

2.5.4　任务知识点

2.5.4.1　桁架的认识

1. 桁架的结构组成

桁架是由杆件组成的几何不变体，既可作为独立的结构，又可作为结构体系的一个单元发挥承载作用。广义的桁架所对应的工程范围很广，例如简支或连续支承的竖向桁架可用于桥梁、屋架［图 2.5.3（a)］，水平放置的桁架可用于工业厂房中的吊车制动系统、墙面抗风支承［图 2.5.3（b)］，输电塔、微波塔、缀条柱等则是直立的悬臂式桁架［图 2.5.3（c)］。前两类桁架可看作是空腹的抗弯构件。后一类桁架，或作为塔式结构处理，或作为格构式柱按空腹式受压或压弯构件处理。

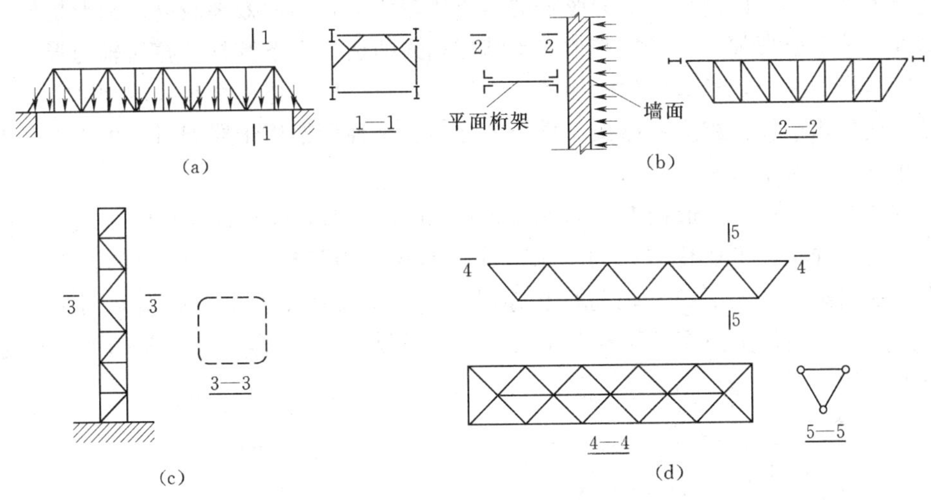

图 2.5.3　桁架结构

(a) 纵向桁架；(b) 水平桁架；(c) 竖向悬臂桁架；(d) 空间桁架

桁架有平面桁架和空间桁架之分。图 2.5.3（b）是典型的平面桁架，图 2.5.3（a）的剖面从形式上看，具有空间构架的几何构成，但其主要受力是两榀平行的竖向桁架，一般仍作为平面桁架分析和设计。图 2.5.3（d）是跨度较大时采用的一种屋架或檩条形式，具有空间桁架的特征。平面桁架在其自身平面内有很大的刚度，能负担很大的横向荷载，但其平面外的刚度很小。对于可能发生的侧向荷载，以及考虑平面外的稳定性，一般需要有平面外的支撑。平面外支撑可以由多种方式实现。

2. 桁架外形设计要点

桁架外形设计需综合考虑结构用途、受力合理、便于施工及与其他构件的连接要求等。三角形桁架通常用于坡度较大的屋架，降雪量大、雨水量大而集中的地区建造房屋的屋盖较多采用这种形式；有单侧均匀充足采光要求的工业厂房屋盖和有较大悬挑的雨篷等也采用这种形式（图 2.5.4)。除悬挑式桁架外［图 2.5.4（d)］，三角形桁架端部不能承受弯矩，整体上杆件截面利用不尽合理，因而一般用于跨度不大的情况。

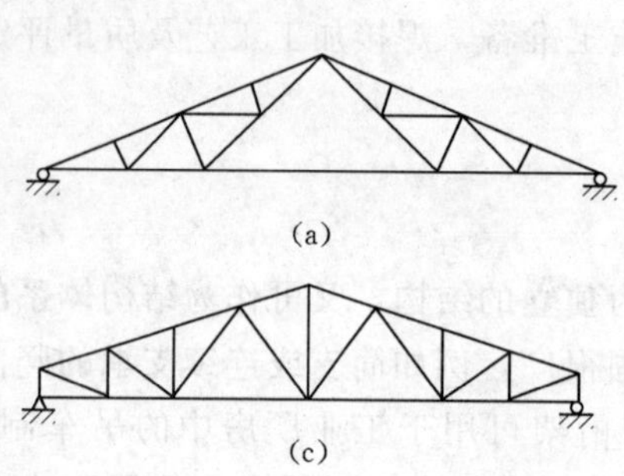

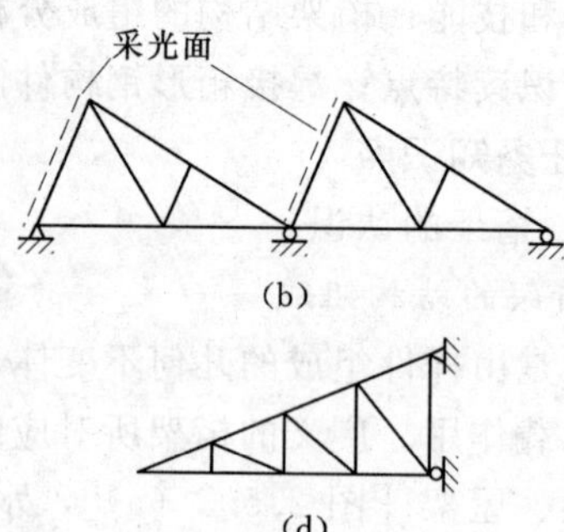

图 2.5.4 三角形平面桁架

梯形桁架（图 2.5.5）的外形可以调整到与弯矩分布的图形相近似，无论是简支桁架还是连续桁架，都可以使得大部分弦杆的内力比较均匀，因而效率较高。梯形桁架端部有一定高度，上下弦杆都与柱子或其他支承结构相连的话，上下弦杆的拉压轴力形成一对力偶，可以抵抗端弯矩，类似两端刚接的抗弯构件，对结构整体提供较大的刚度。所以梯形桁架广泛地应用于较大跨度的屋架、桥桁等结构。这种桁架用于屋架时，由于上弦坡度较小，要注意屋面对于防水的要求。

平行弦桁架（也称矩形桁架，见图 2.5.6）的上下弦平行，腹杆长度一致，杆件类型少，易满足标准化、工业化制作的要求。这种形式多用于桥桁、厂房中的托架、抗风桁架。平行弦桁架端部上下弦杆均与柱相连时，可负担端弯矩。平行弦桁架用于连续桁架时，在支座处适当加高高度，可成为如图 2.5.6（d）所示的样式。空间桁架一般也采用平行弦的形式。

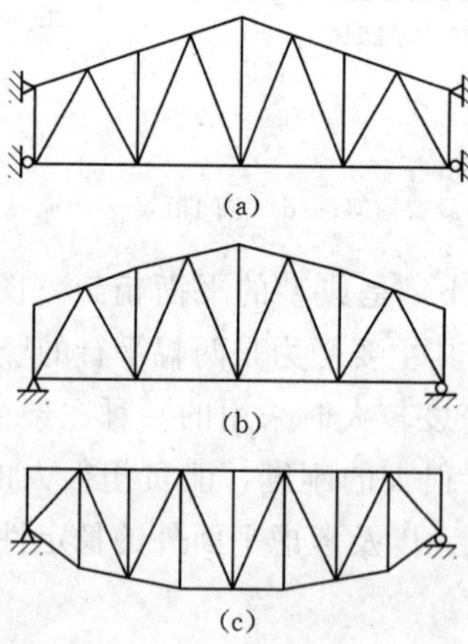

图 2.5.5 梯形平面桁架

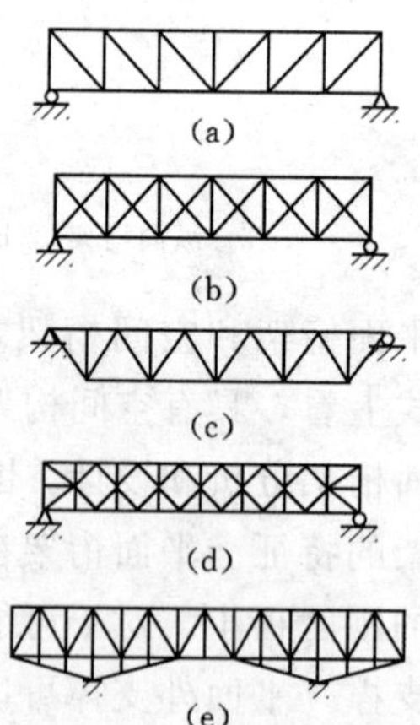

图 2.5.6 平行弦平面桁架

3. 桁架尺寸确定

（1）桁架跨度。桁架的总跨度取决于结构的用途，即由生产工艺和建筑使用要求确定，同时应考虑结构布置的经济合理性。柱网纵向轴线的间距就是桁架的标志跨度，其尺寸以 3m 为模数。屋架的计算跨度是两端支撑反力的距离。

（2）桁架高度。桁架的高度取决于建筑要求、屋面坡度、运输界限、刚度条件和经济高度等因素。桁架高度较大时，弦杆受力较小，但腹杆受力增大。设计初选桁架高度，需兼顾荷载特点、经济指标、刚度要求以及规划、选型和其他方面的要求。

（3）节间。节间长度较小时，弦杆在桁架平面内的计算长度将减少，一定条件下可以节约用钢。但过多的节点设置也使节点用钢量增大，同时增加制作费用。此外，节间长度确定还与荷载作用位置有关。

4. 内力分析及计算要点

（1）计算假定。计算桁架结构内力时，一般采用如下基本假定：

1）节点均为铰接。

2）杆件轴线平直且都在同一平面内，相交于节点中心。

3）荷载作用线均在桁架平面内，且通过桁架的节点（图 2.5.7）。

如果上弦有节间荷载，应先将其按比例分配到相近的左、右节点上，再计算各杆内力，但在计算上弦时，应考虑局部弯矩的影响。

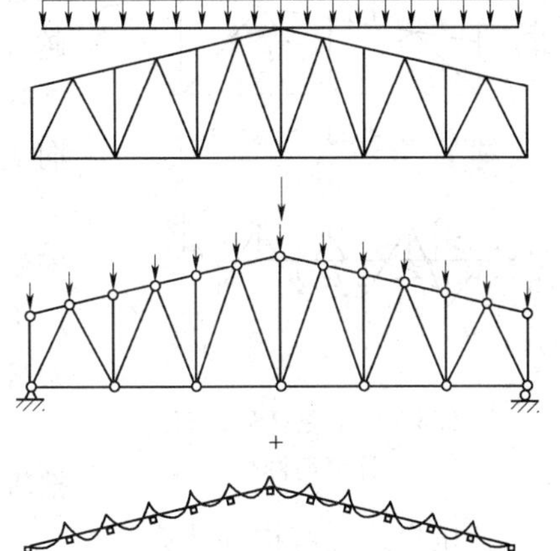

图 2.5.7 桁架弦杆有节间荷载时的内力计算

（2）桁架上的荷载及其组合。桁架上的荷载有永久荷载和可变荷载两大类。永久荷载包括防水层、保温层、屋面板等屋面材料及檩条、屋架、支撑、天窗架、吊顶等结构自重。可变荷载包括屋面均布荷载、雪荷载、风荷载、积灰荷载以及悬挂吊车荷载等。

桁架在使用中，受到多种可变荷载的作用时，结构分析要考虑各种荷载同时出现时对结构造成的不利影响。这种不利影响在不同的荷载组合中出现的部位不一样，甚至杆件的内力符号也会发生变化，需要进行若干种荷载组合以求得结构设计时的控制内力。

屋面均布活荷载、屋面积灰荷载、雪荷载等可变荷载，应按全跨和半跨均匀分布两种情况考虑，因为荷载作用于半跨时对桁架的中间斜腹杆的内力可能产生不利影响。

桁架内力应根据使用和施工过程中可能遇到的同时作用的最不利荷载组合情况进行计算。不利荷载组合一般考虑下列三种情况：

1）全跨永久荷载＋全跨可变荷载。

2）全跨永久荷载＋半跨可变荷载。

3）全跨屋架、支撑和天窗自重＋半跨屋面板重＋半跨屋面活荷载。

当桁架以承受移动荷载为主时，如桥桁结构，则需要应用内力影响线的计算原理，求出各杆件的控制内力。

（3）屋架杆件内力计算方法。

1）节点荷载作用下的杆件内力计算。节点荷载作用下，铰接桁架杆件的内力计算可采用图解法或数解法（节点法或截面法）、有限元位移计算法等。所有杆件均受轴心力作用。常用桁架的杆件内力系数可查阅静力计算手册。

2）有节间荷载作用时杆件内力计算。当有集中荷载或均布荷载作用于上弦节间时，将使上弦杆节点和跨中节间产生局部弯矩。由于上弦节点板对杆件的约束作用，可减少节间弯矩，屋架上弦杆应视为弹性支座上的连续梁，为简化计算，可采用下列近似法：

对无天窗架的屋架，端节间的跨中正弯矩和节点负弯矩均取 $0.8M_0$；其他节间正弯矩和节点负弯矩均取为 $0.6M_0$；M_0 为跨度等于节间长度的相应节间的简支梁最大弯矩值。

对有天窗架的屋架，所有节间的节点和节间弯距均取为 $0.8M_0$，如图 2.5.8 所示。

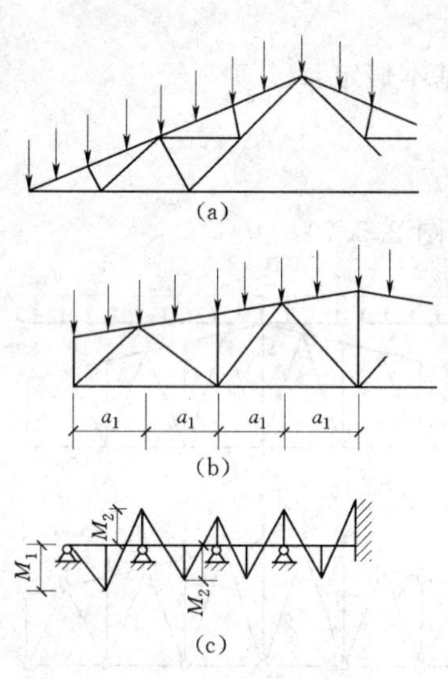

图 2.5.8　上弦杆局部弯矩计算简图

（4）杆件特点。

1）杆件计算长度。理想的桁架结构中，杆件两端铰接，计算长度在桁架平面内应是节点中心间的距离，在桁架平面外是侧向支承间的距离。但在节点处，节点是具有一定刚度的，加上受拉杆件的约束作用，使得杆件端部的约束介于刚接和铰接之间；拉杆越多，约束作用越大，相连拉杆的截面相对越大，约束作用也就越大。在这种情况下，杆件的计算长度小于节点中心间的或侧向支承间的几何长度。

2）杆件的允许长细比。杆件长细比过大，在运输和安装过程中容易因刚度不足而产生弯曲，在动力荷载作用下振幅较大，在自重作用下有可见挠度。为此，对桁架杆件应按各种设计标准的允许长细比进行控制。

3）强度和稳定性计算。当杆件以承受轴力为主时，按轴心压杆或轴心拉杆计算；当杆件同时受到较大弯矩时，按压弯或拉弯构件计算。

杆件截面选取的原则：承载能力高，抗弯强度大，便于连接，用料经济。通常选用角钢和 T 型钢。

5. 节点设计

（1）节点设计的基本要求。

1）各杆件的形心线位置尽量与桁架几何轴线重合并交于节点中心，以避免由于偏心而产生的附加弯矩。但是，实际制作上有许多工艺的和经济指标上的问题必须考虑。

2）节点的强度一般应高于相连接的杆件的承载力。这一要求有两种不同水准的表述。第一，连接强度应高于或等于相连接杆件的截面设计强度，这是节点设计的"等强度准则"；第二，连接部位应保证在相连杆件承受工作荷载时节点不发生破坏，这可称为节点设计的"等负荷准则"。当杆件的工作荷载比其承载力低较多时，采用这一准则可以收到较经济的效果，但需根据各种不同的荷载组合情况对每个节点逐一进行校核。

3）节点的传力路线明确，构造形式便于制作和安装。

（2）节点设计构造要求。节点设计首先应按各杆件的截面形式确定节点的构造形式，根据腹板内力确定连接焊缝的焊脚尺寸和焊缝长度，然后按所需的焊缝长度和杆件之间的空隙，适当考虑制造装配误差，确定节点板的合理形状和尺寸。最后验算弦杆和节点板的连接焊缝。桁架杆件与节点板间的连接，通常采用角焊缝连接形式，对角钢杆件一般采用

角钢背和角钢尖部位的侧焊缝连接；必要时也可采用三面围焊缝或 L 形围焊缝连接。节点板的尺寸应能保证所需角焊缝的布置要求。下面分别说明各类节点的构造和计算方法。

原则上，杆件的形心线位置尽量与桁架几何轴线重合，以避免杆件偏心受力；角钢的切断面应与其轴线垂直，需要斜切以便使节点紧凑时只能切肢尖；如弦杆截面需变化，截面改变点应在节点上。

1）双角钢截面杆件的连接节点。双角钢截面的杆件常用于屋架。杆件之间靠节点板连成一体，弦杆与腹杆的连接节点如图 2.5.9、图 2.5.10 所示。节点计算时需考虑节点板的强度和杆件的连接强度。

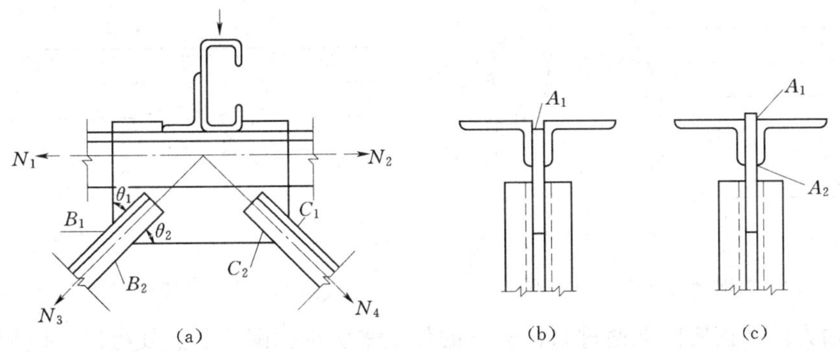

图 2.5.9　双角钢截面杆件的节点（焊接连接）

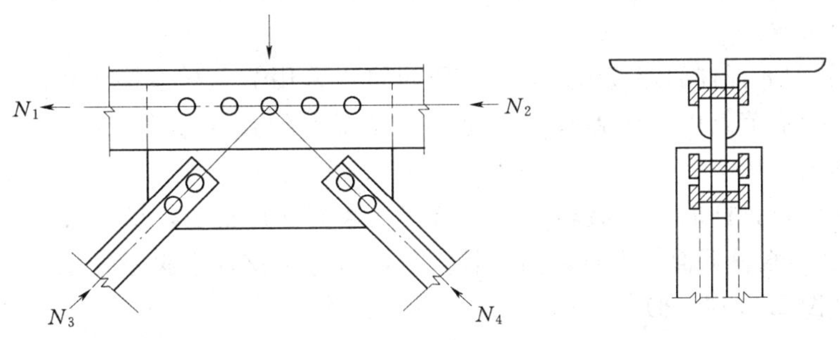

图 2.5.10　双角钢截面杆件的节点（螺栓或铆钉连接）

2）H 型钢截面杆件的连接节点。简单型式的节点连接如图 2.5.11 所示。与双角钢截面杆件节点不同的是，采用两块节点板将构件连接起来，前者称为单壁式节点，而后者因有两块节点板，称为双壁式节点。节点板与杆件的连接方式可以采用角焊缝的焊接或螺栓连接。节点板的尺寸必须满足焊缝或螺栓在强度和构造上的要求。由于 H 型钢杆件只在两翼缘与节点板连接，因此在计算杆件的传力时也应注意净截面的效率问题。

3）圆钢管截面杆件的连接节点。钢管截面由于在抗扭刚度、密闭防锈、外观形式等诸方面的优点，也被用于桁架结构中。圆钢管截面可以采用节点板的形式相连（图 2.5.12），但需要在腹杆上剖缝，插入节点板后进行焊接。近年来，随着数控相贯线切割机的应用，直接汇交钢管节点的连接方式在工程上得到越来越多的推广（图 2.5.13）。圆钢管连接中，除了计算焊缝强度以外，还应考虑弦杆管壁强度。特别在直接汇交钢管节点

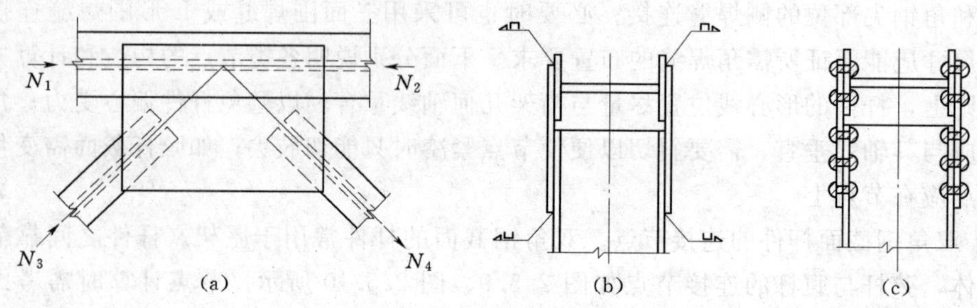

图 2.5.11 H型钢截面杆件的节点形式

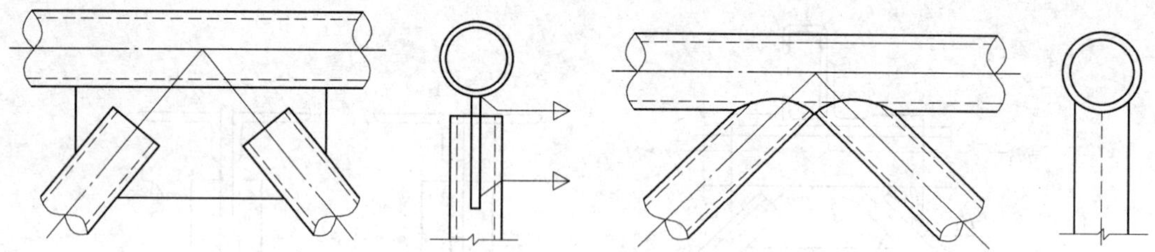

图 2.5.12 圆钢管通过节点板的连接

图 2.5.13 圆钢管直接汇交连接

中，杆件轴力的平衡实际上通过弦杆管壁的传递来实现。圆管节点处可以不设加劲板，但如无足够的管壁厚度，弦杆会在连接处被直径较小的腹杆压瘪或拉凸，造成很大的塑性变形，以致使焊缝受力不均产生裂纹，甚至引起管壁的撕裂，或者在冲剪力作用下造成管壁破坏，使节点失效。

4）方钢管截面杆件的连接节点。方钢管也可以采用节点板连接或直接交汇连接两种方式。在直接交汇节点中，遇到腹杆有重叠的情况，除叠合方式［图 2.5.14（a）］外，也可在中间插入一块垫板［图 2.5.14（b）］，或拉开两腹杆的距离。当腹杆截面较小而轴力较大时，为防止弦杆的冲剪破坏，可在弦杆上表面加焊钢板，增大弦杆局部板厚［图 2.5.14（c）］。当腹杆截面较大且轴力也较大时，为防止弦杆中腹板的压屈，可在腹板两侧加焊钢板［图 2.5.14（d）］。

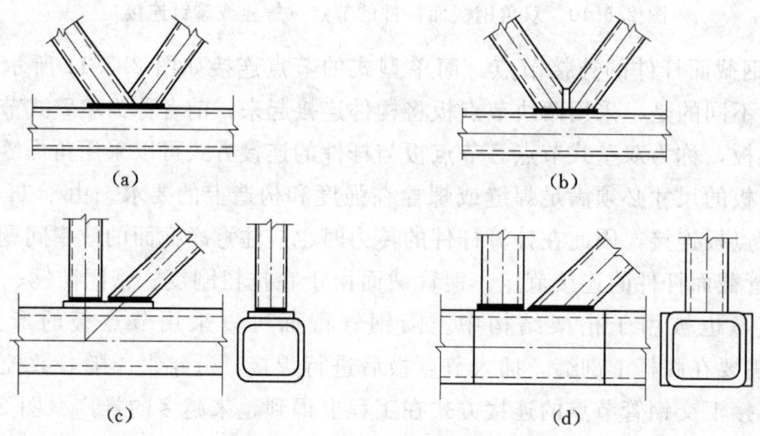

图 2.5.14 方钢管直接汇交连接

6. 桁架施工图编制

(1) 在图纸左上部绘制索引图。对称桁架，一半注明杆件几何长度，另一半注明杆件内力。梯形屋架 $L\geqslant 24\mathrm{m}$，三角形 $L\geqslant 15\mathrm{m}$，应预起拱 $f=L/500$。

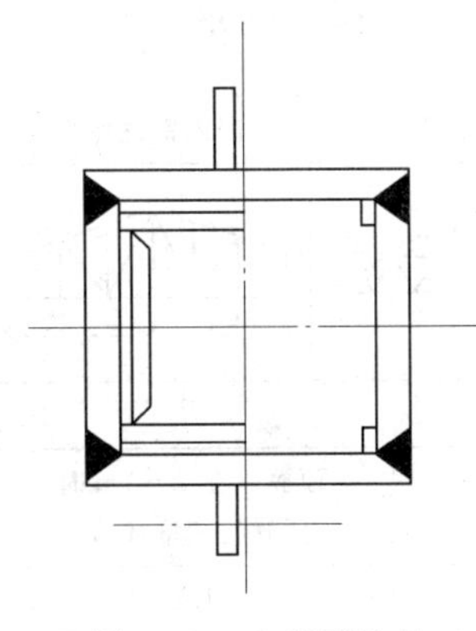

图 2.5.15　箱形构件断面示意

(2) 施工祥图中，主要图面用以绘制屋架的正立面图，上下弦的平面图，侧面图，安装节点及特殊零件大样图，材料表。比例尺：杆件轴线为 1∶20～1∶30，节点为 1∶10～1∶15。

(3) 定位尺寸：轴线至肢背的距离，节点中心至腹杆等杆件近端的距离，节点中心至节点板上、下、左、右的距离。螺孔位置要符合型钢线距表和螺栓排列规定距离要求，焊缝应注明尺寸。

(4) 各零件要进行详细编号，按主次、上下、左右顺序进行。

(5) 施工图中的文字说明应包括不易用图表达以及为了简化图面而易于用文字集中说明的内容，如钢材标号、焊条型号、焊缝形式和质量等级、图中未注明的焊缝和螺栓孔尺寸以及防腐、运输和加工要求。

2.5.4.2　箱形构件的工厂加工

箱形构件是由四块钢板组成的承重构件，在它与梁连接部位还设有加劲隔板，每节构件顶部要求平整。箱形构件的断面图如图 2.5.15 所示。

箱形构件加工制作前的主要准备工作有加工制作图、加工制作前的施工条件分析、上岗培训、操作考核、技术交底等。箱形构件加工制作的工艺流程如图 2.5.16 所示，主要加工工艺如放样、号料、切割下料、坡口加工、开孔、组装的操作要点、注意事项同上一单元，在此主要补充桁架放样时的预放收缩量、箱形截面组装顺序以及焊接工艺。

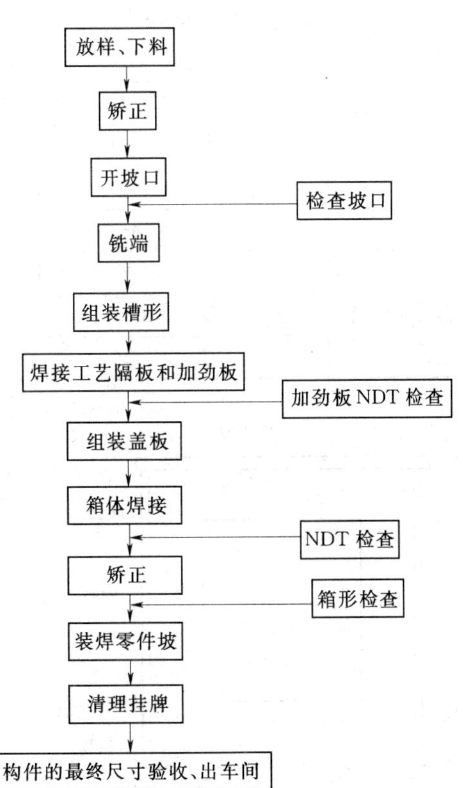

图 2.5.16　箱形截面构件的加工工艺流程

1. 桁架放样时的预放收缩量的确定

桁架放样时按表 2.5.1 确定预放收缩量。

2. 箱型结构组装

箱型结构是由上、下盖板、隔板、两侧腹板组成的焊接结构（图 2.5.17）。组装顺序及方法：

(1) 以上盖板作为组装基准。在盖板与腹板、隔板的组装面上，按施工图的要求分别放上各板组装线（图 2.5.18），并且用样冲标志出来。

表 2.5.1 **焊接屋架、桁架的预放收缩量**

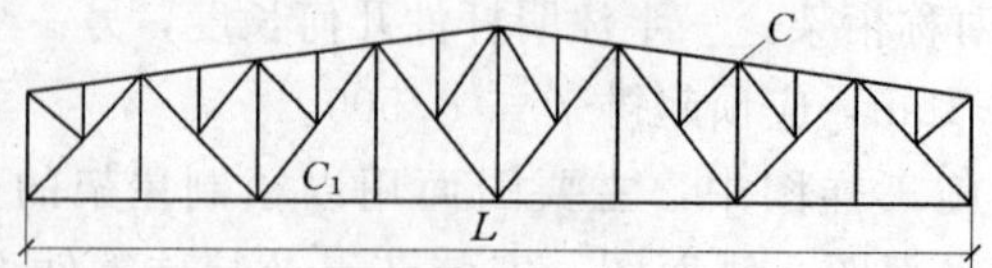

L—构件长
C—上弦杆 }主件
C_1—下弦杆 }主件

	平面桁架	立体桁架	弧形屋架	人字屋架	嵌入钢柱屋架
包括形式	C C_1 L	L	C C_1 L	C C_1 L	C C_1 L

焊接预放收缩量

名　称	C及C_1主杆的角钢规格	主杆夹的节点板厚	焊缝高度	预放（在L=1m时预放收缩量数值）
等边角钢	∟36×36×4	5	4	1.2
	∟40×40×4	5	4	1.2
	∟50×50×5	6	5	1.1
	∟63×63×6	6	5	1.0
	∟70×70×7	8	6	0.9
	∟75×75×8	8	6	0.9
	∟90×90×8～10	8	6	0.6
	∟100×100×10	10	8	0.55
	∟120×120×12	12	10	0.5
	∟130×130×14	14	10	0.45
	∟150×150×16	16	10	0.4
	∟200×200×14～24	16	10	0.2
不等边角钢	∟75×100×8	8	6	0.65
	∟120×80×8～10	10	6	0.5
	∟150×100×12	12	8	0.4

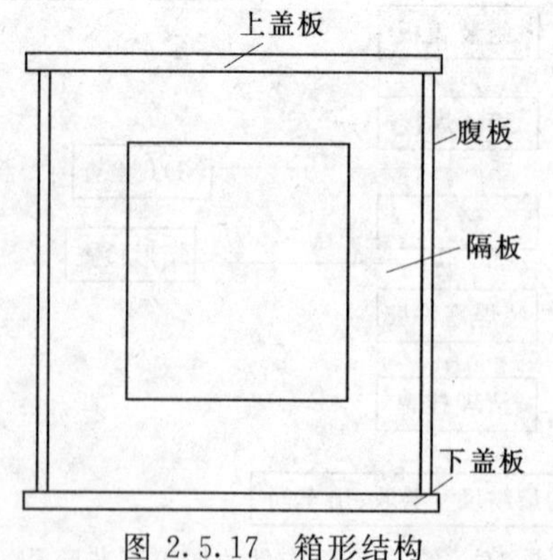

图 2.5.17　箱形结构

图 2.5.18　各板与上盖板装配基准

(2) 上盖板与隔板组装，在胎模上进行（图 2.5.19）。装配好以后，必须施焊完毕后，方可进行下道组装。

(3) H 型组装（图 2.5.20）。在腹板装配前必须检查腹板的弯曲是否同步。反之必须矫正后方可组装。装配方法通常采用一个方向装配，先定位中部隔板，后定位腹板（图 2.5.19）。

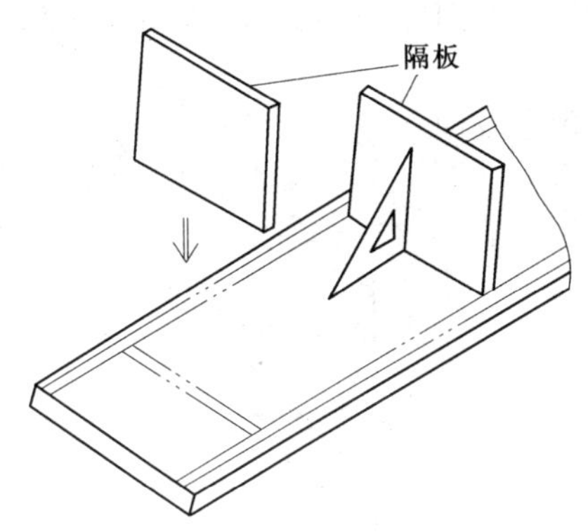

图 2.5.19　上盖板与隔板装配

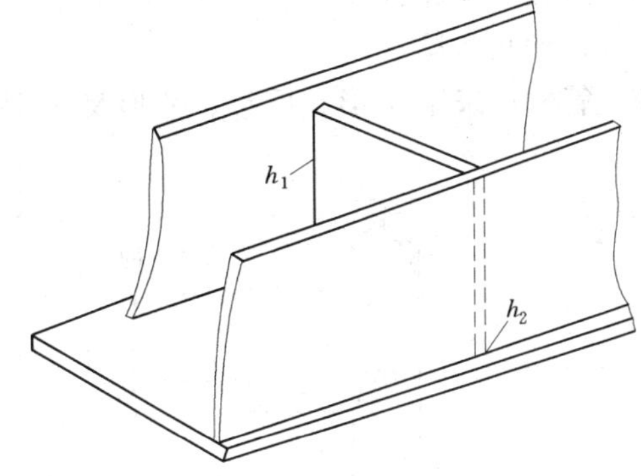

图 2.5.20　电焊定位要求示意图

(4) 箱体结构整体组装是在 H 型结构全部完工后进行，先将 H 型结构腹板边缘矫正好，使其不平度小于 1/1000，然后在下盖板上放上与腹板装配线定位线，翻过面与 H 型结构组装，组装方法通常采用一个方向装配，定位点焊采用对称方法，这样可以减少装配应力，防止结构变形。

2.5.4.3　箱形焊接构件的焊接技术流程

1. 钢结构焊接基本规定

(1) 焊接难度区分。建筑钢结构工程焊接难度可分为一般、较难和难三种情况。建筑钢结构工程的焊接难度可按表 2.5.2 区分。

表 2.5.2　　建筑钢结构工程的焊接难度区分原则

焊接难度	焊接难度影响因素			
	节点复杂程度和拘束度	板厚（mm）	受力状态	钢材碳当量 Ceq（%）
一般	简单对接、角接，焊缝能自由收缩	＜30	一般静载拉、压	＜0.38
较难	复杂节点或已施加限制收缩变形的措施	30～80	静载且板厚方向受拉或间接动载	0.38～0.45
难	复杂节点或局部返修条件而使焊缝不能自由收缩	＞80	直接动载、抗震设防烈度大于 8 度	＞0.45

(2) 焊接施工图要求。施工图中应标明下列焊接技术要求：①应明确规定结构构件使用钢材和焊接材料的类型和焊缝质量等级，有特殊要求时，应标明无损探伤的类别和抽查百分比；②应标明钢材和焊接材料的品种、性能及相应的国家现行标准，并应对焊接方法、焊缝坡口形式和尺寸、焊后热处理要求等作出明确规定。对于重型、大型钢结构，应明确规定工厂制作单元和工地拼装焊接的位置，标注工厂制作或工地安装焊缝符号。

制作与安装单位承担钢结构焊接工程施工图设计时，应具有与工程结构类型相适应的设计资质等级或由原设计单位认可。

2. 焊接节点一般构造

(1) 钢结构焊接节点构造，应符合下列要求：尽量减少焊缝的数量和尺寸；焊缝的布置对称于构件截面的中和轴；便于焊接操作，避免仰焊位置施焊；采用刚性较小的节点形式，避免焊缝密集和双向、三向相交；焊缝位置避开高应力区；根据不同焊接工艺方法合理选用坡口形状和尺寸。

(2) 管材可采用 T 形、K 形、Y 形及 X 形连接接头（图 2.5.21）。

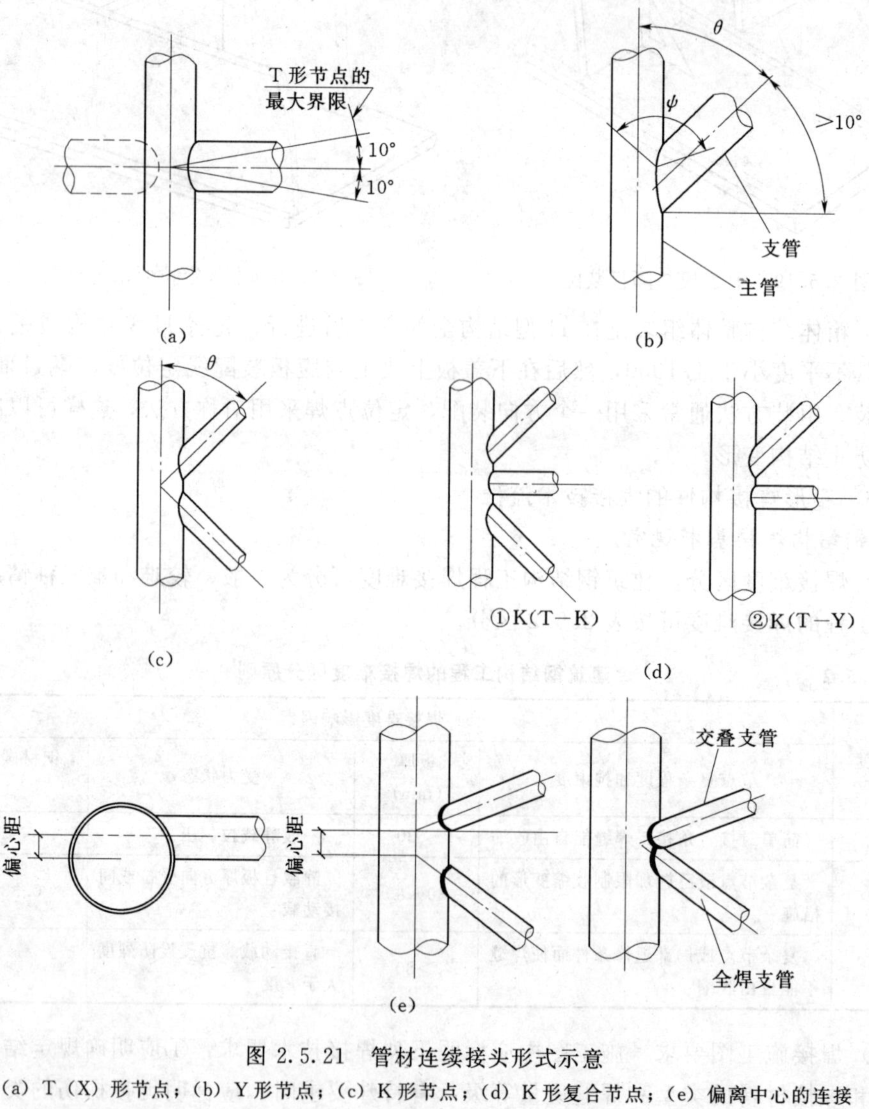

图 2.5.21　管材连续接头形式示意

(a) T (X) 形节点；(b) Y 形节点；(c) K 形节点；(d) K 形复合节点；(e) 偏离中心的连接

(3) 施工图中采用的焊缝符号应符合现行国家标准《焊缝符号表示方法》(GB 324) 和《建筑结构制图标准》(GBJ 105) 的规定，并应标明工厂车间施焊和工地安装施焊的焊缝及所有焊缝的部位、类型、长度、焊接坡口形式和尺寸、焊脚尺寸、部分焊透接头的焊透深度。

3. 组焊构件焊接节点

(1) 塞焊和槽焊焊缝的尺寸、间距、填焊高度应符合下列规定：

1) 塞焊缝和槽焊缝的有效面积应为贴合面上圆孔或长槽孔的标称面积。

2) 塞焊焊缝的最小中心间隔应为孔径的 4 倍，槽焊焊缝的纵向最小间距应为槽孔长度的 2 倍，垂直于槽孔长度方向的两排槽孔的最小间距应为槽孔宽度的 4 倍。

3) 塞焊孔的最小直径不得小于开孔板厚度加 8mm，最大直径应为最小直径值加 3mm，或为开孔件厚度的 2.5 倍，并取两值中较大者。槽孔长度不应超过开孔件厚度的 10 倍，最小及最大槽宽规定与塞焊孔的最小及最大孔径规定相同。

4) 塞焊和槽焊的填焊高度：当母材厚度等于或小于 16mm 时，应等于母材的厚度；当母材厚度大于 16mm 时，不得小于母材厚度的一半，并不得小于 16mm。

5) 塞焊焊缝和槽焊焊缝的尺寸应根据贴合面上承受的剪力计算确定。

(2) 严禁在调质钢上采用塞焊和槽焊焊缝。

(3) 角焊缝的尺寸应符合下列规定：

1) 角焊缝的最小计算长度应为其焊脚尺寸 h_f 的 8 倍，且不得小于 40mm；焊缝计算长度应为焊缝长度扣除引弧、收弧长度。

2) 角焊缝的有效面积应为焊缝计算长度与计算厚度 h_e 的乘积。对任何方向的荷载，角焊缝上的应力应视为作用在这一有效面积上。

3) 断续角焊缝焊段的最小长度应不小于最小计算长度。

4) 单层角焊缝最小焊脚尺寸宜按表 2.5.3 取值，同时应符合设计要求。

表 2.5.3　单层焊角焊缝的最小尺寸　单位：mm

母材厚度 t	角焊缝的最小焊脚尺寸 h_f	母材厚度 t	角焊缝的最小焊脚尺寸 h_f
≤4	3	16、18	6
6、8	4	20～25	7
10、12、14	5		

注　用低氢焊接材料时，应取较薄件厚度；非低氢焊接材料时，应取较厚件厚度。

5) 当被焊构件较薄板厚度大于等于 25mm 时，宜采用局部开坡口的角焊缝。

6) 角焊缝十字接头，不宜将厚板焊接到较薄板上。

(4) 搭接接头角焊缝的尺寸及布置应符合下列规定：

1) 传递轴向力的部件，其搭接接头最小搭接长度应为较薄件厚度的 5 倍，但不小于 25mm (图 2.5.22)，并应施焊纵向或横向双角焊缝。

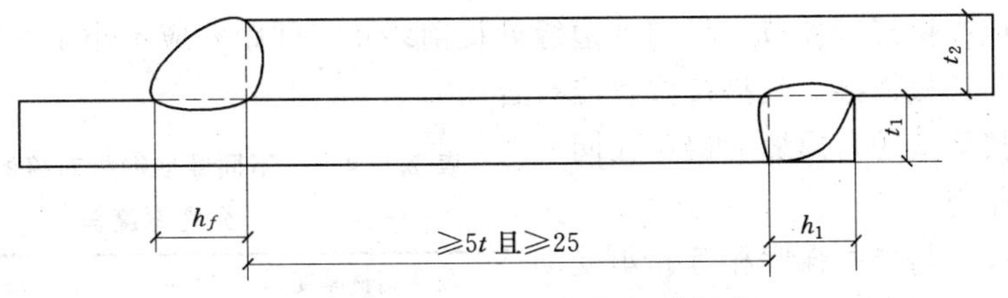

图 2.5.22　双角焊缝搭接要求示意

t—t_1 和 t_2 中较小者；h_f—焊脚尺寸，按设计要求

2）单独用纵向角焊缝连接型钢杆件端部时，型钢杆件的宽度 W 应不大于 200mm，当宽度 W 大于 200mm 时，需加横向角焊或中间塞焊。型钢杆件每一侧纵向角焊缝的长度 L，应不小于 W，见图 2.5.23。

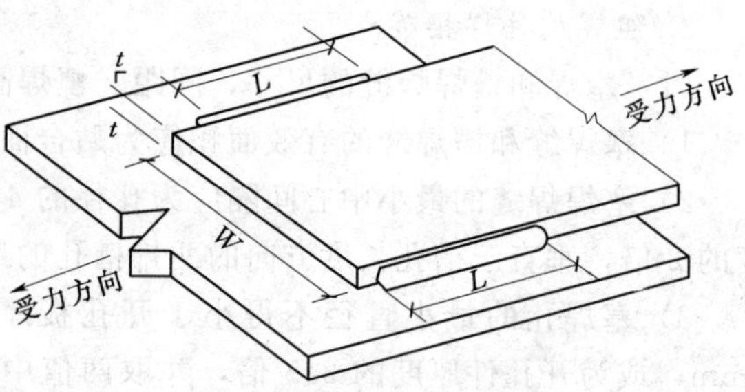

图 2.5.23 纵向角焊缝的最小长度示意

3）型钢杆件搭接接头采用围焊时，在转角处应连续施焊。杆件端部搭接角焊缝作绕焊时，绕焊长度应不小于二倍焊脚尺寸，并连续施焊。

4）搭接焊缝沿材料棱边的最大焊脚尺寸，当板厚小于、等于 6mm 时，应为母材厚度，当板厚大于 6mm 时，应为母材厚度减去 1～2mm（图 2.5.24）。

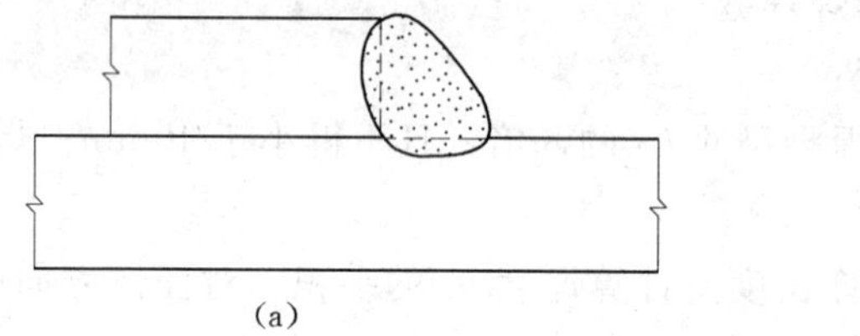

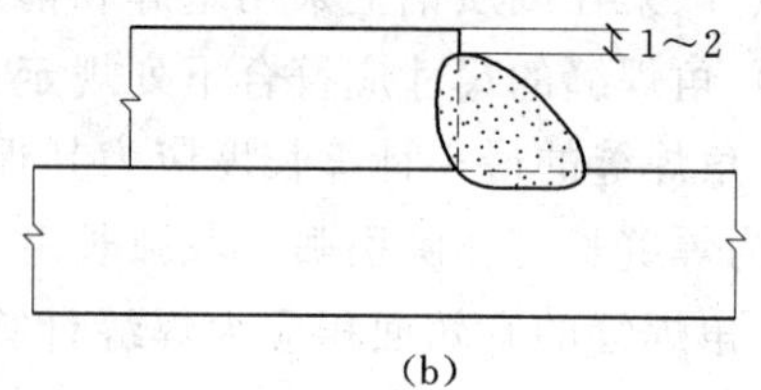

图 2.5.24 搭接角焊缝沿母材棱边的最大焊脚尺寸示意
（a）母材厚度小于、等于 6mm；（b）母材厚度大于 6mm

5）用搭接焊缝传递荷载的套管接头可以只焊一条角焊缝，其管材搭接长度 L 应不小于 $5(t_1+t_2)$，且不得小于 25mm。搭接焊缝焊脚尺寸应符合设计要求（图 2.5.25）。

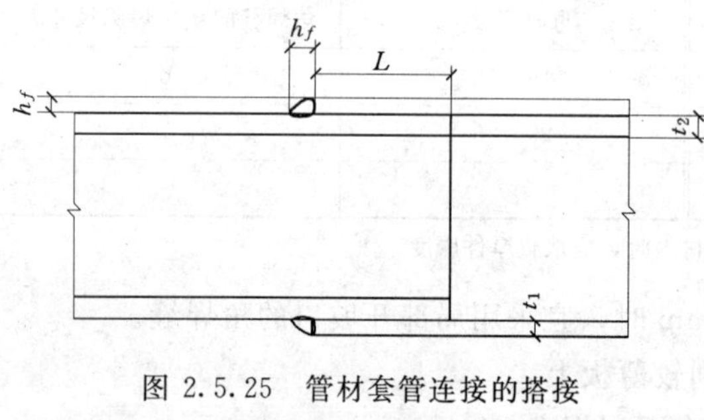

图 2.5.25 管材套管连接的搭接焊缝最小长度示意

（5）不同厚度及宽度的材料对接时，应作平缓过渡并符合下列规定：不同厚度的板材或管材对接接头受拉时，其允许厚度差值（t_1-t_2）应符合表 2.5.4 的规定。当超过表 2.5.4 的规定时应将焊缝焊成斜坡状，其坡度最大允许值应为 1∶2.5；或将较厚板的一面或两面及管材的内壁或外壁在焊前加工成斜坡，其坡度最大允许值应为 1∶2.5。

4. 构件制作焊接节点形式

（1）桁架和支撑的杆件与节点板的连接节点宜采用图 2.5.26 的形式；当杆件承受拉应力时，焊缝应在搭接杆件节点板的外边缘处提前终止，间距 a 应不小于 h_f。

（2）型钢与钢板搭接，其搭接位置应符合图 2.5.27 的要求。

（3）搭接接头上的角焊缝应避免在同一搭接接触面上相交。

（4）要求焊缝与母材强度相等和承受动荷载的对接接头，其纵横两方向的对接焊缝，宜采用 T 形交叉。交叉点的距离宜不小于

表 2.5.4 不同厚度钢材对接的允许厚度差 单位：mm

较薄钢材厚度 t_2	5～9	10～12	>12
允许厚度差 t_1-t_2	2	3	4

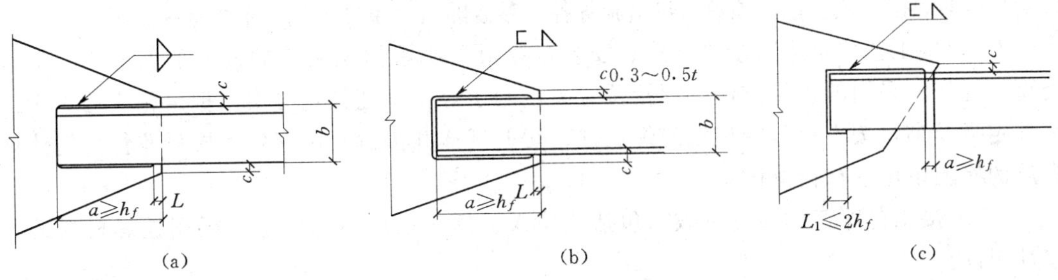

图 2.5.26　桁架和支撑杆件与节点板连接节点示意

(a) 两面侧焊；(b) 三面围焊；(c) L形围焊

200mm，且拼接料的长度和宽度宜不小于 300mm。如有特殊要求，施工图应注明焊缝的位置。

(5) 以角焊缝作纵向连接组焊的部件，如在局部荷载作用区采用一定长度的对接与角接组合焊缝来传递载荷，在此长度以外坡口深度应逐步过渡至零，且过渡长度应不小于坡口深度的 4 倍。

(6) 焊接组合箱形梁、柱的纵向角焊缝，宜采用全焊透或部分焊透的对接与角接组合焊缝（图 2.5.28）。要求全焊透时，应采用垫板单面焊［图 2.5.28 (b)］。

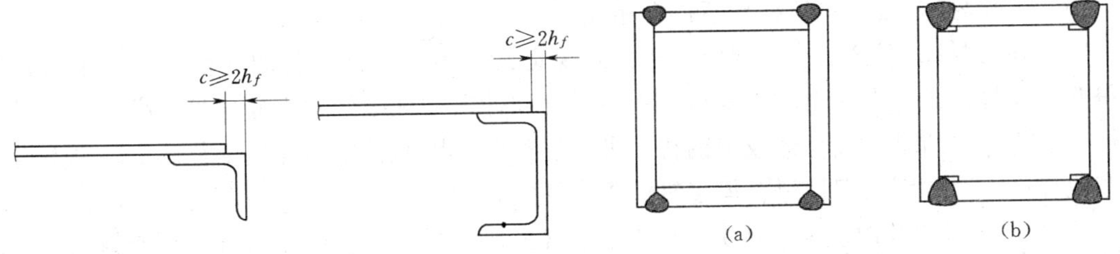

图 2.5.27　型钢与钢板搭接节点示意

h_f—焊脚尺寸

图 2.5.28　箱形组合柱的纵向组装角焊缝示意

(7) 箱形柱与隔板的焊接，应采用全焊透焊缝［图 2.5.29 (a)］；对无法进行手工焊接的焊缝，宜采用熔嘴电渣焊焊接，且焊缝应对称布置［图 2.5.29 (b)］。

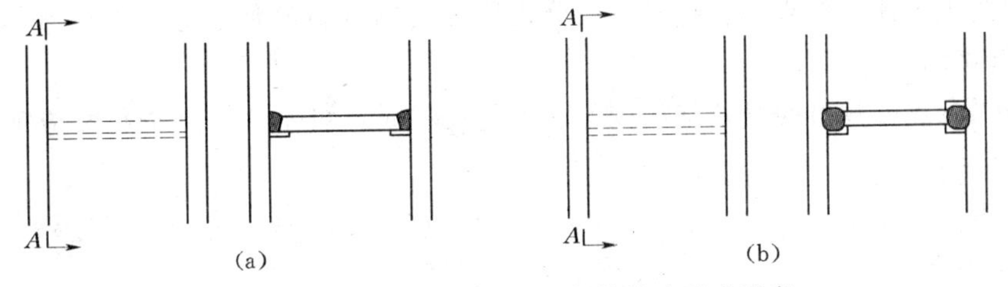

图 2.5.29　箱形柱与隔板的焊接接头形式示意

(a) 手工电弧焊；(b) 熔嘴电渣焊

5. 焊接工艺评定

(1) 一般规定。

1) 凡符合以下情况之一者，应在钢结构构件制作及安装施工之前进行焊接工艺评定：①国内首次应用于钢结构工程的钢材（包括钢材牌号与标准相符但微量合金强化元素的类别不同和供货状态不同，或国外钢号国内生产）；②国内首次应用于钢结构工程的焊接材料；③设计规定的钢材类别、焊接材料、焊接方法、接头形式、焊接位置、焊后热处理制度以及施工单位所采用的焊接工艺参数、预热后热措施等各种参数的组合条件为施工企业首次采用。

2）焊接工艺评定应由结构制作、安装企业根据所承担钢结构的设计节点形式、钢材类型、规格、采用的焊接方法、焊接位置等，制定焊接工艺评定方案，拟定相应的焊接工艺评定指导书，按本规程的规定施焊试件、切取试样并由具有国家技术质量监督部门认证资质的检测单位进行检测试验。

3）焊接工艺评定的施焊参数，包括热输入、预热、后热制度等应根据被焊材料的焊接性制订。

4）焊接工艺评定所用设备、仪表的性能应与实际工程施工焊接相一致并处于正常工作状态。焊接工艺评定所用的钢材、焊钉、焊接材料必须与实际工程所用材料一致并符合相应标准要求，具有生产厂出具的质量证明文件。

5）焊接工艺评定试件应由该工程施工企业中技能熟练的焊接人员施焊。

6）焊接工艺评定试验完成后，应由评定单位根据检测结果提出焊接工艺评定报告，连同焊接工艺评定指导书、评定记录、评定试样检验结果一起报工程质量监督验收部门和有关单位审查备案。

（2）评定规则。

1）不同焊接方法的评定结果不得互相代替。

2）不同钢材的焊接工艺评定应符合下列规定：①不同类别钢材的焊接工艺评定结果不得互相代替；②Ⅰ、Ⅱ类同类别钢材中当强度和冲击韧性级别发生变化时，高级别钢材的焊接工艺评定结果可代替低级别钢材；Ⅲ、Ⅳ类同类别钢材中的焊接工艺评定结果不得相互代替；不同类别的钢材组合焊接时应重新评定，不得用单类钢材的评定结果代替。

3）接头形式变化时应重新评定，但十字形接头评定结果可代替T形接头评定结果，全焊透或部分焊透的T形或十字形接头对接与角接组合焊缝评定结果可代替角焊缝评定结果。

4）板材对接的焊接工艺评定结果适用于外径大于600mm的管材对接。

5）评定试件的焊后热处理条件应与钢结构制造、安装焊接中实际采用的焊后热处理条件基本相同。

6）焊接工艺评定结果不合格时，应分析原因，制订新的评定方案，按原步骤重新评定，直到合格为止。

7）施工企业已具有同等条件焊接工艺评定资料时，可不必重新进行相应项目的焊接工艺评定试验。

6. 焊接工艺

（1）技术准备。

1）在构件制作前，工厂应按施工图纸的要求以及《建筑钢结构焊接技术规程》(JGJ 81—2002)的要求进行焊接工艺评定试验。生产制造过程应严格按工艺评定的有关参数和要求进行，通过跟踪检测如发现按照工艺评定规范生产质量不稳定，应重新做工艺评定，以达到质量稳定。

2）根据施工制造方案和钢结构技术规程以及施工图纸的有关要求编制各类施工工艺，工厂应组织有关部门进行工艺评定。

3）焊接工艺文件应符合下列要求。

施工前应由焊接技术责任人员根据焊接工艺评定结果编制焊接工艺文件，并向有关操作人员进行技术交底，施工中应严格遵守工艺文件的规定。

焊接工艺文件应包括下列内容：焊接方法或焊接方法的组合；母材的牌号、厚度及其他相关尺寸；焊接材料型号、规格；焊接接头形式、坡口形状及尺寸允许偏差；夹具、定位焊、衬垫的要求；焊接电流、焊接电压、焊接速度、焊接层次、清根要求、焊接顺序等焊接工艺参数规定；预热温度及层间温度范围；后热、焊后消除应力处理工艺；检验方法及合格标准等。

(2) 材料要求。

1) 建筑钢结构用钢材及焊接填充材料的选用应符合设计图的要求，并应具有钢厂和焊接材料厂出具的质量证明书或检验报告；其化学成分、力学性能和其他质量要求必须符合国家现行标准规定。当采用其他钢材和焊接材料替代设计选用的材料时，必须经原设计单位同意。

2) 钢材的成分、性能复验应符合国家现行有关工程质量验收标准的规定；大型、重型及特殊钢结构的主要焊缝采用的焊接填充材料应按生产批号进行复验。复验应由国家技术质量监督部门认可的质量监督检测机构进行。

3) 钢结构工程中选用的新材料必须经过新产品鉴定。钢材应由生产厂提供焊接性资料、指导性焊接工艺、热加工和热处理工艺参数、相应钢材的焊接接头性能数据等资料；焊接材料应由生产厂提供储存及焊前烘焙参数规定、熔敷金属成分、性能鉴定资料及指导性施焊参数，经专家论证、评审和焊接工艺评定合格后，方可在工程中采用。

4) 焊接T形、十字形、角接接头，当其翼缘板厚度不小于40mm时，设计宜采用抗层状撕裂的钢板。钢材的厚度方向性能级别应根据工程的结构类型、节点形式及板厚和受力状态的不同情况选择。

5) 钢材除应符合《建筑钢结构焊接技术规程》(JGJ 81—2002) 第三章相应规定外，尚应符合下列要求：①清除待焊处表面的水、氧化皮、锈、油污；②焊接坡口边缘上钢材的夹层缺陷长度超过25mm时，应采用无损探伤检测其深度，如深度不大于6mm，应用机械方法清除；如深度大于6mm，应用机械方法清除后焊接填满；若缺陷深度大于25mm时，应采用超声波探伤测定其尺寸，当单个缺陷面积或聚集缺陷的总面积不超过被切割钢材总面积的4%时为合格，否则该板不宜使用。

6) 焊接材料。焊条应符合现行国家标准《碳钢焊条》(GB/T 5117—1995)、《低合金钢焊条》(GB/T 5118—1995) 的规定。焊丝应符合现行国家标准《熔化焊用钢丝》(GB/14957—1994)、《气体保护电弧焊用碳钢、低合金钢焊丝》(GB/T 8110—1995) 及《碳钢药芯焊丝》(GB/T 10045—2001)、《低合金钢药芯焊丝》(GB/T 17493—1998) 的规定。埋弧焊用焊丝和焊剂应符合现行国家标准《埋弧焊用碳钢焊丝和焊剂》(GB/T 5293—1999)、《低合金钢埋弧焊用焊剂》(GB/T 12470—1990) 的规定。气体保护焊使用的氩气应符合现行国家标准《氩气》(GB/T 4842) 的规定。

除上述要求外，焊接材料还应符合下列规定：焊条、焊丝、焊剂和熔嘴应储存在干燥、通风良好的地方，由专人保管；焊条、熔嘴、焊剂和药芯焊丝在使用前，必须按产品说明书及有关工艺文件的规定进行烘干。焊接不同类别钢材时，焊接材料的匹配应符合设计要求。常用结构钢材采用手工电弧焊、CO_2 气体保护焊和埋弧焊进行焊接时，焊接材料可按表2.5.5～表2.5.7的规定选配。

表 2.5.5　　　　常用结构钢材手工电弧焊接材料的选配

钢　材							手工电弧焊焊条				
牌号	等级	抗拉强度 σ_b (MPa)	屈服强度[3] σ_s (MPa)		冲击功[3]		型号示例	熔敷金属性能[3]			
			$\delta \leqslant 16$ (mm)	$\delta > 50 \sim 1$ (mm)	T (℃)	AKv (J)		抗拉强度 σ_b (MPa)	屈服强度 σ_s (MPa)	延伸率 δ_s (%)	冲击功≥27J 时试验温度 (℃)
Q235	A	375～460	235	205[4]	—	—	E4303[1]	420	330	22	0
	B				20	27	E4303[1] E4328 E4315 E4316				0
	C				0	27					−20
	D				−20	27					−30
Q295	A	390～570	295	235	—	—	E4303[1]	420	330	22	0
	B				20	34	E4315 E4316 E4328				−30 −20
Q345	A	470～630	345	275	—	—	E5003[1]	490	390	20	0
	B				20	34	E5003[1] E5015 E5016 E5018			22	−30
	C				0	34	E5015 E5016 E5018				
	D				−20	34					
	E				−40	27	②				②
Q390	A	490～650	390	330	—	—	E5015 E5016	490	390	22	−30
	B				20	34					
	C				0	34	E5515－D3－G E5516－D3－G	540	440	17	
	D				−20	34					
	E				−40	27	②				②
Q420	A	520～680	420	360	—	—	E5515－D3－G E5516－D3－G	540	440	17	−30
	B				20	34					
	C				0	34					
	D				−20	34					
	E				−40	27	②				②
Q460	C	550～720	460	400	0	34	E6015－D1－G E5516－D1－G	590	490	15	−30
	D				−20	34					
	E				−40	27	②				②

① 用于一般结构。

② 由供需双方协议。

③ 表中钢材及焊材熔敷金属力学性能的单值均为最小值。

④ 为板厚 $\delta > 60 \sim 100$mm 时的 σ_s 值。

表 2.5.6　常用结构钢材 CO_2 气体保护焊实芯焊丝的选配

钢材		焊丝型号示例	熔敷金属性能				
牌号	等级		抗拉强度 δ_b（MPa）	屈服强度 σ（MPa）	延伸率 δ_5（%）	冲击功 T（℃）	冲击功 AKv（J）
Q235	A	ER49－1②	490	372	20	常温	47
	B						
	C	ER－6	500	420	22	－29	27
	D					－18	
Q295	A	ER49－1② ER－49－6	490	372	20	常温	47
	B	ER50－3 ER50－6	500	420	22	－18	27
Q345	A	ER49－1②	490	372	20	常温	47
	B	ER50－3	500	420	22	－20	27
	C	ER50－2	500	420	22	－29	27
	D						
	E	③	③			③	
Q390	A	ER50－3	500	420	22	－18	27
	B						
	C						
	D	ER50－2	500	470	17	－29	27
	E	③	③			③	
Q420	A	ER55－D2	550	470	17	－29	27
	B						
	C						
	D						
	E	③	③			③	
Q460	C	ER55－D2	550	470	47	－29	27
	D						
	E	③	③			③	

① 含 Ar－CO_2 混合气体保护焊。

② 用于一般结构，其他用于重大结构。

③ 按供需协议。

④ 表中焊材熔敷金属力学性能的单值均为最小值。

表 2.5.7　　常用结构钢埋弧焊焊接材料的选配

钢材		焊剂型号-焊丝牌号示例
牌号	等级	
Q235	A、B、C	F4A0-H08A
	D	F4A2-H08A
Q295	A	F5004-H08A①、F5004-H08MnA②
	B	F5014-H08A①、F5014-H08MnA①
Q345	A	F5004-H08A①、F5004-H08MnA②、F5004-H10Mn2②
	B	F5014-H08A①、F5014-H08MnA②、F5014-H10Mn2② F5011-H08A①、F5011-H08MnA②、F5004-H10Mn2②
	C	F5024-H08A①、F5024-H08MnA②、F5024-H10Mn2② F5021-H08A①、F5021-H08MnA②、F5021-H10Mn2②
	D	F5034-H08A①、F5034-H08MnA②、F5034-H10Mn2② F5031-H08A① F5031-H08MnA②、F5031-H10Mn2②
	E	F5041③
Q390	A、B	F5011-H08MnA①、F5011-H10Mn2②、F5011-H08MnMoA②
	C	F5021-H08MnA①、F5021-H10Mn2②、F5021-H08MnMoA②
	D	F5031-H08MnA①、F5031-h08Mn2②、F5031-H08MnMoA②
	E	F5041③
Q420	A、B	F6011-H10Mn2②、F6011-H08MnMoA②
	C	F6021-H10Mn2②、F6021-H08MnMoA②
	D	F6031-H10Mn2②、F6031-H08MnMoA②
	E	F6041③
Q460	C	F6021-H08MnMoA②
	D	F6031-H08Mn2MoA②
	E	F6041③

① 薄板I形坡口对接。
② 中、厚板坡口对接。
③ 供需双方协议。

(3) 作业条件。焊接作业环境应符合以下要求：①焊接作业区当采用手工电弧焊时风速超过8m/s、气体保护电弧焊及药芯焊丝电弧焊风速超过2m/s时，应设防风棚或采取其他防风措施。制作车间内焊接作业区有穿堂风或鼓风机时，也应按以上规定设挡风装置。②焊接作业区的相对湿度不得大于90%。③当焊件表面潮湿或有冰雪覆盖时，应采取加热去湿除潮措施。④焊接作业区环境温度低于0℃时，应将构件焊接区各方向大于或等于二倍钢板厚度且不小于100mm范围内的母材，加热到20℃以上后方可施焊，且在焊接过程中均不应低于这一温度。实际加热温度应根据构件构造特点、钢材类别及质量等级和焊接性、焊接材料熔敷金属扩散氢含量、焊接方法和焊接热输入等因素确定，其加热温度应高于常温下的焊接预热温度，并由焊接技术责任人员制订出作业方案经认可后方可实施。作业方案应保证焊工操作技能不受环境低温的影响，同时对构件采取必要的保温措施。

（4）焊接规定。

1）焊缝坡口表面及组装质量应符合下列要求。

焊接坡口可用火焰切割或机械方法加工。当采用火焰切割时，切割面质量应符合国家现行标准《热切割、气割质量和尺寸偏差》（ZBJ—59002.3）的相应规定。缺棱为 1～3mm 时，应修磨平整；缺棱超过 3mm 时，应用直径不超过 3.2mm 的低氢型焊条补焊，并修磨平整。当采用机械方法加工坡口时，加工表面不应有台阶。

施焊前，焊工应检查焊接部位的组装和表面清理的质量，如不符合要求，应修磨补焊合格后方能施焊。坡口组装间隙超过允许偏差规定时，可在坡口单侧或两侧堆焊、修磨使其符合要求，但当坡口组装间隙超过较薄板厚度 2 倍或大于 20mm 时，不应用堆焊方法增加构件长度和减小组装间隙。

搭接接头及 T 形角接接头组装间隙超过 1mm 或管材 T、K、Y 形接头组装间隙超过 1.5mm 时，施焊的焊脚尺寸应比设计要求值增大并应符合有关规定。但 T 形角接接头组装间隙超过 5mm 时，应事先在板端堆焊并修磨平整或在间隙内堆焊填补后施焊。

严禁在接头间隙中填塞焊条头、铁块等杂物。

2）引弧板、引出板、垫板应符合下列要求：①严禁在承受动荷载且需经疲劳验算构件焊缝以外的母材上打火、引弧或装焊夹具；②T 形接头、十字形接头、角接接头和对接接头主焊缝两端，必须配置引弧板和引出板，其材质应和被焊母材相同，坡口形式应与被焊焊缝相同，禁止使用其他材质的材料充当引弧板和引出板；③手工电弧焊和气体保护电弧焊焊缝引出长度应大于 25mm。其引弧板和引出板宽度应大于 50mm，长度宜为板厚的 1.5 倍且不小于 30mm，厚度应不小于 6mm；④非手工电弧焊焊缝引出长度应大于 80mm。其引弧板和引出板宽度应大于 80mm，长度宜为板厚的 2 倍且不小于 100mm，厚度应不小于 10mm；⑤焊接完成后，应用火焰切割去除引弧板和引出板，并修磨平整。不得用锤击落引弧板和引出板。

3）定位焊要求。①定位焊必须由持相应合格证的焊工施焊，所用焊接材料应与正式施焊相当。②定位焊焊缝应与最终焊缝有相同的质量要求。钢衬垫的定位焊宜在接头坡口内焊接，定位焊焊缝厚度不宜超过设计焊缝厚度的 2/3，定位焊焊缝长度宜大于 40mm，间距宜为 500～600mm，并应填满弧坑。③定位焊预热温度应高于正式施焊预热温度。④当定位焊焊缝上有气孔或裂纹时，必须清除后重焊。

4）多层焊的施焊要求。多层焊的施焊应符合下列要求：①厚板多层焊时应连续施焊，每一焊道焊接完成后应及时清理焊渣及表面飞溅物，发现影响焊接质量的缺陷时，应清除后方可再焊。在连续焊接过程中应控制焊接区母材温度，使层间温度的上、下限符合工艺文件要求。遇有中断施焊的情况，应采取适当的后热、保温措施，再次焊接时重新预热温度应高于初始预热温度。②坡口底层焊道采用焊条手工电弧焊时宜使用不大于 ϕ4mm 的焊条施焊，底层根部焊道的最小尺寸应适宜，但最大厚度不应超过 ϕ6mm。

5）焊接预热及后热。除电渣焊、气电立焊外，Ⅰ、Ⅱ类钢材匹配相应强度级别的低氢型焊接材料并采用中等热输入进行焊接时，板厚与最低预热温度要求宜应符合专门的规定。

6）防止层状撕裂的工艺措施。T 形接头、十字接头、角接接头焊接时，宜采用以下

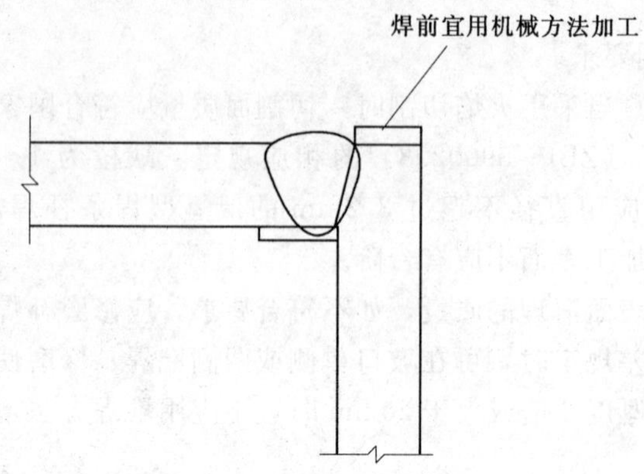

图 2.5.30 特厚板角接接头防止层状撕裂的工艺措施示意

防止板材层状撕裂的焊接工艺措施：①采用双面坡口对称焊接代替单面坡口非对称焊接；②采用低强度焊条在坡口内母材板面上先堆焊塑性过渡层；③Ⅱ类及Ⅱ类以上钢材箱形柱角接接头当板厚大于、等于80mm时，板边火焰切割面宜用机械方法去除淬硬层（图 2.5.30）；④采用低氢型、超低氢型焊条或气体保护电弧焊施焊；⑤提高预热温度施焊。

(5) 焊接变形的产生。钢结构在焊接过程中，局部区域受到高温作用，钢板上产生不均匀的温度场，产生了不均匀的膨胀，引起不均匀的加热和冷却，使构件产生焊接变形。由于在冷却时，焊缝和焊缝附近的钢材不能自由收缩，受到约束而产生焊接应力。焊接变形和焊接应力是焊接结构的主要问题之一，它将影响结构的实际性能。

三块钢板拼成的工字钢（图 2.5.31），腹板与翼缘用焊缝顶接，翼缘与腹板连接处因焊缝收缩受到两边钢板的阻碍而产生纵向拉应力，两边因中间收缩而产生压应力，因而形成中部焊缝区受拉而两边钢板受压的纵向应力。腹板纵向应力分布则相反，由于腹板与翼缘焊缝收缩受到腹板中间钢板的阻碍而受拉，腹板中间受压，因而形成中间钢板受压而两边焊缝区受拉的纵向应力。

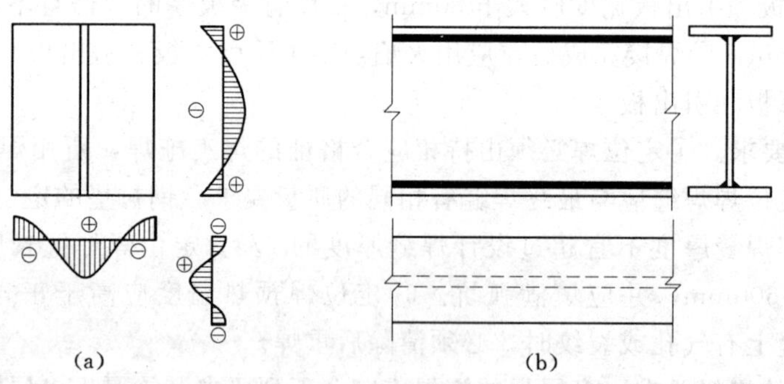

图 2.5.31 焊缝纵向收缩引起纵应力

焊接变形与焊接应力相伴而生。在焊接过程中，由于焊区的收缩变形，构件总要产生一些局部鼓起、歪曲、弯曲或扭曲等，这是焊接结构的很大缺点。焊接变形包括纵向收缩、横向收缩、弯曲变形、角变形、波浪变形、扭曲变形等（图 2.5.32)。

(6) 控制焊接变形的措施。

1) 设计上的措施：①焊接位置的安排要合理；②焊缝尺寸要适当；③焊缝的数量宜少，且不宜过分集中；④应尽量避免两条或三条焊缝垂直交叉；⑤尽量避免在母材厚度方向的收缩应力。如图 2.5.33 所示。

2) 工艺上的措施：①采取合理的施焊次序（图 2.5.34)；②采用反变形（图 2.5.35)；

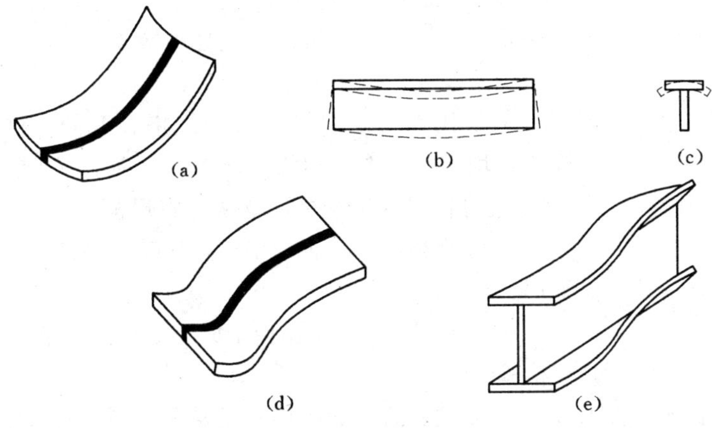

图 2.5.32　焊接变形

(a) 纵向收缩和横向收缩；(b) 弯曲变形；(c) 角变形；(d) 波浪变形；(e) 扭曲变形

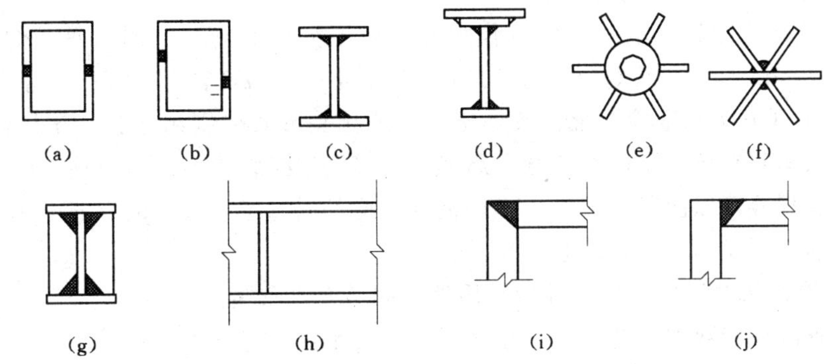

图 2.5.33　减小焊接应力和焊接变形影响的设计措施

(a)、(c)、(e)、(g)、(i) 推荐；(b)、(d)、(f)、(h)、(j) 不推荐

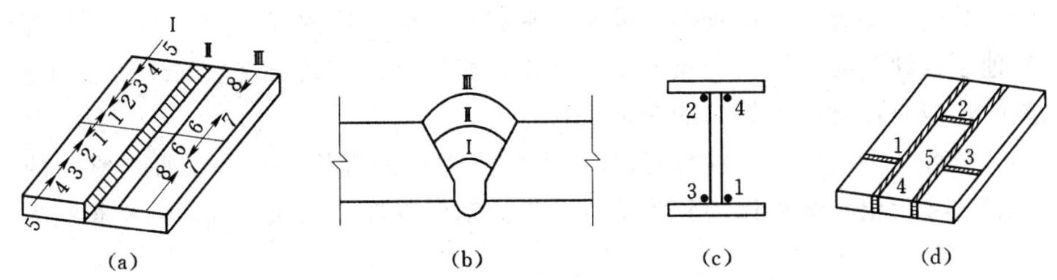

图 2.5.34　合理的施焊次序

(a) 分段退焊；(b) 沿厚度分层焊；(c) 对角跳焊；(d) 钢板分块拼接

③对于小尺寸焊件，焊前预热，或焊后回火加热至 600℃左右，然后缓慢冷却，可以部分消除焊接应力和焊接变形。也可采用刚性固定法将构件加以固定来限制焊接变形，但增加了焊接残余应力。

(7) 焊接质量检查。

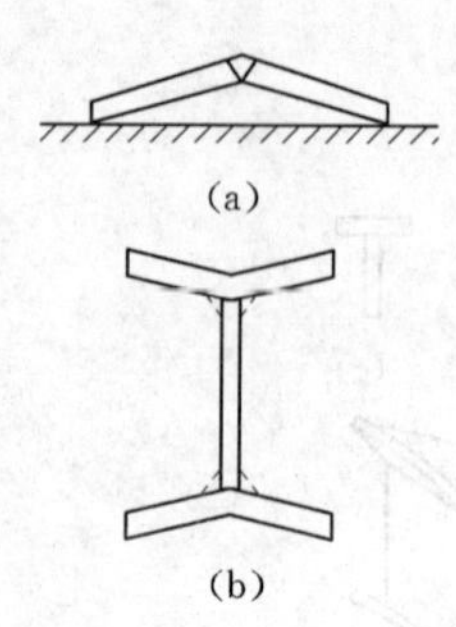

图 2.5.35　焊接前反变形

1）一般规定。质量检查人员应按相关规程及施工图纸和技术文件要求，对焊接质量进行监督和检查。

质量检查人员的主要职责应为：

a. 对所用钢材及焊接材料的规格、型号、材质以及外观进行检查，均应符合图纸和相关规程、标准的要求。

b. 监督检查焊工合格证及认可施焊范围。

c. 监督检查焊工是否严格按焊接工艺技术文件要求及操作规程施焊。

d. 对焊缝质量按照设计图纸、技术文件及本规程要求进行验收检验。

检查前应根据施工图及说明文件规定的焊缝质量等级要求编制检查方案，由技术负责人批准并报监理工程师备案。检查方案应包括检查批的划分、抽样检查的抽样方法、检查项目、检查方法、检查时机及相应的验收标准等内容。

抽样检查时，应符合下列要求：

a. 焊缝处数的计数方法：工厂制作焊缝长度不大于 1000mm 时，每条焊缝为 1 处；长度大于 1000mm 时，将其划分为每 300mm 为 1 处；现场安装焊缝每条焊缝为 1 处。

b. 可按下列方法确定检查批：按焊接部位或接头形式分别组成批；工厂制作焊缝可以同一工区（车间）按一定的焊缝数量组成批；多层框架结构可以每节柱的所有构件组成批；现场安装焊缝可以区段组成批；多层框架结构可以每层（节）的焊缝组成批。

c. 批的大小宜为 300～600 处。

d. 抽样检查除设计指定焊缝外应采用随机取样方式取样。

抽样检查的焊缝数如不合格率小于 2%时，该批验收应定为合格；不合格率大于 5%时，该批验收应定为不合格；不合格率为 2%～5%时，应加倍抽检，且必须在原不合格部位两侧的焊缝延长线各增加一处，如在所有抽检焊缝中不合格率不大于 3%时，该批验收应定为合格，大于 3%时，该批验收应定为不合格。当批量验收不合格时，应对该批余下焊缝的全数进行检查。当检查出一处裂纹缺陷时，应加倍抽查，如在加倍抽检焊缝中未检查出其他裂纹缺陷时，该批验收应定为合格，当检查出多处裂纹缺陷或加倍抽查又发现裂纹缺陷时，应对该批余下焊缝的全数进行检查。

2）外观检验。所有焊缝应冷却到环境温度后进行外观检查，Ⅱ、Ⅲ类钢材的焊缝应以焊接完成 24h 后检查结果作为验收依据，Ⅳ类钢应以焊接完成 48h 后的检查结果作为验收依据。

外观检查一般用目测，裂纹的检查应辅以 5 倍放大镜并在合适的光照条件下进行，必要时可采用磁粉探伤或渗透探伤，尺寸的测量应用量具、卡规。

焊缝外观质量应符合下列规定：

a. 一级焊缝不得存在未焊满、根部收缩、咬边和接头不良等缺陷，一级焊缝和二级焊缝不得存在表面气孔、夹渣、裂纹和电弧擦伤等缺陷。

b. 二级焊缝的外观质量除应符合本条第一款的要求外，尚应满足有关规定。

c. 三级焊缝的外观质量应符合有关规定。

二级、三级焊缝外观质量标准应符合表 2.5.8 的规定。

表 2.5.8　　二级、三级焊缝外观质量标准　　单位：mm

项　目	允许偏差	
缺陷类型	二级	三级
未焊满（指不足设计要求）	≤0.2+0.02t，且≤1.0	≤0.2+0.04t，且≤2.0
	每 100.0 焊缝内缺陷总长≤25.0	
根部收缩	≤0.2+0.02t，且≤1.0	≤0.2+0.04t，且≤2.0
	长度不限	
咬边	≤0.05t，且≤0.5；连续长度≤100.0，且焊缝两侧咬边总长≤10%焊缝全长	≤0.1t 且≤1.0，长度不限
弧坑裂纹	—	允许存在个别长度≤5.0 的弧坑裂纹
电弧擦伤	—	允许存在个别电弧擦伤
接头不良	缺口深度 0.05t，且≤0.5	缺口深度 0.1t，且≤1.0
	每 1000 个焊缝不应超过 1 处	
表面夹渣	—	深≤0.2t　长≤0.5t，且≤20.0
表面气孔	—	每 50.0 焊缝长度内允许直径≤0.4t，且≤3.0 的气孔 2 个，孔距≥6 倍孔径

注　表内 t 为连接处较薄的板厚。

3）无损检测。无损检测应在外观检查合格后进行。焊缝无损检测报告签发人员必须持有相应探伤方法的Ⅱ级或Ⅱ级以上资格证书。

设计要求全焊透的焊缝，其内部缺陷的检验应符合下列要求：

a. 一级焊缝应进行 100%的检验，其合格等级应为现行国家标准《钢焊缝手工超声波探伤方法及质量分级法》（GB 11345）B 级检验的Ⅱ级及Ⅱ级以上。

b. 二级焊缝应进行抽检，抽检比例应不小于 20%，其合格等级应为现行国家标准《钢焊缝手工超声波探伤方法及质量分级法》（GB 11345）B 级检验的Ⅱ级及Ⅱ级以上。

c. 全焊透的三级焊缝可不进行无损检测。

焊接球节点网架焊缝的超声波探伤方法及缺陷分级应符合国家现行标准《焊接球节点钢网架焊缝超声波探伤及质量分级法》（JG/T 3034—1）的规定。

螺栓球节点网架焊缝的超声波探伤方法及缺陷分级应符合国家现行标准《螺栓球节点钢网架焊缝超声波探伤及质量分级法》（JG/T 3034—2）的规定。

（8）焊接补强与加固。建筑钢结构的补强和加固设计应符合现行有关钢结构加固技术标准的规定。补强与加固的方案应由设计、施工和业主等共同确定。

编制补强或加固设计方案时，必须具备下列技术资料：

1）原结构的设计计算书和竣工图，当缺少竣工图时，应测绘结构的现状图。

2）原结构的施工技术档案资料，包括钢材的力学性能、化学成分和有关的焊接性能试验资料，必要时应在原结构构件上截取试件进行试验。

3）原结构的损坏变形和锈蚀检查记录及其原因分析，并根据损坏及锈蚀情况确定杆件（或零件）的实际有效截面。

4）现有结构的实际荷载资料。

2.5.5　任务实施

1. 主要技术要求和质量标准

（1）钢桁架的设计制造执 AISC《建筑钢结构的设计、制作及安装规范》、ANSI/AWSD1.1《钢结构焊接规范》和如下设计要求：

1）箱体截面（任一处）几何尺寸允许偏差±2mm。

2）每节构件长度允许偏差±2mm，桁架总长度允许偏差±6mm。

3）桁架高度偏差、拱度偏差 10mm。

4）桁架对角线偏差不超过 5mm。

5）每节构件扭曲小于 3mm。

（2）每一榀钢桁架在工厂内分为 16 个运输单元制作，在工地通过 40 个工地接口组焊成整体，为保证工地对接的间隙、错边等几何尺寸，要严格控制每一单元的几何尺寸和变形。

（3）箱形弦杆、工形腹杆所有焊缝均为全焊透焊缝。钢板对接焊缝须符合一级焊缝质量要求，箱体四道主焊缝和工形腹杆的腹板与翼缘连接焊缝符合二级焊缝质量要求。

2. 焊接工艺分析和焊接工艺的制定

（1）对钢材焊接性的评估。本工程所用钢材为舞阳钢铁公司按美国 ASTM 标准生产的 A572Gr50 钢板，正火状态供货。表 2.5.9 和表 2.5.10 为钢材的化学成分和机械性能。

表 2.5.9　钢材的化学成分　单位：%

C	Si	Mn	P	S	V
0.14 —0.25	0.28 —0.34	1.16 —0.35	0.02 (max)	0.017 (max)	0.064

表 2.5.10　钢板的机械性能

屈服强度 (MPa)	抗拉强度 (MPa)	延伸率 (%)	冷弯试验 $d=2a$ (180°)	冲击功 (J)
≥370	≥505	≥28	合格	178

根据 ANSI/AWSD1.1《钢结构焊接规范》规定，用碳当量和冷裂纹敏感指数来评估钢材的焊接性和确定预热温度，经计算焊接预热温度为 100～150℃。

（2）焊材选用。手工焊采用低氢型焊条 J507；埋弧焊采用 H10Mn2 焊丝和氟碱型高碱度 SJ101 焊剂组合，可使焊缝金属韧性较高，扩散氢含量低，抗冷裂性能良好。并且焊接工艺性能好，电弧燃烧稳定，脱渣性好，尽管坡口较深（75mm），但第一、二、三层熔渣易于清除，其余各层可自动脱渣，焊缝成形良好，适宜于大电流、高速度焊接。

经严格的焊接工艺评定达到强度、韧性和工艺要求。焊材化学成分及熔敷金属的机械性能见表 2.5.11 及表 2.5.12。

表 2.5.11　　**焊材的化学成分**　　单位：%

焊材	C	Si	Mn	P	S
SH.J507	≤0.12	≤0.16	≤0.75	≤0.040	≤0.035
H10Mn2	0.11	0.03	1.91	0.019	0.01

表 2.5.12　　**熔敷金属机械性能**

焊材	屈服强度（MPa）	抗拉强度（MPa）	延伸率（%）	冷弯试验 $d=2a$（180°）	冲击功（J）−20℃
SH.J507	≥410	≥490	≥22	合格	60～230
H10Mn2+SJ101	≥465	≥554	≥30	合格	78

（3）箱形构件组对。在底板上划出中心线和各隔板的位置线，将经机械加工的隔板拼装在底板上，组对侧板时先焊垫板，垫板边缘与中心线平行，尺寸允许偏差±1mm。利用龙门式起吊架工装和千斤顶使底板与侧板下部密贴，并使用侧向夹紧工装使侧板与箱体内隔板贴合，然后进行定位焊，定位焊长度30～50mm，焊脚高度3～4mm，间距300～400mm。手工焊接内隔板与箱体底板和两侧盖板的连接焊缝，检查合格后组装箱体上腹板，焊缝两端设引弧板和引出板。

（4）钢板预处理、下料、矫平及焊接坡口。在钢板下料前，通过抛丸处理消除一部分钢板自身组织内应力。钢板拼接采用偏X型坡口（图2.5.36），下料后50mm厚钢板用七辊校平机矫平；75mm厚钢板用压力机矫平。钢板的拼接坡口如图2.5.37所示。焊接时先焊大坡口侧，用ϕ3.2mm焊条进行手工打底焊接，再用埋弧自动焊焊至坡口深度的3/4，翻身将小坡口一侧用碳弧气刨清根，再用埋弧焊焊满，最后翻身将大坡口侧焊满，如此焊后基本无角变形。

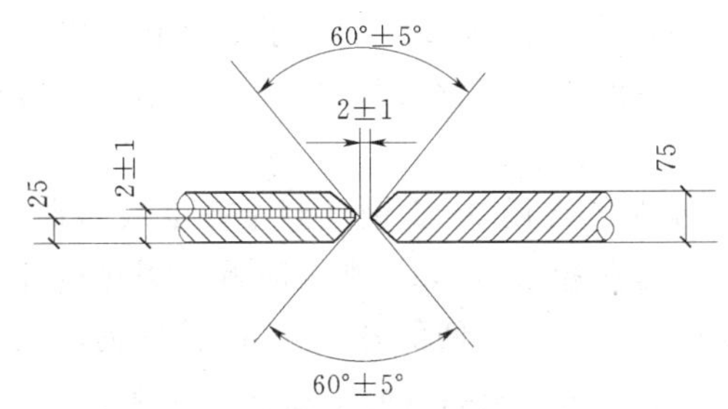

图 2.5.36　拼接焊缝坡口形式与尺寸

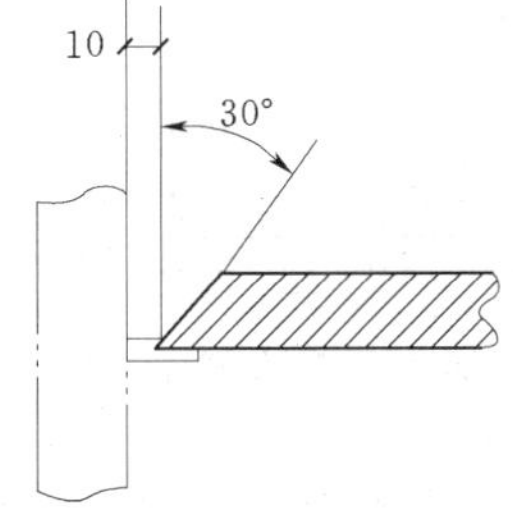

图 2.5.37　T形全焊透焊缝坡口尺寸

（5）焊接方法。箱体四条主纵焊缝为全焊透T形焊缝（图2.5.32），焊接后，选用ϕ3.2mm焊条打底三遍，从第四遍开始用ϕ5mm焊丝进行双头双丝不共熔池的埋弧焊，采用多层多道焊，严禁焊道增宽大于10mm，每道焊缝熔敷金属最大厚度3mm。

（6）焊接工艺规范。严格控制预热和层间温度，定位焊和正式焊接前在距焊缝两侧各100mm范围内预热到100～150℃，用点式温度计测量。对于箱体纵向T形焊缝，用自制多嘴火焰喷枪加热，对于钢板拼接焊缝采用200mm宽电加热履带加热，履带铺设在焊缝下部，履带下部和焊缝上部加热时覆盖岩棉保温毯。焊接层间温度控制在100～150℃，用热电偶和点式测温计测量，采用小规范、小参数多层多道焊。焊接规范见表 2.5.13 及表 2.5.14。

表 2.5.13　　**75mm 厚板拼接焊接工艺参数**

焊　层	焊丝直径 (mm)	焊接电流 (A)	电弧电压 (V)	焊接速度 (cm/min)
1～3	4.8	640～670	31.5	35
4	4.8	640～670	31.5	30
5～10	4.8	600～630	30.8	35～40
11～18	4.8	620～650	30～31	20～30
19～48	4.8	600～640	30～31	20～30

表 2.5.14　　**T 形焊缝焊接工艺参数**

焊　层	焊丝直径 (mm)	焊接电流 (A)	电弧电压 (V)	焊接速度 (cm/min)
1～3	3.2			
4	4.8	640～670	31.5	30
5～10	4.8	600～630	30.8	35～40
11～18	4.8	620～650	30～31	20～30
19～48	4.8	600～640	30～31	20～30

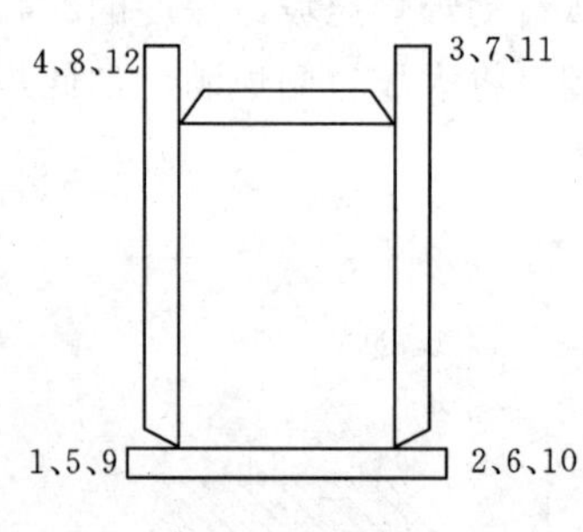

图 2.5.38　焊接顺序示意

(7) 合理的焊接顺序。由于箱形截面上下不对称，焊缝分布对于中性轴上下不对称。还有与 K 形节点处隔板连接的横向 T 形焊缝，该焊缝的焊接加大了构件向盖板方向凸出弯曲的趋势，采用合理的焊接顺序是控制焊接变形的最重要环节。采用的焊接顺序如图 2.5.38 所示，焊接层数见表 2.5.15。

在焊接过程中经常用 ϕ0.5 钢丝测量基准线弯曲数值，一经发现基准线弯曲超过 3mm，则及时调整焊接顺序，避免发生严重变形。工地接口两侧各 500mm 范围内，箱体的四条主焊缝不在工厂焊接。待工地对接焊缝焊接完毕再焊满该四条焊缝，以减小工地对接焊时的拘束度。焊接时层间温度控制在 100～200℃，焊接过程中除盖面层外均用风铲敲击焊缝，以减小焊接应力，减小变形量。弦杆箱型纵缝焊接时，K 形节点处两侧盖板之间加临时焊接支撑板防止收缩。箱体经焊接矫正合格后，测量长度并进行二次去头修整。

表 2.5.15　　**焊接顺序与道数表**

焊接顺序	1	2	3	4	5	6	7	8	9	10	11	12
焊接道数	3	3	3	3	16	18	13	13	32	30	35	35

注　1～4 序号全为手弧焊三遍。

（8）焊后加热处理。对接焊缝进行消氢和消除应力热处理，热处理在焊后立即进行，从室温升至300℃开始保温120min，从300℃升到620℃过程中控制升温速度不大于90℃/h，保温150min，然后以不大于90℃/h的降温速度冷却至300℃再空冷至室温。

3. 制作焊接质量

焊缝经外观尺寸检查合格，并经100%超声波探伤检查。对接焊缝Ⅱ级评定合格达到一级焊缝质量要求；箱体四道主焊缝Ⅲ级评定合格，达到二级焊缝质量要求。

单个构件几何尺寸和变形检查结果表明，变形控制良好，合乎标准要求，验收合格。

学习单元 2.6　网架结构的加工制作

2.6.1　学习目标

通过本单元的学习，会识别网架类型，懂得网架节点构造，会绘制网架施工详图和钢球及杆件配料单，会组织网架工厂制作生产，会编制网架制作工艺流程，能懂得加工各环节技术要领，学会网架焊接工艺及焊接质量检验，会编制质量验收卡，能进行成品的表面处理，组织成品堆放和装运。

2.6.2　学习任务

1. 任务

进行某网架工程构件的加工制作，编制钢球及杆件工厂制作计划，做好加工前的生产准备，编制构件加工工艺流程，组织加工生产。

2. 任务描述

本工程为滨州大高航空城钻石飞机制造、组装车间工程A段的制造车间部分网架施工。A段为图2.6.1中Ⓐ～Ⓝ/①～⑪轴范围，建筑总面积105m×100m=10500m^2。

该网架形式为正交正放四角锥平板焊接球节点网架，南北长105m，柱距8.75m；东西长100m，柱距10m；南北方向共分三跨，每跨35m。网架屋脊处距离地面±0为11.15m，网架最低点距离地面±0为7.1m，网架起坡高度为1.4m，剖面为三个等腰三角形，周边共41个支座，三跨相交轴线上共6个钢管支座。网架杆件采用无缝钢管，有ϕ48×3.5、ϕ57×4.5、ϕ76×4.5、ϕ89×4.5、ϕ108×4.5、ϕ133×5、ϕ140×6、ϕ159×6、ϕ159×8、ϕ80×105共10种规格，共8640根，重量约168.187t。钢球有WS200×6、WS250×8、WS350×16，WS400×16四种规格，共2227个，重19.917t，材质Q235B。施工中共划分21个单元，钢结构总重量约178t。试编制该网架加工制作施工方案。

2.6.3　任务分析

网架结构由于重量轻、刚度大、抗震性能好、便于成批生产、便于提高构件加工质量等优点而得到广泛应用。网架的生产和加工质量直接影响工程质量，要高质量地完成网架的加工制作，需具备以下知识和技能：网架的类型、节点构造的认识；网架施工详图的编制；钢球、杆件钢管加工工艺流程编制；钢球及杆件配料单编制；材料采购计划编制；工程检验计划编制；进行施工技术交底和安全交底；网架焊接工艺及焊接质量检验，质量验

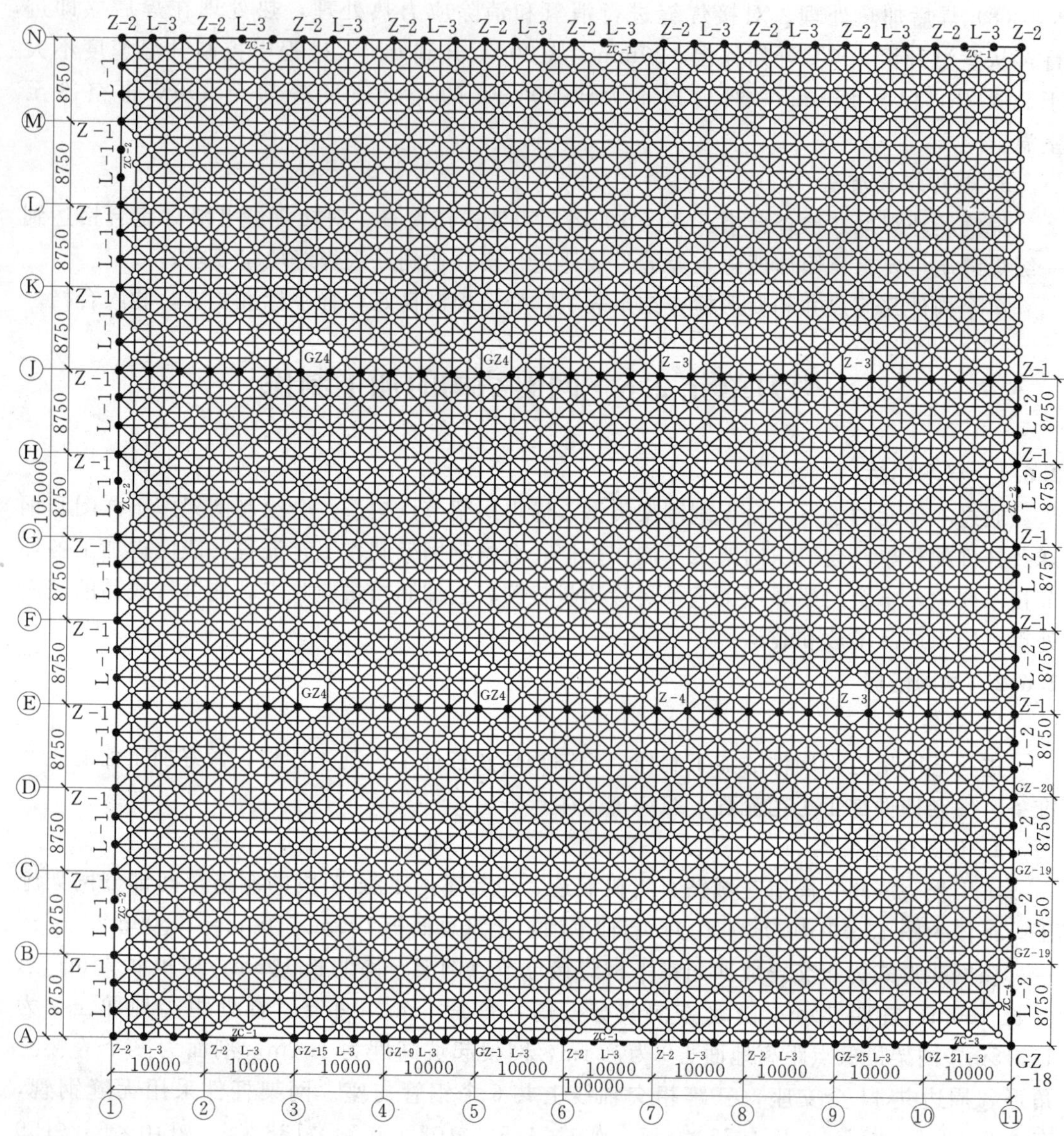

图 2.6.1　滨州大高钻石飞机制造车间网架部分结构施工图

收卡编制；成品表面处理、堆放和装运。

2.6.4　任务知识点

2.6.4.1　网架节点构造

网架结构是指工业与民用建筑屋盖及楼层的空间铰接杆件体系如双层平板网架结构、三层平板网架结构，双层曲面网架结构，组合网架结构，这里不包括悬挂网架、斜拉网架、预应力网架及杂交结构等。

1. 网架结构常用形式

由平面桁架系组成的两向正交正放网架、两向正交斜放网架、两向斜交斜放网架、单向折线形网架。

由四角锥体组成的正放四角锥网架、正放抽空四角锥网架、棋盘形四角锥网架、斜放四角锥网架、星形四角锥网架。

由三角锥体组成的三角锥网架、抽空三角锥网架、蜂窝形三角锥网架。

2. 网架节点的构造

网架节点数量多，节点用钢量约占整个网架用钢量的20％～25％，节点构造的好坏，对结构性能、制造安装、耗钢量和工程造价都有相当大的影响。网架的节点形式很多，目前国内常用的节点形式主要有：焊接空心球节点、螺栓球节点、焊接钢板节点、焊接钢管节点（图2.6.2）、杆件直接汇交节点（图2.6.3）。

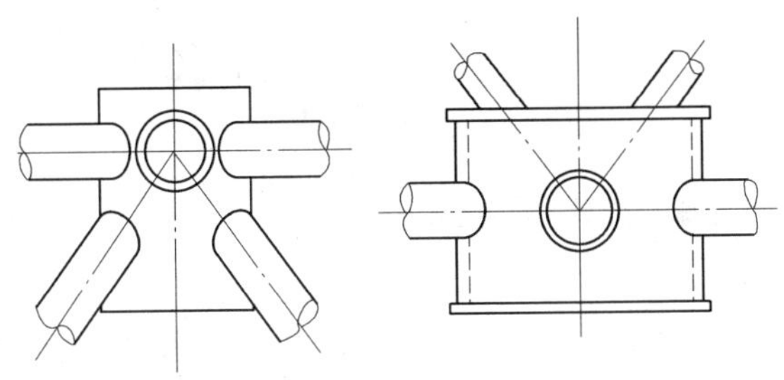

图2.6.2　焊接钢管节点

图2.6.3　管件直接汇交节点

（1）焊接空心球节点。焊接空心球节点构造简单，适用于连接钢管杆件（图2.6.4）。球面与管件连接时，只需将钢管沿正截面切断，施工方便。焊接空心球是由两块钢板经加热压成两个半球，然后焊接而成。焊接空心球节点分加肋、不加肋［图2.6.4（a）、（b）］两种。

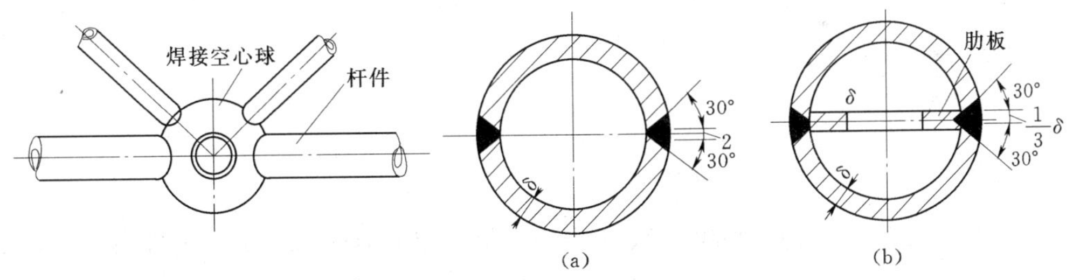

图2.6.4　焊接空心球节点

（a）不加肋焊接空心球；（b）加肋焊接空心球

焊接空心球表示方式为

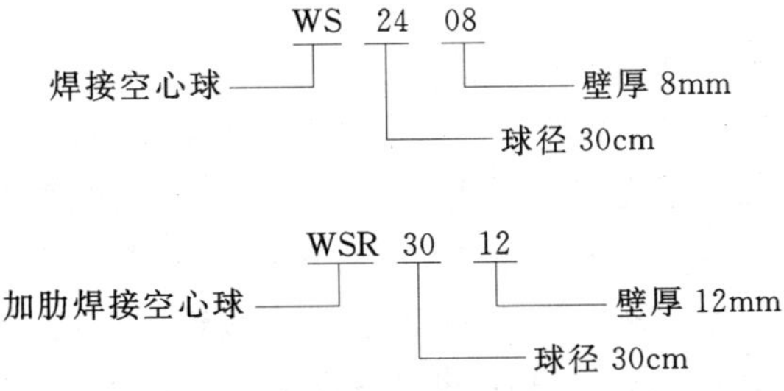

（2）螺栓球节点。螺栓球节点（图 2.6.5）由钢球、螺栓（图 2.6.6）、套筒、销钉（或螺钉）和锥头（或封板）等零件组成，适用于连接钢管杆件。

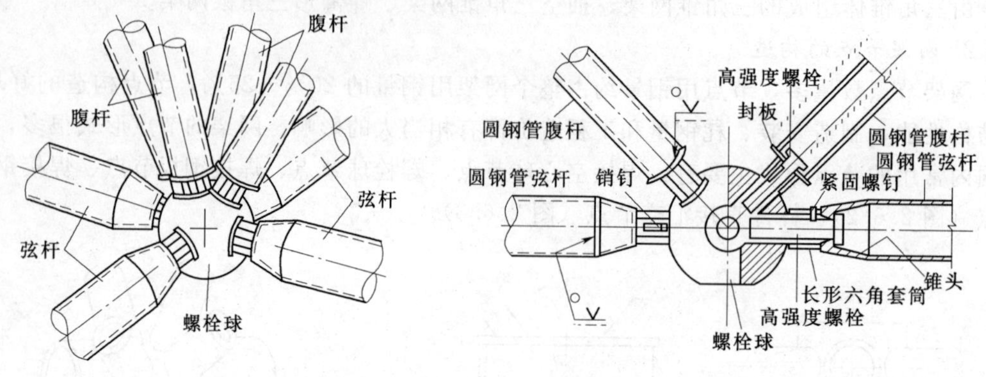

图 2.6.5　螺栓球连接节点示意图

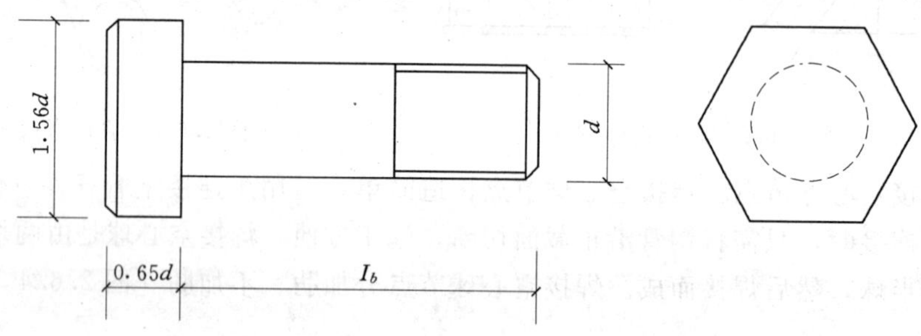

图 2.6.6　高强螺栓几何尺寸

螺栓球表示方式为：

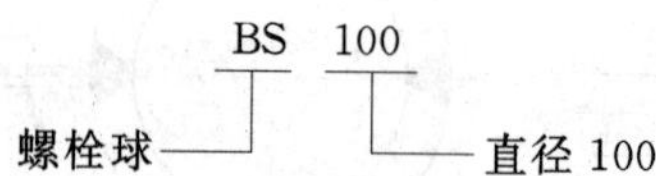

钢球大小取决于相邻杆件的夹角、螺栓的直径和螺栓伸入球体的长度等因素。高强度螺栓（图 2.6.6）应符合 8.8 级或 10.9 级的要求。套筒通常开有纵向滑槽［图 2.6.7 (a)］，滑槽宽度一般比销钉直径大 1.5～2mm。

套筒端部到开槽端部（或钉孔端）距离应使该处有效截面抗剪力不低于销钉（或螺钉）抗剪力，且不小于 1.5 倍开槽的宽度或 6mm。套筒端部要保持平整，内孔直径可比螺栓直径大 1mm。

当杆件管径较大时采用锥头连接。管径较小时采用封板连接（图 2.6.8）。连接焊缝以及锥头的任何截面应与连接钢管等强。封板厚度应按实际受力大小计算。

锥头是一个轴对称旋转厚壳体（图 2.6.9），锥头承载力主要与锥顶板厚度、锥头斜率、连接管杆直径、锥头构造的应力集中等因素有关。

（3）焊接钢板节点。焊接钢板节点可由十字节点板盖板组成，十字节点板宜由两块带企口的钢板对插而成［图 2.6.10 (a)］，也可由三块板正交焊成［图 2.6.10 (b)］。

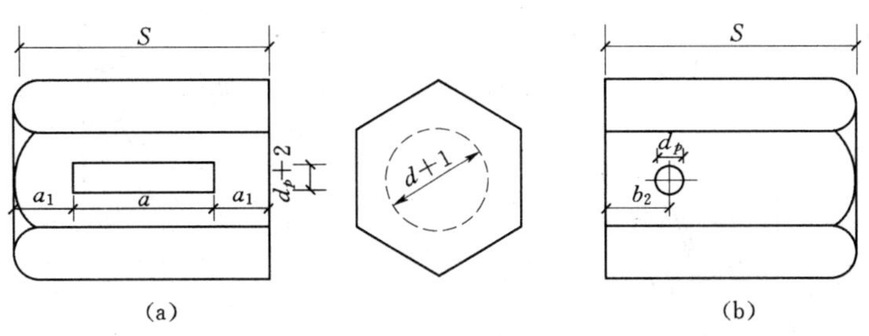

图 2.6.7　套筒几何尺寸

(a) 套筒上开滑槽；(b) 套筒上开螺栓孔

焊接钢板节点可用于两向网架和由四角锥体组成的网架。常用焊接形式如图 2.6.11、图 2.6.12 所示。网架弦杆应同时与盖板和十字节点板连接，使角钢两肢都能直接传力。

焊接钢板节点各杆件形心线在节点板处宜交于一点，杆件与节点连接焊缝的分布应使焊缝截面的形心与杆件形心相重合。节点板厚度可根据网架最大杆件内力由表 2.6.1 确定。

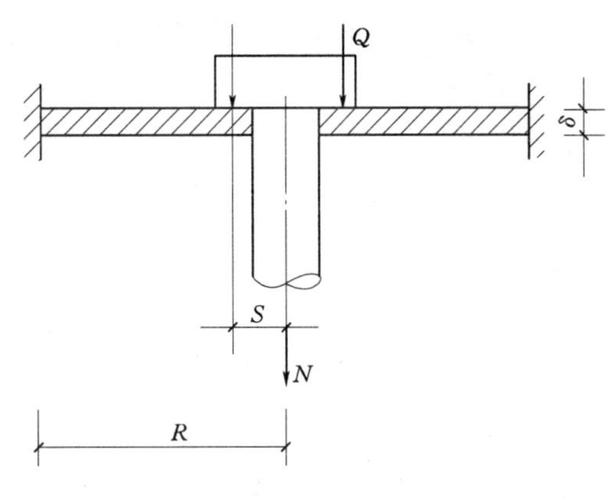

图 2.6.8　封板

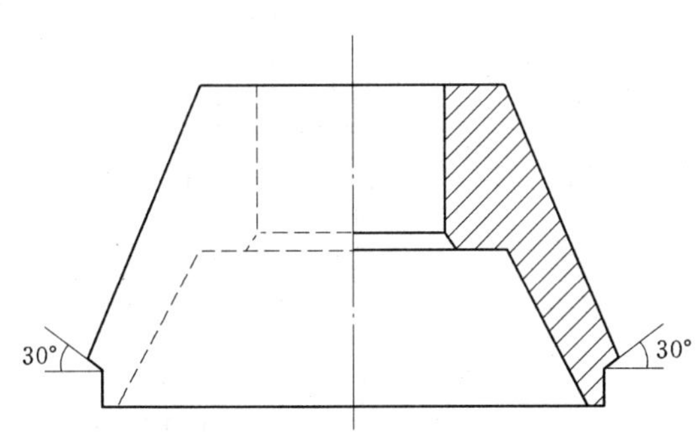

图 2.6.9　锥头构造

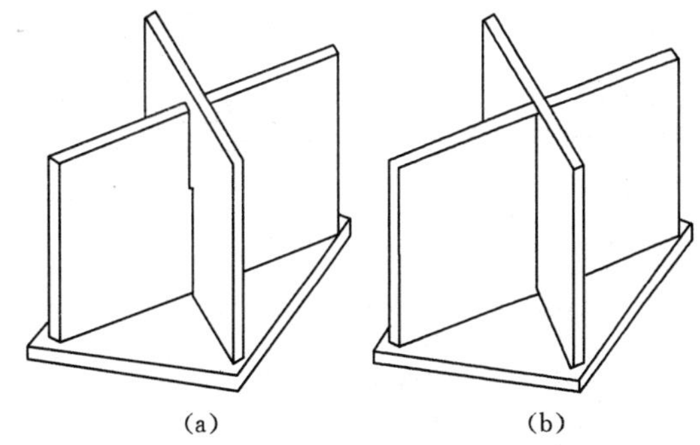

图 2.6.10　焊接钢板节点

表 2.6.1　　节点板厚度选用表

杆件内力 (kN)	≤150	160～250	260～390	400～590	600～880	890～1275
节点板厚度 (mm)	8	8～10	10～12	12～14	14～16	16～18

(4) 支座节点。支座节点的构造形式应受力明确、传力简捷、安全可靠，并应符合计算假定。

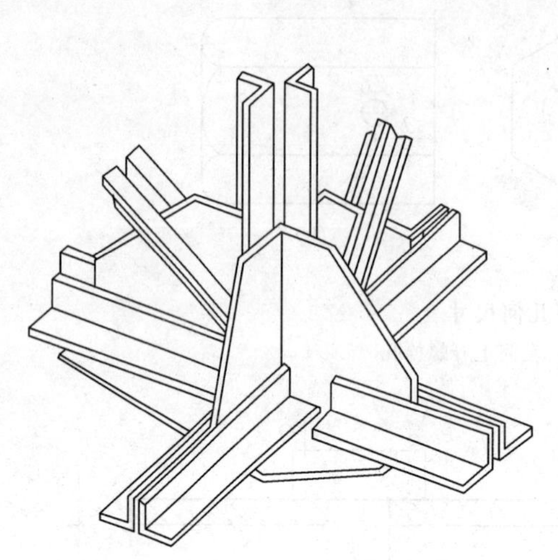

图 2.6.11　两向网架节点构造

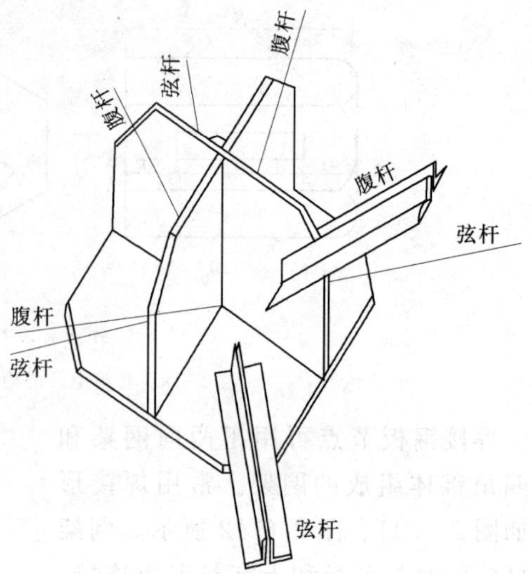

图 2.6.12　四角锥体组成的网架节点构造

常用支座节点有以下几种构造形式：

平板压力或拉力支座，只适用于较小跨度网架（图 2.6.13）。

单面弧形压力支座，适用于中小跨度网架（图 2.6.14）。

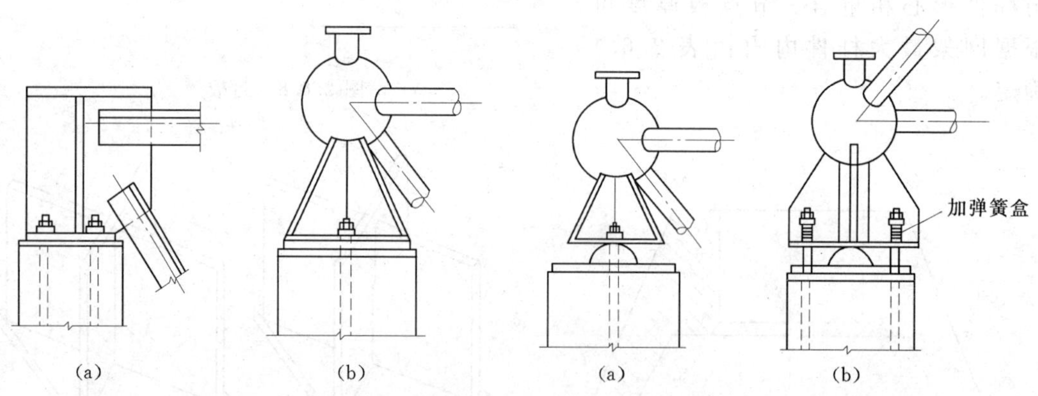

图 2.6.13　平板压力或拉力支座

（a）角钢杆件；（b）钢管杆件

图 2.6.14　单面弧形压力支座

（a）两个螺栓连接；（b）四个螺栓连接

单面弧形拉力支座（图 2.6.15）适用于较大跨度网架。为更好地将拉力传递到支座上，在承受拉力的锚栓附近应设加劲肋以增强节点刚度。

双面弧形压力支座（图 2.6.16），在支座和底板间设有弧形块，上下面都是柱面，支座既可转动又可平移。

球铰压力支座（图 2.6.17）只能转动而不能平移，适用于多支点支承的大跨度网架。

板式橡胶支座（图 2.6.18）适用于大中跨度网架。通过橡胶垫的压缩和剪切变形，支座既可转动又可平移。如果在一个方向加以限制，支座为单向可侧移式，否则为两向可侧移式。

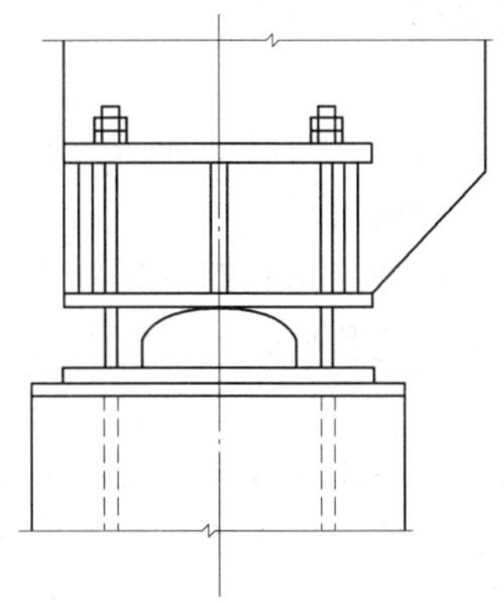

图 2.6.15　单面弧形拉力支座

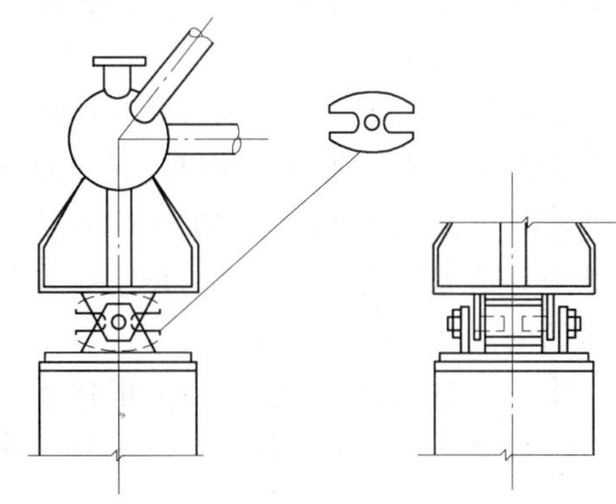

图 2.6.16　双面弧形压力支座

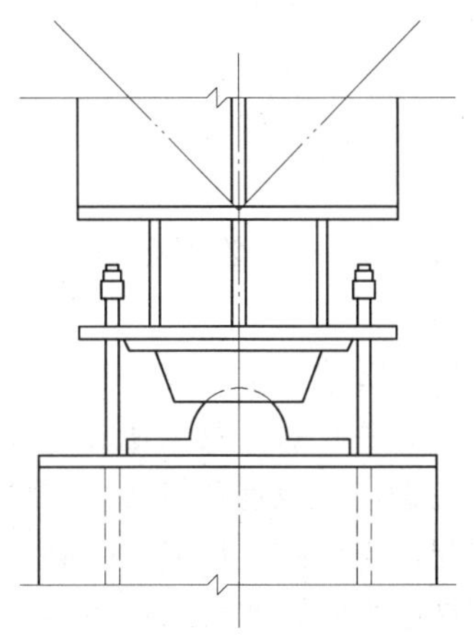

图 2.6.17　球铰压力支座

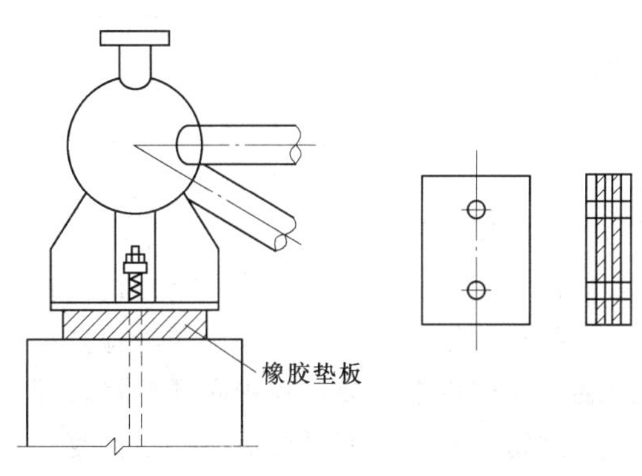

图 2.6.18　板式橡胶支座

2.6.4.2　网架制作相关规程及材料

钢网架的制作、安装与检验除应遵照《网架结构设计与施工检验》（JGJ 7—91）和《网架结构工程质量检验评定标准》（JGJ 78—91）或行业标准《钢网架螺栓球节点》(JGJ 75.1—91)、《钢网架焊接球节点》（JGJ 75.2—91)、《钢网架检验及检收标准》(JGJ 75.3—91)等有关网架规程标准外，还应遵守国家标准《建筑工程质量检验评定标准》(GBJ 7301—88)、现行国家标准《钢结构工程施工及验收规范》(GB 50205—2001)和《螺栓球节点钢网架焊缝超声波探伤及质量分级法》(JG/T 3034.2—1996)、《焊接球节点钢网架焊缝超声波探伤及质量分级法》（JG/T 3034.1—1996）以及其他有关钢材等国家标准的规定进行。

钢网架所用的材料，根据其在钢架中所处的位置不同而不同，如杆件、封板、锥头、套筒和焊接空心球均为 Q235 钢或 16Mn 钢；实心螺栓球为 45 号钢；螺栓、销子或螺钉均为 40Cr、40B、20MnTiB，8.8S 的高强度螺栓可采用 45 号钢等。

钢材材质、钢板、钢管、型钢等必须符合设计要求，如无出厂合格证或有怀疑时，必须按现行国家标准《钢结构工程施工质量验收规范》(GB 50205—2001）的规定进行机械性能试验和化学分析，经证明符合标准和设计要求后方可使用。

2.6.4.3 管球加工工艺

(1) 杆件制作工艺：采购钢管→检验材质、规格、表面质量（防腐处理）→下料、开坡口→与锥头或封板组装点焊→焊接→检验→防腐前处理→防腐处理。

(2) 螺栓球制造工艺：压力加工用钢条（或钢锭）或机械加工用圆钢下料→锻造毛坯→正火处理→加工定位螺纹孔（M20）及其表面→加工各螺纹孔及平面→打加工工号、打球号→防腐前处理→防腐处理。

(3) 锥头、封板制作工艺：成品钢材下料→胎模锻造毛坯→正火处理→机械加工。

(4) 焊接球节点网架制造工艺：采购钢管→检验材质、规格、表面质量→放样→下料→空心球制作→拼装→防腐处理。

(5) 焊接空心球制作工艺：下料（用方形割刀）→压制（加温）成型→机床或自动气割坡口→焊接→焊缝无损探伤检查→防腐处理→包装。

2.6.4.4 组装

(1) 组装前，工作人员必须熟悉构件施工图及有关的技术要求，并根据施工图要求复核其需组装零件质量。

(2) 由于原材料的尺寸不够，或技术要求需拼接的零件，一般必须在组装前拼接完成。

(3) 在采用胎模装配时必须遵循下列规定：①选择的场地必须平整，并具有足够的强度。②布置装配胎模时必须根据其钢结构构件特点考虑预放焊接收缩量及其他各种加工余量。③组装出首批构件后，必须由质量检查部门进行全面检查，经检查合格后，方可进行继续组装。④构件在组装过程中必须严格按照工艺规定装配，当有隐蔽焊缝时，必须先行施焊，并经检验合格后方可覆盖。⑤当有复杂装配部件不易施焊时，亦可采用边装配边施焊的方法来完成其装配工作。⑥为了减少变形和装配顺序，可采取先组装成部件，然后组装成构件的方法。

钢结构构件组装方法的选择，必须根据构件的结构特性和技术要求，结合制造厂的加工能力、机械设备等情况，选择能有效控制组装的质量、生产效率高的方法进行。

2.6.4.5 钢网架焊接球节点制作与检验

1. 焊接球节点的制作与检验

(1) 焊接球节点的制作。焊接球的加工有热轧和冷轧两种方法，目前生产的球多为热轧。具体步骤如下：①圆板下料；②热轧半球；③机械加工；④装配焊接；⑤焊接（图2.6.19）。用热轧方法生产的球容易产生壁厚不均匀、“长瘤”和“荷叶边”等情况，网架规程对壁厚不均匀程度进行了限制。球体不允许“长瘤”，“荷叶边”应在切边时切除。

由于轧制模具的磨损和冷却收缩率考虑不足等原因，经常出现成品球直径偏小的情况，这种情况容易造成网架总拼尺寸偏小。因此，网架规程对球的直径偏差也有明确的限制，详见表2.6.2。

球的圆度（即最小直径与最大直径之差），不仅影响拼装尺寸，而且又会造成节点偏心，故应控制在一定范围之内，详见表2.6.2。

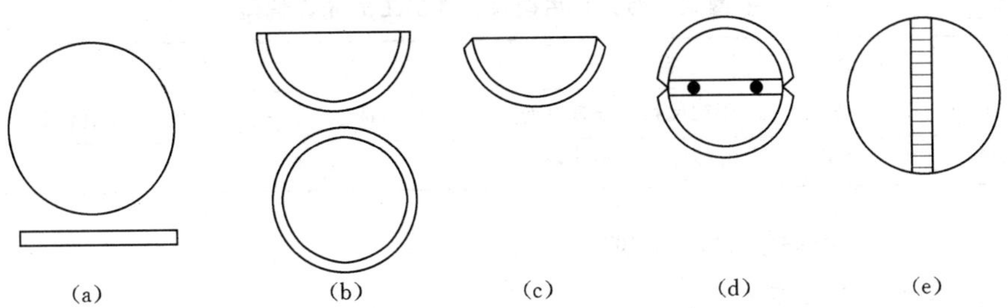

图 2.6.19 焊接钢球制作过程

(a) 圆板下料；(b) 热轧半球；(c) 机械加工；(d) 装配；(e) 焊接

焊接球是由两个热轧的半球经车床加工后焊接而成，如果两个半球对得不准或大小不一，则在接缝处会产生"错边"，《网架结构工程质量检验评定标准》(JGJ 78—91) 对"错边"程度进行了限制。

(2) 焊接球的检验。《网架结构工程质量检验评定标准》(JGJ 78—91) 对焊接球的质量按照保证项目、基本项目和允许偏差项目分类进行了如下控制：

1) 焊接球及制造焊接球所采用的原材料，其品种、规格、性能等应符合现行国家产品标准和设计要求。

2) 焊接球焊缝应进行超声波探伤无损检验，其质量应符合设计要求，当设计无要求时应符合本规范中规定的二级质量标准。

3) 焊接球对接坡口应采用机械加工，对接焊缝表面应打磨平整。

4) 焊接球直径、圆度、壁厚减薄量等尺寸及允许偏差应符合表 2.6.2 的规定。

表 2.6.2 **焊接球加工的允许偏差** 单位：mm

项　目	允许偏差	检验方法	项　目	允许偏差	检验方法
直径	$\pm 0.005d$ ± 2.5	用卡尺和游标卡尺检查	壁厚减薄量	$0.13t$，且不应大于 1.5	用卡尺和测厚仪检查
圆度	2.5	用卡尺和游标卡尺检查	两半球对口错边	1.0	用套模和游标卡尺检查

5) 焊接球表面应无明显波纹及局部凹凸不平不大于 1.5mm。

焊接球加工的允许偏差应符合表 2.6.2 的规定。

2. 焊接球的杆件制作和检验

(1) 杆件的制作。网架结构中的杆件有钢管和角钢两种，钢管的下料应使用机床，以确保其长度和坡口的准确度，而角钢的下料宜用剪床、砂轮切割或气割。

不管是钢管还是角钢都应考虑其焊接收缩量。影响焊接收缩量的因素较多，如焊缝的长度、环境温度、电流强度、焊接方法等。焊接收缩量的大小可根据各自以往的经验，再结合现场和网架的具体情况通过试验来确定。

(2) 杆件的检验。《网架结构工程质量检验评定标准》(JGJ 78—91) 规定了焊接网架杆件质量保证项目和允许偏差项目的控制。钢网架（桁架）用钢管杆件加工的允许偏差应符合表 2.6.3 的规定。

表 2.6.3　　钢网架（桁架）用钢管杆件加工的允许偏差　　单位：mm

项　目	允许偏差	检验方法	项　目	允许偏差	检验方法
长度	±1.0	用钢尺和百分表检查	管口曲线	1.0	用套模和游标卡尺检查
端面对管轴的垂直度	0.005r	用百分表V形块检查			

2.6.4.6　钢网架螺栓球的制作与检验

1. 螺栓球节点的制作和检验

（1）螺栓球的制作。螺栓球的毛坯加工方法有两种，一为铸造，一为模锻。铸造球容易产生裂缝、砂眼；模锻球质量好、工效高、成本低。

为确保螺栓球的精度，应预先加工一个高精度的分度夹具；用分度夹具生产工件成品的精度，为分度夹具本身精度的1/3。

球在车床上加工时，先加工平面螺栓孔，再用分度夹具加工斜孔，各螺栓孔螺纹和螺纹公差、螺孔角度、螺孔端面距球心尺寸的偏差详见《网架结构工程质量检验评定标准》(JGJ 78—91）的规定。

（2）螺栓球的检验。螺栓球成型后，不应有裂纹、褶皱、过烧。钢板压成半圆球后，表面不应有裂纹、褶皱。

螺栓球加工的允许偏差应符合表2.6.4的规定。

表 2.6.4　　螺栓球加工的允许偏差　　单位：mm

项　目		允许偏差	检验方法
圆度	$d\leqslant120$	1.5	用卡尺和游标卡尺检查
	$d>120$	2.5	
同一轴线上两铣平面平行度	$d\leqslant120$	0.2	用百分表形块检查
	$d>120$	0.3	
铣平面距球中心距离		±0.2	用游标卡尺检查
相邻两螺栓孔中心线夹角		±30′	用分度头检查
两铣平面与螺栓孔轴线垂直度		0.005r	用百分表检查
球毛坯直径	$d\leqslant120$	+2.0 −1.0	用卡尺和游标卡尺检查
	$d>120$	+3.0 −1.5	

2. 螺栓球的杆件制作和检验

（1）杆件的制作。在焊接球网架中杆件与球体直接焊接，而在螺栓球网架中杆件是通过螺栓与球体连接，杆件除本身的钢管之外，还包括组成杆件的封板、锥头、套筒和高强度螺栓。因此，在考虑杆件的焊接收缩量时，杆件应作为整体来考虑，其允许偏差值是指组合偏差。

（2）杆件的检验。《网架结构工程质量检验评定标准》对杆件本身及组成杆件的部件的质量检验标准，分别按保证项目和允许偏差项目进行了控制。

2.6.4.7　焊接钢板节点的制作与检验

焊接钢板节点通常由十字节点板和盖板组成，适用于连接焊接型钢杆件。制作钢板节点的材料应与所连接杆件的材料相同。按《网架结构工程质量检验评定标准》的规定，对焊接钢板节点质量检验保证项目和允许偏差项目进行控制。

2.6.4.8　其他分项工程

钢网架结构除本身制造安装过程中必不可少的节点制作、杆件制作和结构安装分项工程外，还必须包括油漆、防腐和防火涂层等分项工程。

油漆分项工程包括除锈和涂底，该项工作是在生产厂完成。根据不同的使用要求可采取不同的除锈方法，当需要金属表面露出金属光泽时，宜采用喷砂、抛丸或酸洗的除锈方法；当只需要一般的除锈而允许钢材表面存在不能再清除的轧制表皮时，就可采用一般工具（钢铲、钢刷）除锈。生产厂生产网架部件经除锈和涂底后，才能进行拼接和安装。对于焊接球网架，安装焊缝处应留出5cm宽的范围暂时不涂，待焊接完成后补涂。涂料的种类和涂层厚度应按设计文件及规程的要求选用。

在一般情况下，用于体育馆、公共建筑等的钢网架，其工作环境没有较强的腐蚀介质，因此只需对钢网架进行油漆防锈处理，而不必进行防腐处理。如果钢网架处于有侵蚀性的气体环境中，就应对其进行必要的防腐处理。钢网架的防腐处理，通常采用涂刷防腐涂料的方法，防腐涂料的种类和涂层厚度应按设计文件及规程的要求选择和执行。

由于钢结构本身的特点，还必须对钢结构的所有部件进行防火处理。根据建筑物本身的重要程度，防火规范规定了不同的防火级别，不同的防火级别对应不同的耐火极限，耐火极限决定防火涂料的厚度，防火涂料的种类和涂层厚度应严格按照设计文件和有关规范执行，并进行逐项检查。尤其重要的是检查合格后，还要请当地消防主管部门对钢结构防火进行现场检查，检查合格后才能投入使用。

2.6.4.9　拼装简介

网架拼装前应编制施工组织设计或拼装方案，拼装过程所用计量器具如钢尺、全站仪、经纬仪、水平仪等，经计量检验合格，并在有效期之内制作、安装。土建、监理单位使用钢尺必须进行统一调整方可使用，焊工必须有相应焊接形式的合格证，对焊接节点的（空心球节点、钢板节点）网架结构应选择合理的焊接工艺及顺序，以减少焊接应力与变形，网架结构应在专门胎具上小拼，以保证杆件和节点的精度和互换性，胎具在使用前必须进行尺寸检验，合格后再拼装。在整个拼装过程中，检测人员要随时对胎具位置和尺寸进行复核，如有变动，经调整后方可重新拼装。网架的片或条块应在平整的刚性平台上拼装，拼装前，必须在空心球表面用套模划出杆件定位线，做好定位记录，在平台上按1：1大样搭设立体模来控制网架的外形尺寸和标高，拼装时应设调节支点来调节钢管与球的同心度。焊接球节点网架结构在拼装前应考虑焊接收缩，其收缩量可通过试验确定，试验时可参考下列数值：钢管球节点加衬管时，每条焊缝的收缩量为1.5～3.5mm；钢管球节点不加衬管时，每条焊缝的收缩量为2～3mm；焊接钢板节点，每个节点收缩量为2～3mm。

对供应的杆件、球及部件在拼装前严格检查及各部尺寸，不符合规范规定的数值，要进行技术处理后方可拼装。对小拼、中拼、大拼在拼装前必须进行试拼，检查无误后再正式拼装，具体拼接工艺见本教材学习情境3。

2.6.5　任务实施

2.6.5.1　施工准备

1. 技术准备

组织技术人员熟悉图纸，编制网架结构工程具体细部施工方案及各分项工艺流程；依据设计图及施工方案绘制施工详图和钢球及杆件配料单，统计支座钢板、钢球、杆件钢管及焊接材料数量，编制材料采购计划；进行施工现场平面布置；编制工程检验计划，按施工现场质量管理要求，进行报验。按规范和标准设计工序检查及交工验收单；进行电焊工人员培训，考核合格后方可上岗施工；进行施工技术交底和安全交底。

施工编制依据：

(1) 滨州大高钻石飞机制造车间网架部分结构施工图。

(2) 滨州大高钻石飞机制造、组装车间工程施工组织设计。

(3) 规范与标准。

《网架结构设计与施工规程》(JGJ 7—91)

《钢网架焊接球节点》(JGJ 75.2—91)

《钢网架检验及验收标准》(JGJ 75.3—91)

《建筑钢结构焊接技术规程》(JGJ 81—2002)

《钢结构工程施工质量验收规范》(GB 50205—2001)

《网架结构工程质量检验评定标准》(JGJ 78—91)

《建筑工程施工质量验收统一评定标准》(GB 50300—2001)

《建筑机械使用安全技术规范》(JGJ 33—2001)

《建设工程施工现场供用电安全规范》(GB 50194—93)

2. 现场准备

(1) 根据施工平面布置，做好现场"三通一平"工作，施工现场要设排水沟，重要区域地势应垫高一些，防止雨后积水浸泡地基。

(2) 在开工前做好施工用电电源布置工作，严格按照"三相五线制"引设电源，总用电量不低于150kW，分别引至混凝土搅拌站、柱基础浇筑、轻钢结构、网架屋面安装等施工区域和现场临设。根据施工用电要求设置电源箱柜等。

(3) 搭设临时建筑，包括办公、住宿、食堂、仓库等。

(4) 规划土方堆放场地、拼装场地，勘察解决工程材料、半成品等的运输道路、混凝土拌制工场等。

(5) 安装搅拌机、电焊机等施工设备。

2.6.5.2　施工计划编制

一般网架结构制作加工施工顺序框图见图2.6.20。

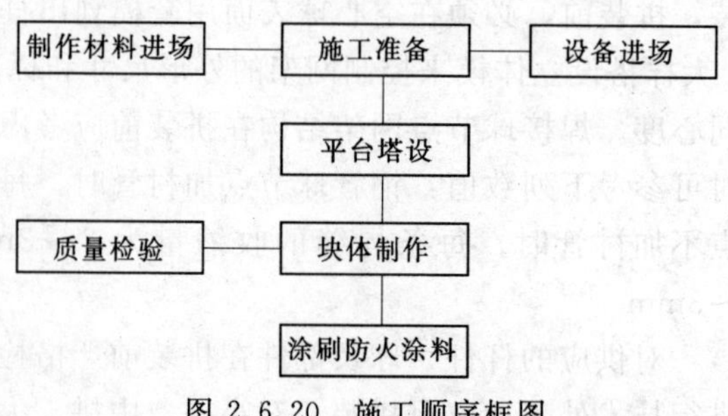

图2.6.20　施工顺序框图

2.6.5.3　质量保证措施

(1) 项目部现场管理人员要明确岗位职责，层层把关，焊工必须执有合格证。

（2）进场材料钢管、钢球、焊条等必须有质量证明书，钢材按规范要求进行复检。

（3）焊接球在工厂加工，质量必须符合（JGJ 75.2—91）和（JGJ 75.3—91）标准，壁厚减薄量小于 $0.13t$；且不超过1.5mm；圆度误差2.5mm；错边量不超过1.0mm。焊缝质量满足二级标准。焊接球进场后外观和焊缝100%检查。

（4）块体制作焊缝质量满足（GB 50205—2001）中的二级标准，外观100%检验，超声波探伤20%检验。

（5）现场配备一台超声波探伤仪进行焊缝检验；配备一台烘箱对焊条进行烘干；配备一台经纬仪和一台水准仪、一把50m钢卷尺控制块体外形尺寸。

（6）每道工序施工前由施工员和质量员进行技术质量交底和交接。施工必须严格按相应施工操作规程、技术交底书或作业指导书执行。

2.6.5.4　劳动力计划

该网架施工劳动力计划见表2.6.5。

表2.6.5　劳动力计划

工种	人数（人）	工种	人数（人）	工种	人数（人）
起重工	2	吊车司机	2	测量工	1
电焊工	10	电工	1	普工	17

2.6.5.5　主要施工机具、设备的配置

主要施工机具、设备的配置见表2.6.6。

表2.6.6　主要施工机具、设备配置表

序号	机具及设备名称	规格	单位	数量	序号	机具及设备名称	规格	单位	数量
1	履带吊车	35T	台	1	6	普通倒链	1.5～3.2T	台	10
2	汽车	生活车	辆	1	7	经纬仪	J2—1	台	2
3	电焊机	交流32kW	台	14	8	水准仪	NI30	台	1
4	电焊机	直流14kW	台	1	9	钢卷尺	50m	把	2
5	空压机		台	1	10	超声波探伤仪	CTS—22	台	1

2.6.5.6　网架制作

1. 材料采购及验收

（1）所有进场施工材料包括钢管、钢板、工字钢、焊条、油漆等必须有出厂质量证明书并按规范要求进行复检。

（2）支座钢板和钢球采用Q235B，力学性能符合（GB 700—88）标准；网架杆件钢管采用结构用无缝钢管，20号钢，力学性能符合（GB/T 8162—1999）规定，杆件规格有：$\phi48\times3.5$、$\phi57\times4.5$、$\phi76\times4.5$、$\phi89\times4.5$、$\phi108\times4.5$、$\phi133\times5$、$\phi140\times6$、$\phi159\times6$、$\phi159\times8$和$\phi180\times10$共10种，钢球成品质量符合（JGJ 75.2—91）标准；焊条采用E43型。

（3）钢材进场后依照现场规划按规格堆放，应堆放整齐有序，不能相互堆压过高，不能直接堆放于地面，要用木枋或钢管支垫，四周排水通畅。

（4）原材料进场后，按上述要求进行验收，合格后挂设标识牌，注明产品名称、规

格、数量及检验状态。

2. 杆件下料

网架制作在分公司制作中心进行，钢球和网架杆件运抵现场进行拼装、安装。

(1) 杆件下料工作在钢结构加工车间完成，$\phi140\times4$ 以下钢管采用切管车床切割，外径大于或等于 $\phi159$ 的钢管采用磁力切管机切割，外径 $\phi180$ 杆件设衬环，腹杆不设。杆件下料长度允许偏差±1mm。下好的杆件在管口内壁贴上编号签，杆件按编号分类整齐运到现场，并按单元堆放。支座板采用自动切割机下料，平面尺寸误差 1.0mm，孔距误差 1.0mm。

(2) 设计图纸的杆件长度与下料长度不同，下料前必须先绘制施工详图。详图中钢球的编号与设计图纸相同；杆件重编，由一个英文字母和四位数字组成，前面英文字母表示钢管规格，后四位数字为下料长度。(如编号 A2740 表示 $\phi48$ 的钢管，下料长度 2740mm)

(3) 下料必须有下料单，下料单应注明编号、长度、规格坡口、数量等，经检验合格后在管口内壁贴上编号签。

下料时，要根据材料长度统筹选择合理的套裁方案，尽量减少损耗杆件下料长度计算公式

$$L = L_0 - \sqrt{R_1^2 - r^2} - \sqrt{R_2^2 - r^2}$$

式中　L——下料长度，mm；

L_0——节点中心距，mm；

R_1、R_2——钢球半径，mm；

R——钢管内半径，mm。

3. 除锈刷漆

(1) 网架防腐按图纸要求用机械除锈，至钢材表面露出金属光泽，刷铁红防锈漆二遍，实际施工为提高工效，除锈方法拟采用喷砂除锈为主，手工机械除锈为辅，支座、连接焊缝表面可在网架拼装后采用手工机械除锈。

(2) 喷砂除锈油漆：除锈等级达到（GB 8923—88）标准中规定的 Sa2.0 级，喷砂过的杆件应当天立即涂刷底漆一遍，干后喷涂底漆第二遍，干膜总厚度 125μm；杆件两侧留 5cm 不涂刷底漆，地面块体焊接完成后现场补刷底漆，高空补空完毕再补刷未涂刷部分。油漆厚度允许偏差每遍 5μm；总厚度 25μm。采用测膜仪进行。

喷砂除锈时，施工环境相对湿度不大于 85%或钢材表面温度高于空气露点温度 3℃，否则禁止施工，现场安排专人记录。

(3) 喷砂合格后的钢材表面，必须在返锈前（喷完后 4h 内）涂完底漆。

(4) 手工除锈可采用钢刷、砂布以及电动砂轮，电动钢丝刷等工具进行除锈；手工除锈的合格标准，钢材表面无可见的油脂和污垢、氧化皮、铁锈和油漆涂层等附着物，底材显露部分的表面应具有金属光泽；手工机械除锈应在 6h 内涂上底漆。

(5) 油漆材料应储存在通风良好的阴凉库房内，施工前应对涂料名称、型号、颜色进行检查。

(6) 涂装施工方法采用手工刷涂法，操作过程中，初刷涂时用力要轻，以防流淌，随后逐渐用力，致使涂层均匀。

(7) 除锈质量要达到要求，涂漆前钢材表面不应有焊渣、焊疤、灰尘、油污、水和毛刺等，经检验合格后方可进行涂装。

(8) 进厂的涂料应有产品合格证，不符合涂料产品质量标准的不得使用。

(9) 漆膜外观应均匀、平整、丰满和有光泽，每道涂层都不允许有咬底、剥落、裂纹、针孔和漏涂等缺陷。

(10) 喷砂除锈、涂装严格按照操作工艺施工，并采取有效防范污染措施，做好施工周边环境的保持和保护工作。

4. 包装、运输

合格构件出厂，按照一定规格分类进行包装，分批次运至施工现场，每批次运输须配出厂构件清单，以便查收；构件运输批次应与现场安装顺序一致，并按照现场安装区域划分包装；包装标识要字迹清晰、内容准确齐全，不易缺损或被雨水冲蚀；构件包装、出厂、运输、到场卸货、倒运全过程中，应严格成品（或半成品）保护，不应受到人为损坏或被潮湿或侵蚀介质腐蚀。

5. 块体制作

块体制作分大小五个制作平台，先制作中间一跨 E～J 轴第一单元块体，然后依次类推制作至第三单元三个大块体，等其吊装完成后再制作东、西两跨块体，东、西两跨块体各由一个制作平台制作其跨内部分的 18 个块体。拼装顺序：下弦球—下弦杆—上弦球—较粗的杆件—斜杆—上弦杆。组装过程按工艺要求先点焊，组装完成后经质检员检查认可后方能正式焊接，焊接次序从中间向两边进行，先下弦后上弦。块体焊接完成后进行外观尺寸和焊缝检验，块体制作允许偏差：长度和宽度±1mm；焊缝质量等级二级，采用超声波探伤，合格后用油漆编号出模。块体制作配备一台 35t 履带吊进行块体出模、转移，块体出模时采用 ϕ22 钢丝绳进行四点绑扎，块体两侧各绑扎一根留绳进行调平。块体堆放必须平直，支垫牢固，防止变形沉降。

6. 网架焊接

网架钢结构的焊接是形成工程质量的重要环节，施工中必须严格按焊接工艺执行。

(1) 本工程选用钢材为 20 号钢，选用相应焊接材料型号为 E4303，焊接材料应具有质量证明书或检验报告，焊条性能和质量必须符合《碳钢焊条》(GB/T 5117—95)。

(2) 所有管球焊接或点焊的焊工，必须经过考试合格并取得合格证书，且必须在其考试项目及认可范围内施焊。

(3) 手工电弧焊工艺。

1) 块体杆件装配间隙一般为 1～3mm，坡口要清理干净；定位焊以三点为宜，每处点焊不小于 20mm。

2) 焊条使用前，用烘干箱在 150℃温度下烘干 1h。

3) 焊接顺序一般为：先焊下弦节点上的杆件，先弦杆后斜腹杆；后焊上弦节点上的杆件，先弦杆后斜腹杆；由中间向两边的顺序施焊；施焊过程应连续完成。

4) 管球焊接第一层焊接焊缝是质量的关键，手法宜用直线运条法或稍做摆动来控制温度，保证焊透；仰焊或仰焊接头须用长弧焊预热 3～5s，然后压低电弧施焊；焊接位置不断变化，焊条角度也须相应变化；第二层手法宜采用斜锯齿形运条法，保证两侧熔合良

好，避免咬边；焊接接头每层必须相互错开，不得集中在一处，宜留在垂直线5～15mm；斜腹杆仰焊处由于操作条件差，为了防止未熔化、夹渣、咬肉等缺陷，可多层多道焊；每一层焊完，必须清理干净焊渣，并检查焊缝是否有缺陷，如有发现及时处理。

5）焊接工艺参数（表2.6.7）。

表2.6.7　焊接工艺参数

代号	钢管规格（mm）	焊缝层数	分层电流及焊条直径		
			层数	焊接电流（A）	焊条直径（mm）
A	ϕ48×3.5	2	1—2	90～130	ϕ3.2
B	ϕ57×3.5	2	1—2	90～130	ϕ3.2
C	ϕ76×4.5	2	1—2	90～130	ϕ3.2
D	ϕ89×4.5	2	1—2	90～130	ϕ3.2
E	ϕ108×4.5	2	1—2	90～130	ϕ3.2
F	ϕ133×5.0	2	1—2	90～130	ϕ3.2
G	ϕ133×6.0	3	1—3	90～130	ϕ3.2
H	ϕ159×6.0	3	1—3	90～130	ϕ3.2
J	ϕ159×8.0	4	1—2	90～130	ϕ3.2
			3—4	130～180	ϕ4.0
K	ϕ180×10.0	5	1—2	90～130	ϕ3.2
			3—5	160～210	ϕ4.0

注　焊接层数的误差以正负一道为宜。

6）焊缝宽度不大于坡口边缘2mm为宜，焊缝高2～4mm；每层焊缝厚度以焊条直径0.8倍为宜，每层焊缝宽度不大于焊条直径5倍，超过者采用多道焊接法。

7）焊接完毕必须进行自检，自检合格后在离焊口30～50mm管子表面打上自己的钢印号，以备检查和记录。

8）大风、下雨天气没有防风防雨措施严禁施焊。

（4）焊缝质量检查。

1）焊缝外观应均匀，不得有裂纹、夹渣、未熔合、焊瘤、弧坑、表面气孔等缺陷，焊接区不得有飞溅物；焊缝外观尺寸应符合相关标准（规范）规定。

2）焊完后立即清除渣皮、飞溅物，清理干净焊缝表面，然后进行焊缝外观检查；检查合格后将坡口边缘处打磨露出金属光泽，进行超声波探伤检查。

3）焊缝外观检查100%，无损检测比例20%。随块体的制作和网架的拼装同步检测。

学习情境3　钢结构安装与管理

学习单元3.1　轻型门式刚架结构安装管理

3.1.1　学习目标

通过本单元的学习，依据钢结构的安装图和施工规范，在轻型门式刚架的安装施工与管理过程中，要求学生知道安装的工艺流程，会进行安装方法的选择，会进行钢柱和钢梁等构件的安装与校正，会选择起重机具、吊具和索具，通过工程实例会对安装过程进行安全、技术、质量管理和控制，并锻炼学生组织能力、协调能力、管理能力。

3.1.2　学习任务

1. 任务

进行安装前的准备工作，选择安装方法，根据钢柱等构件的重量确定安装机械的数量、种类和型号，对刚架安装的安全操作技术进行控制，依据钢柱、钢梁等构件安装的质量检测规范，对刚架的安装质量进行检测和质量控制。进行轻钢厂房钢结构安装、屋面系统的安装和外围护墙系统的安装；进行刚架结构安装的质量管理、安全管理和工期管理。

2. 任务描述

南京龙潭港海关保税物流中心起步区PA6仓库范围内的钢结构工程的施工，其建筑面积约为22650m^2，辅助用房建筑面积约为2300m^2。其中仓库主钢结构跨度150m，纵向长度150m，20榀主钢构架（带雨篷），如图3.1.1所示。本工程跨度大，安装难度高，整个工程对加工能力、安装技术要求高，必须多道工序最大程度地衔接并形成流水。请制定本工程详尽的安装计划。

3.1.3　任务分析

轻型门式钢架结构的安装一般包括柱、吊车梁、门式刚架、高强螺栓、围护结构等构件的安装。由于构件的形式、尺寸、重量、安装标高等不同，应采用不同的机械与吊装方法，并于安装前做好充分的准备工作，为安装工作的顺利实施打好基础。

保证轻型门式刚架安装任务的顺利完成，需具备以下知识和技能：刚架安装方法的选择；刚架安装工艺流程；编制安装方案；刚架安装的安全操作；刚架安装的检测；刚架安装任务实施中，更重要的是对施工的进度、质量、安全的控制，处理和协调在施工中出现的问题。

3.1.4　任务知识点

3.1.4.1　钢结构吊装机具、索具及量测工具选择

3.1.4.1.1　吊装机具

钢结构安装常用的机具设备主要是起重机械。钢结构安装工程就是利用起重机械将在工厂或现场预制好的结构构件，按照设计要求在施工现场安装起来，以构成一幢完整的建筑主体。

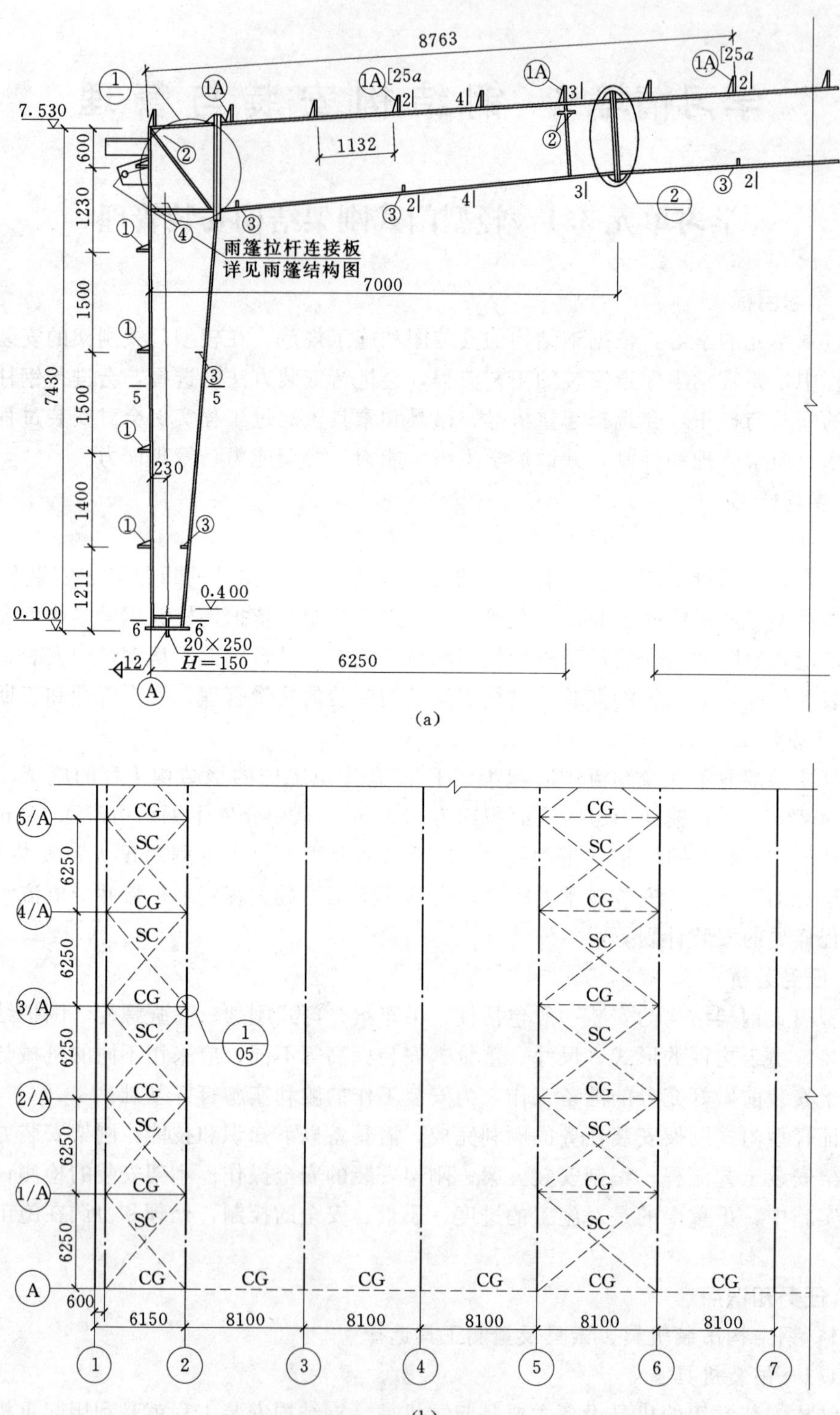

图 3.1.1 (一) 南京龙潭港海关保税物流中心起步区 PA6 仓库

(a) 刚架结构剖面图；(b) 屋面结构布置图

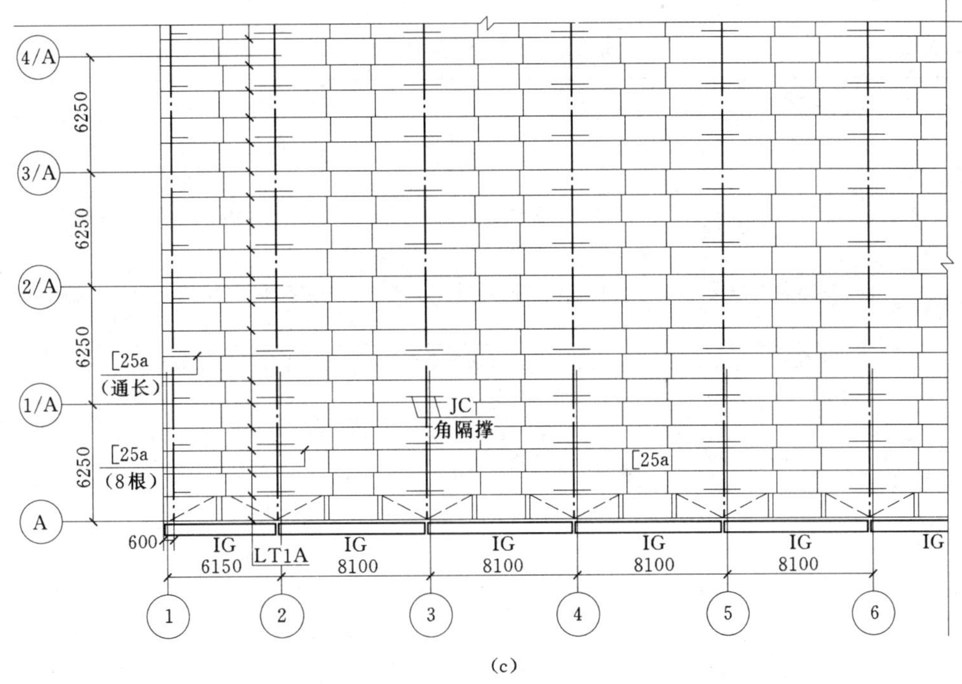

(c)

图 3.1.1（二）　南京龙潭港海关保税物流中心起步区 PA6 仓库

(c) 屋面檩条布置图

起重机械是一种对重物能同时完成垂直升降和水平移动的机械，在工业和民用建筑工程中作为主要施工机械而得到广泛应用。起重机械类型较多，在建筑施工中常用的有两种：一种是移动式起重机，包括塔式起重机、履带式起重机、汽车式起重机、轮胎式起重机等；另一种是最基本的起重机械，包括卷扬机和高层建筑垂直运输的施工升降机。在拟定结构吊装工程施工方案时，应根据建筑物的平面形状和尺寸、跨度、结构特点、构件类型、构件外形尺寸和重量、安装高度以及施工现场具体条件，并结合现有设备情况合理选择起重机械。

这里主要介绍塔式起重机、履带式起重机、汽车式起重机、轮胎式起重机及其他起重设备等。

1. 塔式起重机

塔式起重机用途广泛。除用于建筑工程结构吊装外，广泛用于多层及高层建筑的构配件、材料、设备的垂直运输以及施工现场的短距离运输，塔式起重机是建筑安装工程的主要机械。它由竖直的塔身、安装在塔身顶部的起重臂、塔身底部的底盘、平衡臂等组成。塔式起重机的共同特点是：起重高度和工作幅度大，起重臂可回转 360°，作业范围能覆盖较大的面积；工作速度快，生产效率高；能同时完成垂直运输和水平运输；起重机操纵室设在塔身上部，司机视野广，可以看到安装过程，有利于安全生产；但装拆和运输耗费时间和人力较多，不适于使用期限短的工程。

塔式起重机按其行走机构、起重臂变幅方法、回转方式、起重量大小分为多种类型，见表3.1.1。

表3.1.1 塔式起重机的分类和特点

分类方法	类型	特点
按行走机构分类	行走式塔式起重机	能靠近工作点，转移方便、机动性强。常用的有轨道行走式、轮胎行走式和履带行走式三种
	自升式塔式起重机	没有行走机构，安装在靠近修建物的基础上，可随修建物升高而自行升高
按起重臂变幅方法分类	起重臂变幅塔式起重机	起重臂与塔身铰接，变幅时可调整起重臂的仰角，变幅机构有电动和手动两种
	起重小车变幅塔式起重机	起重臂是不变的横梁，下弦装有起重小车，这种起重机变幅简单，操作方便，并能带载变幅
按回转方式分类	塔顶回转式起重机	结构简单，安装方便，但起重机重心偏高，塔身下部要加配重，操作位置低，不利于高层建筑施工用
	塔身回转式起重机	塔身与起重臂同时旋转，回转机构在塔身下部，便于维修，操作室位置较高，便于施工观测，但回转机构较复杂
按起重能力分类	轻型塔式起重机	起重量5～30kN
	中型塔式起重机	起重量30～150kN
	重型塔式起重机	起重量150～400kN

建筑施工中常用塔式起重机的类型有轨道式、爬升式和附着式三类。

(1) 轨道式塔式起重机。轨道式塔式起重机是一种在轨道上行驶的自行式塔式起重机。其中有的可在曲线轨道上行驶，有的只能在直线轨道上行驶。其作业范围在两倍幅度的宽度和走行线长度的矩形面积内。

轨道式塔式起重机的特点是：电力操纵，能负荷行走；作业范围大，覆盖面广；但起重高度受到限制，需铺设轨道，占一定的施工场地。

常用的轨道式塔式起重机有QT_1—2型、QT_1—6型（图3.1.2）和QT—60/80型（图3.1.3）等。

(2) 爬升式塔式起重机。对于高层建筑结构施工，若采用一般的轨道式起重机，其起

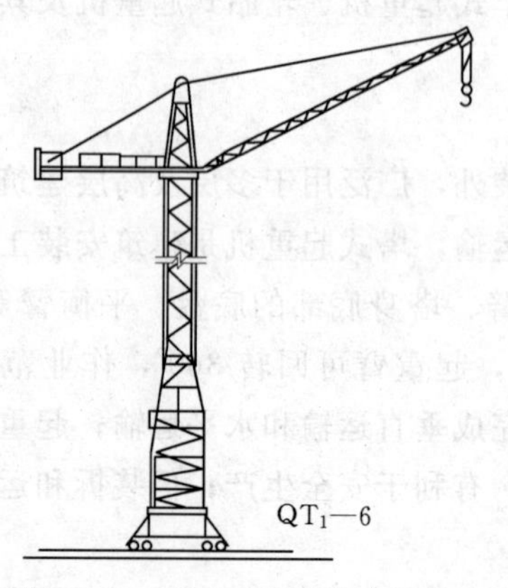

图3.1.2 QT_1—6型塔式起重机

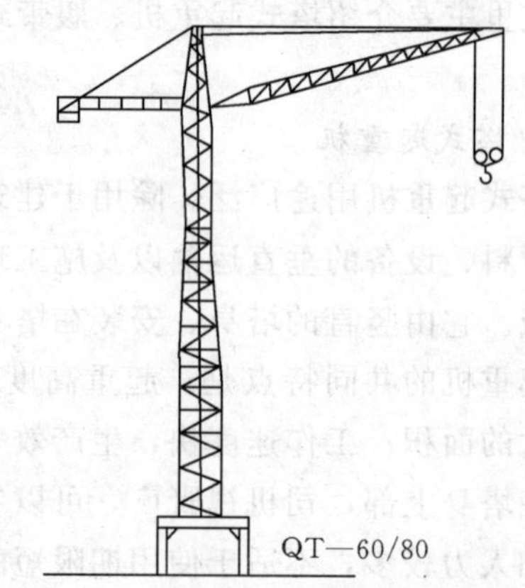

图3.1.3 QT—60/80型塔式起重机

重高度已不能满足构件安装的要求，需采用能够随着建筑物的建造不断上升的塔式起重机。这种塔式起重机称为自升式塔式起重机。爬升式塔式起重机是自升式塔式起重机的一种，安装在建筑物内部（电梯井或特设开间）的结构上，一般每隔 2 层楼便爬升一次。这类起重机主要用于高层（10 层以上）框架结构安装。

爬升式塔式起重机的特点是：机身体形小，重量轻；安装简单；不占用建筑物外围空间，适用于施工现场狭窄的工程；起重高度随建筑物上升而升高；但建筑物承托部位结构要采取加强措施，将增加建筑物造价；司机视野不好；施工完毕后需要一套辅助设备拆卸起重机。爬升式塔式起重机由底座、套架、塔身、塔顶、行车式起重臂、平衡臂等组成。起重机型号有 QT_5—4/40 型、QT_3—4 型及用原有的 20～60kN 塔式起重机改装的爬升式塔式起重机，如图 3.1.4 所示。

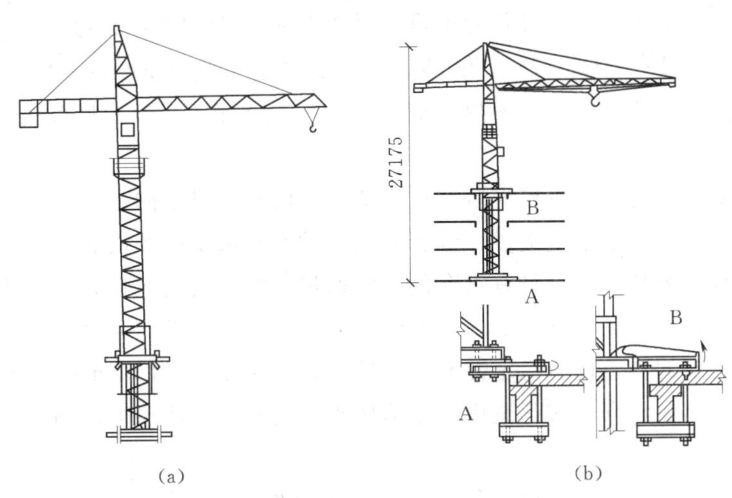

图 3.1.4　爬升式塔式起重机

(a) QT_5—4/40 型塔式起重机；(b) 用 QT_1—6 型改装的爬升式塔式起重机

(3) 附着式塔式起重机。附着式塔式起重机也是一种自升式塔式起重机，它固定在拟建建筑物近旁的钢筋混凝土基础上，借助塔身上端的顶升机构随着建筑物的升高而向上接高。为了保证塔身的稳定性，每隔一定距离将塔身与建筑物用锚固装置水平连接起来，使起重机附着在建筑物上。

同轨道式塔式起重机相比，附着式起重机的优点是起重高度大；同爬升式塔式起重机相比，其主要优点是建筑物无需特别加固，施工过程中，楼层不需专门留洞，拆卸作业简单。有些附着式塔式起重机通过安装行走底架成为轨道式塔式起重机，或通过安装内爬装置成为爬升式塔式起重机。

附着式塔式起重机的型号有 QT_4—10 型（起重量 30～100kN）、QT_1—4 型（起重量 16～40kN）、ZT—120 型（起重量 40～80kN）、ZT—100 型（起重量 30～60kN）。

2. 履带式起重机

履带式起重机是一种自行式、可做 360°全回转的起重机，它的工作装置经改造后，还可作挖土机或打桩机，是一种多功能机械。

履带式起重机特点是：操作灵活，起重能力大，自行走，全回转，使用方便；作业时不需使用支腿，能在平坦坚实的地面上负荷行走；对施工场地耐力要求不高，可在不太平整坚实的场地或松软泥泞场地正常作业。其不足是：稳定性差，不能超负荷作业，行驶速度慢，履带开行对路面伤害很大。因此履带式起重机进场、转移等均需专用运输车辆（平板拖车）完成。适用于各种场合吊装大、中型构件，是钢结构安装工程中广泛使用的起重机械之一。

履带式起重机主要由动力装置、传动装置、行走装置（履带）、工作机构（起重臂杆、起重滑轮组、变幅滑轮组、卷扬机）、机身及平衡重组成。

国产履带式起重机常用型号有：W_1—50 型履带式起重机，最大起重量 100kN，起重臂长度有 10m 和 18m，适用于跨度在 18m 以下、高度在 10m 以内的小型单层工业厂房结构及装卸作业；W_1—100 型履带式起重机，最大起重量 150kN，起重臂长度有 13～23m，适用于吊装跨度在 18～24m、高度为 15m 左右的单层工业厂房结构；W_1—200 型履带式起重机，最大起重量 500kN，起重臂长度可达 40m，适用于吊装大型单层工业厂房结构。

3. 汽车式起重机

汽车式起重机是将起重机构安装在通用或专用汽车底盘上的一种自行式全回转起重机械，起重机动力由汽车发动机提供，其行驶的驾驶室与起重机的操纵室是分开的。

汽车式起重机的特点是：具有汽车的行驶通过性能，机动性强，行驶速度快，对路面破坏小，能快速转移，转移到新的施工现场后能迅速地投入工作，因此特别适用于流动性大、经常更换地点的作业；但稳定性差，吊装作业时必须支腿，不能负荷行走，且不适合松软或泥泞地面作业。汽车式起重机一般适用于安装、拆卸建筑构件和安装结构高度不大的构件。

汽车式起重机按起重量大小可分为轻型、中型和重型三种，起重量在 200kN 以内的为轻型，500kN 及以上的为重型；按起重臂形式可分为桁架臂和箱形臂两种；按传动装置形式可分为机械传动、液压传动和电力传动三种。机械传动的轻型起重机因性能落后已逐渐淘汰，电力传动因构造复杂而较少见，而液压传动汽车式起重机已得到广泛应用。随着大起重量的汽车式起重机的出现，汽车式起重机将逐渐取代轮胎式起重机。

汽车式起重机起重臂采用高强度钢板制成箱型结构，吊臂可根据需要自行逐节伸缩，并设有限位和各种报警装置，目前汽车式起重机型号众多，除了国产型号 Q_1、Q_2 系列和 QY 等系列外，尚有多种进口型号可供选择。

4. 轮胎式起重机

轮胎式起重机是将起重机构安装在加重型轮胎和轮轴组成的特制底盘上的一种自行式全回转起重机。轮胎式起重机上部构造与履带式起重机基本相同。为了保证吊装作业时机身的稳定性和保护轮胎，起重机设有 4 个可伸缩的支腿，吊装时将支腿伸出支撑于地面。轮胎式起重机的特点是：与履带式起重机相比，行驶速度快，可在城市道路上行驶，不损伤路面，能自行转移作业地点，但对场地要求高，不适合在松软或泥泞的地面上工作，且不能负荷行走；与汽车式起重机相比，轮距较宽，稳定性好，转弯半径小，可在 360°范围内回转，但行驶时对路面要求高，行驶速度较慢。

5. 其他起重设备

(1) 桅杆式起重机。桅杆式起重机是在施工现场用金属材料或木材“因地制宜”制作的起重设备。这类起重设备具有构造简单、制作容易、起重量大（可达2000kN)、受施工场地限制小的特点。但灵活性差，服务半径小，移动困难，需要拉设较多的缆风绳。

桅杆式起重机适于安装工程量集中、构件重量大、安装高度大、施工场地狭窄的工程。

建筑工程常用的桅杆式起重机有独脚拔杆、悬臂拔杆、人字拔杆和牵缆式桅杆起重机。

1) 独脚拔杆。独脚拔杆按制作材料分为木独脚拔杆、钢管独脚拔杆和金属格构式独脚拔杆。

独脚拔杆由桅杆、起重滑轮组、卷扬机、缆风绳及锚碇等组成，如图3.1.5所示。独脚拔杆在使用时应保持一定的倾角，以便吊装的构件不碰撞拔杆，但倾角不宜大于10°。拔杆的稳定性主要依靠缆风绳。缆风绳的根数应根据起重量、起重高度以及绳索强度而定，一般为6～12根，最少不得少于4根。缆风绳与地面的夹角一般取30°～45°，角度过大会对拔杆产生较大压力。

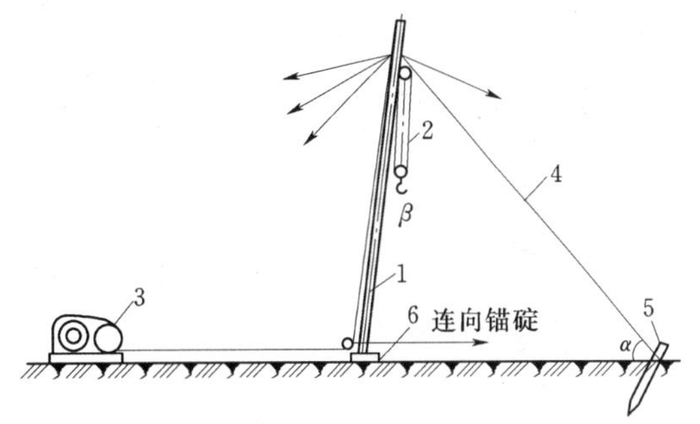

图3.1.5　独脚拔杆

(a) 顶端用铁件铰接；(b) 顶端用绳索绑扎

1—拔杆；2—起重滑轮组；3—卷扬机；4—缆风绳；5—锚碇；6—拖橇

木独脚拔杆由圆木做成，起重高度一般在15m以内，起重量在100kN以下。钢管独脚拔杆起重高度在20m以内，起重量在300kN以下。金属格构式独脚拔杆起重高度可达70m，起重量可达1000kN。各种拔杆的起重能力均应按实际情况加以验算。

2) 人字拔杆。人字拔杆一般是由两根圆木或两根钢管或金属格构式构件用钢丝绳绑扎或铁件铰接成人字形，下设起重滑轮组，如图3.1.6所示。

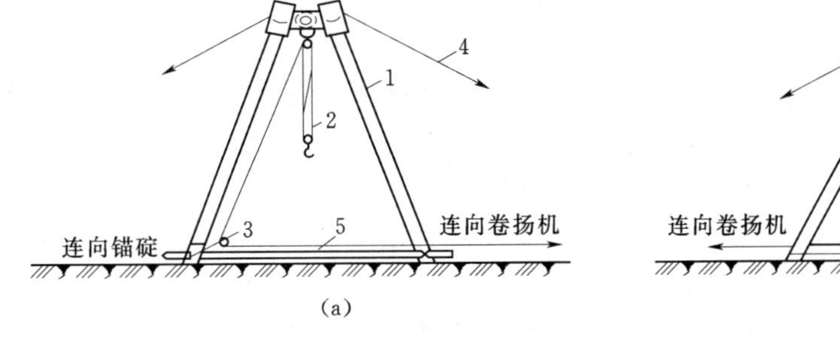

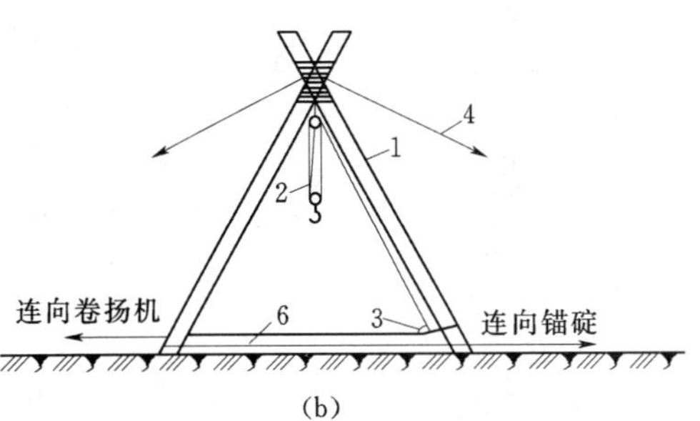

图3.1.6　人字拔杆

1—拔杆；2—起重滑轮组；3—导向滑轮；4—缆风绳；5—拉杆；6—拉绳

其特点是侧向稳定性比独脚拔杆好，所用缆风绳数量少，但构件起吊后活动范围小。人字拔杆两杆顶部的夹角以30°为宜，平面倾斜度不超过1/10，底部设有拉杆或拉绳以平衡拔杆本身的水平推力。人字拔杆起重时拔杆向前倾斜，后面用两根缆风绳维持稳定，必要时前面可增加一根。可用于吊装重型柱和装卸笨重构件。

3）悬臂拔杆。在独脚拔杆的中部或 2/3 高度处装上一根起重臂即成悬臂拔杆，如图 3.1.7 所示。悬臂拔杆的特点是起重高度和起重半径大，起重臂可左右摆动 120°～270°，这为吊装工作带来很大方便，但起重量小，多用于起重高度较高的轻型构件的吊装。

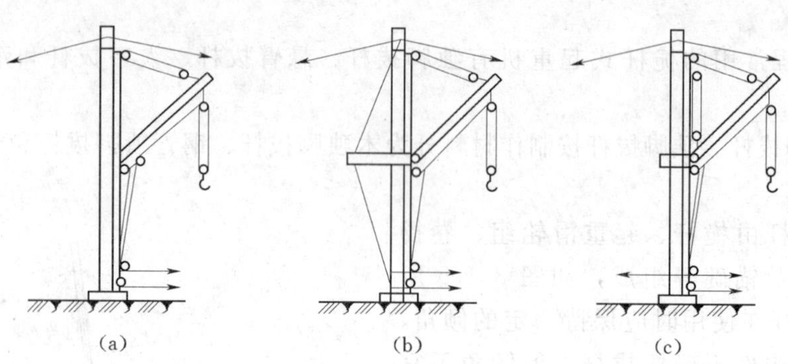

图 3.1.7　悬臂拔杆
(a) 一般形式；(b) 带加劲杆；(c) 起重臂可沿拔杆升降

4）牵缆式桅杆起重机。牵缆式桅杆起重机是在独脚拔杆的下端装一根可以回转和起伏的起重臂，如图 3.1.8 所示。这种起重机不仅起重臂可以起伏，而且整个机身可作 360°回转，因此能把构件吊送到有效起重半径内的任何空间位置。

牵缆式桅杆起重机的特点是：起重量大，起重高度大，有较大的起重半径，可 360°回转，但需要设置较多的缆风绳，移动不方便。适用于构件多且集中的结构安装工程或固定的起重作业。

用圆木制作的牵缆式桅杆起重机起重高度可达 25m，起重量 50kN 左右；用角钢制作的格构式牵缆式桅杆起重机起重高度可达 80m，起重量 100kN 左右。

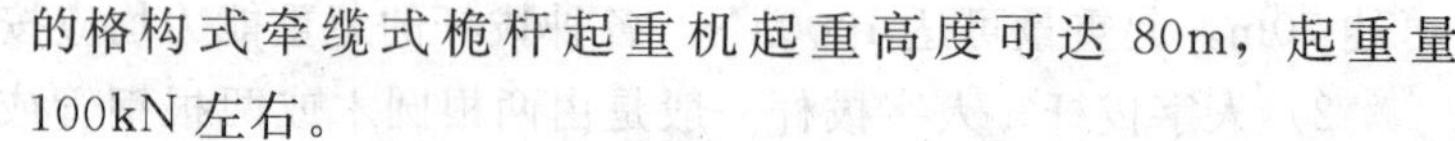

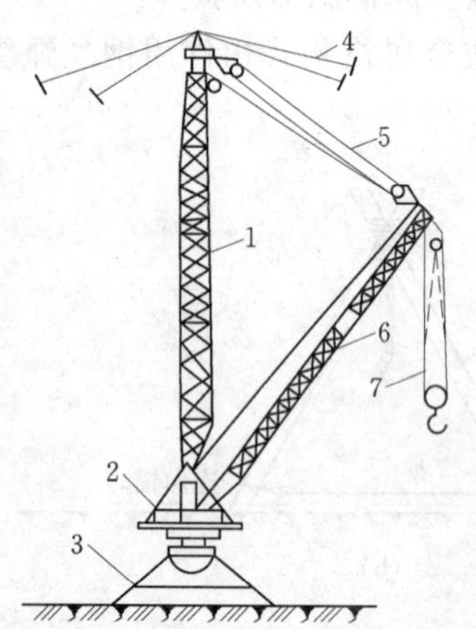

图 3.1.8　牵缆式桅杆起重机
1—桅杆；2—转盘；2—底座；4—缆风绳；5—起伏滑轮组；6—吊杆；7—起重滑轮组

(2) 卷扬机。卷扬机有手动卷扬机和电动卷扬机两类。

1）手动卷扬机。手动卷扬机由卷筒、钢丝绳、摩擦止动器、止动棘轮装置、齿轮组、变速器、手柄等部件组成。为安全起见，在卷扬机上装有安全摇柄或制动装置，用以制动棘轮，防止在工作中卷筒倒转。

手动卷扬机的使用要点：

a. 卷扬机使用时，一端必须设地锚或压重固定，以防止产生滑动或倾覆，钢丝绳绕入卷筒的方向应与卷筒轴线垂直或成小于 1.5°偏角，使绳圈能排列整齐，不致斜绕和互相错叠挤压。

b. 钢丝绳绕入卷筒的方向应与卷筒垂直，缠绕方式应根据钢丝绳的捻向和圈扬的转向而采用不同的方法。一般用右捻的钢丝绳上卷时，绳的一端固定在卷筒左边，由左向右转

动，反之亦然。为安全起见，卷筒上的钢丝绳不应全部放出，至少要留 3～4 圈。

2）电动卷扬机。电动卷扬机主要由减速机、电动机、电磁抱闸、卷筒等部件组成。电动卷扬机种类很多，按卷筒数量可分为单卷筒和双卷筒两种；按传动形式分为可逆齿轮箱式和摩擦式两种；按卷动速度的快慢分为快速卷扬机（JJK 型）和慢速卷扬机（JJM 型）。快速卷扬机主要用于垂直和水平运输及打桩作业。慢速卷扬机主要用于结构安装、钢筋的冷拉和预应力钢筋的张拉作业。常用电动卷扬机的牵引力为 10～100kN。

卷扬机在使用时必须用地锚固定，以防作业时产生滑动或倾覆。根据牵引力大小，卷扬机的锚固方法有螺栓锚固法、水平锚固法、立桩锚固法和压重物锚固法等，如图 3.1.9 所示。

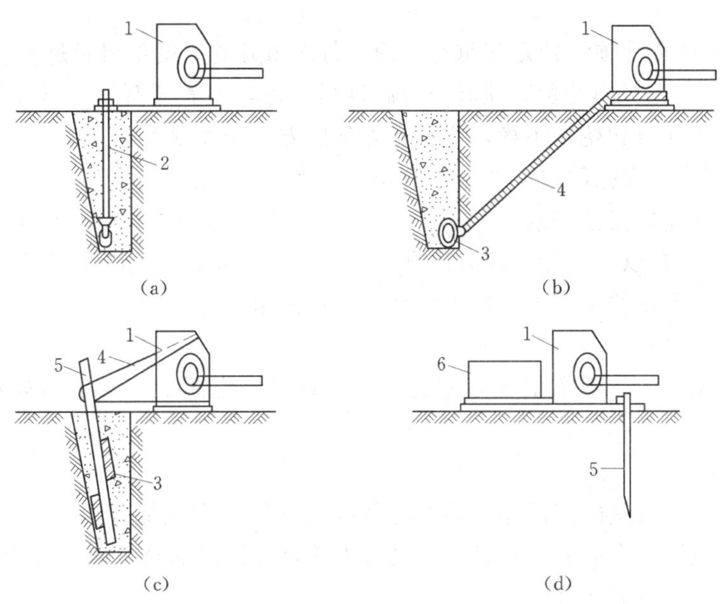

图 3.1.9　卷扬机的锚固方法

(a) 螺栓锚固法；(b) 横木锚固法；(c) 立桩锚固法；(d) 压重物锚固法

1—卷扬机；2—地脚螺栓；3—横木；4—拉索；5—木桩；6—压重

电动卷扬机使用要点：

a. 电动卷扬机的单机或机组工作时，一切人员要服从统一指挥。

b. 起落动作要同步。

c. 不得超负荷运行。

d. 同手动卷扬机 a、b 项。

e. 维护与保养：经常检查相互摩擦部分和转动部分，保持良好的润滑，经常注入适当的润滑油；定期检查维修，至少每月检查一次，对每次提升临界荷载也要检查；运转时轴瓦温度不得过热，温度不超过规范规定。

(3) 千斤顶。千斤顶在结构吊装中，用于校正构件的偏差和构件的变形，也可以顶升和提升大跨度屋盖和空间结构。

千斤顶有油压、螺旋、齿条三种形式，其中前两种最为常用，齿条千斤顶由于起重量较小，因而不常用。油压千斤顶起重量最大，可达3200kN，螺旋千斤顶起重量稍逊，为1000 kN。

使用千斤顶应注意以下几点：

1）对齿条千斤顶要检查下面有无销子，否则千斤顶支撑面不够稳定。对于螺旋千斤顶先要检查棘轮和齿条是否变形，动作是否灵活，丝母与丝杠的磨损是否超过允许范围。

2）油压千斤顶重点看油路连接是否可靠，阀门是否严密，以免承重时油发生回漏；在使用时不要站在保险塞对面。

3）千斤顶应放置在坚硬平坦的地面使用，如土质松软，应铺设垫板，以扩大承压面积；构件被顶部位应选在坚实的平面部位，并加垫板，以免损坏构件。荷载应与千斤顶轴线一致。

4）应严格按照千斤顶的标定起重量使用，每次顶升的高度不得超过有效行程。

5）顶升时，应先将构件稍微顶起一段高度后暂停，检查千斤顶、枕木、地面和构件是否良好，如发现偏斜和枕木不稳，应进行处理后方可继续顶升。

6）顶升过程中应设保险垫，并应随顶随垫，其脱空距离应小于50mm，以防千斤顶倾倒或突然回油而造成安全事故。

7）用两台或两台以上千斤顶同时顶升一个构件时，应统一指挥，动作一致，以保持千斤顶同步。不同类型的千斤顶应避免放在同一端使用。

3.1.4.1.2 索具设备

在结构安装工程中一般需要很多辅助工具和设备，常用的主要有滑轮组、索具、吊具等。

1. 滑轮组

滑轮组是由一定数量的定滑轮和动滑轮及绕过它们的钢丝绳所组成。它既可以省力，又可以根据需要改变用力的方向，是起重设备中的重要组成部分，通过滑轮组能用较小牵引力的卷扬机起吊较重的构件。

滑轮组的名称常以组成滑轮组的定滑轮和动滑轮数来表示，如由四个定滑轮和四个动滑轮组成的滑轮组，称为四四滑轮组；由五个定滑轮和四个动滑轮组成的滑轮组，称为五四滑轮组，其余类推。滑轮组中共同负担构件重量的钢丝绳根数称为“工作线数”，也就是在动滑轮上穿绕的钢丝绳的根数。滑轮组能省力多少，主要取决于工作线数和滑轮轴承的摩阻力大小。

滑轮的使用与维护应注意下列事项：

1）滑轮绳槽表面应光滑，不得有裂痕、凹凸等缺陷。

2）滑车在使用时应经常检查，重要部件（轴、吊环或吊钩）应进行无损探伤，当发现滑车上有裂纹或永久变形或滑轮绳槽面磨损深度超过钢丝绳直径的20%时，必须及时更换其零件。

3）滑轮所有转动部分必须转动灵活、润滑良好并定期添加润滑油。当滑轮贴地使用时，应适当加以保护，防止磨损滑轮。

4）严禁用焊接方法加固和修补滑轮组的吊钩、吊环或吊梁。在使用中应缓慢起吊，绳索收紧后如有卡绳、磨绳等情况应及时纠正。只有当滑轮组各部分情况正常，方可继续

工作。

5）滑轮组使用后，应清理干净，涂以润滑油，存放在干燥的库房内。

2. 索具

（1）麻绳。麻绳又叫棕绳、白棕绳，是以剑麻纤维为原料捻制而成。按拧成股数的多少，分为三股、四股和九股；按浸油与否，分浸油绳和素绳。吊装中多用不浸油素绳。浸油绳具有防潮、防腐蚀能力强等优点，但不够柔软，不易弯曲，强度较低；素绳弹性和强度较好（比浸油绳高 10%～20%），但受潮后容易腐烂，强度要降低 50%。主要用于绑扎吊装轻型构件和用作受力不大的缆风绳、溜绳等。

（2）钢丝绳。钢丝绳是先由若干根细钢丝捻成股，再由若干股围绕线芯捻制而成，每股钢丝又由多根 0.4～4.0mm、抗拉强度为 1400MPa、1550MPa、1700MPa、1850MPa 或 2000MPa 的高强钢丝捻制而成，在钢结构起重工作中应用极为广泛。其优点是强度高、耐磨损、弹性大，在高速下受力平稳、无噪音、可靠度好，是起重吊装作业中常用的索具。其主要缺点是不易弯曲，使用时需增大起重机卷筒和滑轮的直径，相应地增加了机械的尺寸和重量。

1）钢丝绳种类。常用钢丝绳的规格有 6×19＋1（6 股，每股 19 根丝，再加一根麻绳芯）、6×37＋1 和 6×61＋1 三种。第一种钢丝粗，硬而耐磨，不易弯曲，多用作缆风绳；后两者钢丝细，较柔软，多用作起重吊索。

2）钢丝绳使用与维护时注意事项。

a. 钢丝绳均应按使用性质、荷载大小、钢丝绳新旧程度和工作条件等因素，根据经验或计算选用规格型号，使用中不准超载。

b. 钢丝绳一般宜整根使用，不宜接长。如必须接长时，则应保证钢丝绳插接长度一般为绳径的 20～30 倍，较粗的应用较大的倍数。接长的钢丝绳不得应用于起重滑车组上。接长的钢丝绳应进行试拉，证明其可靠度，同时还应保证钢丝绳接头能够顺利通过滑轮绳槽。

c. 当钢丝绳在高温下工作时，应采取隔热措施，以免钢丝绳受高温烘烤后退火而降低强度。钢丝绳在使用过程中，不可与盐、硫酸、碱、水、泥砂、油脂等接触。

d. 在吊装时，要检查钢丝绳的抗拉强度，当钢丝绳内的油分被挤压出来时，说明钢丝绳的受力已达到其极限，此时应格外注意吊装安全。

e. 钢丝绳开卷时，应放在卷盘上或用人力推滚卷筒，不得随意倒放在地面上，人力盘开，以免造成扭结，缩短寿命。钢丝绳切断时，应在切口两侧 1.5 倍绳径处用细铁丝扎结或用铁箍箍紧，扎紧段长度不小于 30mm，以防钢丝绳松捻。

f. 新绳使用前，应以 2 倍最大吊重作载重试验 15min。

g. 钢丝绳穿过滑轮时，滑轮槽的直径应比绳的直径大 1.0～2.5mm，滑轮直径应比钢丝绳直径大 10～12 倍，轮缘存在破损的滑轮不得使用。

h. 钢丝绳在使用前要抖直理顺，严禁扭结受力，使用中不得抛掷，不能使钢丝绳发生锐角曲折、挑圈或由于被夹、被砸变形。

i. 为减少钢丝绳的腐蚀和磨损，应定期加涂润滑油一次（一般每工作 4 个月左右涂一次）。库存钢丝绳应成卷排列，避免重叠堆置，并应加垫和遮盖，防止受潮锈蚀。

j. 钢丝绳使用一段时间后，如发现磨损、锈蚀、弯曲、变形、断丝等情况，将降低其承载力，使用前应进行鉴别，判断其可用程度。

3. 吊具

在结构吊装中，常用的吊装工具主要有吊钩、吊索、卡环、绳卡、横吊梁等。

(1) 吊钩。吊钩分为单吊钩和双吊钩两种。是用整块 20 号优质碳素钢锻制后进行退火处理而成。吊钩表面应光滑，无剥裂、刻痕、锐角裂纹等缺陷。单吊钩常与吊索连接在一起使用，有时也与吊钩架组合在一起使用，双吊钩仅用在起重机上。

(2) 吊索。吊索也叫千斤绳，主要用于构件的绑扎，以便于起吊。作吊索用的钢丝绳要求质地柔软，容易弯曲，直径大于 11mm。吊索根据形式不同，分为环式吊索和开式吊索，如图 3.1.10 所示。

为保证吊装安全，吊装过程中吊索承受的拉力不允许超过钢丝绳的允许拉力，吊索承受的拉力取决于所吊构件重量及吊索水平夹角，一般水平夹角不小于 30°且不超过 60°。

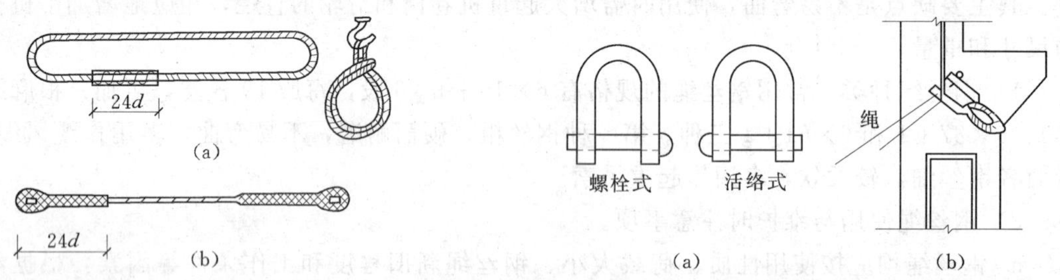

图 3.1.10 吊索示意图
(a) 环式吊索；(b) 开式吊索

图 3.1.11 卡环及柱子绑扎
(a) 卡环；(b) 绑扎柱子

(3) 卡环。卡环由一个弯环和一根横销组成。按弯环形式不同，卡环分直形和马蹄形；按横销与弯环连接方式的不同，卡环又分螺栓式和活络式两种，如图 3.1.11 所示。工程中螺栓式卡环使用较多。在柱子吊装中多用活络式卡环，卸钩时吊车松钩将拉绳下拉，销子自动脱开，这样可避免高空作业，但接绳一端宜向上，以防销子脱落。

卡环用于吊索之间或吊索与构件吊环之间的连接，或用在绑扎构件时扣紧吊索，是一种在吊装作业中应用极为广泛的吊具。

卡环使用注意事项如下：

1) 卡环应用优质低碳钢或合金钢锻成并经热处理，严禁使用铸钢卡环。

2) 卡环表面应光滑，不得有毛刺、裂纹、尖角、夹层等缺陷。不得利用焊接补强方法修补卡环的缺陷。在不影响卡环额定强度的条件下，可以清除其局部缺陷。

3) 使用卡环时，应注意作用力的方向不要歪斜，螺纹应满扣并预先加以润滑。

4) 卡环使用前应进行外观检查，必要时应进行无损探伤，发现有永久变形或裂纹，应及时报废，不得在工程中使用。

(4) 绳卡。绳卡也叫线盘、夹线盘、钢丝卡、钢丝绳轧头等。绳卡主要用于固定钢丝绳端部。绳卡的 U 形螺栓宜用 Q235C 级钢制造，螺母可采用 Q235D 钢制造，其外形如图 3.1.12 所示。选用绳卡时，必须使 U 形的内侧净距等于钢丝绳的直径，使用绳卡的数

量与钢丝绳的粗细有关，粗绳用得较多。

绳卡的使用要点如下：

1）绳卡上的螺纹应是半精制的，螺母可自由拧入，但不得松动。

2）上螺母时，应将螺纹预先润滑。绕钢丝绳时，绳在不受力状态下固定，第一个绳卡应靠近护绳环，使护绳环能充分夹紧，当绳在受力状态下固定时，第一个绳卡应靠近绳头。绳头的长度一般为绳直径的 10 倍，但不得小于 200mm。

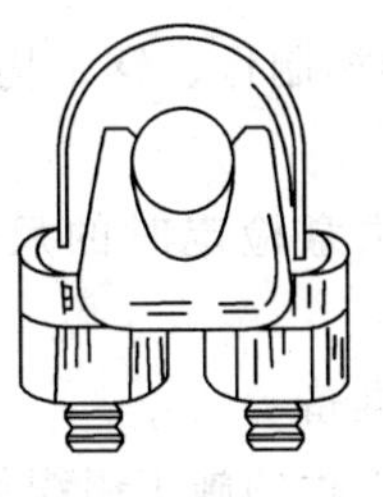

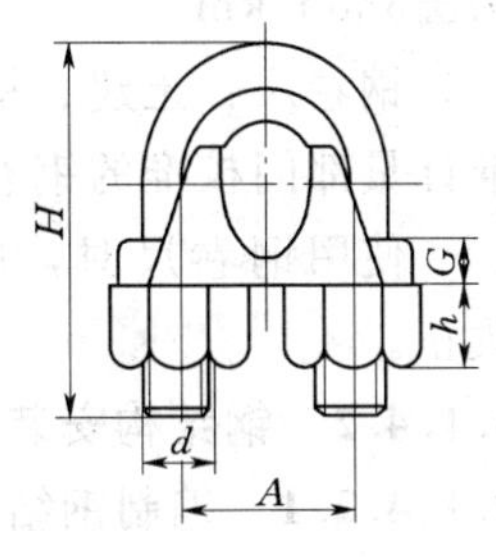

图 3.1.12 钢丝绳卡

3）钢丝绳搭接使用时，所用绳卡数量应加倍。关键部位的钢丝绳在用绳卡夹紧后，可在两绳卡间用白油漆对钢丝绳进行水平标记，以观察在钢丝绳受力后有无滑动。

（5）横吊梁。横吊梁又称铁扁担，常用于柱和屋架等构件的吊装。用横吊梁吊柱，使柱身保持垂直，便于安装；用横吊梁吊屋架可降低起吊高度和减小吊索的水平分力对屋架的压力。横吊梁的形式有钢板横吊梁和钢管横吊梁，如图 3.1.13 所示。钢板横吊梁用于吊装 100kN 以下的柱；钢管横吊梁一般用于吊屋架，钢管长度为 6～12m。

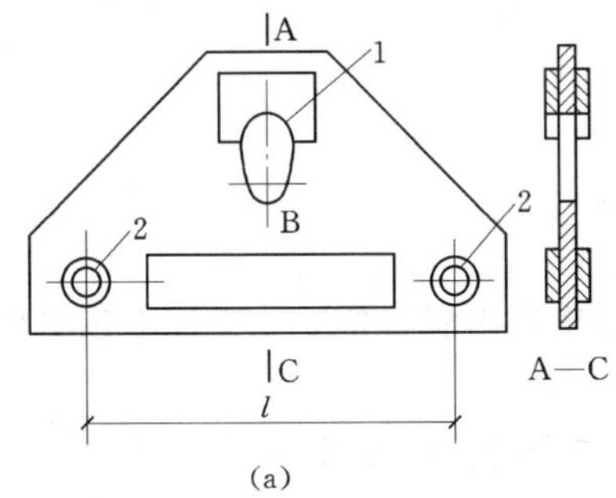

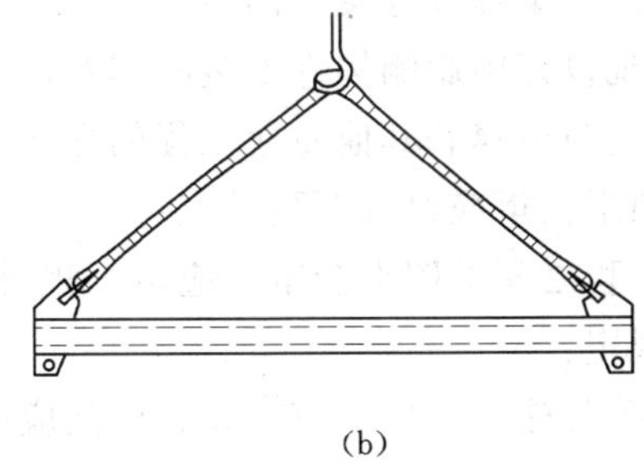

图 3.1.13 横吊梁

（a）钢板横吊梁；（b）钢管横吊梁

1—挂吊钩孔；2—挂卡环孔

3.1.4.1.3 量测工具

常用的量测工具有水准仪、经纬仪、全站仪、水平仪、铁水平尺、塞尺等。

为使测量成果符合精度要求，全站仪、经纬仪、水准仪、水平仪、钢尺等施工测量前必须经计量部门检定。除按规定周期进行检定外，在周期内的全站仪、经纬仪、铅直仪等主要有关轴线关系的，还应每 2～3 个月定期检校。

全站仪：宜采用精度为 2S、3＋3PPM 级全站仪。如瑞士 WILD、日本 TOPCON、SOKKIA 等厂生产的高精度全站仪。

经纬仪：采用精度为 2S 级的光学经纬仪，如是超高层钢结构，宜采用电子经纬仪，其精度宜在 1/20 万之内。

水准仪：按国家三、四等水准测量及工程水准测量的精度要求，其精度为±3mm/km。

钢卷尺：土建、钢结构制作、钢结构安装、监理等单位的钢卷尺，应统一购买通过标准计量部门校准的钢卷尺。

使用钢卷尺时，应注意检定时的尺长改正数，如温度、拉力、挠度等，进行尺长改正。

3.1.4.2 钢结构安装前准备

3.1.4.2.1 编制钢结构工程的施工组织设计

钢结构工程的施工组织设计内容包括：工程概况和特点介绍；计算钢结构构件和连接件数量；选择安装机械；确定流水程序；确定构件吊装方法；制定进度计划；确定劳动组织；规划钢构件堆场；确定质量标准及保证措施、安全措施、环境保证措施和特殊施工技术等。

3.1.4.2.2 文件资料准备

1. 设计文件准备

钢结构设计图；建筑图；相关基础图；钢结构施工图；各分部工程施工详图；其他有关图纸及有关技术文件。

2. 图纸自审和会审

(1) 图纸自审应符合下列规定：

1) 熟悉并掌握设计文件内容。

2) 发现设计中影响构件安装的问题。

3) 提出与土建和其他专业工程的配合要求。

(2) 图纸会审应符合下列规定：

专业工程之间的图纸会审，应由工程总承包单位组织，各专业工程承包单位参加，并符合下列规定：

1) 基础与柱子的坐标应一致。标高应满足柱子的标高要求。

2) 与其他专业工程设计文件无矛盾。

3) 确定与其他专业工程配合施工工序。

(3) 钢结构设计、制作与安装单位之间的图纸会审，应符合下列规定：

1) 设计单位应作设计意图说明和提出工艺要求。

2) 制作单位介绍钢结构制作工艺。

3) 安装单位介绍施工程序和主要方法，并对设计和制作单位提出具体要求和建议。

3.1.4.2.3 基础验收

钢结构安装前应对建筑物的定位轴线、基础轴线和标高、地脚螺栓位置、规格等进行检查，并应进行基础检测和办理交接验收。当基础工程分批进行交接时，每次交接验收不少于一个安装单元的柱基基础，并应符合下列规定：

1) 基础混凝土强度达到设计强度。

2) 基础纵横轴线位置和基础标高基准点准确、齐全。

3) 基础顶面预埋钢板（钢柱的支承面）和地脚螺栓的位置（如在浇灌混凝土时其是否移动变形）等的偏差在相关规范规定允许范围以内（若不在规范规定允许范围，应当在

吊装施工前予以解决），预埋钢板与基础顶面混凝土紧贴性符合相关规范规定。

3.1.4.2.4　吊装方法选择

1. 节间吊装法

起重机在厂房内一次运行中，依次吊完一个节间各类型构件，即先吊完节间柱，并立即校正、固定、灌浆，然后接着吊装地梁、柱间支撑、墙梁（连续梁）、吊车梁、走道板、柱头系杆、托架（托梁）、屋架、天窗架、屋面支撑系统、屋面板和墙板等构件。一个（或几个）节间的构件全部吊装完后，起重机再向前移至下一个（或几个）节间，再吊装下一个（或几个）节间全部构件，直至吊装完成。

优点：起重机运行路线短，停机一次至少吊完一个节间，不影响其他工序，可进行交叉平行流水作业，缩短工期；构件制作和吊装误差能及时发现并纠正；吊完一节间，校正固定一节间，结构整体稳定性好，有利于保证工程质量。

缺点：需用起重量大的起重机同时吊各类构件，不能充分发挥起重机效率，无法组织单一构件连续作业；各类构件必须交叉配合，场地构件堆放过密，吊具、索具更换频繁，准备工作复杂；矫正工作零碎、困难；柱子固定需一定时间，难以组织连续作业，拖长吊装时间，吊装效率较低；操作面窄，交易发生安全事故。

适于采用回转式桅杆进行吊装，在特殊要求的结构（如门式框架）或某种原因局部特殊需要（如急需施工地下设施）时采用。

2. 分件吊装法

将构件按其结构特点、几何形状及其相互联系进行分类。同类构件按顺序一次吊装完后，再进行另一类构件的安装，如起重机第一次运行中先吊装厂房内所有柱子，待校正、固定灌浆后，依次按顺序吊装地梁、柱间支撑、墙梁、吊车梁、托架（托梁）、屋架、天窗架、屋面支撑和墙板等构件，直至整个建筑物吊装完成。屋面板的吊装有时在屋面上单独用 1～2 台桅杆或屋面小吊车来进行。

优点：起重机在一次开行中仅吊装一类构件，吊装内容单一，准备工作简单，校正方便，吊装效率高；柱子有较长的固定时间，施工较安全；与节间法相比，可选用起重量小一些的起重机吊装，可利用改变起重臂杆长度的方法，分别满足各类构件吊装起重量和起重高度的要求，能有效发挥起重机的效率；构件可分类在现场顺序预制、排放，场外构件可按先后顺序组织供应；构件预制吊装、运输、排放条件好，易于布置。

缺点：起重机运行频繁，增加机械台班费用；起重臂长度改换需一定时间，不能按节间及早为下道工序创造工作面，阻碍了工序的穿插，相对的吊装工期较长；屋面板吊装需有辅助机械设备。

适用于一般中、小型厂房的吊装。

3. 综合吊装法

此法系将全部或一个区段的柱头以下部分的构件用分件法吊装，即柱子吊装完毕并校正固定，待柱杯口二次灌浆混凝土达到 70％强度后，再按顺序吊装地梁、柱间支撑、吊车梁走道板、墙梁、托架（托梁），接着一个节间一个节间综合吊装屋面结构构件包括屋架、天窗架、屋面支撑系统和屋面板等构件，整个吊装过程按三次流水进行，根据不同的结构特点有时采用两次流水，即先吊柱子后分节间吊装其他构件，吊装通常采用 2 台起重机，一台起重量大的承担柱子、吊车梁、托架和屋面结构系统的吊装，一台吊装柱间支撑、走道板、地梁、墙梁等构件并承担构件卸车和就位排放。

本法保持节间吊装法和分件吊装法的优点，而避免了其缺点，能最大限度地发挥起重机的能力和效率，缩短工期，为实践中广泛采用的一种方法。

3.1.4.2.5 起重机的选择

1. 选择依据

(1) 构件最大重量（单个）、数量、外形尺寸、结构特点、安装高度及吊装方法等。

(2) 各类型构件的吊装要求，施工现场条件（道路、地形、邻近建筑物、障碍物等）。

(3) 选用吊装机械的技术性能（起重量、起重臂杆长、起重高度、回转半径、行走方式等）。

(4) 吊装工程量的大小、工程进度要求等。

(5) 现有或能租赁到的起重设备。

(6) 施工力量和技术水平。

(7) 构件吊装的安全和质量要求及经济合理性。

2. 选择原则

(1) 选用时，应考虑起重机的性能（工作能力），使用方便，吊装效率，吊装工程量和工期等要求。

(2) 能适应现场道路、吊装平面布置和设备、机具等条件，能充分发挥其技术性能。

(3) 能保证吊装工程质量、安全施工和有一定的经济效益。

(4) 避免使用大起重能力的起重机吊小构件、起重能力小的起重机超负荷吊装大构件、选用改装的未经过实际负荷试验的起重机进行吊装或使用台班费高的设备。

3.1.4.2.6 吊装准备

1. 吊装技术准备

(1) 认真细致学习和全面熟悉掌握有关的施工图纸、设计变更、施工规范、设计要求、吊装方案等有关资料，核对构件的空间就位尺寸和相互间的联系，掌握结构的高度、宽度、构件的型号、数量、几何尺寸、主要构件的重量及构件间的连接方法。

(2) 了解水文、地质、气象及测量等资料。

(3) 掌握吊装场地范围内的地面、地下、高空的环境情况。

(4) 了解已选定的起重及其他机械设备的性能及使用要求。

(5) 编制吊装工程作业设计。主要包括施工方法、施工计划、构件的运输、堆放、施工人员及机械设备配备、物质供应、施工总平面布置、安全技术及保证质量措施。

2. 构件准备

(1) 清点构件的型号、数量，并按设计和规范要求对构件质量进行全面检查，包括构件强度与完整性（有无严重裂缝、扭曲、侧弯、损伤及其他严重缺陷）；外形和几何尺寸，平整度；埋设件、预留孔位置、尺寸和数量；接头钢筋吊环、埋设件的稳固程度和构件的轴线等是否准确，有无出厂合格证。如有超出设计或规范规定偏差，应在吊装前纠正。

(2) 在构件上根据就位、校正的需要弹好轴线。柱应弹出三面中心线；牛腿面与柱顶

面中心线；±0.00 线（或标高准线），吊点位置；基础杯口应弹出纵横轴线；吊车梁、屋架等构件应在端头与顶面及支承处弹出中心线及标高线；在屋架（屋面梁）上弹出天窗架、屋面板或檩条的安装就位控制线，两端及顶面弹出安装中心线。

（3）现场构件进行脱模，排放；场外构件进场及排放。

（4）检查厂房柱基轴线和跨度，基础地脚螺栓位置和伸出是否符合设计要求，找好柱基标高。

（5）按图纸对构件进行编号。不易辨别上下、左右、正反的构件，应在构件上用记号标明，以免吊装时搞错。

3. 吊装接头准备

（1）准备和分类清理好各种金属支撑件及安装接头用连接板、螺栓、铁件和安装垫铁；施焊必要的连接件（如屋架、吊车梁垫板、柱支撑连接件及其余与柱连接相关的连接件），以减少高空作业。

（2）清除构件接头部位及埋设件上的污物、铁锈。

（3）对需组装、拼装及临时加固的构件，按规定要求使其达到具备吊装条件。

（4）在基础杯口底部，根据柱子制作的实际长度（从牛腿至柱脚尺寸）误差，调整杯底标高，用 1∶2 水泥沙浆找平，标高允许差为±5mm，以保持吊车梁的标高在同一水平面上；当预制柱采用垫板安装或重型钢柱采用杯口安装时，应在杯底设垫板处局部抹平，并加设小钢垫板。

（5）柱脚或杯口侧壁未划毛的，要在柱脚表面及杯口内稍加凿毛处理。

（6）钢柱基础，要根据钢柱实际长度、牛脚间距离、钢板底板平整度检查结果，在柱基础表面浇筑标高块（标高块成十字式或四点式），标高块强度不小于 30MPa，表面埋设 16～20mm 厚钢板，基础上表面亦应凿毛。

4. 检查构件吊装的稳定性

（1）根据起吊吊点位置，验算柱、屋架等构件吊装时的抗裂度和稳定性，防止出现裂缝和构件失稳。

（2）对屋架、天窗架、组合式屋架、屋面梁等侧向刚度差的构件，在横向用 1～2 道杉木脚手杆或竹竿进行加固。

（3）按吊装方法要求，将构件按吊装平面布置图就位。直立排放的构件，如屋架天窗架等，应用支撑稳固。

（4）高空就位构件应绑扎好牵引溜绳、缆风绳。

5. 吊装机具、材料、人员准备

（1）检查吊装用的起重设备、配套机具、工具等是否齐全、完好，运输是否灵活，并进行试运转。

（2）准备好并检查吊索、卡环、绳卡、横吊梁、倒链、千斤顶、滑车等吊具的强度和数量是否满足吊装需要。

（3）准备吊装工具，高空用吊挂脚手架、操作台、爬梯、溜绳、缆风绳、撬杠、大锤、钢（木）楔、垫木铁垫片、线锤、刚尺、水平尺，测量标记以及水准仪、经纬仪等。做好埋设地锚等工作。

(4) 准备施工用料，如加固脚手杆、电焊、气焊、设备、材料等供应准备。

(5) 按吊装顺序组织施工人员进厂，并进行有关技术交底、培训、安全教育。

3.1.4.2.7 构件运输和堆放

1. 构件的运输顺序

构件的运输顺序应满足构件吊装进度计划要求。运输构件时，应根据构件的长度、重量、断面形状选用车辆；构件在运输车辆上的支点、两端伸出的长度及绑扎的方法均应保证构件不产生永久变形、不损伤涂层。构件装卸时，应按设计吊点起吊，并应有防止损伤构件的措施。

2. 构件的运输要求

构件的运输要求与构件的吊装密切配合，根据吊装进度及所需构件，编制构件进场时间表，至少要求在吊装的前一天，将构件运至安装现场交验，分批运到的构件，以货运单为依据，并逐车逐件清点，构件验收以图纸和《钢结构施工质量验收规范》(GB 50205—2001) 中有关规定为依据。

3. 构件的配套供应

构件必须按照现场安装顺序的需要配套供应，各种构件必须按预定进场时间进场。

(1) 钢柱、钢梁运输采用载重汽车，其他构件按吊装的顺序分批进场。

(2) 钢构件进入施工现场后，按构件编号卸在拼装台旁进行组装后，用吊车运到吊装位置上。

4. 构件的堆放

构件的堆放场地应平整坚实，无水坑、冰层并应有排水设施。构件应按种类、型号、安装顺序分区堆放；构件底层垫块要有足够的支承面。相同型号的构件叠放时，每层构件的支点要在同一垂直线上。

5. 钢构件与材料的进场和堆放注意事项

(1) 钢构件及其他工程所需材料在运至现场前，都应在现场预先确定其指定的临时堆场和堆放位置（条件允许时，堆放位置应优先选在其安装或加工位置附近——可避免再次搬运，保证施工进度）。

(2) 钢构件及材料进场量应根据安装方案提出的进度计划来安排，并考虑现场的堆放限制，同时协调安装现场与制作加工的关系，做到安装工作按施工计划进行。

(3) 钢构件及材料进场后，为防止其变形和损坏，堆放时应放在稳定的枕木上，并根据构件的编号和安装顺序来分类。其中螺栓采用防水包装，并将其放在托板上以便运输，存放时根据其尺寸和高度分组存放，只有在使用时才打开包装。构件的标记应外露以便于识别和检查。同时按随车货运清单核对所到构件和材料的数量及编号检查其是否相符，构件是否配套，若发现问题，应迅速采取措施，如更换或补充构件。并且严格按图纸要求和相关规范对构件的质量进行验收检查及做好相关记录。堆放记录（场地、构件等）应当留档备查。对于运输中受到严重损伤和制作不符合相关规范规定的构件，亦应当在安装前进行返修或更换。

(4) 堆放场地应有通畅的排水措施。

(5) 所有计量检测工具应注意保养，并严格按规定定期送检。

3.1.4.3　钢结构主体安装工艺及流程

1. 工艺流程图（图 3.1.14）

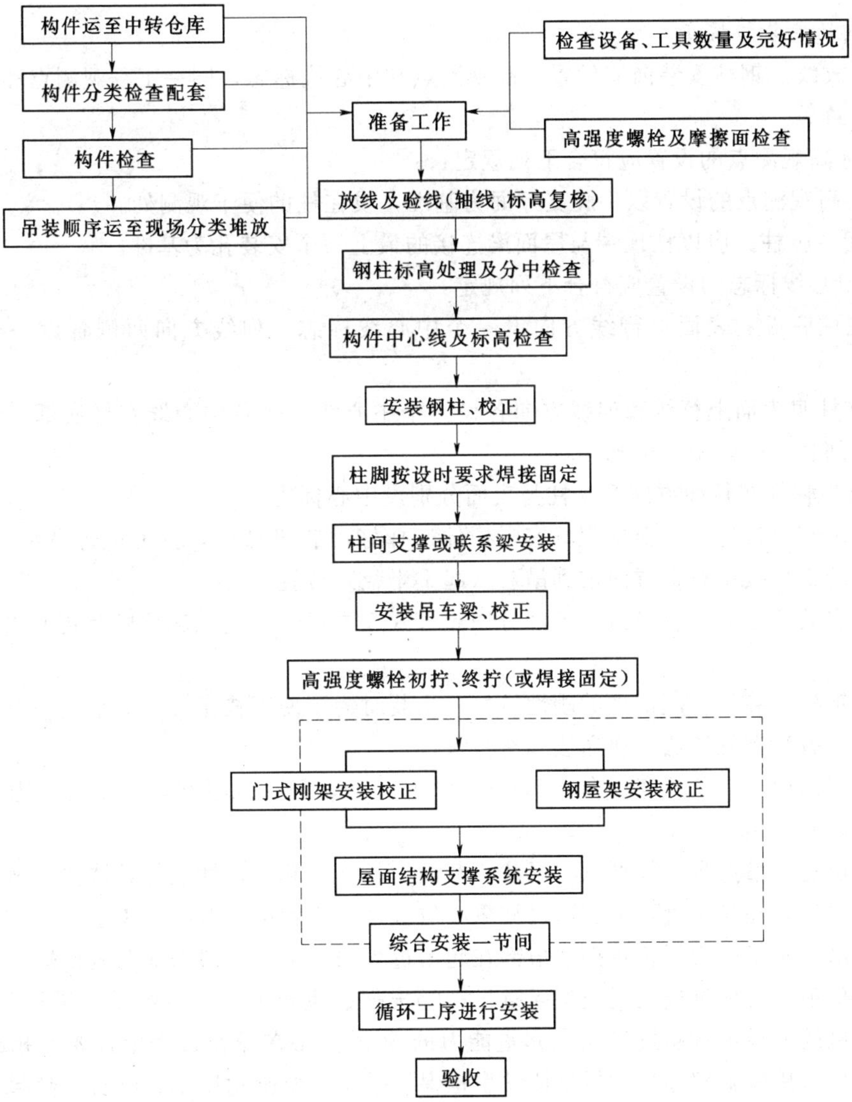

构件运至中转仓库

构件分类检查配套

构件检查

吊装顺序运至现场分类堆放

检查设备、工具数量及完好情况

高强度螺栓及摩擦面检查

准备工作

放线及验线(轴线、标高复核)

钢柱标高处理及分中检查

构件中心线及标高检查

安装钢柱、校正

柱脚按设时要求焊接固定

柱间支撑或联系梁安装

安装吊车梁、校正

高强度螺栓初拧、终拧(或焊接固定)

门式刚架安装校正

钢屋架安装校正

屋面结构支撑系统安装

综合安装一节间

循环工序进行安装

验收

图 3.1.14　钢结构吊装工艺流程图

2. 构件吊装顺序

（1）并列高低跨的屋盖吊装：必须先高跨安装，后低跨安装，有利于高低跨钢柱的垂直度。

（2）并列大跨度与小跨度安装：必须先大跨度安装，后小跨度安装。

（3）并列间数多的与间数少的安装：应先吊装间数多的，后吊装间数少的。

（4）构件吊装可分为竖向构件吊装（柱、连系梁、柱间支撑、吊车梁、托架、副桁架等）和平面构件吊装（屋架、屋盖支撑、桁架、屋面压型板、制动桁架、挡风桁架等）两大类，在大部分施工情况下是先吊装竖向构件，叫单件流水法吊装，后吊装平面构件，叫节间综合法安装（即吊车一次吊完一个节间的全部屋盖构件后再吊装下一节间的屋盖构件）。

3. 钢柱安装与校正

（1）放线。钢柱安装前应设置标高观测点和中心线标志，同一工程观测点和标志设置位置应一致。

1）标高观测点的设置应符合下列规定：

a. 标高观测点的设置以牛腿支撑面为基准，设在柱的便于观测处。

b. 无牛腿柱，应以柱顶端与屋面梁连接的最上一个安装孔为基准。

2）中心线标志的设置应符合下列规定：

a. 在柱底板上表面上行线方向设一个中心线标志，列线方向两侧各设一个中心线标志。

b. 在柱身表面上行线和列线方向各设一个中心线，每条中心线在柱底部、中部（牛腿）和顶部各设一处中心标志。

c. 双牛腿柱在行线方向 2 个柱身表面分别设中心标志。

（2）吊装机械选择。根据现场实际构件选择好吊装机械后，方可进行吊装。吊装时，要将安装的钢柱按位置、方向放到吊装（起重半径）位置。

目前安装所用的吊装机械，大部分用履带式起重机、轮胎式起重机及轨道式起重机吊装柱子。

（3）钢柱吊装。一般钢柱的刚性较好，吊装时为了便于校正，一般采用一点吊装，其常用的吊装方法有旋转法、递送法和滑行法。

钢柱起吊前，应从柱底板向上 500～1000mm 处，划一水平线，以便安装固定前后复查平面标高基准用。

吊点位置及吊点数，根据钢柱形状、断面、长度、起重机性能等具体情况确定。吊点设置在柱顶处，柱身竖直，吊点通过柱重心位置，易于起吊、对线、校正。

钢柱吊装施工中为了防止钢柱根部在起吊过程中变形，一般采取双机抬吊，双机抬吊应注意的事项：①尽量选用同类型起重机；②根据起重机能力，对起吊点进行荷载分配；③各起重机的荷载不宜超过其相应起重能力的 80%；④在操作过程中，要互相配合，动作协调，如采用铁扁担起吊，尽量使铁扁担保持平衡，倾斜角度小，以防一台起重机失重而使另一台起重机超载，造成安全事故；⑤信号指挥，分指挥必须听从总指挥。

主机吊在钢柱上部，辅机吊在钢柱跟部，待柱子根部离地一定距离（约 2m 左右）后，辅机停止起钩，主机继续起钩和回转，直至把柱子吊直后，将辅机松钩。为了保证吊装时索具安全，吊装钢柱时，应设置吊耳，吊耳应基本通过钢柱中心的铅垂线。吊耳设置如图 3.1.15 所示。

钢柱安装属于竖向垂直吊装，为使吊起的钢柱保持下垂，便于就位，需根据钢柱的种类和高度确定绑扎点。具有牛腿的钢柱，绑扎点应靠牛腿下部，无牛腿的钢柱按其高度比例，绑扎点设在钢柱全长 2/3 的上方位置处，防止钢柱边缘的锐利棱角在吊装时损伤吊绳，应用适宜规格的钢管割开一条缝，套在棱角吊绳处，或用方形木条垫护。注意绑扎牢

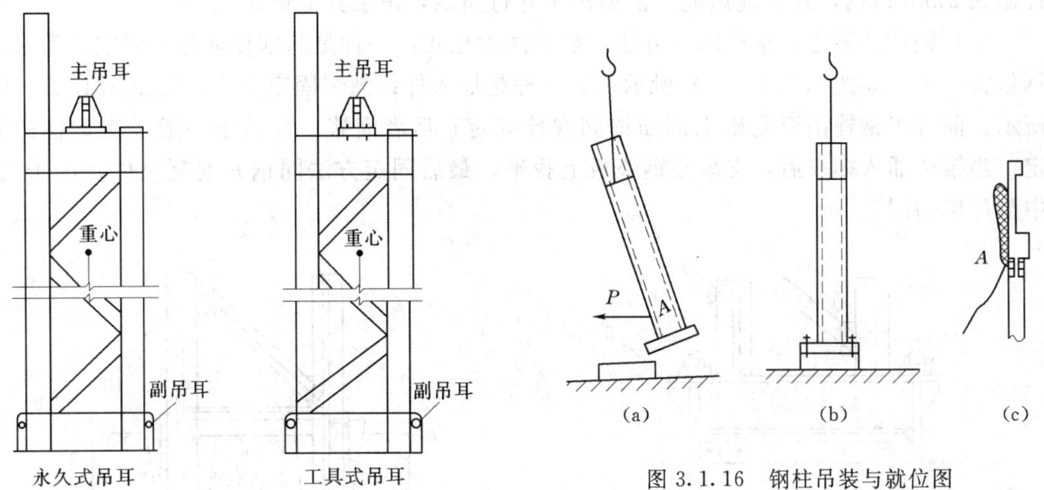

图 3.1.15　吊耳的设置

图 3.1.16　钢柱吊装与就位图

(a) 吊装调整；(b) 就位；(c) 牛腿柱

A—溜绳绑扎位置

固并易拆除。

为避免吊起的钢柱自由摆动，应在柱底上部（图 3.1.16）用麻绳绑好，作为牵制溜绳的调整方向。吊装前的准备工作就绪后，首先进行试吊，吊起的一端高度为 100～200mm 时停吊，检查索具牢固和吊车稳定板位于安装基础时，可指挥吊车缓慢下降，当柱底距离基础位置 40～100mm 时，调整柱底与基础两基准线达到标准位置，指挥吊车下降就位，并拧紧全部基础螺栓螺母，临时将柱子加固，达到安全方可摘除吊钩。

如果进行多排钢柱安装，可继续按此法吊装其余所有的柱子。钢柱吊装调整与就位，如图 3.1.16 所示。

（4）钢柱校正。钢柱校正工作一般包括柱基标高校正、平面位置校正和垂直度校正这三个内容。钢柱校正工作主要是校正垂直度和标高。

1）柱基标高校正。根据钢柱实际长度、柱底平整度和钢牛腿顶部距柱底部距离，重点要保证钢牛腿顶部标高值，以此来控制基础找平标高。分钢柱直接插杯口和钢柱直接与基础预埋件螺栓连接两种。本工程采用与基础预埋件螺栓连接的方式。

2）平面位置校正。在起重机不脱钩的情况下，将柱底定位线与基础定位轴线对准，缓慢落至标高位置。

3）钢柱垂直度校正。一种是利用焊接收缩来调整钢柱垂偏，是钢柱安装中经常使用的方法。安装时，钢柱就位，钢柱柱底中心线对准预埋件的中心线，钢板中心线可以在未焊前向焊接收缩方向预留一定值，通过焊接收缩，使钢柱达到预先控制的垂直度。另一种是利用经纬仪进行校正。钢柱就位时，柱中心线对齐柱基中心线，备好垫片，用螺母初拧，此时可以放松吊车钢丝绳。用两台经纬仪，从纵横轴线观察钢柱中心线，校正钢柱垂直度，直至钢柱竖直。拧紧钢柱地脚螺栓。先用钢板尺检查底板中心线与基础中心线是否重合，误差不大于 3mm，超过误差范围应重新调整，用经纬仪后视柱脚中心线，然后仰视柱顶中心线，观察偏差大小，通过敲打柱脚垫铁、松紧柱脚地脚螺栓来调整误差，误差控制在5mm以内，拉紧缆风绳。依据吊车开行路线，吊装其他钢柱。

(5) 钢柱的固定。钢柱固定方法一般有两种型式：一种是基础预埋螺栓固定，底部设钢垫板找平，如图3.1.17 (a) 所示；另一种是插入杯口灌浆固定方式，如图3.1.17 (b) 所示。前者当钢柱吊至基础上部插锚固螺栓固定；后者灌浆，多用于一般厂房钢柱的固定，当钢柱插入杯口后，支承在钢垫板上找平，最后固定方法同钢筋混凝土柱，用于大、中型厂房的固定。

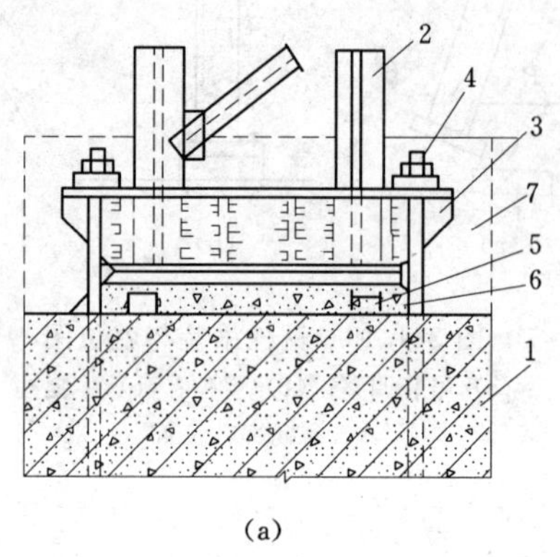

(a)

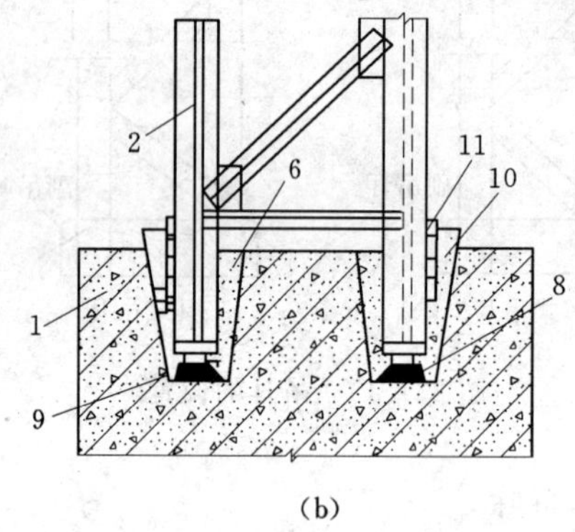

(b)

图3.1.17 钢柱安装固定方法

(a) 用预埋地脚螺栓固定；(b) 用杯口二次灌浆固定

1—柱基础；2—钢柱；3—钢柱脚；4—地脚螺栓；5—钢垫板；6—二次灌浆细石混凝土；7—柱脚外包混凝土；8—砂浆局部粗找平；9—焊于柱脚上的小钢套墩；10—钢楔；11—35mm厚硬木垫板

(6) 钢柱安装验收。根据 (GB 50205—2001) 的规定，单层钢结构中柱子安装的允许偏差见表3.1.2。检查数量按钢柱数抽查10%，且应不少于3件。

表3.1.2　　单层钢结构中柱子安装的允许偏差　　单位：mm

项目		允许偏差	图例	检验方法
柱脚底座中心线对地定位轴线的偏移		5.0	Δ	用吊线和钢尺检查
柱基准点标高	有吊车梁的柱	+3.0 −5.0	基准点	用水准仪检查
	无吊车梁的柱	+5.0 −8.0		
弯曲矢高		H/1200，且应不大于15.0		用经纬仪或拉线和钢尺检查

续表

项　　目			允许偏差	图　　例	检验方法
柱轴线垂直度	单层柱	$H\leqslant10$m	$H/1000$		用经纬仪或吊线和钢尺检查
		$H>10$m	$H/1000$，且应不大于 25.0		
	多节柱	单节柱	$H/1000$，且应不大于 10.0		
		柱全高	35.0		

4. 吊车梁安装与校正

(1) 钢吊车梁安装。

1) 钢吊车梁吊装一般采用工具式吊耳（图 3.1.18）或捆绑法进行吊装。所用起重机械常为自行式起重机，以履带式起重机为主。

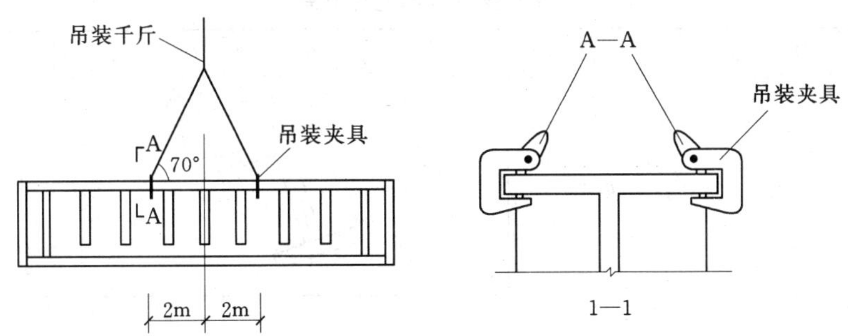

图 3.1.18　利用工具式吊耳吊装

2) 安装前应将吊车梁的分中标记引至吊车梁的端头，以利于吊装时按柱牛腿的定位轴线临时定位。

3) 吊车梁的安装应在柱子第一次校正和柱间支撑安装后进行。安装顺序应从有柱间支撑的跨间开始，吊装后的吊车梁应进行临时固定。

4) 吊车梁与辅助桁架的安装宜先拼装后整体吊装。

(2) 起吊定位和临时固定。

1) 吊车梁应布置接近安装位置，使梁重心对准安装中心，安装可由一端向另一端，或从中间向两端顺序进行，当梁吊至设计位置离支座面 20cm 时，用人力扶正，使梁中心线与支撑面中心线（或已安相邻梁中心线）对准，并使两端搁置长度相等，然后缓慢落下，如有偏差，稍吊起用撬杠引导正位，如支座不平，用斜铁片垫平。

2) 当梁高度与宽度之比大于 4 时，或遇五级以上大风时，脱钩前，应用 8 号铁丝将梁捆于柱上临时固定。

(3) 钢吊车梁的校正。钢吊车梁的校正包括标高调整、纵横轴线和垂直度的调整。注意钢吊车梁的校正必须在结构形成刚度单元以后才能进行。

1) 标高调整。当一跨内两排吊车梁吊装完毕后，用一台水准仪（精度为±3mm/km）在梁上或专门搭设的平台上，测量每根梁两端的标高，计算标准值。通过增加垫板的措施进行调整，达到规范要求。

2) 纵横轴线校正。

a. 用经纬仪将柱子轴线投到吊车梁牛腿面等高处，依据图纸计算出吊车梁中心线到该轴线的理论长度 $L_{理}$。

b. 每根吊车梁测出两点，用钢尺和弹簧秤校核此两点到柱子轴线的距离 $L_{实}$，看 $L_{实}$ 是否等于 $L_{理}$ 以此对吊车梁纵轴进行校正。

c. 当吊车梁纵横轴线误差符合要求后，用钢尺和弹簧秤复查吊车梁跨度。

3) 吊车梁的垂直度校正。可通过对钢垫板的调整来实现。同时应注意吊车梁的垂直度的校正应和吊车梁轴线的校正同时进行。

(4) 最后固定。吊车梁校正完毕应立即将吊车梁与柱牛腿上的埋设件焊接固定，在梁柱接头处支侧模，浇注细石混凝土并养护。

(5) 吊车梁安装验收。吊车梁安装的允许偏差，见表 3.1.3。

表 3.1.3　　**吊车梁安装的允许偏差**　　单位：mm

项目		允许偏差	图例	检验方法
梁的跨中垂直度 Δ		$h/500$		用吊线和钢尺检查
侧向弯曲矢高		$l/1500$，且应不大于 10.0		用拉线和钢尺检查
垂直上拱矢高		10.0		用拉线和钢尺检查
两端支座中心位移 Δ	安装在钢柱上时，对牛腿中心的偏移	5.0		用拉线和钢尺检查
	安装在混凝土柱上时，对定位轴线的偏移	5.0		用拉线和钢尺检查
吊车梁支座加劲板中心与柱子承压加劲板中心的偏移 Δ_1		$t/2$		用吊线和钢尺检查
同跨间内同一横截面吊车梁顶面高差 Δ	支座处	10.0		用经纬仪、水准仪和钢尺检查
	其他处	15.0		
同跨间内同一横截面下挂式吊车梁底面高差 Δ		10.0		

续表

项目		允许偏差	图例	检验方法
同列相邻两柱间吊车梁顶面高差Δ		l/1500，且不应大于10.0		用水准仪和钢尺检查
相邻两吊车梁接头部位Δ	中心错位	10.0		用钢尺检查
	上承式顶面高差	1.0		
	下承式底面高差	1.0		
同跨间任一截面的吊车梁中心跨距Δ		±10.0		用经纬仪和光电测距仪检查；跨度小时可用钢尺检查
轨道中心对吊车梁腹板轴线的偏移Δ		t/2		用吊线和钢尺检查

5. 钢屋架安装

(1) 钢屋架吊装。钢屋架侧向刚度较差，安装前需要进行强度验算，强度不足时应进行加固（图 3.1.19）。钢屋架吊装时的注意事项如下：

1）绑扎时必须绑扎在屋架节点上，以防止钢屋架在吊点处发生变形。绑扎节点的选择应符合钢屋架标准图要求或经设计计算确定。

2）屋架吊装就位时应以屋架下弦两端的定位标记和柱顶的轴线标记严格定位并点焊

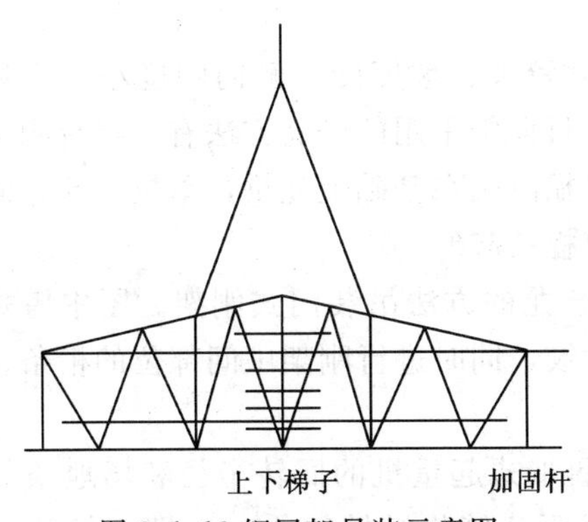

图 3.1.19 钢屋架吊装示意图

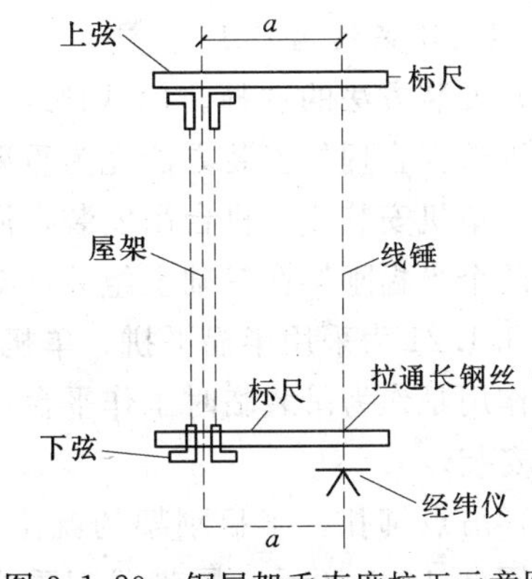

图 3.1.20 钢屋架垂直度校正示意图

加以临时固定。

3）第一榀屋架吊装就位后，应在屋架上弦两侧对称设缆风绳固定，第二榀屋架就位后，每个坡面用一个屋架间隙调整器，进行屋架垂直度校正，再固定两端支座处并安装屋架间水平及垂直支撑，检查无误后，成为样板跨，以此类推继续安装。

（2）钢屋架垂直度的校正。钢屋架的垂直度的校正方法有以下两种：①在屋架下弦一侧拉一根通长钢丝（与屋架下弦轴线平行），同时在屋架上弦中心线放出一个同等距离的标尺，用线锤校正垂直度；②用一台经纬仪放在柱顶一侧，将轴线平移 a 距离，在对面柱顶上设同样有一距离为 a 的点，从屋架中线处用标尺挑出 a 距离，三点在一个垂面上即可使屋架垂直（图 3.1.20）。

（3）安装验收。根据（GB 50205—2001）的规定，钢屋架、桁架、梁及受压件垂直度和侧向弯曲矢高的允许偏差，见表 3.1.4。

表 3.1.4　钢屋架、桁架、梁及受压件垂直度和侧向弯曲矢高的允许偏差　单位：mm

项　目	允许偏差		图　例
跨中的垂直度	$h/25$，且应不大于 15.0		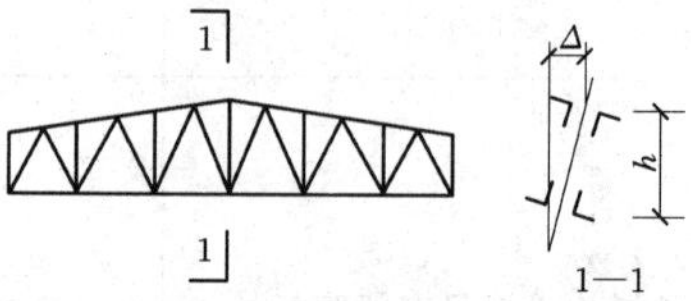
侧向弯曲矢高 f	$l \leqslant 30$m	$l/1000$，且应不大于 10.0	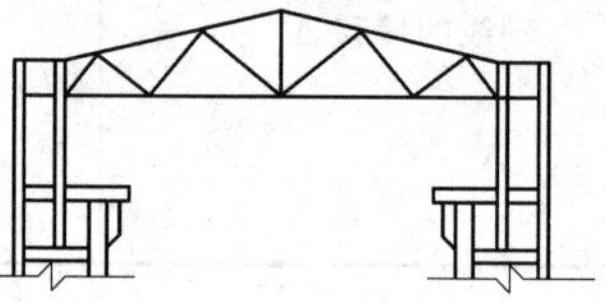
	$30\text{m} < l \leqslant 60\text{m}$ $l > 60$m	$l/1000$，且应不大于 30.0 $l/1000$，且应不大于 50.0	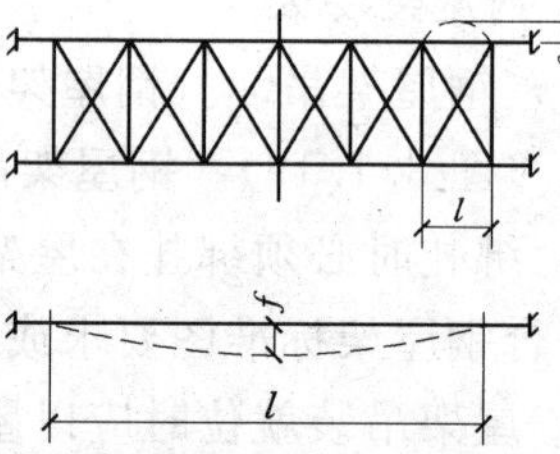

6. 门式刚架结构安装

（1）安装方法的选择。门式刚架结构一般跨度较大、坡度陡、侧向刚度小、容易变形，所以选择合理的安装方法尤为重要。这类结构目前常采用的安装方法有：半榀刚架就地平拼，单机安装或双机台吊安装，同时合龙；半榀刚架在基础上立拼，单机扳起，同时合拢；两个半榀刚架在基础上组装，双机或多机整榀扳起等。

图 3.1.21 为采用半榀平拼、单机吊装、同时合龙的方法吊装门式刚架。图中塔式起重机的作用是作为吊装临时工作平台，用于高空对铰，同时进行刚架中间部位的桁条、支撑等的安装。

（2）吊点绑扎。半榀刚架的就位位置应根据履带式起重机的回转半径和场地条件而定。如图 3.1.21 所示，履带式起重机的开行路线距建筑物纵轴线 10m，即正好位于半

榀刚架的中心位置处。门式刚架绑扎点的选择十分重要，由于门式刚架上弦点极易变形，如绑扎点选择不当，在扶直和起吊过程中刚架会产生很大的变形。如图 3.1.22 所示的门式刚架绑扎方法，是四点扶直（上下弦各两点）、两点起吊、钩头滑动的绑扎方法。

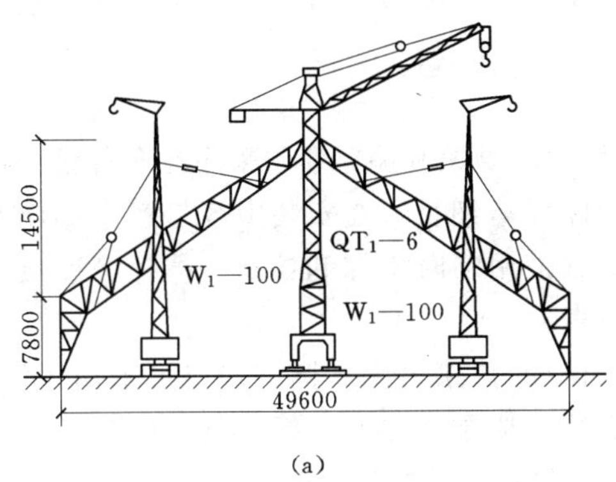

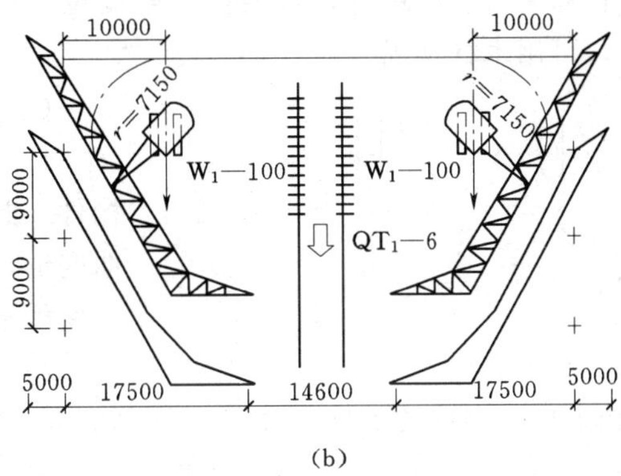

图 3.1.21 门式刚架吊装

(a) 吊装情况；(b) 钢构件平面布置

这种绑扎方法的特点是：上、下弦两吊点的吊索用滑轮穿过，以便扶直时旋转；同时使钩头吊索套在滑轮上，以适应从扶直过渡到吊升时钩头位置的变化，并用保险锁拉住，以免滑过。用此法绑扎刚架，刚架扶直时钩头的投影位置处于柱脚 A 和刚架重心 G（需事先经计算求出）连线的延长线与刚架斜臂中线的交点 O 上，吊点左右基本对称。这样在刚架扶直时斜臂就能水平地均匀离地，半榀刚架就绕柱脚扶直。同时，在扶直过程中钩头上滑，使刚架吊升的钩头能处于刚架重心线之上。

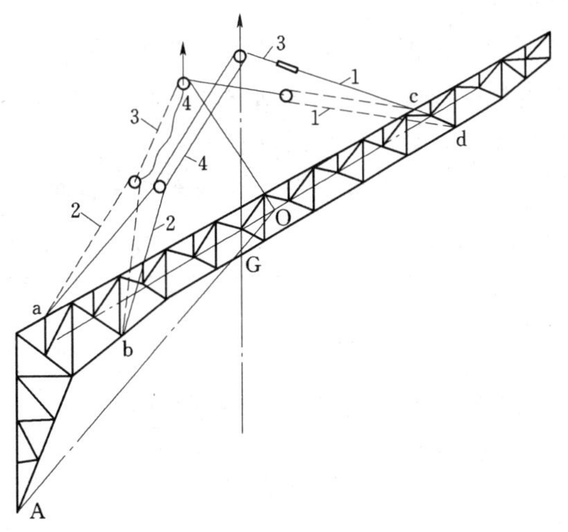

图 3.1.22 半榀桁架门式刚架的绑扎

1—绑扎吊索；2—绑扎吊索；3—钩头吊索；4—保险索；a、b、c、d—绑扎点

(3) 刚架吊装。

1) 在刚架吊装过程中，钩头高度、吊索长度和吊索内的拉力，均按刚架吊直状态进行计算。

2) 吊装时，左右两半榀刚架同时起吊，待起吊至设计位置后，先将柱脚固定，然后安装人员站在用塔式起重机吊着的临时工作台上安装固定两个半榀刚架的顶铰销子。待第二榀刚架吊装好后，先不要松吊钩，须待装好全部檩条和水平支撑，同时进行刚架校正，使两榀刚架形成一个整体后再松去吊钩。从第三榀刚架开始，只要安装几根檩条临时固定刚架即可。

(4) 刚架校正。刚架的校正，主要是校正刚架顶铰处和柱脚中间、垂直于柱脚的横向

轴线及刚架上弦的直线度等。

7. 檩条与墙架的安装与校正

(1) 吊装方法。檩条与墙架等构件，其单位截面较小，重量较轻，为发挥起重机效率，多采用一钩多吊或成片吊装方法吊装，如图 3.1.23 所示。对于不能进行平行拼装的拉杆和墙架、横梁等，可根据其架设位置，用长度不等的绳索进行一钩多吊，为防止变形，可用木杆加固。

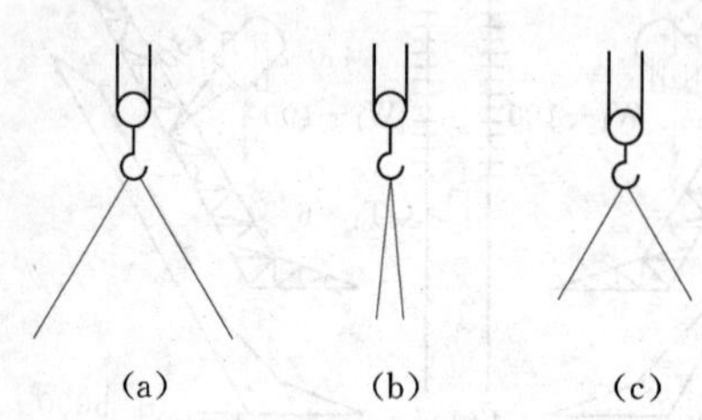

图 3.1.23 钢檩条、拉杆、墙架吊装
(a) 檩条一钩多吊；(b) 拉杆一钩多吊；
(c) 墙架成片吊装

(2) 吊装。

1) 轻钢结构中檩条和墙梁通常采用冷弯薄壁型钢构件，此类构件轻巧细长，在安装中容易产生侧向弯曲变形，应注意采用临时木撑和拉条、撑杆等连接件使之能平整顺直。

2) 檩条当中的拉条可采用圆钢，也可采用角钢，圆钢拉条在安装时应配合屋脊、檐口处的斜拉条、撑杆，通过端部螺母调节使之适度张紧。

3) 墙架在竖向平面内刚度很弱，宜考虑采用临时木撑使在安装中保持墙架的平直，尤其是兼做窗台的墙梁，一旦下挠，极易产生积水渗透现象。

(3) 校正。檩条、拉杆、墙架的校正，主要是尺寸和自身平直度。间距检查可用样杆顺着檩条或墙架之间来回移动检验，如有误差，可放松或扭紧檩条墙架杆件之间的螺栓进行校正。平直度用拉线和长靠尺或钢尺检查，校正后，用电焊或螺栓最后固定。

(4) 允许偏差。檩条和墙架的安装允许偏差见表 3.1.5。

表 3.1.5　　檩条、墙架的安装允许偏差　　单位：mm

项目		允许偏差
墙架立柱	中心线对定位轴线的偏移	10.0
	垂直度	$H/1000$，且应不大于 10.0
	弯曲矢高	$H/1000$，且应不大于 15.0
檩条、墙梁的间距		±5.0
檩条的弯曲矢高		$L/750$，且应不大于 12.0
墙梁的弯曲矢高		$L/750$，且应不大于 10.0

8. 高强螺栓安装

(1) 高强螺栓紧固工艺方法。安装时的检查：结构吊装前要对磨擦面进行清理，用钢丝刷清除浮锈，用砂轮机清除影响层间密贴的孔边、板边毛刺、卷边、切割瘤等。遇有油漆、油污粘染的磨擦面要严格清除后方可吊装。组装时应用钢钎、冲子等校正孔位，首先用约占 1/3 螺栓数量的安装螺栓进行拼装，待结构调整就位以后穿入高强螺栓，并用扳手适当拧紧，再用高强度螺栓逐个替换安装螺栓。安装时，高强螺栓应能自由穿入孔内。遇到不能自由穿入时应用绞刀修孔，但禁止用以下办法：

1）用高强度螺栓代替安装螺栓。

2）用冲子校正孔位边穿入高强度螺栓。

3）用氧—乙炔焰切割修孔、扩孔。

4）高强度螺栓在栓孔内受剪。

（2）高强螺栓连接副的正确组装。高强度螺栓连接副组装必须正确；螺母带承台面的一侧应朝向垫圈有倒角的一侧；螺栓头下垫圈有倒角的一侧应朝向螺栓头。高强螺栓紧固包括：初拧、复拧、终拧。

初拧：初拧紧固轴力为标准轴力的 60%，利用带扭矩值的电动扳手进行。

复拧：鉴于本工程高强螺栓节点较大且钢板较厚，因此增加复拧程序，复拧扭矩与初拧扭矩相同。初拧、复拧后用颜色在螺母上标记。

终拧：终拧后高强度螺栓的紧固轴力为标准的 90%，利用电动扭矩扳手或专业扳手进行。

（3）高强螺栓的紧固顺序。高强螺栓的紧固顺序由螺栓群中心向四周扩散方向进行，以避免拼接钢板中间起鼓而不能密贴，从而失去部分磨擦力作用。接触面间隙处理，为防止因板厚公差、制作偏差等原因产生的连接面板间不能紧密贴实而产生接触面间隙，按表 3.1.6 的规定处理。

表 3.1.6　　板面接触间隙加工

项目	示意图	处理方法
1		$t<1.0$mm 时不予以处理
2		$t=1.0\sim3.0$mm 时将厚板一侧磨成 1∶10 的缓坡，使间隙小于 1.0mm
3		$t>3.0$mm 时加垫板，垫板厚度不小于 3mm，最多不超过三层，垫板材质和摩擦面处理方法应与构件相同

（4）保证高强螺栓施工质量的措施。

1）高强螺栓上、下传递使用工具袋，严禁抛扔。

2）更换过的高强螺栓应专门隔离保管，不得再使用。高强螺栓连接副应在同一批内配套使用。螺栓、螺母和垫圈只允许在本箱内互相配套，不同箱不允许互相混合。

3）高强螺栓连接副应按包装箱上注明的规格分类保管存放在室内仓库中，地面应防潮，防止生锈和沾染肮脏物，堆放不宜高过 1m。

4）工地安装时，应按当天需要的高强度螺栓连接副的使用数量领取。当天安装的必须妥善保管，不得乱扔、乱放，高强度螺栓连接副在安装过程中，不得碰伤螺纹及沾染脏物。

5）不得使用高强螺栓兼做临时螺栓。

6）安装高强螺栓时，构件的磨擦面应保持干燥，不得在雨中作业。

7）当天安装的高强螺栓，必须当天终拧完毕。

8）初拧扳手，可用电动也可用手动带响扳手，无论使用哪一种扳手，施工前必须对扳手进行标定，以便控制初拧扭矩值。手动扳手作为终拧工具时，必须每班进行标定，并做好标定记录。

9. *主体构件安装完毕后应做的资料备份*

（1）工程吊装资料。

1）安装所采用的所有附材的质保书、合格证。

2）现场检测记录和安装质量评定资料。

3）构件安装后，涂装检测资料。

4）施工日志及备忘录。

（2）测量资料。钢柱的垂直度、柱距、跨度及柱顶高差、钢梁的水平度、轴线位移偏差。

3.1.4.4 围护结构安装

彩钢板安装是一项集细部设计、生产制作、运输及安装等为一体的一揽子工程，各分部分项工程的施工工艺与方法，是保证整个工程优质、安全、高速建成的关键。压型钢板的安装应在钢结构安装质量检验合格并办理结构验收手续后进行。

1. *屋面板安装*

（1）首先检查钢构檩条是否符合安装要求，然后根据面板的排版图划线安装面板，面板与檩条采用自攻螺钉连接。

（2）在屋面板安装时，测量好长度，然后吊上屋面进行安装。

（3）屋面板垂直运输用绳索完成。

（4）泛水板、檐口板、保温棉均应按设计图纸要求，泛水板搭接长度不小于100mm。

2. *墙面板的安装*

（1）墙面安装应在屋面檐沟安装前进行，墙面板吊运宜采用专用吊夹具。

（2）第一块墙面板的安装以山墙阳角线为基准，采用经纬仪或吊线锤的方法定出基准线。

（3）墙面板的安装，应先将板的上下两端用螺丝作临时定位，当一组（约10块）板铺设并调整完成后，将与墙檩的连接螺钉全部固定。

（4）墙面板与墙檩的连结螺栓位置应预先拉线划记号，与墙檩方向保持水平并均匀布置。

（5）安装板长向搭接的墙面板，顺序应由下向上，墙面板长向搭接应设置于墙檩处，内层板搭接长度为80～100mm，外层板搭接长度为120mm，搭接处可不打密封胶。

（6）墙面板的安装应定段（约一间）检测，使用经纬仪或利用柱中线吊线锤的方法，测定墙面板的垂直度。

（7）山墙的压型板，应按屋面坡度先选取截面不同长度的板，再进行安装。山墙檐口包角处，必要时应加设封头。

（8）山墙包角的安装从檐口开始逐步向屋脊方向施工，并应在屋面、墙面铺设完后安装。

（9）阳角板与阴角板的安装，应自下而上进行，与墙板连接采用拉铆钉，其间距按技

术要求。

(10) 墙面门、窗安装顺序，应先装顶部泛水，再装两侧泛水，安装时可利用墙檩或门、窗框固定。若与压型板相连，可以用拉铆钉连接。墙面开口部位的泛水板，上口应安装在墙面板外侧。墙面板、泛水板用自攻螺丝一起固定在墙檩上。

(11) 泛水板之间的连接必须涂敷密封胶，墙面因施工安装误差错打的螺钉孔，必须修补完整。

(12) 面板安装完后，应认真进行检查，未达到标准要求时，要及时进行处理，并将墙面的表面擦洗干净。

3.1.4.5 防腐、防火涂料施工方案

1. 施工准备

根据设计图纸要求，选用红丹打底浅灰色醇酸磁漆二度；准备除锈机械和涂刷工具；涂装前钢结构、构件已检查验收，并符合设计要求；防腐涂装作业在公司油漆厂区进行，油漆厂区具有防火和通风的措施，可防止发生火灾和人员中伤事故。

涂装工作地点温度、湿度应符合涂料产品说明书的规定，无规定时，工作地点的温度控制在5～38℃之间，相对湿度不大于85%，构件表面有结露时，不宜作业。涂后4h内严防雨淋。图中注明不涂装的部位不得涂装。安装焊缝处应留出30～50mm暂不涂装。

2. 工艺流程

基面清理→底漆涂装→面漆涂装→检查验收。

3. 涂装施工

(1) 基面清理。

1) 建筑钢结构工程的油漆涂装前应先检查钢结构制作是否验收合格。

2) 油漆涂刷前，应采取适当的方法将需涂刷部位的铁锈、焊缝药皮、焊接飞溅物、油污尘土等杂物清理干净。

3) 为了保证涂装质量，采用自动喷丸除锈机进行抛丸除锈。抛丸除锈是目前国内比较先进的除锈工艺。该除锈方法是利用压缩空气的压力，连续不断地用钢丸冲击钢构件的表面，把钢材表面的氧化铁锈、油污等杂物彻底清理干净，露出金属钢材本色的一种除锈方法。这种方法除锈效果好。抛丸除锈结束后，应对钢结构进行清扫，以防止抛丸时残留弹丸的存在。

(2) 底漆涂装。调和防锈漆，控制油漆的黏度、稠度、稀度，兑制时充分搅拌，使油漆色泽、黏度均匀一致。

刷第一层底漆时，涂刷方向应该一致，接搓整齐。刷漆时采用勤黏短刷的原则，防止刷子带漆太多而流坠。待第一遍干燥后，再刷第二遍，第二遍刷涂方向与第一遍刷涂方向垂直，这样会使漆膜厚度均匀一致。

涂刷完毕后，在构件上按原编号标注，重大构件还需标重量、重心位置和定位编号。

(3) 面漆涂装。

1) 建筑钢结构涂装底漆与面漆一般中间间隙时间较长。钢构件涂装防锈漆后送到工地去组装，组装结束后才统一涂装面漆。这样在涂装面漆前需对钢结构表面进行清理，清除安装焊缝焊药，对烧去或碰去漆的构件，还需要补漆。

2）面漆的调制应选择颜色完全一致的面漆，兑制的稀料应合适，面漆使用前充分搅拌，保持色泽均匀，稠度应保证涂装时不流坠，不显刷纹。

3）面漆在使用过程中还需不断搅和，涂刷的方法和方向与上述工艺相同。

（4）涂层检查与验收。涂料、涂装遍数、涂层厚度均符合设计图纸及业主要求，表面涂装施工时和施工后，对涂装过的构件进行保护，防止飞扬尘土和其他杂物。涂装后，应该是涂层颜色一致，色泽鲜明，光亮不起皱皮，不起疙瘩。涂装应均匀，无明显起皱、流挂，附着应良好；涂料每层涂刷须在前一层涂料干燥后进行。涂装漆膜厚度的测定，用触点式漆膜测厚仪测定漆膜厚度，漆膜测厚仪一般测定三点厚度，取其平均值，涂层干漆膜总厚度不小于 60μm。

4. 应注意的质量问题

涂层作业气温应在 5～38℃之间为宜，当气温低于 5℃时，选用相应的低温材料施涂，当气温高于 40℃时，停止涂层作业或经处理后再进行涂层作业。当空气湿度大于 85%或构件表面有结露时，不进行涂层作业或经处理后再进行涂层作业。

钢结构制作前，注意构件隐蔽部位结构夹层等难以除锈的部位。

5. 检查及验收

直观检查：主要检查防火涂料涂层是否均匀密实，是否有漏喷、空鼓、脱落现象，涂层表面是否平整。

数据检测：在喷涂装饰油漆前，采取插入法，主要检测施工厚度是否满足规定要求。

3.1.5 任务实施

3.1.5.1 施工准备

1. 编制依据

《建筑地基基础工程施工质量验收规范》(GB 50202—2002)

《混凝土结构工程施工质量验收规范》(GB 50204—2002)

《建筑钢结构焊接技术规程》(JGJ 81—2002)

《钢结构工程施工质量验收规范》(GB 50205—2001)

《建筑工程施工质量验收统一标准》(GB 50300—2001)

《冷弯薄壁型钢钢结构技术规范》(GB 50018—2002)

《门式刚架轻型房屋钢结构技术规程》(CECS 102—2002)

《建筑结构荷载规范》(GB 50009—2001)

《工程测量规范》(GB 50026—2001)

《建设工程项目管理办规范》(GB/T 50326—2001)

《建设工程文件归档整理规范》(GB/T 50328—2001)

《建设机械使用的安全技术规范》(JGJ 133—2001)

《门式刚架轻型房屋钢构件》(JG 144—2002)

《建设项目环境保护管理条例》

南京龙潭港海关保税物流中心仓库 PA6 钢结构工程招标文件

南京龙潭港海关保税物流中心仓库 PA6 钢结构工程施工图

2. 施工组织机构

本工程严格按项目法组织施工，建立以项目经理为首的项目领导班子，其组织形式如图3.1.24所示。

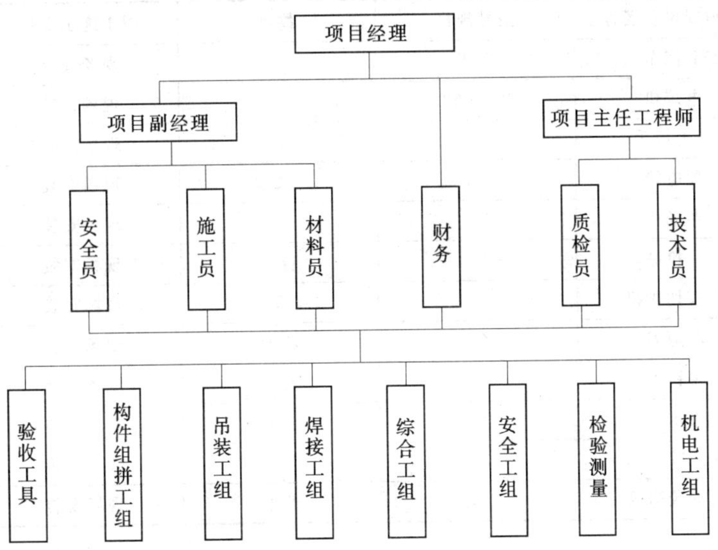

图3.1.24　施工组织机构

3. 工程投入的人员和施工机械设备情况及进场计划

(1) 工程投入的人员安排计划。本工程按现场安装进行工作人员和机械设备的分配及投入。均由项目经理全面负责。根据工作进度情况，相互配合协调。表3.1.7为现场安装劳动力资源表。

表3.1.7　现场安装劳动力资源一览表

序号	工种	人数	职　责
1	项目经理（安装）	1	全面负责本工程现场安装
2	生产经理	1	负责现场安全工作及安装进度、现场协调
3	项目主任工程师	1	负责安装中的技术质量工作、安全工作
4	技术员	1	协助项目主任工程师的技术、质量工作
5	材料员	2	负责安装施工中物料管理
6	机械操作员	4	操作起重机
7	吊装工	20	吊装、安装、绑扎
8	电焊工	4	电焊、气焊
9	油漆	20	刷防锈漆、防火涂料
10	彩板安装	40	屋面、墙面
11	辅助工	10	辅助、搬运
小　计		104	

(2) 工程投入的机械设备安排计划。工程机械设备的选择和投入量应根据施工进度，具体工序等情况确定，见表3.1.8、表3.1.9。

表3.1.8 拟投入的主要施工机械设备表

序号	机械或设备名称	型号规格	数量	用于施工部位	进场时间
1	25T汽车吊	25T	2	现场安装	安装前1天
2	电焊机	BX3—500	4	现场安装	安装前3天
3	扭力扳手		20	现场安装	随安装人员
4	配电箱		2	现场安装	安装前3天
5	卷扬机		2	现场安装	安装前1天
6	手枪钻		若干	现场安装	安装前1天
7	手提切割机		5	现场安装	安装前1天
8	电剪刀		若干	现场安装	安装前1天
9	铆钉枪		若干	现场安装	安装前1天
10	胶水枪		若干	现场安装	安装前1天
11	手工咬边机		若干	现场安装	安装前1天
12	自动咬边机		若干	现场安装	安装前1天

表3.1.9 主要测量、质检仪器设备表

序号	仪器设备名称	规格型号产地	单位	数量
1	超声波探伤仪	CST22/上海	台	1
2	钢卷尺、角尺	50m/宁波	把	若干
3	游标卡尺	648/0.02MM	把	5
4	焊缝量规	J140113—01	把	10
5	水准仪	S1/上海	台	2
6	经纬仪	J2/宁波	台	2
7	数显测厚仪	316—150	台	2
8	测距仪	DCH2	台	1
9	电测轴力仪	BZ2216	台	1
10	测膜仪	MIKRDTEST	台	2

(3) 工程投入的人员和机械设备进场计划。安装施工现场项目经理和各部门负责人等检查施工现场的具体情况，并根据现场施工需要，确定临时用地位置及面积、施工和生活设施建设所需的安装人数及设备。

确定施工现场是否达到具备钢结构安装条件、施工和生活设施条件。并根据安装施工进度所需构件和配套件的堆放场地情况，确定规格、型号及数量，并通知采购员和制作工厂。根据已知现场情况结合施工图纸等技术资料对施工组织计划做进一步修改。校核土建提供的纵横轴线和基准点等。

当前期准备工作完毕，其他人员、设备机械及前期安装施工所需构件和材料进场验收到位，并进行技术交底。如有问题，尽快解决处理。

确定一切准备工作就绪，开始按安装施工组织计划进行施工。

3.1.5.2　钢结构安装

1. 钢结构吊装流程图

如图 3.1.25 所示。

2. 钢结构安装方案

安装方案及安装顺序：

总体安装顺序：从第 1 轴开始直至最后 20 轴，第 1、2 轴刚架吊装完成后，立即安装柱间支撑，并将系杆、檩条、支撑、隅撑等全部装好，并检查其铅垂度。然后，以第 1、2 轴钢架为起点，向 20 轴顺序安装。

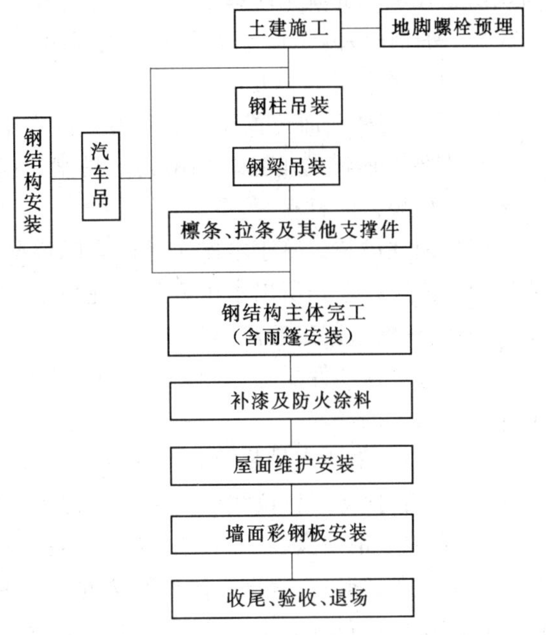

图 3.1.25　钢结构吊装流程图

每榀刚架安装：本工程单榀刚架跨度高达 150m，计划钢梁分四部分吊装组拼，其中最长部分长约 45m。因此每榀刚架钢柱吊装完成后，采用两台 25t 双机抬吊进行钢梁的高空组拼。

安装原则：每榀刚架先柱后梁，每吊装完成一榀刚架，安装柱间支撑及交叉撑、穿杆檩条与系杆，以形成稳定体系。为避免钢架构件安装时产生侧向变形，在吊装前应采取临时加强措施，当钢架就位后应立即将上弦水平支撑及钢架间斜撑连牢，宜从水平支撑柱间开始向两侧吊装。

（1）钢构件吊装准备。

1）钢构件与材料的进场和验收及相应的注意事项。

a. 钢构件及其他工程所需材料在运至现场前，都应在现场预先确定其指定的临时堆场的堆放位置（条件允许时，堆放位置应优先选在其安装或加工位置附近——可避免再次搬运，保证施工进度）。

b. 钢构件及材料进场量应根据安装方案提出的进度计划来安排，并考虑现场的堆放限制，同时协调安装现场与制作加工的关系，做到安装工作按施工计划进行。

c. 钢构件及材料进场后，应堆放在其指定位置，为防止其变形和损坏，堆放时应放在稳定的枕木上，并根据构件的编号和安装顺序来分类。其中螺栓采用防水包装，并将其放在托板上以便运输，存放时根据其尺寸和高度分组存放，只有在使用时才打开包装。构件的标记应外露以便于识别和检查。同时按随车货运清单核对所到构件和材料的数量及编号检查其是否相符，构件是否配套，若发现问题，应迅速采取措施，如更换或补充构件。并且严格按图纸要求和相关规范对构件的质量进行验收检查及做好相关记录。堆放记录（场地、构件等）应当留档备查。对于运输中受到严重损伤和制作不符合相关规范规定的构件，亦应当在安装前进行返修或更换。

d. 堆放场地应有通畅的排水措施。

e. 所有计量检测工具应注意保养，并严格按规定定期送检。

2）地脚螺栓预埋。为保证钢柱安装位置的准确，应保证地脚螺栓的埋设精度，即首先设好螺栓位置的控制线条及底平面的标高线，并采取相应的固定措施，并确保固定牢固，防止在浇筑混凝土时移动变形。地脚螺栓牙用胶套防护。

3）钢柱吊装施工前应注意的一些问题。

a. 基础验收是否满足要求。

b. 校正钢柱平面位置和垂直度等，需在钢柱的底板和上部弹出就位轴线。

c. 准备好所需的工具，如吊具、吊索、钢丝绳、电焊机等，还有为调整构件的标高准备好各种规格的材料等。

(2) 钢柱吊装。鉴于本次工程的实际情况，构件堆场设于场内，并在施工现场进行吊装作业和拼装作业，所以本工程的钢柱吊装一次进行。

1）钢柱的吊装工艺流程为：

①基础及预埋件复查复测；②确定安装路线；③检查构件；④安装钢柱；⑤校正调整钢柱；⑥固定钢柱。

2）核查。钢柱在吊装前，对安装的准备工作进行核查。如确定在构件表面控制安装的就位线是否标出（就位线在安装当中将作为校正的依据之一）及是否准确。

3）安装。钢柱安装采用旋转法。吊装前钢柱上的钢丝绳绑扎处，用软材包好（防止钢柱和钢丝绳受损）。起重机边回转边起钩，使柱绕柱脚旋转和直立，然后，让预留螺栓插入柱底板孔，同时稳定起重机汽车，进行对位和垂直度初校。在初校的基础上继续校正，直到校正结果达到设计和规范规定，用螺栓初拧固定。其中钢柱每校正好一根应与相邻钢柱用连系梁、柱间支撑和交叉撑等及时连接，钢柱复校后，终拧螺栓固定钢柱。

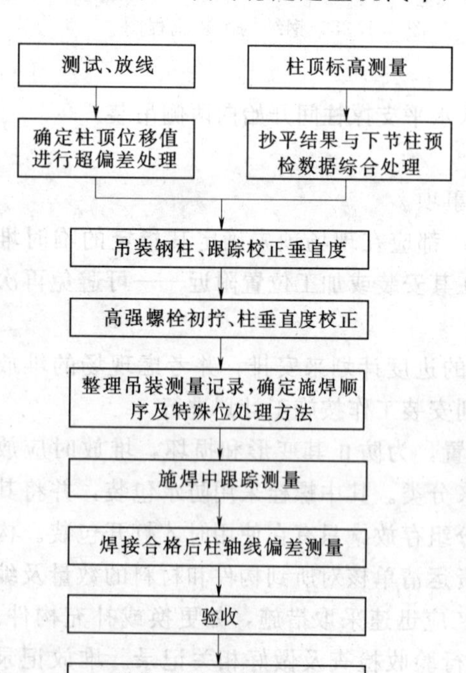

图 3.1.26 钢柱结构的吊装测量工艺图

(3) 钢梁吊装。当第1榀钢梁拼装完工后，要用吊车（要将起重机的起重量、回转半径、起升高度等参数综合考虑选用）将钢梁就位于相应柱子上。在钢梁就位过程中应用足够长的缆风绳系在钢梁的两端，方便地面人员操作，当钢梁到位置后（不松开缆风绳），由施工人员用螺栓将钢梁固定在柱顶的埋件上。

要随时随地注意钢梁的垂直度，不要使之偏差超过规范允许范围，这样既能保证钢梁的安装质量，又能保证后道工序不受其影响。

(4) 钢结构主体吊装过程中需注意的一些相关问题。

1）钢柱结构的吊装测量流程（图 3.1.26）。

2）钢柱、钢梁的安装校正。钢结构连接临

时固定完成后，应在测量人员的测量监视下，利用千斤顶、倒链以及楔子等对其垂直度偏差、轴线偏差以及标高偏差进行校正。

3）垂直度的控制。钢结构平面轴线及水平标高核验合格后，排尺放线，钢柱吊装就位在基础上。用经纬仪检查钢柱垂直度，具体方法是用经纬仪在互相垂直的两个方向后视柱脚下端的定位轴线，然后仰视柱顶钢柱中心线，钢柱顶中心线需与定位轴线重合或误差小于控制要求，认为合格。不通视时，可将仪器偏离轴线15°以内。垂直度偏差控制在高强螺栓紧固、焊接前后都应严格进行。

4）垂偏的控制和调整。利用焊接收缩来调整钢柱垂偏是钢柱安装中经常使用的方法。安装时，钢柱就位，钢柱柱底中心线对准预埋件的中心线，钢板中心线可以在未焊前向焊接收缩方向预留一定值，通过焊接收缩，使钢柱达到预先控制的垂直度。

如果钢柱垂直偏差大，个别情况可以利用调整该节柱底中心线的就位偏差，来调整钢柱的垂直精度，但这种位移偏差一般不得超过3mm。

5）螺栓材料。高强螺栓性能应符合（GB 17—88）规范规定，螺栓尺寸必须符合现行国标对大六角头结构螺栓的要求。普通螺栓应符合国家标准《六角头螺栓 A级和B级》（GB 57827）和《六角头螺栓 C级》（GB 5780）规定。

6）螺栓安装初拧由扭力扳手完成，终拧由电动扭矩扳手完成，但应根据初拧、终拧的扭矩来确定。螺栓安装的典型流程如图3.1.27所示。

7）高强螺栓安装，应注意以下几个方面：

a. 使用前要放在包装里面并保持干净，在搬运和安装时行锈、玷污和丝口受损的螺栓都不得使用。

b. 终拧前，所有的接头都要临时紧固让连接面接合紧密。

c. 装配和紧固接头时，应总是从安装好的一端或刚性端向自由端进行。

d. 为了保证螺栓安装正常进行，应注意维修螺栓安装的设备和机具。

8）高强螺栓紧固，应注意以下几个方面：

a. 首先检查螺栓：在螺栓头下放一垫片，转动螺栓头来固定，以此验证螺栓质量。

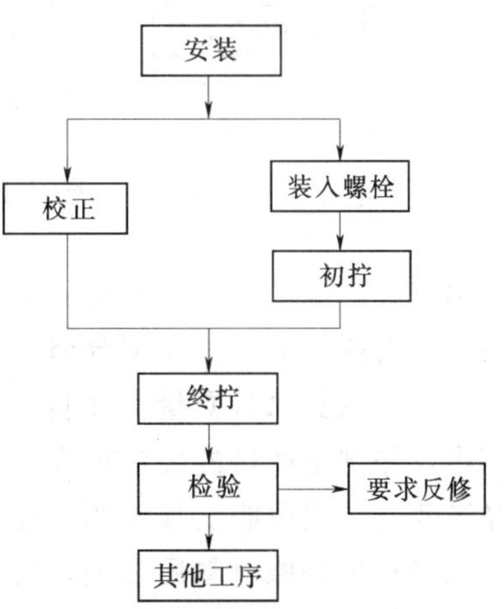

图3.1.27　螺栓安装流程图方案

b. 初拧：当构件吊装到位后，将螺栓穿入孔中（注意不要使杂物进入连接面间），然后用扭力扳手拧紧，使连接面接合紧密。

c. 终拧：终拧由扭力扳手按扭矩值完成，螺栓的终拧强度扭矩值可预先设置，以确保达到要求的最小力矩。当预先设置的力矩达到后，其扳手加外力后就不再起作用，从此完成每个螺栓的终拧工作。

9）紧固好后的螺栓检验，应注意以下几个方面：

a. 构件装配要检查接触面，并且在检验完后也能维持不变。

b. 紧固完成后，专业质检员要检查工作的完成情况。

c. 检验记录要送到项目质量负责人处审批。

d. 螺栓检验下列情况可为合格：①终拧完成后，同时进行拧紧强度的外观检查，如未发现异常情况，螺栓拧固外观检查为合格；②如果检验时发现螺栓紧固强度明显地没有达到要求，检查拧固这一螺栓所用扳手力矩，如果力矩的变化幅度在10%以内，可视为合格。

只能在确认没有非正常的情况后，所有拧紧的螺栓才可以拧紧。

检验结果要记录在检验报告中。

3.1.5.3　质量管理

1. 质量目标

确保质量合格，满足国家及行业相关规范规定，争取优良工程。

2. 质量控制管理网络图

如图3.1.28所示。

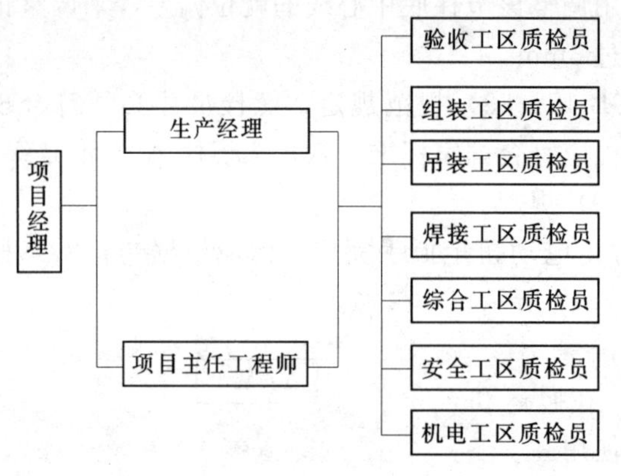

图3.1.28　质量控制管理网络图

3. 质量控制措施

(1) 根据工程具体情况，编写各工序的施工工艺指导书，以明确具体的运作方式，对施工中的各个环节，进行全过程控制。

(2) 建立由项目经理直接负责、质量负责人中间控制、专职检验员作业检查、班组质检员自检、互检的质量保证组织系统。

(3) 认真学习掌握施工规范和实施细则，严格按照钢结构施工规范和各工艺实施细则，精心施工。

(4) 施工前认真熟悉图纸，逐级进行技术交底，施工中健全原始记录，各工序严格进行自检互检，重点是专业检测人员的检测，严格执行上道工序不合格、下道工序不交接的制度，坚决不留质量隐患。

(5) 认真执行质量责任制，将每个岗位、每个职工的质量职责纳入项目承包的岗位合同中，并制定严格的奖惩标准，使施工过程的每道工序、每个部位都处于受控状态。采取经济效益与岗位职责挂钩的制度，不合格不验收，保证工程质量。

(6) 把好原材料质量关，所有进场材料，必须有符合工程规范（例：承重结构采用的钢材应具有抗拉强度、伸长率、屈服强度和硫、磷含量的合格保证，对焊接结构采用的钢材尚应具有碳含量的合格证；焊接承重结构以及重要的非焊接结构采用的钢材还应具有冷弯试验的合格保证等相关规定）的质量说明书，材料进场后，要按产品说明书和安装规范的规定，妥善保管和使用，防止变质损坏，按规程应进行检验的，应取样检验，杜绝不合格产品进入本工程，影响安装质量。

(7) 所有特殊工种上岗人员，必须持证上岗，从人员素质上保证质量。

(8) 配齐、配全施工中需要的机具、量具、仪器和其他检测设备，并始终保持其完善、准确、可靠。仪器、检测设备均应经过有关权威方面检测认证。

(9) 特殊工序应建立分项质保小组，如安装工序、焊接工序及围护整体尺寸控制工序等。定期评定近期施工质量，及时采取提高质量的有效措施，全员参与确保高质量地完成

施工任务。

(10) 根据工程结构特点，采取合理、科学的施工方法和工艺，使质量提高建立在科学可行的基础上。

4. 钢结构安装质量控制标准

见表 3.1.10。

表 3.1.10　　钢结构安装质量控制标准　　单位：mm

项　　目	规范允许偏差	项目内控目标
建筑总体垂直偏差	e≤H/2500+10　　e≤50	e≤20
建筑总高度弯曲偏差	−H/1000≤e≤H/1000　　−30≤ e≤30	−20≤e≤20
建筑平面弯曲偏差	e≤L/1500　　e≤25	e≥20
建筑定位偏差	e≤L/20000　　±3	≤±2
屋盖边线偏移	±30.0	

3.1.5.4　安全管理

1. 施工安全管理体系

如图 3.1.29 所示。

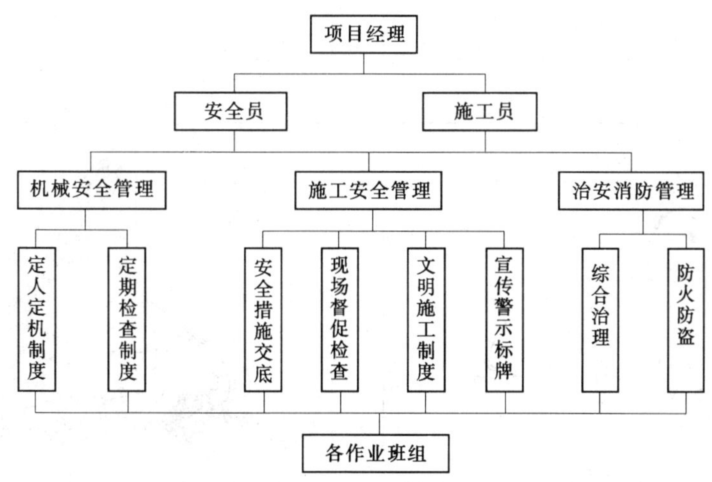

图 3.1.29　安全管理体系图

2. 主要危险因素分析调查

(1) 钢结构施工过程中的主要安全伤害形式包括高空坠落、物体打击、电气伤害、机械伤害（图 3.1.30）。

(2) 起重作业的安全风险（图 3.1.31）。

1) 工人违章操作。

2) 人不能站、坐在任何起吊物上。

(3) 吊装危险区域的安全风险（图 3.1.32）。

1) 吊装危险区域，必须有专人监护，非施工人员不得进入危险区。

2) 吊装危险区域应划为警示区域，用警示绳围护。

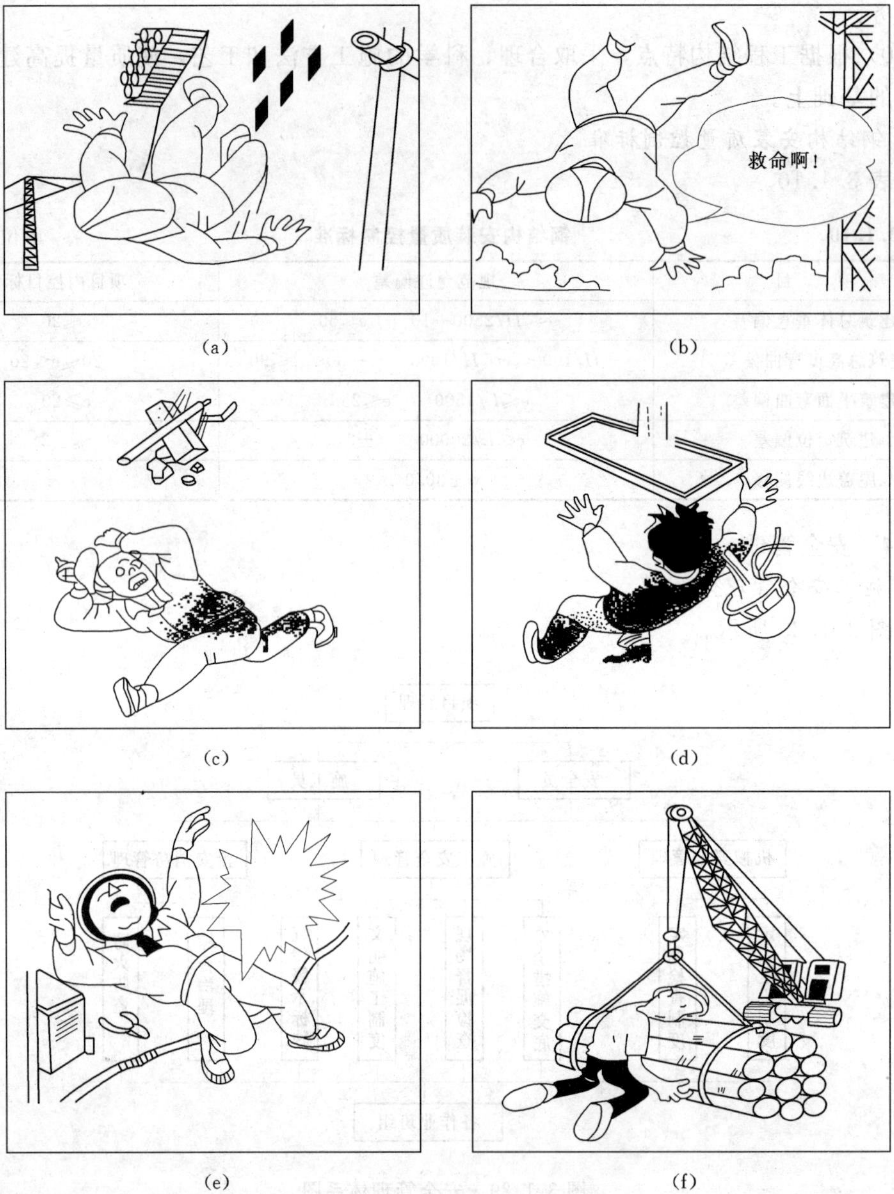

(a)

救命啊!

(b)

(c)

(d)

(e)

(f)

图 3.1.30 钢结构施工中的主要安全伤害形式

(a) 高空坠落(一);(b) 高空坠落(二);(c) 物体打击(一);
(d) 物体打击(二);(e) 电气伤害;(f) 机械伤害

3) 起吊物下方不得站人。

(4) 违章操作吊机的安全风险(图 3.1.33)。

1) 起吊重物,吊钩应与地面呈 90°,严禁斜拉斜吊。

2) 严禁横向起吊。

(5) 使用吊装设备的安全风险(图 3.1.34)。

1) 吊机站位处,应确保地基有足够承载力。

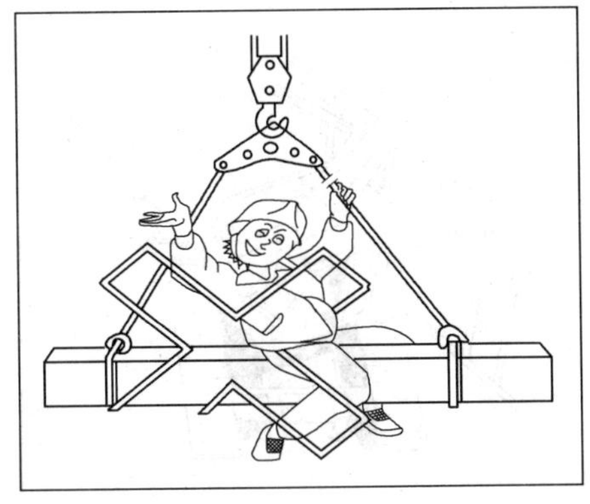

图 3.1.31　起重作业的安全风险

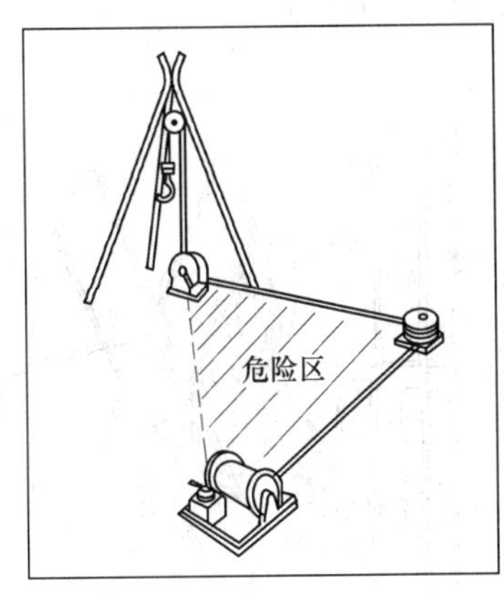

图 3.1.32　吊装危险区域的安全风险

2）吊机旋转部分，应与周围固定物有不小于 1m 的距离。

(6) 使用电气设备的安全风险（图 3.1.35）。

1）工人违章用电。

2）违章使用电焊机。

3）电焊机使用时，要求焊把线与地线双线到位，焊把线不超过 30m。

4）电箱与电焊机之间的一次侧接线长度不大于 5m。

5）焊把线如有破皮，须用绝缘胶布包裹三道。

(7) 动火作业的安全风险（图 3.1.36）。

1）焊、割作业不准在油漆、稀释剂等易燃易爆物上方作业。

2）高处焊接作业，下方应设专人监护，中间应有防护隔板。

3）进入施工现场作业区特别是在易燃易爆物周围，严禁吸烟。

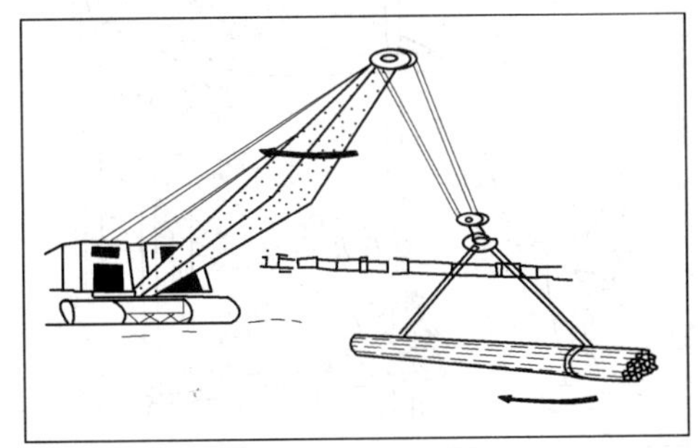

图 3.1.33　违章操作吊机的安全风险

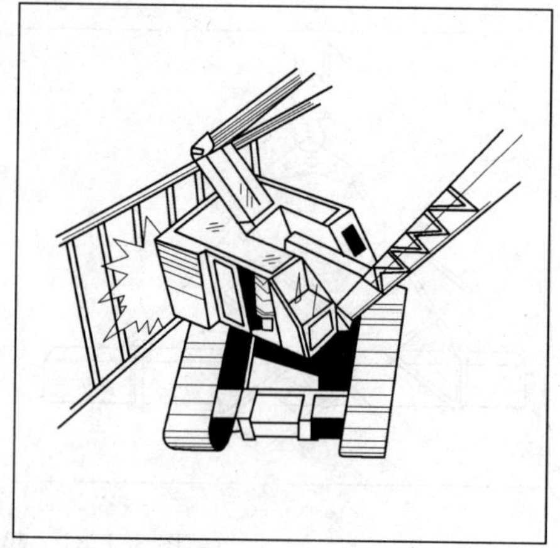

图 3.1.34　使用吊装设备的安全风险

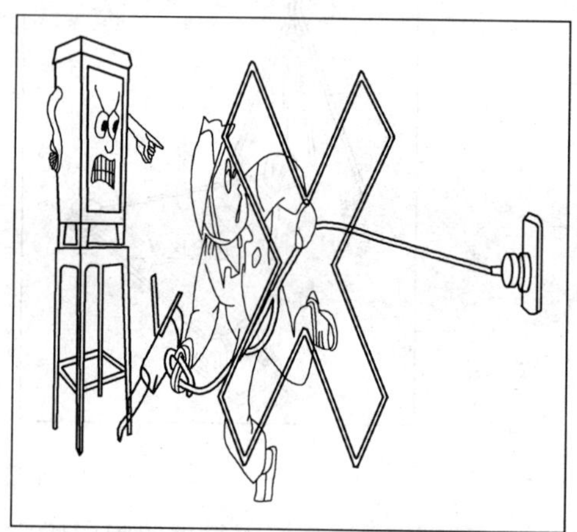

图 3.1.35　使用电气设备的安全风险

图 3.1.36　动火作业和高处坠物的安全风险

(8) 高处坠物的安全风险。

1) 高处作业时，工具应装入工具袋中，随用随取。

2) 高处作业时，拆下的小件材料应及时清理到地面，不得随意往下抛掷。

3. 吊装安全技术措施

钢结构以其工期短、跨度大、劳动强度低等优点在建筑工程中得到了广泛的应用，目前建设部已提出在民用建筑中广泛应用钢结构，并已进入实施阶段，大量钢结构工程将会不断涌现，而安全技术措施是保证钢结构吊装顺利进行的前提。

(1) 组织保证。建立安全保证体系，切实落实安全生产责任制，设置安全生产领导小组，并设专职安全检查员，做到分工明确，责任到人。

(2) 资金和信息保证。

1) 保证足够的安全生产资金投入和物资投入。

2) 建立完整、可靠的安全生产信息系统，保证及时、准确地传递、处理和反馈各类有关安全生产的信息。

(3) 安全技术保证。

1) 在主要施工部位、作业点、危险区都必须挂有安全警示牌，夜间施工配备足够的照明，电力线路必须由专业电工架设及管理并按规定设红灯警示，并装设自备电源的应急照明。

2) 季节施工时，认真落实季节施工安全防护措施，做好与气象台的联系工作，雨季施工有专人负责发布天气预报并及时通报全体施工人员。储备足够的水泵、铅丝、篷布、塑料薄膜等备用材料，做到防患于未然。汛期和台风暴雨来临期间要组织相关人员昼夜值班，及时采取应急措施。风雨过后，要对现场的大型机具、临时设施、用电线路等进行全面的检查，当确认安全无误后方可继续施工。

3) 新进场的机械设备按技术试验规程和有关规定进行检查，坚持试运转，经验收合格后方可入场投入使用。大型起重机的行驶道路必须坚实可靠，其施工场地必须进行平整、加固，地基承载力必须满足要求。

4) 吊装作业应规定危险区域，挂设明显安全标志，并将吊装作业区封闭，设专人加强安全警戒，防止其他人员进入吊装危险区。吊装施工时要设专人定点收听天气预报、当风速达到15m/s (六级以上) 时，吊装作业必须停止，并做好台风雷雨天气前后的防范检查工作。

5) 施工现场必须选派具有丰富吊装经验的信号指挥人员、司索人员、作业人员，施工前必须检查身体，对患有不宜高空作业疾病的人员不得安排高空作业。作业人员必须持证上岗，吊装挂钩人员必须做到相对固定。吊索具的配备做到齐全、规范、有效、使用前和使用过程中必须经检查合格方可使用。吊装作业时必须统一号令，明确指挥，密切配合。构件吊装时，当构件脱离地面时，暂时起吊，全面检查吊索具、卡具等，确保各方面安全可靠后方能起吊。

6) 吊装的构件应尽可能在地面组装，做好组装平台并保证其强度，组装完的构件要采取可靠的防倾倒措施。电焊、高强螺栓等连接工序的高空作业时，必须设临边防护及可靠的安全措施。作业时必须系挂好安全带，穿防滑鞋，如需在构件上行走时则在构件上必须先挂设钢丝缆绳，且钢丝绳用花篮螺栓拉紧以确保安全。并在操作行走时将安全带扣挂于安全缆绳上。作业人员应从规定的通道和走道通行，不得在非规定通道攀爬。

7）禁止在高空抛掷任何物体，传递物件用绳拴牢。高处作业中的螺杆、螺帽、手动工具、焊条、切割块等必须放在完好的工具袋内，并将工具袋系好固定，不得随意放置，以免物件发生坠落打击伤害。

8）现场焊接时，要制作专用挡风斗，对火花采取接火器截取火花等严密的处理措施以防火灾、烫伤等，下雨天不得露天进行焊接作业。

9）焊接操作时，施工场地周围应清除易燃易爆物品或进行覆盖、隔离，下雨时应停止露天焊接作业。电焊机外壳必须接地良好，其电源的拆装应由专业电工进行，并应设单独的开关，开关放在防雨的闸箱内。焊钳与把线必须绝缘良好、连接牢固，更换焊条应戴手套。在潮湿地点工作应站在绝缘板或木板上。更换场地或移动把线时应切断电源，不得手持把线爬梯登高。气割作业场所必须清除易燃易爆物品，乙炔气和氧气存放距离不得小于2m，使用时两者不得少于10m。

10）施工时应尽量避免交叉作业，如不得不交叉作业时，亦应避开同一垂直方向作业，否则应设置安全防护层。

11）施工现场应整齐、清洁，设备材料、配件按指定地点堆放，并按指定道路行走，不准从危险地区通行，不能从起吊物下通过，与运转中的机器保持距离。下班前或工作结束后要切断电源，检查操作地点，确认安全后，方可离开。

4. 施工现场安全注意事项

（1）作业人员进入施工现场的一般要求。

1）必须戴好安全帽，系好帽带。并不得将安全帽作为凳子使用。

2）正确使用劳动防护用品，衣着合体整洁。严禁赤脚、穿拖鞋、凉鞋、高跟鞋、裙子、短裤、背心等，严禁酒后进入现场。

3）留意遵守现场所有安全警告标志的禁示，未经许可，不准进入安全警戒区域。在现场不得倒退行走，以免发生危险。

4）进入现场的施工人员必须经过三级安全教育，并考试合格后方可安排工作。施工中必须遵章守纪，严禁违章作业，服从安全监督人员的管理。施工项目开工前，认真接受安全施工措施交底。并认真参加每日的班前“三交”（交任务、交技术、交安全）、“三查”（查“三宝”、查衣着、查精神状态）活动。

5）对施工现场的空洞盖板、临时围栏、安全网、脚手架、安全标志等安全设施不得乱拆乱动或移作它用，确因工作需要拆除或移动时，须经原设置单位领导同意并采取相应的防范措施后进行，施工结束后按要求及时恢复。非火险不得动用消防器材。

6）每天作业前首先要检查工作场所的安全，以确定是否存在危险因素。如果你的工作可能危及他人或附近设备、材料的安全，必须事先采取安全措施，以确保做到“三不伤害”（不伤害自己、不伤害他人、不被他人伤害）。工作中和下班前应及时清理整顿现场，将施工废料带走，做到工完、料尽、场地清，文明施工。

7）施工前认真检查所使用的工器具及劳动防护用品，对不合格的劳动防护用品、工器具不得使用。

8）无关人员严禁进入吊装区域，起重机吊臂和吊物下方严禁有人通过或逗留。

9）严禁非特种作业人员从事特种作业。对电工、电焊工、起重工、起重机械操作工、

架子工必须持证上岗。

10）各种电动机械设备，必须有可靠的接地或接零以及安全防护装置。

11）不操作自己不熟悉的或非本岗位允许使用的机械、设备以及工器具。

12）切割或打磨工件时，必须戴好防护眼镜。

（2）高处作业。

1）高处作业时必须戴好安全带，安全带应挂在上方牢固可靠处，严禁将安全带的保险绳锁扣挂在脚手架的管头上、低挂高用或不牢固处。高处作业人员不得坐在平台、孔洞边缘，不得跨在脚手架上或躺在走道板上和安全网内休息。

2）高处作业平台的四周应设置符合要求的栏杆及走道板，脚手板应铺满。高处作业脚手架的作业层应设置双道栏杆，脚手板应铺满。脚手架上单位面积堆放的物品总重量不得超过脚手架所能承受的施工载荷。

3）高处作业的平台、孔洞边缘严禁堆放物料。如需堆放，应铺设小孔安全立网以防止物品坠落。

4）高处作业时，应佩戴工具袋，零星物品应放在工具袋内或稳固的地方，较大的工具应系好安全绳，不准抛掷物品。施工过程中的边角、余料需放置在牢靠的地方或用铁丝捆绑固定（一颗螺帽或一颗钉子从高处落下都有可能给下方的工作人员带来生命的危险）。

（3）起重作业。

1）千斤绳的夹角一般不超过90°，最大不超过120°。

2）起重机起吊重物时，严禁从人头上越过。不明重量的物体与埋入地下的物件严禁起吊。不得歪拉斜吊。

3）起吊用钢丝绳严禁与任何带电体接触，包括使用中的电焊线、电源线等。

4）起吊大件物品或不规则的构件时，构件上应系以安全导向绳，确保构件不摇摆不旋转。

5）作业时风力达到五级时，不得进行受风面积大的起吊作业：当风力达到六级或六级以上时，或遇有雷雨、大雾、大雪等恶劣气候以及夜间照明不足时，不得进行起吊作业。

（4）电气作业。

1）严禁非电工从事电气设备的拆、装工作。

2）施工现场的各种用电设施开关（按钮、闸刀等）严禁乱拉乱按。不得使用损坏的开关、插头、插座以及电缆线等，电源线路不得接近热源或直接绑扎在金属构件上。

3）严禁将电线直接勾挂在闸刀或插座内，使用闸刀型电源开关严禁带负荷拉闸，严禁用其他金属丝代替熔断丝，并且熔断丝要与闸刀容量相匹配。

4）现场使用的电源线必须是双绝缘橡胶软线，不得使用花线、塑料线和单绝缘线。

5）电动工具和器具要使用漏电开关，并且漏电开关要灵敏可靠。

6）使用便携式或移动式电动工具时，必须戴好绝缘手套或站在绝缘层上，不得手提电线或工具的转动部分。

7）潜水泵工作时，严禁任何人进入被排水的坑内、池内。进入坑内、池内工作时，必须首先切断潜水泵的电源，然后再工作。

8）发生漏电或触电现象要首先切断电源，在不能及时切断电源的情况下，可用干燥的木棒挑开电源，切不可用自己的身体去接触触电的人员，以免自己触电。触电人员脱离电源后如有生命危险，应立即采取紧急救护法进行急救，同时报告应急小组领导和拨打“120”急救电话报警。

(5) 焊接、切割作业。

1) 氧气、乙炔气橡胶软管严禁沾染油脂，氧气软管、乙炔软管不得与电线、电焊线交织在一起。

2) 操作气焊、气割的人员必需戴好防护眼镜。不得用焊炬、割炬作照明用。严禁用氧气吹去衣着尘土或作为通风的风源。严禁擅自切割、焊接盛装过油脂或可燃性液体的容器。

漏气的橡胶软管应将其损坏的部分切掉，并用双向接头把软管连接起来，同时用扎箍或金属丝予以扎紧。

3) 乙炔气软管脱落、破裂或着火时应先将火焰熄灭，然后停止供气。氧气软管着火时，应先将氧气的供气阀门关闭，停止供气后再处理着火的胶管，不得采取弯折软管的办法予以处理。乙炔气瓶使用时必须安装回火防止器。

4) 进行焊、割作业前，应首先仔细检查工作地点的周围环境，做好预防触电、金属飞溅和火灾发生的措施。

5) 严禁在带有压力的容器和管道、带电设备上进行焊接与切割。焊、割工作结束后应切断电源，确认无起火危险后，方可离开。

6) 金属容器内不得同时进行电焊、气焊或气割工作。在容器内工作时，容器要有良好的接地，并且外面要设立监护人，严禁单人操作。

7) 严禁将电缆管、吊车轨道等作为电焊导线。电焊导线严禁接触钢丝绳或机械的转动部分。

8) 乙炔气瓶附近严禁烟火。乙炔气瓶距离明火、焊接以及切割地点不得少于10m。乙炔气瓶放置时应保持直立，并有防止倾倒措施。氧气瓶不得沾染油脂。

(6) 防火措施。

1) 不得在办公室、工具间、休息室、一般仓库以及员工宿舍内存放易燃易爆物品。对施工现场堆放的零星易燃材料，应采取有效的防火措施。

2) 做好消防器材的设置、检查工作。

3) 自觉遵守施工现场标有“严禁烟火”区域的禁止规定，不得存有任何侥幸心理予以违反。

4) 发生电气火灾时，要首先切断电源，使用干粉或二氧化碳灭火器予以灭火，不得用水扑救。

5) 若发生火情，应及时扑救，同时通知消防应急小组以及有关保卫、消防部门。

学习单元3.2 网架结构安装与管理

3.2.1 学习目标

通过本单元的学习，依据钢网架结构的安装图和施工规范，在钢网架结构的安装施

工与管理过程中，学习网架和脚手架安装的方法、工艺流程和施工要点，会进行网架和脚手架等构件的安装，会选择施工机械，会根据不同的工程条件选择网架安装方法，对安装过程进行安全、技术、质量管理和控制，并培养组织能力、协调能力、管理能力。

3.2.2　学习任务

1. 任务

全面熟悉网架安装方法，对网架安装的安全操作技术进行控制，依据网架、脚手架等构件安装的质量检测规范，对网架的安装质量进行控制。能够进行网架结构安装的质量管理、安全管理和工期管理。

2. 任务描述

张家港沙钢 6 号原料库 400m×85m 网壳钢结构工程为 6 期原料库网壳钢结构的安装。结构形式为正放四角锥网架结构；节点类型为螺栓球；网格尺寸为 4m×4m；网架展开尺寸为 400m×128m；覆盖面积：400m×85m＝34000m^2。请编制该网架安装方案。

材料要求：

（1）钢管选用 GB 700 中 Q235B 钢，采用高频钢管。

（2）拉杆不允许有对接口，压杆在一个节点可允许对接一根，且接口处应在杆件长度 $L/3$ 位置。焊缝质量等级为二级，必须全熔透焊接，对焊缝采用超声波探伤仪进行检测，焊缝与钢管等强，相邻的节点处不允许有对接钢管。

（3）螺栓球：材质选用 GB 699 中 45 号钢。网架杆件汇交钻孔的角度要准确，丝口和对应的螺栓要配位。

（4）高强螺栓：材质选用 GB 3077 中的 40Cr 钢，等级符合（GB/T 6939）标准，必须为国家指定的定点工厂生产的产品。

（5）封板和锥头：选用 Q235B 钢，钢管直径大于 75 mm时须采用锥头，连接焊缝以及锥头的任何截面与连接的钢管等强，厚度应保证变形的要求，必须有试验报告。

（6）套筒：材料选用 Q235B 钢，截面与相应杆件截面等同。

（7）销钉：材料选用 20Mi TiB 钢。

（8）焊条：Q235B 与 Q235B 钢之间选用 E43 焊条，Q235B 与 45 钢之间焊接选用 E50 系列焊条。

（9）屋面板：采用单层压型钢板。

1）板厚 0.53mm、镀铝锌。

2）有效覆盖 820mm，展开宽度 1000mm。

3）质量可靠，免维修年限不低于 15 年。

3.2.3　任务分析

网架结构是由多根杆件按照一定规律布置、通过节点连接而成的网状杆系结构。网架结构的安装主要包括滑移脚手架安装和网架安装。由于组成网架的杆件和节点可以定型化，适于在工厂成批生产，制作完成后运到现场拼装，从而使网架的施工速度快、精度高，有利于质量的保证。同时，网架结构的平面布置灵活，适用于不规则的建筑平面、大跨度建筑。

保证钢网架安装任务的顺利完成，需具备以下知识和技能：钢网架安装方法的选择；安装工艺流程；编制安装方案；安全操作技术；安装的检测；网架安装任务实施中，更重要的是对施工的进度、质量、安全的控制，处理和协调在施工中出现的问题。

3.2.4　任务知识点

3.2.4.1　钢网架结构安装施工工艺

3.2.4.1.1　概述

1. 钢网架安装方法分类与特点

钢网架结构现场安装常用的方法有六种：高空散装法、分条或分块安装法、高空滑移法、整体吊装法、整体提升法和整体顶升法。各种方法的适用范围见表3.2.1。

表3.2.1　钢网架安装方法及适用范围

安装方法	内容	适用范围
高空散装法	单杆件拼装	螺栓连接节点的各类型网架
	小拼单元拼装	
分条或分块安装法	条状单元组装	两向正交、正放四角锥、正放抽空四角锥等网架
	块状单元组装	
高空滑移法	单条滑移法	正放四角锥、正放抽空四角锥、两向正交正放等网架
	逐条积累滑移法	
整体吊装法	单机、多机吊装	各种类型网架
	单根、多根拔杆吊装	
整体提升法	利用拔杆提升	周边支承及多点支承网架
	利用结构提升	
整体顶升法	利用网架支撑柱作为顶升时的支撑结构	支点较少的多点支承网架
	在原支点处或其附近设置临时顶升支架	

注　未注明连接节点构造的网架，指各类连接节点网架均适用。

2. 钢网架安装方法的选择与确定原则

应根据网架受力和构造特点（如结构选型、网架刚度、外型特点、支撑形式、支座构造等），在满足质量、安全、进度和经济效益的要求下，结合当地的施工技术条件和设备资源配备等因素，因地制宜，综合确定钢网架拼装及安装方法。

3.2.4.1.2　材料要求

(1) 网架安装前，根据《钢结构工程质量验收规范》(GB 50205—2001) 对管、球等加工的质量进行成品件验收，对超出允许偏差零部件应进行处理。

(2) 网架结构用高强度螺栓连接时，应检查其出厂合格证，扭矩系数或紧固轴力（预拉力）的检验报告是否齐全，并按规定作紧固轴力或扭矩系数复验。根据设计图纸要求分规格、数量配套供应到现场。

(3) 网架结构安装前应对焊接材料的品种、规格、性能进行检查，各项指标应符合现行国家标准和设计要求，检查焊接材料的质量合格证明文件、检验报告及中文标志等。对重要钢结构采用的焊接材料应进行抽样复验。

(4) 主要施工材料是扣件式钢管脚手架作拼装支架的材料选择具体如下：

1) 扣件的铸件材料应采用（GB/T 9440—1988）中所规定的力学性能不低于KTH330—08 牌号的可锻铸铁或（GB/T 11352—1989）中 ZG230—450 铸钢件制作。扣件和底座应符合《钢管脚手架扣件》（GB 15813—1995）标准。

2) 钢管应采用 GB 669 中的 08F、08、10F、10、15F、15、20 钢和 GB 700 中 Q195、Q215、Q235 等级为 A、B 的钢（沸腾钢、镇静钢）制造。

3.2.4.1.3　主要机具准备

钢网架结构安装的六种方法所用机具分为两部分：一部分为通用机具，即六种方法均需采用的机具；另一部分为某种方法的专用机具。见表 3.2.2。

表 3.2.2　**钢网架安装主要机具设备**

类别	名　　称	规格型号	用　　途
通用机具	起重机	根据构件重而定	杆件或拼装单元安装
	千斤顶	5t，10t，20t，30t	调节拼装支点高度
	螺旋式调节器	5～10t	调节拼装支点高度
	交流弧焊机	42kVA	焊接球节点与焊缝焊接
	直流弧焊机	28kW	碳弧气刨修补焊缝
	小气泵		配合碳弧气刨用
	砂轮	ϕ100～120	打磨焊缝
	全站仪、经纬仪、		轴线测量
	水准仪		标高测量
	钢尺		测量
	拉力计	30～50m	测量
	液晶测厚仪	10kg	空心球壁厚测量
	液晶温度计		焊接预热温度
	气割工具		
高空滑移法专用机具	手扳葫芦、卷扬机	根据牵引重量而定	网架滑行牵引
	液压穿心式千斤顶	根据牵引重量而定	网架滑行牵引
	螺旋式千斤顶，液压千斤顶	根据牵引重量而定	顶推网架滑行
	牵引设备（滑车钢丝绳等）		网架滑行
	滑道设置（四氟板、滚轮、导向轮刻度尺、角钢、槽钢等）		网架滑行
整体吊装法专用机具	起重机	履带式、汽车式、塔式	根据网架重量确定起重机型号、台数
	拔杆		根据网架重量确定拔杆型号、台数
	索具设备		

续表

类别	名　称	规格型号	用　途
整体提升法专用机具	拔杆	根据网架重量而定	爬升法用拔杆代替柱支承结构
	穿心式千斤顶	40t，100t，200t	提升牵引设备数量按网架重量而定
	锚具	DVM—15	固定锚、锚板和夹片
	油泵	额定高压260MPa	给千斤顶供油的泵
	控制房	2m×2.4m×2.3m	分主控制房，从控制房
整体顶升法专用机具	千斤顶	根据网架重量而定	顶升网架
	油泵		顶升网架
	控制柜		控制
	专用支架		顶升支架
	导向轮		导向系统

3.2.4.1.4　质量标准

见《钢结构工程质量验收规范》(GB 50205—2001)。

3.2.4.1.5　成品保护

成品保护措施。

(1) 对高强度螺栓、焊条及焊丝，应按同类型、同规格放在库房的货架上，以防变潮。

(2) 不得在已安装完毕的网架结构上任意堆放物品，以防集中荷载压坏结构杆件。

(3) 已检测合格的焊缝及时补刷底漆保护。

(4) 对成品的面漆和防火涂料不得磕碰。

3.2.4.1.6　钢网架安装方法介绍

1. 高空散装法

(1) 适用范围：高空散装法适用于螺栓连接的网架、起重运输较困难的地区，也适用小拼单元用起重机吊至设计位置的拼装方法。

(2) 作业条件。

1) 根据正式施工图纸及有关技术文件编制而成的施工组织设计已审批。

2) 对使用的各种测量仪器及钢尺进行计量检验复验。

3) 根据土建施工提供的纵横轴线和水准点，进行验线有关技术问题处理。

4) 按施工平面布置图划分为材料堆放区、杆件制作区、拼装区、安装区等，构件按吊装顺序进场。

5) 场地要平整夯实并设排水沟。

6) 在制作区、拼装区、安装区设置足够的电源。

7) 按图搭好满堂脚手架和操作平台，并检查承重点的牢固情况，操作平台上进行焊接，采取防火措施。

8) 将高空拼装支点的纵横轴线及标高测量标识好。

9) 检查成品件、零部件等外观质量、几何尺寸、编号、数量等。

10) 悬挑法拼装网架时，需要预先制作好小拼单元，再用起重机将小拼单元吊至设计

标高就位拼装。悬挑法拼装网架可以少搭支架，节省材料。但悬挑部分的网架必须具有足够的刚度而且几何形状不变。参与网架安装施工人员如测工、电焊工、起重机司机、指挥工等要持证上岗。

（3）工艺流程（图 3.2.1）。

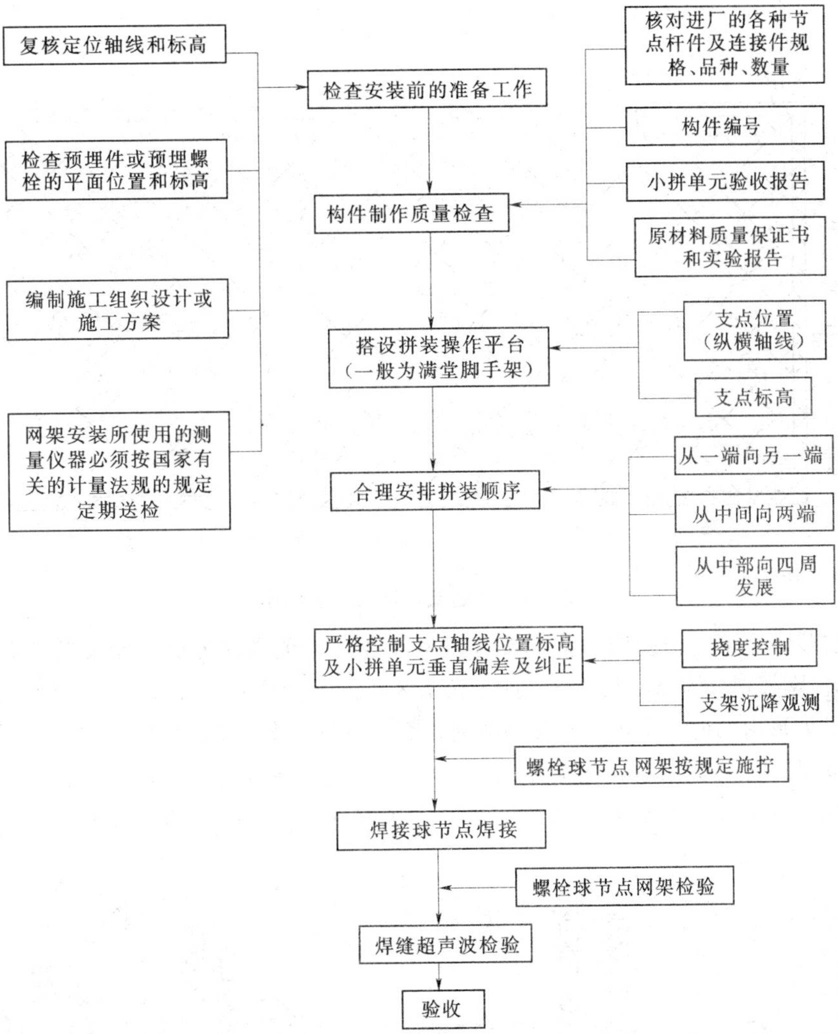

复核定位轴线和标高

检查预埋件或预埋螺栓的平面位置和标高

编制施工组织设计或施工方案

网架安装所使用的测量仪器必须按国家有关的计量法规的规定定期送检

→ 检查安装前的准备工作

核对进厂的各种节点杆件及连接件规格、品种、数量

构件编号

小拼单元验收报告

原材料质量保证书和实验报告

→ 构件制作质量检查

支点位置（纵横轴线）

支点标高

→ 搭设拼装操作平台（一般为满堂脚手架）

从一端向另一端

从中间向两端

从中部向四周发展

→ 合理安排拼装顺序

挠度控制

支架沉降观测

→ 严格控制支点轴线位置标高及小拼单元垂直偏差及纠正

螺栓球节点网架按规定施拧

→ 焊接球节点焊接

螺栓球节点网架检验

→ 焊缝超声波检验

→ 验收

图 3.2.1　高空散装法工艺流程

（4）安装施工要点。

1）确定合理的高空拼装顺序。安装顺序应根据网架形式、支承类型、结构受力特征、杆件小拼单元、临时稳定的边界条件、施工机械设备的性能和施工场地情况等诸多因素综合确定。

选定的高空拼装顺序应能保证拼装的精度，减少积累误差。

a. 平面呈矩形的周边支承两向正交斜放网架安装顺序。总的安装顺序由建筑物的一端向另一端呈三角形推进，为防止网片安装过程中产生累积误差，应由屋脊网线分别向两

边安装。

b. 平面呈矩形的三边支承两向正交斜放网架安装顺序。总的安装顺序应由建筑物的一端向另一端呈平行四边形推进，在横向应由三边框架内侧逐渐向大门方向（外侧）逐条安装，如图 3.2.2 所示。

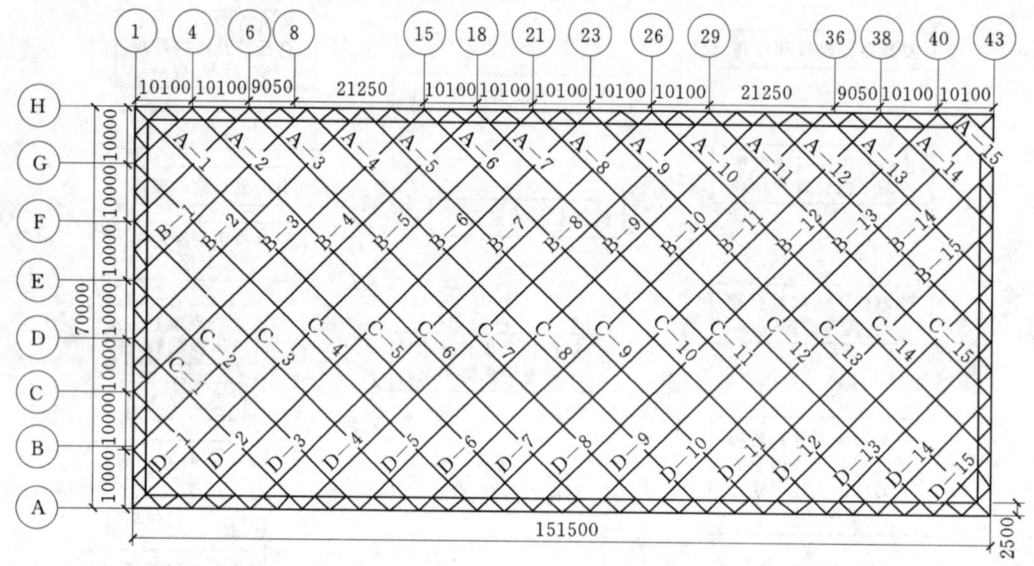

图 3.2.2　边支承网架安装顺序

网片安装顺序可先由短跨方向，按起重机作业半径范围划分成若干安装长条区，如图 3.2.2 所示。网架划分为 A、B、C、D 四个长条区，各长条区按 A～D 顺序依次流水安装网架。

平面呈方形由两向正交正放桁架和两向正交斜放拱、索桁架组成的周边支承网架安装。

总的安装顺序：先安装拱桁架，再安装索桁架，在拱索桁架已固定且已形成能够承受自重的结构体系后，再对称安装周边四角、三角形网架，如图 3.2.3 所示。

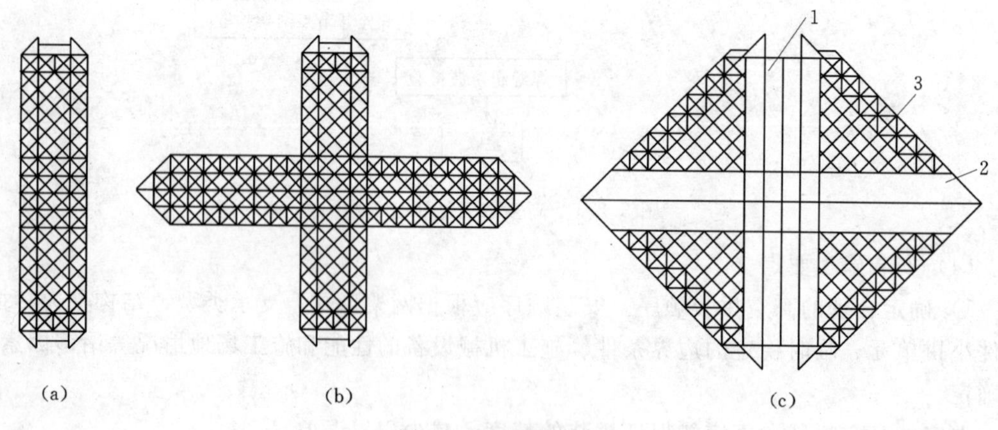

图 3.2.3　网架安装

(a) 拱区域安装；(b) 索区域安装；(c) 三角区安装

1—拱桁架；2—索桁架；3—网架

2）严格控制基准轴线位置、标高及垂直偏差，并及时纠正。

a. 网架安装前应对建筑物的定位轴线（即基准轴线）、支座轴线和支承标高及预埋螺栓（锚栓）位置等按表 3.2.3 进行检查，做出检查记录，办理交接验收手续。

b. 网架安装过程中，应对网架支座轴线、支承面标高（或网架下弦标高）、网架屋脊线、檐口线位置和标高等进行跟踪控制。发现误差积累应及时纠正。

表 3.2.3　支承面、预埋螺栓（锚栓）的允许误差

单位：mm

项　　目		允许偏差
支承面	标高	0 −30
	水平度	$L/1000$（L—短边长度）
预埋长度	螺栓中心偏移	5.0
	螺栓露出长度	±30.0 0
	螺纹长度	±30.0 0
预留孔中心偏移		10.0
检查数量	按柱基数抽查 10%，且不少于 3 个	

c. 采用网片和小拼单元进行拼装时，要严格控制网片和小拼单元的定位线和垂直度。

d. 各杆件与节点连接时，其中心线应汇交于一点，螺栓球、焊接球应汇交于球心。

e. 网架结构总拼完成后，其纵横向长度偏差、支座中心偏移、相邻支座偏移、相邻支座高差、最低最高支座差等指标均符合网架规程要求。

3）拼装支架的设置。网架高空散装法的拼装支架应进行专门的设计与验算，对于重要的或大型的工程，还应进行承载试压，以检验其使用的可靠性。拼装支架必须符合以下要求：

a. 具有足够的强度和刚度。拼装支架应通过验算除满足强度要求外，还应满足单肢及整体稳定要求。支撑点位置应设置在下弦节点处。

b. 由于拼装支架容易产生水平位移和沉降，在网架拼装过程中应经常观察支架变形情况并及时调整，以避免由于拼装支架的变形而影响网架的拼装精度。

4）螺栓球节点网架总拼。

a. 螺栓球节点的安装精度，取决于工厂制作的精度，如果尺寸有误，现场无法解决，只能运回加工厂处理。

b. 螺栓球节点网架高空拼装时，一般从一端开始，以一个网格为一排，逐排推进。

拼装顺序：下弦节点→下弦杆→腹杆及上弦节点→上弦杆→校正→全部拧紧螺栓。

校正前的各个工序螺栓均暂不拧紧。

5）空心球节点网架总拼。

a. 空心球节点网架高空拼装是指小单元或散件（单个杆件及单个节点）直接在设计位置上进行总拼。

b. 为保证网架在总拼过程中具有较少的焊接应力和便于调整尺寸，合理的总拼顺序应该是从中间向两边或从中间向四周发展。

c. 为确保安装精度，在操作平台上选一个适当位置进行试拼一组，检查无误后再开始正式拼装。

d. 网架焊接时一般先焊下弦，使下弦收缩而略向上拱，然后焊接腹杆及上弦，如果先焊上弦，则易造成不易消除的人为挠度。焊接网架结构严禁形成封闭圆，固定在封闭圆中焊接会产生很大的收缩应力。

e. 为防止网架在拼装过程中因网架自重和支架刚度较差等因素出现较大挠度，可预先设施工起拱，一般在10～15mm。

6）支承点的拆除。

a. 拼装支承点（临时支座）拆除必须遵循“变形协调，卸载均衡”的原则；否则有可能导致临时支座超载失稳或者网架结构局部甚至整体受损。

b. 临时支座拆除顺序和方法：由中间向四周对称进行，为防止个别支承点集中受力，宜根据各支承点的结构自重挠度值，采用分区分阶段按比例下降或采取每步不大于10mm等步下降法拆除临时支承点。

c. 拆除临时支承点前，应检查千斤顶行程是否满足支承点下降高度，关键支承点要增设备用千斤顶。降落过程中，应统一指挥，责任到人，遇有问题由总指挥处理解决。

2. 分条或分块法

（1）适用范围：此法适用于中、小型网架安装。特点：大部分焊接拼装工作量在地面进行，有利于提高工程质量，并可省去大部分拼装支架；分条或分块大小应按当地起重设备而定，有利于降低成本。

（2）作业条件。除满足高空散装法作业条件之外，还要满足以下要求：

a. 检查分条或分块拼装平台，验收合格后可进行拼装。

b. 检查网架条或块的拼装几何尺寸，并验收合格。

c. 根据施工组织设计搭设支架操作平台，检查其承重支点的牢固情况。

d. 复核高空拼装支点的纵横轴线及标高。

（3）工艺流程（图3.2.4）。

（4）安装施工要点。

1）网架单元划分。网架分条分块单元的划分，主要根据起重机的负荷能力和网架的结构特点而定。其划分方法有以下几种：

a. 网架单元相互靠紧，可将下弦双角钢分开在两个单元上。此法可用于正放四角锥等网架。

b. 相邻两网架单元，将其节间上弦采用剖分式形式进行节点连接。此法可用于斜放四角锥等网架。

c. 单元之间空一节间，该节间在网架单元吊装后再在高空拼装，可用于两向正交正放等网架。

如图3.2.5所示为斜放四角锥网架块状单元划分方法，图3.2.5中虚线部分为临时加固的杆件。当斜放四角锥等斜放类网架划分成条状单元时，由于上弦（或下弦）为菱形几何可变体系，因此必须加固后才能吊装。如图3.2.6所示为斜放四角锥网架划分成条状单元后其上弦加固的几种方法。

2）网架单元划分好以后，在地面胎架上进行拼装，且胎架应考虑起拱度。

3）网架尺寸控制。

a. 根据网架结构形式和起重设备能力决定分条或分块网架尺寸的大小，在地面胎具上拼装好。

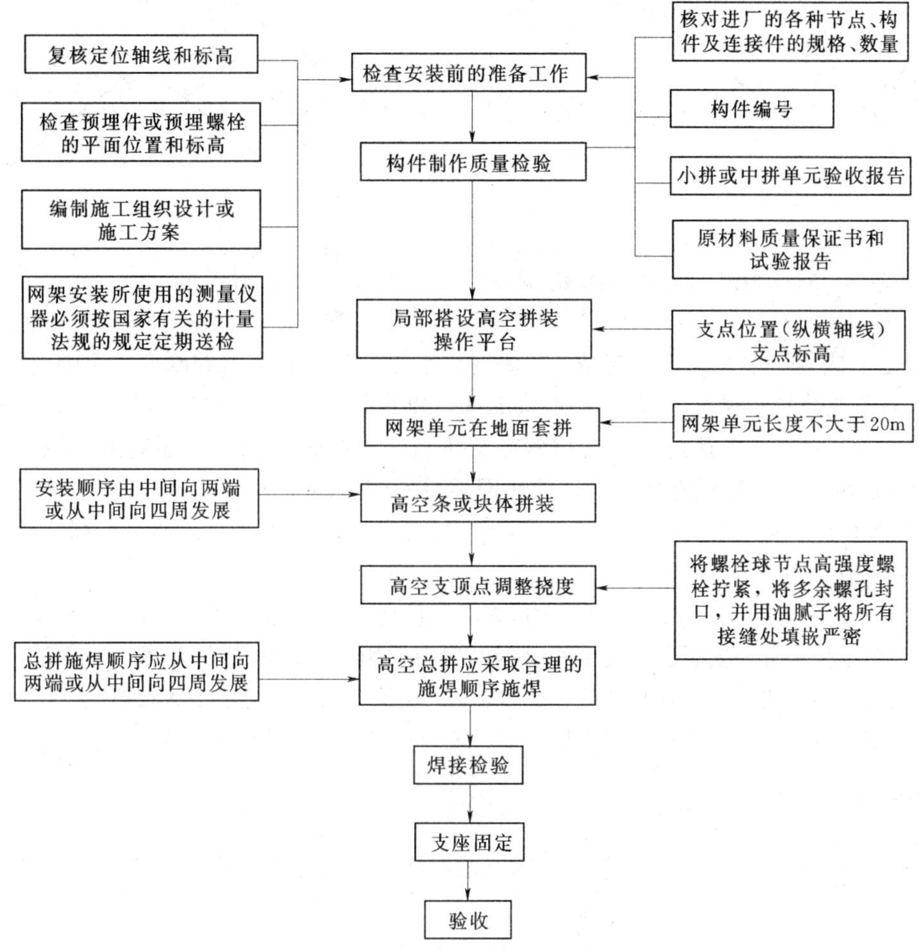

图 3.2.4　分条或分块法工艺流程图

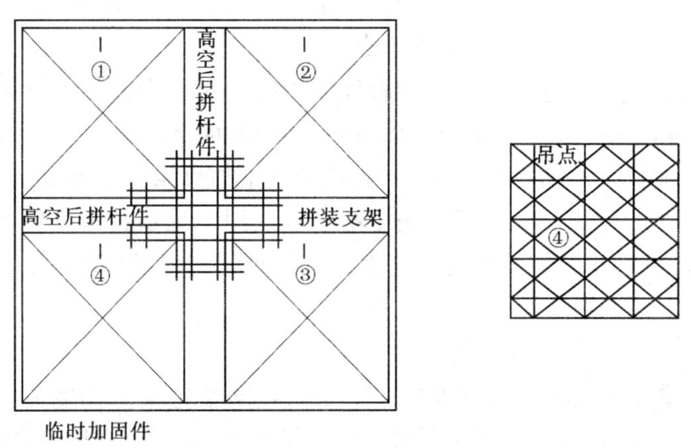

图 3.2.5　斜放四角锥网架块状单元划分方法示例的调整

①～④—块状单元

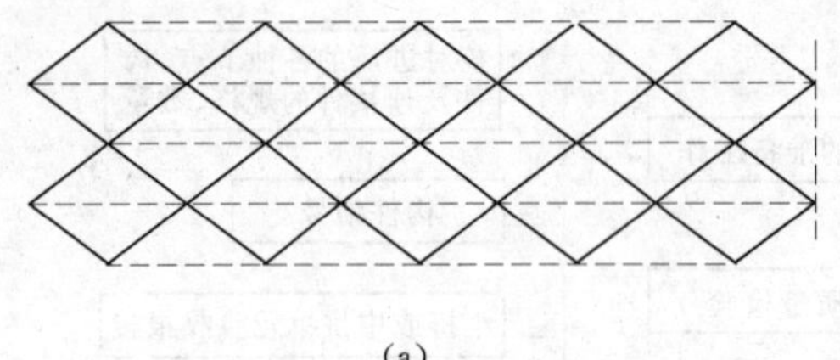
(a)

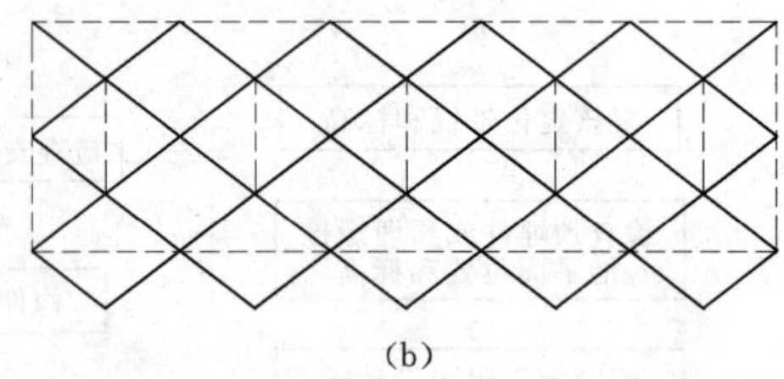
(b)

图 3.2.6　斜放四角锥网架上弦加固方案

(a) 网架上弦临时加固件采用平行式；(b) 网架上弦临时加固件采用间隔式
图中虚线部分为临时加固杆件

b. 分条或分块单元，自身应是几何不变体系，同时应有足够的刚度，否则应加固。

c. 分条或分块，网架单元尺寸必须准确，以保证高空总拼时节点吻合和减少偏差。如前所述，一般可采用预拼法或套拼的办法进行尺寸控制。另外，还应尽量减少中间转运，如需运输，应用特制专用车辆，防止网架单元变形。

4）分条或分块安装法经常与其他安装法相结合使用，如高空散装法、高空滑移法等均可结合该法进行安装。

5）网架挠度调整。条状单元合龙前应先将其顶高，使中央挠度与网架形成整体后该处挠度相同。由于分条分块安装法多在中小跨度网架中应用，可用钢管做顶撑，在钢管下端设千斤顶，调整标高时将千斤顶顶高即可。如图 3.2.7 所示为某工程分四个条状单元，在各单元中部设一个支顶点，共设六个点。每点均采用一根钢管和一只千斤顶进行顶高，调整挠度。

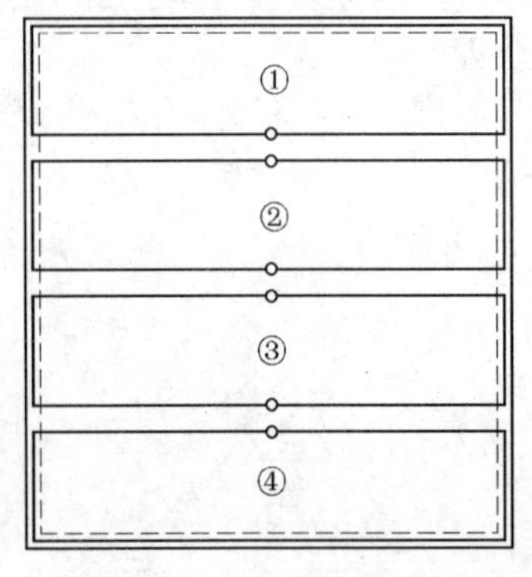

图 3.2.7　条状单元安装后支顶点位置

○—支顶点；①～④—单元编号

3. 高空滑移法

（1）适用范围。

1）高空滑移法可用于建筑平面为矩形、梯形或多边形等网架。

2）支承情况可为周边简支或点支承与周边支承相结合等情况。

3）当建筑平面为矩形时，其滑轨可设在两边圈梁上，实行两点牵引。

4）当跨度较大时，可在中间增设滑轨，实行三点或四点牵引，此时网架不会因分条后加大网架挠度，或者当跨度较大时，也可采用增加反梁办法解决。

5）高空滑移法适用于现场狭窄、山区等地区施工，也适用于跨越施工，如车间屋盖的更换、轧钢、机械等厂房内设备基础、设备与屋面结构平行施工等情况。

（2）特点。

1）由于在土建完成框架、圈梁以后进行，而且网架是架空作业的，因此对建筑物内部施工没有影响，网架安装与下部土建施工可以平行立体作业，大大加快了工期。

2）高空滑移法对起重设备、牵引设备要求不高，可用小型起重机或卷扬机，甚至不用。而且只需搭设局部的拼装支架，如建筑物端部有平台可利用，可不搭设脚手架。

3）采用单条滑移法时，摩擦阻力较小，如再加上滚轮，小跨度时用人力撬棍即可撬动前进。当用逐条累积滑移法时，牵引力逐渐加大，即使为滑动摩擦方式，也只需小型卷扬机即可。因为网架滑移时速度不能过快（≤1m/min），一般均需滑轮组变速。

（3）分类。

1）按滑移方式可分为两类：

a. 单条滑移法，如图 3.2.8（a）所示。先将条状单元一条一条地分别从一端滑移到另一端就位安装，各条之间分别在高空再行连接，即逐条滑移，逐条连成整体。

b. 逐条积累滑移法，如图 3.2.8（b）所示。先将第一条条状单元滑移一段距离后（能连接上第二单元的宽度即可），连接好第二单元后，两条单元一起再滑移一段距离（宽度同上），再连接第三条单元，三条单元又一起滑移一段距离，如此循环操作直至接上最后一条单元为止。

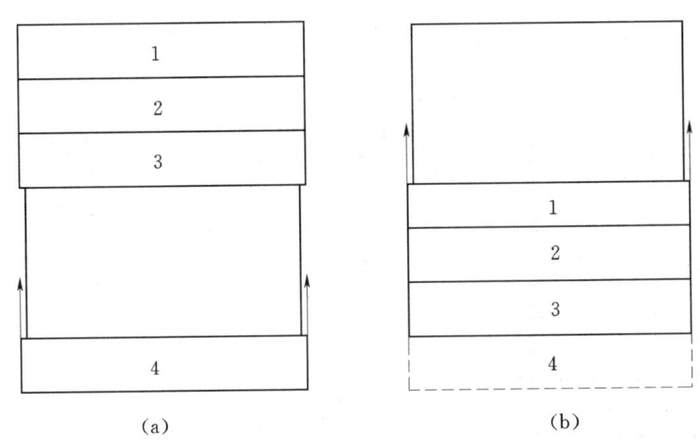

图 3.2.8　高空滑移法示意图
（a）单条滑移法；（b）逐条积累滑移法

2）按摩擦方式可分为滚动式及滑动式两类。滚动式滑移即在网架下侧装上滚轮，网架滑移是通过滚轮与滑轨的滚动摩擦方式进行的。滑动式滑移即将网架支座直接搁置在滑轨上，网架滑移是通过支座底板与滑轨的滑动摩擦方式进行的。

3）按滑移坡度可分为水平滑移、下坡滑移及上坡滑移三类。如建筑平面为矩形，可采用水平滑移或下坡滑移，当建筑平面为梯形时，短边高、长边低、上弦节点支承式网架，则可采用上坡滑移。

4）按滑移时外力作用方向可分为牵引法及顶推法两类。牵引法即将钢丝绳绑扎于网架前方，用卷扬机或手扳葫芦拉动钢丝绳，牵引网架前进，作用点受拉力。顶推法即用千斤顶顶推网架后方，使网架前进，作用点受压力。

（4）作业条件除满足高空散装法作业条件之外，还要满足以下要求。

1）检查拼装支架牢固情况，支点纵、横轴线及标高。

2）检查牵引设备灵敏可靠，以防失控，影响施工。

3）检查滑道设置，尤其是滑道拼接处要磨平，以防滑行时被卡住，引发安全事故。

（5）工艺流程（图 3.2.9）。

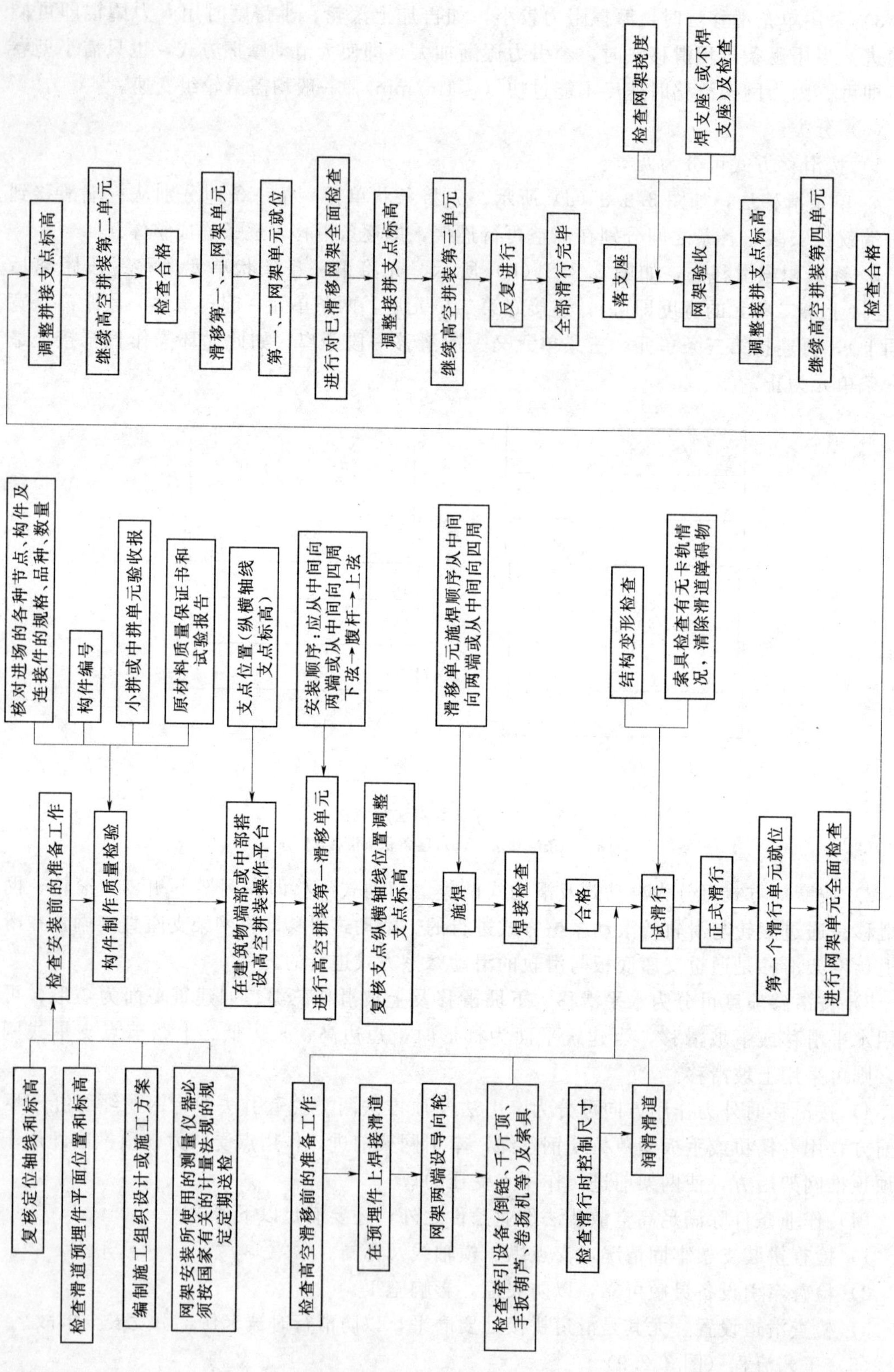

复核定位轴线和标高

检查滑道预埋件平面位置和标高

编制施工组织设计或施工方案

网架安装所使用的测量仪器必须按国家有关的计量法规的规定定期送检

→ 检查安装前的准备工作

→ 构件制作质量检验

核对进场的各种节点、构件及连接件的规格、品种、数量

构件编号

小拼或中拼单元验收报

原材料质量保证书和试验报告

→ 在建筑物端部或中部搭设高空拼装操作平台 ← 支点位置（纵横轴线支点标高）

→ 进行高空拼装第一滑移单元 ← 安装顺序：应从中间向两端或从中间向四周下弦→腹杆→上弦

→ 复核支点纵横轴线位置调整支点标高

→ 施焊 ← 滑移单元施焊顺序从中间向两端或从中间向四周

→ 焊接检查

→ 合格

检查高空滑移前的准备工作

在预埋件上焊接滑道

网架两端设导向轮

检查牵引设备（倒链、千斤顶、手扳葫芦、卷扬机等）及索具

检查滑行时控制尺寸

润滑滑道

→ 试滑行 ← 结构变形检查；索具检查有无卡轨情况，清除滑道障碍物

→ 正式滑行

→ 第一个滑行单元就位

→ 进行网架单元全面检查

→ 调整拼接支点标高

→ 继续高空拼装第二单元

→ 检查合格

→ 滑移第一、二网架单元

→ 第一、二网架单元就位

→ 进行对已滑移网架全面检查

→ 调整接拼支点标高

→ 继续高空拼装第三单元

→ 反复进行

→ 全部滑行完毕

→ 落支座

→ 网架验收 ← 检查网架挠度；焊支座（或不焊支座）及检查

→ 调整接拼支点标高

→ 继续高空拼装第四单元

→ 检查合格

图 3.2.9 高空滑移法工艺流程图

(6) 安装施工要点。

1) 根据网架结构形式、现场周围环境、起重设备能力、网格尺寸等，采取合适的滑移工艺。

2) 滑移单元自身必须是几何不变体系，同时有足够的刚度，否则应进行加固。

高空滑移法：单条滑移、累积滑移、双滑道及多滑道滑移。

支架滑移法（下滑移法）：按支架宽度，随拼装随滑移（根据支架刚度而定双滑道还是多滑道滑移）。

3) 滑移准备工作完毕，进行全面检查，确认无误后，开始试滑 50cm，再检查无误后，正式滑行。

4) 挠度控制。当采用单条滑移时，施工挠度情况与分条安装法相同。当逐条积累滑移时，滑移过程中的网架仍然是两端自由搁置的立体桁架。如网架设计时未考虑分条滑移的特点，网架高度设计得较小，这时网架滑移时的挠度将会超过形成整体后的挠度，处理办法是增加施工预拱度、开口部分增加三层网架、在中间增设滑轨等，以减小网架滑移过程中的挠度。

组合网架由于无上弦而是布设钢筋混凝土板，不允许在施工中产生一定挠度后再抬高的处理办法，因此，设计时应验算组合网架分条后的挠度值，采用设置施工预拱度以抵消。

5) 滑轨与导向轮。

a. 滑轨。滑轨的形式较多，如图 3.2.10 所示，可根据各工程实际情况选用。滑轨与圈梁顶预埋件连接可用电焊或螺栓连接。

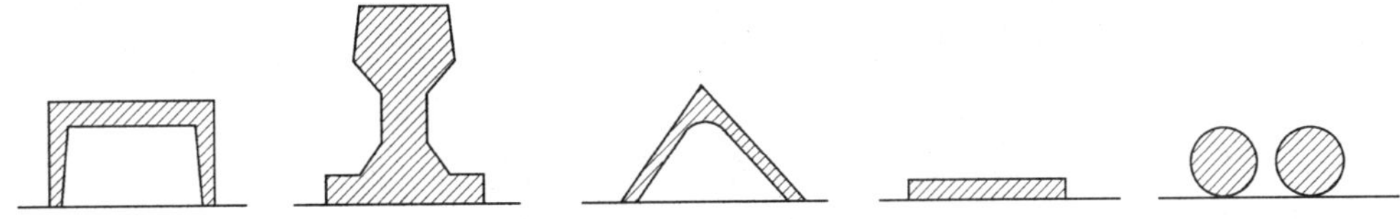

图 3.2.10 各种轨道形式

滑轨位置与标高，根据工程具体情况而定。

滑轨的接头必须垫实、光滑。当采用滑动式滑移时，还应在滑轨上涂刷滑润油，滑橇前后都应作成圆弧导角，否则易产生“卡轨”现象。

b. 导向轮。导向轮的主要作用是保险装置，在正常情况下，滑移时导向轮是脱开的，只有当同步差超过规定值或拼装偏差在某处较大时才与导轨碰上。但在实际工程中，由于制作拼装上的偏差以及卷扬机不同步启动或停车也会造成导向轮顶上导轨的情况。

导向轮一般安装在导轨内侧，间隙 10～20mm，如图 3.2.11 所示。

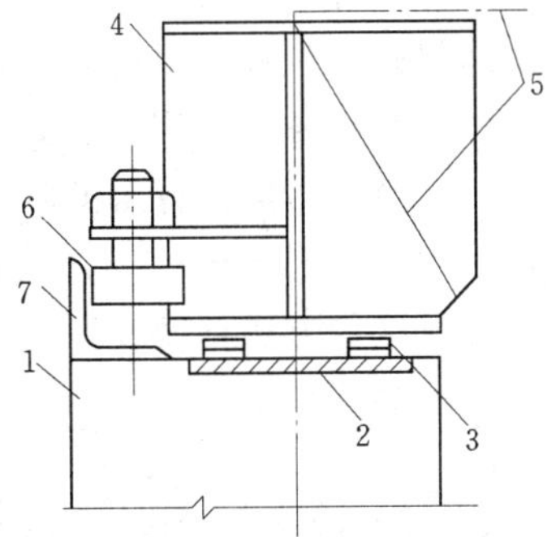

图 3.2.11 导轨与导向轮设置

1—圈梁；2—预埋钢板；3—滑轨；4—网架支座；5—网架杆件中心线；6—导向轮；7—导轨

6) 牵引力与牵引速度控制。

a. 牵引力。网架水平滑移时的牵引力，可按下式计算。

当为滑动摩擦时

$$F_t = \mu_1 \zeta G_{ok} \tag{3.2.1}$$

式中 F_t——总启动牵引；

G_{ok}——网架总自重标准值；

μ_1——滑动摩擦系数，钢与钢自然轧制表面，经除锈充分润滑的钢与钢之间可取 0.12～0.15；

ζ——阻力系数，当有其他因素影响牵引力时，可取 1.3～1.5。

当为滚动摩擦时

$$F_t = (K/r_1 + \mu r/r_1)G_{ok} \tag{3.2.2}$$

式中 F_t——总启动牵引力；

K——滚动摩擦系数，钢制轮与钢之间取 0.5mm；

μ——摩擦系数，在滚轮与滚轮轴之间或经机械加工后充分润滑的钢与钢之间可取 0.1；

r_1——滚轮的外圆半径，mm；

r——轴的半径，mm。

式（3.2.1）及式（3.2.2）计算结果系指总的启动牵引力。如选用二点牵引滑移，将上式结果除以 2 得每边卷扬机所需的牵引力。根据某工程实测结果表明，两台卷扬机在滑移过程中牵引力是不等的，在正常滑移时，两台卷扬机牵引力之比约为 1∶0.7，个别情况为 1 ∶ 0.5。因此建议选用卷扬机功率应在计算的基础上适当放大。

b. 牵引速度。为了保证网架滑移时的平稳性，牵引速度不宜太快，根据经验牵引速度控制在 1m/min 左右较好。因此，如采用卷扬机牵引，应通过滑轮组降速。为使网架滑移时受力均匀和滑移平稳，当滑移单元积累较长时，宜增设钩扎点。

7）同步控制。网架滑移时同步控制的精度是滑移技术的主要指标之一。当网架采用两点牵引滑移时，如不设导向轮，滑移要求同步主要是为了不使网架滑出轨道。当设置导向轮，牵引速度差值（即不同步值）应使导向轮不顶住导轨为准。当三点牵引时，除应满足上述要求外，还要求不使网架增加太大的附加内力，允许不同步值应通过验算确定。

网架施工规程规定网架滑移时两端不同步值不大于 50mm，只是作为一般情况而言。各工程在滑移时应根据情况，经验算后再自行确定具体值，两点牵引时应小于上述规定值，三点牵引时经验算后值应更小。

控制网架同步滑移最简单的方法是在网架两侧的梁面上标出尺寸，牵引时同时报滑移距离，但这种方法精度较差。特别三点以上牵引时不适用。自整角机同步指示装置是一种较可靠的测量装置。这种装置可以集中于指挥台随时观察牵引点移动情况，读数精确为 1mm。

8）支座降落。当网架滑移完毕，经检查各部尺寸标高，支座位置符合设计要求，先用等比例提升方法，使用千斤顶或起落器抬起网架支承点，抽出滑轨，再用等比例下降方法，使网架平稳过渡到支座上，待网架下挠稳定，装配应力释放完后，即可进行支座固定。

4. 整体吊装法

(1) 适用范围。整体吊装法适用于各种重型的网架结构，吊装时可在高空平移或旋转就位。

(2) 特点。

1) 网架地面总拼时可以就地与柱错位或在场外进行。

2) 当就地与柱错位总拼时，网架起升后在空中需要平移或转动1.0～2.0m再下降就位。

3) 由于柱是穿在网架的网格中的，因此凡与柱相连接的梁均应断开，即在网架吊装完成后再安装框架梁。

4) 建筑物在地面以上的结构必须待网架制作安装完成后才能进行，不能平行施工。

5) 当场地许可时，可在场外地面总拼网架，然后用起重机抬吊至建筑物上就位，这时虽解决了室内结构拖延工期的问题，但起重机必须负重行驶较长距离。

6) 就地与柱错位总拼的方案适用于用拔杆吊装。

7) 场外总拼方案适用于履带式、塔式起重机吊装。

8) 如用拔杆抬吊就应结合滑移法安装。

(3) 作业条件除满足高空散装法作业条件之外，还要满足以下要求。

1) 检查支座纵、横轴线及标高。

2) 检查起重机设备，安全可靠，进行空载试验（尤其是刹车）。

3) 检查拔杆、缆风、地锚、滑轮组等。

(4) 工艺流程如图3.2.12所示。

(5) 安装施工要点。

1) 一般要求。

a. 根据网架结构形式、起重机或拔杆起重能力在原建筑物内或建筑物外侧进行总拼。

b. 总拼及焊接顺序：从中间向四周或从中间向两端进行。

c. 进行试吊——全面检查起重设备、拔杆系统、缆风、地锚、吊索、滑轮组、网架尺寸、指挥信号。

d. 正式起吊。

e. 空中位移、旋转——同步控制，确保安全。

f. 降落支座上，支座安装（纵横轴线，标高检查）。

g. 验收。

2) 网架空中移位。

a. 采用多根拔杆吊装网架时，网架在空中移位的力学分析计算简图，如图3.2.13所示。网架提升时［图3.2.13 (a)］，每根拔杆两侧滑轮组夹角相等，上升速度一致，两侧滑轮组受力相等（$F_{t1}=F_{t2}$），其水平力也相等（$H_1=H_2$），网架只是垂直上升，不会水平移动。

b. 网架在空中移位时［图3.2.13 (b)］，每根拔杆的同一侧（如同为左侧或右侧）滑轮组钢丝绳徐徐放松而另一侧滑轮组不动。此时放松一侧的钢丝绳因松弛而拉力F_{t2}变小，另一侧F_{t1}则由于网架重力而增大，因此两边的水平分力就不等（即$H_1>H_2$），而推动网架移动或转动。

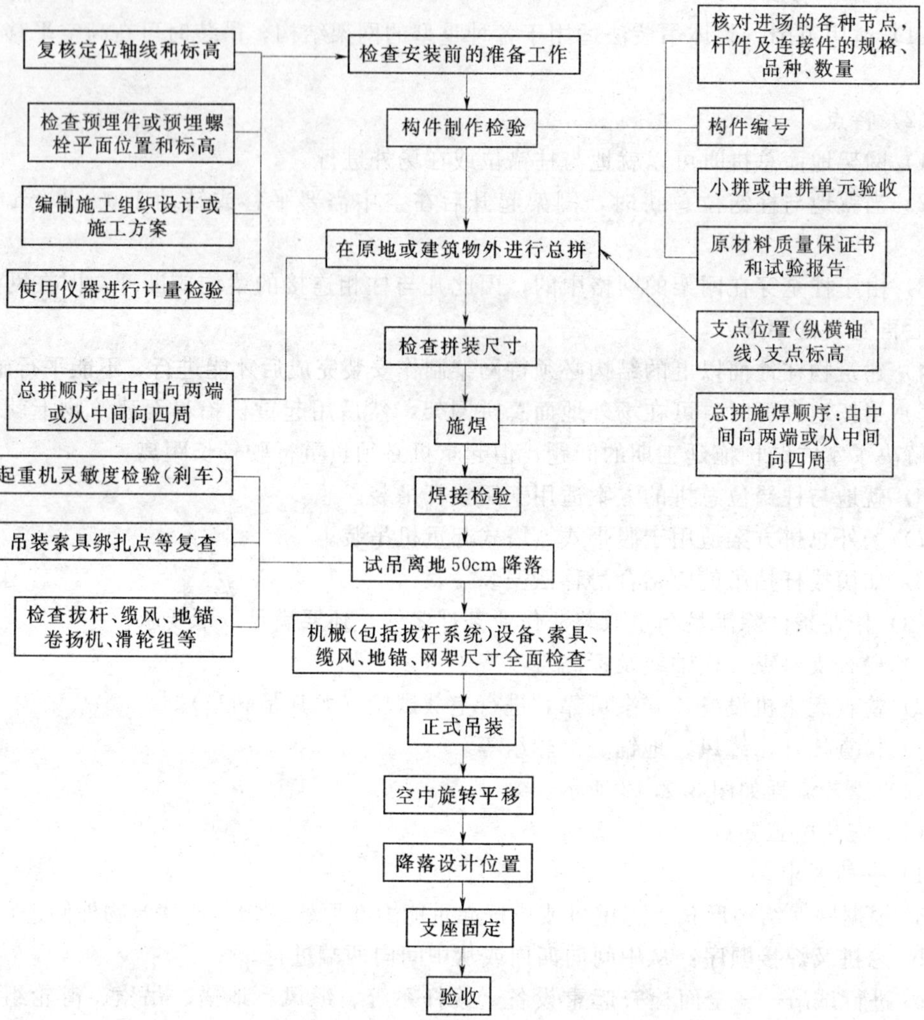

复核定位轴线和标高
检查预埋件或预埋螺栓平面位置和标高
编制施工组织设计或施工方案
使用仪器进行计量检验
检查安装前的准备工作
构件制作检验
核对进场的各种节点，杆件及连接件的规格、品种、数量
构件编号
小拼或中拼单元验收
原材料质量保证书和试验报告
在原地或建筑物外进行总拼
支点位置(纵横轴线)支点标高
检查拼装尺寸
总拼顺序由中间向两端或从中间向四周
施焊
总拼施焊顺序：由中间向两端或从中间向四周
起重机灵敏度检验(刹车)
焊接检验
吊装索具绑扎点等复查
试吊离地50cm降落
检查拔杆、缆风、地锚、卷扬机、滑轮组等
机械(包括拔杆系统)设备、索具、缆风、地锚、网架尺寸全面检查
正式吊装
空中旋转平移
降落设计位置
支座固定
验收

图 3.2.12 整体吊装法工艺流程图

O
F_{t1} α_1 H_1 H_2 α_2 F_{t2}
A
$F_{t1}=F_{t2}$
$H_1=H_2$
$F_{t1}>F_{t2}$
$H_1>H_2$
$F_{t1}>F_{t2}$
$H_1=H_2$
(a)
(b)
(c)

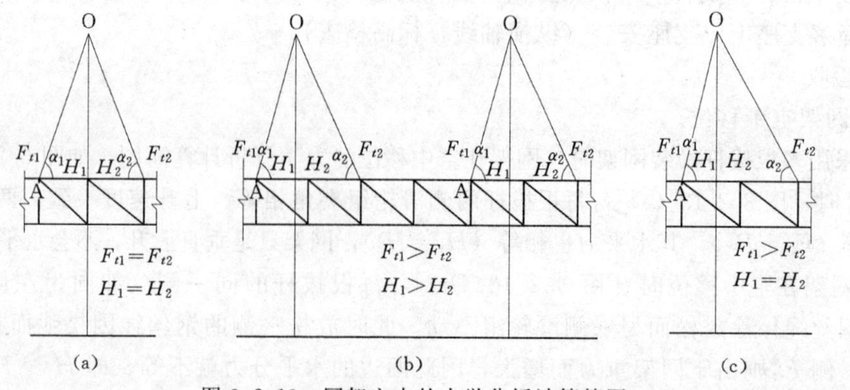

图 3.2.13 网架空中的力学分析计算简图

c. 网架就位时［图 3.2.13（c）］，当网架移动至设计位置上空时，一侧滑轮组停止放松钢丝绳而处于拉紧状态，则 $H_1=H_2$，网架恢复平衡。

d. 网架空中移位时，由于一侧滑轮组不动，网架除平移外，还由于以 O 点为圆心，OA 为半径的圆周运动而产生少许下降，网架移动距离（或转动角度）与网架下降高度之间的关系，可用图解法或计算法确定。

e. 网架空中移动的运动方向，与拔杆及起重滑轮组布置有很大关系。图 3.2.14 所示矩形网架采用 4 根拔杆对称布置，拔杆的起重平面（即起重滑轮组与拔杆所构成的平面）方向一致，且平行于网架的一边。因此使网架产生的水平分力 H 都平行于网架的一边。网架即产生单向的位移。

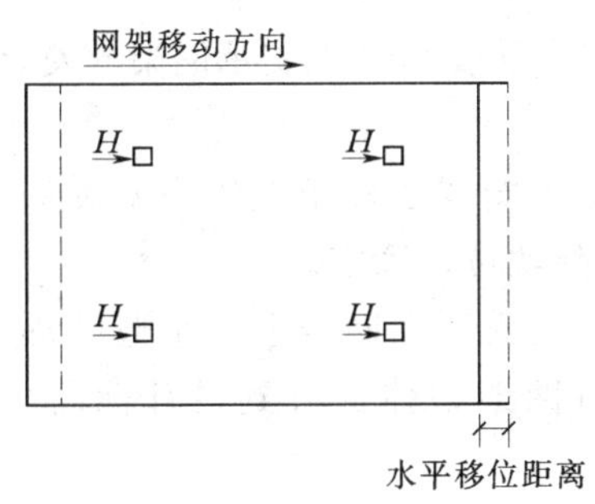

图 3.2.14 网架空中移位

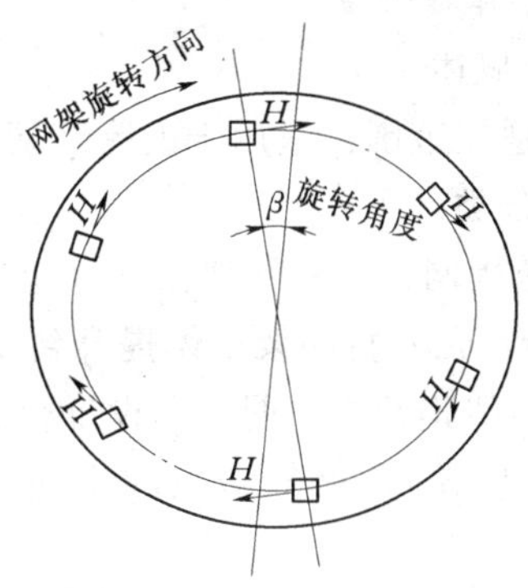

图 3.2.15 网架空中旋转

f. 如拔杆布置在同一圆周上，且拔杆的起重平面垂直于网架半径（图 3.2.15），这时使网架产生运动的水平分力 H 与拔杆起重平面相切，由于水平切向力 H 的作用，网架即产生饶其圆心旋转的运动。

g. 对于中、小跨度网架，可采用单根拔杆吊装，这时空中位移则通过收紧缆风绳摆动拔杆顶端并辅以四角拉索来达到。

3）多拔杆的同步控制。网架在提升过程中应尽量同步，即使各拔杆以均匀一致的速度上升，以减少起重设备即网架结构不均匀受力，并避免网架与柱或拔杆相碰。相邻点提升高差控制在 100mm 以下较合适。当遇到特殊情况时，也可通过验算或试验确定。

4）缆风绳的初拉力。对于多根拔杆整体提升网架来说，保持拔杆顶端偏移值最小是顺利吊装网架的关键之一。为此，缆风绳的初拉力宜适当加大，但也应防止由此所引起的拔杆与地锚负荷太大的问题。

5）多机抬吊的起重能力折减系数及升降速度控制。中、小型网架，当采用多台履带式或汽车式起重机抬吊时，可利用现有的起重设备，准备工作简单，吊装方便。

a. 起重机的抬吊系数。对于常用四机抬吊，如考虑到有一台起重机提升慢或一台起重机提升快，参考前述多台拔杆情况，起重机抬吊折减系数取 1.33，即荷载降低系数取 0.75，是偏于安全的。

在工程实践中，往往遇到起重机的起重量，由于打 7.5 折后而满足不了吊装网架的要求，为此可采取措施，例如每两台起重机的吊点穿通等方法，以适当放宽折减系数。

b. 多台起重机吊钩升降速度。多台起重机抬吊的关键是每台起重机吊钩升降速度一致，否则会造成有的起重机超载、网架受扭等事故。可采取如下措施：

首先，可调整每台起重机的起吊速度，每台起重机分别吊以相同重量，测出每台起重机的起吊速度，如果速度相差不大，履带式起重机可从调整油门大小来调整速度；如果速度相差较大，则用多穿钢丝绳的办法减速，但进油量与油温有关，所以抬吊时，应将起重机发动片刻后再进行吊装。此外，吊装时必须统一信号，做到起步停车一致。

其次，可穿通每两台起重机的吊索，如产生起重速度不一致时，可通过滑轮组自行调整。

5. 整体提升法

(1) 概述。

1) 适用范围：适用于大跨度网架的重型屋盖系统周边支承或点支承网架的安装。

2) 分类。

a. 单提网架法：网架在设计位置就地总拼后，利用安装在柱子上的小型设备（穿心式液压千斤顶）将网架整体提升到设计标高上然后下降就位、固定。

b. 网架爬升法：网架在设计位置就地总拼后，利用安装在网架上的小型设备（穿心式液压千斤顶），提升锚点固定在柱上或拔杆上，将网架整体提升到设计标高，就位、固定。

c. 升梁抬网法：网架在设计位置就地总拼，同时安装好支承网架的装配式圈梁（提升前圈梁与柱断开，提升网架完成后再与柱连成整体），把网架支座搁置于此圈梁中部，在每个柱顶上安装好提升设备，这些提升设备在升梁的同时，抬着网架升至设计标高。

d. 升网滑模法：网架在设计位置就地总拼，而结构柱采用滑模法施工。网架提升是利用安装在柱内钢筋上的滑模采用的液压千斤顶，一面提升网架一面滑升模板浇筑混凝土。

3) 特点：

a. 网架整体提升法是指网架在起重设备的下面提升，使用的提升设备一般较小，利用小机群安装大网架。

b. 提升阶段网架支承情况不变，除用专用支架外，其他提升方法均利用结构柱，提升阶段网架的支撑情况与使用阶段相同，不需考虑提升阶段的加固措施。

c. 由于提升设备能力较大，尽可能多安装屋面结构后再提升，减少高空作业，降低成本。

d. 网架整体提升法只能在设计坐标垂直上升，如需将网架移动或转动另行采取滑移措施，整体提升法适宜于施工现场狭窄时施工。

(2) 作业条件。除满足高空散装法作业条件之外，还要满足以下要求：

1) 提升阶段网架支承情况不变，对利用的结构柱一般情况不需要加固，如果柱顶上做出牛腿或采用拔杆（安放提升设备或提升锚点），需验算结构柱稳定性，如果不够，则需对柱或拔杆采取稳定措施，如增设缆风绳等。

2）为了充分发挥整体提升法的优越性，将网架屋面板、防水层、天棚、采暖通风及电气设备等全部或部分在地面及最有利的高度上进行施工，可大大节省施工费用。

3）单提网架法和网架爬升法都需要在原有柱顶上接高钢柱约 2～3m，并加设悬挑牛腿，可提升锚点。

4）单提网架法的操作平台设在接高钢柱上，网架爬升法的操作平台设在网架上弦平面上。

5）测设好网架支座处的轴线及标高。升梁抬网法的网架支座应搁置在圈梁中部，升网滑模法的网架支座应搁置在柱顶上，单提网架法、网架爬升法的网架支座可搁置在圈梁中部或柱顶上。

6）网架结构在地面就位拼好，检查验收完毕，其他附属结构及设备安装完毕，并通过验收。

7）承重柱（包括接高钢柱）或拔杆立好（包括缆风）经检查合格（主要稳定性）。

8）提升系统已安装就位，检查无误。

9）提升过程中，结构上障碍物清除。

10）核实网架高空就位后需补充安装的杆件规格、数量（包括部分量体裁衣杆件）

（3）工艺流程（以液压穿心式千斤顶放在柱顶上整体提升法为例，如图 3.2.16 所示）。

（4）安装施工要点。

1）提升设备布置与负荷能力。网架整体提升，一般采用小机群（电动螺杆升板机，液压滑模千斤顶等），其布置原则是：

a. 网架提升时受力情况应尽量与设计受力情况接近。

b. 每个提升设备所受荷载尽可能接近。

c. 提升设备的负荷能力应按额定负荷能力乘以折减系数，电动螺杆升板机为 0.7～0.8；穿心式液压千斤顶为 0.5～0.6。升板机的折减系数主要考虑其安全使用性能，该机不宜负荷过大。该类液压千斤顶在液压管道及接头等较有把握时可适当提高负荷。但该类千斤顶的冲程非恒值，负荷大时冲程就小，负荷小时冲程就大，故使用时应注意使各千斤顶负荷接近，以利于同步提升。

2）网架提升的同步控制。网架提升过程中，各吊点间的同步差，将影响网架杆件的受力状况，测定和控制提升中的同步差是保证施工质量和安全的关键措施。网架施工规程中规定当用提升机时，允许差值为相邻提升点距离的 1/400，且不大于 15mm；当用穿心式液压千斤顶时，为相邻提升点距离的 1/250，且不大于 25mm。这主要是由设备性能决定的，因升板机的同步性较穿心式液压千斤顶好。选用设备时应注意，刚度大的网架形式不宜用穿心式液压千斤顶提升。

由于各点提升差引起的内力值，可通过计算求得。

3）柱的稳定问题。当网架采用整体提升法施工时，应使下部结构在网架提升时已形成稳定的框架体系，否则应对独立柱进行稳定性验算，如稳定性不够，则应采取措施加固。一般可采取下列措施：

a. 网架四角沿轴线方向每角拉两根缆风绳，以承受风力，减少柱子的水平荷载。缆风绳应以能抗 7 级风设计，平时放松，当风力超过 5 级时拉紧。

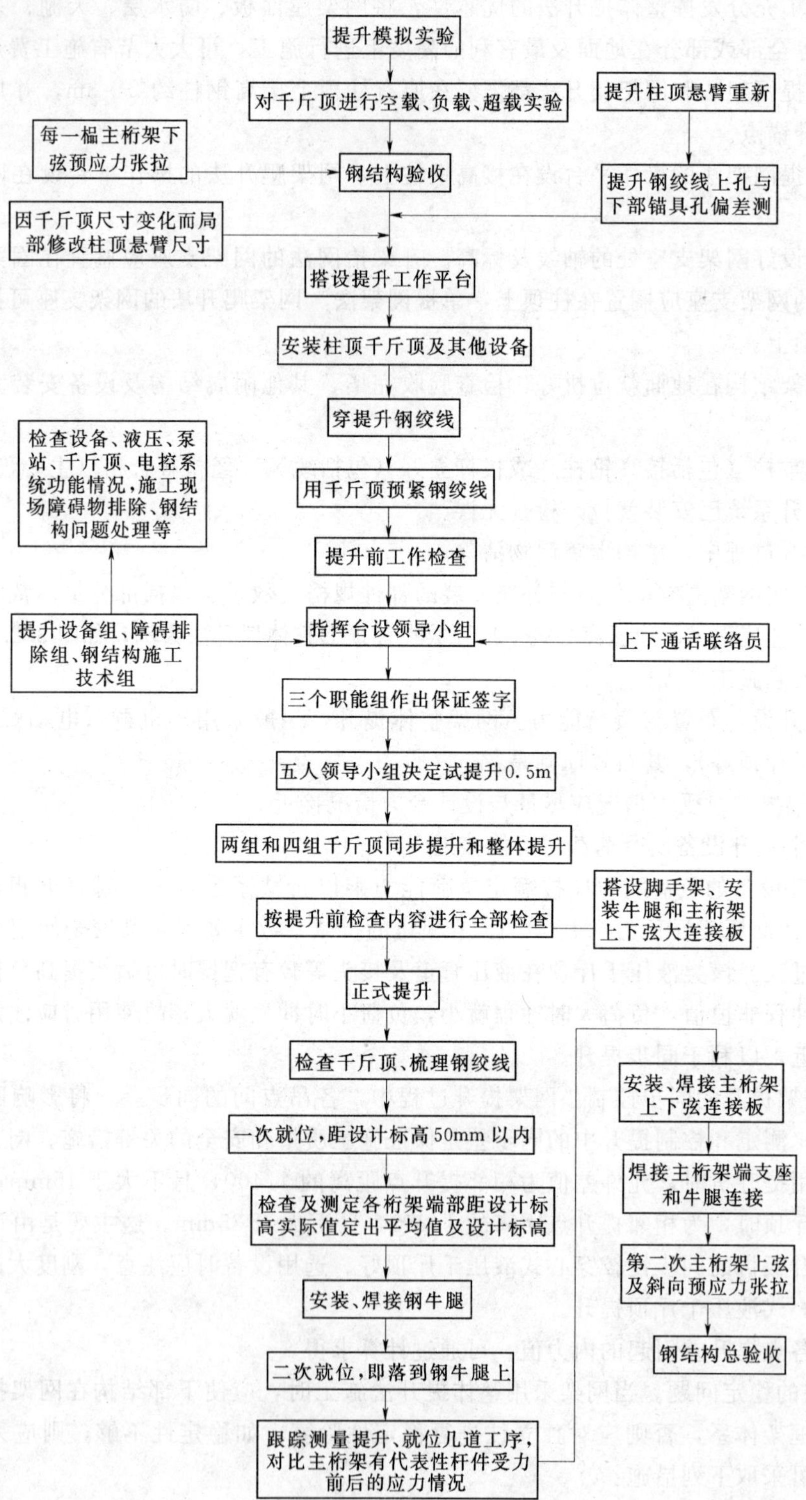

图 3.2.16　整体提升法工艺流程

b. 各柱间设置两道水平支撑与设计中的柱间支撑联系，以减少柱的计算长度。当采用升网滑模法施工时，当滑出模板的混凝土强度达到 C10 级以上后紧接着安装水平支撑，以确保柱子的稳定性。

c. 当升网滑模时，可适当提高混凝土标号，控制滑升速度，不宜过快。应使新浇混凝土强度较快达到 C10 级。

d. 主要关键问题。钢柱增加高度为 2m，钢绞线提升最后长度为 10m 是最佳长度；两侧柱顶提升受力后，通过计算水平位移在允许规范之内；主桁架下弦吊点处加横向支撑，以增强主桁架端连接板的抗扭刚度；工作锚是第二安全保险装置，安置工作锚位置的钢结构应加强；框架边柱顶吊装孔与主桁架端部吊装孔最大偏差在允许范围之内，并应采取多方面可靠措施，确保施工顺利进行；由于主桁架端部两侧距钢框架劲性钢柱只 40mm，所以主桁架制作长度偏差必须控制在±20mm 内。主桁架端部提升线路无障碍物。

4）千斤顶安装。

a. 千斤顶的安装主要要求承座平面斜度不大于 3/1000，在没有自动调整弧形支座时应不大于 1/1000。

b. 油管接口和各电器接口安装朝向，需注意其位置是有方向性的。

5）梳理和导向。提升和爬升不同，要对千斤顶提起的钢绞线进行梳理导向，让其自由排出不受力，在不考虑再利用的情况下，可随时割断。

考虑再次利用钢绞线，该工程做了梳理架，梳理架用角钢在钢柱上焊接梳理盘，以保证此盘以下钢绞线不受弯曲，保证上锚开起自由。梳理盘距千斤顶顶部伸出最高位置 500mm（千斤顶伸出 300mm）。也就是千斤顶缩回时，顶部距梳理盘 800mm，考虑到排出的钢绞线置于单侧，在排出方向加了支撑，以保证梳理架稳定。

6）网架试提升前检查。

a. 钢绞线穿绕有无错孔、打绕现象，可用肉眼观察，每转 60°是一列，穿线无误的千斤顶整束钢绞线，上下排列整齐能清晰看到缝隙。

b. 固定锚具与构件的贴实情况，固定锚下预留线头约 300mm。

c. 安全锚是否处于工作状态。

d. 钢构件与钢绞线在提升过程中有无干涉物和干涉位置，发现应及时处理，在提升钢结构时无绑扎不牢物品。

7）提升过程。

a. 提升过程示意图如图 3.2.17 所示。

b. 操作要点。提升钢结构 8 由下部锚具 5 锚固，并由提升钢绞线 7 悬挂，下部夹具 4 已卡紧；千斤顶 1 顶升，使被提升钢结构由上部锚具 3 承受，下部夹具 4 打开，使钢绞线自由通过下部锚具 5 滑动。被提升钢结构每小时提升 2.5～3m；在千斤顶顶升后，将被提升钢结构由下部锚具 5 承受，而上部锚具 3 自由沿钢绞线滑下。

8）网架下降过程。下降过程操作要点，同提升过程，只是顺序相反，被提升钢结构在千斤顶回油时降下。

a. 第一次就位——提升到平均设计标高值：整个钢结构提升接近设计高 500mm 时，在各点组织人员进行监测，根据监测数据操作，测出并确定平均值。因为该工程 8 个支座

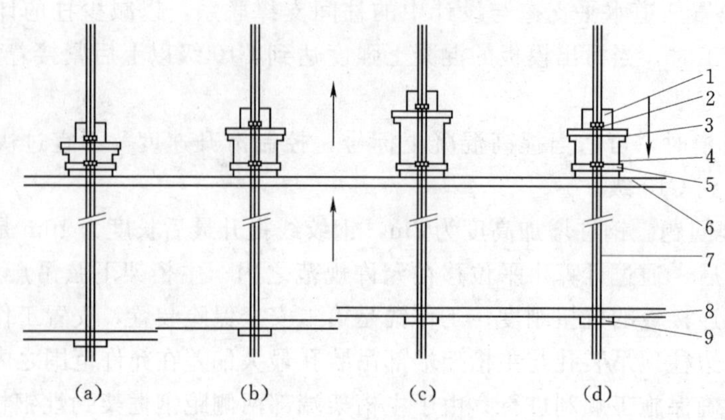

图 3.2.17 提升过程示意图

1—穿心式液压千斤顶；2—上部夹具；3—上部锚具；4—下部夹具；5—下部锚具；6—千斤顶支撑点钢柱悬臂；7—提升钢绞线；8—被提升钢结构；9—下部固定锚

标高并不相同，当个别千斤顶达到就位高度，即将个别泵组关机，使整个系统不能操作时，再采用单台手动调整，监测系统应力。

整个钢结构达到平均设计标高值后，安装焊接钢牛腿。

b. 第二次就位——整体钢结构放在钢牛腿上：上锚松升缸 200mm 左右，紧上锚继续升缸 500mm 左右，开下锚，安全锚打开。下锚打开和安全锚垫起后，缩缸，直至钢绞线松弛。安全锚回位，处于顶升状态进（锚板固定螺栓上加垫管，防止抽钢绞线时将未抽动的钢绞线孔夹片松开），上锚打开。此时可以松动固定锚板螺栓，取下锚片压板，依次拆下夹片，抽取钢绞线，然后将锚具、锚片、压板、夹片组装好。

此时钢结构 8 个支座已全部落在钢牛腿上。

(5) 液压千斤顶爬升法。

1) 工艺流程如图 3.2.18 所示。

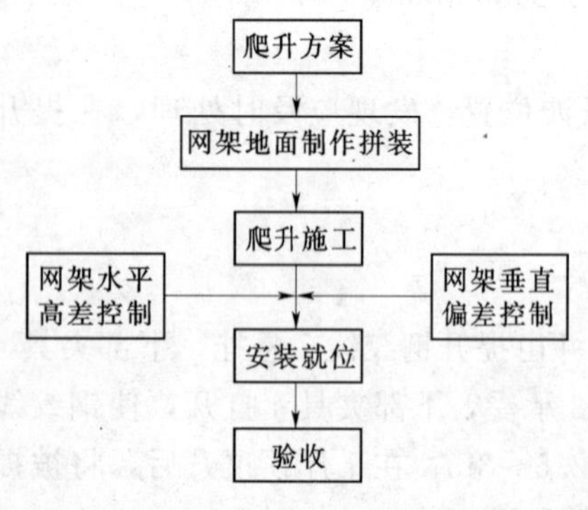

图 3.2.18 液压千斤顶爬升法工艺流程

2) 安装施工要点。

a. 网架地面制作与拼装：网架的制作与拼装分二步进行：

第一步工厂制作，即在工厂进行全部杆件和节点的制作，并拼装成小单元后运至现场。

第二步是现场组装，即在组装平台按合理的顺序进行组装，组装时要求全部杆件与节点用螺栓或点焊固定。

组装后并经检查校正后方可焊接，焊接时宜从网架中央节点开始，呈放射状向四周展开，最后的焊接网架支座节点。

b. 爬升工序：整个爬升过程分试爬、正式爬升和就位爬升三步。

试爬：根据结构特点确定合理的试爬高度，一般为离地面 500mm。等网架爬至试爬高度后，检查其变形和液压爬升系统、安装屋面系统，并检修爬道，必要时对支承柱进行

加固处理。

正式爬升：试爬检查就绪后，可按设计要求进行爬升，爬升速度宜控制在 1～3m/h 左右。

就位爬升：就位爬升前应逐一检查液压设备、调整支座水平高差和校正吊杆垂直度，确认无误后即可按设计要求安装就位。

c. 网架水平高差及垂直控制。

网架水平高差控制：网架平稳上升是保证网架整体爬升质量的关键，因此安装前必须对千斤顶进行检查和同步试验。另外，由于各支座的负载不均、各千斤顶的行程和回油下滑量不一，须采取有效措施及时进行局部调整。实践证明，爬升施工时宜每爬升 25cm 即对网架水平高差调整一次。

网架垂直偏差控制：由于吊杆自由长度大，网架爬升时左右摆明显、支座节点板有靠柱现象，在柱两侧支座节点板上安装一对限位小滑轮，以控制其垂直偏差。实践证明，只要吊杆位置安装正确，支承柱表面平滑，网架在轻微摆动状态爬升时不会出现卡柱现象。

（6）升网滑模工艺流程。

1）工艺流程如图 3.2.19 所示。

2）安装施工要点。

a. “体外滑模”施工，也是升网滑模法。由于网架支座较大，滑模所采用的提升架和千斤顶无法设置在柱内，只能放在柱子外，这就形成全部“体外滑模”施工，因此“体外滑柱顶网”施工的群柱稳定性，就成为工程滑模施工的重要问题。

b. 滑模同步提升难度大。因为网架整体提升时，要求各个支承点在提升过程中不能出现较大高差。

c. 室内浇混凝土一般采用商品混凝土，坍落度受混凝土运输时间的长短而不同，有大有小，对工程滑模施工也是一个难点。

d. 施工通道及操作平台的布置：利用网架自身结构，在四周铺上钢脚手板即成为施工通道。将柱子外两滑模的提升架加以连接再放上脚手板，即做成操作平台。这些施工通道和操作平台均随着柱子的滑升而一起上升。

e. 千斤顶选择及油路布置：为使网架平稳上升，要求千斤顶尽量同步。因

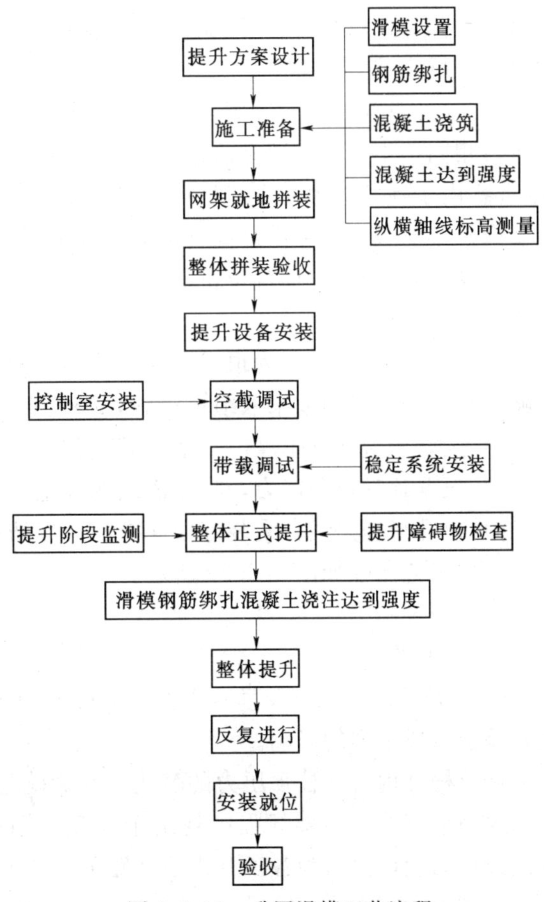

图 3.2.19　升网滑模工艺流程

此，在选用千斤顶时要求其液压行程误差都控制在0.5mm以内，且每台千斤顶所承受的荷载尽量接近。具体数量根据每根柱子的支座反力、活载、自重及摩擦力等来确定。

油路布置：根据千斤顶布置的实际情况将油路分为几组，每组千斤顶的数量尽量相等，控制柜放在网架下中间位置的地面上，几组主油管的长度能满足千斤顶提升至最高处时的使用要求。

f. 同步提升措施。在千斤顶选用时，要求对其液压行程进行严格控制，确保行程误差控制在0.5mm内；每台千斤顶通过调整针形阀作上升速度快慢调整，使每台千斤顶的爬升速度相近；千斤顶顶升的高差，通过每台的限位环进行统一高度控制，正常限位高度一般为300mm；当每一柱子上两个提升架的千斤顶产生高差时，根据实际情况进行调整。

g. 防止网架偏移措施。避免千斤顶打滑。施工前，要保证支承杆插正。施工过程中发现千斤顶打滑现象，要及时通过顶部的松卡装置进行支承杆垂直的调整；保证支承杆稳定性。每滑一段（800mm）就对支承杆加固一道，确保其稳定性。

6. 整体顶升法

（1）适用范围：整体顶升法适用于大跨度网架的重型屋盖系统支点较少的点支承网架的安装。

特点：

1）网架整体顶升法，网架在起重设备的上面称为顶升，使用的顶升设备一般较小，利用小机群安装大网架。

2）顶升过程，除用专用支架外，一般均利用结构柱，顶升阶段网架的支撑情况与使用阶段相同，不需考虑顶升阶段的加固措施。

3）由于顶升能力较大，尽可能多地安装屋面结构再顶升。减少高空作业，降低成本。

（2）作业条件。除满足高空散装法作业条件之外，还要满足以下要求：

1）网架结构在地面就位拼好，检查验收完毕，其他附属结构及设备安装完毕，并通过验收。

2）用原有结构柱作为顶升支架，或另设专门顶升支架进行稳定性计算，如果稳定性不够，则应进行加固或采取缆风措施，经检查合格。

3）选好和做好枕木垛，支搭牢固，作为千斤顶支座，验收合格。

4）根据顶升设备能力，将屋面结构及电气通风设备，在地面安装完毕验收合格。

5）顶升行程路线，安装好导向措施，以防网架顶升过程中网架偏转。

（3）工艺流程如图3.2.20所示。

（4）安装施工要点。

1）一般要求：

a. 顶升的同步控制及垂直上升。网架整体顶升时必须严格保持同步，如各支点间产生升差会造成下列的影响。

造成杆件内力和柱顶压力的变化，其影响程度与网架结构形成、顶升支点的间距、升差的大小等有关。网架规程中规定千斤顶负荷折减系数取0.4～0.6。网架整体顶升时，各顶升点的允许差值为各顶升支柱间距的1/1000，且不大于30mm。

b. 造成网架的偏移。由于顶升时升差值的影响，会引起结构杆件和千斤顶受力不均

而造成危害。控制提升高差更重要地是为了减少网架的偏移。

影响网架偏移的主要因素是顶升时不同步，其次是柱子的刚度。因此，在操作上应严格控制各顶升点的同步上升是积极的措施。即应以预防为主，尽量减少这种偏移。

设置导轨很重要。导轨角钢与支座板间空隙为 20mm，即顶升过程中不允许网架偏移 20mm。

纠偏方法可以把千斤顶斜或人为造成反向升差，或将千斤顶平放，水平支顶网架支座。由于以上两点理由，网架顶升时应控制网架的同步上升，升差值应控制在规定范围内。

2）柱子稳定。当利用结构柱作为顶升的支撑结构时，应注意柱子在顶升过程中的稳定性。

a. 应验算柱子在施工过程中承受风力及垂直荷载作用下的稳定性。

b. 并采取措施保证柱子在施工期间的稳定性。

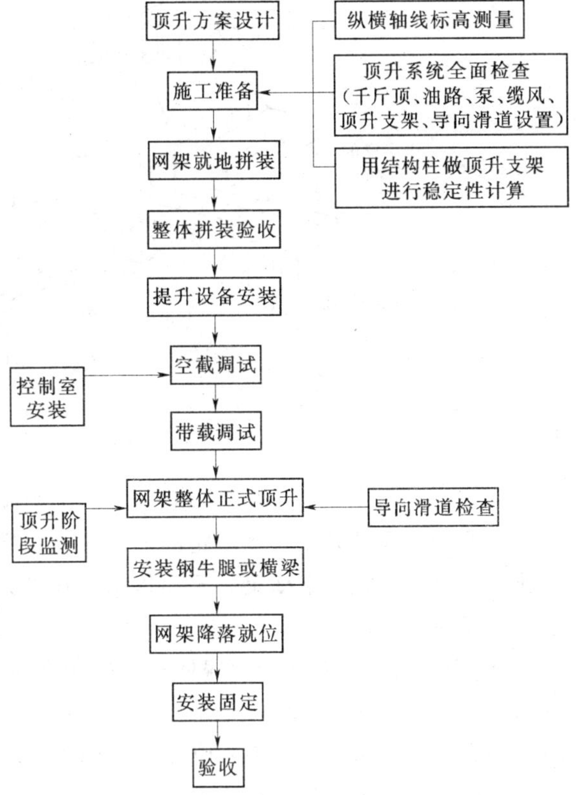

图 3.2.20　整体顶升法工艺流程图

c. 及时连接柱间支撑、钢格构柱的缀板；当为钢筋混凝土柱时，如沿柱高度有框架梁及连系梁时，应及时浇筑混凝土。

d. 网架顶升时遇到上述情况，均应停止顶升，待柱的连系结构施工完毕，并达到要求强度后再继续顶升。

3）顶升过程。从开始顶升到最后就位，可归纳为三种程序，即初始顶升程序、正常顶升程序和最终就位程序。其中反复循环最多的是正常顶升程序，另外两种都只有一个循环，每完成一个循环，屋盖就升高了 80cm。

a. 正常顶升程序。正常顶升透视如图 3.2.21 所示。上、下小梁互相垂直，并相差一个步距。十字梁底面与下小梁相互垂直，并相差一个步距。十字梁底面与下小梁顶面之净空 80cm，比千斤顶与下横梁底板总高度 78cm 略有余量，保持这个余量，对保证顶升安全及顺利进行是非常重要的。

b. 正常顶升过程。首先顶升 17.5cm，将 a 垫的第一个台阶推入十字梁与上小梁之间；千斤顶回油，十字梁搁置在 a 垫的这个台阶上。首次自提下横梁、千斤顶 17.5cm。将 b 垫的第一个台阶推入下横梁与小梁之间；自提油缸回油，下横梁、千斤顶支承在 b 垫的这个台阶上，准备第二次顶升。如此反复循环四次，a、b 垫全部推入，十字梁升高 70cm；第五次千斤顶顶升 12cm，将 a 垫推出，把上小梁吊升到上级牛腿上，千斤顶回

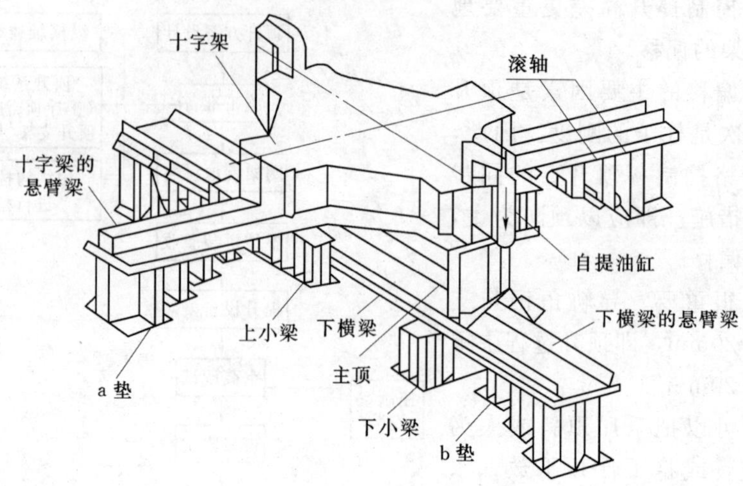

图 3.2.21　正常顶升透视

油，十字梁搁置在已升高一个步距的上小梁上；提升下横梁推出 b 垫，将下小梁吊升到上级牛腿上。自提油缸，下横梁，千斤顶支承在已升高一个步距的下小梁上。这个步距的正常顶升已经完成了。

4）同步及纠偏。对同步及偏移必须控制在一个合适的范围内，其标准如下：①顶升时对同步的要求：同柱一组两个千斤顶高差不得大于 1cm；四个支柱，最高与最低高差不得大于 3cm；②网架就位后的验收标准：四个支承柱最高与最低高差不大于 5cm；网架支座中心对柱基轴线的水平位移 4.8cm。

a. 为了满足上述要求，在控制同步方面的措施：千斤顶再使用前，空载调试；千斤顶的出顶状态与出顶时间做到基本一致；每顶升 17.5cm 分四次完成；对每个千斤顶，配有一套光点指示系统。控制台可以及时采取有效措施，保持顶升同步；对钢柱各级牛腿标高，上下小梁支承处高度，a、b 垫各台阶的高度及其与悬臂部分所留的间隙必须严格检查，及时修正。

b. 纠偏措施：顶升前对网架拼装时支座的水平位移进行检查，作出记录；在网架的四个支柱附近及中心处确定五个固定点。每顶升一个步距，对这五个点的水平位移进行观测；每顶升一步距，测量十字梁四个端部与钢柱肢的导轨板的间隙，对照网架水平平面内的偏移；在顶升过程中，千斤顶要多次回油。回油操作亦应由总控台统一指挥；如已发生偏移，且其值不大，则可以让千斤顶顶出时，略有倾斜，使之产生水平分力。亦可在十字梁与钢柱肢导向板之间塞以钢楔。此楔顶升时随之上升，回油时加以锤击，亦能起到防止和纠正偏移的作用；若偏移已发展到一定程度，则可用横顶法纠正。

3.2.4.2　网架拼装

网架的拼装应根据网架跨度、平面形状、网架结构形状和吊装方法等因素，综合分析确定网架制作的拼装方案。

网架的拼装一般可采用整体拼装、小单元拼装（分条或分块单元拼装）等。不论选用哪种拼装方式，拼装时均应在拼装模架上进行，要严格控制各部分尺寸。对于小单元拼装的网架，为保证高空拼装节点的吻合和减少积累误差，一般应在地面拼装。

拼装时要选择合理的焊接工艺，尽量减少焊接变形和焊接应力。拼装的焊接顺序应从中间开始，向两端或向四周延伸展开进行。

1. 材料、半成品要求

1）材料要求：钢材材质、钢板、钢管、型钢等必须符合设计要求，如无出厂合格证或有怀疑时，必须按现行国家标准《钢结构工程施工质量验收规范》（GB 50205—2001）的规定进行机械性能试验和化学分析，经证明符合标准和设计要求后方可使用。

2）焊接球、螺栓球、封板、锥头和套筒。焊接球、螺栓球、封板、锥头和套筒所采用的原材料，其品种、规格、性能等应符合现行国家产品标准和设计要求，并有产品的质量合格证明文件、中文标志及检验报告等。通过质量验收、必须符合其他主控项目及一般项目的要求。

3）连接材料：焊条、高强度螺栓等连接材料，应符合规范规定的主控项目和一般项目及设计要求，并有质量合格证明文件、中文标志及检验报告等。

2. 作业条件

1）拼装前编制施工组织设计或拼装方案，保证网架焊接拼装质量，必须认真执行相关技术方案。

2）拼装过程所用计量器具如钢尺、全站仪、经纬仪、水平仪等，经计量检验合格，并在有效期之内制作、安装。土建、监理单位使用钢尺必须进行统一调整，方可使用。

3）焊工必须有相应焊接形式的合格证。

4）对焊接节点的（空心球节点、钢板节点）网架结构应选择合理的焊接工艺及顺序，以减少焊接应力与变形。

5）网架结构应在专门胎具上小拼，以保证杆件和节点的精度和互换性。

6）胎具在使用前必须进行尺寸检验，合格后再拼装。

7）在整个拼装过程中，检测人员要随时对胎具位置和尺寸进行复核，如有变动，经调整后方可重新拼装。

8）网架的片或条块应在平整的刚性平台上拼装，拼装前，必须在空心球表面用套模画出杆件定位线，做好定位记录，在平台上按 1∶1 大样搭设立体模来控制网架的外形尺寸和标高，拼装时应设调节支点来调节钢管与球的同心度，如图 3.2.22～图 3.2.26 所示。

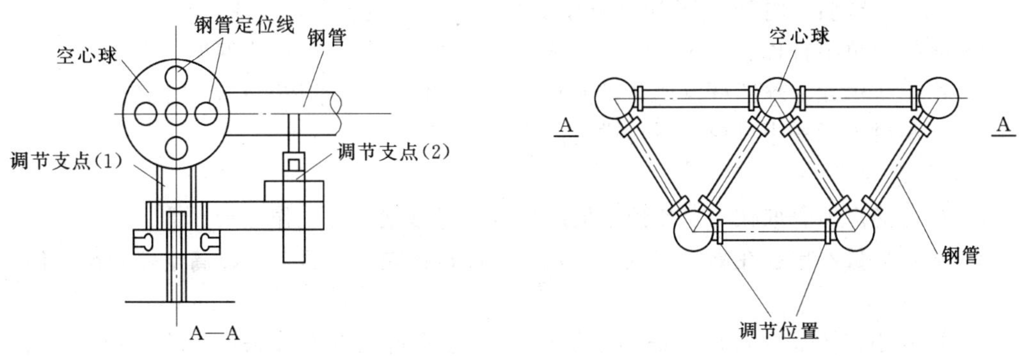

图 3.2.22　钢管与球同心度控制

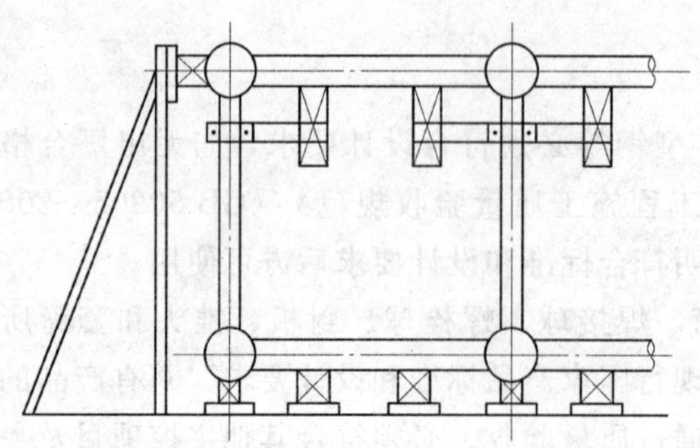

图 3.2.23　拼装与总拼的支点设置

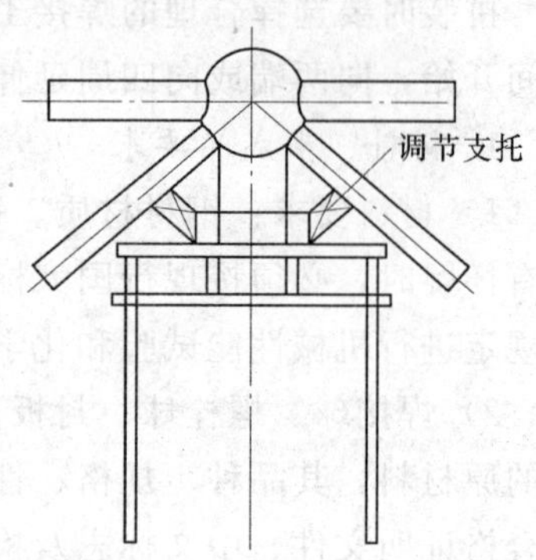

图 3.2.24　无竖杆的支点设置

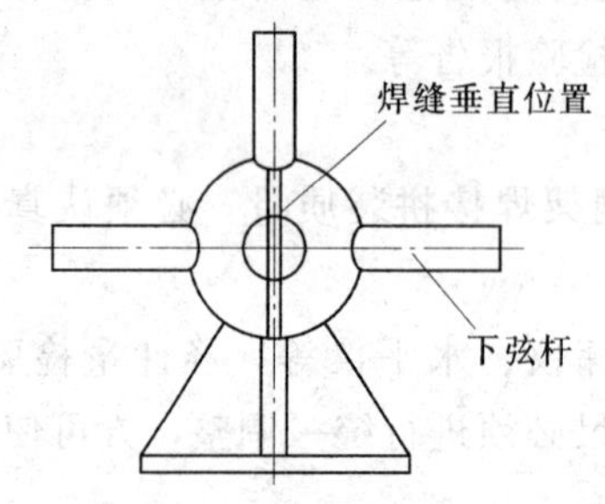

图 3.2.25　垂直焊缝设置

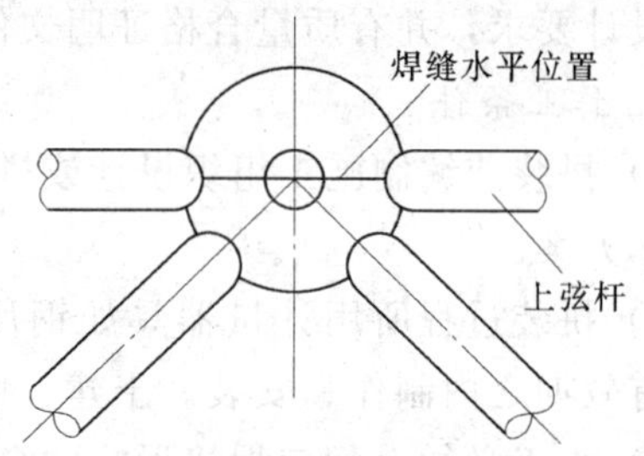

图 3.2.26　水平焊缝设置

9）焊接球节点网架结构在拼装前应考虑焊接收缩，其收缩量可通过试验确定，试验时可参考下列数值：钢管球节点加衬管时，每条焊缝的收缩量为1.5～3.5mm；钢管球节点不加衬管时，每条焊缝的收缩量为2～3mm；焊接钢板节点，每个节点收缩量2～3mm。

10）对供应的杆件、球及部件在拼装前严格检查其质量及各部尺寸，不符合规范规定的数值，要进行技术处理后方可拼装。

11）对小拼、中拼、大拼在拼装前必须进行试拼，检查无误后再正式拼装。

3. 工艺流程

如图3.2.27所示。

4. 操作工艺

（1）合理分割：即把网架根据实际情况合理地分割成各种单主体。

1）直接由单根杆件、单个节点、一球一杆、两球一杆，总拼成网架。

2）由小拼单元一球四杆（四角锥体）、一球三杆（三角锥体）总拼成网架。

3）由小拼单元→中拼单元→总拼成网架。

（2）拼装要求。

1）尽可能多地争取在工厂或预制场地焊接，尽量减少高空作业量。

2）节点尽量不单独在高空就位，而是和杆件连接在一起拼装，在高空仅安装杆件。

（3）小拼单元。

1）划分小拼单元时，应考虑网架结构的类型及施工方案等条件，小拼单元一般可分为平面桁架型和锥体型两种。

2）小拼单元应在专门的拼装架上焊接，以确保几何尺寸的准确性，小拼模架有平台型和转动型两种。

3）斜放四角锥网架小拼单元的划分。将其划分成平面桁架型小拼单元，则该桁架缺少上弦，需要加设临时上弦。

4）如采取锥体型小拼单元，则在工厂中的电焊工作量占75%左右，故斜放四角锥网架以划分成锥体型小拼单元较有利。

5）两向正交斜放网架小拼单元划分方案，考虑到总拼时标高控制方便，每行小拼单元的两端均在同一标高上。

（4）网架单元预拼装。采取先在地面预拼装后拆开再行吊装的措施。当场地不够时，也利用“套拼”的方法，即两个或三个单元，在地面预拼装，吊去一个单元后，再拼接一个单元。

（5）总拼顺序。

1）为保证网架在总拼过程中具有较少的焊接应力和便于调整尺寸，合理的总拼顺序应该是从中间向两边或从中间向四周发展，如图 3.2.28 所示。

2）总拼时严禁形成封闭圈，因为在封闭圈中焊接［图 3.2.28（c）］会产生很大的焊接收缩应力。

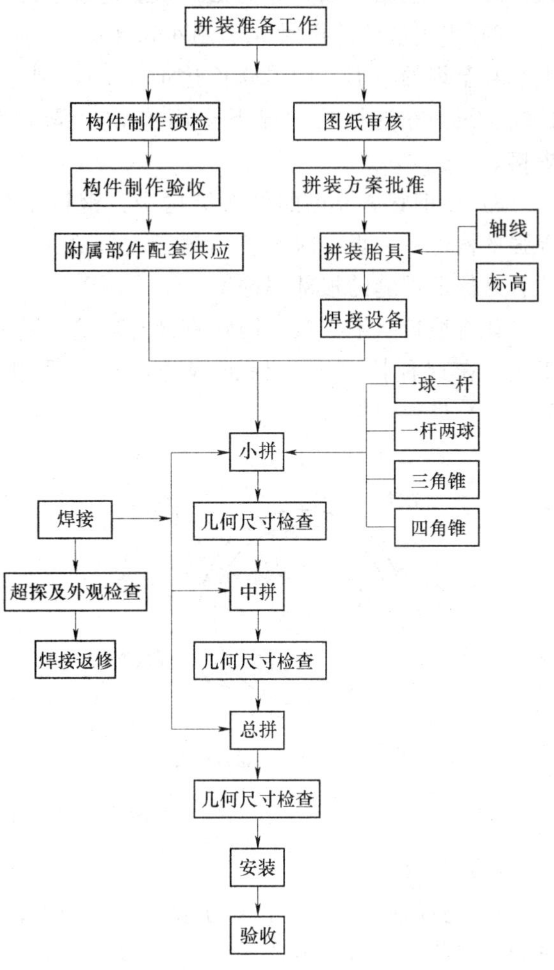

图 3.2.27　网架拼装工艺流程

（6）焊接。

1）网架焊接时，一般先焊下弦，使下弦收缩而略上拱，然后焊接腹杆及上弦，即下

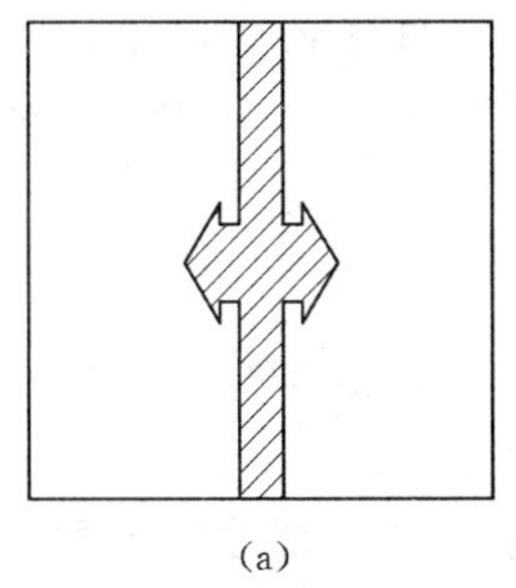

(a)

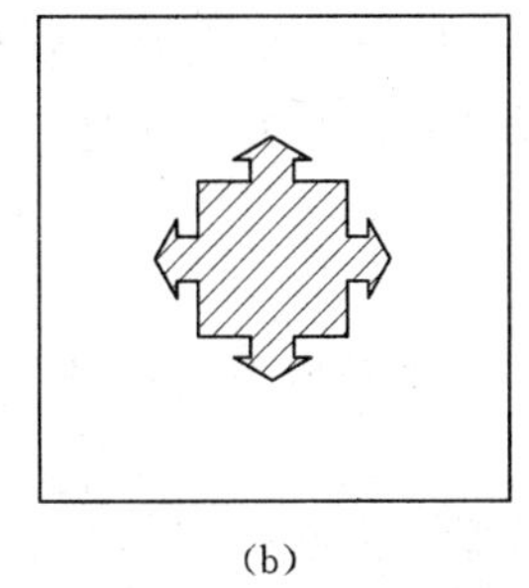

(b)

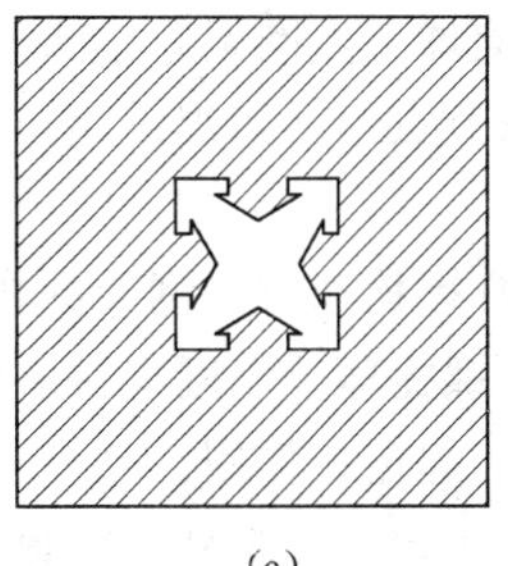

(c)

图 3.2.28　总拼顺序示意图

（a）由中间向两边发展；（b）由中间向四周发展；（c）由四周向中间发展（形成封闭圈）

弦→腹杆→上弦。如先焊上弦，则易造成不易消除的人为挠度。

2）当用散件总拼时（不用小拼单元），如果把所有杆件全部定位焊好（即用电焊点上）甚至焊的很牢（例焊缝长达10mm），则在全面施焊时将容易造成已定位焊的焊缝被拉断。因为在这样的情况下全面施焊，焊缝将没有自由收缩边，类似在封闭圈中进行焊接。

3）在钢管球节点的网架结构中，钢管厚度大于6mm时，必须开坡口，在要求焊缝等强的构件中，焊接时钢管与球壁之间必须留有1～2mm的间隙，为此应加衬管，这样才容易保证焊缝的根部焊透。

如将坡口（不留根）钢管直接与环壁顶紧后焊接，则必须用单面焊接双面成型的焊接工艺。在这种情况下为保证焊透，建议采用U形坡口或阶梯形坡口（虚线表示，图3.2.29）进行焊接。

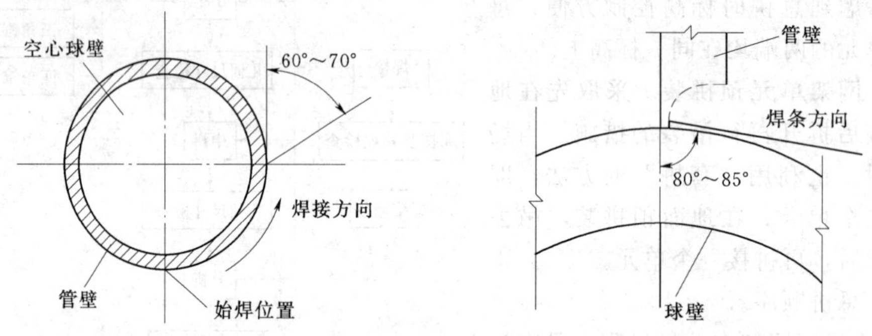

图3.2.29 球—管横焊

（7）焊缝检验。

1）为保证焊缝质量，对于要求等强的焊缝，其质量应符合现行《钢结构工程施工质量验收规范》（GB 50205—2001）二级焊缝质量指标。

2）按二级焊缝外观检查。

3）超声波无损检验。

网架规程中，对大中跨度钢管网架的拉杆与球的对接焊缝，其抽样检验数不少于焊口总数的20%。具体检验质量标准可根据《钢网架焊接球节点焊缝超声波探伤方法及质量分级法》（JG/T 3034.1）所规定的要求进行检验。

螺栓球节点网架，锥头与管连接焊缝，超声波无损检验，具体检验质量标准可根据《螺栓球节点钢网架焊缝超声波探伤方法及质量分级法》（JG/T 3034.2）所规定的要求进行检验。

（8）螺栓球节点网架的拼装。

1）螺栓球节点网架拼装时，一般是先拼下弦，将下弦的标高和轴线调整后，全部拧紧螺栓，起定位作用。

2）开始连接腹杆，螺栓不宜拧紧，但必须使其与下弦连接端的螺栓吃上劲，如吃不上劲，在周围螺栓都拧紧后，这个螺栓就可能偏歪（因锥头或封板的孔较大），那时将无法拧紧。

3）连接上弦时，开始不能拧紧。当分条拼装时，安装好三行上弦球后，即可将前两行抄到中轴线，这时可通过调整下弦球的垫块高低进行，然后固定第一排锥体的两端支座，同时将第一排锥体的螺栓拧紧。

按以上各条循环进行。

4）在整个网架拼装完成后，必须进行一次全面检查，看螺栓是否拧紧。

5）正放四角锥网架试拼后，用高空散装法拼装时，也可在安装一排锥体后（一次拧紧螺栓），从上弦挂腹杆的办法安装其余锥体。

（9）起拱。由于网架的刚度较好，在一般正常高度情况下，网架在使用阶段的挠度均较小，因此，当跨度在40m以下的网架，一般可不起拱（拼装过程中，为防止网架下挠，根据经验留施工起拱）。

1）网架起拱按线型分有两类，一是折线型，如图3.2.30（a）所示；二是圆弧线型，如图3.2.30（b）所示。

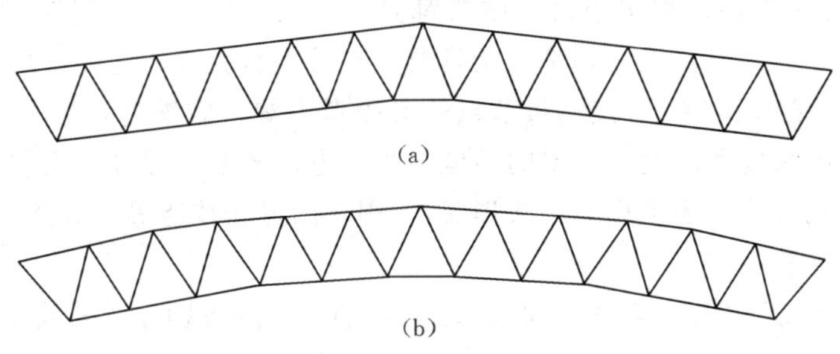

图3.2.30　网架起拱方法

（a）折线型起拱；（b）圆弧线起拱

2）网架起拱按找坡方向分有单向起拱和双向起拱两种。当单向圆弧线起拱和双向圆弧线起拱都要通过计算定几何尺寸。当为折线型起拱时，对于桁架体系的网架，无论是单向或双向找坡，起拱计算较简单。但对四角锥或三角锥体系的网架，当单向或双向起拱时计算均较复杂。

（10）防腐处理。

1）网架的防腐处理包括制作阶段对构件及节点的防腐处理和拼装后最终的防腐处理。

2）焊接球与钢管连接时，钢管及球均不与大气相通，对于新轧制的钢管的内壁可不除锈，直接刷防锈漆即可，对于旧钢管内外均应认真除锈，并刷防锈漆。

3）螺栓球与钢管的连接应属于大气相通的状态。特别是拉杆，杆件在受拉力后即变形，必然产生缝隙，南方地区较潮湿，水气有可能进入高强度螺栓或钢管中，对高强度螺栓不利。

将网架承受大部分荷载后，对各个接头用油腻子将所有空余螺孔及接缝处填嵌密实，并补刷防锈漆，以保证不留渗漏水气的缝隙。

螺栓球节点网架安装时，必须做到确实拧紧了螺栓。

4）电焊后对已刷油漆破坏掉及焊缝漏刷油漆的情况，按规定补刷好油漆。

5. 成品保护

（1）空心球、螺栓球及其附件（高强度螺栓、锥头、无纹螺母、销钉）焊条、焊丝等按同类型、同规格堆放不得受潮。

（2）成品件的底漆、第一遍面漆以及高空总拼后的防火涂料不得磕碰。

（3）对已检测合格的焊缝及时刷上底漆保护。

（4）对小拼、中拼成品堆放时不得压弯。

6. 应注意的问题

（1）技术质量。

1）首先钢材材质和连接材料质量检查记录、质量证明文件等资料应及时保存完整，必须符合有关规范标准及设计要求。

2）根据网架结构的节点形式、网格形式、起重机性能、现场条件制定出切实可行的小拼、中拼或大拼方案、测量方案、焊接方案。

3）网架结构在拼装过程中小拼、中拼都是给大拼（即总拼）打基础的。精度要高，否则累积偏差会超过规范值。尤其是对胎具要经有关人员验收才允许正式拼装。

4）杆件、焊接球节点、焊接钢板节点等必须考虑焊接收缩量，影响焊接收缩量的因素较多，如焊缝的长度和高度、气温的高低、焊接电流密度、焊接采用的方法（一个节点是经多次循环间隔焊成，还是集中一次焊成）、焊工的操作技能等。焊接收缩量不易留准，只靠经验和现场试验而定。

当秋冬季，焊缝较宽、较厚时取大值，杆件下料前就应取得较准确的预留收缩量值。

5）杆件、空心球、螺栓球制作质量应符合质量标准，超出标准较多必须返工达到合格，才能确保拼装尺寸。

6）钢网架结构总拼完成后及屋面工程完成后应分别测量其挠度值，且所测的挠度值不应超过相应设计值的1.15倍。

7）小拼及中拼钢构件堆放应以不产生超出规范要求的变形为原则。

8）对焊接球节点的球、管杆件焊接螺栓球节点的锥头、管杆件焊接按有关标准进行外观检查和无损检测。对型钢节点的焊接按焊接规范进行外观检查。

9）为保证网架拼装质量，每个工序都必须进行测量监控。

10）网架结构节点相当复杂时，应做1∶1样板。检查无误后再正式生产。

（2）安全及环境保护。

1）网架小拼、中拼一般在现场地面进行。为防止电焊火光伤害人的眼睛，一般采取防护措施。大拼有时在地面，有时在高空。尤其是在高空作业，要认真执行高空安全操作规程，安全知识考核、体检，进现场必须将安全带、安全帽、工具袋配备齐全。

2）网架拼装现场要做到活完脚下清。

（3）冬雨季施工。对焊接节点拼装遇雨要采取可靠的防雨措施，进行钢材材质施焊，冬季施焊严格执行《建筑钢结构焊接技术规程》（JGJ 81）的规定，根据钢材材质和温度情况，进行预热、层向后热的技术处理。

3.2.5　任务实施

张家港沙钢集团 6 号原料大棚网架安装。

3.2.5.1　施工准备

1. 施工规范和相关标准

《网壳结构技术规程》(JG 61—2003)

《网架结构设计与施工规程》(JGJ 7—91)

《钢结构工程施工质量验收规范》

《网架结构技术规程》(GB 5025—95)

《钢焊缝手工超声波探伤方法和探伤结果的分析》(GB 11345—89)

《网架结构工程质量检验评定标准》(JGJ 78—91)

《网架与网架工程质量检验及评定标准》(DGJ 08—89—2000)

《建筑施工扣件式钢管脚手架安全技术规范》(JGJ 130—2000)

《工程测量规范》(GB 50026—93)

《建筑机械使用安全技术规范》(JGJ 33—2001)

《建筑工程施工现场供用电安全规范》(GB 50194—93)

《建筑施工安全检查标准》(CJGJ 59—99)

《建筑施工高处作业安全技术规范》(JGJ 80—91)

《张家港市工程建设条例》

2. 施工组织机构设置

组建现场施工项目部，落实岗位责任制，施工组织机构如图 3.2.31 所示。本工程组建由具有一级资格证的项目经理和具有丰富经验的工程师组成的项目部班子，从质量、安全、工期及成本控制等各个方面实行全面管理，顺利完成该工程各工序各阶段任务。

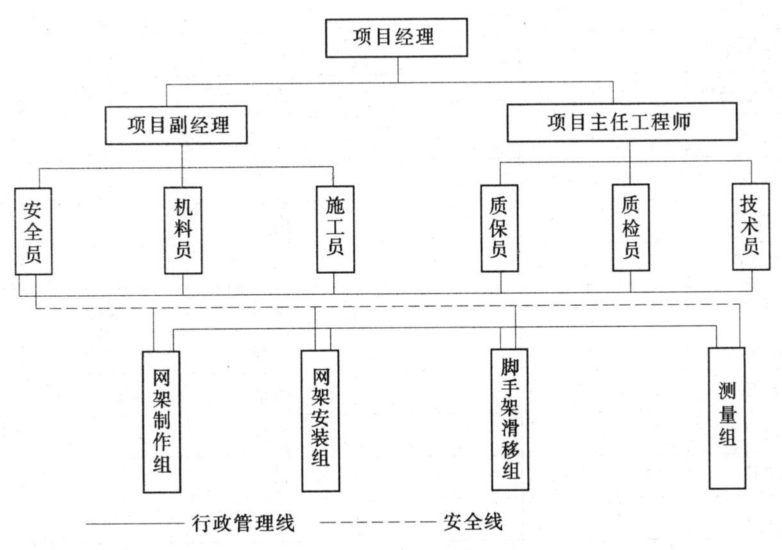

图 3.2.31　施工组织机构框架图

3. 技术准备

(1) 精心设计，合理优化，达到国家规范有关规定和相关文件规定的要求。

(2) 认真熟悉设计文件，进行施工图纸会审，提前解决图纸疑难问题。

(3) 由技术部门会同网架设计部门及项目部人员编制各分项技术措施，组织施工人员进行技术交底。

(4) 在技术质量部门的组织下，进行工程质量策划，并在施工过程中体现质量策划结果。

(5) 根据质量监督部门的要求，备齐工程技术资料表格，依据质量体系程序要求，准备好有关质量体系程序运行表格。

(6) 与业主、监理公司进行测量控制点的交接，建立本工程测量控制网。

(7) 按照国家规定的周期要求对各检测仪器进行鉴定。

4. 现场安装劳动力计划及主要施工机械装备表

根据本工程的工程量及现场实际情况，参照工程的具体施工方案，现场安装劳动力计划及主要施工机械装备见表3.2.4、表3.2.5。

表3.2.4　　现场安装劳动力计划

工种	人数（人）	工种	人数（人）	工种	人数（人）
起重工	35	测量工	2	架子工	5
电焊工	4	汽车司机	2	普　工	10
吊车司机	3				
总计：61人					

表3.2.5　　主要安装施工机械设备表

序号	机械设备名称	型号规格	数量	产地	制造年份	备注
1	W1001履带吊车		1			
2	25T汽车起重机	QY25型	1	湖南	2002	
3	电动单桶卷扬机	1.36t	4	南京	1998	
4	电动倒链	10t	2	吴江	2002	
5	电焊机	32kW交流机	4	南京	1994	
6	单门滑轮	8t	4	南京		
7	三门滑轮	10t	2	南京		
8	手动倒链	10t	2	无锡	1996	
9	手动倒链	1～3t	8	无锡	1998	
10	千斤顶	10～16t	15	南京	2000	
11	超声波探伤仪	CST22	1	苏州	2001	
12	测膜仪	MTKRTEST	1	苏州	2001	
13	测厚仪	LA—30	1	苏州	2002	
14	经纬仪	J2	1	苏州	1995	

续表

序号	机械设备名称	型号规格	数量	产地	制造年份	备注
15	槽 钢	[18 普通槽钢	33m			
16	槽 钢	[22 普通槽钢	25m			
17	电焊条	ϕ2.5～5	若干	南京		
18	钢丝绳	ϕ21.5mm	250m	无锡	2003	6×36+1
19	钢丝绳	ϕ19.05mm	80m	无锡	2003	6×36+1
20	钢丝绳	ϕ12.7mm	400m	无锡	2003	6×36+1
21	白棕绳	ϕ10mm	60kg	南京		

5. 现场布置及后勤安排

(1) 绘制现场施工平面图，如图 3.2.32 所示。

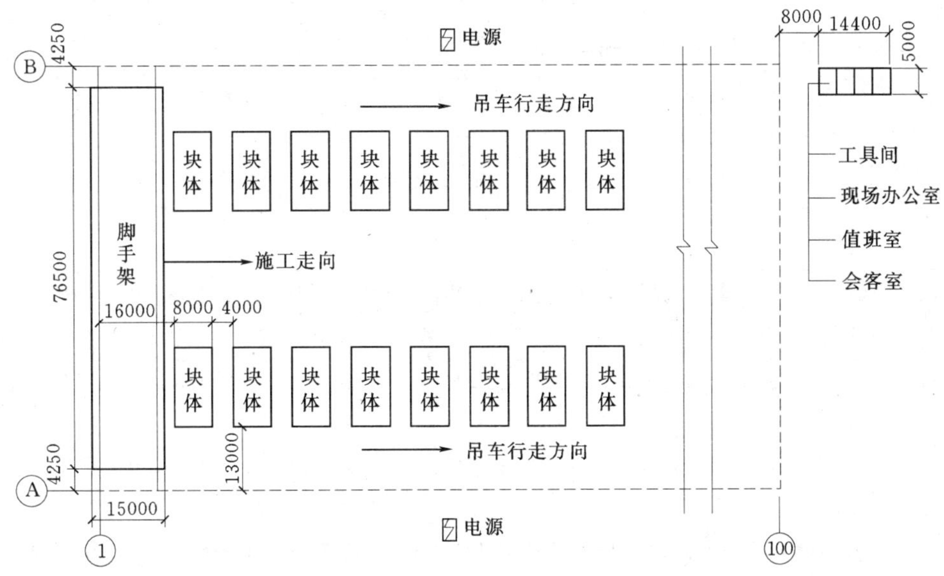

图 3.2.32　施工平面布置图

(2) 根据施工单位用电方案，将电源接入施工现场指定位置，本工程施工期间最高用电量需要 150kW。

(3) 依据施工平面图，搭建临时办公室约 30m²，仓库 20m²。

(4) 妥善安排施工驻地及生活，通信设施，施工人员的食宿安排在场外。

3.2.5.2 钢网架结构现场安装

1. 钢网架结构安装施工图

如图 3.2.33 所示。

2. 现场安装

(1) 安装方法选择。本工程设计采用综合法施工工艺进行网壳结构的施工。

综合法施工工艺是综合利用高空散装法、分块吊装法和滑移法施工的网壳施工工艺。

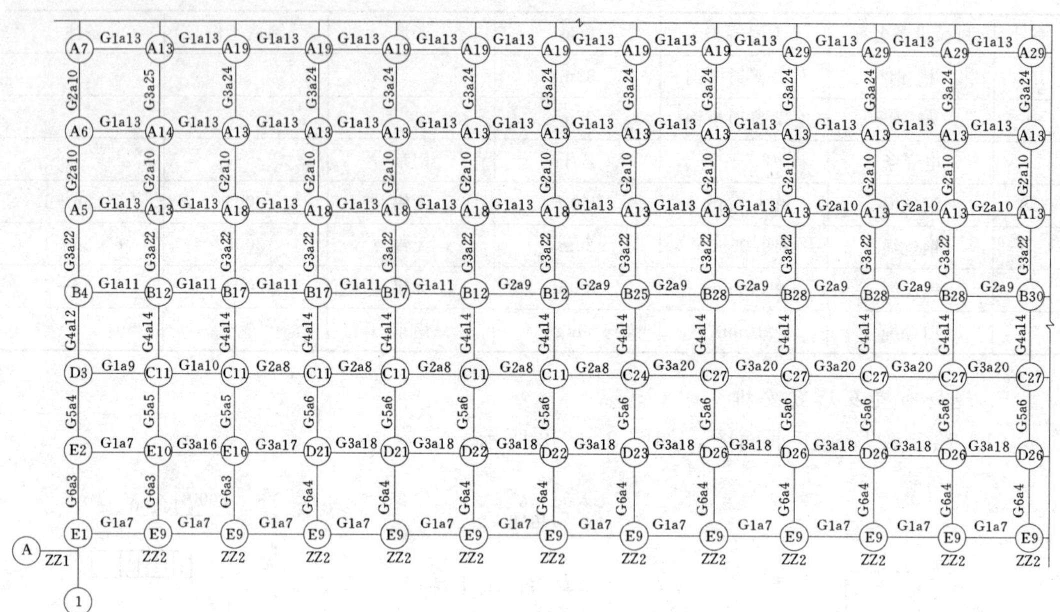

(a)

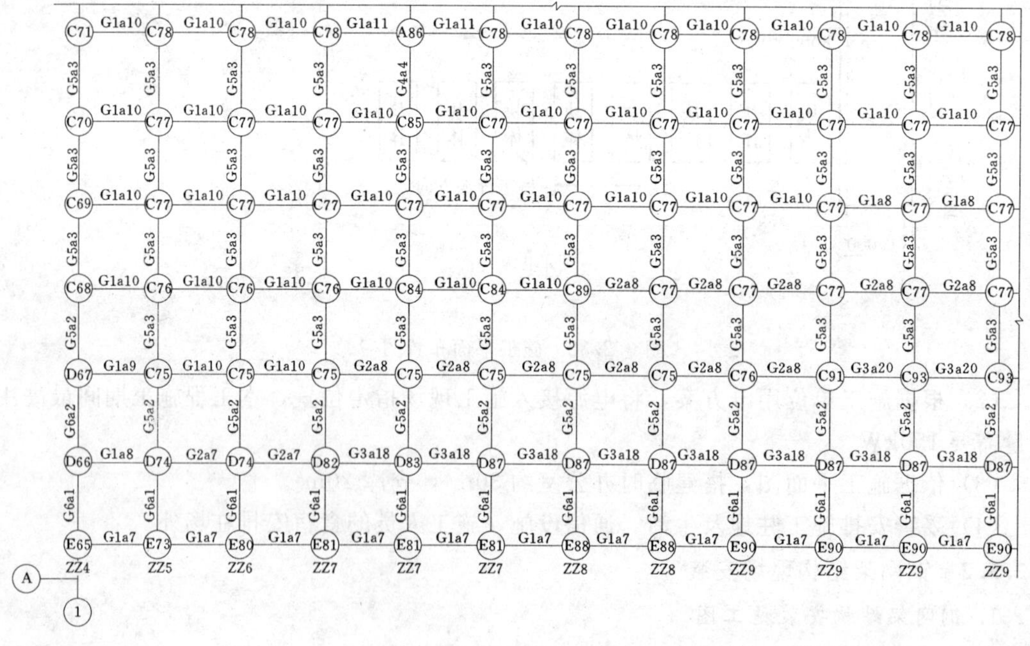

(b)

图 3.2.33（一）　张家港沙钢集团 6 号原料大棚网架施工图

（a）网架上弦平面布置图；（b）网架下弦平面布置图

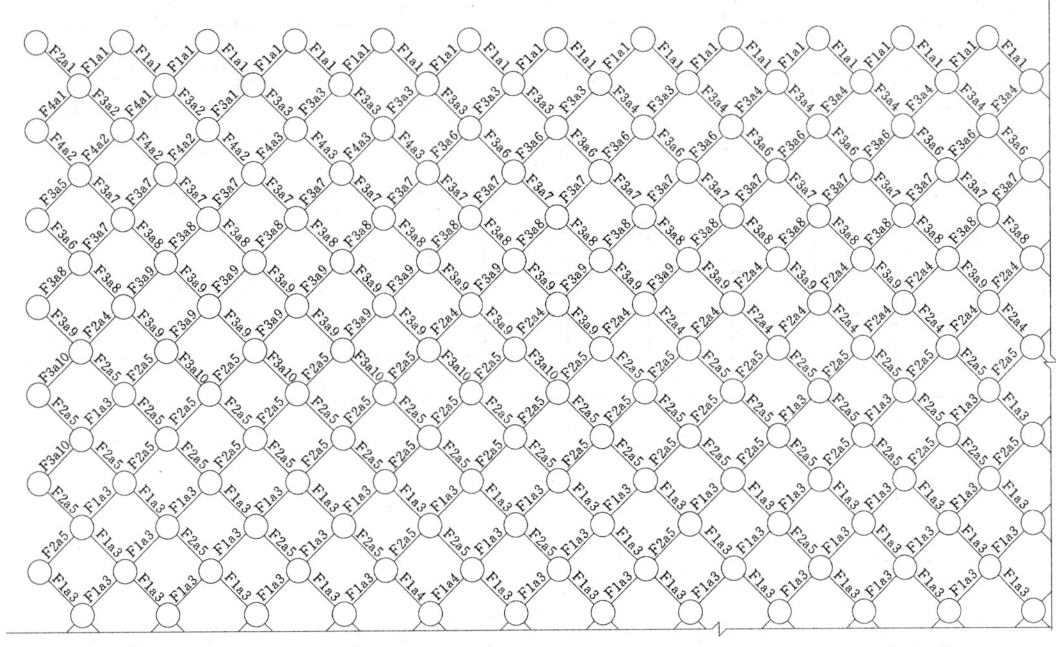

(c)

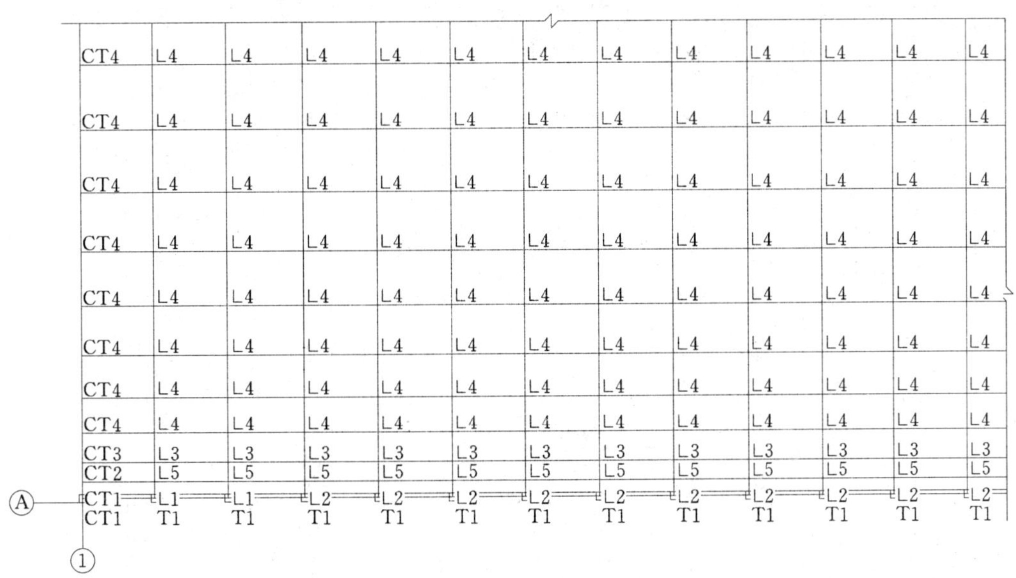

(d)

图 3.2.33（二）　张家港沙钢集团 6 号原料大棚网架施工图

(c) 网架腹杆平面布置图；(d) 网架支托布置图

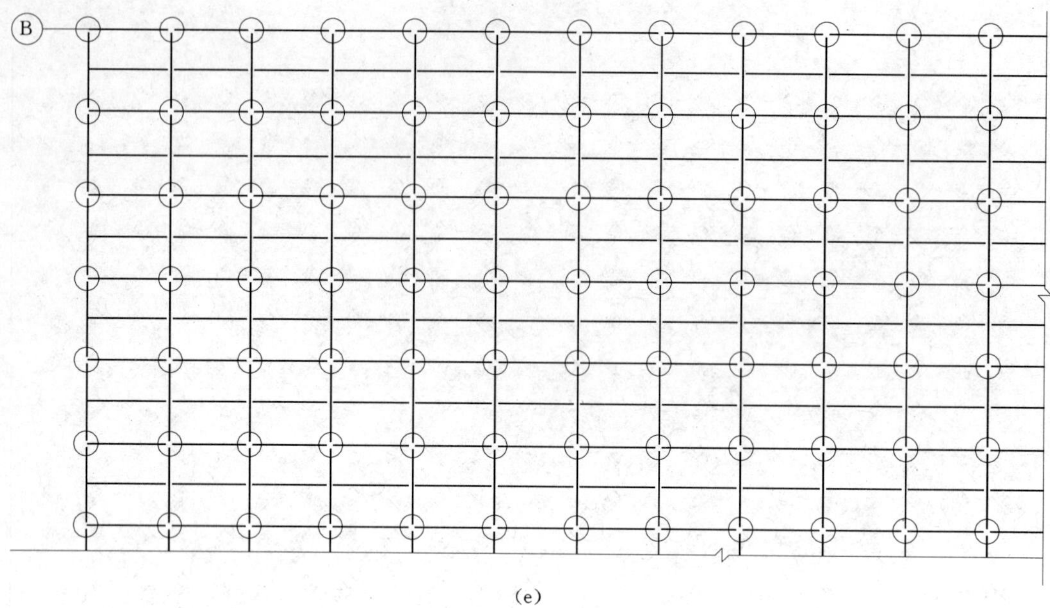

(e)

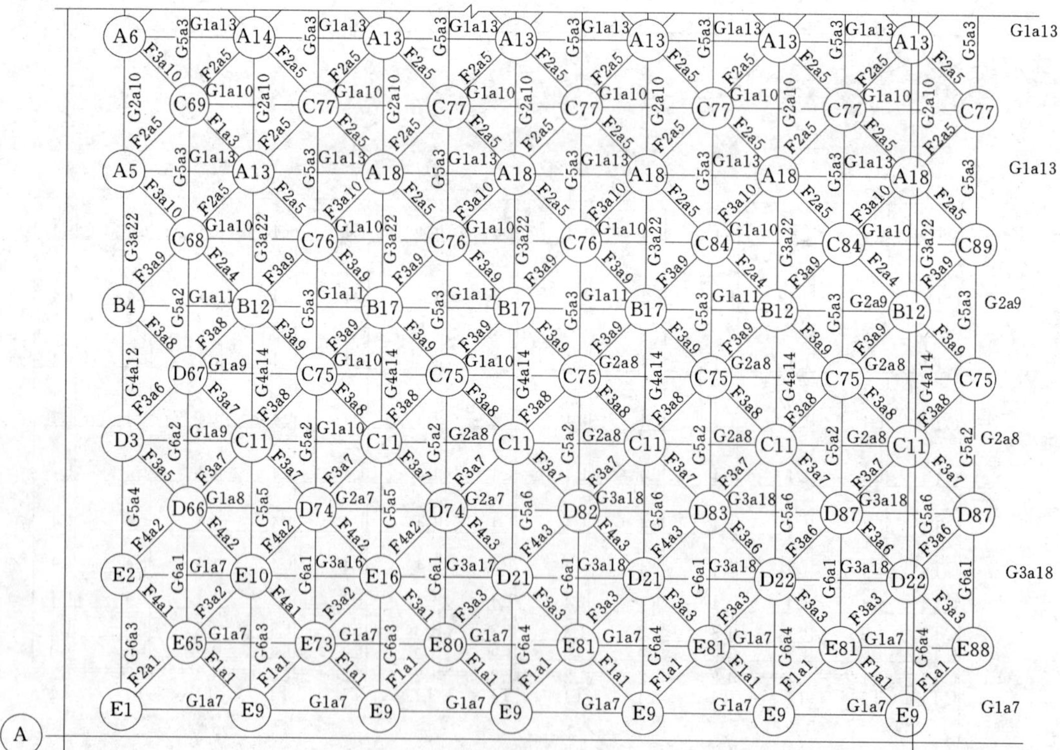

1—7—A 区

(f)

图 3.2.33（三）　张家港沙钢集团 6 号原料大棚网架施工图

(e) 檩条布置图；(f) 网架平面图

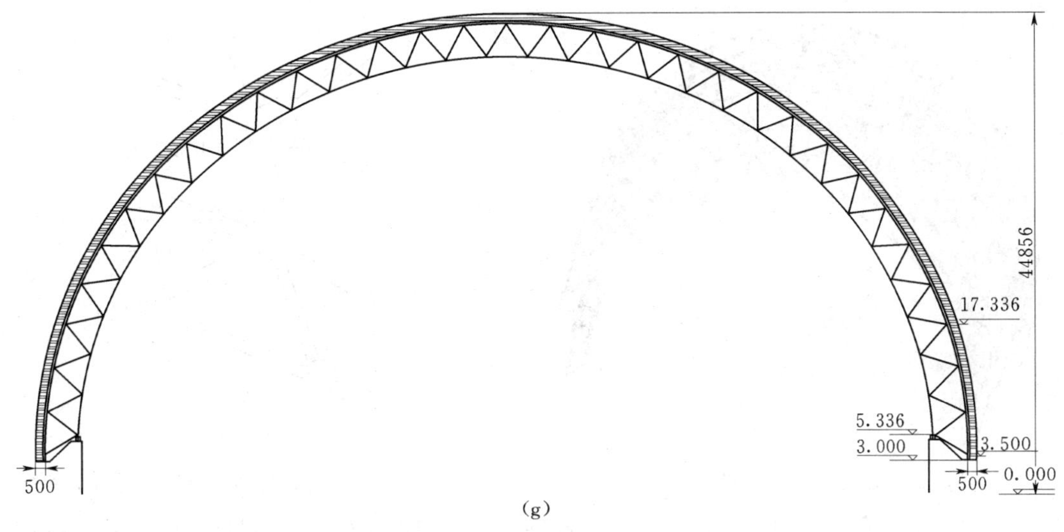

图 3.2.33（四）　张家港沙钢集团 6 号原料大棚网架施工图
(g) 网架剖面图

在本工程中，脚手架采用网架结构制作，通过网架脚手架的滑移，逐步完成网壳结构的安装。由于网壳的底部近乎直立，该部分采用分块吊装法施工，中部网壳采用高空散装法，在网架脚手架上完成。

（2）网架安装。

1）该网壳结构施工采用滑移脚手架进行高空散装Ⓐ～Ⓑ轴网架下弦 5.336m 处至 17.336m 在地面拼成为底部一个块体，采用一台 W1001 履带吊（或 25t 汽车吊）进行安装，如图 3.2.34 所示，在Ⓐ～Ⓑ轴跨内①～④搭设 76.5m×12m 柱面曲线圆承重滑移拼装胎模，进行高空散装。每安装一个单元块体，进行滑移脚手架一次，依次类推，脚手架滑移牵引采用两台同型号 10t 电动倒链，倒链固定反力支架上。网壳安装滑移施工顺序，如图 3.2.35 所示。

2）在跨内设置一台 15t 履带吊，（臂接长 23m，回转半径 7.5m 最大起重量 8t，起重

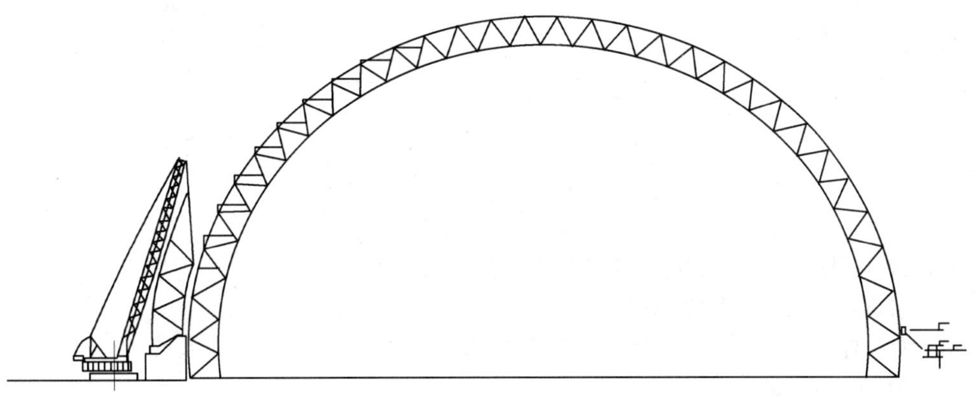

图 3.2.34　一号块体采用 W1001 履带吊安装

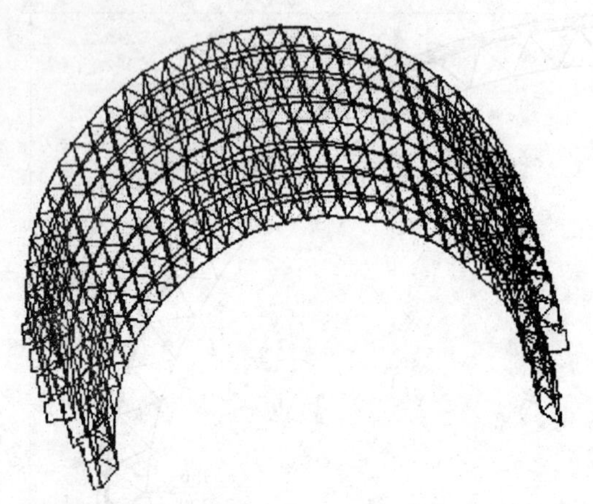

图 3.2.35 网壳安装滑移施工顺序

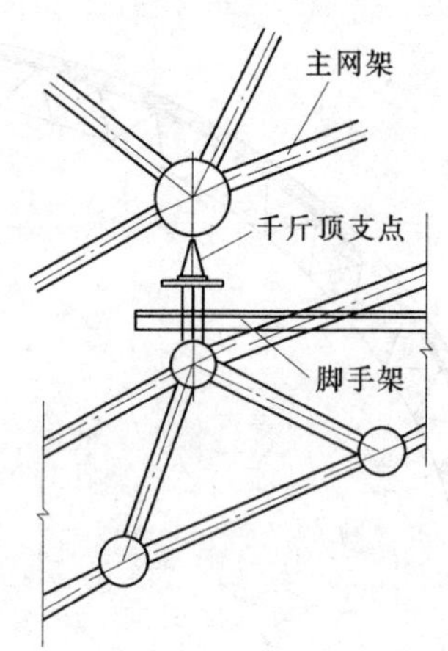

图 3.2.36 主网架与脚手架支承构造示意图

高度 6m)。由Ⓐ轴安装四个块体与支座牢固连接，随后吊车转移到Ⓑ轴安装四个块体与支座固定可靠，就这样往复进行安装。其余部分在脚手架平台进行人工散装，安装完成一个单元后，要求三方单元体验收后，进行滑移脚手架，8m 为一个行程。

(3) 螺栓球与杆件拼接。沿跨度方向支座两边对称向中间进行安装，在跨中闭合。在安装前对脚手架进行防线定位，准确决定网架与脚手架节点的相互关系，如图 3.2.36、图 3.2.37 所示。散装杆件安装次序先装下弦，随后腹杆，再装上弦杆，在下弦节点处每隔三个节点处设立 16t 千斤顶，调整网架标高，等单元体网架安装完后，经检查认可没有问题，进行卸载千斤顶并脱离开工作，方可滑移脚手架。

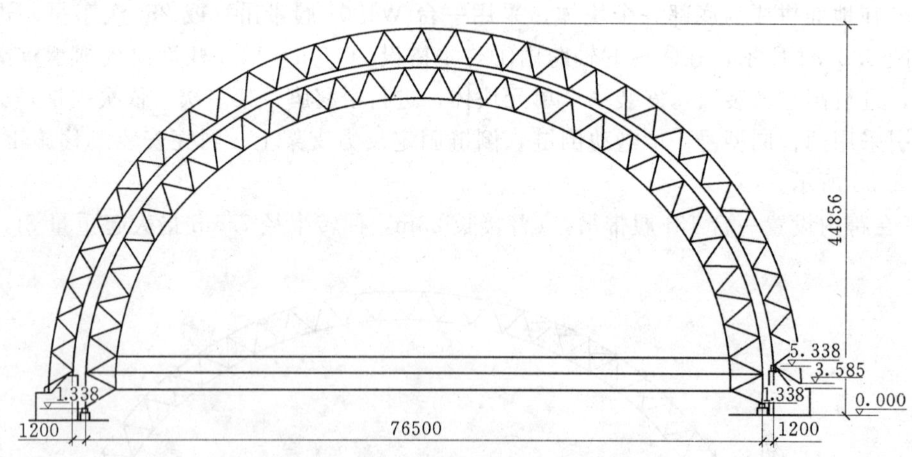

图 3.2.37 脚手架与网架关系图

(4) 脚手架的滑移和使用滑移脚手架主要特点如下：

1) 空间结构脚手架占地面积少。

2) 脚手架既是个操作平台又是高空网架拼装胎膜。

3) 滑移脚手架安全可靠。

4) 缩短施工工期。

5）基本维护了结构设计受力状态。

脚手架操作平台是配合钢网壳进行高空安装，由①～④轴为第一单元，12m为第一次滑移距离，第二次滑移距离为8m，其余每次滑移距离均为8m。（即在平面图上是由东向西滑移脚手架），网架安装完成一个单元，滑移一次脚手架，滑移总进程为400m。

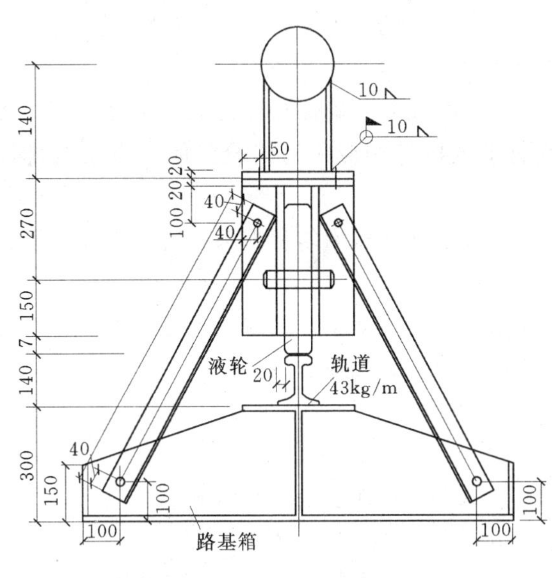

图3.2.38　脚手架滑移轨道

（5）滑移轨道的设置，如图3.2.38所示。根据现场实际情况，距两边基础内侧占用约1m宽沿跨度纵向对地面进行平整碾压，每平方米承载力为12000kg/m^2。对碾压过后的地面再进行加固，在地面铺设2m×20m（3～7cm厚碎石）再次进行找平，左右两边的滑道地基同一找平，标高误差不得大于±5cm，在碎石上面铺设16m×1.8m×0.02m钢板，钢板相互临时连接成整体，在钢板上放线定位轨道中心，将轨道牢固的固定在钢板上。滑轨采用18号重级槽钢，将槽钢反扣在钢板准确位置与钢板用夹板焊接，焊缝$h_f=8$mm，$L=20$cm；对称焊接均为断续，互相断开距离为40cm。又在18号槽钢上再次反扣22号槽钢，在22号槽钢上平面与脚手架四个支座横向满焊接，焊缝高度10mm，18号槽钢与22号槽钢接触处必须清理干净，钢材表面的毛刺、电焊渣、锈蚀污斑等杂物打磨干净，滑道内表面涂层黄油，黄油必须涂抹均匀并具有一定厚度。

（6）牵引方式。牵引设备采用两台10t同类型电动倒链。反力支架固定端钢丝绳选用ϕ30，规格（6×37+1），长度为50m，2根，牵引反力支架设在相对应Ⓐ～Ⓑ轴钢筋混凝土基础的结构柱上。

（7）脚手架滑移控制方式。在滑道侧面刻有计量数字，在滑动22号槽钢上平面设置一个指针与计量数字相重合，得出的数据为滑动的行程，两边各安排一名计量员专门负责读数并不间断地用对讲机将数据传递给总指挥，使拉动倒链负责指挥调整控制速度，滑动速度为500mm/min，基本达到同步。

（8）脚手架及滑道必须稳固可靠，在使用过程中不得产生位移。检查10t倒链是否型号一致，达到安全可靠，当脚手架滑移即将到位时，临时停止，调整两边距离基本一致，在滑轨上设置一个阻挡限位装置，防止滑超。

（9）檩条和采钢板加工及安装。每个单元当网架安装过半时，开始安装檩托和檩条，由于檩条和檩托均为螺栓连接，分两个工作面同时安装，檩托高度不一样必须按号就位。

（10）屋面及封檐压型板安装。该工程屋面彩色压型板系统采用C型主次檩条结构体系，檩条规格采用主檩条C160×60×20×2.5（3.0），次檩条C160×60×20×2.2，屋面及封檐压型板采用上海宝钢产0.53mm镀铝锌板。屋面压型板生产采用标准罗拉机一次

压制成 YX—25—205—820 型，每块板长 12m 左右。封檐板采用 YX—25—205—820 型。

构件吊装：由于檩条、屋面板壁都较薄，刚度小柔度大，质量轻数量多，宜整捆吊装，起吊时采取利用钢扁担的措施，以保证平稳吊装。

第一排面板的安装其纵向必须采取拉通线的办法控制安装直线度和与安装轴线的平行度。施工时确保屋面板纵向搭接长度大于 150mm，横向搭接不少于一条波峰，且搭接方向顺着当地长年风向，纵向扣边应平整、均匀严密。

按正确的方法打设自攻钉，安装位置应进行放线控制，确保自攻钉固定于檩条上，实现板与檩条的可靠连接，尽量减少空打，空打造成的孔洞应用密封胶封闭，自攻钉排设整齐。

在屋面系统安装中，所有要求涂抹胶的部位都必须涂抹均匀和饱满；所有螺栓、铆钉都必须紧（铆）固牢靠。

收边修饰、泛水处理时，严格按照图纸要求施工，要遵循正确的位置搭接关系及安装顺序，安装搭接应紧密平滑，螺钉位置成一条线，保持美观外形。

屋面安装完毕后，将上面残留的污物、杂物特别是密封胶、自攻钉或铆钉头等清理干净。

屋面板安装质量检查、验收按（GB 50205—2001）要求及有关标准执行。

(11) 检修马道的安装

1）网架检修马道在现场外加工为半成品（即下料、喷砂、涂装、组装焊接小单元），在现场进行组合安装，严格按照设计图纸加工。

2）检修马道多为薄壁型材，在加工、组装、运输过程中严防变形：在加工、组合时，对胎模经常进行检修；运输过程中，构件要堆放平稳。

3）检修马道同网架结构同时安装，马道在加工厂制作半成品运到现场，在脚手架平台人工配合安装。

3.2.5.3　脚手网架的安装

1. 脚手架现场地面拼装

在斗轮机传输皮带上方搭设一临时脚手架操作平台，如图 3.2.39 所示。

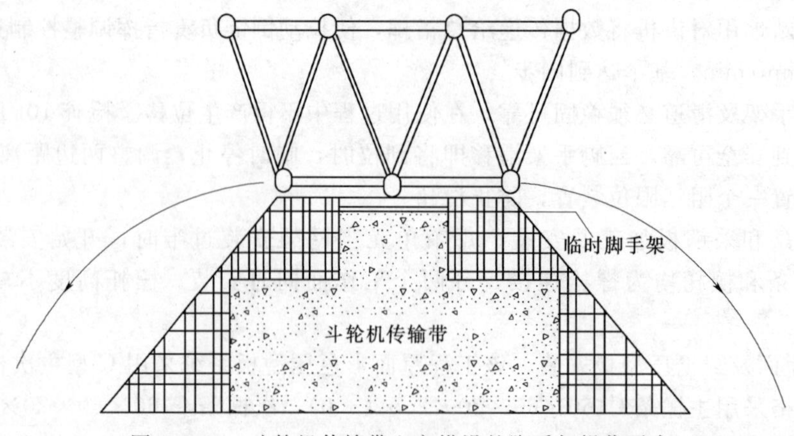

图 3.2.39　斗轮机传输带上方搭设的脚手架操作平台

在该平台上拼装中心部分，以传输带中心为脚手架网架中心，如图 3.2.39 所示，向两边沿弧形方向拼装至地面，然后依次用吊车从一边提起，人在地面拼装，拼一个方格，吊车往上提一下，接着拼下一个方格，直至网架脚手架成型，成型后如图 3.2.40 所示。

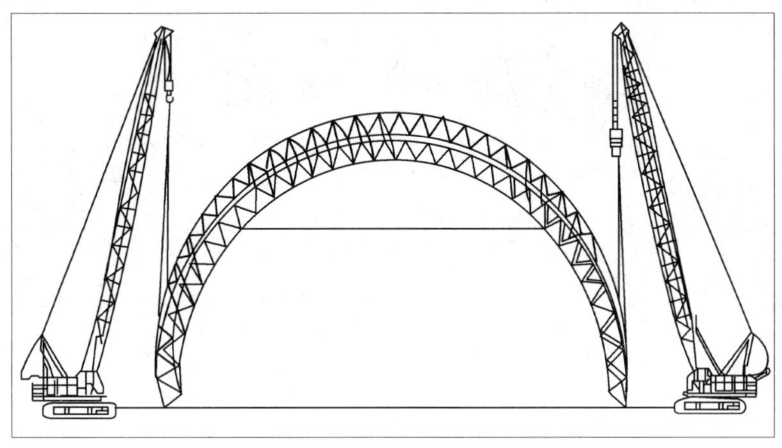

图 3.2.40　脚手架安装示意图

2. 脚手网架的安装准备

(1) 熟悉脚手网架图纸，清楚其支点与主网架支点相对标高和位置的关系，以之严格控制各支点设置的准确度。本脚手网架的上弦节点对应主体网架的下弦，故脚手架安装于①轴+1.5m～③轴+1.5m 的范围，但是由于现场条件制约，目前只能将脚手架安装于 101 轴过去 14m 远的空地上，而且该场地还不能完全封闭，阻碍运输管桩的车辆，施工环境要求安全措施必须到位。

(2) 中间块体安装。人工站位于斗轮机上方的临时支架中点，在临时支架上组装上弦

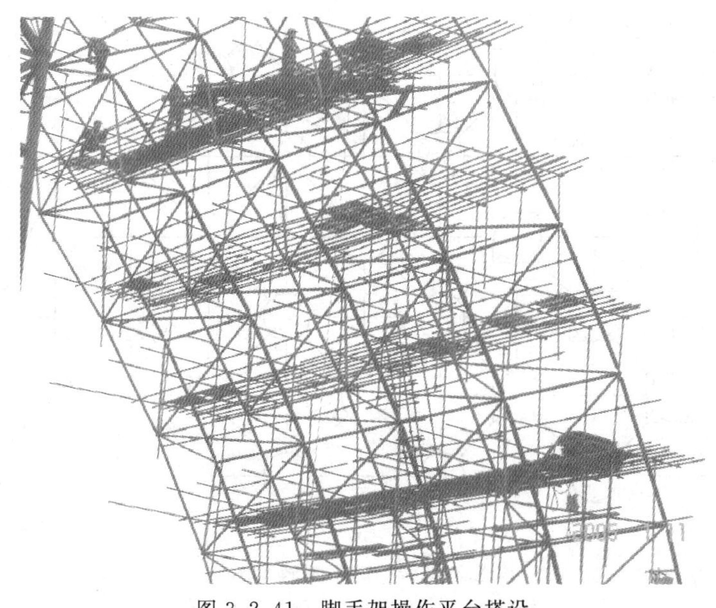

图 3.2.41　脚手架操作平台搭设

四球三杆及下弦三球两杆，组装完毕利用吊车继续向地面组装。组装完两个方格后再往上提，再继续组装，在组装到由上往下第八个球点上对应拉三道 $\phi 20$ 的钢丝绳，中间用 5t 花篮螺丝拉紧，在下部第二个球点上对应拉三道 $\phi 34.5$ 的钢丝绳，同样用 10t 花篮螺丝拉

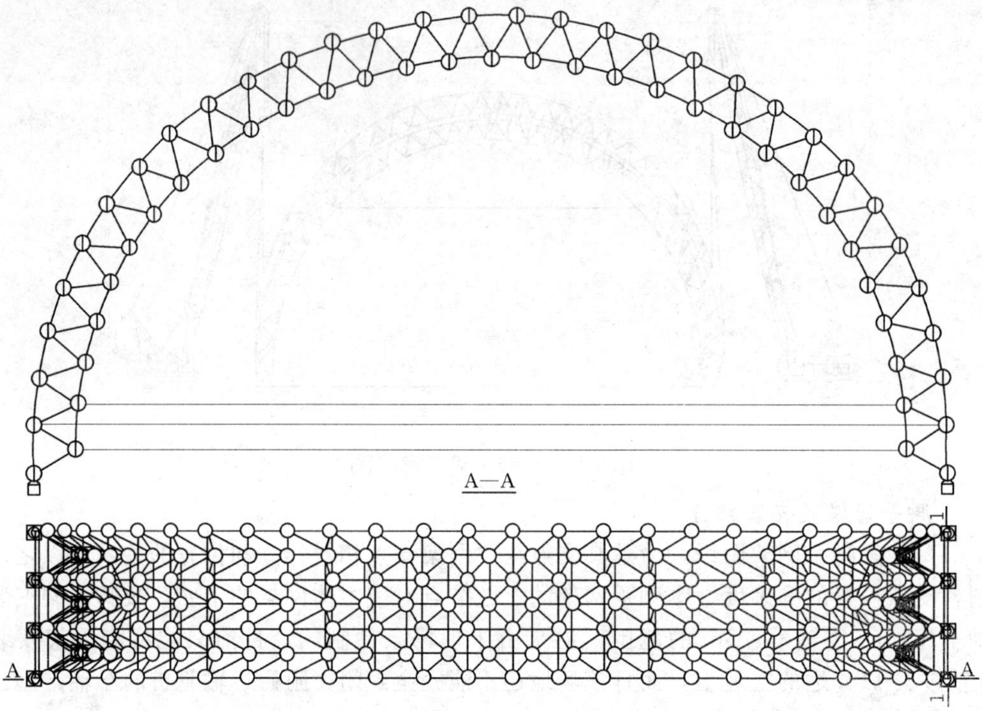

(a)

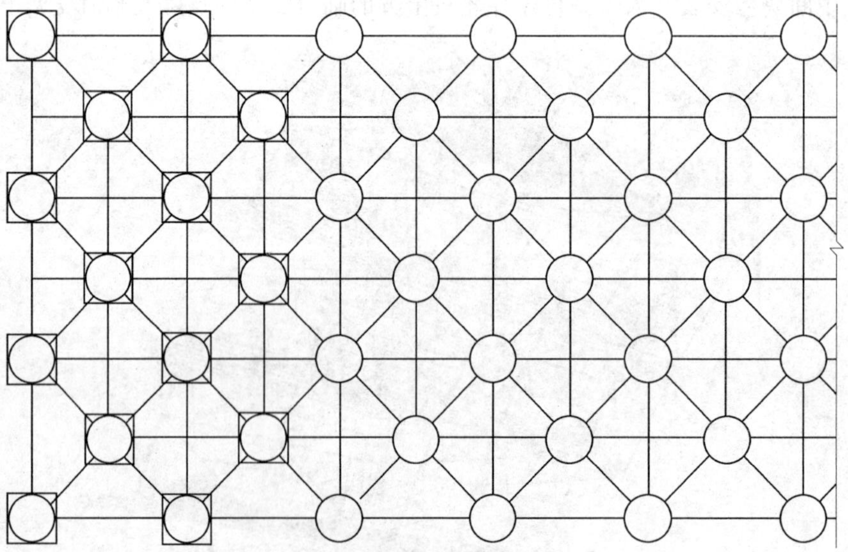

(b)

图 3.2.42　脚手架施工图

(a) 脚手架结构图；(b) 脚手架展开图

紧，然后使用吊机将脚手架放置于底座滑移系统上，组成脚手架主体结构。

（3）脚手架操作平台搭设，如图 3.2.41 所示。脚手网架安装完成后，其自身已形成空间受力体系。钢管、扣件搭设以脚手网架为骨架的脚手操作平台。

（4）脚手架安装完成后，在脚手架左右两侧各设四道揽风绳，揽风绳上端节点生于网架跨内 1/3 处，位于相应的下弦边球之上，用板眼和吊环连接，下端用倒链拉紧，如图 3.2.42 所示。

（5）网壳式脚手架设立两榀钢管式爬梯，附着于网壳式脚手架两侧，爬梯人行道周围挂安全防护围网，并设爬梯扶手，爬梯上端与平台人行道相连。

3. *钢管脚手平台搭设*

（1）脚手架上操作平台依网壳弧面分段而设，每个平台操作面应水平，脚手钢管之间的连接使用扣件，脚手钢管与脚手网壳杆件之间的连接采用不小于 8 号的双股或更多股铁丝捆扎，并保证连接牢固可靠（图 3.2.43）。操作平台搭设时在保证使用安全性和可靠性的前提下应尽量减少脚手钢管的使用量，以减小网壳式脚手架的荷载。

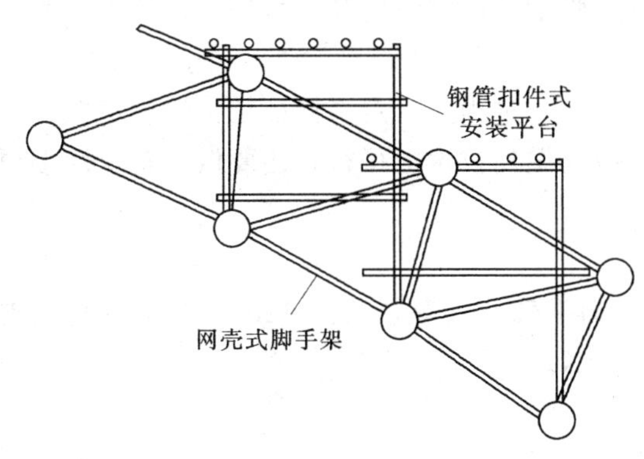

图 3.2.43　钢管扣件式安装平台节点图

（2）平台上必须满铺竹篱笆，竹篱笆上铺设安全防护网，平台临空边设立防护栏杆，并铺设围网。

4. *网架块体支点设置*

（1）块体支承点必须设在网壳式脚手架节点球上，支承杆用 $\phi89\times4$ 钢管，上设不小于 10t 的千斤顶。如果出现支承杆与网架下弦球心有偏差时，可调节支承杆倾斜角度，使支承杆上口与球心对齐。故在脚手架上对应位置设置支承点，并根据支承标高要求严格确定支承杆的长度和位置，保证主网架安装空间位置符合设计要求。

（2）千斤顶放在 $-20\times300\times300$ 的支撑杆盖板上，以便脚手架滑移终到位置有偏差时调整千斤顶位置（图 3.2.40），千斤顶落下时要保证与网架下弦球离开距离不小于 60mm。

5. *脚手架整体验收*

（1）脚手网架的验收。主要验收支座的标高、网壳管球接头的连接情况，以及核对相应杆件安装位置是否准确、揽风绳设立是否正确和安全。

网架支脚处是网架结构的基础部位，支座标高变化对这部分的内力影响较大，影响到使用安全性。检验项目见表 3.2.6。

表 3.2.6　　脚手网架验收规范

项　　目	允许偏差（mm）	检验方法
支座中心偏移	20	用钢尺和经纬仪实测
支座最大高差	20	用钢尺和水准仪实测
相邻支座高差	5	

（2）操作平台及爬梯的验收。主要验收扣件紧固力矩是否达到要求，钢管和脚手板的连接方式是否合理、安全、可靠，维护安全网的设立是否合理，块体支承点控制网的设立是否

准确。

(3) 网壳式脚手架实际荷载的验算，其中包括静荷载和活荷载的验算，并附验算书(技术科对验算荷载做详细说明)。

(4) 网壳式脚手架滑移系统机械性能是否完好，滑移速度、轨道润滑到位情况。

6. 技术分析

(1) 脚手网架滑移施工法是新型施工方法，具有网架原位安装、网架直接进入设计状态、对维持网架应力状态有利和构件可回收利用、对降低施工措施成本有利的特点，有一定的先进性，曾在太仓环保电厂、太仓华能电厂二期及镇江电厂三期干煤棚网架施工中得到成功应用。

(2) 脚手架网架由专业设计人员采用与设计主体网架相同的空间结构设计软件MST2004设计，结构配合本工程的施工条件和施工组织诸因素，针对性强。脚手架结构与干煤棚主网架结构相配套，网架下弦球垂直对正脚手网架上弦球节点，荷载分布明确；设计采用的荷载、荷载组合按施工方案划分的块体和安装单元形成的施工工况考虑；设计软件生成的计算书证明计算结果，比扣件式钢管脚手架的理论验算更可靠、科学，其使用安全性更能得到保证。

(3) 对于跨度大、高度高的结构体系进行滑移，过程中一定要保证结构的稳定性和安全性，故滑移的同步控制是关键技术环节，不但要做到技术上可行，还要做到安全性必须有保证，也要经济上合理。

(4) 滑移牵引力说明。

1) 网架式脚手架自身重量48t，加上附加脚手管、板等总重约120t，滑移时两侧支座反力总和为1200kN，即单边反力为$G_{ok}=600$kN。

2) 脚手架支脚采用滚动摩擦。

7. 脚手架拆卸

(1) 施工准备。

1) 编制施工组织设计或施工方案并报审。

2) 明确施工任务及脚手架拆除工作量，见表3.2.7。

表3.2.7 脚手架拆除工作量

序号	材料名称	单位	数量	备注
1	ϕ48×3.5脚手架钢管	m	约13000	
2	扣件（十字扣、万向扣、接头扣）	套	约5000	
3	竹笆	m^3	2100	
4	滑移脚手架网架	t	48	

3) 拆除队伍确定：脚手架拆除必须由专业队伍完成，通过对当地市场调查及业内人士的推荐，并签订施工协议。

4) 依据提供的脚手架搭设图纸，组织施工人员并对其进行技术安全交底。

5) 施工前，在施工现场修建三间临时办公（休息）室，做好施工工具的保管。

(2) 施工工艺。

1）拆除顺序：首先拆除脚手架平台防护栏杆等维护结构，再从上到下逐层拆除脚手架竹笆、安全网及钢管，平台拆除完毕，然后用25t吊车两台吊起脚手架网架一边或A轴或B轴，人工搭爬梯拆除，拆完一个方格吊车吊点再往上提高，再继续拆下一个方格，直至拆除完毕，拆除过程中如高强螺丝不好拆除，可用气割直接割掉，最后拆除脚手架滑移支架、轨道。

2）脚手架平台拆除后，架管材料在脚手架上成捆堆放，扣件材料统一收集于专用铁筐内；40m高度以上，采用两台1.0t卷扬机配合材料处置运输；40m高度以下，采用施工现场配备的一台25t汽车吊进行材料垂直运输。

3）在脚手架拆除过程中，保留部分竹笆由施工人员随时移动，始终保证施工人员有安全操作平台。

4）上人马道不可一次性拆除完毕，应根据拆除高度逐步拆除，保证施工人员有良好的上下脚手架通道。

5）拆除脚手架材料整齐堆放，并及时进行运输退场。

6）采用竹笆满铺覆盖斗轮机皮带支架，保护其不受损伤。

（3）安全保证措施。

1）认真执行国家制定的安全生产法规，坚持“安全第一，预防为主”的原则，实现安全为了生产、生产必须安全的目的。

2）严格执行《建筑施工高空作业技术规范》（JGJ 80—91）、《建筑施工门式钢管脚手架安全技术规范》（JGJ 128—2000）中的有关规定。

3）施工现场设置专职安全员，保证每天在施工现场进行巡视，制止违章操作，保证施工安全；必须坚持特殊工种人员持证上岗制度。

4）拆除现场四周拉设警戒绳，设立安全警示牌，禁止非施工人员进入施工区，施工人员进入现场必须戴好安全帽，高处作业人员必须严格执行高处作业操作规程，并戴好安全帽，正确使用安全带，穿好防滑鞋，严禁习惯性违章操作。

5）严禁脚手架材料由高空向下抛掷。

6）拆除脚手架材料进行及时整理，组织退场。

7）注意对斗轮机皮带支架的保护。

3.2.5.4　质量保证措施

（1）建立质量体系。明确职责，层层把关。现场设一名质保员，一名质检员，焊工必须持有焊工合格证，见质量保证体系框图3.2.44。

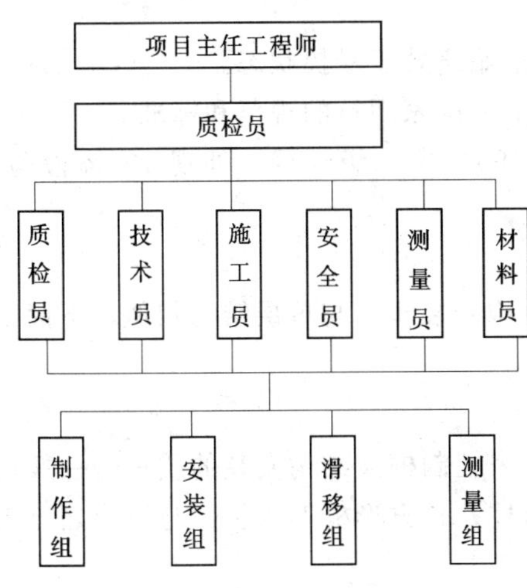

图3.2.44　质量保证体系框图

（2）本工程场外制作工作量大，对供应商及时进行考察、评估，严格把关，构件在工厂加工过程中，有专人蹲点，进行质量跟踪。

（3）在整个网架安装过程中，要注意下弦球的垫实、轴线的准确性、高强螺栓的拧紧程度、挠度及几何尺寸的控制。待网架安装后检验合格。

(4) 螺栓应拧紧到位，不允许套筒接触面有肉眼可观察到的缝隙、工艺孔，所有接缝用油腻子密塞。

(5) 杆件不允许存在超过规定的弯曲。

(6) 已安装的网架零件表面清理干净，完整，不损伤，不凹陷，不错装，对号准确，发现错装要及时更换。

(7) 喷涂厚度和质量必须达到设计规范规定。

(8) 网架节点中心偏移不大于1.5mm，且单锥网格长度不大于±1.5mm。

(9) 整体网架安装后纵横长度不大于$L/2000$，且不大于25mm，支座中心偏移不大于$L/3000$且不大于30mm，挠度控制在$L/250$之内。

(10) 相临支座高差不大于15mm，最高与最低点支座高差不大于30mm。

(11) 依据现行ISO9002质量体系为基础，对构件加工质量进一步进行控制。要求技术部门做到施工详图制作，校对，批准，各负其责。现场质量员，检测人员应与安装队伍一道工作；随时检验，不离岗，同时对现场货物装卸堆放进行质量管理。

(12) 对到达工地的原材料、零部件进行保护和保管，以防损伤。

(13) 质量员应及时汇集整理有关检验记录资料和有关质量资料，以便及时提供监理人员。

(14) 现场若发现质量问题，应立即通知有关人员，由质量工程师、技术工程师会同有关专家和技术人员处理。

(15) 每道工序安装前，由施工人员和质量员进行技术质量交底和交接。

(16) 各部门、各生产人员都应对本工程质量负责，对生产的每种质量问题，都应有相应的纠正措施和经济处罚措施。

(17) 材料采购要作好分供方评价，选择合格的分供方，采购合格的原材料。材料进场按“三检制度”规定进行复检，严把材料关。

(18) 所有的检测仪器均按规定的周期进行鉴定。

(19) 配备一台红外线测距仪、一台J2经纬仪和一台DS3水准仪进行测量放线，配备一套测膜仪检测油漆厚度。

(20) 严格执行程序文件和有关标准，使工程质量始终处于受控状态。

(21) 现场配齐质量体系文件及相关的作业指导书，国家现行的规范和标准。

(22) 工厂加工焊缝质量标准满足（GB 50205—95）中二级焊缝，外观100%检验，超声波20%检验。焊工必须持上岗合格证。

3.2.6 总结与提高

前面主要讲述了单层钢结构的安装，多高层钢结构安装步骤与单层结构相似，下面主要讲述多高层钢结构安装时的测量放线。

3.2.6.1 标准柱和基准点选择

标准柱是能控制框架平面轮廓的少数柱子，用它来控制框架结构安装的质量。一般选择平面转角柱为标准值。正方形框架时，取4根转角柱；长方形框架当长边与短边之比大于2时，取6根柱；多边形框架取转角柱为标准柱。

基准点的选择以标准柱的柱基中心线为依据，从X轴和Y轴分别引出距离为e的补

偿线，其交点作为标准柱的测量基准点。对基准点应加以保护，防止损坏，e 值大小由工程情况确定。

进行框架校正时，采用激光经纬仪的基准点为依据对框架标准柱进行垂直度观测，对钢柱顶部进行垂直度校正，使其在允许范围内。

框架其他柱子的校正不用激光经纬仪，通常采用丈量测定法。具体做法是以标准柱为依据，用钢丝绳组成平面方格封闭状，用钢尺丈量距离，超过允许偏差者需调整偏差，在允许范围内者一律只记录不调整。

框架校正完毕要调整数据列表，进行中间验收鉴定，然后才能开始高强度螺栓紧固工作。

3.2.6.2　高层钢框架结构的校正方法

1. 轴线位移校正

任何一节框架钢柱的校正，均以下节钢柱顶部的实际柱中心线为准，安装钢柱的底部对准下节钢柱的中心线即可。控制柱节点时须注意四周外形，尽量平整以利焊接。实测位移按有关规定作记录。校正位移时特别应注意钢柱的扭矩，钢柱扭转对框架安装很不利，应引起重视。

2. 柱子标高调整

每安装一节钢柱后，应对柱顶作一次标高实测，根据实测标高的偏差值来确定调整与否（以设计±0.000 为统一基准标高）。标高偏差值不大于 6mm，只记录不调整，超过 6mm 需进行调整。调整标高用低碳钢板垫到规定要求。钢柱标高调整应注意下列事项：

（1）偏差过大（大于 20mm）不宜一次调整，可先调整一部分，待下一步再调整。理由是一次调整过大会影响支撑的安装和钢梁表面的标高。

（2）中间框架柱的标高宜稍高些，通过实际工程的观察证明，中间列柱的标高一般均低于边柱标高，这主要是因为钢框架安装工期长，结构自重不断增大，中间列柱承受的结构荷载较大，因此，中间列柱的基础沉降值也大。

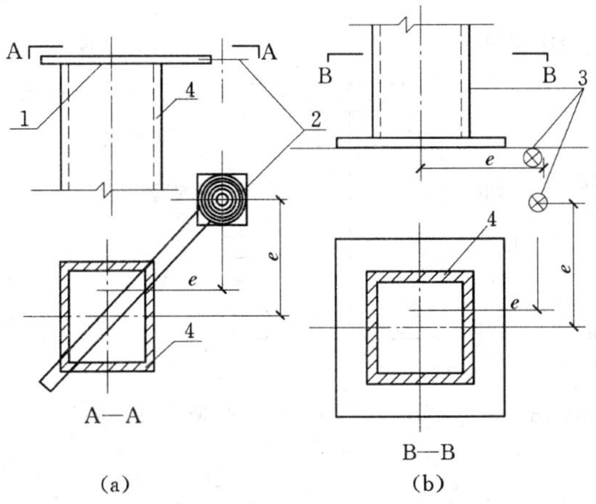

图 3.2.45　用激光经纬仪测量钢柱的垂直度

（a）钢柱顶部；（b）钢柱底部

1—钢柱顶部靶标夹具；2—激光靶标；3—柱底基准点；4—钢柱

3. 垂直度校正

垂直度校正用一般的经纬仪难以满足要求，应采用激光经纬仪来测定标准柱的垂直度。测定方法是将激光经纬仪中心放在预定的基准点上，使激光经纬仪光束射到预先固定在钢柱上的靶标上，光束中心同靶标中心重合，表明钢柱垂直度无偏差。激光经纬仪须经常检验，以保证仪器本身的精度，如图 3.2.45 所示。当光束中心与靶标中心不重合时，表明有偏差。偏差超过允许值应校正钢柱。

测量时，为了减少仪器误差的影响，可采用 4 点投射光束法来测定钢柱的垂直

度。就是在激光经纬仪定位后，旋转经纬仪水平度盘，向靶标投射四次光束（按0°—90°—180°—270°位置），将靶标上四次光束的中心用对角线连接，其对角线交点即为正确位置。以此为准检验钢柱是否垂直，决定钢柱是否需要校正。

4. 框架梁面标高校正

用水平仪、标尺进行实测，测定框架梁两端标高误差情况。超过规定时应作校正。

3.2.6.3 多高层钢结构施工测量放线

1. 平面控制网的布网

(1) 钢结构安装控制网应选择在结构复杂、拘束度大的轴线上，施工中首先应控制其标准点的安装精度，并要考虑对称的原则及高层投递，便于施测。控制线间距以30～50m为宜，点间应通视易量。网形应尽量组成与建筑物平行的闭合图，以便闭合校核。

(2) 当地下层与地上层平面尺寸及形状差异校大时，可选用两套控制网，但应尽量选用纵横轴线各有一条共用边，以保证足够的准确度。

(3) 量距的精度应高于1/15000，测角和延长直线的精度应高于±10″。

(4) 高层钢结构标高的控制网应不少于3条线，以便校核。高层可用相对标高或设计标高的要求进行控制。标高点宜设在各层楼梯间，用钢尺测量。

1) 用相对标高安装时，其层高积累偏差不得大于各节柱制造公差的总和。

2) 用设计标高安装时，以每节柱为单元进行标高的调整。

3) 柱子的安装要考虑柱子接头焊缝收缩变形和上部荷载使钢柱产生的压缩变形对于建筑物标高产生的影响。

4) 第一节柱子的标高，可采用加设调整螺母的方法，精确控制柱子的标高（图3.2.46）。

5) 同一层柱顶的标高差必须控制在规范允许值内，它直接影响着梁安装的水平度。

6) 在钢结构安装中，考虑深基开挖后土的回弹值，安装至±0.000时应进行调整。在高层结构安装中可不考虑建筑物的沉降量。

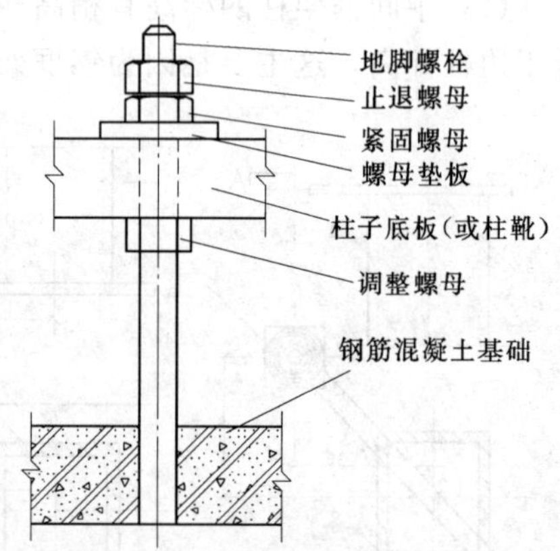

图3.2.46 采用调整螺母控制标高

2. 钢构件放线

(1) 钢构件在工厂制作时应标定安装用轴线及标高线，在中转仓库进行预检时，应用白漆标出白三角，以便观测。

(2) 钢构件安装放线及钢筋混凝土构件放线，均用记号笔标注，标高线及主轴线均用白漆标注。

(3) 现场地面组拼的钢构件，必须校核其尺寸，保证其精度。

3. 高层钢结构安装的竖向投点

(1) 高层钢结构安装的竖向投递点，宜采用内控法，激光经纬仪投点采用天顶法。布点要合理，各层楼应留引测孔，投递网经闭合检验后，排尺放线。

(2) 高层钢结构安装中每节柱控制网的竖向投递，必须从底层地面控制轴线引测到高

层，不应从下节柱的轴线引测，避免产生积累误差。

(3) 超高层钢结构控制网的投测在 100m 以上时，因激光光斑发散影响到投测精度，需采用接力法，将网点反至固定层间，经闭合校验合格后，作为新的基点和上部投测的标准。

4. 钢结构安装精度的测控

钢结构安装中，每节柱子垂直度的校正应选用两台经纬仪，在相互垂直位置投点，设有固定支架固定在柱顶连接板上（图 3.2.47）。水平仪可放在柱顶测设，并设有光学对点器。激光仪支托焊在钢柱上，并设有相应的激光靶与柱顶固定（图 3.2.47），竖向投递网点以±0.000 处设点为基线向上投点。

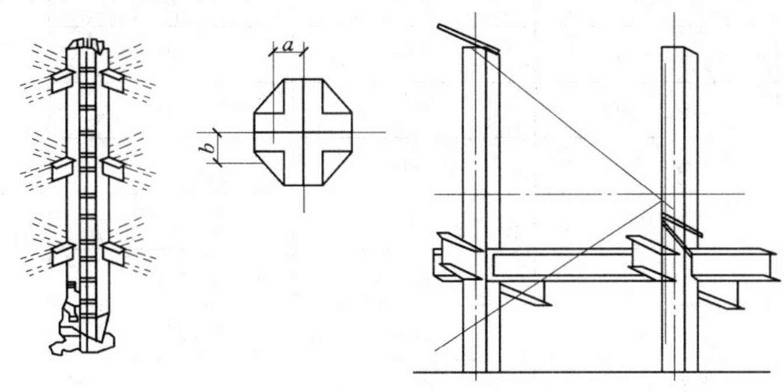

图 3.2.47　经纬仪测控

(1) 第一节柱子标高，由柱顶下控制标高线确定柱子支垫高度，以保证上部结构的精度。将柱脚变形差值留在柱子底板与混凝土基础的间隙中。

(2) 采用相对标高法测定柱的标高时，先抄出下节柱顶标高，并统计出相对标高值，根据此值与相应的预检柱长度值，进行综合处理，以控制层间标高符合规范要求。同时，要防止标高差的累计，使建筑物总高度超限。

(3) 柱底位移值的控制。下节柱施焊后投点于柱顶，测得柱顶位移值，要根据柱子垂直度综合考虑下节柱底的位移值，既减小垂直偏差，又减小柱连接处错位；安装带有贯通梁的钢柱时，严防错位扭转影响上部梁的安装方向，应在柱间连接板处加垫板调整。

(4) 高层钢结构主要是测控钢柱垂直度。

附　录

（1）钢材的强度设计值，见附表1。

附表1　　钢材的强度设计值　　单位：N/mm²

钢材		抗拉、抗压和抗弯	抗剪	端面承压（刨平顶紧）
牌号	厚度或直径（mm）	f	f_v	f_{ce}
Q235钢	≤16	215	125	325
	＞16～40	205	120	
	＞40～60	200	115	
	＞60～100	190	110	
Q345钢	≤16	310	180	400
	＞16～35	295	170	
	＞35～50	265	155	
	＞50～100	250	145	
Q390钢	≤16	350	205	415
	＞16～35	335	190	
	＞35～50	315	180	
	＞50～100	295	170	
Q420钢	≤16	380	220	440
	＞16～35	360	210	
	＞35～50	340	195	
	＞50～100	325	185	

注　表中厚度系指计算点的厚度，对轴心受力构件系指截面中较厚板件的厚度。

（2）焊缝的强度设计值，见附表2。

附表2　　焊缝的强度设计值　　单位：N/mm²

焊接方法和焊条型号	构件钢材		对接焊缝				角焊缝
	钢号	厚度或直径（mm）	抗压 f_c^w	抗拉和弯曲抗拉 f_t^w 当焊缝质量级别为		抗剪 f_v^w	抗拉、抗压和抗剪 f_f^w
				一级、二级	三级		
自动焊、半自动焊和E43型焊条手工焊	Q235钢	≤16	215	215	185	125	160
		＞16～40	205	205	175	120	
		＞40～60	200	200	170	115	
		＞60～100	190	190	160	110	

续表

焊接方法和焊条型号	构件钢材		对接焊缝				角焊缝
	钢号	厚度或直径（mm）	抗压 f_c^w	抗拉和弯曲抗拉 f_t^w 当焊缝质量级别为		抗剪 f_v^w	抗拉、抗压和抗剪 f_f^w
				一级、二级	三级		
自动焊、半自动焊和E50型焊条手工焊	Q345钢	≤16	315	315	265	180	200
		>16～35	295	295	250	170	
		>35～50	265	265	225	155	
		>50～100	250	250	210	145	
自动焊、半自动焊和E55型焊条手工焊	Q390钢	≤16	350	350	300	205	220
		>16～35	335	335	285	190	
		>35～50	315	315	270	180	
		>50～100	295	295	250	170	
	Q420钢	≤16	380	380	320	220	220
		>16～35	360	360	305	210	
		>35～50	340	340	290	195	
		>50～100	325	325	275	185	

注　1. 自动焊和半自动焊所采用的焊丝和焊剂，应保证其熔敷金属抗拉强度不低于相应手工焊焊条的值。

2. Q235钢的厚度和直径分别参照（GB 700—88）碳素结构钢的规定作了相应修改。

（3）螺栓连接的强度设计值，见附表3。

附表3　　**螺栓连接的强度设计值**　　单位：N/mm²

螺栓的钢号（或性能等级）和构件的钢号		普通螺栓						锚栓	承压型高强度螺栓		
		C级螺栓			A级、B级螺栓			抗拉 f_t^b	抗拉 f_t^b	抗剪 f_v^b	承压 f_c^b
		抗拉 f_t^b	抗剪 f_v^b	承压 f_c^b	抗拉 f_t^b	抗剪 f_v^b	承压 f_c^b				
普通螺栓	4.6级、4.8级	170	140	—	—	—	—	—	—	—	—
	5.6级	—	—	—	210	190	—	—	—	—	—
	8.8级	—	—	—	400	320	—	—	—	—	—
锚栓	Q235钢	—	—	—	—	—	—	140	—	—	—
	Q345钢	—	—	—	—	—	—	180	—	—	—
承压型高强螺栓	8.8级	—	—	—	—	—	—	—	400	250	—
	10.9级	—	—	—	—	—	—	—	500	310	—
构件	Q235钢	—	—	305	—	—	405	—	—	—	470
	Q345钢	—	—	385	—	—	510	—	—	—	590
	Q390钢	—	—	400	—	—	530	—	—	—	615
	Q420钢	—	—	425	—	—	560	—	—	—	655

(4) 截面轴心受压构件稳定系数 φ。

1) a 类，见附表 4.1。

附表 4.1　　a 类截面轴心受压构件稳定系数 φ

$\lambda\sqrt{\frac{f_y}{235}}$	0	1	2	3	4	5	6	7	8	9
0	1.000	1.000	1.000	1.000	0.999	0.999	0.998	0.998	0.997	0.996
10	0.995	0.994	0.993	0.992	0.991	0.989	0.988	0.986	0.985	0.983
20	0.981	0.979	0.977	0.976	0.974	0.972	0.970	0.968	0.966	0.964
30	0.963	0.961	0.959	0.957	0.955	0.952	0.950	0.948	0.946	0.944
40	0.941	0.939	0.937	0.934	0.932	0.929	0.927	0.924	0.921	0.919
50	0.916	0.913	0.910	0.907	0.904	0.900	0.897	0.894	0.890	0.886
60	0.883	0.879	0.875	0.871	0.867	0.863	0.858	0.854	0.849	0.844
70	0.839	0.834	0.829	0.824	0.818	0.813	0.807	0.801	0.795	0.789
80	0.783	0.776	0.770	0.763	0.757	0.750	0.743	0.736	0.728	0.721
90	0.714	0.706	0.699	0.691	0.684	0.676	0.668	0.661	0.653	0.645
100	0.638	0.630	0.622	0.615	0.607	0.600	0.592	0.585	0.577	0.570
110	0.563	0.555	0.548	0.541	0.534	0.527	0.520	0.514	0.507	0.500
120	0.494	0.488	0.481	0.475	0.469	0.463	0.457	0.451	0.445	0.440
130	0.434	0.429	0.423	0.418	0.412	0.407	0.402	0.397	0.392	0.387
140	0.383	0.378	0.373	0.369	0.364	0.360	0.356	0.351	0.347	0.343
150	0.339	0.335	0.331	0.327	0.323	0.320	0.316	0.312	0.309	0.305
160	0.302	0.298	0.295	0.292	0.289	0.285	0.282	0.279	0.276	0.273
170	0.270	0.267	0.264	0.262	0.259	0.256	0.253	0.251	0.248	0.246
180	0.243	0.241	0.238	0.236	0.233	0.231	0.229	0.226	0.224	0.222
190	0.220	0.218	0.215	0.213	0.211	0.209	0.207	0.205	0.203	0.201
200	0.199	0.198	0.196	0.194	0.192	0.190	0.189	0.187	0.185	0.183
210	0.182	0.180	0.179	0.177	0.175	0.174	0.172	0.171	0.169	0.168
220	0.166	0.165	0.164	0.162	0.161	0.159	0.158	0.157	0.155	0.154
230	0.153	0.152	0.150	0.149	0.148	0.147	0.146	0.144	0.143	0.142
240	0.141	0.140	0.139	0.138	0.136	0.135	0.134	0.133	0.132	0.131
250	0.130									

注　附表中稳定系数 φ 计算方法如下

$\varphi = 1 - \alpha_1\lambda_n^2$　当 $\lambda_n = \frac{\lambda}{\pi}\sqrt{\frac{f_y}{E}} \leqslant 0.215$ 时

$\varphi = \frac{1}{2\lambda_n^2}\left[(\alpha_2 + \alpha_3\lambda_n + \lambda_n^2) - \sqrt{(\alpha_2 + \alpha_3\lambda_n + \lambda_n^2)^2 - 4\lambda_n^2}\right]$　当 $\lambda_n > 0.215$ 时

式中　α_1、α_2、α_3——系数，按下表取值。

系数 α_1、α_2、α_3

截面类别		α_1	α_2	α_3
a 类		0.41	0.986	0.152
b 类		0.65	0.965	0.300
c 类	$\lambda_n \leqslant 1.05$	0.73	0.906	0.595
	$\lambda_n > 1.05$		1.216	0.302
d 类	$\lambda_n \leqslant 1.05$	1.35	0.868	0.915
	$\lambda_n > 1.05$		1.375	0.432

2）b类，见附表4.2。

附表4.2　　b类截面轴心受压构件稳定系数 φ

$\lambda\sqrt{\frac{f_y}{235}}$	0	1	2	3	4	5	6	7	8	9
0	1.000	1.000	1.000	0.999	0.999	0.998	0.997	0.996	0.995	0.994
10	0.992	0.991	0.989	0.987	0.985	0.983	0.981	0.978	0.976	0.973
20	0.970	0.967	0.963	0.960	0.957	0.953	0.950	0.946	0.943	0.939
30	0.936	0.932	0.929	0.925	0.922	0.918	0.914	0.910	0.906	0.903
40	0.899	0.895	0.891	0.887	0.882	0.878	0.874	0.870	0.865	0.861
50	0.856	0.852	0.847	0.842	0.838	0.833	0.828	0.823	0.818	0.813
60	0.807	0.802	0.797	0.791	0.786	0.780	0.774	0.769	0.763	0.757
70	0.751	0.745	0.739	0.732	0.726	0.720	0.714	0.707	0.701	0.694
80	0.688	0.681	0.675	0.668	0.661	0.655	0.648	0.641	0.635	0.628
90	0.621	0.614	0.608	0.601	0.594	0.588	0.581	0.575	0.568	0.561
100	0.555	0.549	0.542	0.536	0.529	0.523	0.517	0.511	0.505	0.499
110	0.493	0.487	0.481	0.475	0.470	0.464	0.458	0.453	0.447	0.442
120	0.437	0.432	0.426	0.421	0.416	0.411	0.406	0.402	0.397	0.392
130	0.387	0.383	0.378	0.374	0.370	0.365	0.361	0.357	0.353	0.349
140	0.345	0.341	0.337	0.333	0.329	0.326	0.322	0.318	0.315	0.311
150	0.308	0.304	0.301	0.298	0.295	0.291	0.288	0.285	0.282	0.279
160	0.276	0.273	0.270	0.267	0.265	0.262	0.259	0.256	0.254	0.251
170	0.249	0.246	0.244	0.241	0.239	0.236	0.234	0.232	0.229	0.227
180	0.225	0.223	0.220	0.218	0.216	0.214	0.212	0.210	0.208	0.206
190	0.204	0.202	0.200	0.198	0.197	0.195	0.193	0.191	0.190	0.188
200	0.186	0.184	0.183	0.181	0.180	0.178	0.176	0.175	0.173	0.172
210	0.170	0.169	0.167	0.166	0.165	0.163	0.162	0.160	0.159	0.158
220	0.156	0.155	0.154	0.153	0.151	0.150	0.149	0.148	0.146	0.145
230	0.144	0.143	0.142	0.141	0.140	0.138	0.137	0.136	0.135	0.134
240	0.133	0.132	0.131	0.130	0.129	0.128	0.127	0.126	0.125	0.124
250	0.123									

注　见附表4.1的注解。

3）c类，见附表4.3。

附表4.3　　c类截面轴心受压构件稳定系数 φ

$\lambda\sqrt{\frac{f_y}{235}}$	0	1	2	3	4	5	6	7	8	9
0	1.000	1.000	1.000	0.999	0.999	0.998	0.997	0.996	0.995	0.993
10	0.992	0.990	0.988	0.986	0.983	0.981	0.978	0.976	0.973	0.970
20	0.966	0.959	0.953	0.947	0.940	0.934	0.928	0.921	0.915	0.909
30	0.902	0.896	0.890	0.884	0.877	0.871	0.865	0.858	0.852	0.846
40	0.839	0.833	0.826	0.820	0.814	0.807	0.801	0.794	0.788	0.781
50	0.775	0.768	0.762	0.755	0.748	0.742	0.735	0.729	0.722	0.715
60	0.709	0.702	0.695	0.689	0.682	0.676	0.669	0.662	0.656	0.649
70	0.643	0.636	0.629	0.623	0.616	0.610	0.604	0.597	0.591	0.584
80	0.578	0.572	0.566	0.559	0.553	0.547	0.541	0.535	0.529	0.523

续表

$\lambda\sqrt{\frac{f_y}{235}}$	0	1	2	3	4	5	6	7	8	9
90	0.517	0.511	0.505	0.500	0.494	0.488	0.483	0.477	0.472	0.467
100	0.463	0.458	0.454	0.449	0.445	0.441	0.436	0.432	0.428	0.423
110	0.419	0.415	0.411	0.407	0.403	0.399	0.395	0.391	0.387	0.383
120	0.379	0.375	0.371	0.367	0.364	0.360	0.356	0.353	0.349	0.346
130	0.342	0.339	0.335	0.332	0.328	0.325	0.322	0.319	0.315	0.312
140	0.309	0.306	0.303	0.300	0.297	0.294	0.291	0.288	0.285	0.282
150	0.280	0.277	0.274	0.271	0.269	0.266	0.264	0.261	0.258	0.256
160	0.254	0.251	0.249	0.246	0.244	0.242	0.239	0.237	0.235	0.233
170	0.230	0.228	0.226	0.224	0.222	0.220	0.218	0.216	0.214	0.212
180	0.210	0.208	0.206	0.205	0.203	0.201	0.199	0.197	0.196	0.194
190	0.192	0.190	0.189	0.187	0.186	0.184	0.182	0.181	0.179	0.178
200	0.176	0.175	0.173	0.172	0.170	0.169	0.168	0.166	0.165	0.163
210	0.162	0.161	0.159	0.158	0.157	0.156	0.154	0.153	0.152	0.151
220	0.150	0.148	0.147	0.146	0.145	0.144	0.143	0.142	0.140	0.139
230	0.138	0.137	0.136	0.135	0.134	0.133	0.132	0.131	0.130	0.129
240	0.128	0.127	0.126	0.125	0.124	0.124	0.123	0.122	0.121	0.120
250	0.119									

注　见附表 4.1 的注解。

4）d 类，见附表 4.4。

附表 4.4　　d 类截面轴心受压构件稳定系数 φ

$\lambda\sqrt{\frac{f_y}{235}}$	0	1	2	3	4	5	6	7	8	9
0	1.000	1.000	0.999	0.999	0.998	0.996	0.994	0.992	0.990	0.987
10	0.984	0.981	0.978	0.974	0.969	0.965	0.960	0.955	0.949	0.944
20	0.937	0.927	0.918	0.909	0.900	0.891	0.883	0.874	0.865	0.857
30	0.848	0.840	0.831	0.823	0.815	0.807	0.799	0.790	0.782	0.774
40	0.766	0.759	0.751	0.743	0.735	0.728	0.720	0.712	0.705	0.697
50	0.690	0.683	0.675	0.668	0.661	0.654	0.646	0.639	0.632	0.625
60	0.618	0.612	0.605	0.598	0.591	0.585	0.576	0.572	0.565	0.559
70	0.552	0.546	0.540	0.534	0.528	0.522	0.516	0.510	0.504	0.498
80	0.493	0.487	0.481	0.476	0.470	0.465	0.460	0.454	0.449	0.444
90	0.439	0.434	0.429	0.424	0.419	0.414	0.410	0.405	0.401	0.397
100	0.394	0.390	0.387	0.383	0.380	0.376	0.373	0.370	0.366	0.363
110	0.359	0.356	0.353	0.350	0.346	0.343	0.340	0.337	0.334	0.331
120	0.328	0.325	0.322	0.319	0.316	0.313	0.310	0.307	0.304	0.301
130	0.299	0.296	0.293	0.290	0.288	0.285	0.282	0.280	0.277	0.275
140	0.272	0.270	0.267	0.265	0.262	0.260	0.258	0.255	0.253	0.251
150	0.248	0.246	0.244	0.242	0.240	0.237	0.235	0.233	0.231	0.229
160	0.227	0.225	0.223	0.221	0.219	0.217	0.215	0.213	0.212	0.210
170	0.208	0.206	0.204	0.203	0.201	0.199	0.197	0.196	0.194	0.192
180	0.191	0.189	0.188	0.186	0.184	0.183	0.181	0.180	0.178	0.177
190	0.176	0.174	0.173	0.171	0.170	0.168	0.167	0.166	0.164	0.163
200	0.162									

注　见附表 4.1 的注解。

5）热轧等边和不等边角钢的规格系列及截面特性，见附表 5。

附表 5　　　　热轧等边和不等边角钢的规格系列及截面特性

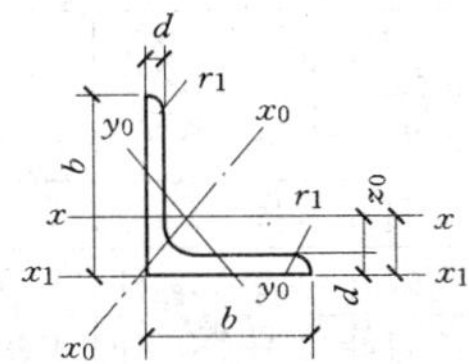

b—边宽度；　I—惯性矩；
d—边厚度；　W—截面系数；
r—内圆弧半径；　i—惯性半径；
r_1—边端内圆弧半径；　z_0—重心距离。

型号	尺寸(mm)			截面面积 (cm²)	理论重量 (kg/m)	外表面积 (m²/m)	参考数值										z_0 (cm)
							$x-x$			x_0-x_0			y_0-y_0			x_1-x_1	
	b	d	r				I_x (cm⁴)	i_x (cm)	W_x (cm³)	I_{x0} (cm⁴)	i_{x0} (cm)	W_{x0} (cm³)	I_{y0} (cm⁴)	i_{y0} (cm)	W_{y0} (cm³)	I_{x1} (cm⁴)	
2	20	3	3.5	1.132	0.889	0.078	0.40	0.59	0.29	0.63	0.75	0.45	0.17	0.39	0.20	0.81	0.60
		4		1.459	1.145	0.077	0.50	0.58	0.36	0.78	0.73	0.55	0.22	0.38	0.24	1.09	0.64
2.5	25	3		1.432	1.124	0.098	0.82	0.76	0.46	1.29	0.95	0.73	0.34	0.49	0.33	1.57	0.73
		4		1.859	1.459	0.097	1.03	0.74	0.59	1.62	0.93	0.92	0.43	0.48	0.40	2.11	0.76
3.0	30	3	4.5	1.749	1.373	0.117	1.46	0.91	0.68	2.31	1.15	1.09	0.61	0.59	0.51	2.71	0.85
		4		2.276	1.786	0.117	1.84	0.90	0.87	2.92	1.13	1.37	0.77	0.58	0.62	3.63	0.89
3.6	36	3		2.109	1.656	0.141	2.58	1.11	0.99	4.09	1.39	1.61	1.07	0.71	0.76	4.68	1.00
		4		2.756	2.163	0.141	3.29	1.09	1.28	5.22	1.38	2.05	1.37	0.70	0.93	6.25	1.04
		5		3.382	2.654	0.141	3.95	1.08	1.56	6.24	1.36	2.45	1.65	0.70	1.09	7.84	1.07
4	40	3	5	2.359	1.852	0.157	3.59	1.23	1.23	5.69	1.55	2.01	1.49	0.79	0.96	6.41	1.09
		4		3.086	2.422	0.157	4.60	1.22	1.60	7.29	1.54	2.58	1.91	0.79	1.19	8.56	1.13
		5		3.791	2.976	0.156	5.53	1.21	1.96	8.76	1.52	3.10	2.30	0.78	1.39	10.74	1.17
4.5	45	3		2.659	2.088	0.177	5.17	1.40	1.58	8.20	1.76	2.58	2.14	0.89	1.24	9.12	1.22
		4		3.486	2.736	0.177	6.65	1.38	2.05	10.56	1.74	3.32	2.75	0.89	1.54	12.18	1.26
		5		4.292	3.369	0.176	8.04	1.37	2.51	12.74	1.72	4.00	3.33	0.88	1.81	15.2	1.30
		6		5.076	3.985	0.176	9.33	1.36	2.95	14.76	1.70	4.64	3.89	0.88	2.06	18.36	1.33
5	50	3	5.5	2.971	2.332	0.187	7.18	1.55	1.96	11.37	1.96	3.22	2.98	1.00	1.57	12.50	1.34
		4		3.897	3.059	0.197	9.26	1.54	2.56	14.70	1.94	4.16	3.82	0.99	1.96	16.69	1.38
		5		4.803	3.770	0.196	11.21	1.53	3.13	17.70	1.92	5.03	4.64	0.98	2.31	20.90	1.42
		6		5.688	4.465	0.196	13.05	1.52	3.68	20.68	1.91	5.85	5.42	0.98	2.63	25.14	1.46
5.6	56	3	6	3.343	2.624	0.221	10.19	1.75	2.48	16.14	2.20	4.08	4.24	1.13	2.02	17.56	1.48
		4		4.390	3.446	0.220	13.18	1.73	3.24	20.92	2.18	5.28	5.46	1.11	2.52	23.43	1.53
		5		5.415	4.251	0.220	16.02	1.72	3.97	25.42	2.17	6.42	6.61	1.10	2.98	29.33	1.57
		8		8.367	6.568	0.219	23.63	1.68	6.03	37.37	2.11	9.44	9.89	1.09	4.16	47.24	1.68
6.3	63	4	7	4.978	3.907	0.248	19.03	1.96	4.13	30.17	2.46	6.78	7.89	1.26	3.29	33.35	1.70
		5		6.143	4.822	0.248	23.17	1.94	5.08	36.77	2.45	8.25	9.57	1.25	3.90	41.73	1.74
		6		7.288	5.721	0.247	27.12	1.93	6.00	43.03	2.43	9.66	11.20	1.24	4.46	50.14	1.78
		8		0.515	7.469	0.247	34.46	1.90	7.75	54.56	2.40	12.25	14.33	1.23	5.47	67.11	1.85
		10		11.657	9.151	0.246	41.09	1.88	9.39	64.85	2.36	14.56	17.33	1.22	6.36	84.31	1.93

续表

型号	尺寸(mm)			截面面积(cm²)	理论重量(kg/m)	外表面积(m²/m)	参考数值										
							$x-x$			x_0-x_0			y_0-y_0			x_1-x_1	z_0 (cm)
	b	d	r				I_x (cm⁴)	i_x (cm)	W_x (cm³)	I_{x0} (cm⁴)	i_{x0} (cm)	W_{x0} (cm³)	I_{y0} (cm⁴)	i_{y0} (cm)	W_{y0} (cm³)	I_{x1} (cm⁴)	
7	70	4	8	5.570	4.372	0.275	26.39	2.18	5.14	41.80	2.74	8.44	10.99	1.40	4.17	45.74	1.86
		5		6.875	5.397	0.275	32.21	2.16	6.32	51.08	2.73	10.32	13.34	1.39	4.95	57.21	1.91
		6		8.160	6.406	0.275	37.77	2.15	7.48	59.93	2.71	12.11	15.61	1.38	5.67	68.73	1.95
		7		9.424	7.398	0.275	43.09	2.14	8.59	68.35	2.69	13.81	17.82	1.38	6.34	80.29	1.99
		8		10.667	8.373	0.274	48.17	2.12	9.68	76.37	2.68	15.43	19.98	1.37	6.98	91.92	2.03
7.5	75	5	9	7.412	8.818	0.295	39.97	2.33	7.32	63.30	2.92	11.94	16.63	1.50	5.77	70.56	2.04
		6		8.797	6.905	0.294	46.95	2.31	8.64	74.38	2.90	14.02	19.51	1.49	6.67	84.55	2.07
		7		10.160	7.976	0.294	53.57	2.30	9.93	84.96	2.89	16.02	22.18	1.48	7.44	98.71	2.11
		8		11.503	9.030	0.294	59.96	2.28	11.20	95.17	2.88	17.93	24.86	1.47	8.19	112.97	2.15
		10		14.126	11.089	0.293	71.98	2.26	13.64	113.92	2.84	21.48	30.05	1.46	9.56	141.71	2.22
8	80	5		7.912	6.211	0.315	48.79	2.48	8.34	77.33	3.13	13.67	20.25	1.60	6.66	85.36	2.15
		6		9.397	7.376	0.314	57.35	2.47	9.87	90.98	3.11	16.08	23.72	1.59	7.65	102.50	2.19
		7		10.860	8.525	0.314	65.58	2.46	11.37	104.07	3.10	18.40	27.09	1.58	8.58	119.70	2.23
		8		12.303	9.658	0.314	73.49	2.44	12.83	116.60	3.08	20.61	30.39	1.57	9.46	136.97	2.27
		10		15.126	11.874	0.313	88.43	2.42	15.64	140.09	3.04	24.76	36.77	1.56	11.08	171.74	2.35
9	90	6	10	10.637	8.350	0.354	82.77	2.79	12.61	131.61	3.51	20.63	34.28	1.80	9.95	145.87	2.44
		7		12.301	9.656	0.354	94.83	2.78	14.54	150.47	3.50	33.64	39.18	1.78	11.19	170.30	2.48
		8		13.944	10.946	0.353	106.47	2.76	16.42	168.97	3.48	26.55	43.97	1.78	12.35	194.80	2.52
		10		17.167	13.476	0.353	128.58	2.74	20.07	203.90	3.45	32.04	53.26	1.76	14.52	244.07	2.59
		12		20.306	15.940	0.352	149.22	2.71	23.57	236.21	3.41	37.12	63.22	1.75	16.49	293.76	2.67
10	100	6	12	11.932	9.366	0.393	114.95	3.10	15.68	181.98	3.90	25.74	57.92	2.00	12.69	200.07	2.67
		7		13.796	10.830	0.393	131.86	3.09	18.10	208.97	3.89	29.55	54.74	1.99	14.26	233.54	2.71
		8		15.638	12.276	0.393	148.24	3.08	20.47	235.07	3.88	33.24	61.41	1.98	15.75	267.09	2.76
		10		19.261	15.120	0.392	179.51	3.05	25.06	284.68	3.84	40.26	74.35	1.96	18.54	334.48	2.84
		12		22.800	17.898	0.391	208.90	3.03	29.48	330.95	3.81	46.80	86.84	1.95	21.08	402.34	2.91
		14		26.256	20.611	0.391	236.53	3.00	33.73	374.06	3.77	52.90	99.00	1.94	23.44	470.75	2.99
		16		29.627	23.257	0.390	262.53	2.98	37.82	414.16	3.74	58.57	110.89	1.94	25.63	539.80	3.06
11	110	7		15.196	11.928	0.433	177.16	3.41	22.05	280.94	4.30	36.12	73.38	2.20	17.51	310.64	2.96
		8		17.238	13.532	0.433	199.46	3.40	24.95	316.49	4.28	40.69	82.42	2.19	19.39	355.20	3.01
		10		21.261	16.690	0.432	242.19	3.38	30.60	384.39	4.25	49.42	99.98	2.17	22.91	444.65	3.09
		12		25.200	19.782	0.431	282.55	3.35	36.05	448.17	4.22	57.62	116.93	2.15	26.15	534.60	3.16
		14		29.056	22.809	0.431	320.71	3.32	41.31	508.01	4.18	65.31	133.40	2.14	29.14	625.16	3.24
12.5	125	8	14	19.750	15.504	0.492	297.03	3.88	32.52	470.89	4.88	53.28	123.16	2.50	25.86	521.01	3.37
		10		24.373	19.133	0.491	361.67	3.85	39.97	573.89	4.85	64.93	149.46	2.48	30.62	651.93	3.45
		12		28.912	22.696	0.491	423.16	3.83	41.17	671.44	4.82	75.96	174.88	2.46	35.03	783.42	3.53
		14		33.367	26.193	0.490	481.65	3.80	54.16	763.73	4.78	86.41	199.57	2.45	39.13	915.61	3.61

续表

型号	尺寸(mm)			截面面积 (cm^2)	理论重量 (kg/m)	外表面积 (m^2/m)	参考数值										z_0 (cm)
							$x-x$			x_0-x_0			y_0-y_0			x_1-x_1	
	b	d	r				I_x (cm^4)	i_x (cm)	W_x (cm^3)	I_{x0} (cm^4)	i_{x0} (cm)	W_{x0} (cm^3)	I_{y0} (cm^4)	i_{y0} (cm)	W_{y0} (cm^3)	I_{x1} (cm^4)	
14	140	10	14	27.373	21.488	0.551	514.65	4.34	50.58	817.27	5.46	82.56	212.04	2.78	39.20	915.11	3.82
		12		32.512	25.522	0.551	603.68	4.31	59.80	958.79	5.43	96.85	248.57	2.76	45.02	1099.28	3.90
		14		37.567	29.490	0.550	688.81	4.28	68.75	1093.56	5.40	110.47	284.06	2.75	50.45	1284.22	3.98
		16		42.539	33.393	0.549	770.24	4.26	77.46	1221.81	5.36	123.42	318.67	2.74	55.55	1470.07	4.06
16	160	10	16	31.502	24.729	0.630	779.53	4.98	66.70	1237.30	6.27	109.36	321.76	3.20	52.76	1365.33	4.31
		12		37.441	29.391	0.630	916.58	4.95	78.98	1455.68	6.24	128.67	377.49	3.18	60.74	1639.57	4.39
		14		43.296	33.987	0.629	1048.36	4.92	90.95	1665.02	6.20	147.17	431.70	3.16	68.24	1914.68	4.47
		16		49.067	38.518	0.629	1175.08	4.89	102.63	1865.57	6.17	164.89	484.59	3.14	75.31	2190.82	4.55
18	180	12	16	42.241	33.159	0.710	1321.35	5.59	100.82	2100.10	7.05	165.00	542.61	3.58	78.41	2332.80	4.89
		14		48.896	38.383	0.709	1514.48	5.56	116.25	2407.42	7.02	189.14	621.53	3.56	88.38	2723.48	4.97
		16		55.467	43.542	0.709	1700.99	5.54	131.13	2703.37	6.98	212.40	689.60	3.55	97.83	3115.29	5.05
		18		61.955	48.634	0.708	1875.12	5.50	145.64	2988.24	6.94	234.78	762.01	3.51	105.14	3502.43	5.13
20	200	14	18	54.642	42.894	0.788	2103.55	6.20	144.70	3343.26	7.82	236.40	863.83	3.98	111.82	3734.10	5.46
		16		62.013	48.680	0.788	2366.15	6.18	163.65	3760.89	7.79	265.93	971.41	3.96	123.96	4270.39	5.54
		18		69.301	54.401	0.787	2620.64	6.15	182.22	4164.54	7.75	294.48	1007.74	3.94	135.52	4808.13	5.62
		20		76.505	60.056	0.787	2867.30	6.12	200.42	4554.55	7.72	322.06	1118.04	3.93	146.55	5347.51	5.69
		24		90.661	71.168	0.785	3338.25	6.07	236.17	5294.97	7.64	374.41	1381.53	3.90	166.65	6457.16	5.87

附表 6　　宽、中、窄翼缘 H 型钢截面尺寸、截面面积、理论重量和截面特性

类型	型　号（高度×宽度）	截面尺寸(mm)				截面面积 (cm^2)	理论重量 (kg/m)	截面特性参数					
								惯性矩 (cm^4)		惯性半径 (cm)		截面模数 (cm^3)	
		$H\times B$	t_1	t_2	r			I_x	I_y	i_x	i_y	W_x	W_y
HW	100×100	100×100	6	8	10	21.90	17.2	383	134	4.18	2.47	76.5	26.7
	125×125	125×125	6.5	9	10	30.31	23.8	847	294	5.29	3.11	136	47.0
	150×150	150×150	7	10	13	40.55	31.9	1660	564	6.39	3.73	221	75.1
	175×175	175×175	7.5	11	13	51.43	40.3	2900	984	7.50	4.37	331	112
	200×200	200×200	8	12	16	64.28	50.5	4770	1600	8.61	4.99	477	160
		#200×204	12	12	16	72.28	56.7	5030	1700	8.35	4.85	503	167
	250×250	250×250	9	14	16	92.18	72.4	10800	3650	10.8	6.29	867	292
		#250×255	14	14	16	104.7	82.2	11500	3880	10.5	6.09	919	304
	300×300	#294×302	12	12	20	108.3	85.0	17000	5520	12.5	7.14	1160	365
		300×300	10	15	20	120.4	94.5	20500	6760	13.1	7.49	1370	450
		300×305	15	15	20	135.4	106	21600	7100	12.6	7.24	1440	466

续表

类型	型　号（高度×宽度）	截面尺寸（mm）				截面面积（cm^2）	理论重量（kg/m）	截面特性参数					
								惯性矩（cm^4）		惯性半径（cm）		截面模数（cm^3）	
		$H\times B$	t_1	t_2	r			I_x	I_y	i_x	i_y	W_x	W_y
HW	350×350	#344×348	10	16	20	146.0	115	33300	11200	5.1	8.78	1940	646
		350×350	12	19	20	173.9	137	40300	13600	15.2	8.84	2300	776
	400×400	#388×402	15	15	24	179.2	141	49200	16300	16.6	9.52	2540	809
		#394×398	11	18	24	187.6	147	56400	18900	17.3	10.0	2860	951
		400×400	13	21	24	219.5	172	66900	22400	17.5	10.1	33400	1120
		#400×408	21	21	24	251.5	197	71100	23800	19.8	9.73	3560	1170
		#414×405	18	28	24	296.2	233	93000	31000	17.7	10.2	4490	1530
		#428×407	20	35	24	361.4	284	119000	39400	18.2	10.4	5580	1930
		*458×417	30	50	24	529.3	415	187000	60500	18.8	10.7	8180	2900
		*498×432	45	70	24	770.8	605	298000	94400	19.7	11.1	12000	4370
HM	150×100	148×100	6	9	13	27.25	21.4	1040	151	6.17	2.35	140	30.2
	200×150	194×150	6	9	16	39.76	31.2	2740	508	8.30	3.57	283	67.7
	250×175	244×175	7	11	16	56.24	44.1	6120	985	10.4	4.18	502	113
	300×200	294×200	8	12	20	73.03	57.3	11400	1600	12.5	4.69	779	160
	350×250	340×250	9	14	20	101.5	79.7	21700	3650	14.6	6.00	1280	292
	400×300	390×300	10	16	24	136.7	107	38900	7210	16.9	7.26	2000	481
	450×300	440×300	11	18	24	157.4	124	56100	8110	18.9	7.18	2550	541
	500×300	482×300	11	15	28	146.4	115	60800	6770	20.4	6.80	2520	451
		488×300	11	18	28	164.4	129	71400	8120	20.8	7.03	2930	541
	600×300	582×300	12	17	28	174.5	137	103000	7670	24.3	6.63	3530	511
		588×300	12	20	28	192.5	151	118000	9020	24.8	6.85	4020	601
		#594×302	14	23	28	222.4	175	137000	10600	24.9	6.90	4620	701
HN	100×50	100×50	5	7	10	12.16	9.54	192	14.9	3.98	1.11	38.5	5.96
	125×60	125×60	6	8	10	17.01	13.3	417	29.3	4.95	1.31	66.8	9.75
	150×75	150×75	5	7	10	18.16	14.3	679	49.6	6.12	1.65	90.6	13.2
	175×90	175×90	5	8	10	23.21	18.2	1220	97.6	7.26	2.05	140	21.7
	200×100	198×99	4.5	7	13	23.59	18.5	1610	114	8.27	2.20	163	23.0
		200×100	5.5	8	13	27.57	21.7	1880	134	8.25	2.21	188	26.8
	250×125	248×124	5	8	13	32.89	25.8	3560	255	10.4	2.78	287	41.1
		250×125	6	9	13	37.87	29.7	4080	294	10.4	2.79	326	47.0
	300×150	298×149	5.5	8	16	41.55	32.6	6460	443	12.4	3.26	433	59.4
		300×150	6.5	9	16	47.53	37.3	7350	508	12.4	3.27	490	67.7

续表

类型	型号（高度×宽度）	截面尺寸（mm）				截面面积（cm^2）	理论重量（kg/m）	截面特性参数					
		$H\times B$	t_1	t_2	r			惯性矩（cm^4）		惯性半径（cm）		截面模数（cm^3）	
								I_x	I_y	i_x	i_y	W_x	W_y
HN	350×175	346×174	6	9	16	53.19	41.8	11200	792	14.5	3.86	649	91.0
		350×175	7	11	16	63.66	50.0	13700	985	14.7	3.93	782	113
	#400×150	#400×150	8	13	16	71.12	55.8	18800	734	16.3	3.21	942	97.9
	400×200	396×199	7	11	16	72.16	56.7	20000	1450	16.7	4.48	1010	145
		400×200	8	13	16	84.12	66.0	23700	1740	16.8	4.54	1190	174
	#450×150	#450×150	9	14	20	83.41	65.5	27100	793	18.0	3.08	1200	106
	450×200	446×199	8	12	20	84.95	66.7	29000	1580	18.5	4.31	1300	159
		450×200	9	14	20	97.41	76.5	33700	1870	18.6	4.38	1500	187
	#500×150	#500×150	10	16	20	98.23	77.1	38500	907	19.8	3.04	1540	121
	500×200	496×199	9	14	20	101.3	79.5	41900	1840	20.3	4.27	1690	185
		500×200	10	16	20	114.2	89.6	47800	2140	20.5	4.33	1910	214
		#506×201	11	19	20	131.3	103	56500	2580	20.8	4.43	2230	257
	600×200	596×199	10	15	24	121.2	95.1	69300	1980	23.9	4.04	2330	199
		600×200	11	17	24	135.2	106	78200	2280	24.1	4.11	2610	228
		#606×201	12	20	24	153.3	120	91000	2720	24.4	4.21	3000	271
	700×300	#692×300	12	20	28	211.5	166	172000	9020	28.6	6.53	4980	602
	700×300	700×300	13	24	28	235.5	185	201000	10800	29.3	6.78	5760	722
	*800×300	*792×300	14	22	28	243.4	191	254000	9930	32.3	6.39	6400	662
		#800×300	14	26	28	267.4	210	292000	11700	33.0	6.62	7290	782
	*900×300	*890×299	15	23	28	270.9	213	345000	10300	35.7	6.16	7760	688
		*900×300	16	28	28	309.8	243	411000	12600	36.4	6.39	9140	843
		*912×302	18	34	28	364.0	286	498000	15700	37.0	6.56	10900	1040

注 1. “#”表示的规格为非常用规格。

2. “*”表示的规格，目前国内尚未生产。

3. 型号属同一范围的产品，其内侧尺寸高度是一致的。

4. 截面面积计算公式为“$t_1(H-2t_2)+2Bt_2+0.858r^2$”。

参 考 文 献

[1] 钢结构工程施工质量验收规范（GB 50205—2001）. 北京：中国计划出版社，2001.
[2] 建筑工程施工质量验收统一标准（GB 50300—2001）. 北京：建设工业出版社，2001.
[3] 钢结构设计规范（GB 50017—2003）. 北京：中国计划出版社，2003.
[4] 冷弯薄壁型钢钢结构技术规范（GB 50018—2002）. 北京：中国计划出版社，2002.
[5] 门式刚架轻型房屋钢结构技术规程（CECS 102—2002）. 北京：中国计划出版社，2002.
[6] 网架结构设计与施工规程（JGJ 7—91）. 北京：建设工业出版社，1991.
[7] 建筑施工手册编写组. 建筑施工手册（第四版）. 北京：中国建筑工业出版社，2003.
[8] 建筑钢结构焊接技术规程（JGJ 81—2002）. 北京：建筑工业出版社，2002.
[9] 尹显齐. 钢结构制作安装工艺手册. 北京：中国计划出版社，2006.
[10] 张艳敏，王燕华. 轻型钢结构制作安装实用手册. 北京：知识产权出版社，2006.
[11] 汤金华. 钢结构制造与安装. 南京：东南大学出版社，2006.
[12] 徐占发. 钢结构. 北京：机械工业出版社，2007.
[13] 中国建筑业协会，建筑机械设备管理分会. 简明建筑施工机械实用手册. 北京：中国建筑工业出版社，2003.
[14] 秦春芳. 安全生产技术与管理. 北京：中国环境科学出版社，2003.
[15] 民用建筑设计防火规范（GB 50045—2001）. 北京：中国计划出版社，2001.
[16] 贾晓弟，王文秋，等. 建筑施工教程. 北京：中国建材工业出版社，2004.
[17] 杨和礼. 土木工程施工. 武汉：武汉大学出版，2004.
[18] 张长友. 土木工程施工. 北京：中国电力出版社，2007.